R. F. Hüttl / E. Weber / D. Klem (Hrsg.)

Ökologisches Entwicklungspotential der Bergbaufolgelandschaften im Niederlausitzer Braunkohlerevier

Ökologisches Entwicklungspotential der Bergbaufolgelandschaften im Niederlausitzer Braunkohlerevier

Herausgegeben von

Prof. Dr. Reinhard F. Hüttl
Dr. Edwin Weber
Dipl.-Geoökol. Doris Klem

Brandenburgische Technische Universität Cottbus

Springer Fachmedien Wiesbaden GmbH

Prof. Dr. habil. Reinhard F. Hüttl

Geboren 1957 in Regensburg. Studium der Forstwissenschaften in Freiburg i. Br. und Corvallis, USA; Promotion und Habilitation im Themenbereich Boden- und Waldökologie, insbesondere Kausalanalytik geschädigter Waldökosysteme der Erde. Von 1986 bis 1992 Leiter des internationalen Forstreferates der Kali und Salz AG / BASF-Gruppe, Kassel. Von 1990 bis 1991 Assistant Professor, Chair of Vegetation Ecology, University of Hawaii, Honolulu, USA. Von 1992 bis 1995 Leiter des Instituts für Wald- und Forstökologie im Zentrum für Agrarlandschafts- und Landnutzungsforschung, Eberswalde. Seit 1993 Inhaber des Lehrstuhls für Bodenschutz und Rekultivierung, BTU Cottbus; von 1993 bis 2000 Beauftragter bzw. Prorektor für Forschung und wissenschaftlichen Nachwuchs der BTU Cottbus; von 1994 bis 1999 Sprecher des BTUC Innovationskollegs Bergbaufolgelandschaften. Seit 1995 Mitglied des Ausschusses Blaue Liste des Wissenschaftsrates; seit 1995 Ordentliches Mitglied der Berlin-Brandenburgischen-Akademie der Wissenschaften; seit 1996 Mitglied des Rates von Sachverständigen für Umweltfragen der Bundesregierung; seit 2000 Mitglied des Wissenschaftsrates.

Dr. Edwin Weber

Geboren 1960 in Önsbach. Von 1979 bis 1986 Studium der Agrarwissenschaften an der Universität Hohenheim. Von 1986 bis 1990 Research Associate am International Center for Agricultural Research in the Dry Areas in Aleppo/Syrien. Von 1990 bis 1992 Doktorand am Institut für Pflanzenernährung der Universität Hohenheim; Promotion zur Bedeutung der Mykorrhizasymbiose für die Pflanzenernährung in Trockengebieten. Von 1992 bis 1993 Wissenschaftlicher Angestellter am Institut für Pflanzenernährung der Universität Hohenheim. Seit 1994 Wissenschaftlicher Mitarbeiter am Lehrstuhl für Bodenschutz und Rekultivierung der BTU Cottbus; von 1994 bis 1999 Wissenschaftlicher Koordinator des BTUC Innovationskollegs Bergbaufolgelandschaften; seit Juli 1999 Wissenschaftlicher Koordinator des Forschungszentrums Bergbaulandschaften.

Dipl.-Geoökol. Doris Klem

Geboren 1961 in Watford (GB). Von 1986 bis 1993 Studium der Geoökologie an der Universität Bayreuth. Seit Januar 1994 Wissenschaftliche Mitarbeiterin am Lehrstuhl für Bodenschutz und Rekultivierung der BTU Cottbus; von 1994 bis 1999 Wissenschaftliche Koordinatorin des BTUC Innovationskollegs Bergbaufolgelandschaften; seit Juli 1999 Wissenschaftliche Koordinatorin des Forschungszentrums Bergbaulandschaften.

Gedruckt auf chlorfei gebleichtem Papier.

Die Deutsche Bibliothek – CIP-Einheitsaufnahme
Ein Titelsatz für diese Publikation ist bei
Der Deutschen Bibliothek erhältlich.

Ursprünglich erschienen bei B. G. Teubner Stuttgart · Leipzig · Wiesbaden 2000

Der Verlag Teubner ist ein Unternehmen der Fachverlagsgruppe BertelsmannSpringer.

ISBN 978-3-519-00321-2 ISBN 978-3-322-87179-4 (eBook)
DOI 10.1007/978-3-322-87179-4

Vorwort

Der großflächige Braunkohletagebau bedeutet eine drastische Veränderung des Natur- und Landschaftshaushalts. Zur Herstellung nachhaltiger Bergbaufolgelandschaften sind häufig umfangreiche Rekultivierungsmaßnahmen notwendig. Nach der Wiedervereinigung der beiden deutschen Staaten erhöhte sich der Rekultivierungsbedarf in den neuen Bundesländern deutlich, da eine Vielzahl von Tagebauen außerplanmäßig stillgelegt wurde. Zudem waren große, vom Tagebau in Anspruch genommene Landschaftsteile offen geblieben und standen zur Rekultivierung an. Vor diesem Hintergrund wurde im Niederlausitzer Braunkohlerevier in Verbindung mit dem Mitteldeutschen Braunkohlerevier das bislang umfangreichste Umweltschutzvorhaben Deutschlands etabliert.

Aufgrund einer Vielzahl offener Fragen im Bereich der Rekultivierungsforschung und angesichts der wissenschaftlichen Attraktivität derartiger Untersuchungen richtete die Deutsche Forschungsgemeinschaft 1994 an der Brandenburgischen Technischen Universität Cottbus (BTUC) das Innovationskolleg „Ökologisches Entwicklungspotential der Bergbaufolgelandschaften im Lausitzer Braunkohlerevier“ mit einer 5-jährigen Laufzeit ein. Das Förderinstrument Innovationskolleg zielte darauf ab, die Leistungsfähigkeit der Hochschulen in den neuen Bundesländern zu stärken, insbesondere auch die internationalen Beziehungen zu verbessern. Zudem sollte die Kooperation der Hochschulen mit außeruniversitären Einrichtungen einschließlich der Industrie befördert werden. Das BTUC Innovationskolleg Bergbaufolgelandschaften konnte diese Vorstellungen in idealer Weise aufgreifen und bildete darüber hinaus den Nukleus für das bislang wichtigste Forschungsthema der BTUC.

Der vorliegende Band dokumentiert den Abschluss der Arbeiten dieses Innovationskollegs. Im Besonderen werden hier prozessorientierte und ökosystemare Untersuchungen typischer terrestrischer und aquatischer Systeme der Bergbaufolgelandschaften, aber auch technische und sozioökonomische Aspekte vorgestellt. Weltweit ist der hier gewählte komplexe integrative bzw. inter- sowie transdisziplinäre Forschungsansatz einmalig und stellt eine gute Basis für vertiefende internationale Kooperationen, Technologie- und Know-How-Transfer dar.

Für die Förderung des Vorhabens danken wir der Deutschen Forschungsgemeinschaft und der Brandenburgischen Technischen Universität Cottbus bzw. dem Ministerium für Forschung, Wissenschaft und Kultur Brandenburg sowie der Lausitzer und Mitteldeutschen Bergbau-Verwaltungsgesellschaft mbH und der Lausitzer Braunkohle AG für umfangreiche Unterstützung.

Cottbus, im Mai 2000 Die Herausgeber

Inhalt

Ökologisches Entwicklungspotential der Bergbaufolgelandschaften im Lausitzer Braunkohlerevier - das BTUC Innovationskolleg Bergbaufolgelandschaften

Reinhard F. Hüttl, Edwin Weber & Doris Klem

Seit Anfang des 20. Jahrhunderts entstehen als Folge der Braunkohletagebautechnologie großflächige Abraumkippen und -halden. Seit dieser Zeit besteht auch der Auftrag an die Bergbauunternehmen, in den Bergbaufolgelandschaften wieder nachhaltig nutzbare Ökosysteme herzustellen. Forstbestände, die aus den ersten Jahrzehnten der Rekultivierungsaktivitäten hervorgingen belegen, dass dies prinzipiell möglich ist.

In der zweiten Hälfte des 20. Jahrhunderts entstanden auf Grund ökonomischer und technologischer Zwänge jedoch große Flächen mit im Vergleich zu „gewachsenen" Standorten völlig neuartigen, extrem sauren, kohlehaltigen und zumeist sandigen Substraten. Es wurden Methoden entwickelt, um diese Flächen land- und insbesondere forstwirtschaftlich nutzbar zu machen; offen blieb die Frage, ob auch diese neu geschaffenen Ökosysteme nachhaltig nutzbar sind. Gleichzeitig entstanden großflächige Hohlformen, aus denen nach Einstellen des Bergbaus und Wiederanstieg des Grundwassers Tagebauseen entstehen. Auch die ökologische Entwicklung dieser neu entstehenden Gewässerökosysteme war insbesondere aufgrund der in den Abraumkippen und -halden gebildeten Säure zunächst nicht abschätzbar.

Noch zu Beginn des letzten Jahrzehnts war nicht einzuschätzen, ob in den Bergbaufolgelandschaften des modernen Braunkohletagebaus eine dauerhaft umweltgerecht bewirtschaftbare „Kulturlandschaft aus zweiter Hand" entstehen würde oder ob für die Etablierung von Ökosystemen auf diesen Standorten neue Ansätze notwendig sind; denn es fehlten die wissenschaftlichen Grundlagen zur Abschätzung des ökologischen Entwicklungspotentials der Bergbaufolgelandschaften des Lausitzer Braunkohlereviers.

Zu diesem Zweck wurde das Innovationskolleg Bergbaufolgelandschaften an der Brandenburgischen Technischen Universität Cottbus eingerichtet (vgl. Hüttl et al. 1999). Die Auswahl der Forschungsthemen erfolgte problemorientiert. Zunächst sollten typische Ökosysteme der Lausitzer Bergbaufolgelandschaften beschrieben, Schlüsselprozesse identifiziert und quantifiziert werden. In den beiden Förderphasen des Innovationskollegs (1994 - 1997; 1997 - 1999) wurden vor allem prozessorientierte und ökosystemare Untersuchungen durchgeführt.

1 Forschungsansatz und Struktur im Bereich terrestrische Ökosysteme: Ökosystemforschung in Kippenforsten

Im Rahmen des BTUC Innovationskollegs Bergbaufolgelandschaften wurden vor allem ökologische Grundlagen zur Abschätzung des Entwicklungspotentials von Kiefern- und Eichenforst-Ökosystemen auf kohle- und schwefelhaltigen Substraten erfasst.

Die Forschungsansätze in diesem Bereich wurden in die Schwerpunkte *Bodengenese, Wasser- und Stoffhaushalt* sowie *Biozönose* gegliedert. Entsprechend der damit gewählten, disziplinären Perspektiven wurden in den Arbeitsgruppen auch interdisziplinäre Kriterien zur Beurteilung der Ökosystementwicklung auf Kippenstandorten herangezogen.

Die neu etablierten Ökosysteme auf den Neulandstandorten sind aus jeder gewählten Betrachtungsperspektive als extrem dynamische Systeme anzusehen. Weiterentwicklungen dieser Systeme können nur mit hinreichender Kenntnis der funktionellen Entwicklung der verschiedenen Elemente des Systems und deren Wechselwirkungen aus dem Ausgangs- bzw. Initialzustand abgeleitet werden. Um in einer, gemessen an dem Entwicklungszeitraum der Ökosysteme, möglichst kurzen Zeit Aussagen über die langfristige Entwicklung typischer Ökosysteme auf Kippenstandorten treffen zu können, wurde die Methode der *Chronosequenz* genutzt. Dabei wurden Untersuchungen auf unterschiedlich alten, forstlich rekultivierten Standorten mit vergleichbaren Ausgangsbedingungen durchgeführt. Das Innovationskolleg baute damit auf den Erfolgen der praxisorientierten Rekultivierungsforschung der vorangegangen Jahrzehnte auf. Mitunter konnten regionale Erfahrungsträger direkt in die Projektarbeit einbezogen werden.

Als wesentliche Kriterien zur Auswahl der *Chronosequenzstandorte* wurden folgende Parameter festgelegt (vgl. Heinkele et al. 1995; Knoche 1995): Kipp-Kohlesand oder Kipp-Kohleanlehmsand als Substrat, Aschemelioration, Kiefern- bzw. Eichenforste mit vergleichbarer Bewirtschaftungsgeschichte, grundwasserferne Standorte, ebenes Relief, vergleichbare klimatische Bedingungen, Standfestigkeit des Kippenmassivs sowie Planungssicherheit. Die ausgewählten Standorte sind in Tabelle 1.1 und 1.2 von Weber et al. (1999) detailliert beschrieben. Tabelle 1.3 im gleichen Band zeigt beispielhaft chemische Grundcharakteristika ausgewählter Standorte der Kiefern-Chronosequenz des BTUC Innovationskollegs.

Als Referenz wurden vor allem die Ergebnisse aus den im Rahmen des Verbundforschungsvorhabens „Sanierung der Atmosphäre über den neuen Bundesländern“ (SANA; vgl. Hüttl & Bellmann 1998) untersuchten Kiefernökosystemen auf gewachsenen Sandstandorten in Nordost-Deutschland herangezogen.

1.1 Arbeitsgruppe Bodengenese

Untersuchungen über Richtung und Ausmaß bodenbildender Teilprozesse von Kippenböden wurden im *Teilprojekt 2.1 (Teilprojektkoordinator: R. F. Hüttl; Bearbeiter: Th. Heinkele & Z. Strzyszcz)* des BTUC Innovationskollegs durchgeführt. Da dieses Teilprojekt plangemäß nur in der ersten Phase des Kollegs gefördert wurde, wurden die Ergebnisse bereits von Heinkele et al. (1999) abschließend dargestellt.

Durch die Vermengung von Bergematerial mit geogenem Kohlenstoff, d. h. Braunkohlen-Kohlenstoff, in Kippenböden kommt es nach der Bildung von rezenter organischer Substanz zu einer Mischung von unterschiedlichen Qualitäten organischer Substanz. Der Anteil von Kohle an der gesamten organischen Substanz der ausgewählten Versuchsstandorte konnte durch die Untersuchungen im *Teilprojekt 2.2 (Unterscheidung von geogenem und pedogenem Kohlenstoff in forstlich genutzten Kippenböden; Teilprojektkoordinator: R. F. Hüttl; Bearbeiterin: I. Kögel-Knabner)* quantifiziert werden. Zudem wurde die Unterscheidung zwischen Pflanzenresten, Huminstoffen und Kohle weiterentwickelt (vgl. auch Heinkele et al. 1999). In der zweiten Förderphase fokussierte das Teilprojekt 2.2 auf die Fragestellung der *Mikrobiellen Abbaubarkeit von geogenem Kohlenstoff in kohlehaltigen Kippböden (Teilprojektkoordinator: R. F. Hüttl; Bearbeiterin: I. Kögel-Knabner)*.

1.2 Arbeitsgruppe Wasser- und Stoffhaushalt

Mit den im *Teilprojekt 3 (Entwicklung von Wasserhaushalt und Stoffkreisläufen in Kiefernökosystemen auf tertiären Kippenstandorten des Lausitzer Braunkohlereviers - steuernde Prozesse und beteiligte Pools; Teilprojektkoordinator: R. F. Hüttl; Bearbeiter W. Schaaf)* durchgeführten ökosystemaren Untersuchungen wurde die Entwicklung von Wasserhaushalt und Stoffkreisläufen in Kiefernökosystemen auf Kippenstandorten des Niederlausitzer Braunkohlereviers unter Anwendung des Bilanzierungsansatzes erfasst. Bei mehrjähriger Betrachtung kann daraus die Entwicklungstendenz des Haushaltstyps (Input/Output-Bilanz) abgeleitet werden.

Innerhalb des *Teilprojekts 4 (Entwicklung des Puffer- / Filtervermögens und der Stoffverlagerung in rekultivierten Böden aus tertiären Kippsubstraten unter besonderer Berücksichtigung von Eichenökosystemen; Teilprojektkoordinator: J. Katzur; Bearbeiter: D. Knoche)* wurde die Entwicklung des Puffer- / Filtervermögens und der Stoffverlagerung in rekultivierten kohle- und schwefelhaltigen Kippsubstraten unter Eichenbeständen untersucht. Den Schwerpunkt bildeten wie im

Teilprojekt 3 Untersuchungen zum Wasser- und Stoffhaushalt unter Anwendung des Bilanzierungsansatzes.

Das *Teilprojekt 8.2 (Wechselwirkungen zwischen Pflanzenbewuchs und Bodeneigenschaften auf Kippenstandorten; Teilprojektkoordinator: W. Pietsch; Bearbeiterin: A. Dageförde)* zielte darauf, den Einfluss der Vegetation auf die Bodeneigenschaften von Kippsubstraten zu untersuchen. Insbesondere sollte die Akkumulation von Biomasse und Nährstoffen im lebenden Pflanzenmaterial und die Humusanreicherung in Abhängigkeit von der jeweiligen Pflanzenart beleuchtet werden. Im Anschluss daran wurde die Rolle der Krautschicht und der Baumstreu im Stoffhaushalt der Kiefern-Chronosequenz untersucht *(Untersuchungen zur Bedeutung von Krautschicht und Baumstreu für den Stoffhaushalt von aufgeforsteten Kippenstandorten in Abhängigkeit vom Bestandesalter; Teilprojektkoordinator: R. F. Hüttl; Bearbeiterin: A. Dageförde)*.

Mit den *Untersuchungen zur Bodenmesofauna und zum Abbau organischer Substanz auf forstlich rekultivierten Kippsubstraten am Beispiel der Chronosequenz „Kiefer" (Teilprojekt 6.1; Teilprojektkoordinator: R. F. Hüttl; Bearbeiterin: B. Keplin)* erfolgte neben der generellen Quantifizierung des Abbaus organischer Substanz eine Charakterisierung der Aktivität verschiedener Gruppen von Bodenorganismen. Besondere Berücksichtigung fand hierbei die Bodenmesofauna und deren Bedeutung für den Abbau organischer Substanz sowie die Entwicklung von Humusprofilen.

Im *Teilprojekt 12.2 (Forstliche Ökosystemsimulation; Teilprojektkoordinator: R. F. Hüttl; Bearbeiter: J. Fichter / R. Grote)* wurde versucht, Boden- und Bestandesprozesse insbesondere auch Stoffflüsse mit Hilfe der integrierten Modellierung realistisch zu beschreiben. Damit soll ein Gesamteindruck der miteinander verknüpften ökosystemaren Prozesse auf den Kiefern-Chronosequenzflächen vermittelt und ökologisch sensible Bereiche aufgezeigt werden. Dazu wurde das für Nordost-Deutschland entwickelte, prozessbasierte Kiefern-Ökosystem-Modell FORSANA (vgl. Hüttl & Bellmann 1998) angepasst.

1.3 Arbeitsgruppe Biozönose in Kippenforsten auf kohle- und pyrithaltigen Substraten

Als Anpassung an die erwartet große Dynamik, v. a. der Nährstoffverfügbarkeit, in den sich entwickelnden Kippenböden bei forstlicher Nutzung ist in der Krautschicht eine Veränderung der Zusammensetzung der Vegetation im Unterwuchs, unter Umständen sogar die Abfolge verschiedener Strategietypen zu erwarten. Im Rahmen des *Teilprojekts 8* beobachteten deshalb *M. Wulf, W. Pietsch & R. F. Hüttl* die Entwicklung der Bodenvegetation an den Standorten der Kiefer-Chronosequenz. Um mögliche Ursachen der beobachteten Vegetationsabfolge einzugrenzen, untersuchte das *Teilprojekt 7 (Mykorrhizen auf Kippenböden der Lausitzer Bergbaufolgelandschaften; Projektkoordinator: W. Pietsch, R. F. Hüttl; Projektbearbeiter: E. Weber)* zudem zum einen, wie schnell sich das Infektionspotential von Mykorrhizapilzen in den Kippsubstraten aufbaut, zum anderen, ob die aufeinander folgenden Mykorrhiza-Strategien der sich ansiedelnden Pflanzenarten der Bodenvegetation als gesetzmäßige Anpassung an die Nährstoffverfügbarkeit in den sich entwickelnden Böden interpretiert werden kann.

Dieses Teilprojekt wurde nur in der ersten Phase des Kollegs gefördert. Ergebnisse wurden in dem teilprojektübergreifenden Kapitel von Wulf et al. (1999) in Hüttl et al. (1999) dargestellt.

Die faunistischen Aspekte der Biozönose wurden im *Teilprojekt 6.1* (vgl. o.) bearbeitet.

1.4 Arbeitsgruppe Biozönose auf kohle- und pyrithaltigen Substraten ohne Bewirtschaftung

Ausgangshypothese für das *Teilprojekt 8.1 (Vegetationsbesiedlung und Vegetationsentwicklung in Abhängigkeit von der Beschaffenheit der Kipp- und Rohbodensubstrate auf Kippenstandorten; Teilprojektkoordinator und -bearbeiter: W. Pietsch)* war, dass es eine gesetzmäßige Abfolge von Pflanzengesellschaften (Sukzession) in den nicht bewirtschafteten Bereichen der Bergbaufolgelandschaft gibt, die im Initialstadium durch die physikalisch-chemische Bodenbeschaffenheit, den Feuchtigkeitsgehalt und andere edaphische und mikroklimatische Verhältnisse der Kippenstandorte bestimmt wird. Es sollten Entwicklungsreihen der Vegetationsbesiedlung in Abhängigkeit vom jeweiligen Kippsubstrat erarbeitet werden.

Zudem sollten die bisherigen Untersuchungen zusammen mit historischen Erhebungen ausgewertet werden mit dem Ziel, ein Indikationssystem für die physikalisch-chemische Beschaffenheit der Kippsubstrate zu entwickeln *(Standortzeiger Vegetation - Sukzession der Vegetation auf Kippenböden und deren Indikatorfunktion; Teilprojektkoordinator und -bearbeiter: W. Pietsch)*.

2 Forschungsansatz und Struktur im Bereich Wasser- und Stoffdynamik in Kippenkomplexen

Neben den ökosystemar orientierten Untersuchungen von Kippenforsten stellte die Untersuchung der Stoff- und Wasserflüsse in den Kippenmassiven einen weiteren Schwerpunkt des BTUC Innovationskollegs Bergbaufolgelandschaften dar. Ziel im Rahmen dieses Vorhabens war es, ökologische Grundlagen für die langfristige Erfassung der Grundwassergüte sowie der Wasserqualität der Tagebauseen zu schaffen.

Die Identifikation bzw. Quantifizierung der beschaffenheitsprägenden hydro- und geochemischen Prozesse im Sicker- und Grundwasser von Kippenmassiven stand im Vordergrund der Untersuchungen. Diese umfassten folgende Bereiche:

- *Sickerstrecke*: Betrachtung des wasserungesättigten Kippenmassivs; an der Kippenoberfläche wurden Untersuchungen zu Setzungen / Sackungen einbezogen,
- *Grundwasser*: Betrachtung des Kippengrundwasserleiters,
- *Tagebausee*: Untersuchungen des Benthals von in Füllung begriffenen Restlöchern.

Zum Verständnis der oben genannten Mechanismen fanden punktuell prozessorientierte Untersuchungen im Labormaßstab bis hin zu flächenhaften Freilanduntersuchungen der Grundwasserströme statt. Die Ergebnisse dieser Messungen dienten zur Parametrisierung verschiedener Modellansätze, um die Wasser- und Stoffdynamik in den Kippenmassiven zu beschreiben. Dabei wurden auch bekannte räumliche Muster mit Bezug auf die Verteilung der verkippten Substrate genutzt.

Die Verkippung der Deckgebirgsmassen erzeugt künstliche Sedimentkörper. Nach der Stilllegung eines Tagebaubetriebs und der Beendigung der Entwässerung erfolgt der Grundwasseranstieg aus dem Liegenden in das Abraumförderbrücken-Innenkippensystem. Ziel des *Teilprojekts 21 (Geologische Erkundung der Kippen des Niederlausitzer Reviers: Mineralogisch-petrographische Zusammensetzung, Gefügeaufbau und Lagerung der Abraumschüttung aus tertiären und quartären Sedimenten; Teilprojektkoordinator: G. Voigt / H.-J. Voigt; Bearbeiter: R. Oehmig)* war die Aufklärung der funktionellen Zusammenhänge im Kippensediment hinsichtlich Sedimentgefüge und Schüttungslagerung. Dies diente zur regionalgeologischen Eingliederung sowie zur Einschätzung der Wechselwirkung zwischen Kippenkörper und Wasser in dem neu entstandenen System.

2.1 Arbeitsgruppe Sickerstrecke

Im Rahmen des *Teilprojekts 14 (Untersuchungen zum Setzungsverhalten von Kippen des Lausitzer Braunkohlerevier beim Wiederanstieg des Grundwasserspiegels; Teilprojektkoordinator: L. Wichter; Bearbeiter: M. Kügler)* sollten bereits bestehende theoretische Sackungsmodelle auf das Verhalten der Lausitzer Kippen angepasst werden. Daraus sollten Prognosen zur Oberflächenverformung von Kippenmassiven infolge Setzungen und Sackungen erarbeitet werden. Als Grundlage hierfür diente die Kombination von Ergebnissen der bodenmechanischen Untersuchungen, Strömungsmodellierungen für das ansteigende Grundwasser sowie von Kenntnissen der Kippenstruktur und deren Zusammensetzung.

Im *Teilprojekt 19 (Präferenzielle Wasser- und Luftbewegung in heterogenen aufgeforsteten Kippenböden im Lausitzer Braunkohletagebaugebiet; Teilprojektkoordinator: R. F. Hüttl; Bearbeiter: H. H. Gerke, W. Schaaf)* wurden präferenzielle Wasserflüsse sowie die damit verbundene Luftbewegung im Kippenboden eines der Chronosequenzstandorte experimentell erfasst und modellhaft beschrieben. Das Vorhaben untersuchte bislang kaum erfasste Prozesse und Umsatzgrößen an der Schnittstelle zwischen dem Wurzelraum der Kiefernökosysteme und dem wasserungesättigten Kippenmassiv. Die Ergebnisse tragen einerseits durch Einbeziehung von präferenziellem Fluss zur Bilanzierung des Wasser- und Stoffhaushalts von Kiefernökosystemen auf pyrit- und markasithaltigen Kippenstandorten bei; sie ermöglichen andererseits auch die Quantifizierung der Menge und der räumlichen Verteilung sowie die Bestimmung des zeitlichen Verlaufs der Flüsse am oberen Rand des pyrithaltigen Kippenmassivs als Voraussetzung für die Ermittlung der Auswaschung gelöster Stoffe in den Grundwasserkörper.

Ziel des *Teilprojekts 15 (Beschreibung von Transport- und Umwandlungsvorgängen in der wasserungesättigten Zone heterogener Braunkohletagebau-Abraumkippen der Lausitz; Teilprojektkoordinator: R. F. Hüttl; Bearbeiter: H. H. Gerke)* war ein, im Verhältnis zur Komplexität der zu beschreibenden Prozesse, relativ einfaches Modell, mit dem die für die Berechnung der Sickerströmung und des Stoffeintrags in das Grundwasser wesentlichen Prozesse sowie räumlichen Verteilungen von hydraulischen und Transport-Parametern abgebildet werden können. Durch Verknüpfung und Weiterentwicklung von stochastischen, geostatistischen und Mehr-Regionen-Ansätzen entstanden räumlich zweidimensionale Modelle, mit denen sich die Wasserbewegung und der Stofftransport einschließlich von Stoffumwandlungsvorgängen in der wasser-ungesättigten Zone heterogener Abraumkippen beschreiben lassen.

Das in dem *Teilprojekt 10 (Chemisch bedingte Beschaffenheitsveränderungen des Sicker- und Grundwassers; Teilprojektkoordinatoren: R. Koch, W. Pietsch; Bearbeiter: R. Schöpke)* bearbeitete System umfasste den ungesättigten Bereich des Kippenkörpers von der Unterkante des durchwurzelten Bereiches des Waldökosystems über die Sickerstrecke bis zum Eintritt in das Grundwasser. Mit der Erfassung der Beschaffenheitsänderung des Sickerwassers wurden Prozesse untersucht, die für Säurebildung und Pufferung im Kippenkörper verantwortlich sind.

2.2 Arbeitsgruppe Grundwasserleiter

Die Beobachtungen an zwei Multilevelpegeln bildeten die Basis für prozessorientierte Grundwasseruntersuchungen im *Teilprojekt 10* (vgl. o.).

Ziel des *Teilprojekts 20 (Standortbezogene Erfassung und Modellierung von Wasser- und Stoffflüssen in Kippen der Lausitzer Braunkohletagebaue unter Nut-*

zung der Versuchsanlage auf der Innenkippe des Restsees Gräbendorf; Teilprojektkoordinator: U. Grünewald; Bearbeiter: W. Rolland) hingegen war es, über flächenhafte Grundwasserbeobachtungen in einer Abraumkippe Aussagen zu Strömungsvorgängen abzuleiten und durch Kopplung mit den in abgrenzbaren Reaktionsräumen ablaufenden Prozessen zu quantitativen Aussagen über mittel- und langfristige Stoffflüsse aus bzw. in Braunkohlekippen zu gelangen.

2.3 Arbeitsgruppe Tagebausee

Inhalt des *Teilprojekts 11 (Primärsukzession und Stoffumsetzungsprozesse in extrem geogen sauren Restseen; Teilprojektkoordinatorin: B. Nixdorf; Bearbeiterin: B. Bartenbach)* war die Untersuchung grundlegender chemischer Charakteristika von Sedimenten in Tagebauseen. Nach der Erweiterung des Untersuchungsschwerpunktes dieses Teilprojekts in der zweiten Phase des BTUC Innovationskollegs *(Quantifizierung der externen und internen Stoffbelastungen unter besonderer Berücksichtigung der Gewässer-Umland-Beziehungen in Tagebauseen zur Charakterisierung der Sedimentgenese und gewässerinterner Rückkopplungen an der Sediment-Wasser-Grenzfläche zur Ermittlung des limnologischen Entwicklungspotentials; Teilprojektkoordinatoren: B. Nixdorf, U. Grünewald; Bearbeiterin: M. Kapfer)* wurde ferner studiert, inwiefern geochemische und biogene Stoffumsetzungen das ökologische Entwicklungspotential von Tagebauseen an der Grenzfläche Sediment / Wasser beeinflussen können. In diesem Zusammenhang wurde auch die Frage untersucht, welche Auswirkungen die phytobentischen Aktivitäten im Litoral auf den pelagischen Stoffumsatz haben.

3 Elemente des regionalen Wasserhaushalts

Die vom Bergbau hinterlassene Landschaft zeigt aus hydrologischer Sicht zahlreiche Besonderheiten, die nachhaltigen Einfluss auf den Wasserhaushalt ausüben. Insbesondere die Elemente Grundwasserneubildung und Gewässerverdunstung sind bei der Rehabilitation des Wasserhaushaltes der Lausitz von großer Bedeutung. Ziel des *Teilprojekts 9* war die *Nutzung von Standortuntersuchungen zur verbesserten Quantifizierung des regionalen Wasserhaushalts der Lausitz (Teilprojektkoordinator: U. Grünewald; Bearbeiter: D. Biemelt)*. Arbeitsschwerpunkte waren die räumlich und zeitlich detaillierte Bestimmung der Grundwasserneubildung von Kippenstandorten der Lausitz und die Übertragung der gewonnenen Ergebnisse auf ein begrenztes Gebiet in der Bergbaufolgelandschaft.

4 Leitbilder und Betriebswirtschaft

Ziel des *Teilprojekt 13 (Beispielhafte Entwicklung von Leitbildern und Handlungskonzepten für ausgewählte Bereiche der Lausitzer Bergbaufolgelandschaft als Lebensräume für wildlebende Pflanzen und Tiere; Teilprojektkoordinator: G. Wiegleb; Bearbeiter: J. Vorwald)* war die beispielhafte Entwicklung eines ökologisch begründeten Leitbildes mit Hilfe wissenschaftlicher Methoden. Dieses Teilprojekt wurde zu Beginn der zweiten Förderphase abgeschlossen. Die Ergebnisse wurden in Vorwald & Wiegleb (1999) bereits abschließend vorgestellt.

Im Bereich der landwirtschaftlich genutzten Flächen wird die Ökosystementwicklung vor allem durch die Bewirtschafter beeinflusst. Im *Teilprojekt 18 (Teilprojektkoordinator und -bearbeiter: R. Schlauderer)* wurde deshalb *die betriebswirtschaftliche Bedeutung und Auswirkung der land- und forstwirtschaftlichen Bewirtschaftung von Kippenflächen für und auf die Betriebsstruktur und das Betriebsergebnis landwirtschaftlicher Betriebe* untersucht.

5 Datenbank

Entwicklung und Einsatz dynamischer Datenbanken zur Abschätzung des ökologischen Entwicklungspotentials der Bergbaufolgelandschaften im Lausitzer Braunkohlerevier - Dynamic Environmental Databases (DENDA; Teilprojekt 12.1; Teilprojektkoordinator: B. Thalheim; Bearbeiter: S. Yigitbasi u. a.) hatte zum einen Servicefunktion, zum anderen wurden eine Reihe von Forschungsaufgaben in diesem Teilprojekt bearbeitet, so z. B. die Realisierung als dynamische Umweltdatenbank mit dynamischen Prototypen für ausgewählte Teilprojekte.

6 Integrative Aufgaben

Die Aufgaben des *Zentralprojekts* umfassten die Bereiche Projektmanagement, wissenschaftliche Koordination und Querschnittsaufgaben sowie Berichterstattung und Öffentlichkeitsarbeit. Die Koordination war neben den Kontakten im wissenschaftlichen Bereich auch Ansprechpartner für Behörden und Unternehmen.

Die Aufgaben des Teilprojekts für *Öffentlichkeitsarbeit* lagen in der Präsentation des Innovationskollegs Bergbaufolgelandschaften sowohl in der breiten Öffentlichkeit als auch in der Fachöffentlichkeit.

Im Folgenden werden die abschließenden Ergebnisse aller Teilprojekte, die bis zum Abschluss des BTUC Innovationskollegs beteiligt waren, vorgestellt.

7 Literatur

Heinkele, Th., Mayer, S., Weber, E. und Heuer, V., 1995: Auswahl von Versuchsflächen für die Chronosequenz unter Kiefer. In: BTUC Innovationskolleg Bergbaufolgelandschaften. Bericht zum Teilprojekt Flächenauswahl, 7-48 (unveröffentlicht).

Heinkele, Th., Neumann, C., Rumpel, C., Strzyszcz, Z., Kögel-Knabner, I. und Hüttl, R. F., 1999: Zur Pedogenese pyrit- und kohlehaltiger Kippsubstrate im Lausitzer Braunkohlerevier. In: Hüttl, R. F., Klem, D. und Weber, E. (Hrsg): Rekultivierung von Bergbaufolgelandschaften. Das Beispiel des Lausitzer Braunkohlereviers. Walter de Gruyter, Berlin, New York, 25-44.

Hüttl, R. F. und Bellmann, K. (Hrsg.), 1998: Changes of Atmospheric Chemistry and Effects on Forest Ecosystems - A Roof Experiment without Roof. Kluwer Academic Publishers Dordrecht, 324 S.

Hüttl, R. F., Klem, D. und Weber, E. (Hrsg.), 1999: Rekultivierung von Bergbaufolgelandschaften. Das Beispiel des Lausitzer Braunkohlereviers. Walter de Gruyter, Berlin, New York, 295 S.

Knoche, D., 1995: Auswahl von Versuchsflächen für die Chronosequenz unter Eiche. In: BTUC Innovationskolleg Bergbaufolgelandschaften: Ökologisches Entwicklungspotential der Bergbaufolgelandschaften im Lausitzer Braunkohlerevier. Bericht zum Teilprojekt Flächenauswahl, 49-62 (unveröffentlicht).

Vorwald, J. und Wiegleb, G., 1999: Methodischer Beitrag zur Entwicklung von Leitbildern und Handlungskonzepten in Bergbaufolgelandschaften. In: Hüttl, R. F., Klem, D. und Weber, E. (Hrsg.): Rekultivierung von Bergbaufolgelandschaften. Das Beispiel des Lausitzer Braunkohlereviers. Walter de Gruyter, Berlin, New York, 247-265.

Weber, E., Klem, D. und Hüttl, R. F., 1999: Problemstellung. In: Hüttl, R. F., Klem, D. und Weber, E. (Hrsg.): Rekultivierung von Bergbaufolgelandschaften. Das Beispiel des Lausitzer Braunkohlereviers. Walter de Gruyter, Berlin, New York, 3-22.

Wulf, M., Schmincke, B. und Weber. E., 1999: Entwicklung der Bodenvegetation in Kippenforsten. In: Hüttl, R. F., Klem, D. und Weber, E. (Hrsg.): Rekultivierung von Bergbaufolgelandschaften. Das Beispiel des Lausitzer Braunkohlereviers. Walter de Gruyter, Berlin, New York, 89-100.

Mikrobielle Abbaubarkeit von geogenem Kohlenstoff in braunkohlehaltigen Kippböden (Teilprojekt 2.2)

Cornelia Rumpel & Ingrid Kögel-Knabner

1 Zusammenfassung

Die Kohle in den kohlehaltigen Kippböden des Lausitzer Braunkohlereviers könnte besonders in den frühen Stadien der Bodenentwicklung an der Humusbildung beteiligt sein. Diese Hypothese sollte in der vorliegenden Untersuchung getestet werden. Insbesondere sollte untersucht werden, ob (1) Kohle in kohlehaltigen Kippböden abgebaut wird und (2) als Kohlenstoffquelle für Mikroorganismen zur Verfügung steht. Hierzu wurde kohlehaltiges Kippsubstrat grundmelioriert und mit und ohne Zugabe rezenter organischer Substanz sechzehn Monate lang bei 20 °C und 50 % der maximalen Wasserhaltekapazität (Wkmax) inkubiert. Gleichfalls wurden ein 14-jähriger und ein 37-jähriger aufgeforsteter Kippoberboden inkubiert. Bei diesen Böden handelt es sich um ältere Bodenentwicklungsstadien mit Beteiligung rezenter organischer Substanz. Die CO_2-Freisetzung der Böden wurde kontinuierlich gemessen. Nach 3, 6, 12 und 16 Monaten wurden Proben entnommen und chemische sowie mikrobielle Parameter bestimmt. Freigesetztes CO_2 und die mikrobielle Biomasse wurden mit ^{14}C-Aktivitätsmessung untersucht.

Eine Huminsäureextraktion der Kippböden und des Ausgangssubstrates gab erste Hinweise darauf, dass Kohle an den Humifizierungsprozessen beteiligt sein könnte. Die Untersuchung der mikrobiellen Biomasse zeigte, dass auch im ausschließlich kohlehaltigen Kippsubstrat Kohle als Kohlenstoffquelle genutzt wird. Die mikrobielle Biomasse konnte in diesen Substraten durch Aschemelioration und Grunddüngung gesteigert werden. Eine weitere Zunahme erfolgte nach der Beteiligung rezenter organischer Substanz.

Während der 16-monatigen Inkubation konnte eine kontinuierliche CO_2-Freisetzung aus dem ausschließlich kohlehaltigem Kippsubstrat festgestellt werden. Die ^{14}C-Aktivitätsmessung zeigte, dass auch bei Beteiligung rezenter organischer Substanz im Boden mit einer CO_2-Freisetzung aus Kohle gerechnet werden kann. Die höchste Kohlemineralisation wurde im14-jährigen Kippboden gemessen.

Der Verlauf der mikrobiellen Biomasse während der Inkubation zeigte eine abnehmende Tendenz in den Kippbodenvarianten mit Beteiligung rezenter organischer Substanz während sie in ausschließlich kohlehaltigen Kippböden anstieg. Dies weist auf eine zunehmende Verfügbarkeit von Kohle-C im Inkubationsverlauf hin. Durch die ^{14}C-Aktivitätsmessung wurde festgestellt, dass die mikrobielle Biomasse der Varianten mit Beteiligung rezenter organischer Substanz Kohlenstoff aus Kohle inkorporierte. Die Beteiligung von Kohlenstoff aus der Kohle nahm sowohl mit Zunahme der rezenten organischen Substanz im Vergleich der Varianten als auch im Inkubationsverlauf ab.

Während der Inkubation konnte ein Kohleabbau in kohlehaltigen Kippböden mit und ohne Beteiligung rezenter organischer Substanz festgestellt werden. Die mikrobielle Resynthese ist in diesen Böden ein wichtiger Humifizierungsprozess, der auch den Kohlenstoff aus Kohle einschließt. Die Kohle ist somit potentiell von Bedeutung für den Kohlenstoffkreislauf der kohlehaltigen Kippböden.

2 Arbeits- und Ergebnisbericht

2.1 Ziele

Aschemeliorierte Kippböden enthalten bis zu vier Typen organischer Substanz (Rumpel et al. 1998 a). Im Ausgangssubstrat für die Bodenbildung (Abraum des Braunkohletagebaus) liegt Kohle als geogener Kohlenstoff vor. Obwohl Kohle in kohlehaltigen Kippböden vermutlich einem mikrobiellen Abbau unterliegt (Laves et al. 1993; Waschkies & Hüttl 1999), gibt es bisher noch keine Untersuchungen zur Rolle der Kohle im Humifizierungsprozess. Dies gilt insbesondere für spätere Bodenentwicklungsstadien. Nachdem es die vorrangige Aufgabe der ersten Projektphase war, Methoden zur Unterscheidung der verschiedenen Komponenten der organischen Substanz zu erarbeiten und den Humifizierungszustand der rezenten organischen Substanz auf den Freilandstandorten zu bestimmen, sollten in der zweiten Phase die Humifizierungsprozesse kohlehaltiger Kippböden in einem Modellversuch analysiert werden. Kohlehaltiges Kippsubstrat und Kippoberböden unter einem 14-jährigen und einem 37-jährigen Waldbestand wurden unter kontrollierten Bedingungen 16 Monate lang inkubiert mit dem Ziel die Rolle von Kohle bei der Bildung rezenter Huminstoffe zu untersuchen. Folgende Fragen galt es zu beantworten:

- Wird Kohle abgebaut und steht sie als Kohlenstoffquelle für Mikroorganismen zur Verfügung?
- Unterliegt Kohle einem mikrobiellen Abbau wenn im Boden gleichzeitig rezente organische Substanz aus Pflanzenstreu vorhanden ist?

2.2 Methodik

2.2.1 Böden

Für den Modellversuch zur Aufklärung des mikrobiellen Kohleabbaus wurde kohlehaltiges Kippsubstrat von frischverkipptem Abraummaterial des Standortes Weißagker Berg (OO) entnommen. Um die Bedingungen für die kohleabbauenden Mikroorganismen günstig zu gestalten, wurde das kohlehaltige Kippsubstrat aschemelioriert und grundgedüngt (WB). Durch die Aschemelioration sollte der pH-Wert auf ca. 6 angehoben werden. Dies wird als idealer pH-Bereich für kohleabbauende Mikroorganismen angesehen (Fakoussa, mündliche Mitteilung). Die dazu nötige Aschemenge wurde empirisch durch Zugabe unterschiedlicher Aschemengen zum Kippsubstrat mit anschließender pH-Messung ermittelt. Es waren 4 g Asche pro 100 g Boden nötig, um den pH-Wert auf 6 anzuheben. Da das kohlehaltige Kippsubstrat nährstoffarm ist, wurden außerdem noch N, P und K entsprechend einer Menge von 150 kg ha^{-1} N, 100 kg ha^{-1} P und 80 kg ha^{-1} K gedüngt. Die Aschemelioration und Grunddüngung wurden auch bei der Rekultivierung im Freiland auf den Chronosequenzstandorten durchgeführt.

In eine der grundmeliorierten Kippsubstrat-Varianten wurde Wurzelmaterial von *Lolium perenne* (WB+L) eingearbeitet. Hierdurch sollte die Möglichkeit eines „priming effectes", d. h. des verstärkten Abbaus von Kohle nach Zugabe leicht abbaubarer rezenter Wurzelstreu untersucht werden. In einem Vorversuch wurde die zuzugebende Menge von 20 g kg^{-1} Kippsubstrat ermittelt.

Zur Untersuchung des Einflusses rezenter organischer Substanz auf den Kohleabbau in späteren Rekultivierungsstadien wurde ein Teil des mineralischen Oberbodens unter dem 14-jährigen Kiefernbestand (BB, Chronosequenzstufe II) und dem 37-jährigen Roteichenbestand (DD, Chronosequenzstufe III) abgetragen. Die Versuchsansätze sind in Tabelle 1 aufgeführt.

Der erste Versuchsansatz mit den Varianten OO, WB, WB+L, BB und DD wurde im Juli 1998 angesetzt (1. Termin). Die Inkubation erfolgte in Bodenlysimetern nach Siebert et al. (1996) bei 20 °C und 50 % der maximalen Wasserhaltekapazität (Wkmax). Diese hohe Temperatur tritt unter Freilandbedingungen nicht auf. Sie wurde gewählt, um die auftretenden Prozesse zu beschleunigen, da die mikrobielle Aktivität mit steigender Temperatur ansteigt. Die Untersuchungen sollten generelle und keine quantitativen Aussagen über den Kohleabbau im Freiland ermöglichen. Um die Versuchsansätze möglichst ungestört zu lassen wurde nicht nur ein Gefäß pro Variante inkubiert sondern insgesamt 12 Gefäße. So war es möglich nach 3 Monaten (2. Termin), 6 Monaten (3. Termin), 12 Monaten (4. Termin) und 16 Monaten (5. Termin) je ein Versuchsset (3 Wiederholungen pro Variante) zu entnehmen.

Tab. 1 Varianten im Modellversuch.

Variante	
OO	kohle- und pyrithaltiges Abraumsubstrat
WB	kohle- und pyrithaltiges Abraumsubstrat, aschemelioriert und grundgedüngt (Aschemelioration: 40 g kg^{-1})
WB + L	kohle- und pyrithaltiges Abraumsubstrat, aschemelioriert und grundgedüngt mit Zugabe von *Lolium perenne* (20 g kg^{-1})
BB	Oberboden unter 14-jähriger Kiefer
DD	Oberboden unter 37-jähriger Roteiche
II WB	Kohle- und pyrithaltiges Abraumsubstrat, aschemelioriert und grundgedüngt (Aschemelioration 20 g kg^{-1})
II WB + L	kohle- und pyrithaltiges Abraumsubstrat, aschemelioriert und grundgedüngt mit Zugabe von *Lolium perenne* ($\delta^{13}C = -60$) (Aschemelioration 20 g kg^{-1})

Da der pH-Wert in den Varianten WB und WB+L den Ziel-pH von 6 im Versuchsverlauf stark überschritt, wurde im Februar 1999 ein II. Versuchsansatz etabliert. Bei diesem handelte es sich um aschemelioriertes und grundgedüngtes kohlehaltiges Kippsubstrat mit (IIWB+L) und ohne (IIWB) Zugabe rezenter Wurzelstreu. Die Aschezugabe wurde bei diesem Versuchsansatz auf 20 g kg^{-1} Kippsubstrat reduziert. Die Inkubationszeit der Varianten IIWB und IIWB+L betrug 9 Monate.

Die Meliorationsasche stammte aus dem Heizkraftwerk Cottbus. Die Wurzelstreu wurde vom Lehrstuhl Grünlandlehre der TU München zur Verfügung gestellt.

2.2.2 pH-Wert, EC und Elementgehalte

Die Bestimmung des pH-Wertes erfolgte mit einer pH-Elektrode im Überstand einer 1 : 2,5 (Masse:Volumen) Boden-Wasser Lösung. In derselben Lösung wurde die elektrische Leitfähigkeit (EC) zur Charakterisierung der Salzgehalte bestimmt. Die Kohlenstoff- und Stickstoffgehalte wurden mit einem CHN 1000-Analysator der Firma Leco bestimmt.

2.2.3 Korngrößenfraktionierung

Eine Korngrößenfraktionierung wurde durchgeführt, um die Korngröße des durch Melioration oder Pflanzenmaterialgabe in den Boden gelangten Kohlenstoffs zu ermitteln. Dies gibt Hinweise auf sein potentielles Umsatzvermögen. Die Korngrößenfraktionierung erfolgte nach Ultraschalldispergierung der Aggregate. Der Ultraschallenergieinput, der zur vollständigen Dispergierung eines Kippbodens notwendig ist, beträgt 150 J ml^{-1}. Er wurde durch Kalibration ermittelt (Schmidt et al. 1999). Danach erfolgte die Gewinnung der drei Sandfraktionen (2000 - 630 µm, 630 - 200 µm und 200 - 63 µm) durch Siebung. Die Fraktionierung der Schluff- (63 - 20 µm, 20 - 6,3 µm und 6,3 - 2 µm) und Tonfraktionen (< 2 µm) wurde durch Sedimentation im Atterbergzylinder durchgeführt. Die Fraktionen wurden durch anschließende Druckfiltration (< 0,45 µm, Polysulfonfilter) als Filterkuchen gewonnen.

2.2.4 Huminsäureextraktion

Eine Huminsäureextraktion der Varianten WB, BB und DD wurde durchgeführt, um durch ^{14}C-Aktivitätsmessung dieser Fraktion Informationen über einen Kohleabbau im Freiland zu erhalten. Hierzu wurden die Bodenproben vor der ^{14}C-Aktivitätsmessung mit 1 % HCl, 1 % NaOH und wieder 1 % HCl bei 60 °C extrahiert. Die Huminsäure wurde mit HCl aus den NaOH-Extrakten niedergeschlagen, gewaschen und getrocknet.

2.2.5 CO_2-Mineralisation

Die kontinuierliche Messung der CO_2-Freisetzung wurde mit einem Infrarot-Gas-Analysator der Firma Rosemount (Binos 100) in einem Kreislaufsystem bei 20 °C mit einem Gasfluß von 1 L min^{-1} wöchentlich durchgeführt. Die mit Boden gefüllten Lysimeter wurden verschlossen und anschließend erfolgte die Messung der CO_2-Konzentration (Anfangswert). Nach einigen Minuten wurde ein zweiter Wert ermittelt (Endwert). Die Berechnung des freigesetzten CO_2 erfolgte als Differenz (Endwert - Anfangswert). Um festzustellen, ob Kohlenstoff aus Kohle an der CO_2-Freisetzung beteiligt ist, wurde eine ^{14}C-Aktivitätsmessung des CO_2 durchgeführt. Für die Untersuchung des Radiokohlenstoffgehaltes des produzierten CO_2 wurden die Lysimeter verschlossen. Dann erfolgte das Spülen des Zwischenraumes Boden - Lysimeterdeckel mit synthetischer Luft, um CO_2 zu entfernen. Anschließend wurde das im Boden produzierte CO_2 in Natronlauge aufgefangen. Hierzu wurde in das Kreislaufsystem eine Waschflasche, die 50 ml 0,01 M NaOH enthielt, eingebaut und mit der CO_2 angereicherten Luft durchströmt. Die Messung der CO_2-Konzentration mit dem Infrarot-Gas-Analysator belegte, dass das produzierte CO_2 durch die verwendete Natronlauge quantitativ aufgefangen wurde. Um eine genügend große Menge CO_2 aufzufangen, war es nötig die Gefäße zwischen 6 und 12 h geschlossen zu halten. Die gemessene ^{14}C-Aktivität des CO_2 wurde für einen gleichzeitig gemessenen Blindwert korrigiert. Der Blindwert enthält CO_2, welches während der labortechnischen Behandlung die Proben kontaminierte.

2.2.6 Mikrobielle Biomasse

Die mikrobielle Biomasse wurde nach Vance et al. (1987) ermittelt. Diese Methode beruht auf der Extrahierbarkeit des mikrobiell gebunden Kohlenstoffs nach Chloroform-Begasung des Bodens. Es wurden 2 Parallel-Proben eingewogen, wovon die eine ohne vorherige Begasung mit 0,01 M $CaCl_2$ extrahiert wurde. Die zweite Probe wurde nach der Chloroform-Begasung bei 23 °C 24 h inkubiert und danach genauso extrahiert. Anschließend erfolgte die Messung des gelösten TOC am TOC-Analyser (Shimadzu TOC-5000, Fa. Shimadzu Europe, Duisburg). Die Differenz im TOC-Gehalt der beiden Proben ergab den Anteil des extrahierbaren mikrobiell gebundenen Kohlenstoffs. Dieser extrahierbare Anteil wurde zur Ermittlung des gesamten mikrobiell gebundenen Kohlenstoffs (mikrobielle Biomasse) mit dem Faktor $k_{EC} = 0,45$ multipliziert (Jörgensen 1995).

Um festzustellen, ob Kohle als Kohlenstoffquelle von den Bodenmikroorganismen genutzt wird, sollte die mikrobielle Biomasse außerdem auf ihre ^{14}C-Aktivität untersucht werden. Für eine Spurenanalyse eignet sich die oben beschriebene CFE-Methode nicht, da Chloroform nicht vollständig aus der Bodenprobe entfernt werden kann. Da eine ^{14}C-Aktivitätsmessung nach Chloroformbegasung aufgrund von Kontamination mit rezentem ^{14}C durch zurückbleibendes Chloroform nicht mehr sinnvoll ist, wurde die oben genannte Fumigation-Extraktionsmethode dahin abgewandelt, dass die mikrobiellen Zellen anstatt mit Chloroform durch Gefriertrocknung abgetötet wurden (Islam et al. 1997). Diese Methode korreliert sehr stark mit dem CFE extrahierbaren Kohlenstoff ($r = 0,98$). Für die Probenvorbehandlung zur ^{14}C-Aktivitätsmessung war noch eine Modifikation der Methode nach Islam et al. (1997) erforderlich. Die Bodenproben wurden zuerst mit 0,01 M $CaCl_2$ extrahiert, um freies DOC zu entfernen. Danach wurde Wasser zugegeben und die Proben eingefroren. Anschließend erfolgte die Gefriertrocknung. Schließlich wurden die Proben erneut mit 0,01 M $CaCl_2$ extrahiert. Da flüssige Proben nicht auf ihre ^{14}C-Aktivität untersucht werden können, wurden die Extrakte eingefroren und ein weiteres Mal gefriergetrocknet. Vor dem Einfrieren erfolgte die Zugabe von Säure, um Carbonat-C als CO_2 zu entfernen.

2.2.7 ^{14}C-Aktivitätsmessung

Für die ^{14}C-Aktivitätsmessung musste der in den Proben vorhandene Kohlenstoff in CO_2 überführt werden. Dies geschah durch Veraschung der Festproben (getrocknete Huminsäuren, Laugerückstand, gefriergetrocknete $CaCl_2$-Extrakte) bei 900 °C in mit CuO in mit Silberwolle gefüllten Quarzampullen. Das in 0,05 M NaOH aufgefangene CO_2 wurde in einer automatisierten Extraktionsanlage (DICI-

System) behandelt, wo das CO_2 in 40 %iger H_3PO_4 freigesetzt, von einem N_2-Strom ausgespült und in flüssigem Sickstoff bei -195 °C gesammelt wurde.

Das durch Vorbehandlung gewonnene CO_2 wurde dann mit H_2 bei 600 °C über einem Eisen-Katalysator zu Graphit reduziert und das Eisen-Graphit-Gemisch in einen Probenhalter für die ^{14}C-Aktivitätsmessung mittels Beschleuniger-Massen-Spektrometrie (AMS) gepreßt. Die ^{14}C-Messungen wurden im Leibniz-Labor für Altersbestimmung der Universität Kiel von Prof. Grootes durchgeführt. Die ^{14}C-Aktivitäten wurden dort mit Hilfe des gleichzeitig im AMS gemessenen $^{13}C/^{12}C$-Verhältnisses auf Isotopenfraktionierung korrigiert. Die Unsicherheit im ^{14}C-Ergebnis berücksichtigt Zählstatistik, Stabilität der AMS-Anlage und Unsicherheit im subtrahierten Nulleffekt.

Die ^{14}C-Aktivität einer Probe wird in „percent modern carbon" angegeben. Hierbei wird davon ausgegangen, daß rezenter Kohlenstoff 100 pmC aufweist. Kohlenstoff aus Braunkohle ist „toter Kohlenstoff", der im Gegensatz zu rezentem C keine ^{14}C-Aktivität (pmC = 0) mehr aufweist. In Mischungen aus rezentem und totem Kohlenstoff gibt eine ^{14}C-Aktivitätsmessung demnach Aufschluß über die Beteiligung von Kohlenstoff aus Braunkohle, wenn die ^{14}C-Aktivität geringer ist als 100 pmC. Den Kohlegehalt (% Cges) berechnet man wie folgt:

$$100 \text{ pmC} - \text{gemessene } ^{14}\text{C-Aktivität (pmC)} = \text{Kohleanteil} \quad (1)$$

2.3 Ergebnisse und Diskussion

2.3.1 Biochemische Parameter zu Beginn der Inkubation

Das Abraumsubstrat (Variante OO) zeichnet sich durch einen extrem sauren pH-Wert sowie eine hohe Leitfähigkeit und einen schwachen Kohlegehalt aus (Tab. 2). Durch Melioration dieses Substrates mit Asche (20 g und 40 g kg^{-1}) aus dem Cottbuser Heizkraftwerk wurde der pH-Wert auf 6,0 und 6,3 bzw. 6,7 angehoben (Varianten IIWB und IIWB+L und Varianten WB und WB+L). Außerdem kommt es durch die Aschezugabe zu einer Erhöhung des Corg-Gehaltes (Tab. 2).

Die zugegebene Asche zeichnet sich durch einen Restkohlenstoffgehalt von 47 g kg^{-1} aus. Kohlenstoff aus Asche ist durch eine hocharomatische Struktur gekennzeichnet (Rumpel et al. 1998 a) und wird als annähernd inert gegenüber mikrobiellem Abbau angesehen (Shindo 1991). Durch die Zugabe von *Lolium perenne* erhöht sich der Kohlenstoffgehalt bei gleichbleibendem N-Gehalt nochmals. Dies führt zu einem C/N-Verhältnis von 42.

Eine Korngrößenanalyse mit anschließender C- und N-Bestimmung zeigte, dass die Aschemelioration vor allem den prozentualen Kohlenstoffanteil der Feinsand- und Mittelsandfraktion erhöht (Abb. 1).

Tab. 2 Chemische Kenngrößen der eingesetzten Kippsubstrate, der Asche und des Wurzelmaterials (*Lolium perenne*) (vgl. Tab. 1).

	pH	EC [µS cm^{-1}]	Corg-Gehalt [g kg^{-1}]	N-Gehalt [g kg^{-1}]	C/N	Kohleanteil [% Corg]
OO	2,8	2.206	17,2 ± 0,5	0,5 ± 0,0	34	n.b.
WB	6,3	2.331	18,2 ± 0,2	0,5 ± 0,1	34	99,0 ± 0,1
WB + L	6,7	2.614	20,2 ± 0,9	0,5 ± 0,1	42	n.b.
BB	6,2	560	59,8 ± 0,6	1,4 ± 0,1	44	89,0 ± 0,1
DD	5,4	333	107,6 ± 1,9	4,1 ± 0,1	26	58,2 ± 0,2
II WB	6,0	2.907	n.b.	n.b.	n.b.	n.b.
II WB+L	6,0	2.934	n.b.	n.b.	n.b.	n.b.
Asche	12,0	9,1	47,4	0,3	158	n.b.
Lolium	n.b.	n.b.	192,6	6,4	30	n.b.

Dies bestätigt die Ergebnisse der Freilanduntersuchungen (Rumpel et al. 1998 a, b). Die Zugabe von *Lolium perenne* Wurzelmaterial läßt sich nach der Korngrößenfraktionierung durch einen erhöhten Kohlenstoffanteil in der Grobsandfraktion nachweisen.

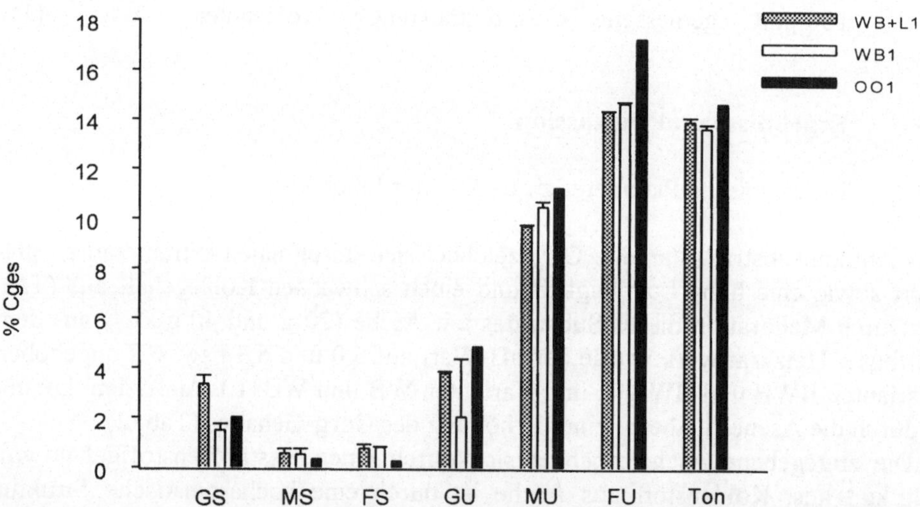

Abb. 1 Kohlenstoffverteilung in den Korngrößenfraktionen der Proben OO, WB und WB+L.

Dies wurde auch von anderen Autoren für natürlich gewachsene Böden festgestellt (Hassink & Dalenberg 1996), die den Kohlenstoff in den groben Korngrößenfraktionen unzersetzter Pflanzenstreu zuordneten. In den feinen Korngrößenfraktionen ist demnach vor allem mikrobieller Kohlenstoff zu finden. Die kohlehaltigen Kippböden weisen in den Schluff- und Tonfraktionen jedoch eine hohe Beteiligung von Kohlenstoff aus Kohle auf (Rumpel et al. 2000).

Die älteren Kippböden zeigen höhere Kohlenstoff- und vor allem Stickstoffgehalte als die frisch meliorierten Substrate (Tab. 2). Das C/N-Verhältnis von 44 im Boden BB weist darauf hin, dass die organische Substanz entweder zum großen Teil aus Kohle besteht, oder dass es sich um wenig zersetzte Pflanzenstreu handelt. Im Boden DD deutet das C/N-Verhältnis von 26 auf humifizierte organische Substanz hin. Der Kohleanteil beträgt in dieser Variante 58,2 % und ist damit geringer als im Boden BB. Im Kippsubstrat beträgt der Kohleanteil annähernd 100 %. Dies stimmt mit den an Profilen erhobenen Kohlegehalten überein (Rumpel et al. 1998 a; 1999) und zeigt, dass die im Inkubationsversuch eingesetzten Bodenproben für die Standorte repräsentativ sind.

Mit zunehmendem Bodenalter vergrößert sich die Huminsäurefraktion der Proben WB, BB und DD bezogen auf Cges auf bis zu 58 % (Tab. 3). Dies kann mit zunehmender Veränderung der organischen Substanz im Verlauf der Humifizierung erklärt werden. Der Humifizierungszustand der rezenten organischen Substanz steigt mit dem Alter der Kippböden an (Rumpel et al. 1999). Eine Zunahme der Huminsäurefraktion im Verlauf der Humifizierung wurde auch für natürlich gewachsene Waldböden festgestellt (Kögel-Knabner 1993).

In den Proben WB, BB und DD wurde die ^{14}C-Aktivität der Huminsäurefraktion bestimmt (Tab. 3).

Tab. 3 C-Ausbeute, ^{14}C-Aktivität von Huminsäuren und die aus Kohle extrahierbare Huminsäurefraktion [HS].

	C-Ausbeute in HS [%]	^{14}C-Aktivität der Huminsäure [pmC]	HS aus rezenter organischer Substanz [%]	HS aus Kohle [%]
DD (37 Jahre)	58,4	37,0 ± 0,2	54	64
BB (11 Jahre)	28,6	6,9 ± 0,1	15	29
WB (0 Jahre)	31,8	0,5 ± 0,1	5	30

In den Huminsäuren aller drei Proben wurde eine große Beteiligung von Kohlenstoff aus Kohle gemessen. Auch nach 37 Jahren (DD) war die Beteiligung von rezentem C an der Huminsäure nicht größer als 37 % . Dies bedeutet, dass 64 % vom Kohle-C im Boden als Huminsäure gelöst werden können. In den beiden jüngeren Varianten sind dies nur 30 %. Folglich wird neben der rezenten organischen Substanz auch die Kohle unter Freilandbedingungen mit zunehmendem Alter löslicher in NaOH.

Das zeigt, dass eine größere Menge funktioneller Gruppen vorhanden ist. Eine Erhöhung funktioneller Gruppen in der Kohlestruktur weist auf einen biochemischen Abbau hin (Haider 1999).

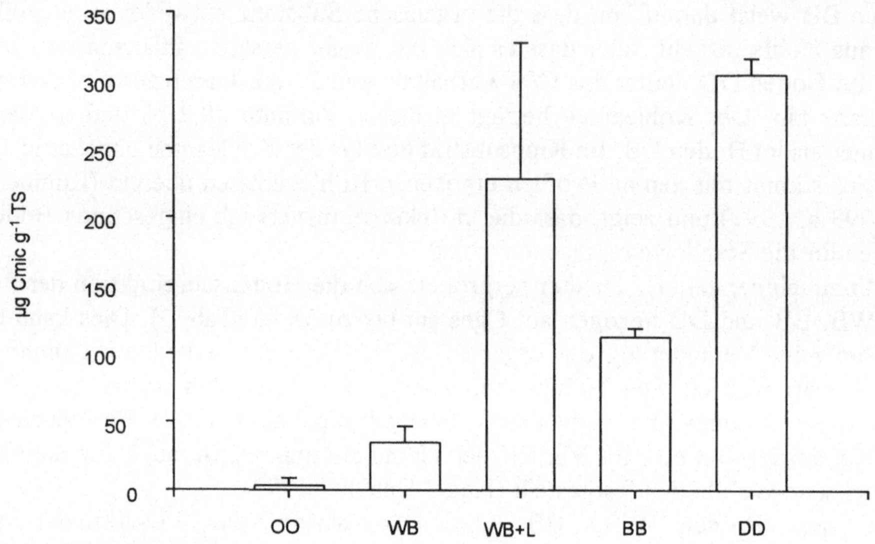

Abb. 2 Mikrobielle Biomasse zu Beginn der Inkubation.

Die mikrobielle Biomasse wurde zum ersten Mal nach einwöchiger Akklimation der Böden bei 20 °C und 50 % Wkmax ermittelt (Abb. 2). Die höchsten Cmic-Gehalte waren erwartungsgemäß in dem Substrat WB+L vorhanden. Hier förderte die Zugabe von leicht zersetzbarer organischer Substanz die schnelle Vermehrung der am Abbau beteiligten Mikroorganismen.

Weiterhin ist erkennbar, dass auch die Aschemelioration und Grunddüngung des kohlehaltigen Kippsubstrates die Cmic-Gehalte erhöhen können. Dies steht im Widerspruch zu den Ergebnissen von Waschkies & Hüttl (1999), die für kohlehaltiges Kippsubstrat eine Abnahme der Cmic-Gehalte nach einer Kalkung feststellten. Mit Asche werden auch Elemente in den Boden eingebracht, die von den Mikroorganismen potenziell als Nährelemente verwendet werden können (Pichtel 1990), was die erhöhten Cmic-Gehalte erklären könnte. Auch die älteren Kippsubstrate (DD und BB) zeigten erhöhte Cmic-Gehalte im Vergleich zum Ausgangssubstrat. Dies kann auf die Beteiligung rezenter organischer Substanz in diesen Varianten zurückgeführt werden und wurde auch von Kolk et al. (1997) für die Freilandstandorte festgestellt. Zwischen der ^{14}C-Aktivität der Gesamtböden und den Cmic-Gehalten läßt sich ein signifikanter Zusammenhang aufzeigen. Die Akkumulation rezenter organischer Substanz hat im 37-jährigen Boden das Niveau vergleichbarer gewachsener Standorte erreicht (Rumpel et al. 1999). Die mikrobielle Biomasse ist im Boden jedoch um ein Vielfaches geringer als an gewachsenen Standorten gemessen wurde (Ross & Tate 1993).

2.3.2 Kohlenstoffmineralisation und mikrobielle Biomasse im Inkubationsverlauf

Die kontinuierliche CO_2-Messung zeigte, dass es auch im unmeliorierten, ausschließlich kohlehaltigen Kippsubstrat (OO) während der Inkubation zu einer Kohlenstoff-Mineralisation gekommen ist (Tab. 4). Durch eine Grunddüngung und Aschemelioration mit 40 g Asche kg^{-1} kann die CO_2-Produktion gesteigert werden (Varianten OO und WB). Dies ist nicht der Fall, wenn 20 g Asche kg^{-1} TS zur Melioration eingesetzt werden (Varianten OO und IIWB nach 9 Monaten, Tab. 4). Demnach kann sich ein höherer pH-Wert fördernd auf die mikrobielle Aktivität kohlehaltiger Kippböden auswirken. Dies wurde auch für gewachsene Waldböden festgestellt (Curtin et al. 1997).

Tab. 4 Kohlenstoffmineralisation nach 9 und 16-monatiger Inkubation.

Probe	Kohlenstoff-Mineralisation [mg CO_2-C g^{-1} C] nach 16 Monaten	nach 9 Monaten
OO	27 ± 8	15 ± 4
WB	32 ± 15	21 ± 10
WB+L	64 ± 24	63 ± 23
BB	60 ± 11	
DD	31 ± 5	
IIWB		17 ± 5
IIWB+L		122 ± 38

Die CO_2-Freisetzung nach Aschemelioration des kohlehaltigen Kippsubstrates könnte neben dem mikrobiellen Kohleabbau auch durch die Freisetzung von CO_2 aus der Auflösung von Carbonat erklärt werden (McCarthy et al. 1998). Allerdings war der Eintrag von Carbonat durch die verwendeten Aschen nicht nachweisbar. In allen ausschließlich kohlehaltigem Kippsubstraten kommt es verglichen mit natürlich gewachsenen Böden (Leifeld 1998) zu einer großen Kohlenstoffmineralisation. Sie erreicht in der Variante WB ein ähnliches Niveau wie in der älteren Kippbodenvariante DD (Tab. 4), während der Cmic-Gehalt bezogen auf den Gesamt-Kohlenstoff vergleichsweise gering ist (Abb. 3). Dies deutet auf das Vorhandensein weniger sehr aktiver Mikroorganismen im ausschließlich kohlehaltigen aschemeliorierten Kippsubstrat hin. Außerdem ist in diesen Varianten (OO und

WB) ein Anstieg des Anteils der mikrobiellen Biomasse am Gesamt-Kohlenstoff im Inkubationsverlauf erkennbar (Abb. 3). Dies deutet auf die Etablierung adaptierter Mikroorganismen während der Inkubation hin (Waschkies & Hüttl 1999). Die optimierten Bedingungen scheinen eine verstärkte Inkorporation des Kohlenstoff aus Kohle in mikrobielle Biomasse zu begünstigen.

Die Kohlenstoffmineralisation erhöht sich stark nach der Zugabe leicht verfügbarer organischer Substanz zum kohlehaltigen Ausgangssubstrat (Variante WB+L) (Tab. 4). Gleichfalls ist ein Anstieg der mikrobiellen Biomasse zu verzeichnen, die, verglichen mit dem Ausgangssubstrat WB, nach sechs Monaten immer noch einen mehr als doppelt so großen Anteil am Corg hat (Abb. 3). Auffällig ist weiterhin, dass die C-Mineralisation in dieser Variante durch eine Zugabe von nur 20 g Asche kg^{-1} TS (Variante IIWB+L) nochmals fast verdoppelt werden konnte (Tab. 4). Dies könnte auf eine veränderte Zusammensetzung der Mikroorganismengesellschaften bei einem tieferen pH-Wert zurückgeführt werden. Pilze haben bei einem pH-Wert von 5 - 6 einen Konkurrenzvorteil gegenüber Bakterien. Weißfäulepilze können potentiell auch Lignin und Kohle abbauen und so die Kohlenstoffmineralisation erhöhen.

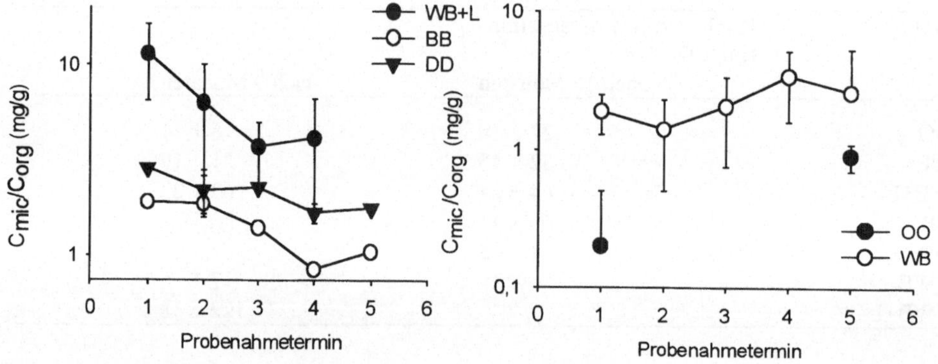

Abb. 3 Mikrobielle Biomasse Cmic/Corg im Inkubationsverlauf.

Die Kippbodenvarianten, in denen rezente organische Substanz vorhanden ist, zeigen alle eine Abnahme des Anteils mikrobieller Biomasse am Gesamtkohlenstoff mit zunehmendem Inkubationsverlauf (Abb. 3). Dies weist auf eine verstärkte Mineralisation leicht abbaubarer Anteile der organischen Substanz mit gleichzeitiger Anreicherung stabiler, für Mikroorganismen schwer verfügbarer Kohlenstoffspezies hin. In den Varianten BB und WB+L nahm die mikrobielle Biomasse im Vergleich zum 37-jährigen Kippboden DD während der Inkubation stark ab. In diesen beiden Varianten ist gleichfalls die größte Kohlenstoffmineralisation zu verzeichnen (Tab. 4). Dies ist darauf zurückzuführen, daß sie hauptsächlich unzersetzte Streu enthalten, die schnell mineralisiert wird (Grisi et al. 1998). Die Cmic/Corg-Verhältnisse der untersuchten Lausitzer Kippböden sind um ein Vielfaches geringer als diese von gewachsenen Böden (Jörgensen 1995) und forstlich rekultivierten Böden (Insam & Domsch 1988) bestimmt wurden. Nach Insam & Domsch (1988) ist dieses Verhältnis ein Indikator für den Entwicklungsstand von Kippböden und zeigt demnach das junge Alter der Böden an.

Unsere Ergebnisse zeigten, dass auch in ausschließlich kohlehaltigem Kippsubstrat unter optimierten Bedingungen mit einer Kohlenstoffmineralisation gerechnet werden kann. Neben Menge und Art der rezenten organischen Substanz hat auch die Menge der zugegebenen Asche einen Einfluß auf die Kohlenstoffmineralisation. In älteren Kippböden wurde die größte Kohlenstoffmineralisation im Boden mit geringer Beteiligung wenig humifizierter rezenter organischer Substanz festgestellt. Der Anteil der mikrobiellen Biomasse am Gesamt-Kohlenstoff ist in diesen Böden höher als in ausschließlich kohlehaltigen Kippböden. Offensichtlich kommt es im Laufe der Bodenentwicklung in kohlehaltigen Kippböden mit der Akkumulation rezenter organischer Substanz zu einer Zunahme der mikrobiellen Biomasse und einer Abnahme der mikrobiellen Aktivität. Inwieweit die im Boden enthaltene Kohle an diesen Prozessen beteiligt ist, sollte mit der ^{14}C-Aktivitätsmessung geklärt werden.

2.3.3 ^{14}C-Aktivitätsmessung des freigesetzten CO_2 und der mikrobiellen Biomasse

Die Ergebnisse der ^{14}C-Aktivitätsmessung des freigesetzten CO_2 zeigen, dass an allen drei Probenahmeterminen in den Varianten BB, DD und WB CO_2 aus Kohle freigesetzt wird (Tab. 5). Die relativ niedrige Beteiligung von Kohle-C am freigesetzten CO_2 aus dem Boden WB, der 99 % Kohle enthält, ist mit dem Probennahmeverfahren zu erklären. Der Boden WB ist ein Sandboden und enthält Bodenluft, an der atmosphärisches CO_2 rezenter Natur, das nicht aus der Atmung von Mikroorganismen stammt, beteiligt ist. Um ausschließlich CO_2 aus mikrobieller Atmung zu erhalten, hätte man den Boden mit synthetischer Luft CO_2 freispülen müssen. Dies ist nur mit erheblichem Aufwand möglich (Dr. Butterbach, mündliche Mitteilung). So beschränkten wir uns darauf den Raum zwischen Boden und Lysimeterdeckel CO_2 freizuspülen.

Nach sechsmonatiger Inkubation ist der Anteil des Kohle-CO_2 an der Gesamt-CO_2-Produktion in den älteren Kippbodenvarianten geringer als im kohlehaltigen Ausgangssubstrat. Im weiteren Inkubationsverlauf ändert sich der Anteil des Kohle-C an der Gesamt CO_2-Emission in den Varianten BB und DD nur wenig. In der Variante WB nimmt hingegen der Kohleanteil sehr stark ab. Wenn man das freigesetzte Kohle-CO_2 auf den Kohle-C-Gehalt im Boden bezieht, wird erkennbar, dass die größte Mineralisation von Kohle im Boden BB stattfindet (Tab. 5).

Tab. 5 Anteil des Kohle-C an der CO_2-Freisetzung und Kohlemineralisation während der Inkubation.

	Anteil des Kohle-C an der CO_2-Freisetzung [Kohle-CO_2-C Gesamt CO_2-C^{-1} × 100]			Kohlemineralisation [µg Kohle-CO_2-C d^{-1} g^{-1} Kohle-C]		
	6 Monate	12 Monate	16 Monate	6 Monate	12 Monate	16 Monate
WB	54,9 ± 0,1	43,1 ± 0,2	15,8 ± 0,3	22,3	8,4	4,5
BB	53,9 ± 0,2	57,3 ± 0,2	54,3 ± 0,2	53,1	49,9	42,2
DD	13,0 ± 0,2	17,4 ± 0,2	15,8 ± 0,2	2,9	6,1	2,5

Aus dem Boden DD, der die größte Menge rezenten Kohlenstoffs enthält, wird nur wenig CO_2 aus Kohle freigesetzt. Der Anstieg der Kohlemineralisation mit zunehmendem Bodenalter nach 14 Jahren Bodenentwicklung könnte ein weiterer Hinweis auf Etablierung an Kohleverwertung angepasster Mikroorganismen sein (Waschkies & Hüttl 1999). Außerdem könnte die relativ hohe Kohlemineralisation bei Beteiligung von rezenter organischer Substanz im Boden BB auf einen „priming effect" hinweisen. Die Mineralisationsrate der Kohle liegt im Bereich der Werte, wie sie auch für organische Bodensubstanz gemessen wurden (Jörgensen 1995).

Die Inkorporation von Kohle-C in die mikrobielle Biomasse wurde in den älteren Kippböden BB und DD untersucht. Die Ergebnisse der ^{14}C-Aktivitätsmessung zeigen, dass die mikrobielle Biomasse in beiden Kippböden eine Beteiligung von Kohlenstoff aus Kohle aufweist (Tab. 6). Dies ist darauf zurückzuführen, dass Kohle einem mikrobiellen Abbau unterliegt und Kohle-C in die mikrobielle Biomasse inkorporiert wird. Jedoch ist der Kohlegehalt der mikrobiellen Biomasse in der Variante DD mit größerer Beteiligung rezenter organischer Substanz geringer als in der Variante BB.

Tab 6 Kohlegehalt der mikrobiellen Biomasse im Inkubationsverlauf.

	Kohle-C in mikrobieller Biomasse [Kohle-C $Cmic^{-1}$ × 100]			Anteil der mikrobiellen Biomasse aus Kohle am gesamten Corg [mg Kohle-Cmic g^{-1} Corg]		
	6 Monate	12 Monate	16 Monate	6 Monate	12 Monate	16 Monate
DD	13,9 ± 1,2		12,2 ± 0,3	0,3		0,2
BB	43,0 ± 0,5	39,4 ± 0,3	48,7 ± 0,9	0,8	0,9	0,5

Der Kohle-Cmic-Gehalt bezogen auf Corg ist ebenfalls in Tabelle 6 dargestellt. Es wird deutlich, dass eine größere Kohle-C-Menge in die Biomasse inkorporiert wird, wenn die Akkumulation rezenter organischer Substanz und ihr Humifizierungszustand noch gering sind. Die Beteiligung von Cmic aus Kohle geht sowohl mit zunehmendem Bodenalter als auch im Inkubationsverlauf zurück (Tab. 6). Dies kann bedeuten, dass mit einer Annäherung an die Bedingungen natürlich gewachsener Ökosysteme die kohleverwertenden Mikroorganismen konkurrenzschwächer werden.

Die Ergebnisse der ^{14}C-Aktivitätsmessung zeigen, dass Kohlenstoff aus Kohle während einer Inkubation mineralisiert wird. Diese Mineralisation erfolgt in den Kippböden mit und ohne Beteiligung rezenter organischer Substanz. Weiterhin wird auch nach Beteiligung rezenter organischer Substanz Kohlenstoff aus Kohle in die mikrobielle Biomasse inkorporiert.

2.4 Schlussfolgerung

In dieser Studie wurde kohlehaltiges Kippsubstrat mit und ohne Beteiligung rezenter organischer Substanz sechzehn Monate lang inkubiert. Um einen eventuellen Kohleabbau aufzuklären, wurden ^{14}C-Aktivitätsmessungen des Gesamtboden, des freigesetzten CO_2 und der mikrobiellen Biomasse durchgeführt.

Es zeigt sich, dass während des gesamten Versuchs aus ausschließlich kohlehaltigen Kippböden CO_2 freigesetzt wird. Durch Grundmelioration des Substrates sowie die Zugabe rezenter organischer Substanz kann die Kohlenstoffmineralisation noch gesteigert werden.

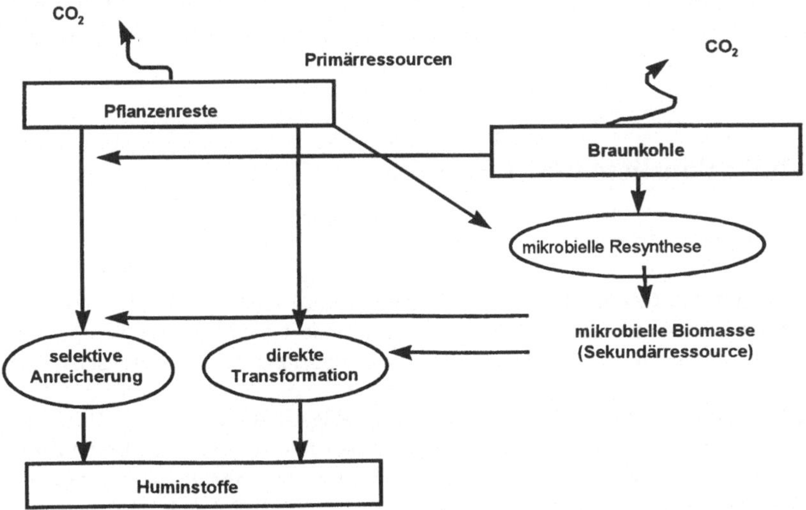

Abb. 4 Konzeptuelles Modell der Humusbildung (nach Kögel-Knabner 1992; modifiziert).

Die größte Kohlemineralisation findet während einer Inkubation in dem 14-jährigen Kippboden bei gleichzeitiger Anwesenheit von rezenter organischer Substanz statt.

Auch in dem 37-jährigen Kippboden kann eine Kohlemineralisation festgestellt werden. Die mikrobielle Biomasse in kohlehaltigem Kippsubstrat wird durch eine Grundmelioration sowie durch die Anwesenheit rezenter organischer Substanz gefördert. Die ^{14}C-Analyse zeigt, dass auch in älteren Kippböden mit Beteiligung rezenter organischer Substanz Kohle von Mikroorganismen als Kohlenstoffquelle genutzt werden kann.

Somit kann in einem Modell für die Humusbildung in kohlehaltigen Kippböden neben der selektiven Anreicherung auch die mikrobielle Resynthese als Humifizierungsprozeß für Kohle genannt werden (Abb. 4).

2.5 Zusammenarbeit

Zur Messung der ^{14}C-Aktivität arbeiteten wir mit P. Grootes, Universität Kiel zusammen. Außerdem erfolgte eine Zusammenarbeit mit J. Skjemstad und L. Janik vom CSIRO, Adelaide, Australien.

2.6 Danksagung

Wir bedanken uns bei der DFG für die finanzielle Unterstützung (Förderkennzeichen INK 4/A1 und 4/B2-1). Außerdem danken wir P. Grootes, Universität Kiel für die ^{14}C-Aktivitätsmessungen.

3 Publikationsliste und Literatur

3.1 Eigene Publikationen

Düker, Ch., Rumpel, C., Keplin, B., Kögel-Knabner, I. und Hüttl, R. F., 1997: Enchytreenabundanz, Artenspektrum und Vertikalverteilung in unterschiedlich alten forstlich rekultivierten Kippkohlesanden. Mittlungen der Deutschen Bodenkundlichen Gesellschaft, 85 II, 481-484.

Heinkele, T., Neumann, C., Rumpel, C., Strzyszcz, Z., Kögel-Knabner, I. und Hüttl, R. F., 1999: Zur Pedogenese pyrit- und kohlehaltiger Kippsubstrate im Lausitzer Braunkohlenrevier. In: Hüttl, R. F., Klem, D. und Weber, E. (Hrsg.): Rekultivierung von Bergbaufolgelandschaften. Walter De Gruyter Verlag, Berlin, New York 25-44.

Kögel-Knabner, I. und Rumpel, C., 2000: Bestimmung und Charakterisierung der organischen Substanz in braunkohlehaltigen, aschemeliorierten Kippenböden unter Wald. In: Broll, G.,

Dunger, W., Keplin, B. und Topp, W. (Hrsg.): Rekultivierung in Bergbaufolgelandschaften, Bodenorganismen, bodenökologische Prozesse und Standortentwicklung. Geowissenschaften und Umwelt, Springer Verlag, Berlin, 261-284.

Kögel-Knabner, I., Rumpel, C. und Hüttl, R. F., 1997: Humusbildung und Bodenentwicklung auf rekultivierten Flächen des Braunkohletagebaus der Niederlausitz. Karlsruher Schriften zur Geographie und Geoökologie, Band 7, 25-32.

Rumpel, C., Keplin, B., Kögel-Knabner, I. und Hüttl, R. F., 1997: Bodenökologische Parameter eines Kippenbodens unter Laubwald-Aufforstung. Mittlungen der Deutschen Bodenkundlichen Gesellschaft, 83, 187-190.

Rumpel, C., Kögel-Knabner, I., Becker-Heidmann, P. und Hüttl, R. F., 1996: Multiple causes for elevated carbon content in recultivated mine soils in Lusatia, Germany. In: Botrell, S. H. (Hrsg.): Geochemistry of the earth's surface. Proceedings of the fourth international symposium, Ilkley, University of Leeds, 461-466.

Rumpel, C., Kögel-Knabner, I., Cebulak, S. und Hüttl, R. F., 1997: Organic matter of rehabilitated mine soils in Lusatia, Germany. In: Drozd, J., Gonet, S. S., Senesi, N. und Weber, J. (Hrsg.): The Role of Humic Substances in the Ecosystem and in Environmental Protection, 481-487.

Rumpel, C., Kögel-Knabner, I. und Hüttl, R. F., 1997: Organischer Kohlenstoff in forstlich rekultivierten Kippenböden des Niederlausitzer Braunkohlenreviers. Mitteilungen der Deutschen Bodenkundlichen Gesellschaft, 84, 45-48.

Rumpel, C., Kögel-Knabner, I. und Hüttl, R. F., 1997: Differenzierung von pedogenem und geogenem Kohlenstoff in braunkohlehaltigen Kippenböden. Mitteilungen der Deutschen Bodenkundlichen Gesellschaft, 85 I, 329-332.

Rumpel, C., Kögel-Knabner, I., Knicker, H., Skjemstad, J. O. und Hüttl, R. F., 1998 a: Types and chemical composition of organic matter in reforested lignite-rich mine soils. Geoderma, 86, 123-142.

Rumpel, C, Knicker, H., Kögel-Knabner, I. und Hüttl, R. F., 1998 b: Airborne contamination of immature soil (Lusatian mining district) by lignite-derived materials: its detection and contribution to the soil organic matter budget. Water, Air and Soil Pollution, 105, 481-492.

Rumpel, C., Skjemstad, J. O., Kögel-Knabner, I., Knicker, H. und Hüttl, R. F., 1998: Differentiation of natural and anthropogenic carbon types in lignite-rich mine soils. Proceedings of the ISSS-Meeting, Symp. 7, 310.

Rumpel, C., 1999: Differenzierung und Charakterisierung pedogener und geogener organischer Substanz in forstlich rekultivierten Kippböden. Cottbuser Schriftenreihe zu Bodenschutz und Rekultivierung, Band 5, Cottbus.

Rumpel, C., Kögel-Knabner, I. und Hüttl, R. F., 1999: The impact of anthropogenic carbon types on the chemical composition of soil organic matter. In: Ármannsson, H. (Hrsg): Geochemistry of the earth's surface. Balkema Publishers, Rotterdam, 283-286.

Rumpel, C., Kögel-Knabner, I. und Hüttl R. F., 1999: Organic matter composition and degree of humification in lignite-rich mine soils under a chronosequence of pine. Plant and Soil, 213, 161-168.

Rumpel, C., Kögel-Knabner, I. und Hüttl, R.F., 2000: Kohle in rekultivierten Kippböden als Substrat für Mikroorganismen? Schriftenreihe des Umweltzentrums der Martin Luther Universität Halle Wittenberg (im Druck).

Rumpel, C., Kögel-Knabner, I. und Hüttl, R. F.,: Decompositon of lignite by soil microorganisms - implications for the humification process in reclaimed mine soils. Proceedings des 10. IHSS-Meeting in Toulouse, Frankreich (eingereicht).

Rumpel, C., Kögel-Knabner, I., Knicker, H., und Hüttl, R. F., 2000: Composition and distribution of organic matter in physical fractions of a rehabilitated mine soil rich in lignite-derived carbon. Geoderma (im Druck).

Rumpel, C., Kögel-Knabner, I., Skjemstad, J. O. und Hüttl, R. F., 2000: Wet chemical and spectroscopic characterization of the organic matter of lignite-rich mine soils. Proceedings des 9. IHSS-Meeting in Adelaide, Australien (im Druck).

Rumpel, C., Skjemstad, J. O., Knicker, H., Kögel-Knabner, I. und Hüttl, R. F., 2000: Techniques for the differentiation of carbon types present in lignite-rich mine soils. Organic Geochemistry (im Druck).

Rumpel, C., Grootes, P., Kögel-Knabner, I., Weber, E. und Hüttl, R. F.: Quantification of lignite-derived carbon in soil by ^{14}C activity measurements (in Vorbereitung).

Rumpel, C., Janik, L., Skjemstad, J. O., Kögel-Knabner, I. und Hüttl, R. F.: Characterization of organic matter in lignite-containing mine soils by MIR-Spectroscopy and quantification of the lignite content by partial-least squares. Soil Science (eingereicht).

Schmidt, M. W. I., Rumpel, C. und Kögel-Knabner, I., 1997: Standardisierung der Ultraschalldispergierungsenergie für die Korngrößenfraktionierung. Mitteilungen der Deutschen Bodenkundlichen Gesellschaft, 85 I, 303-306.

Schmidt, M. W. I., Rumpel, C. und Kögel-Knaber, I., 1999: Evaluation of an ultrasonic dispersion method to isolate primary organomineral complexes from soils. European Journal of Soil Science, 50, 87-90.

Schmidt, M. W. I., Rumpel, C., Kögel-Knabner, I., 1999: Particle size fractionation of soils comprising coal particles. European Journal of Soil Science, 50, 115-122.

3.2 Zitierte Literatur

Anderson, T.-H. und Domsch, K. H., 1985: Maintenance carbon requirements of actively-metabolizing microbial populations under in situ conditions. Soil Biology and Biochemistry, 17, 197-203.

Curtin, D., Campbell, C. A. und Jalil, A., 1998: Effects of acidity on mineralization: pH-dependence of organic matter mineralization in weakly acidic soils. Soil Biology and Biochemistry, 30, 57-64.

Grisi, B., Grace, P., Brookes, C., Benedetti, A. und Dell'Abate, M. T., 1998: Temperature effects on organic matter and microbial biomass dynamics in temperate and tropical soils. Soil Biology and Biochemistry, 30, 1309-1315.

Haider, K., 1999: Von der toten organischen Substanz zum Humus. Zeitschrift für Pflanzenernährung und Bodenkunde 162, 363-371.

Hassink, J. und Dalenberg, J. W., 1996: Decomposition and transfer of plant residue ^{14}C between size and density fractions in soil. Plant and Soil, 179, 159-169.

Insam, H. und Domsch, K. H., 1988: Relationship between soil organic carbon and microbial biomass on chronosequences of reclamation sites. Microbial Ecology, 15, 177-188.

Islam, K. R., Weil, R. R., Mulchi, C. L. und Glenn, S. D., 1997: Freeze-dried soil extraction method for the measurement of microbial biomass C. Biology and Fertility of Soils, 24, 205-210.

Jörgensen, R. G., 1995: Die quantitative Bestimmung der mikrobiellen Biomasse in Böden mit der Chloroform-Fumigations-Extraktions-Methode. Göttinger Bodenkundliche Berichte, 104.

Kögel-Knabner, I., 1993: Biodegradation and humification processes in forest soils. In: Bollag, J.-M. und Stotzky, G. (Hrsg): Soil Biochemistry, 8. Marcel Dekker, New York, 101-137.

Kolk, A., Keplin, B. und Hüttl, R. F., 1997: Untersuchungen zum Streuabbau, zur Mikrobiologie und zur Bodenmesofauna aus forstlich rekultivierten Standorten einer Kiefernchronosequenz. Mitteilungen der Deutschen Bodenkundlichen Gesellschaft, 85 (2), 537-540.

Laves, D., Franko, U. und Thum, J., 1993: Umsatzverhalten fossiler organischer Substanzen. Archiv für Acker- Pflanzenbau und Bodenkunde, 37, 211-219.

Leifeld, J., 1998: Einfluß von Kompostanwendung auf den Umsatz der organischen Substanz in Böden. Ergebnisse aus Modell- und Freilandversuchen. Shaker, Aachen.

McCarty, G. W., Siddaramappa, R. und Wright, R. J., 1998: Potential error associated with measurement of carbon mineralization in soil treated with coal combustion byproducts. Soil Biology and Biochemistry, 30, 107-109.

Ross, D. J. und Tate, K. R., 1993: Microbial C and N, and respiratory activity in litter and soil of a southern beech (Nothofagus) Forest: distribution and properties. Soil Biology and Biochemistry, 25, 477-483.

Siebert, S, Leifeld, J. und Kögel-Knabner, I., 1996: A microcosm system to determine the gas production of arable soils amended with different composts. In: De Bertoldi, M., Sequi, P., Lemes, B. und Papi, T. (Hrsg.): The science of composting Blackie Academic & Profesional, Glasgow, 1335-1394.

Shindo, H., 1991: Elementary composition, humus composition, and decomposition in soil of charred grassland plants. Soil Science and Plant Nutrition, 37, 651-657.

Vance, E. D., Brookes, P. C. und Jenkinson, D. S., 1987: An extraction method für measuring microbial biomass C. Soil Biology and Biochemistry, 19, 703-707.

Waschkies, C. und Hüttl, R. F., 1999: Microbial degradation of geogenic organic C and N in mine spoils. Plant and Soil, 213, 221-230.

Entwicklung von Wasserhaushalt und Stoffkreisläufen in Kiefernökosystemen auf tertiären Kippenstandorten des Lausitzer Braunkohlereviers - steuernde Prozesse und beteiligte Pools (Teilprojekt 3)

Martin Gast, Wolfgang Schaaf, Rudolf Wilden & Jörg Scherzer

1 Zusammenfassung

Unter den klimatischen Bedingungen der Niederlausitz können Kiefernaufforstungen auf Kippenflächen während der Dickungsphase keinen abflusswirksamen Beitrag zur Tiefensickerung leisten. Dies ist in erster Linie auf die Bestandesstruktur mit allgemein sehr hoher Bestandesdichte und der damit eng verknüpften Interzeptionsverdunstung zurückzuführen.

Der Stoffhaushalt von Forstökosystemen auf kohle- und pyrithaltigen Kippböden ist geprägt von pedochemischen Prozessen, die durch die Pyritoxidation initialisiert werden. Die Dynamik der Pedogenese konnte anhand von Stoffhaushaltsuntersuchungen im Rahmen einer Chronosequenz nachvollzogen werden. Neben der Oxidation von Pyrit bestimmen Primärmineralverwitterung, Sekundärmineralbildung und Verlagerung von sekundär gebildeten Mineralen den Chemismus der Bodenlösung. Auf Grund der überwiegend hohen Lösungskonzentrationen sind die Stoffausträge aus den Forstökosystemen um ein Vielfaches höher als die Einträge. Jährliche Austräge aus dem Wurzelraum erreichen im Mittel bis zu 1,7 t Al, 2,2 t Fe, 0,7 t Ca und 6,8 t SO_4-S je ha. Mit zunehmendem Rekultivierungsalter nehmen diese Austräge deutlich ab, zeigen jedoch wesentliche qualitative und quantitative Unterschiede zu unverritzten Standorten.

Die Betrachtung der Stoffflüsse legt den Schluss nahe, dass sich auch auf ursprünglich extrem kulturfeindlichen Ausgangssubstraten innerhalb relativ kurzer Entwicklungszeiträume Nährstoffkreisläufe etablieren. Für das ernährungsphysiologisch bedeutsame Element K konnte dies bereits belegt werden. Bei weiter fortschreitender Reduzierung des substratbedingten Einflusses ist davon auszugehen, dass auch für andere Elemente systeminterne Umsetzungen und Kreisläufe an Bedeutung für den Stoffhaushalt der Ökosysteme gewinnen.

Eine Besonderheit der untersuchten Böden stellen die kohligen Beimengungen dar. Es zeigte sich, dass diese in größeren Mengen N freisetzen können. Ungeklärt ist, in welchem Umfang dieser N-Pool von der Vegetation genutzt werden kann.

Hinsichtlich des langfristigen chemischen, aber auch physikalischen Verhaltens der kohligen Beimengungen im Boden besteht weiterer Klärungsbedarf.

2 Arbeits- und Ergebnisbericht

2.1 Ziele

Die Übertragung des Elementbilanzierungsansatzes aus der Waldökosystemforschung (Ulrich & Mayer 1973) auf forstlich rekultivierte Kippenflächen des Lausitzer Braunkohlereviers sollte erstmals die Untersuchung der Wasser- und Stoffkreisläufe dieser in ihren Funktionen stark gestörten Standorte ermöglichen. Der Chronosequenz-Ansatz erlaubt Aussagen über Entwicklungsrichtung und -geschwindigkeit von Böden und Ökosystemen der Bergbaufolgelandschaft. Mit diesem kombinierten Herangehen sollten die dominierenden Prozesse aufgeklärt, beschrieben und quantifiziert werden. Die geochemischen Ausgangsbedingungen der kohle- und pyrithaltigen Kippsubstrate sowie die intensiven Meliorationsmaßnahmen stellten dabei eine besondere Standortqualität dar, die sich deutlich von gewachsenen Standorten unterscheidet.

2.2 Methodik

Als Chronosequenzflächen wurden für die Kippen des Braunkohletagebaues hinsichtlich Substrat und Bestockung repräsentative Kiefernbestände ausgewählt. Dem chronosequenziellen Ansatz entsprechend wiesen die Standorte zum Zeitpunkt der Grundmelioration eine vergleichbare bodengeologische Ausgangssituation auf. Wie Tabelle 1 zeigt, wurden die als stark kohle- und schwefelhaltig anzusprechenden Kipp-Kohlelehmsande bzw. Kippkohlesande mit basenreichen Kraftwerksaschen grundmelioriert. Eine Ausnahme stellte der mit Kalk meliorierte Standort Schlabendorf-Nord dar. Die verabreichten Asche- bzw. Kalkmengen orientierten sich an der potentiellen Säurefreisetzung bei vollständiger Sulfidverwitterung (Illner & Katzur 1964). Im Zuge der Melioration erfolgte eine NPK-Grunddüngung. Im Anschluß wurde mit Kiefer (*Pinus sylvestris* L., *Pinus nigra* Arnold) aufgeforstet. Bedingt durch die Heterogenität der Kippsubstrate variierten die Gehalte an C_t und S_t sowohl innerhalb als auch zwischen den Untersuchungsflächen.

2.2.1 Flächeninstrumentierung

An jedem Standort wurden jeweils 10 Niederschlagssammler im Freiland sowie im Bestand installiert. Am Standort WB wurde auf Grund der geringen Bestandeshöhe kein Bestandesniederschlag erfaßt. Die Bodenlösungen wurden kontinuierlich mit Keramik-Saugkerzen (P80) bei einem Unterdruck von maximal 300 hPa gewonnen. Durch die Begrenzung des Unterdrucks wurde das für die Stoffverlagerung relevante schnell und langsam dränende Sickerwasser erfaßt. Der an den Saugkerzen anliegende Unterdruck wurde automatisch jede Stunde dem aktuellen Matrixpotential angepasst. Die Einbautiefe der Saugkerzen betrug 20, 40, 70 und 100 cm. Am Standort WB wurden die Kerzen in den Tiefenstufen 20, 60 und 130 cm installiert. Die Bodenlösungen jeder Tiefenstufe sind in drei parallelen Messfeldern erfasst worden. Dabei stellte jede Probe eine Mischprobe aus zwei Saugkerzen dar.

Tab. 1 Charakterisierung der Untersuchungsflächen (nach Heinkele et al. 1999).

Standorte	Weißagker Berg WB	Bärenbrück BB	Meuro MR	Domsdorf DD	Schlabendorf-Nord SD
Verkippung	1991	1977	1970	1946	1976
Melioration	1996 Filterasche 280 dt CaO ha^{-1}	1978 Kesselhausasche 1900 dt CaO ha^{-1}	1971 Kesselhausasche 1600 dt CaO ha^{-1}	1963 Kesselhausasche 500 dt CaO ha^{-1}	1978 Kalk 300 dt CaO ha^{-1}
Meliorationstiefe	60 - 80 cm	ca. 40 cm	60 cm	30 cm	30 - 60 cm
Substrat (n. KA 4 1994)	Kipp-Kohlesand	Kipp-Kohlelehmsand	Kipp-Kohlelehmsand	Kipp-Kohlelehmsand	Kipp-Kohlesand
Bodenchem. Kenndaten	C_t 1,0-2,4 % S_t 0,4-0,6 %	C_t 3,9-7,2 % S_t 0,2-2,0 %	C_t 2,4-4,7 % S_t 0,1 %	C_t 1,9-7,8 % S_t 0,2-1,5 %	C_t 0,03-0,1 % S_t 0,03-0,1 %
Bestand	*Pinus sylvestris*	*Pinus nigra*	*Pinus sylvestris*	*Pinus sylvestris*	*Pinus sylvestris*
Alter 1998	2 Jahre	16 Jahre	20 Jahre	34 Jahre	19 Jahre

Auf den Untersuchungsflächen wurden von Herbst 1995 bis Sommer 1998 in 14-tägigem Rhythmus Freiland-, Bestandesniederschlag und Bodenlösung beprobt. Zur Ermittlung der Bodensaugspannung waren in 3 Tiefenstufen (20, 60 und 100 cm) je fünf automatisch registrierende Druckaufnehmertensiometer mit Temperatursensoren installiert. Mittels TDR-Sonden (Time Domain Reflectometry) wurde der volumetrische Wassergehalt erfasst (3 Tiefenstufen, 2 Parallelen je Tiefenstufe). In den älteren Beständen registrierten Regenschreiber die zeitliche Auflösung der Niederschläge. An den Standorten MR und DD wurde die Xylemflussdichte an je 10 Bäumen gemessen (Granier 1985).

Wetterstationen in unmittelbarer Nähe zu den Untersuchungsflächen erfassten Freilandniederschlag, Lufttemperatur, Luftfeuchte, Globalstrahlung und Windgeschwindigkeit. Alle Messwerte wurden über Logger in halbstündlichen Intervallen aufgezeichnet. Die Betreuung der Freiland-Wetterstation am Standort DD erfolgte durch TP 4, am Standort SD durch TP 9.

2.2.2 Laboranalytik

An Bodenlösungs- und Niederschlagsproben wurde unmittelbar nach der Probenahme pH-Wert [Beckmann pH 34 glass electrode] und elektrische Leitfähigkeit (EC; [Hanna HI 8733]) gemessen. Anschließend sind die Proben filtriert (0,45 µm Nylonfilter) und bei + 4 °C gelagert worden. Die tiefgekühlte Lagerung wurde aufgegeben, nachdem sich zeigte, dass es dadurch zur Bildung von Ausfällungen kam. An den Proben wurden die Gesamtkonzentrationen der Hauptinhaltsstoffe Na_t, K_t, Mg_t, Ca_t, Al_t, Fe_t Mn_t (AAS [Unicam 701], ICP-AES [Unicam 939]), NH_4-N (Photometer [Varian Cary 1, Vitalab 31]) sowie NO_3-N, SO_4-S, Cl_t (Ionenchromatograph mit Leitfähigkeitsdetektor [Dionex 500, 120]) und DOC (TOC-Analyzer [Shimadzu TOC 5000]) bestimmt.

2.2.3 Modellierung

Die Bodenwasserflüsse wurden mit dem eindimensionalen Wasser- und Wärmehaushaltsmodell SOIL quantifiziert, das die Richard- und Fouriergleichung mit Hilfe des Finite-Differenzen-Verfahrens numerisch löst. Nähere Angaben zur Modellstruktur finden sich in Jansson (1991).

Das Modell wurde anhand von bodenphysikalischen Parametern (Textur, Trokkenrohdichte, gesättigte Wasserleitfähigkeit, Saugspannungs/Wassergehalts-Beziehung) sowie Bestandeskennwerten (Wurzelverteilung ermittelt durch B. U. Schneider; Bestandeshöhe und Blattflächenindex ermittelt durch TP 12.2) für jeden der Untersuchungsstandorte angepaßt. Die Kalibrierung erfolgte anhand der gemessenen Bodenwassertensionen, -wassergehalte, -temperaturen bzw. Xylemflussdaten. Treibende Variablen des Bodenwasserhaushaltsmodells sind die gemessenen Tageswerte der Klimadaten.

Zur Berechnung der Ionenspeziierung und von Sättigungsindices der Bodenlösungen wurde das hydrochemische Programm PHREEQC 1.6 (Parkhurst 1995) eingesetzt. Als aktivitätsbezogene Löslichkeitskonstanten sind die Werte der programminternen Datenbank (Phreeqc.dat) verwendet worden.

2.3 Ergebnisse

2.3.1 Wasserhaushalt

Die Untersuchungsflächen sind durch eine starke jahreszeitliche Tensionsdynamik gekennzeichnet. Während der niederschlagsarmen Periode zu Beginn des Sommers steigen die Tensionen innerhalb von nur 10 - 14 Tagen auf über 850 hPa an. Im Sommerhalbjahr nimmt die Tiefe der Bodenaustrocknung mit der Durchwurzelungstiefe, d. h. mit dem Bestandesalter, zu. Während an der Aufforstungsfläche WB im Sommerhalbjahr die in 60 cm Tiefe gemessenen Tensionen 400 hPa nicht überschreiten, wurden am Standort DD in 100 cm Tiefe über 850 hPa registriert. Ein weiterer starker Anstieg der Tensionen tritt in der Regel im Januar / Februar mit Einsetzen von Bodenfrost auf.

Tabelle 2 zeigt die Bilanzgrößen des Wasserhaushaltes an den Untersuchungsstandorten. Die Aufforstungsfläche WB weist mit 27 % des Freilandniederschlages erwartungsgemäß die höchste Tiefensickerung auf. Während der Dickungsphase sinkt die Rate der Tiefensickerung an den Standorten BB, MR und SD stark ab (2 - 6 %), erfährt jedoch in der Stangenholzphase (DD) einen Wiederanstieg bis auf 19 % des Freilandniederschlages. Dabei steht die Rate der Tiefensickerung in reziprokem Verhältnis zur Interzeption. Auf Grund der Oberflächenneigung und der geringen Vegetationsbedeckung tritt am Standort WB ein Oberflächenabfluß von 153 mm auf. Die Tiefensickerung bleibt überwiegend auf die Wintermonate beschränkt (Abb. 1).

Tab. 2 Gemessene (Freiland- und Bestandesniederschlag) und simulierte (Evapotranspiration, Sickerung, Tiefensickerung, Speicheränderung sowie am Standort WB zusätzlich Bestandesniederschlag und Oberflächenabfluss) Bilanzgrößen des Wasserhaushaltes für den Untersuchungszeitraum 1.4.1996 - 31.3.1998.

Standort (Alter)	WB (2)		BB (16)		MR (20)		DD (32)		SD (19)	
	[mm a^{-1}	%	mm a^{-1}	%	mm a^{-1}	%	mm a^{-1}	%	mm a^{-1}	%]
Freilandniederschlag	766	100	759	100	673	100	562	100	590	100
Interzeption	34	4	392	52	351	52	165	29	264	45
Bestandesniederschlag	732	96	368	48	322	48	397	71	327	55
Oberflächenabfluß	153	20	0	0	0	0	0	0	0	0
Evapotranspiration	348	45	340	45	270	40	285	51	298	51
Sickerung in 100 cm (WB 130 cm) Tiefe	215	28	43	6	75	11	125	22	37	6
Tiefensickerung (230 cm)	207	27	22	3	41	6	108	19	11	2
Speicheränderung (230 cm)	25	3	7	1	11	2	5	1	17	3

Im Verlauf der Modellanpassung wurde deutlich, dass in den älteren Beständen der in der Regel geringe Anteil von Wurzeln, der sich unterhalb des Meliorationshorizontes befindet, einen wesentlichen Beitrag zur Wasserversorgung leistet.

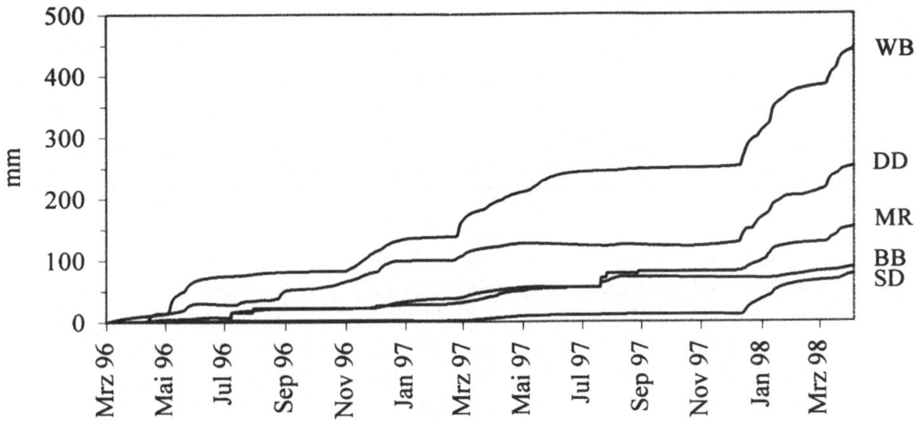

Abb. 1 Zeitlicher Verlauf der simulierten Sickerung in 100 cm Tiefe; WB: 130 cm Tiefe.

2.3.2 Bodenlösungschemie

Die Bodenlösungen waren gekennzeichnet durch hohe Konzentrationen insbesondere an Fe_t, Al_t, Ca_t und SO_4-S. An allen Standorten konnte eine Zunahme der Lösungskonzentrationen sowie eine Abnahme der pH-Werte mit der Bodentiefe festgestellt werden (Tab. 3). Die höchsten Konzentrationen wurden an den Standorten WB und BB gemessen. Mit zunehmendem Flächenalter ist eine Abnahme der Stoffkonzentrationen zu beobachten, dabei ist der Rückgang im Oberboden stärker ausgeprägt. Während die Unterböden mit pH 2,3 - 3,4 stark saure Reaktionsverhältnisse aufweisen, sind die pH-Werte der Oberböden durch Melioration auf 4,1 - 5,5 angehoben. Am Standort WB wurde auf Grund unzureichender Ascheapplikation eine nur schwache Reaktionsverbesserung erzielt.

Die meliorationsbedingte Anhebung der pH-Werte bewirkt eine eingeschränkte Al_t- und Fe_t-Löslichkeit in den Oberböden. In den sauren Unterböden werden dagegen im Mittel bis zu 2.813 mg Al L^{-1} und 1.560 mg Fe L^{-1} gemessen. Hohe Mg_t-Konzentrationen (< 765 mg L^{-1}) treten auf den jüngeren Flächen auf, nehmen jedoch mit zunehmendem Alter stark ab. Die SO_4-S-Konzentrationen gehen mit zunehmendem Alter zurück, prägen jedoch an allen Standorten und in allen Bodentiefen die Zusammensetzung der Bodenlösung. Die Ca_t-Konzentrationen bleiben über längere Zeiträume auf hohem Niveau (> 400 mg L^{-1}), gehen dann aber insbesondere im Oberboden zurück.

Tab. 3 pH-Werte, elektrische Leitfähigkeiten (EC; mS cm^{-1}) und Konzentrationen der Bodenlösungen aus unterschiedlichen Tiefen (Median Z und Variationsbreite V für den Untersuchungszeitraum 1.4.96 – 31.3.98; Konzentrationen in mg L^{-1}).

		pH	EC	Al_t	Fe_t	Ca_t	Mg_t	K_t	NH_4-N	NO_3-N	SO_4-S	Si_t	DOC
WB (2-jährig)													
20 cm	Z	2,8	8,1	954,5	296,4	471	601	2,2	4,0	1,3	3.026	61,0	13
	V	1,8	10,2	1.589,9	781,0	183	1.067	62,1	44,1	47,0	5.716	126,8	63
60 cm	Z	2,5	11,3	1.083,0	1.466,9	469	765	2,3	4,9	1,6	4.324	87,0	29
	V	1,0	16,0	2.430,6	3.958,5	157	1.213	23,2	12,9	23,3	8.051	148,6	64
130 cm	Z	2,9	12,0	976,2	1.559,5	497	440	9,1	5,2	0,6	4.795	51,5	25
	V	1,4	15,0	3.397,1	9.001,4	277	640	36,9	14,8	11,2	12.890	230,5	89
BB (16-jährig)													
20 cm	Z	4,2	2,1	37,3	0,3	432	23	5,9	0,2	0,1	448	27,9	10
	V	0,9	2,0	149,1	2,4	368	45	9,9	0,4	0,7	619	36,2	19
40 cm	Z	3,1	3,4	219,5	25,5	466	82	1,6	1,2	<0,01	647	44,7	22
	V	0,9	6,6	1.413,4	165,0	268	192	5,2	6,5	1,5	3.814	25,2	56
70 cm	Z	2,5	9,4	1.351,0	440,0	456	259	1,5	21,7	0,8	3.587	48,0	62
	V	0,4	10,0	1.812,3	1.008,1	273	395	34,4	44,8	3,1	6.555	127,5	74
100 cm	Z	2,3	15,7	2.843,3	1.080,0	439	338	0,5	86,2	<0,01	6.434	52,0	160
	V	0,6	13,2	7.626,0	2.552,2	248	833	2,2	42,5	3,2	22.310	49,1	252
MR (20-jährig)													
20 cm	Z	5,6	0,6	1,4	0,3	99	4	2,5	0,1	<0,01	85	9,9	26
	V	3,7	1,6	17,2	2,9	494	15	7,1	0,4	1,3	455	12,5	31
40 cm	Z	3,6	1,7	23,5	0,9	429	12	1,2	0,2	0,1	403	13,8	19
	V	4,1	2,4	281,9	3,7	369	66	2,1	0,5	2,5	757	34,8	19
70 cm	Z	2,8	2,6	114,1	15,3	384	28	1,2	2,7	0,1	605	36,2	26
	V	3,3	3,6	187,4	32,7	522	46	6,4	7,4	1,3	970	24,0	22
100 cm	Z	2,6	3,4	86,1	25,0	511	26	1,1	8,0	0,1	702	35,2	38
	V	0,3	2,5	192,4	36,4	322	53	2,0	15,5	0,5	847	63,4	46
DD (34-jährig)													
20 cm	Z	5,2	0,4	0,3	0,1	77	4	2,2	0,1	9,5	34	9,5	16
	V	3,4	0,6	6,3	0,8	125	8	4,6	0,4	22,0	61	14,1	33
40 cm	Z	4,3	0,9	3,9	0,3	177	7	1,6	0,4	12,5	130	12,7	16
	V	4,8	0,7	11,5	0,9	210	9	3,5	0,8	18,9	154	18,8	19
70 cm	Z	3,5	1,8	15,7	2,1	331	8	1,4	3,2	11,0	324	25,6	18
	V	2,8	1,8	52,9	8,0	384	16	2,5	10,9	19,5	456	27,2	22
100 cm	Z	3,3	2,1	46,9	4,9	376	7	1,1	13,0	3,7	444	32,9	20
	V	2,9	2,2	132,4	12,2	399	23	1,0	32,4	9,1	696	42,6	18
SD (19-jährig)													
20 cm	Z	4,0	0,7	5,2	0,3	115	6	8,4	0,2	0,1	101	19,1	29
	V	3,2	1,2	11,9	1,3	182	6	18,9	1,4	2,2	143	23,8	35
40 cm	Z	3,6	0,7	5,0	0,4	131	3	3,6	0,2	0,1	112	18,3	21
	V	1,2	0,9	7,7	2,6	223	4	7,1	0,3	0,8	207	22,7	16
70 cm	Z	3,1	1,0	9,5	1,4	127	3	2,3	0,2	0,3	128	27,2	22
	V	0,8	1,1	17,4	3,3	161	4	3,3	0,5	0,8	173	16,7	32
100 cm	Z	3,3	1,9	13,8	2,6	340	19	2,9	0,2	0,5	291	24,9	22
	V	3,5	2,1	32,9	5,0	211	19	2,9	0,3	0,5	203	34,2	14

Die K_t-Konzentrationen nehmen im Gegensatz zu anderen Elementen mit zunehmender Bodentiefe ab.

Durch die kurz vor Versuchsbeginn erfolgte Mineraldüngung, treten am Standort WB anfänglich erhöhte K_t-, NH_4-N und NO_3-N Konzentrationen in der Bodenlösung auf.

Insbesondere am Standort BB ist im sauren Unterboden eine Zunahme der NH_4-N- und DOC-Konzentrationen zu beobachten.

NH_4-N und NO_3-N-Konzentrationen zeigen keine Korrelation. Die höchsten NO_3-N-Konzentrationen treten im Oberboden des Standortes DD auf.

Der mit Kalk meliorierte Standort SD zeichnet sich durch ein grundsätzlich ähnliches Verteilungsmuster der Lösungskonzentrationen aus. Jedoch sind die Konzentrationen allgemein auf einem deutlich niedrigeren Niveau.

Anhand von berechneten Sättigungsindices (SI) kann gezeigt werden, dass die Ca_t-Konzentrationen der Bodenlösungen durch die Löslichkeit von Gips und Anhydrit bestimmt werden (Abb. 2). Dabei korrelieren die berechneten SI mit dem gemessenen Rückgang der Ca_t-Konzentrationen in den Oberböden, der mit zunehmendem Bestandesalter fortschreitet.

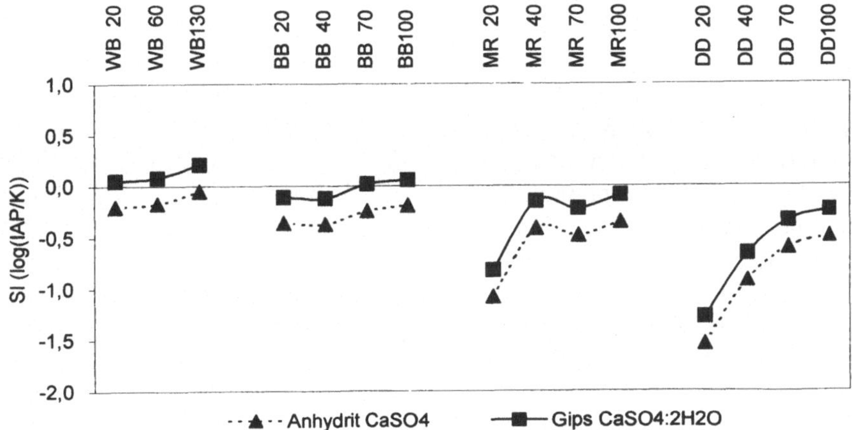

Abb. 2 Sättigungsindices (SI) von Gips und Anhydrit in Bodenlösungen verschiedener Tiefenstufen (ohne Standort SD).

Berechnungen zur Ionenspeziierung zeigen, dass mit zunehmender Lösungskonzentration Ionenpaare und -komplexe insbesondere der Elemente Ca, Mg, Al und Fe mit Sulfat gegenüber der monomeren Form dominieren (Abb. 3). Aluminium und Eisen liegen nahezu vollständig in sulfatischer Bindungsform vor. Die Angabe von Elementkonzentrationen erfolgt daher in Form von Totalgehalten.

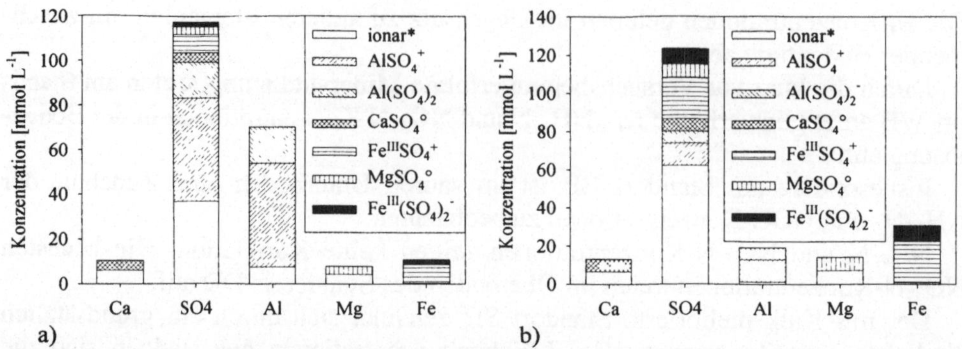

Abb. 3 Ionenspeziierung hochkonzentrierter Bodenlösungen der Standorte BB (Abb. 3 a) und WB (Abb. 3 b) berechnet mit PHREEQC [* Ca^{2+}, SO_4^{2-}, Al^{3+}, Mg^{2+} und Fe^{3+}].

2.3.3 Stoffflüsse

Die depositionsbedingten Stoffeinträge auf den Chronosequenzflächen sind allgemein gering. Unterschiedliche Depositionsraten können überwiegend auf variierende Niederschlagsmengen zurückgeführt werden (Tab. 4a, und 4b).

In den von der Melioration beeinflussten Horizonten sind die Al- und Fe-Flüsse stark reduziert. Mit zunehmender Tiefe steigen die jährlichen Elementfrachten im Mittel bis auf 1,7 t Al, 2,2 t Fe, 0,7 t Ca und 6,8 t SO_4-S je ha an. Auf Grund der relativ hohen Wasserflüsse in Verbindung mit den sehr hohen Konzentrationen der Bodenlösung treten die höchsten Stoffflüsse am jüngsten Standort WB auf. Mit zunehmendem Bestandesalter gehen die Stoffflüsse stark zurück. Die Stofffrachten am Standort SD zeigen im Vergleich zu den anderen Untersuchungsflächen ein niedriges Niveau.

Die Bilanz für nahezu alle untersuchten Elemente ist negativ. Eine Ausnahme bildet K. Die Einträge in Form nasser Deposition sind mit 1,5 - 3,6 kg ha^{-1} a^{-1} gering einzustufen. Mit dem Bestandesalter nimmt die K-Auswaschung aus dem Kronenraum zu und erreicht am Standort DD 15,6 kg ha^{-1} a^{-1}. Im Bodenprofil gehen die K-Flüsse mit zunehmender Tiefe zurück.

Mit 12,5 - 19,3 kg $ha^{-1}a^{-1}$ erreicht die nasse N_{anorg}-Deposition (NH_4-N + NO_3-N) an allen Flächen ähnliche Beträge. Dabei tragen NH_4-N und NO_3-N jeweils zu gleichen Teilen bei. Am Standort DD sind die N-Flüsse der nassen N-Deposition und mit dem Bestandesniederschlag gleich hoch. Dagegen zeigt sich an den jüngeren Standorten BB, MR und SD eine deutliche Reduzierung der N-Flüsse mit dem Bestandesniederschlag verglichen mit den N-Depositionen durch den Freilandniederschlag. Trotz des NH_4-N-Inputs durch den Bestandesniederschlag sind die Flüsse in den Oberböden äußerst gering. Nur am Standort WB konnten erhöhte NH_4-N-Flüsse im Oberboden nachgewiesen werden. Dagegen ist an den Standorten BB, MR und DD ein deutlicher Anstieg der NH_4-N-Flüsse mit zunehmender Bodentiefe erkennbar. Besonders ausgeprägt ist dieser Anstieg am Standort BB. Dort werden in 100 cm Tiefe 34 kg NH_4-N ha^{-1} a^{-1} verlagert.

Während die Standorte BB, MR und SD über das gesamten Profil durch sehr geringe NO_3-N-Flüsse (< 0,7 kg ha^{-1} a^{-1}) gekennzeichnet sind, finden sich an den Standorten WB und DD insbesondere im Oberboden deutlich erhöhte Flußraten (bis 21,1 kg NO_3-N ha^{-1} a^{-1}).

Tab. 4 a Stoffflüsse mit dem Freiland- (FN) und Bestandesniederschlag (BN) sowie in verschiedenen Bodentiefen (arithmetisches Mittel x, maximale Abweichung vom Mittel; n.b. = nicht bestimmt; Bilanzierungszeitraum 1.4.96 – 31.3.98; alle Angaben in kg ha^{-1} a^{-1}).

		H	Al	Fe	Ca	Mg	K	NH_4-N	NO_3-N	SO_4-S	Si	DOC
WB (2-jährig)												
FN	x	0,18	n.b.	n.b.	18,0	1,7	1,7	7,4	7,5	22	n.b.	16,2
	+/-	0,00			6,8	0,4	0,1	0,2	1,7	5		0,6
20 cm	x	3,25	1.574,5	585,5	1.076,2	1.174,3	23,9	19,8	19,4	5.841	131,5	33,7
	+/-	0,10	279,2	146,3	177,4	1.45,2	17,2	11,4	15,3	878	9,9	7,6
60 cm	x	5,46	1.655,9	2.216,9	767,7	1.176,4	6,7	9,7	5,6	6.810	134,3	49,2
	+/-	2,17	637,1	559,1	124,1	369,8	2,5	0,7	2,7	1.828	18,1	13,2
130 cm	x	2,31	1.224,0	2.975,7	750,0	679,9	15,3	8,1	3,0	6.414	93,1	30,2
	+/-	0,34	251,7	293,8	126,3	161,6	1,3	0,8	1,5	1.175	29,3	1,6
BB (16-jährig)												
FN	x	0,15	0,5	0,4	8,6	2,1	2,4	16,3	8,6	14	n.b.	23,6
	+/-	0,01	0,1	0,0	0,3	0,6	0,1	8,4	0,4	3		4,9
BN	x	0,15	0,3	0,2	8,1	1,6	4,8	4,3	5,6	13	n.b.	30,8
	+/-	0,01	0,0	0,0	0,0	0,6	1,0	0,0	2,4	1		4,2
20 cm	x	0,08	63,7	0,3	856,4	33,6	8,7	0,4	0,5	837	47,0	12,1
	+/-	0,01	10,5	0,1	14,4	0,6	2,7	0,0	0,2	3	0,9	4,2
40 cm	x	0,35	191,4	14,2	442,9	42,3	2,9	1,1	0,3	735	35,6	13,6
	+/-	0,15	73,8	11,1	2,3	14,4	0,9	1,0	0,3	167	5,9	7,7
70 cm	x	1,13	657,5	290,7	210,7	135,3	0,6	11,3	0,7	1.715	21,0	27,1
	+/-	0,12	141,3	92,0	9,1	20,8	0,0	2,0	0,3	404	0,1	0,2
100 cm	x	1,68	1.357,3	607,5	1.55,6	137,5	0,2	33,8	0,3	2.837	17,4	61,5
	+/-	0,33	198,6	110,7	2,3	23,8	0,0	0,8	0,1	182	0,1	3,5
MR (20-jährig)												
FN	x	0,14	0,6	0,7	8,6	1,2	3,6	6,5	7,2	13	n.b.	20,8
	+/-	0,02	0,1	0,0	0,2	0,0	0,8	0,2	0,7	4		1,3
BN	x	0,11	0,5	0,5	9,2	2,0	13,0	3,9	4,9	14	n.b.	46,6
	+/-	0,04	0,2	0,2	0,2	0,1	0,3	0,6	0,2	3		4,4
20 cm	x	0,07	4,0	0,6	219,1	5,2	5,0	0,3	0,3	183	16,1	57,5
	+/-	0,07	2,6	0,2	115,4	0,7	1,5	0,1	0,3	93	3,1	19,3
40 cm	x	0,36	46,1	1,3	506,5	16,9	2,1	0,2	0,3	471	17,5	27,5
	+/-	0,16	9,7	0,2	117,3	0,5	0,3	0,1	0,3	62	5,8	6,9
70 cm	x	1,11	50,4	7,0	223,4	11,4	1,6	1,7	0,2	313	23,0	15,2
	+/-	0,41	19,0	3,0	59,0	4,8	0,6	0,3	0,0	98	5,5	9,3
100 cm	x	1,30	44,1	13,2	239,9	12,8	0,6	3,3	0,1	339	17,6	18,3
	+/-	0,42	22,2	7,3	107,8	6,0	0,2	0,6	0,0	166	5,8	8,7

Tab. 4 b Stoffflüsse mit dem Freiland- (FN) und Bestandesniederschlag (BN) sowie in verschiedenen Bodentiefen (arithmetisches Mittel, maximale Abweichung vom Mittel; n.b. = nicht bestimmt; Bilanzierungszeitraum 1.4.96 – 31.3.98; alle Angaben in kg ha^{-1} a^{-1}).

		H	Al	Fe	Ca	Mg	K	NH_4-N	NO_3-N	SO_4-S	Si	DOC
DD (34-jährig)												
FN	x	0,17	0,1	0,3	2,5	0,5	1,8	7,8	5,3	5,0	n.b.	58,3
	+/-	0,06	0,0	0,0	0,2	0,0	0,2	0,8	0,3	1,5		18,3
BN	x	0,26	0,7	0,4	11,1	2,2	15,6	8,0	6,8	18,3	n.b.	84,6
	+/-	0,11	0,0	0,0	0,1	0,1	0,3	0,9	0,7	3,5		14,7
20 cm	x	0,02	0,5	0,3	162,0	8,2	5,8	0,1	21,1	87,5	19,5	33,8
	+/-	0,01	0,1	0,2	33,2	2,2	1,5	0,0	3,8	10,1	0,5	5,8
40 cm	x	0,09	3,7	0,3	281,8	10,0	3,3	0,5	18,4	207,4	20,5	26,2
	+/-	0,07	2,2	0,2	4,6	0,1	0,3	0,2	0,4	12,0	1,3	4,2
70 cm	x	0,24	14,8	2,2	315,4	8,0	1,6	3,1	11,6	290,8	28,3	18,6
	+/-	0,06	2,0	0,5	13,0	0,4	0,5	1,0	1,3	12,9	4,6	5,5
100 cm	x	0,44	42,2	3,6	307,7	6,2	1,0	8,9	3,4	368,5	15,7	15,7
	+/-	0,17	13,3	1,4	73,3	2,3	0,0	3,8	0,1	120,2	0,5	4,7
SD (19-jährig)												
FN	x	0,24	0,3	0,4	5,9	0,9	1,5	6,0	6,5	8,8	n.b.	15,1
	+/-	0,12	0,1	0,0	0,3	0,1	0,1	0,8	0,4	0,9		0,1
BN	x	0,11	0,5	0,4	8,6	1,9	11,9	3,2	4,3	12,1	n.b.	50,1
	+/-	0,05	0,1	0,1	1,2	0,1	0,2	0,4	0,2	3,1		8,5
20 cm	x	0,05	3,8	0,1	129,7	7,3	10,2	0,1	0,2	100,2	19,6	37,7
	+/-	0,03	1,8	0,0	44,4	3,4	1,5	0,0	0,2	17,1	0,2	9,7
40 cm	x	0,13	3,6	0,2	86,3	1,6	2,5	0,1	0,2	71,8	13,1	17,2
	+/-	0,01	0,8	0,1	2,7	0,1	0,9	0,1	0,0	4,0	2,8	5,4
70 cm	x	0,36	3,2	0,7	67,4	0,8	1,1	0,1	0,1	52,9	12,7	13,0
	+/-	0,16	1,0	0,4	29,3	0,3	0,3	0,1	0,1	14,5	5,4	6,6
100 cm	x	0,09	3,7	0,6	76,3	4,2	0,7	0,1	0,1	64,3	4,5	5,2
	+/-	0,05	0,3	0,1	40,6	2,2	0,4	0,0	0,1	34,2	2,4	2,4

2.4 Diskussion

2.4.1 Wasserhaushalt

Der Wasserhaushalt der untersuchten Kiefernökosysteme zeichnet sich durch sehr niedrige Tiefensickerung während der Dickungsphase aus. Die hohen Interzeptionsverluste tragen maßgeblich zur Reduzierung der Sickerungsraten bei und sind u. a. eine Folge der hohen Bestandesdichten (BB: 7.375, MR: 8.944, SD: 10.6657 Stämme ha^{-1}; nach TP 12.2). Bedingt durch forstliche Maßnahmen und / oder natürliche Auflichtung ist die Bestandesdichte in der Stangenholzphase deutlich herabgesetzt (DD: 2.248 Stämme ha^{-1}). Durch die reduzierte Interzeptionsverdunstung ist der Wiederanstieg der Tiefensickerung möglich (Scherzer et al. 1999).

In Kiefernjungholzbeständen des nordostdeutschen Tieflandes fanden Anders (1996) und Müller (1996) anhand von Großlysimeteruntersuchungen vergleichbar niedrige Sickerungsraten. Der Vergleich von Kiefern- und Eichenökosystemen (TP 4) läßt hingegen keinen grundlegenden Unterschied des Wasserhaushaltes erkennen (Knoche et al. 1999).

Trotz der starken, bereits im April / Mai einsetzenden Bodenaustrocknung auf den älteren Chronosequenzflächen ergeben sich bisher keine Hinweise auf Störungen in der Wasserversorgung der Bestände (Trockenstress). Die Xylemflussdichte als Indikator der Bestandestranspiration zeigt bei den beiden älteren Beständen MR und DD während der Sommermonate keine Depression.

2.4.2 Stoffhaushalt

Niedrige pH-Werte und extrem hohe Konzentrationen insbesondere an Fe_t und SO_4-S kennzeichnen die Bodenlösungen der unmeliorierten Horizonte. Sie sind direkte Folge der Pyritoxidation, dem initialen Prozess der Pedogenese in den untersuchten Kippböden. Bedingt durch die Protonenfreisetzung kommt es zur Verwitterung primärer Minerale wie Feldspat, Muskovit und Biotit (Heinkele et al. 1999). Daraus resultieren hohe Al_t- und Si_t- Konzentrationen der Bodenlösung. Auf den jüngeren Flächen WB und BB dominieren diese Prozesse die Lösungschemie und den Stoffhaushalt der Ökosysteme.

In den hoch konzentrierten Bodenlösungen kommt es zur Ausfällung sekundär gebildeter Salz- und Mineralphasen. Berechnungen von Sättigungsindices zeigen, dass durch sekundäre Ausfällungen von Gips bzw. Anhydrit die Ca_t-Löslichkeit bereits unmittelbar nach der Verkippung kontrolliert wird. Darüber hinaus läßt sich anhand der SI die Verlagerung von Gips / Anhydrit nachvollziehen. Im Oberboden des 16-jährigen Bestandes BB ist sie erstmals erkennbar und in dem 34-jährigen Bestand DD bis unterhalb 100 cm Tiefe fortgeschritten. Die Bildung von Gips in pyrithaltigen Bergbauböden aber auch in unverritzten sulfatsauren Böden ist von vielen Autoren beschrieben worden (Karathanasis et al. 1990; Wisotzky 1994; Evangelou 1995; van Breemen 1973; 1982).

Die Ergebnisse der hydrochemischen Modellierung deuten auf die Fällung weiterer sekundärer Minerale hin. In den Meliorationshorizonten kann mit der Bildung von Alunit ($KAl_3(SO_4)_2(OH)_6$) und Gibbsit ($Al(OH)_3$), in den Unterböden mit Jurbanitbildung ($AlOHSO_4$) gerechnet werden. Ausfällungen von Fe sind in den meliorierten Bereichen überwiegend in Form von Goethit (FeOOH) zu erwarten. Die Bildung dieser Minerale wird in erster Linie durch die Bodenreaktion gesteuert und trägt wesentlich zu den verminderten Al_t- und Fe_t-Konzentrationen in den oberen Bodenhorizonten bei.

Trotz des mit zunehmendem Bestandesalter starken Rückgangs der Stoffflüsse in den Kiefernökosystemen sind die Austräge auch nach 34-jähriger Entwicklung wesentlich höher als auf unverritzten Standorten. Verglichen mit Austrägen aus einem 45-jährigen Kiefernbestand auf fluvioglazialen Sanden sind sie am Standort DD für Al 1,5-fach, Fe 17-fach, Ca 7-fach und für SO_4-S 5-fach höher (Schaaf et al. 1995; 1999).

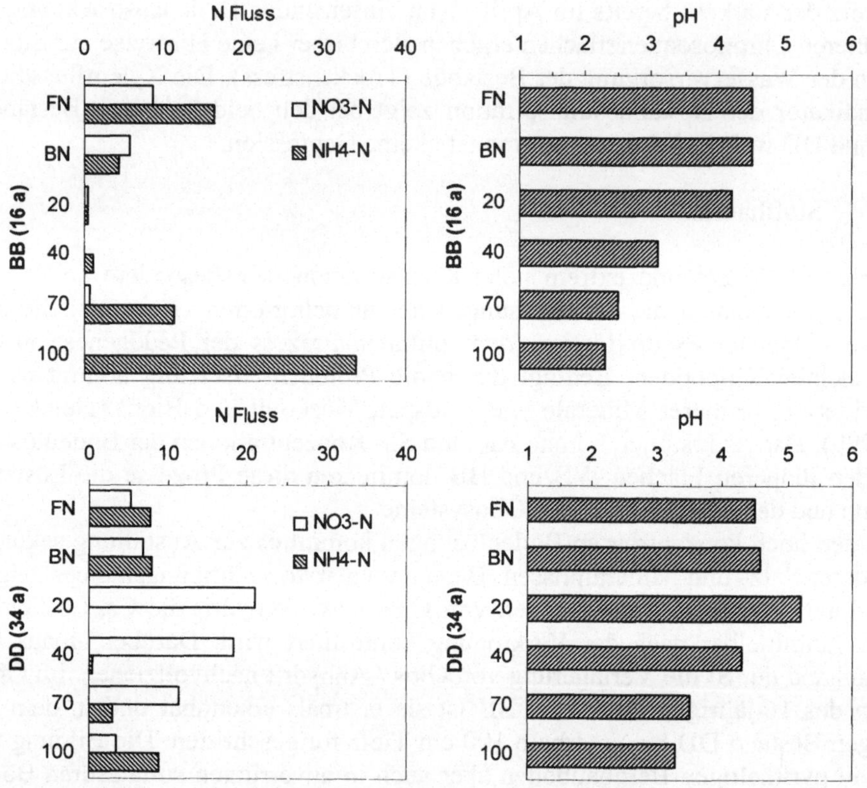

Abb. 4 NH_4-N und NO_3-N Flüsse (kg ha^{-1} a^{-1}) mit Freiland(FN)- und Bestandes(BN)niederschlag, sowie in verschiedenen Bodentiefen an den Standorten BB und DD im Vergleich mit mittleren pH-Werten.

Die mit zunehmender Profiltiefe abnehmenden K-Flüsse können sowohl durch Pflanzenaufnahme als auch durch Festlegung in sekundären Mineralphasen (z. B. Alunit, Jarosit) verursacht sein. Eine ausreichende K-Versorgung der Bestände wird durch die Nadelgehalte widergespiegelt (Schneider, mündliche Mitteilung). In Verbindung mit dem ausgeprägten K-Leaching aus dem Kronenraum kann somit von der Etablierung eines bestandesökologisch bedeutsamen K-Kreislaufs ausgegangen werden.

Der Rückgang der anorganischen N-Frachten von der Freiland- zur Bestandesdeposition an den Standorten BB, MR und SD deuten darauf hin, dass bereits im Kronenraum eine direkte N-Aufnahme stattfinden könnte. Nadelspiegelwerte von < 1,2 % N (Schneider, mündliche Mitteilung) kennzeichnen den Bestand BB als N-unterversorgt. Die geringe N-Verfügbarkeit kohle- und pyrithaltiger Ausgangssubstrate wurde von Heinsdorf (1992; 1994) als begrenzender Faktor für das Waldwachstum eingeschätzt.

Dagegen lassen die N-Flüsse am ältesten Standort DD auf eine gute N-Versorgung schließen: Im Kronenraum findet keine N-Aufnahme statt (Abb. 4). Durch den Abbau der organischen Auflage werden etwa 40 kg N ha^{-1} a^{-1} freigesetzt (vergl. TP 8.2, dieser Band). Dies spiegelt sich insbesondere im Oberboden durch erhöhte NO_3-N-Flüsse wider. Der Rückgang der NO_3-N-Flüsse in den tieferen Bodenschichten dürfte überwiegend auf Entzug durch die Pflanzenwurzeln zurückzuführen sein. Nadelspiegelwerte kennzeichnen den Bestand DD als gut N-versorgt (> 2,2 % N; Schneider, mündliche Mitteilung). Die pH-Werte der Bodenlösung am Standort DD sind über das gesamte Profil etwa eine Einheit höher als auf den anderen Untersuchungsflächen. Dies trägt sehr wahrscheinlich zu einer gesteigerten Nitrifikation mineralisierten Stickstoffs aus den organischen Auflagehorizonten bei.

Die im Unterboden des Standorts BB stark ansteigenden NH_4-N-Flüsse sind wahrscheinlich auf Freisetzung aus den kohligen Beimengungen zurückzuführen (Abb. 4). Auch an den Standorten MR und DD treten im unmeliorierten Unterboden NH_4-N-Flüsse auf, allerdings weniger stark ausgeprägt. Anhand von Microkosmen-Versuchen zeigten Blechschmidt et al. (1999), dass eine N-Freisetzung aus unmeliorierten, kohlehaltigen Substraten stattfinden kann.

2.5 Zusammenarbeit

Im Rahmen der Projektbearbeitung ergab sich eine engere Zusammenarbeit insbesondere mit folgenden Institutionen / Personen:
- FIB e.V., Finsterwalde: Dr. D. Knoche, Dr. A. Embacher
- ZALF, Müncheberg: Dr. D. Lüttschwager.

2.6 Danksagung

Herrn Dr. Abo-Rady, LfUG Sachsen danken wir für die Anregungen bei der Erstellung des Berichtes.

Für die jederzeit kooperative Zusammenarbeit danken wir der LMBV und der LAUBAG.

Die Untersuchungen wurden im Rahmen des BTUC Innovationskollegs „Ökologisches Entwicklungspotential der Bergbaufolgelandschaften im Lausitzer Braunkohlerevier“ von der Deutschen Forschungsgemeinschaft finanziert (Förderkennzeichen INK 4/A1-1 und INK 4/B1-1).

3 Publikationsliste und Literatur

3.1 Eigene Publikationen

Gast, M., Schaaf, W., Wilden, R., Scherzer, J. und Hüttl, R. F.: Water and element budget of pine stands on lignite and pyrite containing mine soils. Journal of Geochemical Exploration (eingereicht).

Hüttl, R. F., Heinkele, Th., Klem, D., Schaaf, W. und Weber, E., 1994: Ökologisches Entwicklungspotential der Bergbaufolgelandschaften im Lausitzer Braunkohlerevier - ein interdisziplinärer Forschungsschwerpunkt an der Brandenburgischen Technischen Universität Cottbus. Forum der Forschung, 1, 5-10.

Knoche, D., Schaaf, W., Embacher, A., Faß, H.-J., Gast, M., Scherzer, J. und Wilden, R., 1999: Wasser- und Stoffdynamik von Waldökosystemen auf schwefelsauren Kippsubstraten des Braunkohlentagebaues im Lausitzer Braunkohlerevier. In: Hüttl, R. F., Klem, D. und Weber, E. (Hrsg.): Rekultivierung von Bergbaufolgelandschaften. Das Beispiel des Lausitzer Braunkohlereviers. Walter de Gruyter, Berlin, New York, 45-71.

Schaaf, W., 1997: Untersuchungen zum Wasser- und Stoffhaushalt von Kiefernökosystemen auf rekultivierten Kippenstandorten des Lausitzer Braunkohlereviers und deren Beitrag zu bodenökologischen Fragestellungen. Mitt. Dtsch. Bodenkdl. Ges., 83, 191-194.

Schaaf, W., 2000: What can element budgets of false-time series tell us about ecosystem development on post-lignite mining sites? Ecological Engineering (imDruck).

Schaaf W., Faß, H.-J. und Broll, G., 1997: Bodenökologie, Stoffkreisläufe und Rekultivierung. Mitt. Dtsch. Bodenkdl. Ges., 83, 237-238.

Schaaf, W. und Hüttl, R. F., 1997: Ecology of post-lignite mining forest ecosystems in Lusatia, E-Germany. Poster bei der „Fourth International Conference on Acid Rock Drainage“, 31.5.-6.6.97, Vancouver, Kanada.

Schaaf, W., Gast, M., Wilden, R. Blechschmidt, R. und Scherzer, J., 2000: Temporal and spatial development of soil solution chemistry and element budgets in different minesoils of the Lusatian lignite mining area: citeria for the application of waste materials. Plant and Soil 213, 169-179.

Schaaf, W., Gast, M., Wilden, R. und Hüttl, R. F., 1999: Chemismus hochkonzentrierter Bodenlösungen aus kohle- und pyrithaltigen Kippenböden und Wechselwirkungen mit Festphasen. Mitt. Dtsch. Bodenkdl. Ges., 91/I, 470-473.

Schaaf, W., Knoche, D. und Biemelt, D., 1998: Stoff- und Wasserhaushalt von Kippenstandorten im Lausitzer Braunkohlerevier. GBL Heft 5, 122-125.

Schaaf, W. und Wilden, R., 1997: Raum-zeitliche Entwicklung des Bodenlösungschemismus in Kippböden des Lausitzer Braunkohlereviers. Mitt. Dtsch. Bodenkdl. Ges., 85, 333-336.

Schaaf, W., Wilden, R. und Gast, M., 1998: Soil solution composition and element cycling as indicators of ecosystem development along a chronosequence of post-lignite mining sites in Lusatia / Germany. In: Fox, H. R., Moore, H. M. und McIntosh, A. D. (Hrsg.): Land reclamation - Achieving sustainable benefits. A. A. Balkema, Rotterdam / Brookfield, 241-247.

Schaaf, W., Wilden, R., Scherzer, J. und Gast, M., 2000: Dynamik von Stoffumsetzungsprozessen in zwei Kiefernökosystem-Chronosequenzen auf rekultivierten Kippenstandorten des Lausitzer Braunkohlereviers. In: Broll, G., Dunger, W., Keplin, B. und Topp, W. (Hrsg.): Rekultivierung in Bergbaufolgelandschaften - Bodenorganismen, bodenökologische Prozesse und Standortentwicklung. Springer, Berlin, 223-237.

Scherzer, J. und Schaaf, W., 1997: Beschreibung des Bodenwasserhaushalts von Kippenstandorten - Möglichkeiten und Grenzen eines eindimensionalen Modellierungsansatzes (Modell SOIL). Mitt. Dtsch. Bodenkundl. Ges., 85, 151-154.

Scherzer, J., Schaaf W. und Hüttl, R. F., 1996: Eignung von FDR- und TDR-Sonden zur Erfassung der Bodenfeuchte in Kippsubstraten mit erhöhter elektrischer Leitfähigkeit. Mitt. Dtsch. Bodenkdl. Ges., 80, 279-282.

Wilden, R., Schaaf, W. und Hüttl, R. F., 2000: Soil solution chemistry of two reclamation sites in the Lusatian mining district as influenced by organic matter application. Plant and Soil 213, 231-240.

Wilden, R., Schaaf, W. und Hüttl, R. F., 2000: Element budgets of two afforested mine sites after application of fertilizer and organic residues. Ecological Engineering (im Druck).

3.2 Zitierte Literatur

Anders, S., 1996: Waldökosystemforschung Eberswalde – Struktur, Dynamik und Stabilität von Kiefern- und Buchenwaldökosystemen unter Normal- und multiplen Streßbedingungen unterschiedlicher Ausprägung im nordostdeutschen Tiefland. Mittlg. Bundesforschungsanstalt f. Forst- und Holzwirtschaft, 182, 69-73.

Blechschmidt, R., Schaaf, W. und Hüttl, R. F., 2000: Soil microcosm experiments to study the effects of waste materials application on nitrogen and carbon turnover of lignite mine spoils in Lusatia (Germany). Plant and Soil 213, 23-30.

van Breemen, N., 1973: Dissolved aluminum in acid sulfate soils and in acid mine waters. Soil Sci. Am. Proc., 37, 694-697.

van Breemen, N., 1982: Genesis, morphology and classification of acid sulfate soils in coastral plains. In: Kittrick, J. A., Fanning, D. D. und Hossner, L. R. (Hrsg.): Acid sulfate weathering. SSSA Special Publication, 10, Madison, WI, 95-108.

Evangelou, V. P., 1995: Pyrite oxidation and its control. CRC Press, Boca Raton, New York, London, Tokyo, 1-285.

Granier, A., 1985: Une nouvelle methode pour la mesure du flux de seve brute dans le tronc arbres. Ann. Sci. For. 42 (2), 193-200.

Heinsdorf, D., 1992: Untersuchungen zur Düngebedürftigkeit von Forstkulturen auf Kipprohböden der Niederlausitz. Dissertation (B), TU Dresden, Sektion Forstwirtschaft.

Heinsdorf, D., 1994: Rekultivierung von Braunkohletagebauen – Entwicklung und Zustand von Forstbeständen auf verschiedenen Kippsubstraten der Niederlausitz nach standort- und baumartenangepaßter Mineraldüngung. Der Wald 44, 403-407.

Heinkele, T., Neumann, C., Rumpel, C., Strzyszcz, Z., Kögel-Knabner, I. und Hüttl, R. F., 1999: Zur Pedogenese pyrit- und kohlehaltiger Kippsubstrate im Lausitzer Braunkohlenrevier. In: Hüttl, R. F., Klem, D. und Weber, E. (Hrsg.): Rekultivierung von Bergbaufolgelandschaften. Das Beispiel des Lausitzer Braunkohlereviers. Walter de Gruyter, Berlin, New York, 25-44.

Illner, K. und Katzur, J., 1964: Betrachtungen zur Bemessung der Kalkgaben auf schwefelhaltigen Tertiärkippen. Z. Landeskultur 5, 287-295.

Jansson, P. E., 1991: Simulation Model for Soil Water and Heat Conditions, Description of the SOIL model. Internal Paper from Department of Soil Science, Swedish University of Agricultural Sciences, Uppsala, 5-80.

Karathanasis, A. D., Thompson, Y. L. und Evangelou, V. P., 1990: Temporal solubility of aluminium and iron leached from coal spoils and contaminated soil materials. J. Environ. Qual., 19, 389-395.

Müller, J. 1996: Beziehungen zwischen Vegetationsstrukturen und Wasserhaushalt in Kiefern- und Buchenökosystemen. Mittlg. Bundesforschungsanstalt f. Forst- und Holzwirtschaft 185, 112-128.

Parkhurst, D., 1995: User´s Guide to PhreeqC - A Computer Program for Speciation, Reaction-Path, Advective-Transport, and Inverse Geochemical Calculations. U.S. Geological Survey. Water-Resources Investigations Report 95-4227, Lakewood, 1-143.

Schaaf, W., Weisdorfer, M. und Hüttl, R. F., 1995: Soil solution chemistry and element budgets of three Scots pine ecosystems along a deposition gradient in north-eastern Germany, Water, Air and Soil Pollut., 85, 1197-1202.

Schaaf, W., Weisdorfer, M. und Hüttl, R. F., 1999: Forest soil reaction to drastical changes in sulfur and alkaline dust deposition in three Scots pine ecosystems in NE-Germany. In: Möller, D. (Hrsg.): Atmospheric Environmental Research: Critical Decisicions between Technological Progress and Preservation of Nature. Springer, Berlin, 51-77.

Ulrich, B. und Mayer, R., 1973: Systemanalyse des Bioelement-Haushalts von Waldökosystemen. In: Ellenberg, H. (Hrsg.): Ökosystemforschung. Springer, Berlin, Heidelberg, New York, 165-174.

Wisotzky, F., 1994: Untersuchungen zur Pyritoxidation in Sedimenten des Rheinischen Braunkohlenreviers und deren Auswirkungen auf die Chemie des Grundwassers. In: Landesumweltamt Nordrheinwestfalen (Hrsg): Besondere Mitteilungen zum Deutschen Gewässerkundlichen Jahrbuch, 58, Essen, 141-142.

Wasser- und Stoffhaushaltsdynamik einer Eichenchronosequenz auf stark kohle- und schwefelhaltigen Kippsubstraten des Braunkohlebergbaus der Niederlausitz (Teilprojekt 4)

Dirk Knoche, Arndt Embacher & Joachim Katzur

1 Zusammenfassung

In einer Chronosequenzstudie wurde die Entwicklung des Wasser- und Stoffhaushalts von Eichenökosystemen (3, 26, 37 Jahre) auf aschemeliorierten, stark schwefel- und kohlehaltigen Kippsubstraten des Braunkohlebergbaus beschrieben.

Mit zunehmendem Alter reduzierte sich die Tiefensickerung drastisch und fiel deutlich unter das Wasserdargebot landwirtschaftlich genutzter Flächen und vegetationsfreier Offenlandstandorte der Bergbaufolgelandschaft ab. Sie betrug auf den älteren Chronosequenzstandorten lediglich ca. 10 % des Freilandniederschlags, hingegen am jüngsten Standort rund 50 %. Mit 300 - 400 mm a^{-1} stellte die Evapotranspiration auf allen Flächen die Hauptverlustgröße der Wasserbilanz dar.

Die Ökosysteme befanden sich nach bis zu 37-jähriger Entwicklungszeit bezüglich ihres Stoffhaushalts noch nicht im Gleichgewichtszustand. Zwar reduzierten sich infolge abnehmender Stoffkonzentrationen und rückläufiger Tiefensickerung die Stoffaustragsraten um Größenordnungen (Al: 54 auf < 2 kmol ha^{-1} a^{-1}, Fe: 21 auf < 0,1 kmol ha^{-1} a^{-1}, SO_4-S: 135 auf < 6 kmol ha^{-1} a^{-1}), mit Ausnahme von NH_4-N, NO_3-N, PO_4-P und K blieb jedoch die ökosystemare Flüssebilanz negativ (Austrag > Eintrag).

Die Stoffhaushaltscharakteristik der Systeme wurde entscheidend durch substratinduzierte Prozesse wie Säurefreisetzung aus Eisensulfidoxidation, Primärmineralverwitterung und Verlagerung sekundär gebildeter Salzphasen gesteuert. Infolgedessen unterschieden sich die Stoffflüsse des Bodens grundlegend von den Verhältnissen gewachsener Standorte bzw. pyritfreier Kippsubstrate.

Auf den beiden älteren Chronosequenzflächen dominierte bei N, P, Mg und K der interne Umsatz die Stoffflüsse, was die Etablierung biologisch gesteuerter Stoffkreisläufe belegte. Im Gegensatz hierzu waren Al, Fe und S trotz der im sauren Unterboden stark erhöhten Konzentrationen in nur geringem Maß in den ökosystemaren Stoffkreislauf eingebunden.

2 Arbeits- und Ergebnisbericht

2.1 Ziele

Jüngste Erhebungen zeigen, dass die Kippenwälder des Lausitzer Braunkohlereviers über ein befriedigendes Ertragsniveau verfügen (u. a. Khaldoun 1989; Remmy et al. 1995; Böcker et al. 1998; Bungart & Ende 1998). Hinsichtlich ihres Wuchsverhaltens unterscheiden sich die Ökosysteme kaum von denjenigen „gewachsener" Standorte des Tagebaurandbereichs.

In Anbetracht des hohen Versauerungspotentials schwefel- und kohlehaltiger Substrate (Katzur 1998) und der sehr intensiven Verwitterungsdynamik (Neumann et al. 1997; Schaaf & Wilden 1997; Katzur & Liebner 1998; Knoche 1998 b) ist jedoch offen, ob sich bereits in der ersten Waldgeneration stabile Ökosysteme etablieren. Bislang fehlen hierzu adäquate Systeminformationen, insbesondere zur Wasser- und Stoffhaushaltsdynamik.

Übergeordnetes Ziel des Forschungsvorhabens war es, die Boden- und Waldökosystementwicklung auf schwefelsauren Kippsubstraten anhand von Stoffhaushaltskriterien zu quantifizieren. Im Rahmen einer 3-gliedrigen Eichenchronosequenz (*Q. petraea* Liebl.: 3 Jahre; *Q. rubra* L.: 26 und 37 Jahre) wurden kontinuierliche Bilanzierungen der Wasser- und Stoffflüsse der Ökosysteme und ihrer Kompartimente durchgeführt (nach Ulrich & Mayer 1973; Ulrich 1991).

2.2 Methodik

2.2.1 Untersuchungsflächen

Wie Tabelle 1 zeigt, wiesen die Messflächen entsprechend des chronosequenziellen Ansatzes eine vergleichbare bodengeologische Ausgangssituation auf. Die als stark schwefelsaure Kipp-Kohlelehmsande klassifizierten Substrate (AG Boden 1994) sind für einen Großteil der Abschlusskippen des Lausitzer Braunkohlereviers flächenrepräsentativ (Katzur 1998). Sie wurden praxisüblich mit basenreichen Kraftwerksaschen grundmelioriert, wobei sich die zur Einstellung eines wuchsoptimalen pH-Wertes von etwa 5,0 applizierte Kalkmenge (300 bis 1.580 dt CaO ha^{-1}) an der potenziellen Säurefreisetzung bei vollständiger Sulfidverwitterung (Illner & Katzur 1964) orientierte. Die Einarbeitungstiefe entsprach dem jeweiligen Stand der Meliorationstechnologie. Im Anschluss erfolgte eine NPK-Grunddüngung und die Aufforstung mit Rot- (*Quercus rubra* L.) bzw. Traubeneiche (*Quercus petraea* Liebl.).

Substratkennzeichnend sind die hohen C_t- und S_t-Gehalte. Die pH_{H2O}-Werte schwanken zwischen 2,7 (unmeliorierter Unterboden) und 7,8 (Meliorationshorizont). Im Vergleich zu den beiden älteren Flächen weist der jüngste Chronosequenzstandort eine höhere Dichtlagerung und nutzbare Feldkapazität auf, die gesättigten Wasserleitfähigkeiten sind demgegenüber reduziert. Weitere Angaben zum Bodenzustand finden sich unter Knoche (1998 b) bzw. Knoche & Embacher (1999).

Tab. 1 Übersicht und Charakterisierung der Chronosequenzstandorte unter Eiche [d_B = Trockenraumgewicht, kf = gesättigte Wasserleitfähigkeit, nFK = nutzbare Feldkapazität].

Standorte	Nochten 3 Jahre	Koyne 26 Jahre	Domsdorf 37 Jahre
Bestand	*Quercus petraea*	*Quercus rubra*	*Quercus rubra*
Verkippung	1979 / 1980	1951 / 1952	1946
Melioration	1994 Filterasche 1.580 dt CaO ha^{-1} Tiefe: 100 cm	1970 Filterasche 300 dt CaO ha^{-1} Tiefe: 60 cm	1961 Kesselhausasche 600 dt CaO ha^{-1} Tiefe: 30 cm
Substrat	Kipp-Kohle- lehmsand	Kipp-Kohle- lehmsand	Kipp-Kohle- lehmsand
Bodenchemische Kenndaten (0 - 160 cm)	pH_{H2O} 2,7 - 7,8 C_t 2,7 - 5,0 % S_t 0,4 - 0,7 %	pH_{H2O} 2,9 - 4,4 C_t 3,8 - 5,1 % S_t 0,1 - 0,2 %	pH_{H2O} 2,8 - 6,1 C_t 4,6 - 7,6 %; S_t 0,1 - 0,2 %
Bodenphysikalische Kenndaten (0 - 160 cm)	d_B 1,30 - 1,39 g cm^{-3} kf 69 - 207 cm d^{-1} nFK 201 mm	d_B 1,10 - 1,24 g cm^{-3} kf 399 - 845 cm d^{-1} nFK 123 mm	d_B 1,16 - 1,25 g cm^{-3} kf 397 - 645 cm d^{-1} nFK 124 mm

2.2.2 Flächeninstrumentierung und Laboranalytik

Zur Quantifizierung der Stoffdynamik wurden auf den Chronosequenzflächen Koyne und Domsdorf kontinuierlich beprobt: Freiland- und Bestandesniederschlag (6 bzw. 10 - 14 Totalisatoren), Stammabfluss (5 Stammablaufmanschetten), Streufall (5 Streufänger mit je 1 m^2 Auffangfläche) sowie die Bodenlösung (je 8 Keramik-Saugkerzen (P 80) in 20, 40, 80 und 160 cm bei einem Unterdruck von maximal 0,3 bar). Am Standort Nochten erfolgte eine den beiden älteren Chronosequenzflächen vergleichbare Beprobung des Freilandniederschlags und der Bodenlösung.

In den zu Monatsmischproben zusammengefassten und filtrierten (0,45 µm Nylonfilter) Lösungen wurden folgende Parameter analysiert: pH-Wert (DIN 38404 C5), K, Mg, Ca, Mn, Al, Fe (DIN 38406 E22), NH_4 (DIN 38406 E5), NO_3, SO_4 (DIN 38405 D20) und PO_4 (DIN 38405). Die in 14-tägigen Intervallen gesammelte Blattstreu wurde zu einer Jahresmischprobe vereinigt und nach BZE (1994) auf ihre Inhaltsstoffe untersucht.

Der Charakterisierung des ökosystemaren Wasserhaushalts dienten je 4 in 20, 40, 80 und 160 cm installierte Druckaufnehmertensiometer mit Temperatursensoren. Zusätzlich erfolgte in der zweiten Projektphase eine Bestimmung der volumetrischen Wassergehalte mittels FDR-Sonden (Frequency-Domain Reflectometry, je 3 Sonden in 20 und 80 cm). Eine ausführliche Beschreibung der Flächeninstrumentierung, gemessenen Parameter und Analytik kann Knoche et al. (1999) entnommen werden.

2.2.3 Modellierung

Bodenwasserflüsse und Bestandesevapotranspiration wurden mit dem eindimensionalen Wasser- und Wärmehaushaltsmodell SOIL (Version 9.341, Jansson 1991) quantifiziert, das die Richards- und Fouriergleichung mit Hilfe des Finite-Differenzen-Verfahrens numerisch löst. Anmerkungen zur standortspezifischen Modellanpassung und Validierung finden sich unter Embacher & Knoche (1998).

Als treibende Variablen gingen die auf den Messflächen kontinuierlich aufgezeichneten und zu Tageswerten verdichteten Klimadaten ein. Die obere Randbedingung des Bodenwasserflusses bildete in Koyne und Domsdorf der Bestandesniederschlag inklusive des Stammabflusses, in Nochten der Freilandniederschlag. Als Tiefensickerung wurde der simulierte Wasserabfluss aus dem Hauptwurzelraum, d. h. in 160 cm Profiltiefe definiert.

Zur Berechnung von Gesamtdeposition und Blattauswaschung wurde das Kronenraummodell von Ulrich (1983) herangezogen, welches Natrium als inerten Tracer verwendet (keine Blattauswaschung) und bei dem die gasförmige SO_2-Sorption an der Blattoberfläche in einer äquivalenten H-Produktion resultiert.

2.3 Ergebnisse

2.3.1 Wasserhaushalt

Tensionsdynamik

Die Chronosequenzstandorte zeichnen sich durch eine stark saisonale Tensionsdynamik aus, wobei sich die jüngste Fläche von den beiden „Altstandorten" abhebt. Im Frühjahr liegen die Tensionen auf allen Standorten unterhalb 100 hPa (Abb. 1 und Abb. 2).

Mit dem Laubaustrieb ist auf den älteren Flächen (Koyne und Domsdorf) in allen Tiefen ein kontinuierlicher Tensionsanstieg zu beobachten, wobei spätestens im Juni der Messbereich der Tensiometer (750 hPa) überschritten wird. Dieser Anstieg vollzieht sich bis in 80 cm innerhalb von nur 10 Tagen, im tieferen Unterboden binnen 4 - 6 Wochen. Abbildung 1 dokumentiert dies beispielhaft für den Standort Domsdorf.

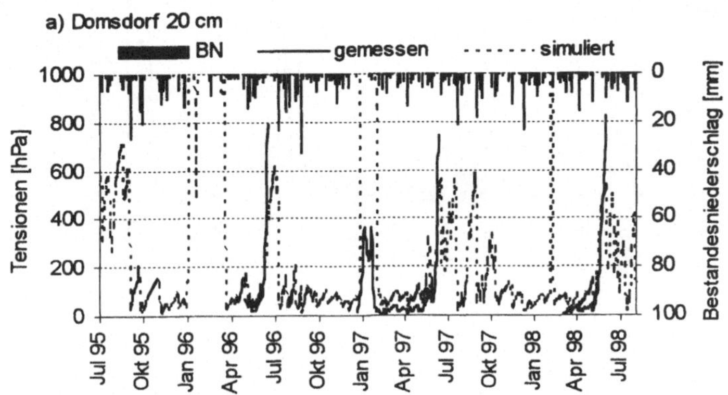

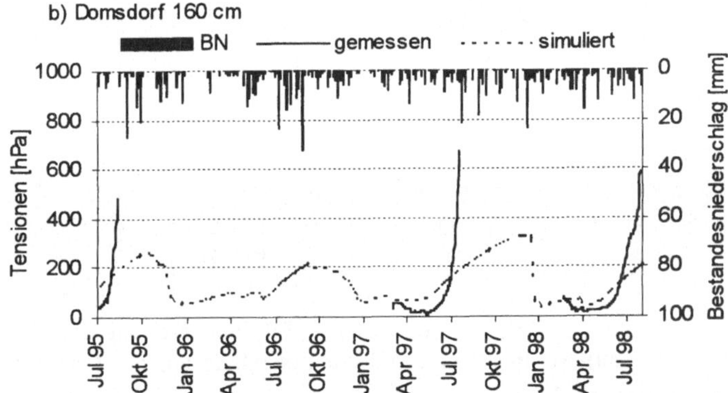

Abb. 1 Niederschlagsverteilung [Bestandesniederschlag, BN] und Verlauf der Bodensaugspannungen [gemessen und simuliert] in 20 und 160 cm Bodentiefe auf der Chronosequenzfläche Domsdorf von Juli 1995 - Juli 1998.

Auch am jüngsten Standort Nochten können die Werte zum Zeitpunkt der maximalen Vegetationsentwicklung im Oberboden kurzfristig 750 hPa überschreiten, fallen jedoch nach Starkniederschlägen in wenigen Tagen auf < 100 hPa ab.

Wie Abbildung 2 verdeutlicht, verliert der Tensionsverlauf an diesem Standort im Unterboden erheblich an Dynamik. Während in 80 cm Tiefe nur einmalig 400 hPa erreicht werden (August 1995), liegen die Saugpannungswerte in 160 cm ständig unterhalb von 100 hPa.

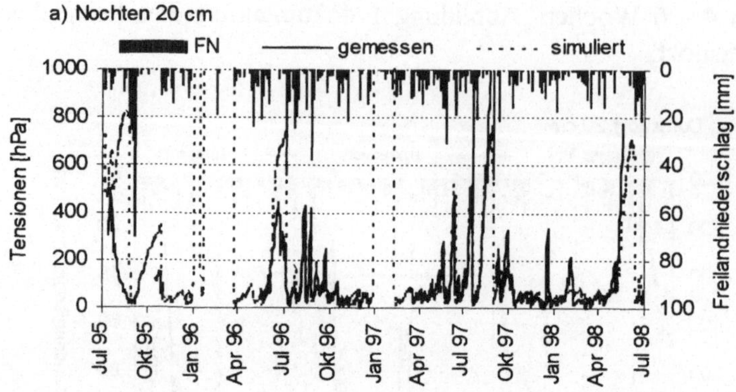

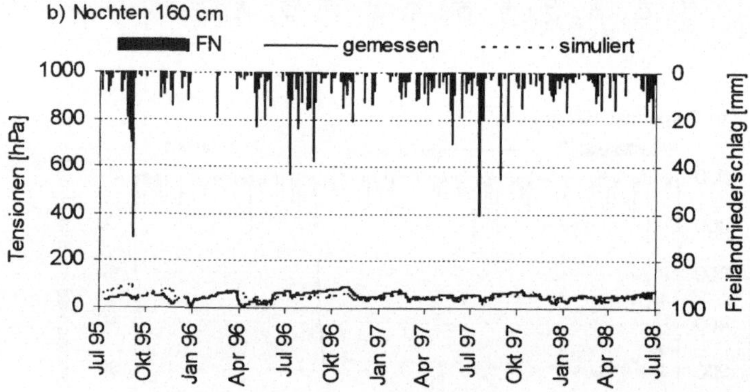

Abb. 2 Niederschlagsverteilung [Freilandniederschlag, FN] und Verlauf der Bodensaugspannungen [gemessen und simuliert] in 20 und 160 cm Bodentiefe auf der Chronosequenzfläche Nochten von Juli 1995 - Juli 1998.

Bilanzgrößen des Wasserhaushalts

Tabelle 2 verdeutlicht, dass das Bestandesalter wesentlichen Einfluss auf die Bilanzgrößen des Wasserhaushalts nimmt. Dabei stellt die Evapotranspiration auf allen Standorten die dominierende Verlustgröße dar. Während die Absolutwerte mit 364 - 386 mm auf einem vergleichbaren Niveau liegen, zeigt deren prozentualer Anteil am Freilandniederschlag, dass in Nochten mit durchschnittlich 52 % (inklusive Interzeption) die niedrigste Entzugsrate vorliegt. Bei der Tiefensickerung prägt sich der Alterseinfluss sowohl in den Absolutwerten als auch bei den prozentualen Anteilen vom Freilandniederschlag noch deutlicher aus. Die Tiefensickerung reduziert sich durchschnittlich von 320 mm (46 %) im Initialstadium der Bestandesentwicklung auf 42 mm (8 %) in Koyne bzw. 73 mm (13 %) in Domsdorf. Schwankungen in der jährlichen Niederschlagssumme wirken sich jedoch kaum auf die Höhe der Tiefensickerung aus. Eine gesteigerte Infiltration wird im Wesentlichen durch eine höhere Evapotranspirationsrate kompensiert. Analog der Evapotranspiration weist Koyne eine geringere Sickerrate auf als der 11 Jahre ältere Bestand in Domsdorf. Dies lässt sich, wie hydrologische Szenariobetrachtungen bestätigen, auf ein unterschiedliches Lokalklima zurückführen.

Tab. 2 Bilanzgrößen des ökosystemaren Wasserhaushalts auf den Chronosequenzstandorten Nochten, Koyne und Domsdorf von Juli 1995 bis Juni 1998: Freiland [FN]- und Bestandesniederschlag [BN], Interzeption [I], Evapotranspiration [ET], Tiefensickerung [TS], Speicheränderung [ΔS], [Angaben in mm und % des Freilandniederschlags].

	FN	I	BN	ET	TS	ΔS
	[mm] (% des Freilandniederschlags)					
	gemessen			simuliert		
Nochten (3-jährig)						
Jahr 1	591	n. b.	n. b.	259 (44) [1]	322 (55)	10
Jahr 2	761	n. b.	n. b.	415 (55) [1]	311 (41)	35
Jahr 3	733	n. b.	n. b.	419 (57) [1]	328 (45)	-14
Mittel	695	n. b.	n. b.	364 (52) [1]	320 (46)	10
Koyne (26-jährig)						
Jahr 1	459	60 (13)	399 (87)	295 (64)	61 (13)	43
Jahr 2	554	72 (13)	482 (87)	456 (82)	17 (3)	9
Jahr 3	585	110 (19)	475 (81)	406 (69)	44 (8)	25
Mittel	533	81 (15)	452 (85)	386 (72)	42 (8)	26
Domsdorf (37-jährig)						
Jahr 1	493	106 (22)	387 (78)	286 (58)	63 (13)	38
Jahr 2	606	160 (26)	446 (74)	393 (65)	63 (10)	-10
Jahr 3	588	114 (19)	474 (81)	375 (64)	94 (16)	5
Mittel	562	126 (22)	436 (78)	351 (62)	73 (13)	11

n. b. = nicht bestimmt, [1] inklusive Interzeption

2.3.2 Stoffhaushalt

Bodenlösungschemismus

Tabelle 3 fasst die mittleren pH-Werte und Stoffkonzentrationen der Bodenlösung auf den Chronosequenzflächen Nochten, Koyne und Domsdorf exemplarisch für die Tiefenstufen 20 cm (Meliorationshorizont) bzw. 160 cm (unmeliorierter Unterboden) zusammen. Der Lösungschemismus des Oberbodens wird auf allen Flächen durch den Meliorationseinfluss geprägt. Bedingt durch die pH-Wert-Anhebung aus dem stark sauren in den mäßig aziden bis alkalischen Reaktionsbereich verringert sich die Al- bzw. Fe-Löslichkeit; die Konzentrationen dieser Spezies liegen unter

0,05 mmol L^{-1}. Die Lösungszusammensetzung des meliorierten Bereichs wird kationenseitig durch Ca und Mg dominiert.

Tab. 3 Mittlere pH-Werte und Stoffkonzentrationen der Bodenlösung aus 20 cm [Meliorationshorizont] und 160 cm Tiefe [unmeliorierter Unterboden] für die Chronosequenzflächen Nochten, Koyne und Domsdorf von Juli 1995 bis Juni 1998 [sd = Standardabweichung].

	pH	Al	Fe	Mn	Ca	Mg	K	NH_4	NO_3	PO_4	SO_4
						[mmol L^{-1}]					
Nochten (3-jährig)											
20 cm	7,7	0,01	0,01	0,003	8,3	16,0	1,3	0,03	0,28	0,003	23,2
sd		0,01	0,003	0,003	1,5	3,7	0,72	0,02	0,42	0,007	5,6
160 cm	2,2	16,3	4,5	0,11	7,5	11,7	0,05	2,2	0,26	0,007	86,1
sd		6,7	2,3	0,08	1,2	2,5	0,03	0,45	0,19	0,013	43,1
Koyne (26-jährig)											
20 cm	4,1	0,02	0,01	0,001	0,6	0,1	0,06	0,01	0,02	<0,001	0,6
sd		0,01	0,001	0,001	0,2	0,04	0,02	0,01	0,01		0,2
160 cm	2,6	2,2	0,15	0,007	4,8	0,7	0,04	0,48	0,02	<0,001	6,9
sd		0,9	0,03	0,002	1,5	0,3	0,01	0,25	0,01		2,2
Domsdorf (37-jährig)											
20 cm	7,2	0,003	0,001	0,0002	1,7	0,09	0,01	0,01	0,02	<0,001	0,7
sd		0,003	0,001	0,0002	0,5	0,03	0,01	0,01	0,01		0,3
160 cm	2,8	2,6	0,07	0,01	6,4	0,4	0,02	0,43	0,02	<0,001	8,0
sd		1,1	0,03	0,01	0,9	0,1	0,01	0,27	0,01		2,4

Die erhöhten K- und NO_3-Konzentrationen im Meliorationshorizont der Fläche Nochten lassen sich auf die unmittelbar vor Messbeginn erfolgte NPK-Startdüngung zurückführen. Auf allen Standorten und insbesondere auf der jüngsten Fläche ist ein Anstieg der NH_4-Konzentration im unmeliorierten Unterboden nachweisbar.

Vor allem im stark sauren Unterboden ist eine deutlich entwicklungsabhängige Veränderung der Lösungszusammensetzung zu beobachten. Auf den beiden „Altstandorten" sind gegenüber Nochten die Fe- und SO_4-Konzentrationen stark verringert. So beträgt die Fe-Konzentration auf der ältesten Fläche in 160 cm Tiefe lediglich 0,07 mmol L^{-1}, hingegen am jüngsten Standort Nochten 4,5 mmol L^{-1}. Gleichzeitig nimmt die Al-Konzentration von 16,3 mmol L^{-1} (Nochten) auf 2,2 (Koyne) bzw. 2,6 mmol L^{-1} (Domsdorf) ab.

Die Ca- und Mg-Konzentrationen reduzieren sich im betrachteten Zeitraum ebenfalls. Jedoch ist die Konzentrationsabnahme bei Ca weniger stark ausgeprägt, sodass Ca in Koyne und Domsdorf in allen Tiefen zum vorherrschenden Kation der Bodenlösung wird. Dagegen dominieren in Nochten Kationensäuren (H, Al und Fe) die Lösungszusammensetzung des unmeliorierten Unterbodens in 160 cm.

Stoffbilanzen

Bei allen untersuchten Spezies sind die Stoffausträge des jüngsten Standorts Nochten mit Abstand am höchsten. Mit Ausnahme von NO_3-N, PO_4-P und K betragen die Eintragsraten einen Bruchteil der Auswaschungsverluste (Tab. 4). Mengenmäßig am bedeutsamsten sind dabei die Austräge an SO_4-S (135 kmol ha^{-1} a^{-1}), Al (53,5 kmol ha^{-1} a^{-1}) und Mg (36,5 kmol ha^{-1} a^{-1}), die ökosystemare Stoffbilanz ist stark negativ.

Tab. 4 Mittlere jährliche Stoffflüsse in Niederschlags- [ND], Gesamtdeposition [GD], Kronenraum [Leaching und Streufall] und Austrag [160 cm Bodentiefe] sowie ökosystemare Flussbilanzen [Bilanz = GD - Austrag] für die Chronosequenzflächen Nochten, Koyne und Domsdorf von Juli 1995 bis Juni 1998.

	H	Al	Fe	Ca	Mg	K	NH_4-N	NO_3 N	PO_4-P	SO_4-S
						[kmol ha^{-1} a^{-1}]				
Nochten (3-jährig)										
ND = GD	0,22	0,01	0,01	0,13	0,04	0,08	0,79	0,52	0,03	0,28
Austrag	20,3	53,5	21,3	24,0	36,5	0,17	6,8	0,86	0,02	135
Bilanz	-20,1	-53,5	-21,3	-23,8	-36,5	-0,09	-6,0	-0,34	0,01	-135
Koyne (26-jährig)										
ND	0,17	0,01	0,01	0,07	0,02	0,05	0,44	0,09	0,01	0,06
GD	0,22	0,01	0,01	0,07	0,02	0,05	0,59	0,39	0,02	0,20
Leaching	-0,12	-0,003	0,001	0,05	0,03	0,18	-0,11	-0,02	0,01	0
Streufall	n. b.	0,02	0,01	1,45	0,35	0,47	2,7[1)]		0,09[2)]	0,17[3)]
Austrag	1,1	0,9	0,06	2,0	0,28	0,01	0,19	0,01	<0,001	2,9
Bilanz	-0,85	-0,9	-0,06	-2,0	-0,25	0,04	0,40	0,38	0,02	-2,7
Domsdorf (37-jährig)										
ND	0,15	0,01	0,01	0,07	0,02	0,05	0,54	0,38	<0,01	0,05
GD	0,36	0,01	0,01	0,08	0,03	0,05	0,63	0,44	0,01	0,28
Leaching	-0,28	0,004	0,003	0,07	0,03	0,25	-0,17	-0,07	0,01	0
Streufall	n. b.	0,02	0,01	2,1	0,36	0,57	4,5[1)]		0,10[2)]	0,24[3)]
Austrag	1,1	1,8	0,08	4,8	0,28	0,01	0,30	0,01	<0,001	5,8
Bilanz	-0,76	-1,8	-0,08	-4,7	-0,25	0,04	0,33	0,43	0,01	-5,6

n. b. = nicht bestimmt, [1)] N-gesamt, [2)] P-gesamt, [3)] S-gesamt

Infolge der abnehmenden Stoffkonzentrationen und Tiefensickerung reduzieren sich die Austragsraten der beiden älteren Flächen um Größenordnungen. Dies gilt insbesondere für Fe, Al, Mg und SO_4-S, bei denen die zeitliche Konzentrationsabnahme besonders ausgeprägt ist (Tab. 3). So gehen die Austräge in Koyne und Domsdorf im Falle von Fe auf lediglich 0,3 - 0,4 % respektive bei SO_4-S auf 2,3 - 4,3 % der Werte von Nochten zurück, während die Tiefensickerung im Vergleich hierzu noch 13 bzw. 23 % beträgt (Tab. 2). Trotz der stark rückläufigen Austräge bleibt die Ökosystembilanz auch in Koyne und Domsdorf für die dominierenden Spezies negativ. Demgegenüber findet auf beiden „Altstandorten" bei NH_4-N, NO_3-N, K und PO_4-P eine Akkumulation statt. Deponiertes PO_4-P wird vollständig gespeichert, K zu 80 % und anorganischer N zu 71 bzw. 80 % in den Systemen zurückgehalten.

Kronenraumprozesse
Das Depositionsgeschehen wird auf allen Chronosequenzstandorten im Wesentlichen durch die Einträge von H, Ca, NH_4-N, NO_3-N und SO_4-S bestimmt. Dabei übertreffen die Stoffeinträge im Freilandniederschlag des an den laufenden Tagebau angrenzenden Standorts Nochten durchweg die Gesamtdeposition der beiden älteren Chronosequenzflächen (Tab. 4). Verglichen mit den Einträgen des Niederschlagswassers spielen die Interzeptionsdeposition und gasförmige Deposition nur eine untergeordnete Rolle. Der Anteil der Niederschlags- an der Gesamtdeposition beträgt mit Ausnahme der Protonen in Koyne 86 - 96 %, in Domsdorf 58 - 88 %. Dennoch zeigt sich, dass in Abhängigkeit vom Bestandesalter und damit der größeren Kronenoberfläche die Gesamtdeposition in Domsdorf höher als in Koyne ist. Während die Kronen gegenüber eingetragenen Protonen und anorganischem Stickstoff als Senke wirken, lässt sich bei Ca, Mg, PO_4-P und vor allem K eine starke Blattauswaschung beobachten.

Hauptkomponente des Mineralbodeneintrags bildet auf den beiden älteren Chronosequenzflächen jedoch der Streufall als einzige nicht wässrige Stoffflussgröße. Insbesondere bei Ca, Mg, K, P und N übertrifft die mit Blattstreu und durch Leaching eingetragene Stoffmenge die Deposition um ein Vielfaches. Parallel zur Etablierung der Stoffkreisläufe verringern sich die Austragsraten, sodass auf den beiden älteren Chronosequenzflächen der interne Umsatz die ökosystemaren Stoffflüsse von Mg, K, N und P dominiert. Dagegen sind Al und Fe trotz der im sauren Unterboden stark erhöhten Konzentrationen kaum in den Stoffkreislauf eingebunden.

2.4 Diskussion

2.4.1 Wasserhaushalt

Es konnte gezeigt werden, dass die Tiefensickerung von laubholzbestockten Kippenwäldern binnen 26 Jahren von rund 50 % des Freilandniederschlags auf unter 10 % abfällt. Sie liegt damit erheblich unter dem Wasserdargebot landwirtschaftlich genutzter Kippenflächen und vegetationsfreier Offenlandstandorte der Bergbaufolgelandschaft (Embacher & Knoche 1998; Schaaf et al. 1998; vgl. TP 9, dieser Band). Beispielsweise werden unter landwirtschaftlicher Nutzung aschemeliorierter, schwefelsaurer Kippsubstrate jährliche Tiefensickerungsraten von 335 mm (intensiv) bis 388 mm (extensiv), d. h. 57 respektive 66 % des Freilandniederschlags ermittelt (Katzur & Liebner 1998). Gegenüber anderen Vegetationstypen lässt sich durch Aufforstung innerhalb weniger Jahre eine drastische Verringerung der Sickerrate und dadurch zumindest Verzögerung der Säure- und Stoffausträge aus dem Kippenkörper erreichen (Knoche & Embacher 1999). Unklar ist jedoch, inwieweit die Eisensulfidverwitterung als Initialprozess der Bodenentwicklung schwefelsaurer Kippsubstrate durch pflanzenbauliche Maßnahmen beeinflusst werden kann (Evangelou et al. 1998). Es bleibt offen, ob sich die Stoffauswaschung unter Wald durch eine reduzierte Tiefensickerung in der Summe verringert oder lediglich über einen längeren Zeitraum erstreckt.

Als maßgebliche Steuergröße des ökosystemaren Wasserhaushalts der Chronosequenzflächen konnte die Bestandesevapotranspiration identifiziert werden. Infolge der gegenüber den „Altstandorten" erhöhten Infiltration und geringeren Entzugsrate prägte sich die Bodenaustrocknung auf der jüngsten Chronosequenzfläche Nochten weniger intensiv aus. Die sehr schnell ablaufende Wiederbefeuchtung des Bodens nach sommerlichen Trockenperioden lässt vermuten, dass durch Aschemelioration die ursprüngliche Benetzungsfeindlichkeit kohlehaltiger Substrate (Illner & Thomas 1971) aufgehoben wurde. Im Vergleich zum heterogenen Einzugsgebiet einer Rohkippe (Grünewald et al. 1999) ist mesoskalig von einer gleichmäßigeren Infiltration des Niederschlagswassers und geringerem Oberflächenabfluss auszugehen, wodurch das Erosionsrisiko sinkt.

Wie die Tensionsmessungen auf den langjährig rekultivierten Flächen bestätigten, entleerte sich der Bodenwasserspeicher mit nur geringer zeitlicher Verzögerung bis in 160 cm Tiefe, was eine tiefreichende Substratdurchwurzelung dokumentiert. Dagegen bildete beispielsweise in Domsdorf noch 7 Jahre nach Aufforstung die Meliorationstiefe von 30 cm die Untergrenze des durchwurzelten Solums (Barthel 1970). Demnach lässt sich eine mit dem Entwicklungsalter fortschreitende und weit über die ursprüngliche Meliorationssohle hinausreichende Tiefendurchwurzelung des Substrats nachweisen. Untersuchungen zum Wuchsverlauf 20- bis 40-jähriger Kippen-Aufforstungen bestätigen dies indirekt (Katzur et al. 1998). So zeigen die Bestände trotz flachgründiger Melioration (30 - 60 cm) einen unverritzten Referenzstandorten vergleichbaren Höhenwuchsgang.

2.4.2 Stoffhaushalt

Die Ökosysteme befanden sich nach 40-jähriger Entwicklungszeit noch nicht im stofflichen Gleichgewicht. Einerseits wurde eine Nährstoffspeicherung (K, NH_4-N, NO_3-N, und PO_4-P) beobachtet, andererseits übertrafen die Austräge von Al, Fe, Ca, Mg und SO_4-S die Einträge bei Weitem. Zwar gilt die Nährstoffakkumulation allgemein als charakteristisches Merkmal für im Aufbau befindliche Waldökosysteme (Bormann & Likens 1979; Ulrich 1987). Demgegenüber unterschied sich die Stoffhaushaltscharakteristik der betrachteten Kippenwälder jedoch aufgrund der extrem hohen Salzfrachten des Mineralbodens grundlegend von den Verhältnissen gewachsener Standorte bzw. pyritfreier Kippsubstrate (Schaaf et al. 1995; Knoche et al. 1999; Knoche 2000). Ursache hierfür sind substratinduzierte Prozesse, die mit Blick auf ihre ökosystemare Relevanz näher diskutiert werden sollen:

Als Schlüsselprozess der Substratgenese kann die Verwitterung der geogenen Eisensulfide (Pyrit, Markasit) identifiziert werden. Dies belegen insbesondere die hohen H-, Fe- und SO_4-Konzentrationen im unmeliorierten Unterboden der jüngsten Chronosequenzfläche. Dagegen lassen die niedrigen Fe-Konzentrationen und -Austräge sowie die Einengung des Fe/SO_4-Molverhältnisses auf den älteren Flächen vermuten, dass hier die Eisensulfidverwitterung weitgehend abgeschlossen ist. Diese Annahme wird durch Heinkele et al. (1999) gestützt, wonach auf der Kippe Domsdorf im Unterboden weniger als 5 % des Gesamtschwefels als oxidierbares Sulfid vorliegt.

Die Säuregenerierung im Zuge der Eisensulfidoxidation bewirkt eine intensive Mineralverwitterung. Im Meliorationshorizont puffert die eingearbeitete Asche, was in einer äquivalenten Mg- und Ca-Freisetzung resultiert. Während sich Mg im Wesentlichen auf die Asche zurückführen lässt (Blechschmidt et al. 1999) unterliegt Ca einer zusätzlichen Freisetzung aus dem Substrat (Knoche et al. 1999; Schaaf et al. 1999). Als mögliche substratbürtige Ca-Quelle wird die Auflösung von in der Kohle eingelagertem Gips bzw. Calcit (Faison 1993) diskutiert, da die Braunkohle des Lausitzer Reviers durch vergleichsweise hohe Ca-Gehalte gekennzeichnet ist (Darbinjan 1989).

Im unmeliorierten Unterboden findet bei pH-Werten zwischen 2,2 und 2,8 eine starke Primärmineralzerstörung statt, die durch extrem hohe Al-Konzentrationen insbesondere am jüngsten Chronosequenzstandort belegt wird. In den infolgedessen gesättigten Lösungen kommt es zu Salzausfällungen, was durch mineralogische Studien (Neumann et al. 1997; Heinkele et al. 1999) und phasenanalytische Berechnungen (Knoche et al. 1999) bestätigt wird. Sekundär gebildete Salzphasen wie z. B. Gips und Jurbanit steuern über ihre Löslichkeitsprodukte die Zusammensetzung der Bodenlösung. Gerade im Initialstadium unterliegen die Substrate einer starken Salzauswaschung, wie auch Lysimeteruntersuchungen von Katzur & Liebner (1998) an jungen Kippenböden unter landwirtschaftlicher Nutzung zeigen. Dabei verändert sich aufgrund der unterschiedlichen Salzlöslichkeit im unmeliorierten Unterboden mit zunehmendem Flächenalter die Kationenzusammensetzung der Bodenlösung. Offensichtlich werden die im Vergleich zu Gips leichter wasserlöslichen Mg- und Al-Sulfate rascher aus dem Profil ausgewaschen (Knoche & Embacher 1999). Andererseits bewirkt eine der Ca-Mobilisierung vorauseilende H-Auswaschung eine Entsauerung des unmeliorierten Unterbodens, welche wiederum die Al- und Fe-Löslichkeit herabsetzt.

Diese Prozesse sind insbesondere mit Blick auf die Erweiterung des molaren Ca/Al-Verhältnisses von hoher ökophysiologischer Bedeutung. Zwar werden auch auf den älteren Flächen in 160 cm Tiefe mit 2,2 bis 2,4 noch für das Feinwurzelwachstum der Roteiche kritische Werte von 0,5 bis 4,5 (McCormick & Steiner 1978; Joslin & Wolfe 1989; de Wald et al. 1990) erreicht, andererseits reduziert sich aber durch die Bildung stabiler $AlSO_4$-Komplexe (Knoche et al. 1999; Schöpke 1999) die toxische Wirkung des Aluminiums (Cameron et al. 1986; Noble et al. 1988; Wright et al. 1989).

Der für alle Chronosequenzflächen dokumentierte Anstieg der NH_4-Konzentration im Unterboden weist auf eine N-Freisetzung aus der Kohle hin, welche nicht durch Pflanzenentzug bzw. mikrobielle Immobilisierung kompensiert werden kann. Im Gegensatz zu Steinkohle (Reeder & Berg 1977 a; 1977 b; Li & Daniels 1994) wirkt die im Substrat feinverteilte und nur mäßig inkohlte Braunkohle sehr wahrscheinlich als eine für die Ökosystementwicklung langfristig nutzbare Nährstoffquelle. Denn gegenüber Eichenforsten kohlefreier Kippsubstrate weisen die beiden älteren Chronosequenzbestände höhere N-Gehalte in der Blattstreu und einen größeren N-Umsatz mit dem Bestandesabfall auf (Knoche et al. 2000). Dabei ist jedoch der Mechanismus der Stofffreisetzung nach wie vor unklar. Grundsätzlich denkbar wären: mikrobieller Kohleabbau (Hofrichter & Fritsche 1996; 1997), Hydrolyse der organischen Substanz bzw. Desorption austauschbar gebundenen Ammoniums (Palmer et al. 1985) oder die Auswaschung von in der organischen Matrix eingelagerten NH_4-Salzen (Crawford 1993). Bebrütungsversuche unter kontrollierten Bedingungen belegen jedoch trotz mikrobieller Abbaubarkeit der fossilen organischen Substanz keine Netto-N-Mobilisierung (Waschkies & Hüttl 1999).

Aus ökosystemarer Perspektive stellt sich abschließend die Frage, wie die im Aufbau befindlichen Systeme auf die beschriebenen Prozesse reagieren. Als hierfür sensibles Kriterium kann die Intensität des ökosystysteminternen Stoffumsatzes in Relation zur Eintrag-/Austrag-Bilanz herangezogen werden. Die Untersuchungen verdeutlichen, dass sich bereits nach 26-jähriger Entwicklungszeit selbstgesteuerte Stoffkreisläufe etablieren, die wiederum eine Minimierung der Nährstoffauswaschung bewirken. So dominiert bei dem auf Rohkippen wachstumslimitierend wirkenden N, P und K (Heinsdorf 1983; 1994; Katzur 1998) der ökosysteminterne Umsatz (Blattleaching und Streufall) den Mineralbodeneintrag. Auf den beiden „Altstandorten“ übertrifft der ökosysteminterne Stoffumsatz bei Mg, K, N und P auch die Austragsraten erheblich, was mit Untersuchungen in Eichenforsten auf pyritfreien Kippsubstraten und unverritzten Standorten des Tagebauumlands korrespondiert (Knoche et al. 2000). Die Mineralisierung der durch Streufall deponierten organischen Substanz nimmt damit für die Ökosystementwicklung eine Schlüsselstellung ein. Abbauversuche bestätigen dies (Keplin et al. 1999; vgl. TP 6.1, dieser Band). Im Gegensatz hierzu sind die Reaktionsprodukte der substratinduzierten Mineralverwitterung, wie Al, Fe und S trotz der im sauren Unterboden erhöhten Konzentrationen kaum in den ökosysteminternen Umsatz eingebunden. Es ist daher anzunehmen, dass deren Stoffverlagerungsdynamik durch die aufstockenden Bestände nur indirekt über die Regulation der Wasserflüsse beinflusst wird.

2.5 Zusammenarbeit

Dieses Vorhaben wurde am Forschungsinstitut für Bergbaufolgelandschaften e. V. (FIB) in Zusammenarbeit mit den Lehrstühlen für (1) Bodenschutz und Rekultivierung, (2) Hydrologie und Wasserwirtschaft sowie (3) Wassertechnik der Brandenburgischen Technischen Universität Cottbus (BTU) realisiert.

2.6 Danksagung

Unser Dank gilt Detlef Biemelt (BTU), Michael Haubold-Rosar (FIB Finsterwalde) und Wolfgang Schaaf (BTU) für die kritische Durchsicht des Manuskripts, ihre Diskussionsbereitschaft und die wertvollen inhaltlichen Anregungen. Ganz herzlich bedanken möchten wir uns bei Doris Klem (BTU) und Edwin Weber (BTU) für die Projektkoordination.

Das Vorhaben wurde durch die Deutsche Forschungsgemeinschaft im Rahmen des BTUC Innovationskollegs „Ökologisches Entwicklungspotential der Bergbaufolgelandschaften im Lausitzer Braunkohlerevier“ gefördert (INK 4/A1 und INK 4/B1-1).

3 Publikationsliste und Literatur

3.1 Eigene Publikationen

Embacher, A. und Knoche, D., 1998: Wasser- und Stoffdynamik einer Eichenchronosequenz auf schwefelsauren Kippböden des Lausitzer Braunkohlereviers. Teil 1: Wasserhaushaltscharakteristik. Wasser & Boden, 50, 11, 48-51.

Knoche, D., 1997: Untersuchungen zum Stoffhaushalt von Eichenökosystemen auf meliorierten, schwefel- und kohlehaltigen Kippsubstraten des Lausitzer Braunkohlereviers (Fallstudie Domsdorf). In: Schutzgemeinschaft Deutscher Wald, Regionalverband Lausitz (Hrsg.): Forstliche Rekultivierung in der Bergbaufolgelandschaft, 34-39.

Knoche, D., 1998 a: Eignung von Teflon- und Keramiksaugkerzen zur Gewinnung schwefelsaurer Sickerwässer aus den Kippen des Braunkohlentagebaues. Arch. Acker- Pfl. Boden., 42, 425-432.

Knoche, D., 1998 b: Stoffdynamik schwefelhaltiger Kippböden des Lausitzer Braunkohlereviers unter forstlicher Nutzung. Arch. Acker- Pfl. Boden., 42, 387-398.

Knoche, D., 1999: Entwicklung der bodenchemischen Eigenschaften forstlich rekultivierter Kipp-Sande des Lausitzer Braunkohlenreviers - Erste Ergebnisse einer Chronosequenzstudie. Arch. Acker-Pfl. Boden., 44, 175-195.

Knoche, D., 2000: Entwicklung der Wasser- und Stoffflüsse von Eichenökosystemen auf quartären Kippsubstraten des Lausitzer Braunkohlereviers. Wasser & Boden (im Druck).

Knoche, D. und Embacher, A., 1999: Wasser- und Stoffdynamik einer Eichenchronosequenz auf schwefelsauren Kippböden des Lausitzer Braunkohlereviers. Teil 2: Sickerwasserchemismus und Stoffausträge. Wasser & Boden, 51, 1/2, 67-70.

Knoche, D., Embacher, A. und Katzur, J., 2000: N-, P-, K-Umsatz von Eichenökosystemen auf Kippenstandorten. AFZ/Der Wald (im Druck).

Knoche, D., Schaaf, W., Embacher, A., Faß, H.-J., Gast, M., Scherzer, J. und Wilden, R., 1999: Wasser- und Stoffdynamik von Waldökosystemen auf schwefelsauren Kippsubstraten des Braunkohlebergbaus im Lausitzer Revier. In: Hüttl, R. F., Klem, D. und Weber, E. (Hrsg.): Rekultivierung von Bergbaufolgelandschaften. Das Beispiel des Lausitzer Braunkohlereviers. Walter de Gruyter, Berlin, New York, 45-71.

Schaaf, W., Biemelt, D. und Knoche, D., 1998: Stoff- und Wasserhaushalt von Kippenstandorten im Lausitzer Braunkohlerevier. GBL-Gemeinschaftsvorhaben Heft 5, Vortragsband des 4. GBL-Kolloquiums vom 26.-28. November 1997 in Cottbus, 122-125.

3.2 Zitierte Literatur

AG Boden, 1994: KA 4 - AG Bodenkunde, Bodenkundliche Kartieranleitung. Arbeitsgemeinschaft Bodenkunde, 4. Aufl., Schweizerbarth`sche Verlagsbuchhandlung, Hannover.

Barthel, M., 1970: Untersuchungen über die Bewurzelungsverhältnisse von Gehölzen auf meliorierten Kippenstandorten der Niederlausitz. Diplomarbeit, Humbold-Universität Berlin (unveröffentlicht).

Blechschmidt, R., Schaaf, W. und Hüttl, R. F., 1999: Soil microcosm experiments to study the effects of waste materials application on nitrogen and carbon turnover of lignite mine spoils in Lusatia (Germany). Plant and Soil, 213, 23-30.

Böcker, L., Stähr, F. und Katzur, J., 1998: Waldwachstum auf Kippenstandorten des Lausitzer Braunkohlenreviers. AFZ/Der Wald, 13, 691-694.

Bormann, F. H. und Likens, G. E., 1979: Pattern and process in a forested ecosystem. Springer, Berlin, Heidelberg, New York.

Bungart, R. und Ende, H.-P., 1998: Untersuchungen zur Entwicklung von Forstbeständen auf Kippsubstraten des Bergbaugebietes Welzow unter besonderer Berücksichtigung bodenchemischer, -physikalischer, ernährungs- und waldwachstumskundlicher Parameter. In: Bungart, R. und Hüttl, R. F. (Hrsg.): Landnutzung auf Kippenflächen - Erkenntnisse aus einem anwendungsorientierten Forschungsvorhaben im Lausitzer Braunkohlerevier. Cottbuser Schriften zu Bodenschutz und Rekultivierung, 2, 3-46.

BZE, 1994: Bundesweite Bodenzustandserhebung im Wald. 2.Aufl. Eigenverlag, Bonn.

Crawford, L., 1993: Microbial transformations of low rank coals. CRC Press, Boca Raton, Ann Arbor, London, Tokyo.

Cameron, R. S., Ritchie, G. S. P. und Robson, A. D., 1986: Relative toxicities of inorganic alumnium complexes to barely. Soil Sci. Soc. Am. J., 50, 1231-1236.

Darbinjan, F., 1989: Geochemie der Braunkohlen des Lausitzer Kohlenreviers. Geoprofil, 1, 30-43.

Evangelou, V. P., Chmielewski, R., Friese, K., Klapper, H., Lamb, H., Maiss, M., Meier, J., Neu, T., Nixdorf, B., Pedersen, T. F., Schultze, M. und Wisotzky, F., 1998: Pyrite oxidation control. In: Geller, W., Klapper, H. und Salomons, W. (Hrsg.): Acidic mining lakes: Acid mine drainage, limnology and reclamation. Environmental Science. Springer, Berlin, Heidelberg, New York, 419-421.

Faison, B. D., 1993: The chemistry of low rank coal and ist relationship to the biochemical mechanisms of coal biotransformation. In: Crawford, L. (Hrsg.): Microbial transformations of low rank coals. CRC Press, Boca Raton, Ann Arbor, London, Tokyo, 2-26.

Grünewald, U., Biemelt, D., Bekurts, V., Schreiter, M. und Tahl, S., 1999: Standortuntersuchungen zur besseren Quantifizierung von Elementen des regionalen Wasserhaushalts. In: Hüttl, R. F., Klem, D. und Weber, E. (Hrsg.): Rekultivierung von Bergbaufolgelandschaften. Das Beispiel des Lausitzer Braunkohlereviers. Walter de Gruyter, Berlin, New York, 223-238.

Heinkele, T., Neumann, C., Rumpel, C., Strzyszcz, Z., Kögel-Knabner, I. und Hüttl, R. F., 1999: Zur Pedogenese pyrit- und kohlehaltiger Kippsubstrate im Lausitzer Braunkohlerevier. In: Hüttl, R. F., Klem, D. und Weber, E. (Hrsg.): Rekultivierung von Bergbaufolgelandschaften - Das Beispiel des Lausitzer Braunkohlereviers. Walter de Gruyter, Berlin, New York, 25-44.

Heinsdorf, D., 1983: Wirkung der Mineraldüngung auf Ernährung und Wachstum von Roteichen (*Quercus rubra* L.) auf unterschiedlichen Kippbodenformen der Niederlausitz. Beitr. f. d. Forstw., 17, 2, 75-83.

Heinsdorf, D., 1994: Rekultivierung von Braunkohletagebauen. Entwicklung und Zustand von Forstbeständen auf verschiedenen Kippsubstraten der Niederlausitz nach standort- und baumartenangepaßter Mineraldüngung. Der Wald, 44, 403-407.

Hofrichter, M. und Fritsche, W., 1996: Depolymerization of low-rank coal by extracellular fungal enzyme systems. I. Screening for low-rank-coal-depolymerizing activities. Appl. Microbiol. Biotechnol., 46, 220-225.

Hofrichter, M. und Fritsche, W., 1997: Depolymerization of low-rank coal by extracellular fungal enzyme systems. III. In vitro depolymerization of coal humic acids by a crude preparation of manganese peroxidase from the white-rot fungus *Nematoloma frowardii* b19. Appl. Microbiol. Biotechnol., 47, 566-571.

Illner, K. und Katzur, J., 1964: Betrachtungen zur Bemessung der Kalkgaben auf schwefelhaltigen Tertiärkippen. Z. Landeskultur, 5, 287-295.

Illner, K. und Thomas, S., 1971: Der Bodenfeuchtegang in verschiedenen Kipprohböden des Braunkohlenbergbaues der Niederlausitz. Zeitschrift für Meteorologie, 21, 11/12, 350-358.

Jansson, P.-E., 1991: Simulation model for soil water and heat conditions. Description of the SOIL model. Swedish University of Agricultural Sciences, Uppsala, Department of Soil Sciences, Report 165.

Joslin, J. D. und Wolfe, M. H., 1989: Aluminium effects on northern red oak seedling growth in six forest soil horizons. Soil Sci. Soc. Am. J., 53, 274-281.

Katzur, J., 1998: Melioration schwefelhaltiger Kippböden. In: Pflug, W. (Hrsg.): Braunkohlentagebau und Rekultivierung. Landschaftsökologie - Folgenutzung - Naturschutz. Springer, Berlin, Heidelberg, New York, 559-572.

Katzur, J. und Haubold-Rosar, M., 1996: Amelioration and reforestation of sulfurous mine soils in Lusatia (Eastern Germany). Water, Air, and Soil Pollution, 91, 17-32.

Katzur, J., Böcker, L., Stähr, F. und Mertzig, C.-C., 1998: Zu den Auswirkungen der Meliorationstiefe auf das Waldwachstum der Kippen-Erstaufforstungen. Beitr. Forstwirtsch. u. Landsch.ökol., 32, 4, 170-178.

Katzur, J. und Liebner, F., 1998: Effects of superficial tertiary dump substrates and recultivation variants on acid output, salt leaching and development of seepage water quality. In: Geller, W., Klapper, H. und Salomons, W. (Hrsg.): Acidic mining lakes: Acid mine drainage, limnology and reclamation. Environmental Science. Springer, Berlin, Heidelberg, New York, 251-265.

Keplin, B., Dageförde, A. und Düker, C., 1999: Untersuchungen zum Abbau von organischer Substanz und zur Bodenbiozönose auf forstlich rekultivierten Kippstandorten. In: Hüttl, R. F., Klem, D. und Weber, E. (Hrsg.): Rekultivierung von Bergbaufolgelandschaften. Das Beispiel des Lausitzer Braunkohlereviers. Walter de Gruyter, Berlin, New York, 73-87.

Khaldoun, A.-N., 1998: Die forstlich genutzten Kippen des Braunkohlenbergbaues der DDR und ihre nachhaltige Bewirtschaftung. Dissertation, Technische Universität Dresden / Tharandt.

Li, R. S. und Daniels, W. L., 1994: Nitrogen accumulation and form over time in young mine soils. J. Environ. Qual., 23, 166-172.

McCormick, L. H. und Steiner, K. C., 1978: Variation in aluminium tolerance among six genera of trees. For. Sci., 24, 565-568.

Neumann, C., Heinkele, T. und Hüttl, R. F., 1997: Zur Pedogenese und Klassifikation von Kippenböden einer Chronosequenz auf primär schwefelhaltigen Kippkohlelehmsanden im Lausitzer Braunkohlerevier. Mitteilgn. Dtsch. Bodenkundl. Gesellsch., 84, 37-40.

Noble, A. D., Sumner, M. E. und Alva, A. K., 1988: The pH dependency of aluminium phytotoxicity alleviation by calcium sulfate. Soil Sci. Soc. Am. J., 52, 1398-1402.

Palmer, J. P., Morgan, A. L. und Williams, P. J., 1985: Determination of the nitrogen composition of colliery spoil. J. Soil Science, 36, 209-217.

Reeder, J. D. und Berg, W. A., 1977 a: Plant uptake of indigenous and fertilizer nitrogen from a Cretaceous shale and coal mine spoils. Soil Sci. Soc. Am. J., 41, 919-921.

Reeder, J. D. und Berg, W. A., 1977 b: Nitrogen mineralization and nitrification in a Cretaceous shale and coal mine spoils. Soil Sci. Soc. Am. J., 41, 922-927.

Remmy, K., Knoche, D. und Landeck, I., 1995: Standort- und Bestandesentwicklung von forstlichen Ökosystemen auf Kippen des Braunkohlenbergbaues im ostsächsischen Raum (Lausitz) als Beitrag zur Erhöhung der ökologischen Stabilität von Bergbaufolgelandschaften. Forschungsinstitut für Bergbaufolgelandschaften e.V. (FIB). Abschlussbericht, Finsterwalde (unveröffentlicht).

Schaaf, W. und Wilden, R., 1997: Raum-zeitliche Entwicklung des Bodenlösungschemismus in Kippenböden des Lausitzer Braunkohlereviers. Mitteilgn. Dtsch. Bodenkundl. Gesellsch., 85, 333-336.

Schaaf, W., Weisdorfer, M. und Hüttl, R. F., 1995: Soil solution chemistry and element budgets of three Scots pine ecosystems along a deposition gradient in north-eastern Germany. Water, Air, and Soil Pollution, 85, 1197-1202.

Schaaf, W., Gast, M., Wilden, R., Scherzer, J., Blechschmidt, R. und Hüttl, R. F., 1999: Temporal and spatial development of soil solution chemistry and element budgets in different mine soils of the Lusatian lignite mining area. Plant and Soil, 213, 169-179.

Schöpke, R., 1999: Erarbeitung einer Methodik zur Beschreibung hydrochemischer Prozesse in Kippengrundwasserleitern. Schriftenreihe Siedlungswirtschaft und Umwelt, 2, 1-135.

Ulrich, B. und Mayer, R., 1973: Systemanalyse des Bioelement-Haushalts von Waldökosystemen. In: Ellenberg, H. (Hrsg.): Ökosystemforschung. Springer, Berlin, Heidelberg, New York, 165-174.

Ulrich, B., 1983: Interactions of forest canopies with atmospheric constituents: SO_2, alkali and earth alkali cations and chloride. In: Ulrich, B. und Pankrath, J. (Hrsg.): Effects of accumulation of air pollutants in forest ecosystems. D. Reidel Publishing Company, 1-29.

Ulrich, B., 1987: Stability, elasticity, and resilience of terrestrial ecosystem with respect to matter balance. In: Schulze, E.-D. und Zwölfer, H. (Hrsg.): Ecological Studies. Springer, Berlin, Heidelberg, New York, 11-49.

Ulrich, B., 1991: Rechenwege zur Schätzung der Flüsse in Waldökosystemen - Identifizierung der sie bedingenden Prozesse. Ber. Forschungszentr. Waldökosysteme, Reihe B 24, Univ. Göttingen, 204-210.

de Wald, L. E., Sucoff, E. I., Ohno, T. und Buschena, C. A., 1990: Response of northern red oak (*Quercus rubra* L.) seedlings to soil solution aluminium. Can. J. For. Res., 20, 331-336.

Waschkies, C. und Hüttl, R. F., 1999: Microbial degradation of geogenic organic C and N in mine spoils. Plant and Soil, 213, 221-230.

Wright, R. J., Baligar, V. C., Ritchey, K. D. und Wright, S. F., 1989: Influence of soil solution aluminium on root elongation of wheat seedlings. Plant and Soil, 113, 294-298.

Untersuchungen zur Bodenmesofauna und zum Abbau organischer Substanz auf forstlich rekultivierten Kippsubstraten am Beispiel der Chronosequenz „Kiefer“ (Teilprojekt 6.1)

Beate Keplin & Reinhard F. Hüttl

1 Zusammenfassung

Auf den forstlich rekultivierten und mit Kiefer (*Pinus nigra* bzw. *Pinus sylvestris*) bestockten Untersuchungsflächen des BTUC Innovationskollegs wurde der Abbau von Cellulose, Kiefernnadelstreu und Kiefernfeinwurzeln sowie von *Calamagrostis epigeios* und einer Mischung aus *Calamagrostis* und Kiefernnadelstreu mit verschiedenen Methoden (Litterbag und Minicontainer-Test) untersucht. Die Tagesabbaurate nimmt von Cellulose über Kiefernnadelstreu zu Kiefernfeinwurzelstreu ab. Auf den jüngeren Standorten wurden geringere Abbauraten ermittelt als auf den älteren Standorten. Es konnten keine Unterschiede im Abbau von Kiefernnadelstreu im Minicontainer-Test zwischen den drei verwendeten Maschenweiten von 2 mm, 500 µm und 20 µm nachgewiesen werden. Im Tiefenprofil ergab sich für den Abbau von Feinwurzelstreu nur an einigen Terminen ein signifikanter Unterschied zwischen dem meliorierten und eine höhere Abbaurate aufweisenden Horizont und dem nicht meliorierten Mineralboden in 55 cm Tiefe. Die Besiedlung der Streu mit Mikroarthropoden zeigt einen parallelen Verlauf zur Freisetzung der Elemente N, P, Mg, Ca und K. Weder bei der Kiefernnadelstreu noch bei der Wurzelstreu kam es zu Beginn des Abbaus zu einer Immobilisierung von Nährstoffen. Während die Tagesabbauraten (Masseverlust) für die Kiefernnadelstreu im Minicontainer-Test eine ähnliche Größenordnung aufwiesen wie im Litterbag-Test, wurden geringere Nährstoff-Freisetzungen festgestellt.

2 Arbeits- und Ergebnisbericht

2.1 Ziele

Ziel der Untersuchungen war es, mit Kiefern aufgeforstete Kippenstandorte einer Chronosequenz hinsichtlich ihrer Abbauraten (Cellulose, Kiefernnadel- und Kiefernwurzelstreu) zu charakterisieren und zu vergleichen sowie die Besiedlung der Streu (Nadelstreu, Wurzelstreu, *Calamagrostis epigeios*-Streu und Streumischung aus Kiefernnadeln und *Calamagrostis epigeios*) mit Mikroarthropoden zu dokumentieren. Weiteres Ziel war, die Freisetzung ausgewählter Nährstoffe (C, N, P, Ca, Mg und K) aus der Streu über Zeiträume von 10 bis 18 Monaten zu verfolgen, um Nährstoffflüsse und Elementein- und -austräge bilanzieren zu können (vgl. TP 3 und TP 8.2). Des Weiteren sollen die Kenntnisse über Zersetzerorganismen - am Beispiel der Enchytraeiden - für diese Kippenstandorttypen erweitert werden (vgl. Düker et al. 1996; 1997; 1999; Keplin et al. 1999 a; Dageförde et al. 2000; Düker 2000). Die Bearbeitung der Carabidenfauna (Kielhorn et al. 1998; Kielhorn & Keplin 1999; Brunk 2000; Dageförde et al. 2000; Kielhorn 2000) dient zur Abschätzung und Einordnung der Standorte im Vergleich zu Wäldern und Forsten auf gewachsenen Standorten v. a. in der Region Berlin-Brandenburg.

2.2 Methodik

Die im Rahmen des Teilprojektes eingesetzten Untersuchungsmethoden zum Abbau von organischer Substanz und zur Besiedlung der Streu mit Mikroarthropoden bauen aufeinander auf und ergänzen sich. Eine ausführliche Methodenbeschreibung ist in der nachfolgend zitierten Literatur enthalten.

Zunächst wurde der Abbau von Cellulose als Standardstreu im Litterbag-Test untersucht (Keplin 1997; Frouz et al. 2000; Keplin et al. 1999 a; Kolk et al. 2000), um eine erste Einschätzung der Abbaubedingungen auf den Untersuchungsflächen zu gewinnen und relative Standortvergleiche zu ermöglichen. Hierfür wurden pro Standort 40 Litterbags mit einer Maschenweite von 2 mm und einer Größe von 10 x 10 cm^2 verwendet. In jeden Litterbag wurden etwa 5 g Cellulosestreifen (1 cm x 5 cm) eingewogen. Im Abstand von 3 Monaten wurden anschließend pro Standort 8 Litterbags entnommen und der Celluloseabbau durch Veraschen ermittelt.

Als weitere Methode wurde der Abbau von autochthoner Kiefernnadelstreu im Minicontainer-Test (Eisenbeis 1998) angewendet (Kolk et al. 1997; 2000; Keplin & Hüttl 1999; Keplin et al. 1999 a; 1999 b; Dageförde et al. 2000), um die standortspezifischen Abbaubedingungen der Untersuchungsflächen zu charakterisieren und eine Einschätzung der Kippenstandorte im Hinblick auf die Abbaugeschwindigkeit und Elementfreisetzung im Vergleich zu gewachsenen Forststandorten zu erlangen. In jeden Minicontainer wurden etwa 0,2 g Nadelstreu eingewogen und mit Gaze verschiedener Maschenweiten (2 mm, 500 µm und 20 µm) verschlossen. Anschließend wurden pro Standort 39 Minicontainerstäbe zur Aufnahme von jeweils 12 Minicontainern (4 x 2 mm Maschenweite, 4 x 500 µm Maschenweite und 4 x 20 µm Maschenweite) horizontal ausgebracht. Im Abstand von etwa 6 Wochen (außer in Frostperioden) wurden pro Standort 4 Minicontai-

etwa 6 Wochen (außer in Frostperioden) wurden pro Standort 4 Minicontainerstäbe wieder eingeholt (Ausnahme letzter Termin nur 3 Stäbe). Aus jedem Minicontainer (außer 20 µm Maschenweite) wurden zunächst die Mikroarthropoden ausgetrieben und anschließend die Inhalte der 4 Minicontainer einer Maschenweite und eines Stabes als Mischprobe zur weiteren Analyse (s. u.) vereinigt.

In der zweiten Phase wurde der Abbau von Kiefernfeinwurzeln (< 1 mm Durchmesser, im folgenden als Wurzelstreu bezeichnet) im Minicontainer-Test näher untersucht (Keplin 1999; Keplin & Hüttl 2000 b), um die aus der Wurzelstreu freigesetzten Elementmengen zu quantifizieren. Hierfür wurden die Minicontainer ausschließlich mit Gaze der Maschenweite 500 µm verschlossen. Die Einwaage pro Minicontainer betrug etwa 0,2 g. Die Minicontainer wurden anschließend in 85 cm lange Stäbe (pro Stab 5 Minicontainer) eingesetzt. Die Stäbe wurden vertikal auf den Standorten ausgebracht, wobei die eingesetzten Minicontainer in einer Tiefe von 5 cm, 8 cm, 12 cm, 20 cm und 60 cm ab Geländeoberfläche orientiert waren. An jedem Entnahmetermin (insgesamt 8) wurden 10 Stäbe entnommen, so dass für jede Tiefe 10 Minicontainer ausgewertet wurden.

Des Weiteren erfolgte als Ergebnis der Streuabbauuntersuchungen in der ersten Phase in Zusammenarbeit mit TP 8.2 ein weiterer Abbauversuch mit autochthoner Streu (Kiefernstreu, *Calamagrostis*-Streu und einer Mischung aus beiden) im Litterbag-Test (ausführlich beschrieben bei TP 8.2, dieser Band).

Parallel erfolgten Untersuchungen zur bodenbiologischen Aktivität im Tiefenprofil mittels Köderstreifen-Test (Keplin 1997; Keplin et al. 1999 a; Kolk et al. 2000; Keplin & Hüttl 2000 c). Ein weiterer Schwerpunkt wurde auf die Bearbeitung der Enchytraeiden als einer wichtigen Zersetzergruppe gelegt (Düker et al. 1996; 1997; 1999; Keplin et al. 1999 a; Dageförde et al. 2000). Als Vertreter der epigäischen Bodenfauna wurden die Carabiden unter Einbeziehung weiterer Flächen intensiv untersucht (Kielhorn et al. 1998; 1999 a; 1999 b; Kielhorn & Keplin 1999; Brunk 2000; Dageförde et al. 2000).

In allen Untersuchungen zum Streuabbau wurde die Streu nach der Extraktion der Mikroarthropoden von anhaftenden Verunreinigungen, Pilzhyphen und eingewachsenen Wurzeln gesäubert und für 24 Stunden bei 60 °C getrocknet, ausgewogen und in einer Kugelschwingmühle (Fa. Retsch) feinstgemahlen. Im Anschluss wurde Gesamtkohlenstoff (C_t) und Gesamtstickstoff (N_t) mittels eines Elementanalysators (Vario EL - Fa. Elementar) gemessen und das C/N-Verhältnis berechnet. Nach Aufschluss mit HNO_3 (Suprapur) über 8 Stunden bei 170 °C wurden die Elemente P, Ca und Mg am ICP-AAS (Unicam 701) und K am AAS (Unicam 939) gemessen. Die Freisetzung von Kohlenstoff bzw. des jeweiligen Elementes wurde als Differenz zwischen dem Gehalt in der Ausgangsstreu und dem Gehalt in der Reststreu ermittelt (vgl. Hasegawa & Takeda 1996). Die Abbaurate wurde als mg pro Tag ausgedrückt; das Minimum bzw. Maximum bezieht sich auf Daten der Versuchswiederholungen am letzten Entnahmetermin. Der Mikroarthropodenbesatz wurde für jeden Minicontainer- bzw. Litterbag-Inhalt ermittelt und die mittlere Besiedlungsdichte als Individuen pro Gramm Trockenmasse angegeben. Unterschiede wurde mit dem U-Test auf Signifikanz geprüft.

2.3 Ergebnisse

2.3.1 Abbauraten verschiedener Streuarten

Abbauraten von Cellulose im Litterbag-Test
Der Abbau von Cellulose im Litterbag-Test ist für die Standorte der Kiefernchronosequenz in Tabelle 1 dargestellt. Die geringste Abbaurate wurde auf dem jüngsten Standort und die höchste Abbaurate auf dem ältesten Standort festgestellt.

Abbauraten von Kiefernnadelstreu im Minicontainer-Test
Die mittlere Tagesabbaurate für die Kiefernnadelstreu im Minicontainer-Versuch lag zwischen 2,2 und 3,9 mg pro Tag (Tab. 2). Hierbei wurde - wie bei den nachfolgenden Ergebnissen zur Elementfreisetzung - der Zeitraum eines Untersuchungsjahres, d. h. 1995/96 bzw. 1996/97, zugrunde gelegt. Zwischen den drei gewählten Maschenweiten traten keine signifikanten Unterschiede auf. Zwischen den Standorten ergaben sich signifikante Unterschiede für alle Maschenweiten im Vergleich Bärenbrück und Domsdorf sowie für die Maschenweite 20 µm zwischen Bärenbrück und Meuro bzw. Meuro und Domsdorf. Wendet man für den Masseverlust das ausführlich in TP 8.2 beschriebene und für den Litterbag-Test angewandte einfach-exponentielle Modell für den Nadelabbau im Minicontainer-Test an (Tab. 3), ergibt sich in Domsdorf in Minicontainern mit 2 mm Maschenweite (≈ Litterbag-Maschenweite) eine sehr gute Übereinstimmung für den Anteil der labilen bzw. inerten Fraktion (vgl. TP 8.2, dieser Band). Gleichzeitig wird deutlich, dass die unterschiedlichen Maschenweiten zu keinen relevanten Veränderungen der Anteile dieser Fraktionen zueinander führen. Dies trifft für alle drei Standorte˙ zu. Außerdem nimmt der Anteil der inerten Fraktion vom jüngsten Standort mit rd. 60 % zum ältesten Standort Domsdorf mit rd. 49 % ab.

Abbauraten von Kiefernwurzelstreu im Minicontainer-Test
In der Tabelle 4 sind die mittleren Tagesabbauraten der Feinwurzelstreu von *Pinus nigra* (Bärenbrück) und *Pinus sylvestris* (Domsdorf) im Minicontainer-Test mit der Maschenweite 500 µm nach 10 Monaten Expositionsdauer im Vertikalprofil dargestellt. Signifikante Unterschiede konnten nur im Standortvergleich Bärenbrück - Domsdorf, nicht aber zwischen den einzelnen Tiefen eines Standortes festgestellt werden.

Tab. 1 Mittlere Abbauraten von Cellulose [mg d^{-1}] im Litterbag-Test [Kleinbuchstaben kennzeichnen signifikante Unterschiede zwischen WB und MR bzw. zwischen BB, DDoV und DDmV, U-Test, $\alpha = 5$ %. In jeden Litterbag wurden etwa 5 g Cellulosestreifen eingewogen; Minimum und Maximum beziehen sich auf Daten der Versuchswiederholungen (n = 8)].

Standort	Expositionsdauer	Mittlerer Tagesabbau [mg d^{-1}]	Minimum [mg d^{-1}]	Maximum [mg d^{-1}]
Weißagker Berg (WB)	07.05.96 - 27.05.97 (= 385 Tage)	5,1[a]	1,5	9,5
Meuro (MR)	15.04.96 - 29.04.97 (= 380 Tage)	7,6[b]	0,4	10,6
Bärenbrück (BB)	15.08.95 - 19.11.96 (= 463 Tage)	8,5[a]	7,2	10,0
Domsdorf ohne Krautschicht (DDoV)	03.08.95 - 08.10.96 (= 433 Tage)	9,5[b]	7,0	10,7
Domsdorf mit Krautschicht (DDmV)	03.08.95 - 08.10.96 (= 433 Tage)	11,4[c]	10,9	11,5

Tab. 2 Mittlere Abbauraten von Kiefernnadelstreu [mg d^{-1}] im Minicontainer-Test mit drei unterschiedlichen Maschenweiten [Kleinbuchstaben kennzeichnen signifikante Unterschiede zwischen den Maschenweiten eines Standortes, U-Test, $\alpha = 5$ %. Die Einwaage ($\approx$ 3,2 g) addiert sich aus 4 Minicontainern à 0,2 g Nadelstreu und vier Wiederholungen].

Standort	Streuart	Expositionszeitraum	2 mm Mittlere Tagesabbaurate [mg d^{-1}]	500 µm [mg d^{-1}]	20 µm [mg d^{-1}]
Bärenbrück (BB)	*Pinus nigra*	23.04.96 - 06.05.97 (= 378 Tage)	2,2[a] Min: 1,8 Max: 2,4	2,6[a] Min: 2,2 Max: 2,8	2,6[a] Min: 2,4 Max: 2,8
Meuro (MR)	*Pinus sylvestris*	15.04.96 - 29.04.97 (= 380 Tage)	2,7[a] Min: 2,4 Max: 3,4	2,9[a] Min: 2,7 Max: 3,3	3,1[a] Min: 2,8 Max: 3,6
Domsdorf mit Krautschicht (DDmV)	*Pinus sylvestris*	24.10.95 - 05.11.96 (= 385 Tage)	3,6[a] Min: 3,1 Max: 4,3	3,9[a] Min: 3,0 Max: 5,0	3,8[a] Min: 3,6 Max: 4,3

2.3.2 Elementfreisetzung aus verschiedenen Streuarten im Minicontainer-Test

Die über einen Zeitraum von 12 Monaten (Kiefernstreu) bzw. 10 Monaten (Wurzelstreu) freigesetzten Mengen an C, N, P, Ca, Mg und K sind den Tabellen 5 und 6 zu entnehmen. Aus der Nadelstreu wurden im Vergleich zur Wurzelstreu größere Mengen freigesetzt. Bezogen auf den jeweiligen jährlichen Kiefernnadelstreufall ergeben sich mit zunehmendem Bestandesalter höhere Elementeinträge aus der Streu. Lediglich Stickstoff wird zu etwa gleichen Beträgen [0,43 - 0,48 g m^{-2} a^{-1}] in Meuro und Domsdorf aus der Nadelstreu freigesetzt. Für die Wurzelstreu ist eine Berechnung der Elementmengen aus dem Wurzelstreufall nicht möglich, da hierzu bislang die erforderlichen Untersuchungen zur jährlich gebildeten Wurzelstreu fehlen. Im Tiefenprofil konnten nach 10 Monaten weder für die *Pinus nigra*-Wurzelstreu am Standort Bärenbrück noch für die *Pinus sylvestris*-Wurzelstreu am Standort Domsdorf signifikante Unterschiede in der Abbaurate festgestellt werden (s. Tab. 4). An einzelnen Terminen wies aber der unmeliorierte Horizont (55 cm Tiefe) in Domsdorf eine deutlich geringere Abbaurate auf als die mit Asche meliorierten Horizonte (vgl. Keplin 1999; Keplin & Hüttl 2000 b). Im Standortvergleich wird die *Pinus nigra*-Wurzelstreu auf dem jüngeren Standort Bärenbrück langsamer abgebaut als die *Pinus sylvestris*-Wurzelstreu auf dem älteren Standort Domsdorf (Tab. 6).

Tab. 3 Parameter des einfach-exponentiellen Modells des Nadelabbaus im Minicontainer-Test (näheres vgl. TP 8.2).

	Abbaukonstante k [d^{-1}]	labile Fraktion ml [%]	inerte Fraktion mi [%]	Halbwertzeit $\tau_{1/2}$=(ln2)/k [d]	Zeit, in der 99 % von ml abgebaut ist [d]
P. nigra (Bärenbrück)					
2 mm Maschenweite	0,0046	38,7	61,3	151	795
500 µm Maschenweite	0,0055	39,8	60,2	127	676
20 µm Maschenweite	0,0068	40,3	59,7	102	542
P. sylvestris (Meuro)					
2 mm Maschenweite	0,0053	42,2	57,8	130	703
500 µm Maschenweite	0,0059	43,3	56,7	117	634
20 µm Maschenweite	0,0071	45,4	54,7	98	539
P. sylvestris (Domsdorf mit Krautschicht)					
2 mm Maschenweite	0,0054	52,7	47,3	130	742
500 µm Maschenweite	0,0170	47,5	52,5	41	228
20 µm Maschenweite	0,0078	50,9	49,1	88	501

2.3.3 Besiedlung der Streu mit Mikroarthropoden

Besiedlung der Kiefernnadel- und Kiefernwurzelstreu im Minicontainer-Test

Die Besiedlung der Nadelstreu in der Auflage bzw. im oberen Mineralboden über den Untersuchungszeitraum 1995 - 1997 zeigt Abbildung 1. Die Besiedlung der Nadelstreu mit Collembolen war auf den drei Untersuchungsstandorten annähernd gleich, während sie bei den Acarinen einen deutlichen Rückgang mit zunehmendem Bestandesalter aufwies. Die beiden zum Verschließen der Minicontainer verwendeten Maschenweiten von 2 mm bzw. 500 µm hatten keinen Einfluss auf die Besiedlungsdichte mit Mikroarthropoden (Keplin et al. 1999 b).

Tab. 4 Mittlere Abbauraten von Kiefernfeinwurzelstreu [mg d^{-1}] im Minicontainer-Test mit der Maschenweite 500 µm [Kleinbuchstaben kennzeichnen signifikante Unterschiede zwischen den Standorten, U-Test, $\alpha = 5$ %. In jedem Horizont bzw. jeder Tiefe addiert sich die Einwaage (≈ 2,0 g) aus 10 Minicontainern à 0,2 g Wurzelstreu, Minimum und Maximum beziehen sich auf Daten der Versuchswiederholungen].

Standort	Wurzelstreu	Expositionsdauer	Horizont / Tiefe	Tagesabbaurate Ø [mg d^{-1}]	Min. [mg d^{-1}]	Max. [mg d^{-1}]
Bärenbrück	*Pinus nigra*	27.10.97 - 12.08.98	-5 cm	0,06[a]	0,02	0,17
		(= 290 Tage)	-8 cm	0,06[a]	0,02	0,14
			-12 cm	0,03[a]	0,01	0,05
			-20 cm	0,03[a]	< 0,01	0,05
			-60 cm	n.b.	n.b	n.b.
				(Massegewinn durch Eintrag)		
Domsdorf ohne Krautschicht	*P. sylvestris*	27.10.97 - 12.08.98	O_f	0,13[b]	0,03	0,23
		(= 290 Tage)	-3 cm	0,15[b]	0,01	0,24
			-7 cm	0,15[b]	0,04	0,24
			-15 cm	0,15[b]	0,14	0,23
			-55 cm	0,11[b]	0,04	0,18

Die Besiedlung der Wurzelstreu im Tiefenprofil wurde nur für den Standort Domsdorf dargestellt (Tab. 7), da in Bärenbrück nur eine einmalige Beprobung erfolgte (Keplin 1999). Im Vergleich zur Nadelstreu (Abb. 1) war die Wurzelstreu geringer besiedelt. Es konnten aber mehr Collembolen als Milben aus der Wurzelstreu extrahiert werden. Sowohl die Nadel- als auch die Wurzelstreu war bereits kurz nach Expositionsbeginn mit Mikroarthropoden besiedelt. Auch in den Wintermonaten erfolgte weiterhin eine Besiedlung der Wurzelstreu mit Mikroarthropoden. Dies wird auf den relativ milden Winter mit nur wenigen Frosttagen zurückgeführt (Keplin & Hüttl 2000 b).

Signifikant höhere Besiedlungsdichten im Of-Horizont gegenüber den vier Mineralbodentiefen konnten nur an einigen wenigen Terminen festgestellt werden, wobei sich der nicht meliorierte Mineralboden (55 cm Tiefe) im Zeitraum Januar bis Mai 1998 am deutlichsten durch eine signifikant geringere Milben- und/oder Collembolendichte auszeichnete (Keplin 1999). Der Anstieg der Collembolendichte im April und Mai lief parallel zur Nährelementdynamik in der sich zersetzenden Streu (Keplin & Hüttl 2000 b).

Tab. 5 Elementfreisetzung [g m^{-2} a^{-1}] aus der Kiefernnadelstreu nach 12 Monaten Expositionsdauer im Minicontainer-Test (Standortkürzel s. Tab. 1; Expositionszeitraum s. Tab. 2) [Kleinbuchstaben kennzeichnen signifikante Unterschiede zwischen den Maschenweiten eines Standortes, U-Test, $\alpha = 5$ %. Die Elementfreisetzung bezieht sich auf eine Einwaage von etwa 3,2 g Nadelstreu (4 Minicontainern à 0,2 g und vier Versuchswiederholungen)].

Standort	Streuart	Streueintrag [g m^{-2} a^{-1}]*	Element	Freisetzung (+) bzw. Immobilisierung (-) [g m^{-2} a^{-1}]			
				2 mm	500 µm	20 µm	∅
BB	*P. nigra*	130	C_t	20,37[a]	22,20[a]	22,40[a]	21,66
			N_t[a]	0,10[a]	0,12[a]	0,09[a]	0,10
			P	0,02[a]	0,02[a]	0,01[a]	0,02
			Mg	0,02[a]	0,01[a]	0,02[a]	0,02
			Ca	-0,06[a]	-0,02[a]	0,02[a]	-0,03
			K	0,19[a]	0,20[a]	0,21[a]	0,20
MR	*P. sylvestris*	300	C_t	59,24[a]	56,89[a]	61,27[a]	59,13
			N_t	0,46[a]	0,45[a]	0,53[a]	0,48
			P	0,02[a]	0,08[a]	0,04[a]	0,05
			Mg	0,07[a]	0,06[a]	0,09[a]	0,07
			Ca	0,08[a]	0,05[a]	0,12[a]	0,08
			K	0,23[a]	0,28[a]	0,29[a]	0,27
DDmV	*P. sylvestris*	410	C_t	98,72[a]	104,21[a]	101,89[a]	101,61
			N_t	0,32[a]	0,47[a,c]	0,50[b,c]	0,43
			P	0,06[a]	0,07[a]	0,09[a]	0,07
			Mg	0,14[a]	0,14[a]	0,18[a]	0,16
			Ca	0,55[a]	0,84[a]	0,55[a]	0,58
			K	0,82[a]	0,82[a]	0,89[a]	0,84

* Andrea Dageförde (mündl. Mitt.)

Besiedlung verschiedener Streumischungen mit Mikroarthropoden im Litterbag-Test

Die Besiedlung der Litterbag-Streu zeigt Abbildung 2. Bei allen Mischungen war die jeweilige Streu bereits zum ersten Entnahmetermin besiedelt. Ebenso wie die Wurzelstreu (vgl. Tab. 7) wurde auch die im Litterbag exponierte Streu während der Wintermonate kontinuierlich besiedelt, da eine Hemmung der biologischen Aktivität durch Bodenfrost nicht auftrat.

Deutliche Unterschiede zwischen den Streumischungen traten nur zu Beginn auf (Tab. 8). In den Monaten April und Mai dominierten in der Kiefernnadelstreu Collembolen, in den Sommermonaten Milben. Bei der Streumischung aus *Calamagrostis epigeios* und Kiefernnadeln war über den gesamten Untersuchungszeitraum eine leichte Dominanz der Milben zu verzeichnen. Die *Calamagrostis*-Streu wurde stärker von Collembolen besiedelt.

Die Besiedlungsdichten, insbesondere der Milben, sind im Vergleich zur Besiedlungdichte der Nadelstreu im Minicontainer (vgl. Abb. 1) geringer und erreichen auch nicht die Besiedlungsdichten der Wurzelstreu im Minicontainer (vgl. Tab. 7).

Tab. 6 Elementgehalte [%] in der Feinwurzelreststreu nach 10 Monaten Expositionsdauer im Minicontainer-Test (Standortkürzel s. Tab. 1; Expositionszeitraum s. Tab. 4) [Kleinbuchstaben kennzeichnen signifikante Unterschiede zwischen den Standorten, U-Test, $\alpha = 5$ %; die Tiefe -60 cm wurde nicht in den U-Test einbezogen, da die Wurzelstreu - trotz Säuberung - einen Massegewinn aufwies. Die Elementgehalte beziehen sich auf eine Einwaage von etwa 2,0 g Wurzelstreu (10 Minicontainer à 0,2 g) für jeden Horizont bzw. jede Tiefe].

Standort	Streuart	Element	Elementgehalt der Reststreu in [%] der Elementmenge in der Ausgangsstreu (nach Hasegawa & Takeda 1996) in Horizont bzw. Tiefe				
			- 5 cm	-8 cm	-12 cm	-20 cm	-60 cm
BB	*P. nigra*	C_t	96,1 [a]	95,2 [a]	97,7 [a]	98,7 [a]	101,9
		N_t	88,0 [a]	86,9 [a]	91,6 [a]	89,7 [a]	91,8
		P	34,6 [a]	31,0 [a]	41,4 [a]	39,7 [a]	30,8
		Mg	38,9 [a]	33,8 [a]	31,6 [a]	34,7 [a]	16,6
		Ca	62,8 [a]	58,9 [a]	45,5 [a]	51,1 [a]	10,2
		K	84,2 [a]	59,6 [a]	68,5 [a]	62,8 [a]	71,0
			O_f	-3 cm	-7 cm	-15 cm	-55 cm
DDoV	*P. sylvestris*	C_t	75,9 [b]	74,0 [b]	74,7 [b]	77,0 [b]	80,8
		N_t	84,8 [a]	87,2 [a]	82,7 [b]	83,7 [b]	84,7
		P	22,6 [a]	26,4 [a]	32,1 [a]	32,8 [a]	43,7
		Mg	51,0 [a]	49,4 [a]	55,5 [b]	58,8 [b]	44,1
		Ca	73,9 [b]	80,9 [b]	86,8 [b]	88,3 [b]	71,8
		K	23,1 [b]	20,7 [b]	21,3 [b]	23,4 [b]	21,9

2.4 Diskussion

Vorab muss erwähnt werden, dass die ermittelten Tagesabbauraten für Cellulose und Kiefernnadel- bzw. Wurzelstreu mit verschiedenen Methoden (Litterbag - Minicontainer) und z. T. in verschiedenen Jahren ermittelt wurden. Die Entscheidung, verschiedene Methoden zur Messung der Abbauraten heranzuziehen, sollte dazu beitragen zu klären, ob neue Methoden wie der Minicontainer-Test grundsätzlich ähnliche Ergebnisse liefern wie der klassische Litterbag-Test und daher alternativ eingesetzt werden können.

Die ermittelten Tagesabbauraten für Cellulose (Tab. 1), Kiefernnadeln (Tab. 2) und Kiefernfeinwurzeln (Tab. 4) nehmen mit zunehmend schwerer abbaubarer Streuqualität ab. Cellulose wird schneller abgebaut als oberirdische Streu und diese schneller als Wurzelstreu (Dickinson & Pugh 1974; Swift et al. 1979).

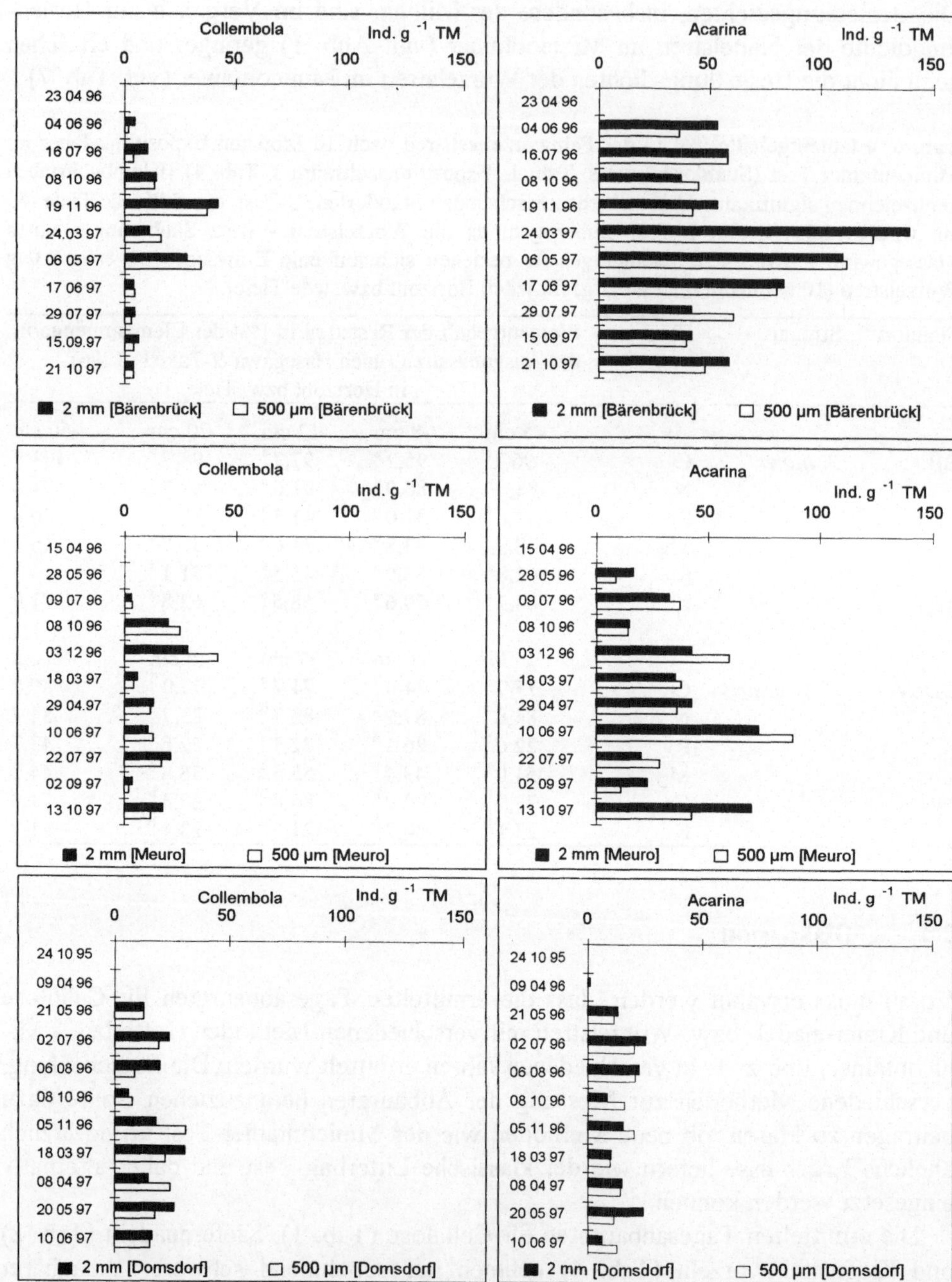

Abb. 1 Mikroarthropoden-Besiedlungsdichte der Kiefernnadelstreu im Minicontainer-Test mit den Maschenweiten 2 mm und 500 µm [TM = Trockenmasse].

Tab. 7 **Mikroarthropoden-Besiedlungsdichte (Collembolen und Milben) der Kiefernwurzelstreu im Minicontainer-Test am Standort Domsdorf im Untersuchungszeitraum von 10 Monaten (27.10.97 – 12.08.98) [TM = Trockenmasse].**

Collembolen g^{-1} TM

Tiefe/ Horizont	Entnahme-Datum 12.11.97	26.11.97	13.01.98	24.02.98	08.04.98	20.05.98	01.07.98	12.08.98
Of	2	3	8	17	29	55	4	8
-3 cm	0	5	8	17	37	18	2	4
-7 cm	2	2	9	16	52	23	5	7
-15 cm	0	1	6	5	24	38	5	7
-55 cm	0	0	1	6	6	33	3	15

Milben g^{-1} TM

Tiefe/ Horizont	Entnahme-Datum 12.11.97	26.11.97	13.01.98	24.02.98	08.04.98	20.05.98	01.07.98	12.08.98
Of	1	3	6	6	5	15	4	5
-3 cm	0	3	9	4	6	15	3	7
-7 cm	1	1	8	10	11	9	3	13
-15 cm	0	0	8	3	6	13	2	7
-55 cm	0	1	1	0	5	4	4	10

Tab. 8 Signifikante Unterschiede (U-Test, n=10) in der Besiedlungsdichte der Litterbags [I = Kiefernnadelstreu DDmV, II = Kiefernnadelstreu DDoV, III = Mischung aus Kiefernnadelstreu und Calamagrostis epigeios DDmV, IV = Calamagrostis epigeios DDmV. DDoV = Standort Domsdorf, Teilfläche ohne Krautschicht, DDmV = Standort Domsdorf, Teilfläche mit Krautschicht].

Datum	Tiergruppe	Vergleich der Besiedlungsdichte in zwei Streumischungen	Signifikanz-Niveau
15.10.1997	Collembolen	I < IV	$\alpha = 5$ %
12.11.1997	Collembolen	I < IV	$\alpha = 1$ %
12.11.1997	Milben	I < IV	$\alpha = 5$ %
10.12.1997	Collembolen	I < IV	$\alpha = 1$ %
15.10.1997	Milben	II < IV	$\alpha = 5$ %
12.11.1997	Collembolen	II < IV	$\alpha = 1$ %
10.12.1997	Collembolen	II < IV	$\alpha = 1$ %
24.02.1998	Milben	II < IV	$\alpha = 1$ %
15.10.1997	Milben	II < III	$\alpha = 5$ %
20.05.1998	Milben	II < III	$\alpha = 1$ %
13.01.1998	Collembolen	I > III	$\alpha = 5$ %
15.10.1997	Milben	II < I	$\alpha = 5$ %
20.05.1998	Milben	II < I	$\alpha = 1$ %

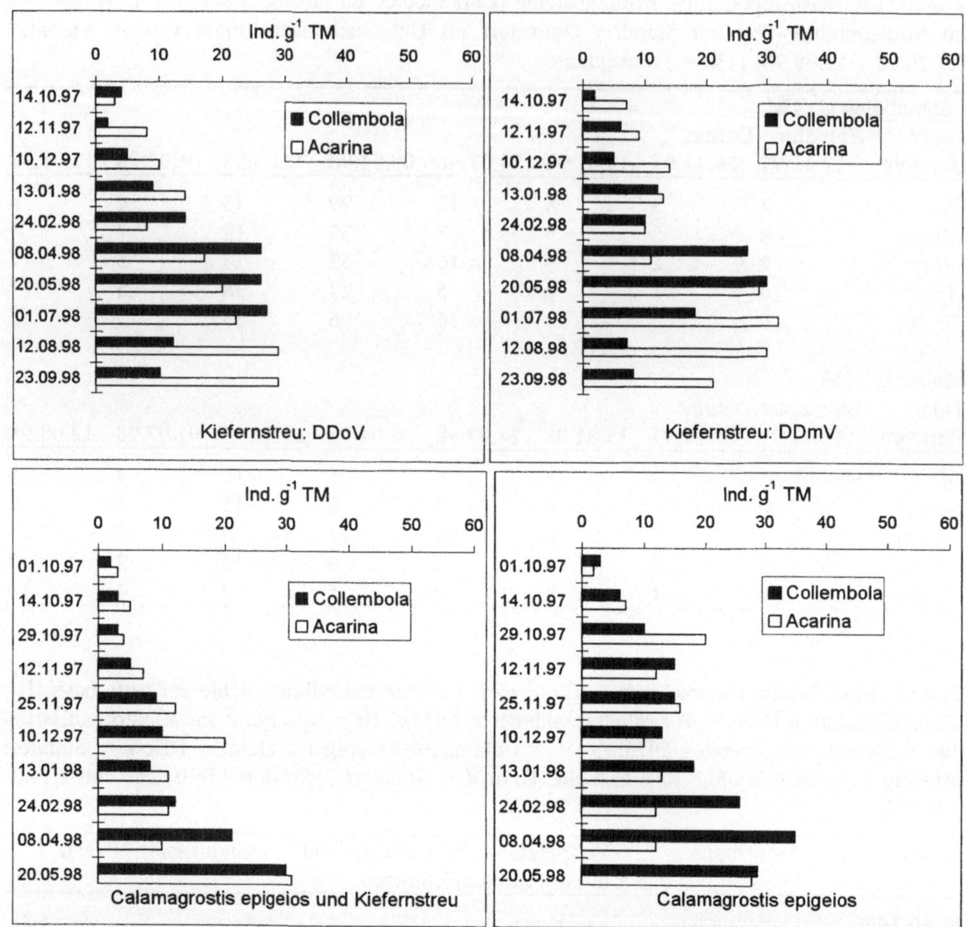

Abb. 2 Mikroarthropoden-Besiedlungsdichte der Streumischungen im Litterbag-Test [Signifikante Unterschiede s. Tab. 8. DDoV = Standort Domsdorf, Teilfläche ohne Krautschicht, DDmV = Standort Domsdorf, Teilfläche mit Krautschicht; TM = Trockenmasse].

Signifikant geringere Abbauraten konnten auf dem jüngeren Standort Bärenbrück im Vergleich zum ältesten Standort Domsdorf festgestellt werden, wobei allerdings zu berücksichtigen ist, dass zwar verschiedene Jahre, aber ähnliche Zeiträume miteinander verglichen wurden. Der Standort Domsdorf weist in der Zusammensetzung seiner Bodenfauna bereits Verhältnisse auf, die denen von gewachsenen Standorten ähneln (Düker et al. 1996; 1999; Kielhorn et al. 1998; Keplin et al. 1999 a; Kielhorn & Keplin 1999; Kielhorn et al. 1999 a; Dageförde et al. 2000).

Im Vergleich zum Abbau (= Masseverlust) von autochthoner Streu im Litterbag-Versuch (s. TP 8.2) konnten für die Kiefernnadelstreu im Minicontainer-Test ähnliche Tagesabbauraten (3,8 bzw. 3,4 mg d^{-1}) ermittelt werden. Auch wurden bei beiden Methoden ähnliche Werte für die labile bzw. inerte Fraktion der Nadelstreu ermittelt (vgl. Tab. 3 und TP 8.2). Somit eignen sich beide Methoden (Litterbag- und Minicontainer) zur Messung der Streuabbauraten (Masseverlust). Im Vergleich der freigesetzten Nährstoffmengen aus Litterbags (vgl. TP 8.2) wurden demgegenüber im Minicontainer-Test (Tab. 5) geringere Mengen gemessen. Diese Unterschiede könnten in der Ausrichtung der Minicontainer im Boden im Vergleich zu der Ausrichtung der Litterbags (vgl. TP. 8.2) begründet sein. Die Minicontainer wurden aufgrund der geringen Einwaagemengen (0,2 g TM) so ausgerichtet, dass ein möglichst geringer Leaching-Effekt auftrat (Keplin & Hüttl 1999) und ein Vergleich mit den vertikal eingebrachten Stäben zum Wurzelabbau gewährleistet war (Keplin 1999; Keplin & Hüttl 2000 b). Ein Vergleich der Ergebnisse aus den horizontal ausgebrachten Minicontainerstäben zur Messung des Nadelstreuabbaus mit den Ergebnissen der vertikal in den Boden eingebrachten Stäbe zur Messung des Wurzelstreuabbaus ist nur bei gleicher Ausrichtung der Minicontainer im Boden möglich. Diese Ausrichtung lässt einerseits eine gute Besiedlung der Minicontainerinhalte mit Bodenorganismen zu, verhindert aber andererseits weitestgehend den Leaching-Effekt. In künftigen Untersuchungen zum Abbau von organischer Substanz im Minicontainer-Test sollten die Minicontainer so orientiert werden, dass Leaching ermöglicht wird. Um diesen Leaching-Effekt auch bei vertikal eingebrachten Stäben zu gewährleisten, müssten die Stäbe daher in einer Profilwand eingebracht werden statt vertikal mittels eines Vorstechers; dies führt aber gleichzeitig zu einem sehr großen Flächenbedarf und Eingriff in das zu untersuchende Ökosystem.

Litterbags sind demgegenüber konstruktionsbedingt nicht vor Auswaschung geschützt und werden üblicherweise horizontal auf die Bodenoberfläche oder in die Auflage eingebracht (vgl. TP 8.2). Die im Litterbag-Test ermittelten Nährstoff-Freisetzungsraten passen sich daher sehr viel besser in die im Teilprojekt 3 gemessenen Elementausträge ein. Auch Paulus et al. (1999) stellten fest, dass sich Litterbags besser zur Messung von Abbauprozessen eignen, da sie im Unterschied zu Minicontainern eine wesentlich größere Kontaktfläche im Boden abdecken und somit den gesamten Abbauprozess integrieren. Minicontainer stimulieren demgegenüber nur in einem Ausschnitt des Bodenökosystems bodenökologische Prozesse. Als Fazit kann aus der vorliegenden Untersuchung festgehalten werden, dass Minicontainer nur eingeschränkt für komplexe Abbauprozesse (Masseverlust plus Nährstoffdynamik), wohl aber zur Messung des Masseverlustes eingesetzt werden können.

Die Besiedlung der Streu mit Mikroarthropoden zeigt zwei voneinander abweichende Ergebnisse. Die Nadelstreu wird in Bärenbrück viel stärker besiedelt als in

Domsdorf (Abb. 1 und Keplin et al. 1999 b; Keplin & Hüttl 1999), während die Wurzelstreu eine geringere Besiedlungsdichte (Tab. 7) aufweist und zudem die Unterschiede zwischen Bärenbrück und Domsdorf nicht signifikant sind (Keplin 1999). Die Besiedlung der *Pinus sylvestris*-Wurzelstreu nahm in den ersten 8 Monaten kontinuierlich zu und entspricht den Beobachtungen von Hågvar & Kjøndal (1981) oder Hasegawa & Takeda (1996). Dieser Anstieg der Mikroarthropodendichte in den Minicontainern mit Wurzelstreu (Tab. 7), aber auch in denen mit Nadelstreu innerhalb des ersten Untersuchungsjahres (Abb. 1) lässt vermuten, dass die im Boden exponierten Minicontainer gute Feuchte- und Nahrungsbedingungen für eine Besiedlung mit Bodenorganismen bieten (Crossley & Hoglund 1962).

Während der gesamten Untersuchungszeit war der Nadelstreuabbau durch eine Freisetzung von Nährstoffen charakterisiert (Keplin & Hüttl 1999, vgl. Tab. 5). Dieser Nährstoffverlust wird zum einen den Veränderungen in den Verhältnissen von Kohlenstoff zu dem jeweiligen Nährelement zugeschrieben (u. a. Berg 1984). Zum anderen ist er ein Resultat der Aktivität der Bodenfauna, die indirekt die Nährstoffdynamik beeinflusst (Takeda 1988). Bodentiere, die an Mikroorganismen fressen, können Nährstoffverluste stimulieren, indem sie die Mikroorganismen zu einer gesteigerten Aktivität anregen (Ineson et al. 1982; Parker et al. 1984; Setätlä et al. 1991). Diese Annahme scheint auch bei der Besiedlung der Litterbags mit Mikroarthropoden (Abb. 2) und dem Masseverlust wie auch für die Freisetzung von Nährstoffen zuzutreffen (vgl. TP 8.2, dieser Band). Aus unseren Untersuchungen lässt sich für die Bodenmikroarthropoden eine Anschub- oder Initialwirkung für den Abbau von Kraut- und Nadelstreu bzw. einer Mischung aus beiden ableiten. In dieser ersten Phase der Streuzersetzung sind die Unterschiede in der Besiedlung der Litterbags mit verschiedenen Streuarten (Abb. 2 und Tab. 8) zum Teil hochsignifikant verschieden, während gleichzeitig auch bei den Masseverlusten und in den Freisetzungsmengen (vgl. TP. 8.2) signifikante Unterschiede auftreten. Die *Calamagrostis epigeios*-Streu bzw. die Mischung aus *Calamagrostis*- und Nadelstreu werden stärker besiedelt und zeigen auch größere Abbauraten und Nährstoffverluste als reine Nadelstreu. Nach dieser Anfangsphase konnten im weiteren Verlauf der Streuzersetzung kaum noch signifikante Unterschiede festgestellt werden und es kam zu einer Angleichung der Freisetzungsmengen wie auch der Besiedlungsdichten der vier Streuarten. Die sofortige Freisetzung von Nährstoffen aus der jeweiligen Streu sowohl im Litterbag-Test (vgl. TP 8.2) als auch im Minicontainer-Test (Tab. 5 und 6) lässt den Schluss zu, dass der Standort Domsdorf nicht nährstofflimitiert ist.

Unerwartet fiel das Ergebnis zum Abbau von Wurzelstreu aus (Tab. 4). Aus dem mittels Köderstreifen-Test (Keplin 1997; Keplin et al. 1999a; Keplin & Hüttl c) abgeleiteten Tiefenprofil der Fraßaktivität und aus der Studie von Conn & Day (1997) wurde erwartet, dass der Wurzelstreuabbau im meliorierten Horizont und v. a. im Of-Horizont intensiver sein würde als im unmeliorierten Mineralboden. Da dieses aber nur an wenigen Terminen belegt werden konnte, lassen sich über die Ursachen nur Vermutungen anstellen. Zum einen kann es sein, dass Zersetzerorganismen wie Mikroarthropoden die Wurzelstreu als (Nahrungs-) Substrat anders annehmen als Kiefernnadelstreu (vgl. Keplin et al. 1999 b), auch wenn die Wurzelstreu deutlich höhere Nährstoffgehalte aufweist (Keplin & Hüttl 1999; 2000 b). Zum anderen kann es aber auch sein, dass der Abbau von Wurzelstreu eher den Zustand im Forstökosystem widerspiegelt als im Boden exponierte Kiefernnadelstreu, die unter natürlichen Bedingungen auf der Bodenoberfläche den Abbauprozessen ausgesetzt ist. Ein Einbringen von oberirdischer Streu in den Boden führt in der Regel zu einem schnelleren Abbau als entsprechend exponierte Wurzelstreu (Parker et al. 1984). Auch ist nicht auszuschließen, dass die Organismen, die auf den Abbau von Wurzelstreu spezialisiert sind, im meliorierten Horizont durch das Einbringen der Wurzelstreu keine Verbesserung ihrer Nahrungsbedingungen vorfinden und daher die exponierte Wurzelstreu nicht stärker besiedeln als die Umgebung, wie es bereits für die Kiefernnadelstreu gezeigt werden konnte (Keplin et al. 1999 b). Im nicht meliorierten Mineralboden führt das zusätzliche Angebot an Wurzelstreu wohl doch zu einer Verbesserung der Nahrungssituation, wie es für die Kiefernnadelstreu in Bärenbrück gezeigt werden konnte (Keplin et al. 1999 b), und die Streu erreicht ähnliche Besiedlungsdichten wie die „natürliche", aber nur geringe Besiedlungsdichten aufweisende Wurzelstreu im meliorierten Horizont.

2.5 Zusammenarbeit

Die Untersuchungen bzw. Teilaspekte sind in Zusammenarbeit mit den Teilprojekten 1, 2.1., 2.2, 3, 4, 6.2 und 8.2, den Kooperationspartnern des Staatlichen Museums für Naturkunde Görlitz (Arbeitsgruppe Prof. Dunger), dem Institut für Bodenbiologie der Tschechischen Akademie der Wissenschaften in Budweis (Arbeitsgruppe Dr. Frouz) sowie dem Zoologischen Institut der Technischen Universität Braunschweig (Dr. G. Schrader / Prof. Larink) erfolgt. Ergebnisse dieser Zusammenarbeit sind den in der Publikationsliste aufgeführten Arbeiten zu entnehmen.

Darüber hinaus erfolgte eine Zusammenarbeit mit dem Kemira-Projekt zur Klärung des Einflusses von Gesteinsmehldüngern auf den Celluloseabbau und die Fraßaktivität auf kohlefreien Substraten (Gast 1998; Hartmann et al. 1999; Keplin & Hartmann 1999) sowie mit dem Reklam-Projekt zur Wirkung von Klärschlamm und Kompost auf die Carabidenfauna (Kielhorn et al. 1999 b).

2.6 Danksagung

Die Autoren möchten sich für die kritische Durchsicht des Manuskriptes und wertvolle Anmerkungen bei Herrn Prof. Dr. Otto Larink (TU Braunschweig) und Herrn Prof. Dr. Heinz-Christian Fründ (FH Osnabrück) ganz herzlich bedanken.

Die Untersuchungen wurden im Rahmen des BTUC Innovationskollegs „Ökologisches Entwicklungspotential der Bergbaufolgelandschaften im Lausitzer Braunkohlerevier" von der Deutschen Forschungsgemeinschaft finanziert (Förderkennzeichen INK 4/A1 und INK 4/B1-1).

3 Publikationsliste und Literatur

3.1 Eigene Publikationen

Dageförde, A., Düker, C., Keplin, B., Kielhorn, K.-H., Wagner, A. und Wulf, M., 2000: Eintrag und Abbau organischer Substanz in forstlich rekultivierten Kippsubstraten und die Reaktion der Bodenfauna (Carabidae und Enchytraeidae) im Lausitzer Braunkohlerevier. In: Broll, G., Dunger, W., Keplin, B. und Topp, W. (Hrsg.): Rekultivierung in Bergbaufolgelandschaften. Bodenorganismen, bodenökologische Prozesse und Standortentwicklung. Geowissenschaften + Umwelt, Springer-Verlag, Berlin, 101-130.

Dageförde, A., Keplin, B. und Hüttl, R. F., 1997: Streufall und -abbau durch Bodenorganismen in einem 30-Jahre alten Kiefernforst auf Kippsubstrat. Mitt. DBG, 83, 137-140.

Düker, C., Keplin, B. und Hüttl, R. F., 1996: Enchytraeids in a Scots pine forest on reclaimed post lignite-mining substrates. Newsletter on Enchytraeidae, 5, 35-44.

Düker, C., Keplin, B. und Hüttl, R. F., 1999: Development of Enchytraeid communities in reclaimed lignite mine spoil. Newsletter on Enchytraeidae, 6, 77-89.

Düker, C., Rumpel, C., Keplin, B., Kögel-Knabner, I. und Hüttl, R. F., 1997: Enchytraeenabundanz, Artenspektrum und Vertikalverteilung in unterschiedlich alten forstlich rekultivierten Kippkohlesanden. Mitt. DBG, 85/II, 481-484.

Frouz, J., Keplin, B., Tajovský, K., Starý, J., Lukesová, A., Nováková, A., Balík, V., Hánìl, V., Pizl, V., Materna, M., Düker, C., Chalupský, J., Rusek, J. und Heinkele, T., 2000: Soil biota and upper soil layers development in two contrasting post mining chronosequences. Ecological Engineering (im Druck).

Hartmann, R., Schneider, B. U., Gast, C., Keplin, B. und Hüttl, R. F., 1999: Effects of N-enriched rock powder on soil chemistry, organic matter formation and plant nutrition in lignite-poor sandy mine spoil in the forest reclamation practice. Plant and Soil, 213, 99-115.

Keplin, B., 1997: Forschungen zur Bodenökologie und Rekultivierung am Lehrstuhl Bodenschutz und Rekultivierung der BTU Cottbus. Mitt. DBG, 83, 167-170.

Keplin, B., 1999: Abbau und Mikroarthropoden-Besiedlung von Kiefern-Wurzelstreu (Pinus nigra und Pinus sylvestris) im Minicontainer-Test auf rekultivierten Forststandorten. Braunschw. naturkdl. Schr. 5 (4), 913-924.

Keplin, B. und Hartmann, R., 1999: Der Köderstreifen-Test zur Abschätzung einer nachhaltigen Düngewirkung durch Gesteinsmehlapplikation in der forstlichen Rekultivierung. Mitt. DBG, 91/II, 642-645.

Keplin, B. und Hüttl, R. F., 1999: Decomposition of needle-litter in Pinus sylvestris L. and Pinus nigra Arnold stands on carboniferous substrates in the Lusatian lignite mining district. In: Tajovsky, K. und Pizl, V. (Hrsg.): Soil Zoology in Central Europe. ISB AS CR, Ceske Budejovice, 129-135.

Keplin, B. und Hüttl, R. F., 2000 a: Forschung zur Bodenökologie auf rekultivierten Forststandorten im Lausitzer Braunkohlerevier. In: Broll, G., Dunger, W., Keplin, B. und Topp, W. (Hrsg.): Rekultivierung in Bergbaufolgelandschaften. Bodenorganismen, bodenökologische Prozesse und Standortentwicklung. Springer-Verlag, Berlin, 173-186.

Keplin, B. und Hüttl, R. F., 2000 b: Decomposition of root-litter in Pinus sylvestris L. and Pinus nigra stands on carboniferous substrates in the Lusatian lignite mining district. Ecological Engineering (im Druck).

Keplin, B. und Hüttl, R. F., 2000 c: Bestimmung der biologischen Aktivität von rekultivierten Kippböden mit dem Köderstreifentest. Forstw. Cbl. (im Druck).

Keplin, B., Dageförde, A. und Düker, C., 1999 a: Untersuchungen zum Abbau von organischer Substanz und zur Bodenbiozönose auf forstlich rekultivierten Kippstandorten. In: Hüttl, R. F., Klem, D. und Weber, E. (Hrsg.): Rekultivierung von Bergbaufolgelandschaften. Das Beispiel des Lausitzer Braunkohlereviers. Walter de Gruyter, Berlin, New York, 73-87.

Keplin, B., Kolk, A. und Düker, C., 1999 b: Untersuchungen zum Abbau und zur Mikroarthropoden-Besiedlung von Pinus nigra- und Pinus sylvestris-Streu im Minicontainer-Test. Mitt. DBG, 89, 135-138.

Keplin, B., Düker, C., Joschko, M. und Eisenbeis, G., 1997: Bodenorganismen und Rekultivierung (Protokoll). Mitt. DBG, 83, 233-235.

Kielhorn, K.-H. und Keplin, B., 1999: Carabidenzönosen unterschiedlich alter Kiefernaufforstungen auf rekultivierten Kippböden: Struktur der Fauna, regionale Charakteristika und Aspekte des Artenschutzes. In: Hüttl, R. F., Klem, D. und Weber, E. (Hrsg.): Rekultivierung von Bergbaufolgelandschaften. Das Beispiel des Lausitzer Braunkohlereviers. Walter de Gruyter, Berlin, New York, 119-130.

Kielhorn, K.-H., Keplin, B. und Hüttl, R. F., 1998: Entwicklung von Artenzusammensetzung und Aktivitätsdichte in Carabidenzönosen forstlich rekultivierter Tagebauflächen. Verh. Ges. Ökol., Bd. 28, 301-306.

Kielhorn, K.-H., Düker, C. und Keplin, B., 1999 a: Successional stages in the development of enchytraeid and carabid assemblages in afforested mine spoil. In: Tajovsky, K. und Pizl, V. (Hrsg.): Soil Zoology in Central Europe. ISB AS CR, Ceske Budejovice: 137-142.

Kielhorn, K.-H., Keplin, B. und Hüttl, R. F., 1999 b: Ground beetle communities on mine spoil: Effects of organic matter application and revegetation. Plant and Soil, 213, 117-125.

Kolk, A., Keplin, B. und Hüttl, R. F., 1997: Untersuchungen zum Streuabbau, zur Mikrobiologie und zur Bodenmesofauna auf ausgewählten, forstlich rekultivierten Standorten einer Kiefernchronosequenz. Mitt. DBG, 85/II, 537-540.

Kolk, A., Keplin, B., Wermbter, N., Mayer, S. und Emmerling, C., 2000: Erprobung ausgewählter bodenbiologischer Methoden an rekultivierten kohlehaltigen Kippsubstraten. In: Broll, G., Dunger, W., Keplin, B. und Topp, W. (Hrsg.): Rekultivierung in Bergbaufolgelandschaften. Bodenorganismen, bodenökologische Prozesse und Standortentwicklung. Geowissenschaften + Umwelt, Springer-Verlag, Berlin, 285-302.

Rumpel, C., Keplin, B., Kögel-Knabner, I. und Hüttl, R. F., 1997: Bodenökologische Parameter eines Kippenbodens unter Laubwald-Aufforstung. Mitt. DBG, 83, 187-190.

Schrader, G., Keplin, B., Larink, O. und Hüttl, R. F., 1997: Rekultivierung von stark sulfathaltigen Kippenstandorten unter Betrachten der Besiedelbarkeit durch Collembolen. Mitt. DBG, 85/III, 1603-1606.

3.2 Zitierte Literatur

Brunk, I., 2000: Entwicklung der Carabidenfauna einer Eichenchronosequenz auf meliorierten Kippsubstraten im Lausitzer Braunkohlerevier. Diplomarbeit, BTU, Cottbus.

Conn, C. E. und Day, F. P., 1997: Root decomposition across a barrier island chronosequence: litter quality and environmental controls. Plant and Soil, 195, 351-364.

Crossley, D. A. und Hoglund, M. P., 1962: A litter-bag method for the study of microarthropods inhabiting leaf litter. Ecology, 43, 571-573.

Dickinson, C. H. und Pugh, G. J. F. (Hrsg.), 1974: Biology of plant litter decomposition. Academic Press, London & New York.

Düker, C., 2000: Untersuchungen zur Enchytraeidenfauna (Oligochaeta, Annelida) ausgewählter Altersstadien forstlich rekultivierter Kippenstandorte im Lausitzer Braunkohlerevier. Dissertation, BTU, Cottbus (in Vorbereitung).

Eisenbeis, G., 1998: Die Untersuchung der biologischen Aktivität von Böden. II. Der Minicontainer-Test. Praxis der Naturwissenschaften Biologie, 4/47, 22-29.

Gast, C., 1998: Untersuchungen zur bodenbiologischen Aktivität eines forstlich rekultivierten Kippenstandortes unter dem Einfluss verschiedener Düngungsmaßnahmen. Diplomarbeit, BTU, Cottbus.

Hågvar, S. und Kjøndal, B. R., 1981: Succession diversity and feeding habits of microarthropods in decomposing birch leaves. Pedobiologia, 22, 385-408.

Hasegawa, M. und Takeda, H., 1996: Carbon and nutrient dynamics in decomposing pine needle litter in relation to fungal and faunal abundances. Pedobiologia, 40, 171-184.

Ineson, P., Leonard E. A. und Anderson, J. M., 1982: Effect of collembolan grazing upon nitrogen and cation leaching from decomposing leaf litter. Soil Biol. Biochem., 14, 601-605.

Kielhorn, K.-H., 2000: Entwicklung von Laufkäfergemeinschaften (Col., Carabidae) auf forstlich rekultivierten Kippenstandorten des Lausitzer Braunkohlereviers. Dissertation, BTU, Cottbus (in Vorbereitung).

Parker, L. W., Santos, P. F., Phillips, J. und Whitford, W. G., 1984: Carbon and nitrogen dynamics during the decomposition of litter and roots of a chihuahuan desert annual, Lepidium lasiocarpum. Ecological Monographs, 54, 339-360.

Paulus, R., Römbke, J., Ruf, A. und Beck, L., 1999: A comparison of the litterbags-, minicontainer- and bait-lamina-methods in an ecotoxicological field experiment with diflubenzuron and btk. Pedobiologia, 43, 120-133.

Setälä, H., Tyynismaa, M., Martikainen, M. und Huhta, E., 1991: Mineralization of C, N and P in relation to decomposer community structure in coniferous forest soil. Pedobiologia, 35, 285-296.

Swift, M. J., Heal, O. W. und Anderson, J. W., 1979: Decomposition in terrestrial ecosystems. Blackwell Scient. Publ., Oxford, 372 S.

Takeda, H., 1988: A 5 year study of pine needle litter decomposition in relation to mass loss and faunal abundances. Pedobiologia, 32, 221-226.

Wagner, A., 1998: Abbau von Kiefernnadeln auf rekultivierten Flächen - am Beispiel von zwei forstlich rekultivierten Standorten (Domsdorf und Meuro) in der Niederlausitz. Diplomarbeit, BTU, Cottbus.

Standortzeiger Vegetation – Sukzession der Vegetation auf Kippenböden und deren Indikatorfunktion (Teilprojekt 8.1)

Anett Schötz & Werner Pietsch

1 Zusammenfassung

Das Konzept der ökologischen Artengruppen (Vegetationstypen mit Arten vergleichbarer ökologischer Ansprüche) als Bioindikatoren für Standortsverhältnisse wurde unter Einsatz multivariater Statistikverfahren umgesetzt. Zunächst wurden die ökologischen Gruppen über verschiedene Klassifikationsverfahren (Clusteranalysen, TWINSPAN) anhand von Ähnlichkeitsmaßen voneinander abgegrenzt. Um die komplexen Wechselbeziehungen zwischen Vegetationstypen und Standortsfaktoren aufzudecken und statistisch zu belegen, wurde als Auswertungsmethode eine „Canonical Correspondence Analysis" (CCA) durchgeführt und mit Hilfe der Ordination graphisch zusammengefasst.

Die Ergebnisse aus der multivariaten Datenanalyse zeigen, dass eine generelle Anwendung von Zeigerwerten insbesondere unter den extremen Standortsbedingungen der Bergbaufolgelandschaft nicht empfehlenswert ist. Vielmehr sollte stets überprüft werden, ob die verwendeten Zeigerwerte für das jeweilige Bearbeitungsgebiet zutreffen. Zeigerwerte vermögen Zusammenhänge zwischen Vegetation und ihrem Standort nur in grober Näherung darzustellen. Sie können nicht die Messung entsprechender Standortsparameter ersetzen. Zum anderen bietet die vorgestellte Methode eine Möglichkeit zur Ermittlung spezifischer, an regionale Besonderheiten angepasster Zeigerwerte. Darüber hinaus können zusätzliche Parameter, die für die Kennzeichnung von Kippenstandorten bedeutend sind, in das Bioindikationssystem aufgenommen werden. Die so entwickelten Zeigerwerte gelten immer nur für den verwendeten Datensatz und können weder für vollständig noch für allgemein gültig erachtet werden. Obwohl die erhobenen Standortsfaktoren meist eine enge Korrelation mit den Ordinationsachsen der floristischen Ähnlichkeit anzeigen, verbleibt in allen Datensätzen ein relativ hoher Anteil an nicht erklärter Varianz. Demnach sind neben den lokalen Standortsbedingungen weitere, bislang nicht berücksichtigte Einflussfaktoren für die Etablierung bestimmter Vegetationstypen von entscheidender Bedeutung, wie z. B. die Entfernung zu entsprechenden Diasporenquellen, Ausbreitungsmechanismen einzelner Arten, biotische Wechselbeziehungen oder bergbauspezifische Reliefformen.

2 Arbeits- und Ergebnisbericht

2.1 Ziele

Grundlegend für dieses Teilprojekt ist die Hypothese, dass sich aufgrund der Dominanz einzelner Arten bzw. des Auftretens bestimmter ökologischer Artengruppen im Verlauf der Vegetationsentwicklung Aussagen über die Standortsverhältnisse und deren zeitliche Veränderungen treffen lassen.

Daher zielen die Untersuchungen darauf ab, die Beziehungen zwischen Vegetation und Standortsfaktoren herauszuarbeiten, um ein Indikatorsystem aus „Standortsvegetationstypen" zu erstellen, welches zukünftig als praxisrelevante Methode zur Beurteilung des Entwicklungspotentials von Offenlandflächen in den Bergbaufolgelandschaften der Lausitz Anwendung finden könnte.

2.2 Methodik

Im Folgenden wurde ein Teildatensatz von 113 Probeflächen ausgewählt, für die gleichzeitig zu jeder Vegetationsaufnahme standortkundliche Parameter erfasst worden sind. Durch die im Rahmen mit dem Teilprojekt vergebenen Diplomarbeiten (Krause 1996; Stephan 1996; Dietrich 1997; Endlich 1997; Rätze 1997; Ruhnow 1997; Tasler 1998; Lauk 1999) wurden Untersuchungsflächen in Spreetal, Lohsa und Greifenhain beprobt. Eine detaillierte Charakterisierung der Untersuchungsgebiete kann dem Beitrag von Pietsch & Schötz (1999) entnommen werden.

Für die ausgewählten Flächen erfolgte die Vegetationserfassung in den Vegetationsperioden 1995 bis 1997 auf Dauerflächen mit einer Minimalgröße von 1 m^2. Die Vegetationsbedeckung wurde mit der erweiterten Braun-Blanquet-Skala (aus Wilmanns 1993) geschätzt. Die Nomenklatur der Gefäßpflanzen richtete sich nach Rothmaler (1991). Parallel zu jeder Vegetationsaufnahme wurden mittels eines Eijkelkamp-Bohrers (∅ 28 mm) Bodenproben aus 0 bis 5 cm Tiefe und aus 5 bis maximal 50 cm Tiefe als Mischproben entnommen und im Labor nach Schlichting et al. (1995) hinsichtlich der in Tabelle 1 aufgelisteten Parameter analysiert.

Zunächst wurden die Vegetationsdaten klassifiziert mit dem Ziel, ökologische Artengruppen aus den Einzelaufnahmen herauszuarbeiten. Hierzu wurden sowohl hierarchische Cluster-Methoden (Programm SPSS; vgl. Norušis 1996) als auch das Klassifikationsprogramm TWINSPAN (Hill 1979) eingesetzt. Um die Beziehung zwischen den Vegetationsaufnahmen und den standortkundlichen Parametern zu erkennen, wurde als Auswertungsmethode eine „Canonical Correspondence Analysis" (CCA) aus dem CANOCO-Programmpaket (ter Braak 1988) gewählt und in Form eines Ordinationsdiagramms dargestellt, zu dessen Erstellung das Programm CANODRAW (Smilauer 1992) verwendet wurde.

Tab. 1 Verwendete bodenkundliche Parameter zur Ermittlung der spezifischen Zeigerwerte für die Kategorien Textur [D_S], Acidität [R_S], Salzgehalt [S_{S1}, S_{S2}], Humus [H_S] und Stickstoff [N_S] der Kippsubstrate.

Parameter	Untersuchungsmethode	Spezifischer Zeigerwert
Korngrößenfraktionen	Bestimmung der Sandfraktionen (2000 - 63 µm) durch Nasssiebung bzw. der Schluff- (< 63 - 2 µm) und Tonfraktionen (< 2 µm) mittels Sedimentation	D_S
pH-Wert, Elektrische Leitfähigkeit (EC)	Extraktion mit destilliertem Wasser (1 : 2,5), Messung mit pH-Messgerät (Glaselektrode WTW) bzw. im Filtrat mit Konduktometer (Hanna Instruments 8733)	R_S, S_{S2}
Gesamtgehalte an C, N und S	Messung am CHN 1000 bzw. SC 432 Analysator von LECO	H_S, N_S und S_{S1}

Bevor die statistische Datenauswertung durchgeführt werden konnte, erfolgte die Transformation der Braun-Blanquet-Schätzwerte in prozentuale Deckungsmittelwerte (r: 0,1 %; +: 0,5 %; 2m: 5,0 %; 2a: 10,0 %; 2b: 20,0 %; 3: 37,5 %; 4: 62,5%; 5: 87,5 %).

Die spezifischen Zeigerwerte für die bodenkundlichen Parameter (Textur, Acidität, Salinität, Humus und Stickstoff; vgl. Tab. 1) wurden aus dem CCA-Ordinationsdiagramm (biplot) hergeleitet. Dazu wurde die Position der einzelnen Arten gemäß ihrer Reihenfolge nacheinander senkrecht auf die Umweltachsen projiziert. Die an den gegenüberliegenden Enden der Achsen befindlichen Arten stellen die Extremwerte für die „floristische Bandbreite" und somit Anfangs- und Endpunkte der Zeigerwertskala dar. Aufgrund des eingeschränkten Arteninventars wurde die Strecke zwischen Anfangs- und Endpunkt nach dem von Ellenberg et al. (1992) bzw. von Landolt (1977) jeweils vorgegebenen Zeigerwertspektrum eingeteilt, wodurch ein direkter Vergleich der spezifischen Zeigerwerte mit den Zahlen von Ellenberg bzw. Landolt ermöglicht wird.

2.3 Ergebnisse

Einen Überblick über die floristische Ähnlichkeit bzw. Distanz zwischen den einzelnen Probeflächen vermittelt die nach der Ward-Methode durchgeführte Clusteranalyse. Das Ergebnis dieses Gruppierungsverfahrens ist ein Dendrogramm mit Aufnahmegruppen, die über vertikale Linien auf einem bestimmten (Un-)Ähnlichkeitsniveau miteinander verbunden sind. Danach lassen sich im Hinblick auf die Artenzusammensetzung 16 verschiedene Cluster aus ähnlichen Aufnahmen (Vegetationstypen) voneinander abgrenzen. Die Benennung der Artengruppen erfolgte jeweils nach den dominierenden und zugleich in den Beständen steten Arten unter Einbeziehung der durch TWINSPAN erstellten Tabellen (vgl. Abb. 1).

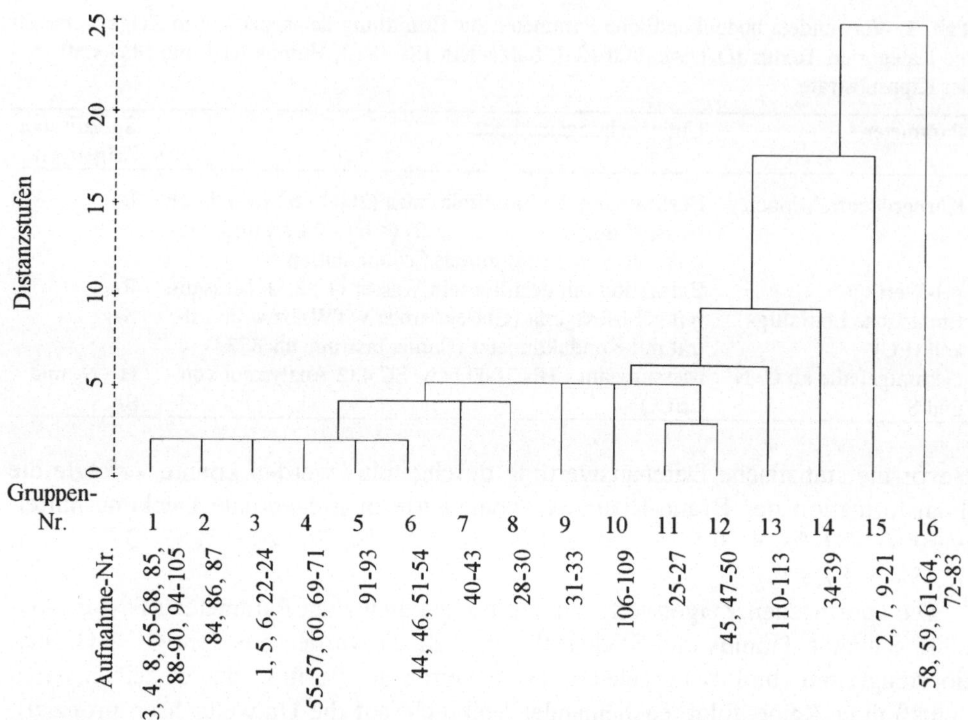

Legende

1 *Tussilago farfara / Achillea millefolium*
2 *Phragmites australis* (dominant)
3 *Corynephorus canescens / Festuca rubra*
4 *Calamagrostis epigejos / Hieracium lachenalii*
5 *Arrhenatherum elatius / Rumex acetosa*
6 *Helichrysum arenarium / Hieracium pilosella*
7 *Rumex acetosella / Festuca trachyphylla*
8 *Cirsium arvense / Corynephorus canescens*
9 *Oenothera biennis / Corynephorus canescens*
10 *Rubus* sp.
11 *Carex arenaria / Hieracium pilosella*
12 *Hieracium pilosella* (dominant)
13 *Sarothamnus scoparius / Corynephorus canescens*
14 *Calluna vulgaris / Festuca rubra*
15 *Corynephorus canescens* (dominant)
16 *Calamagrostis epigejos* (dominant)

Abb. 1 Dendrogramm zur Clusteranalyse [Ward-Verfahren, Intervall-Maß: Quadrierte Euklidische Distanz, SPSS].

Aus Abbildung 1 kann weiterhin entnommen werden, dass die Gruppen 13 bis 16 am eindeutigsten voneinander zu trennen sind. Im Gegensatz dazu besitzen die Gruppen 1 bis 6 die größte floristische Ähnlichkeit; die zu diesen Gruppen gehörenden Vegetationsaufnahmen wurden größtenteils im ehemaligen Tagebaugebiet Greifenhain angefertigt. Mit Ausnahme der Gruppen 3 und 6 können diese Aufnahmen auch ungefähr der gleichen Altersklasse von 12 bis 15 Jahren zugeordnet werden, so dass die aus den verbleibenden Gruppen gebildeten Vegetationstypen räumlich nebeneinander oder miteinander verzahnt auftreten.

Insgesamt unterscheiden sich die ausgeschiedenen Vegetationstypen sowohl hinsichtlich ihrer mittleren Artenzahl als auch ihres Auftretens in den Altersklassen der Probeflächen. Neben dem zeitlichen Aspekt tragen die Kippsubstrateigenschaften (Anteil pyrit- und kohlehaltiger Substrate) zu deutlichen Differenzierungen der Artengruppen im Verlauf der Vegetationsentwicklung bei (Abb. 2).

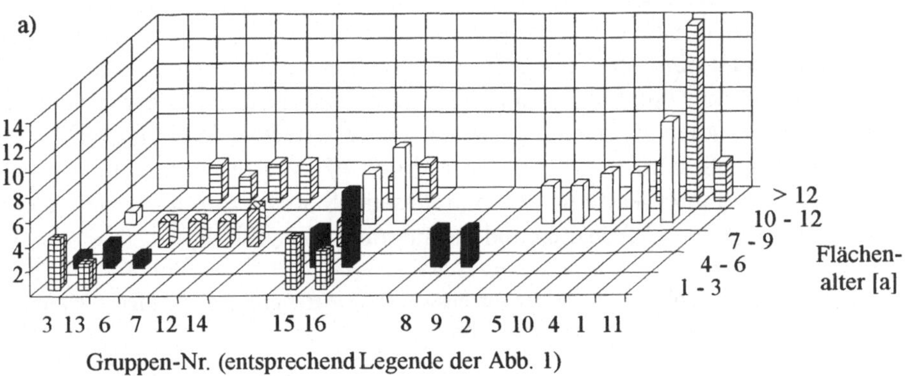

I *) II **)

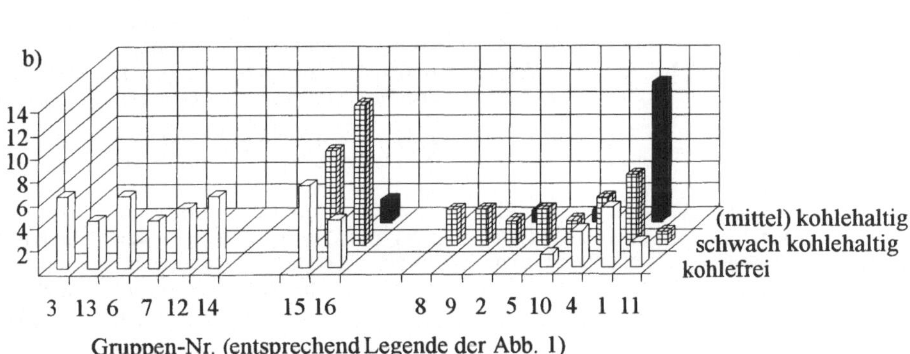

Abb. 2 Anzahl der Vegetationsaufnahmen getrennt nach Artengruppen a) für die einzelnen Altersklassen, b) für die unterschiedlich kohlehaltigen Kippsubstrate; Artengruppen mit Vorkommen I *) auf ausschließlich kohlefreien Substraten und II **) sowohl auf kohlehaltigen Substraten (Gruppen 2, 5, 8 und 9) als auch unabhängig vom Substrattyp (kohlefrei / kohlehaltig) (Gruppen 1, 4, 10, 11, 15 und 16).

Auf den ausschließlich kohlefreien Kippsubstraten quartärer Herkunft findet die Erstbesiedlung der Rohböden innerhalb der ersten drei Jahre statt. *Corynephorus canescens* (Gruppen 3 und 13) bestimmt die Vegetation der initialen Pionierstadien. In den folgenden Jahren treten weitere Arten der Sandtrockenrasen (Gruppen

6, 7 und 12: *Helichrysum arenarium*, *Hieracium pilosella*, *Rumex acetosella*, *Festuca rubra* und *F. trachyphylla*) hinzu. Im weiteren Verlauf können sich die lückigen Silbergrasfluren über artenreichere Sandtrockenrasen zu zwergstrauchreichen Heiden mit *Calluna vulgaris*, *Genista pilosa* und *Sarothamnus scoparius* (Gruppe 14) entwickeln.

Auf den Untersuchungsflächen mit zunehmendem Anteil besiedlungsfeindlichen, sauren Tertiärsubstrats sind *Corynephorus canescens* (Gruppe 15) und *Calamagrostis epigejos* (Gruppe 16) als bestandsbestimmende Arten zu finden; sie bilden drei Jahre nach dem Verkippen der Rohböden artenarme Dominanzbestände, welche sich auch über lange Zeiträume hin kaum verändern. Die Entwicklung dieser Dauerpionierstadien ist auf den Flächen durch extreme Standortsverhältnisse bedingt. Derartige Standorte zeichnen sich durch pH-Werte bis in den sehr stark sauren Bereich, erhöhte Werte für EC und Gesamt-S sowie durch ein weites C/N-Verhältnis bei erhöhten C-Gehalten und Armut an N aus (Tab. 2).

Tab. 2 Einige bodenkundliche Parameter für ausgewählte Artengruppen [Median, Spanne]. a: 0 bis 5 cm; b: 5 bis 50 cm; n.n.: nicht nachweisbar.

Parameter Gruppe	Sand [%]	Schluff & Ton [%]	pH	EC [µS cm^{-1}]	Gesamt-C [%]	Gesamt-N [%]	Gesamt-S [%]
1	a: 74,1	a: 25,9	a: 7,17	a: 860	a: 2,01	a: 0,065	a: 0,468
[n = 23]	19,4-96,7	3,3-80,6	3,64-8,11	31,1-2090	0,180-3,87	0,015-0,166	0,010-2,65
	b: 81,1	b: 18,9	b: 7,45	b: 696	b: 2,09	b: 0,061	b: 0,540
	19,4-99,4	0,6-80,6	3,66-8,11	42,1-2090	0,177-3,87	0,015-0,114	0,010-2,56
15	a: 94,9	a: 5,1	a: 4,39	a: 57,1	a: 0,880	a: 0,030	a: 0,020
[n = 15]	93,6-98,2	1,8-6,4	3,79-6,30	18,4-478	0,150-1,50	0,010-0,100	n.n.-0,040
	b: 96,6	b: 3,4	b: 5,10	b: 53,0	b: 0,630	b: 0,020	b: 0,020
	94,6-97,8	2,2-5,4	3,45-5,82	25,5-280	0,090-1,29	0,010-0,040	n.n.-0,040
16	a: 80,5	a: 19,5	a: 4,76	a: 84,3	a: 1,02	a: 0,040	a: 0,095
[n = 18]	54,0-96,9	3,1-46,0	3,41-7,69	25,9-889	0,330-3,46	0,010-0,100	n.n.-0,900
	b: 87,1	b: 12,9	b: 4,96	b: 120	b: 1,17	b: 0,030	b: 0,095
	54,0-98,5	1,5-46,0	3,48-7,92	20,1-561	0,250-3,46	0,010-0,094	n.n.-1,07

Bei Vorherrschen schwach kohlehaltiger Substrate erfolgt die initiale Besiedlung der Rohböden verzögert. Erst nach vier bis sechs Jahren sind abgesehen von *Corynephorus canescens* vor allem *Cirsium arvense* und *Oenothera biennis* (Gruppen 8 und 9) als typische Vertreter der Ackerunkraut- und Ruderalvegetation dominant im Pflanzenbestand anzutreffen.

Auf noch stärker kohlehaltigen Mischsubstraten sind nur wenige Arten in der Lage, diese Extremstandorte zu besiedeln. Neben den Hochgrasbeständen mit *Calamagrostis epigejos* (Gruppe 4), *Arrhenatherum elatius* (Gruppe 5) und *Phragmites australis* (Gruppe 2) handelt es sich um Arten der Gruppen 10 (*Rubus* sp.) und 1 (*Tussilago farfara*, *Achillea millefolium*). Für die zuletzt genannte

Gruppe sind die bodenkundlichen Kenngrößen zur Charakterisierung der Standorte Tabelle 2 zu entnehmen. Auffällig ist das Vorhandensein vorwiegend schluffiger Substrate mit pH-Werten bis in den schwach alkalischen Bereich.

Um den Einfluss der bodenkundlichen Parameter auf das Vorkommen von in der Bergbaufolgelandschaft häufig vorgefundenen Pflanzenarten zu analysieren, wurde eine CCA durchgeführt. Das Ergebnis ist in dem Ordinationsdiagramm in Abbildung 3 zusammengefasst. In einem solchen „biplot" sind die Näherungswerte der gewichteten Mittel der Arten (Koordinatenpunkte mit den dazugehörigen Arten) unter Berücksichtigung der Standortsvariablen dargestellt. Durch die Lage des Vektors der Standortsfaktoren zu den Achsen wird das Maß der Korrelation mit der Artachse ausgedrückt.

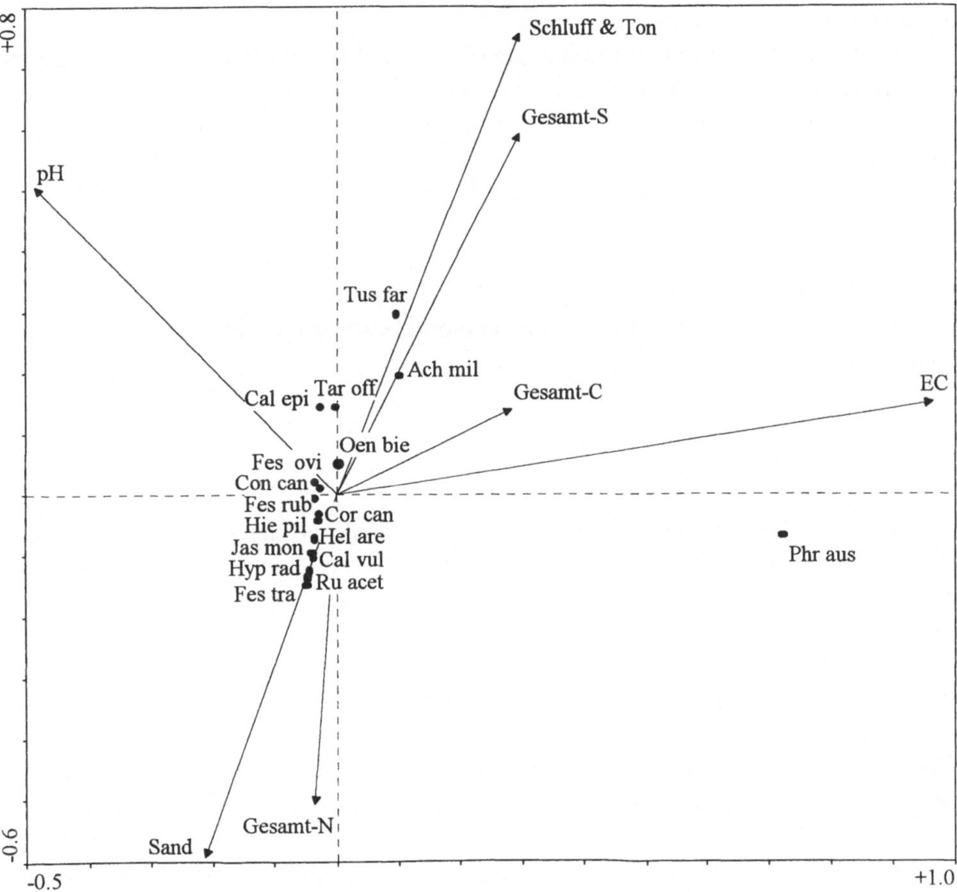

Abb. 3 CCA-Ordination. Dargestellt sind die Koordinaten von 17 weitverbreiteten Arten und die Standortsparameter Sand, Schluff und Ton, pH-Wert, elektrische Leitfähigkeit [EC] sowie Gesamtgehalte an C, N und S [vollständige Namen der Arten in Tabelle 3].

Die erste CCA-Achse korreliert stark positiv mit der elektrischen Leitfähigkeit, so dass *Phragmites australis* auf der rechten Diagrammseite angeordnet wird. Achse 2 zeigt bereits geringere Beziehungen zu den berücksichtigten Umweltvariablen. Die höchsten Korrelationen haben die Korngrößenfraktionen Schluff und Ton bzw. Sand (negativ korreliert) sowie der Gesamtgehalt an S. Auf Grund der zweidimensionalen Darstellung scheint der Gesamt-N-Gehalt ebenfalls negativ mit der 2. Achse zu korrelieren; er weist jedoch mit der 3. Achse zusammen mit Gesamt-C die engsten Korrelationen (allerdings nur schwach) auf.

Die graphische Darstellung der Ordination zeigt auch, dass die ausgewählten Standortsparameter zu einer relativ geringen Differenzierung zwischen den Arten führen. Zur Erklärung der beobachteten Varianz in den Vegetationsdaten tragen die verwendeten Standortsfaktoren mit einem Anteil von 19,8 % (für die dargestellten ersten zwei Achsen) nur eingeschränkt bei.

Aus der Tabelle 3 können die aus dem CCA-Ordinationsdiagramm abgeleiteten Zeigerwerte für die Faktoren Textur, Acidität, Salinität, Humus und Stickstoff von 17 weit verbreiteten Einzelarten entnommen werden. Auf die Ermittlung von Zeigerwerten für die zuvor beschriebenen Artengruppen wurde verzichtet: 1. wegen der oft unzureichenden Anzahl von Beobachtungen für den jeweiligen Vegetationstyp; 2. wegen der breiten ökologischen Spannweite bezüglich der berücksichtigten Standortsfaktoren im Falle der in Tabelle 2 dargestellten Artengruppen. Größere Abweichungen der spezifischen Zeigerwerte von den Zahlen Ellenbergs et al. (1992) bzw. Landolts (1977) sind entsprechend aufgezeigt und werden anschließend diskutiert.

2.4 Diskussion

Für eine kritische Betrachtung der aus den Achsenkoordinaten der Arten abgeleiteten spezifischen Zeigerwerte sei vorangestellt, dass mit diesem Beitrag eine Methode für die Ermittlung von spezifischen, in Bergbaufolgelandschaften des Lausitzer Braunkohlerevieres einsetzbaren Zeigerwerten aufgezeigt werden soll. Auf Grund des auf wenige Untersuchungsgebiete begrenzten Datenumfanges sind die in Tabelle 3 zusammengefassten Ergebnisse nur als erste Näherung mit beispielhaftem Charakter zu verstehen. Für ein Zeigerwertsystem mit größerem Gültigkeitsbereich müsste das Vorkommen aller in der Bergbaufolgelandschaft vorhandenen Vegetationseinheiten sowie die der naturnahen Standorte der Bergbaunachbarlandschaft in einem einzigen Datensatz analysiert und anhand dieses Ergebnisses das Zeigerwertsystem abgeleitet werden. Dabei könnten nach Bedarf die Skalen erweitert bzw. neue wichtige Faktorenkomplexe mit Indikatorwerten belegt werden. Der Messaufwand für die dazu notwendigen Grundlagenuntersuchungen würde jedoch sehr hoch (vgl. Platen 1992).

Tab. 3 **Ausgewählte spezifische Zeigerwerte im Vergleich mit den Zeigerwerten von Ellenberg et al. (1992) und Landolt (1977).**

Arten	n	R_E	R_S	N_E	N_S	S_E	S_{S1}	S_{S2}	H_L	H_S	D_L	D_S
Achillea millefolium	23	x	7	5	6	1	3 !	1	3	2	4	4
Calamagrostis epigejos	55	x	5	6	3 !	0	1	0	2	3	x	4
Calluna vulgaris	11	1	4 !	1	5 !	0	0	0	5	4	4	3
Conyza canadensis	21	x	5	5	2 !	0	0	0	3	4	4	3
Corynephorus canescens	49	3	4	2	2	0	0	0	3	4	3	3
Festuca ovina	10	3	5 !	1	1	0	0	0	3	5 !	3	3
Festuca rubra	19	6	5	x	2	0	0	0	3	5 !	4	3
Festuca trachyphylla	16	x	5	2	5 !	0	0	0	?	3	?	4
Helichrysum arenarium	25	5	4	1	4 !	0	0	0	3	4	3	3
Hieracium pilosella	30	x	4	2	3	0	0	0	3	4	4	3
Hypochoeris radicata	12	4	5	3	5 !	1	0	0	4	3	4	3
Jasione montana	13	3	5 !	2	4 !	0	0	0	2	4 !	3	3
Oenothera biennis	16	x	5	4	1 !	0	1	0	3	4	4	4
Phragmites australis	13	7	1 !	7	6	3	2	3	3	2	4	4
Rumex acetosella	31	2	4 !	2	5 !	0	0	0	3	4	3	3
Taraxacum officinale	13	x	6	8	5 !	2	1	0 !	3	3	4	3
Tussilago farfara	25	8	8	x	6	0	3 !	1	2	2	5	5

n = Anzahl; $_E$ = Zeigerwerte nach Ellenberg für R [Reaktionszahl], N [Stickstoffzahl] und S [Salzzahl]; $_L$ = Zeigerwerte nach Landolt für H [Humuszahl] und D [Dispersitätszahl]; $_S$ = Spezifische Zeigerwerte der entsprechenden Kategorien, basierend auf gemessenen Werten für pH, Gesamt-N, Gesamt-S (1) bzw. EC (2), Gesamt-C und Korngrößenanalyse; x = Arten mit indifferentem Verhalten; ? = Arten mit ungeklärtem Verhalten; ! = Arten mit Abweichungen von zwei und mehr Einheiten zwischen den aus der Literatur und den hier ermittelten Zeigerwerten.

An dieser Stelle soll noch auf einige Einschränkungen im Zusammenhang mit der Verwendung von Zeigerwerten hingewiesen werden. Wie bereits bei Ellenberg et al. (1992) betont wurde, beschreiben die Zeigerwerte das ökologische Verhalten von Arten in einem multiplen Wirkungsgefüge aus abiotischen und biotischen Faktoren. Dagegen bezeichnen sie nicht die Ansprüche von einzelnen Arten an eine ihnen günstige Umwelt (vgl. Böcker et al. 1983). Des Weiteren sollten Zeigerwerte keinesfalls wie Messwerte angewendet werden, da sie ordinalskaliert sind. Aus diesem Grund ist eine mathematisch-statistische Auswertung (Mittelwertbildung, Berechnung von Streuungsmaßen etc.) streng genommen nicht statthaft (Kowarik & Seidling 1989). Die Erstellung von Zeigerwertspektren ist zu empfehlen, da sie relativ einfach diejenigen Fälle erkennen lassen, in denen Mittelwertberechnungen wenig aussagekräftig sind wie bei bi-, multimodalen oder kontinuierlichen Verteilungen (vgl. Jochimsen 1982). Für die Berechnung eines Kennwertes aus einem Zeigerwertspektrum stellt der Medianwert einen geeigneten statistischen Parameter dar, weil mit diesem Verfahren auch klassifizierte Beobachtungen qualitativer Art beurteilt werden können (Möller 1992).

Die im vorliegenden Beitrag ermittelten spezifischen Zeigerwerte weisen einen engen Bezug zu der untersuchten Vegetation in dem deutlich abgegrenzten Bearbeitungsgebiet auf. Im Hinblick auf die für das westliche Mitteleuropa erstellten Zeigerwerte von Ellenberg et al. (1992) spiegeln die Zahlen das ökologische Verhalten, d. h. die Standortsbeziehungen der Pflanzen unter dem Einfluss starker natürlicher Konkurrenz, in einer 9-teiligen (Feuchte-Faktor 12-teiligen) Skala wider. Bewertet wird neben drei klimatischen Faktoren (Licht, Wärme, Kontinentalität) und drei Bodenfaktoren (Feuchtigkeit, Bodenreaktion, Stickstoffversorgung) auch das Verhalten in Abhängigkeit vom Salzgehalt des Bodens (vorwiegend nach einer Zusammenstellung von Scherfose 1990). Das Konzept der ökologischen Zeigerwerte der Pflanzenarten von Ellenberg wurde auch in anderen Ländern aufgenommen, so z. B. in der Schweiz von Landolt (1977). Das Zeigerwertsystem nach Landolt wurde ebenso für lichtbedürftige und Trockenheit ertragende, konkurrenzschwache Arten, die oft Rohböden besiedeln, entwickelt. Da solche Standorte in der Schweiz häufiger anzutreffen sind als im außeralpischen Mitteleuropa, lag es für Landolt (1977) nahe, zwei weitere Standortsfaktoren (Humusgehalt und Dispersität des Bodens) in das Bioindikationssystem aufzunehmen; jedoch wird die ursprüngliche Skaleneinteilung von 1 bis 5 beibehalten. Angesichts der neuartigen Konkurrenzbedingungen in den durch den Tagebaubetrieb stark gestörten Offenlandschaften des Lausitzer Braunkohlerevieres erscheint daher eine generelle Anwendung von Zeigerwerten als problematisch.

Die größten Abweichungen zwischen den verschiedenen Indikatorsystemen ergeben sich für den Bodenfaktor Nährstoff- bzw. Stickstoffversorgung. Im Allgemeinen gilt die Nährstoffarmut (vor allem an anorganischem Stickstoff) der Rohböden als eines der größten Hindernisse bei der Besiedlung von Kippsubstraten (vgl. Haubold-Rosar 1998). Infolge der geringen Mineralisierung in sehr jungen Kippenböden (Kolk et al. 1997) gibt die spezifische Stickstoffzahl (abgeleitet aus Messwerten für Gesamt-N) nur den N-Vorrat wieder. Ellenberg et al. (1992) beziehen sich bei ihren Zeigerwerten auch auf Gesamtstickstoff, der jedoch in gewachsenen Böden zu einem gewissen Anteil als pflanzenverfügbarer Mineralstickstoff vorliegt. Unabhängig von der Kenntnis zum N-Umsatz ist dies ein Hinweis dafür, dass der Gehalt an Gesamtstickstoff im Boden kein sinnvolles Maß zur Beurteilung der allgemeinen Ernährungsbedingungen ist (vgl. Ertsen et al. 1998).

Auf Böden junger Kippenstandorte findet zunächst eine mit dem Bestandesalter zunehmende Humusanreicherung (Auflagehumus) statt (Gil-Sotres et al. 1992; Keplin et al. 1999). Bezüglich der spezifischen Humuszahl hat dies zur Folge, dass bei denjenigen Arten, die häufig auf den kohlefreien bzw. -armen Substraten älterer Standorte vorgefunden werden, die spezifischen Humuszahlen höher liegen. Arten, welche befähigt sind, Extremstandorte mit hohen Anteilen an Tertiär-Substraten zu besiedeln (z. B. *Phragmites australis*, *Tussilago farfara* und *Achillea millefolium*), zeichnen sich dahingegen durch deutlich niedrigere spezifische Humuszahlen aus (lt. Tab. 3). Wie für den Gesamt-N-Gehalt ausgeführt, kann auch für die Messungen des Gehaltes an Gesamt-C angenommen werden, dass dieser Parameter nicht ausreichend ist, um Aussagen über die Humusbildung in Rohböden der Kippenflächen zu treffen. Nur die Unterscheidung zwischen pedogen und geogen (Kohle aus dem Tertiär) gebildeter organischer Substanz (vgl. Rumpel et al. 1998) würde eine bessere Kalibrierung der spezifischen Humuszahlen ermöglichen.

Trotz der oben beschriebenen Abweichungen gibt es auch zahlreiche Übereinstimmungen zwischen den spezifischen Zeigerwerten einerseits und den Zahlen von Ellenberg und Landolt andererseits. Dies gilt insbesondere für die Indikatorwerte der Bodenfaktoren Salzzahl und Textur (Dispersitätszahl). Die entsprechenden spezifischen Zeigerwerte wurden auf der Grundlage von Messungen der elektrischen Leitfähigkeit und des Gehaltes an Gesamtschwefel bzw. anhand von Korngrößenanalysen bestimmt. Diese bodenkundlichen Parameter waren auch jene Variablen, für die enge Korrelationen zu den ersten zwei CCA-Achsen festgestellt werden konnten.

In Anbetracht der verschiedenen Übereinstimmungen kann zusammenfassend eingeschätzt werden, dass bei fehlenden Messungen von Standortsparametern Zeigerwertberechnungen für eine erste Charakterisierung von Standorten sinnvoll sind. Die Zeigerwerte sollten jedoch unter Berücksichtigung regionaler Besonderheiten nachgeeicht werden (Diekmann 1995). Mit Hilfe der vorgestellten Ordinationsmethode konnte ein Verfahren zur Ermittlung von spezifischen, in Bergbaufolgelandschaften der Lausitz einsetzbaren Zeigerwerten aufgezeigt werden, das sich gleichzeitig zur Überprüfung der Gültigkeit der von Ellenberg und Landolt erstellten Zeigerwerte für das jeweilige Bearbeitungsgebiet eignet.

Ein Nachteil der gewählten Methode ergibt sich aus der Tatsache, dass sie keine Angaben über die Bindung einzelner Arten an bestimmte Standortsverhältnisse liefert. Die entsprechenden Spannen des Vorkommens einzelner Arten auf den Umweltachsen bzw. Arten mit indifferentem Verhalten gegenüber den Standortsfaktoren können somit nicht erkannt werden. Dieser Sachverhalt ließe sich klären, indem die Koordinaten aller Standorte, an denen eine Art mit großer Häufigkeit auftritt, im Ordinationsdiagramm dargestellt werden.

In der Diskussion um die Verwendung von Zeigerwerten sollte nicht übersehen werden, dass zwar die Standortsfaktoren und deren Veränderungen auf den Verlauf der Vegetationsentwicklung einen bedeutenden Einfluss nehmen, es aber auch weitere Triebkräfte für die Vegetationsdynamik gibt. Hierzu zählen u. a. die Bedeutung von Diasporenquellen, Keim- und Etablierungsverhalten einzelner Arten, biotische Interaktionen sowie bergbauspezifische Reliefformen, um nur einige, bislang noch nicht untersuchte Faktoren zu nennen (vgl. Wiegleb & Felinks 2000). Diese Tatsache könnte ein Grund für den relativ geringen Anteil der untersuchten

Standortsparameter an der Erklärung der vorgefundenen Varianz in den Vegetationsdaten sein. Weitere vertiefende und längerfristig angelegte Untersuchungen wären notwendig, um den Einfluss der zahlreich wirkenden Faktoren auf das Vorkommen bestimmter Vegetationstypen im Sukzessionsverlauf abschätzen zu können. Dabei müsste auch die Frage nach der Übertragbarkeit der in einem Tagebaugebiet erarbeiteten ökologischen Artengruppen und ihrer Aussagekraft für andere Gebiete im Mittelpunkt der Untersuchungen stehen.

2.5 Zusammenarbeit

Projektübergreifend wurden mit den Bearbeitern der Teilprojekte 1 und 2 des LENAB-Verbundvorhabens „Niederlausitzer Bergbaufolgelandschaft: Erarbeitung von Leitbildern und Handlungskonzepten für die verantwortliche Gestaltung und nachhaltige Entwicklung ihrer naturnahen Bereiche“ (Sprecher: Prof. Dr. G. Wiegleb, Lehrstuhl Allgemeine Ökologie) Erfahrungen zur Herangehensweise bei den Untersuchungen gestörter Landschaften ausgetauscht. Durch die enge Zusammenarbeit mit dem Lehrstuhl Allgemeine Ökologie wurde auch die Nutzung diverser Statistikprogramme (SPSS, TWINSPAN, CANOCO und CANODRAW) gewährleistet.

2.6 Danksagung

Für die kritische und konstruktive Durchsicht des Manuskriptes danken die Autoren den Gutachtern Frau Prof. Dr. M. Jochimsen (Universität GH Essen), Herrn Prof. Dr. R. Böcker (Universität Hohenheim) und Herrn Prof. Dr. G. Wiegleb (BTU). Ebenso gilt unser Dank Frau A. Dageförde für zahlreiche anregende Diskussionen.

Die Arbeiten wurden im Rahmen des BTUC Innovationskollegs „Ökologisches Entwicklungspotential der Bergbaufolgelandschaften im Lausitzer Braunkohlerevier“ von der Deutschen Forschungsgemeinschaft finanziert (Förderkennzeichen INK 4/A1 und INK 4/B1-1).

3 Publikationsliste und Literatur

3.1 Eigene Publikationen

Pietsch, W., 1998: Sukzession der Vegetation im NSG „Insel im Senftenberger See“ (1970-1996). Ber. Inst. Landschafts- Pflanzenökologie Univ. Hohenheim, Beiheft, 5, 54-68.

Pietsch, W., 1998: Besiedlung und Vegetationsentwicklung in Tagebaugewässern in Abhängigkeit von der Gewässergenese. In: Pflug, W. (Hrsg.): Braunkohlentagebau und Rekultivierung. Springer Verlag, Berlin, Heidelberg, New York, 663-676.

Pietsch, W., 1998: Naturschutzgebiete zum Studium der Sukzession der Vegetation in der Bergbaufolgelandschaft. In: Pflug, W. (Hrsg.): Braunkohlentagebau und Rekultivierung. Springer Verlag, Berlin, Heidelberg, New York, 677-686.

Pietsch, W., 1998: Colonization and development of vegetation in mining lakes of the Lusatian lignite area depending on water genesis. In: Geller, W., Klapper, H. und Salomons, W. (Hrsg.): Acidic Mining Lakes. Springer Verlag, Berlin, 9, 169-193.

Schötz, A., Pietsch, W. und Hüttl, R. F., 1998: Succession series of post-mining landscapes in Lusatia (Germany) - Evaluation of indicator values. In: Sjögren, E., van der Maarel, E. und Pokarzhevskaya, G. (Hrsg.): Vegetation science in retrospect and perspective (Abstracts). Studies in Plant Ecology, 20, 22.

Pietsch, W. und Schötz, A., 1999: Vegetationsentwicklung auf Kipprohböden der Offenlandschaft - Rolle für die Bioindikation. In: Hüttl, R. F., Klem, D. und Weber, E. (Hrsg.): Rekultivierung von Bergbaufolgelandschaften. Das Beispiel des Lausitzer Braunkohlereviers. Walter de Gruyter, Berlin, New York, 101-117.

3.2 Zitierte Literatur

Böcker, R., Kowarik, I. und Bornkamm, R., 1983: Untersuchungen zur Anwendung der Zeigerwerte nach Ellenberg. Verh. GfÖ, 11, 35-56.

ter Braak, C. J. F., 1988: CANOCO - a FORTRAN program for canonical community ordination by partial detrended canonical correlation analysis, principal components analysis and redundancy analysis (version 2.1). GLW Wageningen, 95 S.

Diekmann, M., 1995: Use and improvement of Ellenberg's indicator values in deciduous forests of the Boreo-nemoral zone in Sweden. Ecography, 18, 178-189.

Dietrich, F., 1997: Untersuchungen über die physikalisch-chemische Beschaffenheit quartärer Kippsubstrate in Beziehung zur Sukzession von Silbergrasfluren, Sandtrockenrasen und Besenginsterheiden am Beispiel der Bergbaufolgelandschaft im Tagebau Lohsa IV, Außenkippe Bärwalde. Diplomarbeit, BTU, Cottbus.

Ellenberg, H., Weber, H. E., Düll, R., Wirth, V., Werner, W. und Paulissen, D., 1992: Zeigerwerte von Pflanzen in Mitteleuropa. 2nd Edition. Scripta Geobot., 18, 258 S.

Endlich, P., 1997: Auswirkungen der Erosion auf die Sukzession der Vegetation verschiedener Kippsubstrate am Beispiel der Bergbaufolgelandschaft NSG „Sukzessionslandschaft Nebendorf". Diplomarbeit, BTU, Cottbus.

Ertsen, A. C. D., Alkemade, J. R. M. und Wassen, M. J., 1998: Calibrating Ellenberg indicator values for moisture, acidity, nutrient availability and salinity in the Netherlands. Plant Ecol., 135, 113-124.

Gil-Sotres, F., Trasar-Cepeda, M. C., Ciardi, C., Ceccanti, B. und Leirós, M. C., 1992: Biochemical characterization of biological activity in very young mine soil. Biol. Fertil. Soils, 13, 25-30.

Haubold-Rosar, M., 1998: Bodenentwicklung. In: Pflug, W. (Hrsg.): Braunkohlentagebau und Rekultivierung. Springer Verlag, Berlin, Heidelberg, New York, 573-588.

Hill, M. O., 1979: TWINSPAN - a FORTRAN program for arranging multivariate data in an ordered two-way table by classification of the individuals and attributes. Ithaca, NY USA, 60 S.

Jochimsen, M., 1982: Der Informationsgehalt pflanzensoziologischer und ökologischer Zeigerwerte in Bezug auf die natürliche Besiedlung von Bergematerial. Arbeitshefte Ruhrgebiet, 9-51.

Keplin, B., Dageförde, A. und Düker, C., 1999: Untersuchungen zum Abbau von organischer Substanz und zur Bodenbiozönose auf forstlich rekultivierten Kippstandorten. In: Hüttl, R. F., Klem, D. und Weber, E. (Hrsg.): Rekultivierung von Bergbaufolgelandschaften. Das Beispiel des Lausitzer Braunkohlereviers. Walter de Gruyter, Berlin, New York, 73-87.

Kolk, A., Keplin, B. und Hüttl, R. F., 1997: Untersuchungen zum Streuabbau, zur Mikrobiologie und zur Bodenmesofauna auf forstlich rekultivierten Standorten einer Kiefernchronosequenz. Mitt. Deutsch. Bodenkundl. Ges., 85 (2), 537-540.

Kowarik, I. und Seidling, W., 1989: Zeigerwertberechnungen nach ELLENBERG - Zu Problemen und Einschränkungen einer sinnvollen Methode. Landschaft + Stadt, 21 (4), 132-143.

Krause, M., 1996: Klassifizierung ausgewählter Kippbodensubstrate in Beziehung zur Vegetationsstruktur am Beispiel der Bergbaufolgelandschaft im Tagebau Greifenhain. Diplomarbeit, BTU, Cottbus.

Landolt, E., 1977: Ökologische Zeigerwerte zur Schweizer Flora. Veröff. Geobot. Inst. ETH Stiftung Rübel, 64, 208 S.

Lauk, H., 1999: Untersuchungen über die physikalisch-chemische Beschaffenheit in Beziehung zur Vegetationsstruktur kalkmeliorierter Flächen von Kiefern- und Roteichenbeständen in Hanglage am Beispiel der Bergbaufolgelandschaft im Tagebau Spreetal-Bluno. Diplomarbeit, BTU, Cottbus.

Möller, H., 1992: Zur Verwendung des Medians bei Zeigerwertberechnungen nach ELLENBERG. Tuexenia, 12, 25-28.

Norušis, M. J., 1996: SPSS für Windows - Anwenderhandbuch für das Base System (Version 6.0). SPSS Inc., München, 527 S.

Pfadenhauer, J., 1997: Vegetationsökologie - ein Skriptum. 2., verb. u. erw. Aufl. IHW-Verl., Eching, 448 S.

Platen, R., 1992: Die Entwicklung eines Zeigerwertsystems für Laufkäfer (Col.: Carabidae) mit Hilfe einer „Canonical Correspondence Analysis“ (CCA). Verh. GfÖ, 21, 321-326.

Rätze, T., 1997: Untersuchung über die phyikalisch-chemische Beschaffenheit von Kippsubstraten *Calluna vulgaris*-reicher Standorte am Beispiel der Bergbaufolgelandschaft im Tagebau Lohsa IV, Außenkippe Bärwalde. Diplomarbeit, BTU, Cottbus.

Rothmaler, W., 1991: Exkursionsflora von Deutschland. Bd. 4. Gefäßpflanzen: Kritischer Band. 8. Aufl. G. Fischer, Jena, Stuttgart, 811 S.

Ruhnow, L., 1997: Physikalisch-chemische Beschaffenheit unterschiedlich alter Kippsubstrate in Beziehung zur Vegetationsstruktur im Tagebau Spreetal, Teilbereich Bluno. Diplomarbeit BTU, Cottbus.

Rumpel, C., Knicker, H., Kögel-Knabner, I., Skjemstad, J. O. und Hüttl, R. F., 1998: Types and chemical composition of organic matter in reforested lignite-rich mine soils. Geoderma, 86, 123-142.

Scherfose, V., 1990: Salz-Zeigerwerte von Gefäßpflanzen der Salzmarschen, Tideröhrichte und Salzwassertümpel an der deutschen Nord- und Ostseeküste. Jb. Nieders. Landesamt Wasser u. Abfall, Forsch.stelle Küste, 39, 31-82.

Schlichting, E., Blume, H.-P. und Stahr, K., 1995: Bodenkundliches Praktikum. Pareys Studientexte, 81, 2. Aufl. Blackwell Wissenschafts-Verlag, Berlin, Wien, 295 S.

Smilauer, P., 1992: CanoDraw. User's Guide v. 3.0. Microcomputer Power. Ithaca, NY USA, 118 S.

Stephan, V., 1996: Physikalisch-chemische Beschaffenheit ausgewählter Kippsubstrate in Beziehung zur Sukzession der Vegetation am Beispiel der Bergbaufolgelandschaft im Tagebau Greifenhain. Diplomarbeit, BTU, Cottbus.

Tasler, B., 1998: Untersuchungen zum Zusammenhang von Kippbodeneigenschaften und dem Vorkommen dominanter Pflanzenarten im Tagebau Spreetal / Bluno. Diplomarbeit, BTU, Cottbus.

Wiegleb, G. und Felinks, B., 2000: Primary succession in postmining landscapes of Lower Lusatia - chance or necessity? Ecological Engineering (im Druck).

Wilmanns, O., 1993: Ökologische Pflanzenökologie. 5., neubearb. Aufl. Quelle & Meyer, Heidelberg, Wiesbaden, 479 S.

Untersuchungen zur Bedeutung von Krautschicht und Baumstreu für den Stoffhaushalt von aufgeforsteten Kippenstandorten (Teilprojekt 8.2)

Andrea Dageförde & Reinhard F. Hüttl

1 Zusammenfassung

In der ersten Phase dieses Teilprojekts wurde auf den Kiefernchronosequenzflächen des Innovationskollegs die Rolle der Streu aus der Baum- und Krautschicht für den Stoffhaushalt dieser Ökosysteme dokumentiert. In der zweiten Phase wurde am ältesten Standort in Domsdorf (1998: 34 Jahre) der Abbau des Streumaterials in Litterbags untersucht.

Kiefernstreufall, Krautschichtphytomasse und die Mächtigkeit der organischen Auflage erreichen im ältesten Bestand ähnliche Werte wie die entsprechenden Parameter auf gewachsenen Böden. Bezüglich der Elementeinträge ist der Einfluss der Kiefernstreu auf die organische Auflage weitaus bedeutender als derjenige der Krautschicht.

Wie auf gewachsenen Böden durchläuft die Zersetzung des Streumaterials eine erste rasche Abbauphase und eine langsamere zweite Phase. Allerdings erreichen die Masseverluste und Nährstofffreisetzungen im Untersuchungsjahr 1997/98 wesentlich höhere Werte als auf natürlich gelagerten Böden. Die Ausbringung der mit Nadelstreu gefüllten Litterbags in Bereichen mit Bodenvegetation hat im Vergleich zur Ausbringung in Bereichen ohne Bodenvegetation keinen durchgehend fördernden Einfluss auf Masseverlust und Nährstofffreisetzung. Die Beimischung von *Calamagrostis epigeios* zur Kiefernstreu in den Litterbags wirkt sich nur in den ersten Monaten fördernd auf Masseverlust und Nährstofffreisetzung aus. Die Aktivität der Zersetzerorganismen ist am Standort Domsdorf offensichtlich nicht stickstofflimitiert, da kaum Netto-N-Akkumulationen auftreten. Domsdorf kann demnach nicht als N-armes System bezeichnet werden. Dagegen sinken die P-Vorräte im Lauf der Streuzersetzung unter die Nachweisgrenze, was auf eine im Zersetzungsverlauf einsetzende P-Limitierung hindeutet.

Die bei der Zersetzung des Kiefernstreumaterials freiwerdenden Nährstoffmengen betragen über 65 % der N- und Mg-Mengen und 100 % der P-Menge, die zum Aufbau eines neuen Nadeljahrgangs erforderlich sind. Die restlichen zum Aufbau einer neuen Nadelgeneration benötigten Nährstoffmengen könnten aus der Mobilisierung der vor dem Streufall im Baum gespeicherten Nährstoffe sowie aus der Freisetzung aus anderen als der rezenten organischen Substanz und der anschließenden Aufnahme stammen.

Die Ergebnisse aus der ersten und zweiten Projektphase deuten an, dass - wie auf gewachsenen Böden - auch in Kiefernökosystemen auf Kippsubstraten bestandesinterne Umsätze bestehend aus Streufall, Abbau des Streumaterials und Pflanzenaufnahme eine wichtige Rolle für die Nährstoffversorgung des Bestandes spielen. Nach der Initialwirkung von Melioration und Düngung, die zur Begründung eines Forstbestandes auf Kippsubstraten notwendig sind, stellt die Entwicklung solcher internen Umsätze vermutlich eine adäquate Strategie für den Bestand dar, sein Wachstum relativ unabhängig von den extremen Bedingungen im Kippsubstrat unterhalb des Meliorationshorizontes (in Domsdorf unterhalb von 30 cm Bodentiefe) zu sichern.

2 Arbeits- und Ergebnisbericht

2.1 Ziele

In der ersten Projektphase wurde auf den ausgewählten Kieferchronosequenzflächen des Innovationskollegs die Rolle der Streu aus der Baum- und Krautschicht für den Stoffhaushalt dieser Kiefernforsten auf Kippsubstraten dokumentiert:

Wie im Sprecherbericht 1996 und in Keplin et al. (1999) dargestellt, erreichen Kiefernstreufall, Krautschichtphytomasse und die Mächtigkeit der organischen Auflage im ältesten Bestand ähnliche Werte wie die entsprechenden Parameter auf gewachsenen Böden. Der Bodenchemismus weicht jedoch entscheidend von demjenigen in natürlich gelagerten Böden ab (vgl. TP 3, dieser Band).

Am Ende der ersten Projektphase wurde als wichtiger Faktor für die Entwicklung der Kiefernökosysteme nach deren Initialisierung durch Melioration und Pflanzung die Etablierung von Nährstoffkreisläufen vermutet. Als entscheidende Schnittstelle bei der Etablierung von Nährstoffkreisläufen wurde in der zweiten Phase daher die Nährstofffreisetzung aus der organischen Substanz mit Hilfe eines Litterbag-Versuches untersucht und diese in Relation zur Nährstoffaufnahme des Bestandes gesetzt. Unter anderem sollte geklärt werden, ob der typische Unterwuchs aus *Calamagrostis epigeios* bei der Entwicklung von Nährstoffkreisläufen von Bedeutung sein könnte.

2.2 Methodik

Die in Phase I angewandte Methodik zur Ermittlung des Kiefernstreufalls und der Krautschichtphytomasse wurde bereits in früheren Berichten (Sprecherbericht 1996) dargestellt.

Zur Ermittlung des Abbaus der organischen Substanz wurde in enger Zusammenarbeit mit TP 6.1 („Mesofauna") in Domsdorf (DD) ein Litterbag-Versuch durchgeführt. Autochthones Streumaterial für den Abbauversuch wurde bereits im November 1996 in Domsdorf gesammelt. Dabei wurde die Kiefernstreu von den Bäumen geschüttelt und die Nadelstreu eingesammelt. Überwiegend braunes Material von *Calamagrostis epigeios* - der dominierenden Art der Krautschicht - wurde großflächig ca. 2 cm über der Bodenoberfläche abgeerntet. Beide Streumaterialien wurden 24 h bei 60 °C getrocknet. Die *Calamagrostis*-Streu wurde in ca. 2 cm lange Stücke geschnitten. Daraufhin wurden insgesamt 400 Litterbags (Maschenweite: 2 mm; Größe: 10 * 10 cm mit drei verschiedenen Substraten befüllt: 200 Litterbags mit jeweils 2 g Kiefernnadelstreu (= Ki), 100 Litterbags mit jeweils 2,5 g *Calamagrostis epigeios* (= Cal) und 100 Litterbags mit einem Gemisch aus Kiefernnadelstreu und *Calamagrostis epigeios* (= Ki+Cal) im Verhältnis 5:1 (Einwaage: 2,5 g + 0,5 g), was in etwa dem in der ersten Phase ermittelten Verhältnis der beiden Streutypen am Standort entspricht. Von allen drei Streumaterialien (Ki, Cal, Ki+Cal) wurde ein Teil zur späteren Analyse zurückbehalten.

Am 19.09.1997 erfolgte der Einbau horizontal in die OF-Lage. 100 Ki-Litterbags wurden im Bereich ohne Bodenvegetation ausgelegt (Ki.o.V.). Die restlichen 100 Ki-Litterbags sowie die 100 Cal- und 100 Ki+Cal-Litterbags wurden in den Bereichen mit Bodenvegetation (Ki.m.V., Cal, Ki+Cal) verteilt.

Bis zum 23.09.1998 (bis zum 369.Tag) wurden die Ki-Litterbags im 4- bis 6-Wochen-Rhythmus sukzessive entnommen. Da für die *Calamagrostis*-Streu ein schnellerer Abbau erwartet wurde als für die Kiefernstreu, wurden die Cal- und Ki+Cal-Litterbags bis zum 10.12.1998 im 2-Wochen-Rhythmus eingeholt, um die Anfangsphase der Streuzersetzung zu erfassen. Dieser engere Beprobungstakt hatte zur Folge, dass die letzte Entnahme bereits nach 243 Tagen am 20.05.1998 erfolgte. Pro Termin und Streuart wurden i. d. R. jeweils 10 Litterbags ausgegraben. Einzeln in PE-Tüten verpackt wurden die entnommenen Litterbags in das Labor transportiert.

Die Litterbags wurden zur Gewinnung der Bodenmesofauna im Rahmen von TP 6.1 nach dem Trockentrichter-Prinzip extrahiert. Anschließend wurde das Streumaterial aus den Litterbags entnommen und gründlich gesäubert: eingewachsene Wurzeln und makroskopisch sichtbare Pilzhyphen wurden entfernt, Mineralbodenpartikel aussortiert. Zur Bestimmung des Masseverlusts wurde das gesäuberte Streumaterial nach 24-stündiger Trocknung bei 60 °C gewogen. Daraufhin wurde das Streumaterial an einer Kugelschwingmühle (Fa. Retsch) feinst gemahlen. An der Festsubstanz wurden die C_t- und N_t-Gehalte ermittelt (CNS-Analysator Vario EL, Fa. Elementar). Je 100 mg pro Probe wurden mit 1 ml HNO_3 versetzt und bei 170 °C im Druckautoklaven (ca. 35 bar) aufgeschlossen. Anschließend erfolgte die Bestimmung der Ca-, Mg- und P-Konzentrationen am ICP (Unicam 701) und der K-Konzentrationen am Flammen-AAS (Unicam 939, SOLAAR Systems). Auf die gleiche Weise wurde auch die Ausgangsstreu (Ki, Cal, Ki+Cal) aufbereitet und analysiert.

Für jeden Probenahmetermin wurden die absoluten Nährstoffmengen [mg] im Litterbag berechnet; diese werden im Folgenden als Nährstoffvorräte bezeichnet. Bezogen auf den Nährstoffvorrat zu Expositionsbeginn wurde für jeden weiteren Termin auch der Nährstoffverlust bzw. die -akkumulation ermittelt (Hasegawa & Takeda 1996). Die Verluste bzw. Akkumulationen wurden mit dem U-Test für jeden Probetermin auf signifikante Unterschiede (auf 5%-Niveau) zwischen den Substraten paarweise getestet.

Zur Auswertung der Streuabbauversuche wurde für den Masseverlust eine Funktionsanpassung vorgenommen. Unter der Annahme, dass der kurz- bis mittelfristige Masseverlust einer Exponentialfunktion folgt (Olson 1963; Wieder & Lang 1982; Berg & Ekbohm 1991; Berg et al. 1996) und dass sich die Streu lediglich aus zwei Fraktionen zusammensetzt, einer labilen Fraktion ml und einer schwer zersetzbaren, quasi inerten Fraktion mi, ergibt sich folgende Gleichung (vgl. Bergmann 1998):

$$mr = mi + ml * e^{(-k * t)} \quad (1)$$

Dabei steht mr für die Streurestmenge [g] zum Zeitpunkt t [Expositionsdauer in Tagen]. Die sogenannte Abbaukonstante k charakterisiert den Abbau der labilen Fraktion ml. Dieser folgt einer Exponentialfunktion. Die inerte Fraktion mi entspricht dem Wert, dem sich diese Funktion asymptotisch annähert. Die Summe aus ml und mi ergibt die Ausgangsstreumenge m0 = 100% zum Zeitpunkt des Expositionsbeginns. Für den Masseverlust über die Zeit wurde mit Hilfe der „Methode der kleinsten Quadrate“ eine nichtlineare Funktionsanpassung für alle Substrate vorgenommen. Dabei wurden die Parameter mi, ml und k geschätzt.

Um signifikante Unterschiede zwischen den Abbauverläufen der verschiedenen Substrate aufzuzeigen, wurden die exponentiellen Abbaufunktionen durch Logarithmieren linearisiert. Die Residuen der linearen Regression wurden mit dem Kolmogoroff-Smirnov-Test auf Normalverteilung geprüft und daraufhin als normalverteilt angenommen. Sodann wurden die für die linearisierten Funktionen ermittelten Abbaukonstanten k der verschiedenen Substrate paarweise mit dem t-Test auf signifikante Unterschiede ($\alpha = 0,1$ %) geprüft.

2.3 Ergebnisse

2.3.1 Masseverlust

Der Masseverlust von Kiefernnadeln in Bereichen mit Bodenvegetation ist nicht generell höher als in Bereichen ohne Bodenvegetation (Abb. 1). Durch den drastischen Anstieg der Abbaugeschwindigkeit in den Ki.o.V.-Litterbags vom 243. zum 285. Tag nach Exposition weisen die Ki.o.V.-Litterbags für den Rest der Versuchsdauer sogar höhere, z. T. auch signifikant höhere Masseverluste auf als die Ki.m.V.-Litterbags.

Die Beimischung von *Calamagrostis epigeios* zur Nadelstreu wirkt sich nur in den ersten vier Monaten förderlich auf den Abbau aus. Im weiteren Verlauf stagniert der Abbau der gemischten Streu so, dass es für die Kiefernstreu ohne Beimischung zu gleich großen oder größeren Masseverlusten kommt. Ähnliches gilt für den Vergleich zwischen den Cal-Litterbags einerseits und den Ki.o.V.- bzw. Ki.m.V.-Litterbags andererseits. Die Masseverluste der Cal- und Ki+Cal-Litterbags unterscheiden sich kaum.

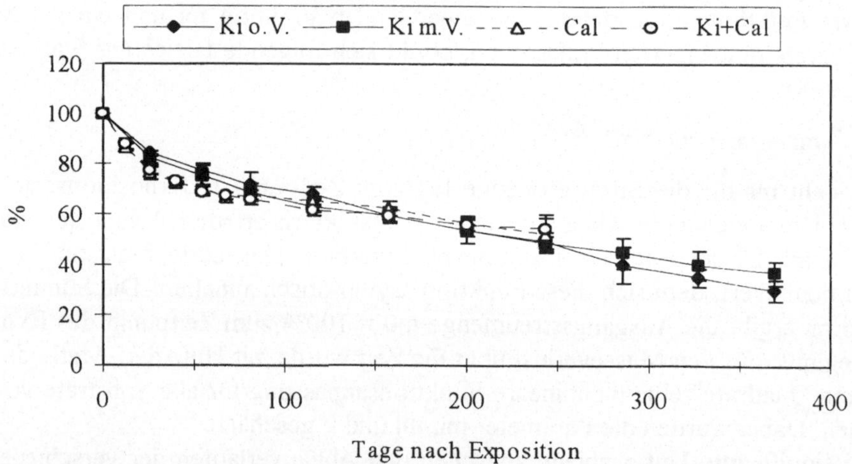

Abb. 1 Masseverlust in % der Ausgangsmasse [Ki.o.V. = Litterbags mit Kiefernnadelstreu in Bereichen ohne Bodenvegetation, Ki.m.V. = Litterbags mit Kiefernnadelstreu in Bereichen mit Bodenvegetation, Cal = Litterbags mit *Calamagrostis epigeios*, Ki+Cal = Litterbags mit Gemisch aus Kiefernnadelstreu und *Calamagrostis epigeios*].

Alle vier Streutypen zeigen eine erste Phase raschen Masseverlustes und eine zweite Phase langsameren Abbaus. Für die Cal- und Ki+Cal-Streu ist kurz vor Versuchsende vom 158. zum 201. Tag nochmals eine Beschleunigung des Abbaus feststellbar. Nach 243 Tagen wurde die Exposition der Cal- und Ki+Cal-Litterbags beendet. Zu diesem Zeitpunkt liegen in allen vier Litterbagtypen noch zwischen 49 % und 55 % des Ausgangsgewichtes vor (Abb. 1). Nach 369 Tagen Expositionsdauer befindet sich in den Ki.m.V.-Litterbags mit 37 % ein signifikant höherer Anteil (α = 1,0 %) des Anfangsgewichtes als in den Ki.o.V-Litterbags mit 30 %.

Als Ergebnis der Funktionsanpassung an das einfach-exponentielle Modell (Gl. 1) sind in Tabelle 1 die inerte Fraktion mi, die labile Fraktion ml und die Abbaukonstante k angegeben. Zum Verständnis muss erläutert werden, dass die errechneten Fraktionen ml und mi nicht die Aufteilung der Nadeln in zwei real vorhandene, verschieden leicht zersetzbare Fraktionen widerspiegeln. Vielmehr beschreiben die Fraktionen ml und mi den Abbauvorgang der Nadeln unter den gegebenen standörtlichen Bedingungen (vgl. auch 2.4).

Da die beste Funktionsanpassung mit der „Methode der kleinsten Quadrate" ohne die Nebenbedingung mi + ml = 100 erreicht wurde, ergeben sich für mi + ml Werte knapp unter 100. Bei höherer Stichprobenzahl (Terminanzahl) würde die Funktion die y-Achse vermutlich im Punkt 100 schneiden.

Tab. 1 Parameter des einfach-exponentiellen Modells des Streuabbaus (Gl. 1). Berechnung auf der Grundlage von 243 Tagen Exposition. Signifikante Unterschiede zwischen den Abbaukonstanten (t-Test, α = 0,1 %) sind durch kleine Buchstaben gekennzeichnet [Ki.o.V. = Litterbags mit Kiefernnadelstreu in Bereichen ohne Bodenvegetation, Ki.m.V. = Litterbags mit Kiefernnadelstreu in Bereichen mit Bodenvegetation, Cal = Litterbags mit *Calamagrostis epigeios*, Ki+Cal = Litterbags mit Gemisch aus Kiefernnadelstreu und *Calamagrostis epigeios*].

	Abbaukonstante k [Tag^{-1}]	Labile Fraktion ml [%]	Inerte Fraktion mi [%]	Halbwertzeit $\tau_{1/2}$=(ln2)/k [Tage]
Ki.o.V.	0,0076 ^{a}	55	42	91
Ki.m.V.	0,0107 ^{b}	50	47	65
Cal	0,0143 ^{c}	42	52	49
Ki+Cal	0,0192 ^{c}	43	55	36

Der Wert mi gibt den theoretischen Endwert der kurzfristigen Zersetzung an. Erfolgt die Funktionsanpassung auf der Grundlage von 243 Tagen Exposition, so liegt dieser Endwert für alle 4 Streutypen zwischen 42 und 55 % der ausgebrachten Streumenge. Dem kurzfristigen Abbau unterliegen zwischen 55 und 42 % der ursprünglichen Streumengen.

Der Parameter k charakterisiert den Abbauverlauf der labilen Fraktion des jeweiligen Substrates. Wie aus den in Tabelle 1 aufgeführten Parametern k ersichtlich wird, unterscheiden sich alle untersuchten Streutypen in ihren Abbauverläufen signifikant voneinander (Ausnahme: Cal im Vergleich zu Ki+Cal).

2.3.2 Veränderung der Nährstoffvorräte und Nährstofffreisetzungen

An dieser Stelle soll deutlich gemacht werden, dass der Begriff „Vorrat“ in dieser Untersuchung als die absolute Elementmenge [mg] in der jeweiligen Streumenge im Litterbag verstanden wird (vgl. 2.2). Die Vorratsveränderungen im Verlauf des Abbaus werden prozentual zum Ausgangsvorrat dargestellt. Weiterhin muss betont werden, dass es sich bei den im Litterbag-Versuch gemessenen Veränderungen der Elementvorräte um die Summe aus den eigentlichen Gehaltsveränderungen des Streumaterials, den Einträgen mit dem Bestandesniederschlag, den Ein- und Austrägen mit der Bodenlösung oder mit Organismen (z. B. Wurzeln höherer Pflanzen, Pilze) sowie den Inkorporationen und Freisetzungen von Nährstoffen durch die abbauenden Mikroorganismen handelt. Über die Anteile der o. g. gleichzeitig ablaufenden Einzelvorgänge an den gemessenen Netto-Vorratsveränderungen lässt sich keine Aussage treffen. Wenn im Folgenden von Akkumulation oder Freisetzung gesprochen wird, ist immer die Netto-Akkumulation bzw. -Freisetzung gemeint.

Betrachtet man die zeitliche Dynamik der Nährstoffvorräte (Abb. 2), fällt auf, dass zu Beginn des Abbauversuchs für keines der untersuchten Elemente - außer für Ca - nennenswerte Akkumulationen auftreten. Bezogen auf den Ausgangsvorrat werden die größten Nährstoffmengen jeweils von den Cal-Litterbags freigesetzt. Die aus *Calamagrostis epigeios* und Kiefernnadeln gemischte Streu zeigt - bezogen auf die Ausgangsvorräte - vereinzelt höhere Nährstoffverluste als die reinen Kiefernnadeln (Ausnahme: N) und durchgehend geringere Nährstoffverluste als die Cal-Streu. Die Ausbringung der reinen Kiefernnadeln in Bereichen mit Bodenvegetation hat im Vergleich zur Ausbringung in Bereichen ohne Bodenvegetation keinen durchgehend fördernden Einfluss auf die Nährstofffreisetzung. In der letzten Versuchsphase unterschreiten die Nährstoffverluste der Ki.m.V.-Streu sogar diejenigen der Ki.o.V.-Streu.

Der Verlauf der C-Vorräte zeigt erwartungsgemäß einen sehr ähnlichen Verlauf wie der Masseverlust (vgl. 2.3.1, Abb. 1) und erreicht auch ähnliche Endwerte.

Die größten N-Verluste sind in den ersten 24 Tagen zu finden: in den Ki.o.V.-, Ki.m.V.- und Cal-Litterbags gehen in dieser Zeit zwischen 30 und 40 % des N-Vorrats verloren. Lediglich die Mischung aus Ki+Cal setzt wesentlich weniger N frei. Auch für die restliche Expositionszeit sind die Unterschiede zwischen den N-Verlusten dieses Substrats und denjenigen aller drei anderen Substrate nahezu durchgehend signifikant. Nach dem 54. Tag treten nur noch geringfügige Veränderungen der N-Vorräte auf. Nach 243 Tagen sind aus allen Streutypen mit Ausnahme der Ki+Cal-Streu ca. 40 % des N-Vorrats abgebaut und nach 369 Tagen ca. 54 % des N-Vorrats der Ki.m.V.-Streu und ca. 64 % desjenigen der Ki.o.V.-Streu.

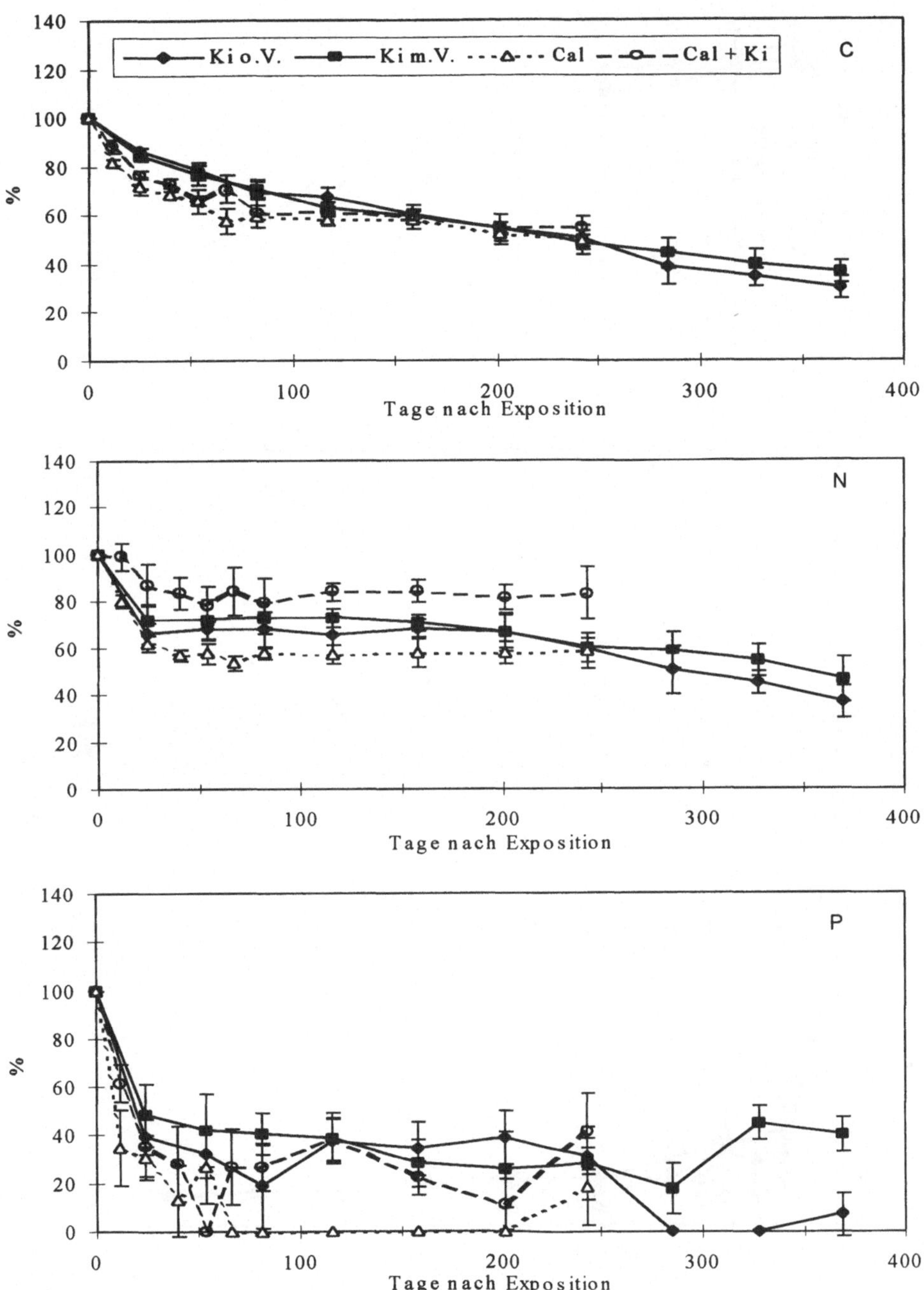

Abb. 2 a Veränderung der C-, N-, und P-Vorräte prozentual zum Ausgangsvorrat in den Litterbags [Abkürzungen s. Tab. 1].

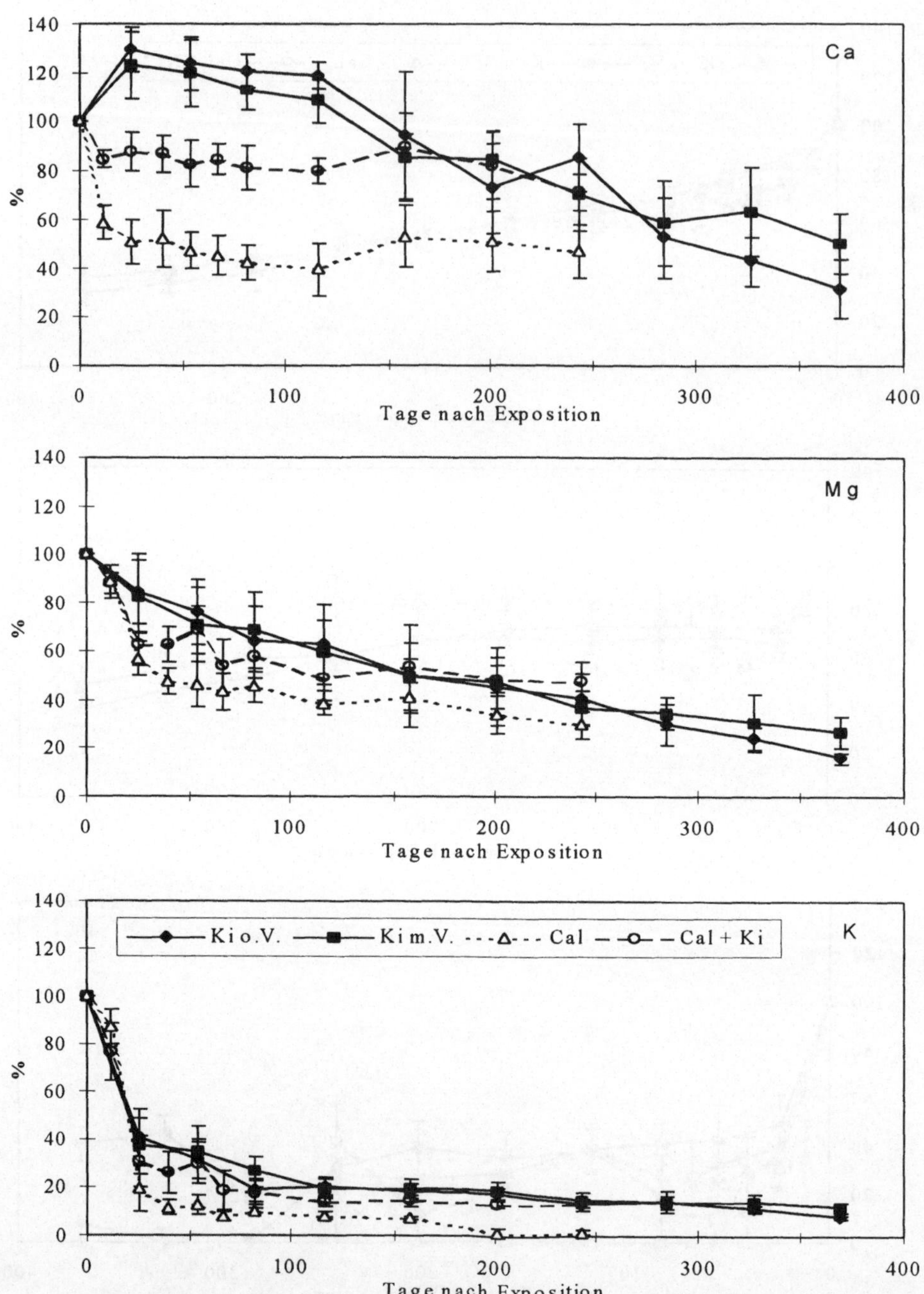

Abb. 2 b Veränderung der Ca-, Mg- und K-Vorräte prozentual zum Ausgangsvorrat in den Litterbags [Abkürzungen s. Tab. 1].

Die K-Freisetzung beläuft sich bereits in den ersten 24 Tagen auf Werte zwischen 60 und 80 %. Nach dem 116. Tag verändern sich die K-Vorräte nur noch wenig. Am 243. Tag liegt der K-Vorrat der Cal-Streu nur noch knapp über der Nachweisgrenze.

Bezüglich der Mg- und auch der Ca-Dynamik müssen die Ki-Streu einerseits und die Cal- und Ki+Cal-Streu andererseits getrennt betrachtet werden. Die Cal- und Ki+Cal-Streu zeigen in den ersten 24 Tagen sehr hohe Mg-Verluste (43 bzw. 37 %). Danach werden die Veränderungen der Vorräte geringer. Im Gegensatz dazu nimmt der Mg-Vorrat in den Ki.m.V.- und Ki.o.V.-Litterbags kontinuierlich und langsam ab, bis nach 369 Tagen nur noch 27 bzw. 16 % des ursprünglichen Vorrats vorhanden sind.

Ca ist das einzige der hier untersuchten Elemente, für das in der Ki.m.V.- und der Ki.o.V.-Streu sofort nach Versuchsbeginn auffällige Akkumulationen bis zu 124 bzw. 130 % der Ausgangsvorräte auftreten. Erst zwischen dem 116. und 158. Tag sind die Vorräte wieder auf ihr Ausgangsniveau zurückgefallen. Im Gegensatz zur Kiefernstreu ist für die Cal-Streu von Expositionsbeginn an eine Netto-Ca-Freisetzung zu beobachten. Die Ca-Dynamik der Ki+Cal-Streu spiegelt deren Stellung zwischen Ki- und Cal-Litterbags und somit zwischen Ca-Akkumulation und -Freisetzung wider. Es wird zwar Ca freigesetzt, jedoch signifikant weniger als aus der reinen Cal-Streu.

Aus den Veränderungen der P-Vorräte sind kaum Entwicklungstrends abzulesen, da Freisetzungs- und Akkumulationsphasen häufig wechseln. Erschwerend kommen die hohen Standardabweichungen hinzu, die sich aus der Lage der Einzelmesswerte knapp über der Nachweisgrenze ergeben. Jedoch lässt sich auch hier eine schnelle Abbauphase in den ersten 24 Tagen erkennen, in der 50 bis 70 % der P-Vorräte freigesetzt werden. Bereits nach 67 Tagen ist der P-Vorrat der Cal-Streu unter die Nachweisgrenze gesunken.

In Tabelle 2 sind die Nährstoffverhältnisse zu Beginn und 243 Tage nach Expositionsbeginn zusammengestellt. Für alle 4 Litterbagtypen ist eine Verengung der C/N- und C/Ca-Verhältnisse (Ausnahme: Cal) zu erkennen; der prozentuale Kohlenstoff- und somit Masseverlust ist demnach größer als der Verlust von N und Ca. Die C/Mg-, C/P- und C/K-Verhältnisse weiten sich dagegen sehr deutlich auf. Der prozentuale Kohlenstoff- und somit Masseverlust ist also geringer als der Verlust der genannten Nährstoffe.

Den oberirdischen Eintrag in die organische Auflage bestimmen der Streufall und die in TP 3 gemessene Kronentraufe. Im Vergleich (Tab. 3) wird deutlich, dass der Eintrag mit der Streu für die untersuchten Elemente von gleich großer (K, Mg) oder wesentlich größerer Bedeutung (Ca, N) ist als derjenige mit der Kronentraufe.

Tab. 2 Nährstoffverhältnisse [mg mg^{-1}] zu Beginn (19.09.1997) und 243 Tage nach Expositionsbeginn (20.05.1998). Die Einzelmesswerte der P-Konzentration von Ki.m.V und Cal liegen am 20.05.1998 z. T. unter der Nachweisgrenze, dadurch ergeben sich C/P-Verhältnisse über / am kritischen Wert 2000 [Abkürzungen s. Tab. 1].

	Ki.o.V. 19.09.97	Ki.o.V. 20.05.98	Ki.m.V. 19.09.97	Ki.m.V. 20.05.98	Cal 19.09.97	Cal 20.05.98	Ki+Cal 19.09.97	Ki+Cal 20.05.98
C/N	34	30	34	28	29	25	38	25
C/Ca	79	48	80	58	116	130	79	61
C/Mg	766	999	765	1.059	574	987	648	765
C/P	803	1.377	802	~2.000	598	>2.000	748	1.182
C/K	174	659	174	573	45	345	116	490

Tab. 3 Jährliche oberirische Elementeinträge in die organische Auflage in Domsdorf (DD) mit der Kronentraufe (* = Daten aus Gast et al., eingereicht) sowie mit der Nadelstreu und der Krautschicht [n.b. = nicht bestimmt; Zahlen in Klammern = Standardabw.; DD m.V. = Bereiche mit Bodenvegetation].

	C_t	N_t	P	K	Ca	Mg
			[g m^{-2}a^{-1}]			
Kronentraufe (KR)	n.b.*	1,5*	n.b.*	1,6*	1,1*	0,2*
DD m.V.(Nadelstreu)	193,7 (17,3)	4,7 (0,6)	0,2 (0,02)	0,7 (0,04)	2,3 (0,3)	0,3 (0,02)
DD m.V. (Krautschicht)	16,3 (3,2)	0,6 (0,2)	0,03 (0,01)	0,4 (0,2)	0,08 (0,02)	0,03 (0,01)
DD m.V. (Summe aus Krautschicht+Nadelstreu)	210,0	5,3	0,2	1,1	2,4	0,3
Oberird. Gesamteintrag in die org. Auflage aus KR, Nadelstreu und Krautschicht		6,8		2,7	3,5	0,5

Tab. 4 Jährliche Elementflüsse in 20 cm Mineralbodentiefe (* = Daten aus Gast et al., eingereicht; ermittelt über den Zeitraum 4/96 - 3/98) und jährliche Elementfreisetzung aus der jährlichen Nadelstreumenge in Domsdorf [n.b. = nicht bestimmt; Zahlen in Klammern = Standardabw; Abkürzungen s. Tab. 1].

	C_t	N_t	P	K	Ca	Mg
			[g m^{-2}a^{-1}]			
Ki.o.V. (Nadelstreu)	155,3 (10,0)	4,1 (0,4)	0,3 (0,02)	1,2 (0,01)	1,9 (0,3)	0,2 (0,01)
Ki.m.V. (Nadelstreu)	129,0 (9,3)	3,2 (0,6)	0,2 (0,02)	1,0 (0,03)	1,3 (0,3)	0,2 (0,02)
20 cm Mineralbodentiefe	n.b.*	2,5*	n.b.*	0,7*	19,0*	1,0*

Aus den Nährstoffverlusten in den Litterbags und dem in der ersten Projektphase ermittelten Nadelstreufall pro Jahr lässt sich die jährliche Nährstofffreisetzung aus der jährlichen Nadelstreumenge berechnen. In Tabelle 4 sind die entsprechenden

Werte zusammen mit den Nährstoffflüssen in 20 cm Mineralbodentiefe, die in TP 3 ermittelt wurden (Gast et al., eingereicht), zusammengestellt. Die beim Streuabbau freigesetzten K- und N-Mengen übertreffen die Mengen in der Bodenlösung in 20 cm Tiefe deutlich. Die in 20 cm Tiefe in der Bodenlösung gefundenen Ca- und Mg-Mengen belaufen sich dagegen auf ein Vielfaches der entsprechenden aus der Streu freigesetzten Nährstoffmengen.

Unter der Annahme, dass sich aus der Nährstofffracht in der jährlichen Streumenge (Tab. 3, DD m.V. (Nadelstreu)) die aktuelle Nährstoffaufnahmerate des Bestandes zum Aufbau eines neuen Nadeljahrgangs zumindest grob abschätzen lässt, kann errechnet werden, welcher Anteil der Aufnahme aus der jährlichen Nährstofffreisetzung aus der Streu (Tab. 4, Ki.m.V.) stammen könnte. Demnach könnte die N-Aufnahme zu 68 % aus der Nährstofffreisetzung gedeckt werden, die Mg-Aufnahme zu 67 % und die P-Aufnahme zu 100 %. Für Ca werden mögliche Aussagen erschwert durch die Ca-Akkumulation in älteren Nadeln vor dem Streufall, für K durch leaching-Vorgänge aus den noch lebenden und aus den bereits abgeworfenen Nadeln.

2.4 Diskussion

Eingangs muss erwähnt werden, dass die im Folgenden genannten Vergleichswerte aus der Literatur zumeist aus Untersuchungen auf gewachsenen Böden stammen. Die wenigen vorliegenden Arbeiten auf Kippsubstraten werden als solche herausgestellt.

2.4.1 Einfach-exponentielles Modell zum Masseverlust

Am Standort Domsdorf wurden die Parameter des einfach-exponentiellen Modells sowohl in der vorliegenden Untersuchung für den Abbau von Kiefernnadeln in Litterbags als auch in TP 6.1 für den Abbau in Minicontainern ermittelt. Bei einer Minicontainer-Maschenweite von 2 mm erreichen die inerte Fraktion mi und die labile Fraktion ml sehr ähnliche Zahlenwerte wie im hier beschriebenen Litterbagversuch (Ki.o.V. und Ki.m.V.; mi: 48 bzw. 42 und 47 %; ml: 53 bzw. 55 und 50 %). In beiden Untersuchungen liegen die Ergebnisse für ml unterhalb der von Bergmann (1998), Berg & Ekbohm (1991) sowie Berg et al. (1996) ermittelten Werte von 62 bis 100 %. Eine mögliche Ursache dafür könnte die relativ hohe N-Konzentration der Kiefernnadeln in der vorliegenden Untersuchung sein. Zum Verständnis dieses Zusammenhangs soll die Bedeutung der labilen und der inerten Fraktion erläutert werden. Die Streu besteht aus einer Vielzahl verschieden schwer zersetzbarer Stoffgruppen in der Bandbreite von sehr leicht abbaubar (z. B. Glucose) bis sehr schwer abbaubar (z. B. Lignin). Die Fraktionen ml und mi beschreiben nun den Abbauvorgang unter den gegebenen standörtlichen Bedingungen. Das bedeutet z. B.: bei hohen N-Gehalten der Streu werden von den Zersetzerorganismen nur die am besten abbaubaren Stoffgruppen der Nadel umgesetzt, während der Rest unberührt bleibt. Im Anschluss wird die nächste unzersetzte Nadel angegriffen. In diesem Fall umfasst ml nur einen relativ kleinen Ausschnitt der o. g. Stoffgruppenbandbreite und bleibt relativ klein. Bei niedrigen N-Gehalten der Streu sind die Zersetzer dagegen „gezwungen", einen größeren Anteil jeder Nadel abzubauen, um ihren eigenen N-Bedarf zu decken. ml umfasst dann einen größeren Ausschnitt der o. g. Bandbreite und wird relativ groß.

Unterschiede zwischen den verschiedenen Streutypen hinsichtlich der mit dem einfach-exponentiellen Modell ermittelten Parameter dürfen aufgrund der relativ geringen Stichproben-(Termin-)anzahl (vgl. 2.3.1) und der lediglich annäherungsweisen Schätzung der Parameter mit der „Methode der kleinsten Quadrate" (vgl. 2.2) nur mit großer Vorsicht interpretiert werden. Es scheint sich die Tendenz abzuzeichnen, dass die *Calamagrostis*-Streu den Anteil von mi gegenüber der reinen Nadelstreu erhöht bzw. denjenigen von ml verringert. Möglicherweise lässt sich diese Tendenz mit der besseren Nährstoffversorgung der Cal- und Ki+Cal-Streu begründen. Diese leicht erhöhten Anteile von mi in der Cal- und Ki+Cal-Streu legen die Vermutung nahe, dass in Domsdorf in den Bereichen mit *Calamagrostis*-Unterwuchs (DD m.V.) in kürzerer Zeit mehr totes, nicht abgebautes Material anfallen müsste als in den Bereichen ohne (DD o.V.). Auf den ersten Blick scheint die Ausprägung der organischen Auflage am Standort dieser Vermutung eher zu widersprechen. Allerdings könnte der im Gelände entstehende Eindruck durch folgenden Sachverhalt verfälscht sein: 1. bei *Calamagrostis epigeios* kann totes, allmählich absterbendes und noch lebendes Material nicht klar differenziert werden („standing dead"), 2. in DD m.V. sammelt sich totes organisches Material auch oberhalb der gut entwickelten Moosschicht an, während in DD o.V. die Nadelstreu eine kompakte Lage ohne trennende Moosdecke bildet.

Wenn auch die inerte Fraktion der Cal- und Ki+Cal-Streu gegenüber derjenigen der Nadelstreu leicht erhöht ist, so übertrifft doch die Abbaugeschwindigkeit der labilen Fraktion der Cal- und Ki+Cal-Streu - beschrieben durch die Abbaukonstante k - diejenige der reinen Nadelstreu. Eine der Ursachen könnte in den günstigeren C/P- und C/Mg-Verhältnisse und für die Cal-Streu auch im günstigeren C/N-Verhältnis der Ausgangsstreu liegen. Dass die Ki+Cal-Streu bei einem Mischungsverhältnis von 5:1 eine ähnlich hohe Abbaugeschwindigkeit zeigt wie die Cal-Streu, könnte eventuell darin begründet sein, dass die Attraktivität der Ki-Streu für die Zersetzer durch die Beimischung von *Calamagrostis* erhöht sein könnte. Möglicherweise greifen die Zersetzer dadurch die benachbarten Kiefernnadeln schneller an („Startereffekt") als in den reinen Kiefernlitterbags. Da die Nährstoffversorgung der Ki.m.V.- und der Ki.o.V.-Ausgangsstreu identisch ist, dürften in diesem Fall die standörtlichen Unterschiede die verschiedenen Abbaukonstanten verursachen.

2.4.2 Gemessene Masseverluste und Nährstofffreisetzungen

Zahlreiche Autoren finden für den Masseverlust von Kiefernnadeln in Litterbags auf gewachsenen Böden ähnliche Kurvenverläufe mit einer raschen ersten Abbauphase und einer langsameren zweiten Phase wie in der vorliegenden Untersuchung (Bergmann 1998; Hasegawa & Takeda 1996; Yavitt & Fahey 1986). Nach Heal et al. (1997) werden in der ersten Phase die löslichen Bestandteile (inkl. Proteine und Nukleinsäuren) sowie nicht lignifizierte Cellulose und Hemicellulose abgebaut. In der zweiten Phase liegen dann fast nur noch sehr schwer abbaubare Fraktionen wie lignifizierte Kohlenhydrate, Lignin und polyphenolische Bestandteile vor. Die erste Abbauphase wird laut Berg & Staaf (1980) durch die Nährstoffsituation kontrolliert, die zweite dagegen durch die Ligninkonzentration. Unter vergleichbaren klimatischen Bedingungen wird in Arbeiten aus Norddeutschland von geringeren Masseverlusten für Kiefernnadeln als den hier gefundenen Werten von 70 bzw. 63 % berichtet (Bergmann 1998: 50 - 60 % in 365 Tagen; Hertel 1995: 25 % in 246 Tagen). Auch unter anderen Standortbedingungen wurden durchweg geringere Masseverluste gefunden (Berg et al. 1982; Yavitt & Fahey 1986; Lawrey 1977 (auf begrüntem Kippsubstrat)). Eine Ursache für die hohen Masseverluste der Kiefernnadeln in der vorliegenden Untersuchung ist sicherlich der milde Winter 1997/1998 ohne langanhaltende Frostperioden. Ein weiterer Grund für die hohen Masseverluste könnte auch in den hohen N-Gehalten von 1,5 % und den daraus resultierenden günstigen C/N-Verhältnissen in der Nadelstreu (34) gesehen werden (vgl. dagegen Bergmann 1998: N = 0,58 - 0,64 %; C/N = 78 - 88; Hertel 1995: N = 0,57 %; C/N = 93). Im TP 6.1 wird für Domsdorf eine gute Übereinstimmung zwischen den Abbauraten der Nadeln in den Minicontainern einerseits und den hier gefundenen Abbauraten der Nadeln in den Litterbags andererseits beschrieben. Diese Übereinstimmung macht einen eventuell methodisch bedingten Messfehler im Litterbagtest unwahrscheinlich und unterstützt die Annahme, dass die hohen Masseverluste in Domsdorf u. a. durch die Streuqualität und die klimatischen Standortsfaktoren bedingt sind.

Das Abbauverhalten von Arten aus der Krautschicht wurde bisher selten untersucht. Verglichen zu den hier gefundenen 52 % Masseverlust für *Calamagrostis epigeios* in 243 Tagen berichtet Bergmann (1998) von 38 % Masseverlust in 250 Tagen unter vergleichbaren klimatischen Bedingungen an einem Standort, der durch *Calamagrostis epigeios* und *Rubus spec.* dominiert wird. Demnach ist der in Domsdorf gefundene Abbau der Krautschicht ebenfalls als hoch einzustufen. Unter anderen Standortbedingungen in den USA fanden Wieder et al. (1983) auf rekultivierten Bergbaustandorten für *Festuca elatior* 70 % Masseverlust in 225 Tagen und Noyd et al. (1997) 60 - 70 % Masseverlust für Präriegräser in 15 Monaten.

Wie in Kapitel 2.3 ausgeführt, hatte die Ausbringung der Ki-Litterbags in Bereichen mit Bodenvegetation keinen durchgehend fördernden Einfluss auf Masseverlust und Nährstofffreisetzung. Hierzu werden mehrere mögliche Ursachen vermutet: Die wahrscheinlich stärkere Erwärmung der organischen Auflage in den Bereichen ohne Krautschicht bei einer Bodenfeuchte, die vergleichbar ist mit derjenigen in den Bereichen mit Krautschicht (Düker, mündliche Mitteilung), könnte eine positive Wirkung auf die Abbauprozesse haben. Möglicherweise ist die Zersetzerpopulation in den Bereichen ohne Krautschicht so gut an die Standortsbedingungen angepasst (vgl. TP 6.1, dieser Band), dass gleich hohe Masseverluste wie in den vermeintlich abbaubegünstigten Bereichen mit Krautschicht erreicht werden. Außerdem werden in den Litterbags aus den Bereichen mit Bodenvegetation möglicherweise Nährstoffe erfasst, die aus nicht entfernten Endomykorrhizen der Krautschicht stammen und somit eine geringere Nährstofffreisetzung suggerieren.

Es ist denkbar, dass v. a. der drastische Anstieg der Masse- und Nährstoffverluste in den Ki.o.V.-Litterbags vom 20.05.1998 zum 01.07.1998 durch die oben vermutete höhere Erwärmung gegenüber den Flächen mit Krautschicht bei vergleichbarer Bodenfeuchte verursacht wurde.

Die Beimischung von *Calamagrostis epigeios* zur Kiefernstreu ist offensichtlich nur in der ersten Phase für Masseverlust und Nährstofffreisetzung von Bedeutung. Der leichter abbaubare Anteil der gemischten Streu wird in den ersten vier Monaten beschleunigt abgebaut (vgl. oben „Startereffekt"). Anschließend hat sich die Streuqualität und damit die Abbaubarkeit der Ki+Cal-Streu offenbar der reinen Kiefernstreu stark angenähert. Melillo et al. (1989, zitiert in Aber et al. 1990) beschreiben diesen Prozess als „concept of decay filter": Demnach wird im Abbauverlauf die ursprünglich große Spannbreite verschiedener Streuqualitäten in chemisch relativ einheitliches organisches Material umgewandelt. Diese Vorstellung wird auch gestützt von der Beobachtung, dass in den ersten Monaten des Abbaus zahlreiche signifikante Unterschiede zwischen den Nährstoffverlusten der verschiedenen Streutypen auftreten, sich nach dem Anschub der Zersetzungsprozesse die Nährstoffverluste der verschiedenen Litterbagtypen jedoch aneinander angleichen. Die Tatsache, dass die Ki+Cal-Litterbags während der gesamten Versuchsdauer weniger N als alle anderen Litterbagtypen freisetzen, ist möglicherweise auf das relativ weite C/N-Verhältnis in der Ausgangsstreu zurückzuführen (38 im Gegensatz zu 34 bzw. 29).

Die Aktivität der Zersetzerorganismen in Domsdorf ist offensichtlich nicht stickstofflimitiert, da vom ersten Beprobungstermin an für alle Streumaterialien (vgl. Keplin 1999 zur Wurzelstreu) Netto-N-Freisetzungen zu beobachten sind. Damit unterscheidet sich Domsdorf von vielen anderen Kiefernforsten auf natürlich gelagerten, nährstoffarmen Sanden, in denen meist in der ersten Zersetzungsphase deutliche Netto-N-Akkumulationen bis zu 200 % der Ausgangsmenge auftreten (Bergmann 1998; Yavitt & Fahey 1986; Berg & Cortina 1995; Hasegawa & Takeda 1996). Domsdorf kann demnach nicht als N-armes System bezeichnet werden. Das bestätigen auch die N-Gehalte in den lebenden Nadeln von 2,2 bis 2,6 %

(Schneider, mündliche Mitteilung) und die relativ günstigen C/N-Verhältnisse in der Ausgangsstreu. Letztere liegen unter den in der Literatur genannten kritischen Werten von 80 - 125 (Berg & Staaf 1980). Erst bei Überschreitung dieses Grenzwertes kann mit einer N-Festlegung gerechnet werden. Laskowski et al. (1995) berichten, dass bei einem N/C-Verhältnis von 0,03 bis 0,06 N freigesetzt wird. Die entsprechenden Werte der vorliegenden Untersuchung liegen zwischen 0,03 und 0,04. Die C/P-Verhältnisse befinden sich zu Beginn des Abbaus noch unter dem kritischen Wert von 2.000 (Berg & Staaf 1980), im Verlauf des Abbaus sinken jedoch die P-Konzentrationen einzelner Litterbags unter die Nachweisgrenze. Für die Ki.m.V.- und Cal-Litterbags liegt das C/P-Verhältnis am 20.05.1998 dadurch am bzw. über dem kritischen Wert. Das deutet auf eine P-Limitierung des Systems hin. Die in der Literatur (Berg & Cortina 1995; Hasegawa & Takeda 1996) beschriebene P-Akkumulation durch die Zersetzer auf Werte > 100 % des Ausgangsvorrats in P-armen Systemen tritt in Domsdorf nicht auf. Eine Ursache dafür könnte darin liegen, dass möglicherweise auch der eingetragene Bestandesniederschlag und die umgebende Bodenlösung keine ausreichenden Phosphormengen für die Zersetzer liefern (vgl. Rode 1995: 0,3 g P $ha^{-1}a^{-1}$ im Bestandesniederschlag eines Kiefernökosystems unter vergleichbaren klimatischen Bedingungen).

Als einziges Element wird Ca in den ersten Monaten in der Nadelstreu akkumuliert. Diesen Vorgang beschreiben auch Yavitt & Fahey (1986) und Cornelius et al. (1998); er wird erklärt mit der Einlagerung von Ca in Pilzhyphen zum Zweck der Osmoregulation. Eine derartige Ca-Bindung in Form von Ca-Oxalat ist sowohl für verschiedene saprophytische Pilze (Cromack et al. 1975) als auch für den Ektomykorrhizapilz *Paxillus involutus* (Lapeyrie et al. 1987) nachgewiesen, der laut Münzenberger (mündliche Mitteilung) häufig in Domsdorf vorkommt. Das eingelagerte Ca könnte aus der Ca-reichen Bodenlösung (vgl. TP 3, dieser Band) stammen. Da in der Cal-Streu keine Netto-Ca-Akkumulation zu beobachten ist, liegt die Vermutung nahe, dass die Cal-Streu von anderen - nicht Ca-bindenden - Pilzen besiedelt wird als die Ki-Streu. Für viele saprophytische Pilze ist eine solche Substratspezialisierung bekannt (Weber 1993). *Paxillus involutus* ist Mykorrhizapartner der Kiefer und wächst daher möglicherweise häufiger in die Kiefern- als in die *Calamagrostis*streu ein.

Der zeitliche Verlauf der Nährstofffreisetzungen mit einer ersten Phase hoher Freisetzung und einer zweiten Phase nur noch geringer Veränderungen entspricht - bis auf die fehlende Akkumulation von N und P - vielen in der Literatur beschriebenen Freisetzungsverläufen. Dabei spielt in der ersten Phase besonders für K und Mg das Leaching gegenüber dem eigentlichen Abbau die größere Rolle (Berg & Cortina 1995; Hasegawa & Takeda 1996).

Die freigesetzten Nährstoffmengen aus der jährlichen Streumenge übertreffen die in der Literatur angegebenen Werte um ein Vielfaches (Bergmann 1998: 1 bzw. 2 g N-Freisetzung $m^{-2}a^{-1}$ im 42- bzw. 65-jährigen Kiefernforst in Nordostdeutschland) oder sogar um eine Größenordnung (Hertel 1995; Berg & Laskowski 1997). Gründe dafür sind u. a. in den bereits diskutierten hohen Masseverlusten, den günstigen klimatischen Bedingungen und den günstigen Nährstoffverhältnissen in der Ausgangsstreu zu suchen.

Vergleicht man die Nährstofffreisetzungen aus der organischen Substanz mit den in 20 cm Tiefe in der Bodenlösung von TP 3 gemessenen Nährstoffflüssen, wird deutlich, dass für Ca und Mg die Freisetzung aus dem oberirdisch eingetragenen, rezenten organischen Material derjenigen aus anderen Phasen - wie der mineralischen und / oder geogen organischen - klar untergeordnet ist. Die K- und N-Flüsse werden dagegen durch die Freisetzung aus der Streu dominiert. In dem zwischen beiden Messebenen liegenden Bodenkompartiment kommt es durch Vorratsveränderungen und / oder pflanzliche Aufnahme bereits zu einer Netto-Reduktion der K- und N-Flüsse.

Die bei der Zersetzung des Kiefernstreumaterials freiwerdenden Nährstoffmengen könnten nach der in Kapitel 2.3 erläuterten Abschätzung über 65 % der N- und Mg-Menge und sogar 100 % der P-Menge, die zum Aufbau eines neuen Nadeljahrgangs benötigt werden, decken. Da Ca in älteren Nadeln akkumuliert und K durch Leaching-Vorgänge aus den lebenden und den bereits abgeworfenen Nadeln ausgewaschen wird, sind die entsprechenden Werte von 52 bzw. 142 % eher als Unter- bzw. Überschätzung zu werten. Die o. g. 100-prozentige Übereinstimmung zwischen erforderlicher P-Aufnahme und P-Freisetzung aus der Streu bedeutet keinesfalls, dass ausreichend P im System vorhanden wäre, sondern lediglich, dass die in den abgeworfenen Nadeln gefundenen P-Mengen bei der Streuzersetzung wieder freigesetzt werden. Dabei ist zu bedenken, dass die Blattspiegelwerte für P (Schneider, mündliche Mitteilung) unter den Bergmann´schen Grenzwerten (1986) ausreichender Versorgung liegen. Die restlichen zum Aufbau einer neuen Nadelgeneration benötigten Nährstoffmengen könnten aus der Mobilisierung der vor dem vorangegangenen Streufall im Baum gespeicherten Nährstoffe sowie aus der Freisetzung aus anderen Phasen (vgl. o.) und der anschließenden Aufnahme stammen. Die Annahme einer zusätzlichen Nährstoffaufnahme aus tieferen Bodenhorizonten wird gestützt durch die Tatsache, dass die im TP 3 gemessenen N_{inorg}- und K-Flüsse (Gast et al., eingereicht) ab 20 cm Bodentiefe kontinuierlich abnehmen. Sicherlich werden auch Ca und Mg aus tieferen Bodenhorizonten aufgenommen; aufgrund der gegenüber der potenziellen Aufnahmerate um eine Größenordnung erhöhten Ca- und Mg-Flüsse im Mineralboden bewirkt diese Nährstoffaufnahme jedoch keine Reduktion der entsprechenden Flüsse mit zunehmender Bodentiefe.

Die Ergebnisse aus den Projektphasen I (vgl. 2.1) und II deuten an, dass - wie auf gewachsenen Böden - auch in Kiefernökosystemen auf Kippsubstraten bestandesinterne Umsätze bestehend aus Streufall, Abbau des Streumaterials und Pflanzenaufnahme eine wichtige Rolle für die Nährstoffversorgung des Bestandes spielen. Wie oben beschrieben ist die Bedeutung dieses internen Umsatzes für die verschiedenen Nährstoffe unterschiedlich groß. Nach der Initialwirkung von Melioration und Düngung, die zur Begründung eines Forstbestandes auf Kippsubstraten notwendig sind, stellt die Entwicklung solcher internen Umsätze vermutlich eine adäquate Strategie für den Bestand dar, sein Wachstum relativ unabhängig von den extremen Bedingungen im Kippsubstrat unterhalb des Meliorationshorizontes (in Domsdorf unterhalb von 30 cm Bodentiefe) zu sichern.

2.5 Zusammenarbeit

Der Litterbag-Versuch wurde in enger Zusammenarbeit mit TP 6.1 „Mesofauna" (vgl. TP 6.1, dieser Band) durchgeführt. Zur Einordnung der hier gefundenen Daten in den Gesamt-Stoffhaushalt des Kiefernökosystems wurde mit TP 3 „Wasser- und Stoffhaushalt Kiefer" kooperiert (vgl. Zusammenschau „Wasser- und Stoffhaushalt", dieser Band).

2.6 Danksagung

Die Autoren danken Herrn Dr. Michael Rohde (Universität Hannover) für die kritische Durchsicht des Manuskripts und die konstruktiven Hinweise und Anregungen sowie der Deutschen Forschungsgemeinschaft für die Finanzierung der Untersuchungen im Rahmen des BTUC Innovationskollegs „Ökologisches Entwicklungspotential der Bergbaufolgelandschaften im Lausitzer Braunkohlerevier" (Förderkennzeichen INK 4/A1 und INK 4/B1-1).

3 Literatur

3.1 Eigene Publikationen

Dageförde, A., Keplin, B. und Hüttl, R. F., 1997: Streufall und -abbau durch Bodenorganismen in einem 30-Jahre alten Kiefernforst auf Kippsubstrat. Mitteilungen der Deutschen Bodenkundlichen Gesellschaft, 83, 137-140.

Dageförde, A., Düker, C., Keplin, B., Kielhorn, K.-H., Wagner, A. und Wulf, M., 2000: Eintrag und Abbau organischer Substanz auf forstlich rekultivierten Kippsubstraten und Reaktion der Bodenfauna (Carabidae und Enchytraeidae). In: Broll, G., Dunger, W., Keplin, B. und Topp, W. (Hrsg.): Rekultivierung in Bergbaufolgelandschaften. Bodenorganismen, bodenökologische Prozesse und Standortentwicklung. Springer-Verlag, Berlin, 101-130.

Keplin, B., Dageförde, A. und Düker, C., 1999: Untersuchungen zum Abbau von organischer Substanz und zur Bodenbiozönose auf forstlich rekultivierten Kippstandorten. In: Hüttl, R. F., Klem, D. und Weber, E. (Hrsg.): Rekultivierung von Bergbaufolgelandschaften. Das Beispiel des Lausitzer Braunkohlereviers. Walter de Gruyter, Berlin, New York, 73-87.

3.2 Zitierte Literatur

Aber, J. D., Melillo, J. M., und Mc Claugherty, C. A., 1990: Predicting long-term patterns of mass loss, nitrogen dynamics and soil organic matter formation from initial fine litter chemistry in temperate forest ecosystems. Can. J. Bot., 68, 2201-2208.

Berg, B. und Staaf, H., 1980: Decomposition rate and chemical changes of Scots pine needle litter. II. Influence of chemical composition. Ecol. Bull., 32, 373-390.

Berg, B., Hannus, K., Popoff, T. und Theander, O., 1982: Changes in organic chemical components of needle litter during decomposition. Long-term decomposition in a Scots pine forest. Can. J. Bot., 60, 1310-1319.

Berg, B. und Ekbohm, G., 1991: Litter mass-loss rates and decomposition patterns in some needle and leaf litter types. Long-term decomposition in a Scots pine forest. VII. Can. J. Bot., 69, 1449-1456.

Berg, B. und Cortina, J., 1995: Nutrient dynamics in some decomposing leaf and needle litter types in a Pinus sylvestris forest. Scand. J. For. Res., 10, 1-11.

Berg, B., Ekbohm, G., Johansson, M.-B., Mc Claugherty, C., Rutigliano, F. und Virzo de Santo, A., 1996: Maximum decomposition limits of forest litter types: a synthesis. Can. J. Bot., 74, 659-672.

Berg, B. und Laskowski, R., 1997: Changes in nutrient concentrations and nutrient release in decomposing needle litter in monocultural systems of Pinus contorta and Pinus sylvestris - a comparison and synthesis. Scand. J. For. Res., 12, 113-121.

Bergmann, W., 1986: Ernährungsstörungen bei Kulturpflanzen. 2. Aufl., VEB Verlag Gustav Fischer, Jena, S. 33.

Bergmann, C., 1998: Stickstoff-Umsätze in der Humusauflage unterschiedlich immissionsbelasteter Kiefernbestände (Pinus sylvestris L.) im nordostdeutschen Tiefland. Cottbuser Schriften zu Bodenschutz und Rekultivierung, 1, 128 S.

Cornelius, R., Faensen-Thiebes, A., Marschner, B. und Weigmann, G., 1998: „Ballungsraumnahe Waldökosysteme“ Berlin: Ergebnisse aus dem Forschungsvorhaben. In: Fränzle, O., Müller, F. und Schröder W., (Hrsg.): Handbuch der Umweltwissenschaften. Ecomed, Landsberg am Lech. V4-9, 1-36.

Cromack, C. Jr., Todd R. L. und Monk, C. D., 1975: Patterns of basidiomycete nutrient accumulation in conifer and deciduous forest litter. Soil Biol. Biochem., 7, 265-268.

Gast, M, Schaaf, W., Wilden, R., Scherzer, J. und Hüttl, R. F.: Water and element budgets of pine stands on lignite and pyrite containing mine soils. Journal of Geochemical Exploration, (eingereicht).

Hasegawa, M. und Takeda, H., 1996: Carbon and nutrient dynamics in decomposing pine needle litter in relation to fungal and faunal abundances. Pedobiologia, 40, 171-184.

Heal, O. W., Anderson, J. M. und Swift, M. J., 1997: Plant litter quality and decomposition: an historical overview. In: Cadisch, G. und Giller, K. E., (Hrsg.): Driven by nature. Plant litter quality and decomposition. CAB International, Wallingford.

Hertel, D., 1995: Streuabbau in verschiedenen Stadien der Heide-Waldsukzession. Diplomarbeit am Systematisch-Geobotanischen Institut der Universität Göttingen.

Keplin, B., 1999: Abbau und Mikroarthropoden-Besiedlung von Kiefern-Wurzelstreu (Pinus nigra und Pinus sylvestris) im Minicontainer-Test auf rekultivierten Forststandorten. Braunschw. naturkdl. Schr. 5(4), 913-924.

Lapeyrie, F., Chilvers G. A. und Bhem, C. A., 1987: Oxalic acid synthesis by the mycorrhizal fungus Paxillus involutus (Batsch. Ex.Fr.) Fr. New Phytologist, 106, 139-146.

Laskowski, R., Niklinska, M. und Maryanski, M., 1995: The dynamics of chemical elements in forest litter. Ecology, 76, 1393-1406.

Lawrey, J. D., 1977: The relative decomposition potential of habitats variously affected by surface coal mining. Can. J. Bot., 55, 1544-1552.

Noyd, R. K., Pfleger, F. L., Norland, M. R. und Hall, D. L., 1997: Native plant productivity and litter decomposition of taconite iron ore tailing. J. Environm. Qual., 26, 682-687.

Olson, J. S., 1963: Energy storage and the balance of producers and decomposers in ecological systems. Ecology, 44, 322-331.

Rode, M. W., 1995: Aboveground nutrient cycling and forest development on poor sandy soils. Plant and Soil, 168-169, 337-343.

Weber, H. (Hrsg.), 1993: Allgemeine Mykologie. Gustav Fischer Verlag, Jena, Stuttgart, 541 S.

Wieder, R. K. und Lang, G. E., 1982: A critique of the analytical methods used in examining decomposition data obtained from litter bags. Ecology, 63, 1636-1642.

Wieder, R. K., Carrel, J. E., Rapp, J. K. und Kucera, C. L., 1983: Decomposition of tall fescue (Festuca elatior var. arundinacea) and cellulose litter on surface mines and a tallgrass prairie in central Missouri, USA. J. Appl. Ecol., 20, 303-321.

Yavitt, J. B. und Fahey, T. J., 1986: Litter decay and leaching from the forest floor in Pinus contorta (Lodgepole pine) ecosystems. J. Ecol., 74, 525-545.

Nutzung von Standortuntersuchungen zur verbesserten Quantifizierung des regionalen Wasserhaushalts der Lausitz (Teilprojekt 9)

Detlef Biemelt, Marco Schreiter, Sigrun Tahl & Uwe Grünewald

1 Zusammenfassung

Für Prognosen der Wiederherstellung des durch den Braunkohletagebau stark beeinflussten Wasserhaushalts der Lausitzer Region sind u. a. Aussagen über die Grundwasserneubildung in hoher räumlicher und zeitlicher Auflösung notwendig. Neben rekultivierten Flächen bleiben auch große, sich selbst überlassene, Kippenareale ohne wesentliche Vegetation erhalten, deren Beitrag zur Grundwasserneubildung weitgehend unbekannt ist. Die vorgestellten Untersuchungen wurden in einem solchen Bereich der Tagebaukippe Schlabendorf-Nord durchgeführt. Die mehrjährigen kontinuierlichen Geländemessungen führten zur schrittweisen Prozesserkennung.

Die modellhafte Abbildung der relevanten Prozesse zur Bestimmung der Grundwasserneubildung erfolgte durch Kopplung von Modellansätzen zur Berechnung der Infiltration, Tiefensickerung und Evapotranspiration.

Die Aufteilung des Einzugsgebietes einer abflusslosen Mulde in unbewachsene und bewachsene Kuppen sowie Erosionsrinnen erwies sich aufgrund charakteristisch unterschiedlicher bodenphysikalischer Eigenschaften als sinnvoll. Durch die Kombination von Methoden der Fernerkundung, Feldexperimenten und Laboruntersuchungen erfolgte eine flächenhafte Identifikation der oben genannten Geländestrukturen und deren Eigenschaften. Die Geländemessungen (Tensionsverläufe, Sickerwassermengen, Wasserstände) zeigen, dass die Mulden und Erosionsrinnen zu bevorzugten Versickerungsflächen werden.

Durch die z. T. stark wasserabweisenden Eigenschaften der verkippten Sande entsteht bereits bei relativ geringen Niederschlagsintensitäten Oberflächenabfluss. Dabei hängt der Grad der Hydrophobie vom Feuchtezustand des Substrates ab. Das gegenwärtige Modellkonzept ohne Berücksichtigung der realen räumlichen Bezüge der relevanten Geländestrukturen ist für die prozessnahe Beschreibung der Grundwasserneubildung nur bedingt geeignet. Als Konsequenz aus den gewonnenen Erkenntnissen wurde ein flächendifferenziertes Niederschlag-Abfluss-Modell weiterentwickelt.

2 Arbeits- und Ergebnisbericht

2.1 Ziele

Das Hauptziel des Projektes war, die in verschiedenen Teilprojekten des Innovationskollegs gewonnenen Standortaussagen zu den Elementen des Wasserhaushaltes zu nutzen, um anhand des Fallbeispieles Tagebau Schlabendorf-Nord diese Elemente für die Lausitz besser quantifizieren zu können. Von besonderem Interesse waren dabei die Elemente Grundwasserneubildung (GWNB) und Gewässerverdunstung, da sie bei der Rehabilitation des Wasserhaushaltes eine wichtige Rolle spielen.

In den Teilprojekten 3 und 4 wurde die GWNB unter Kiefern- bzw. Roteichenbeständen bestimmt. Da aber auch Offenlandstandorte, die nach der Beendigung des Bergbaus sich selbst überlassen wurden, einen erheblichen Anteil der Bergbaufolgelandschaft einnehmen, war die räumlich und zeitlich detaillierte Bestimmung der GWNB auf solchen Flächen ein Ziel des Teilprojektes 9. Besonderes Augenmerk sollte auf die Einbeziehung des weit verbreitet auftretenden Oberflächenabflusses gelegt werden, der sich schon in der ersten Phase des Projektes als wichtige Komponente bei der Quantifizierung des Wasserhaushaltes gezeigt hatte.

Weiterhin war die Bestimmung der Verdunstung von freien Wasserflächen zur Abschätzung der Verdunstungverluste durch die vielen entstehenden Tagebaurestseen ein Teilziel (Ergebnisse dazu in Grünewald et al. 1999).

2.2 Methodik

2.2.1 Feldmessungen

Das ausgewählte Testgebiet auf der Kippe des ehemaligen Tagebaus Schlabendorf-Nord umfasst das Einzugsgebiet einer abflusslosen Mulde und hat eine Größe von ca. 130.000 m^2. Durch Wind- und Wassererosion bildeten sich auf den unbewachsenen Flächen verschiedene topographische Geländestrukturen mit unterschiedlichen hydrologischen Eigenschaften aus. Es werden bewachsene und unbewachsene Kuppen, Erosionsrinnen und Mulden unterschieden.

Seit 1995 wurden die Klimaelemente, die für die Berechnung der Gras-Referenzverdunstung (nach Allen et al. 1994 und Wendling 1995) benötigt werden, sowie die Niederschlagsintensität gemessen. Um den unterirdischen Wasserhaushalt zu beschreiben, wurden Tensiometer in verschiedenen Tiefen unter den einzelnen Geländestrukturen installiert (Grünewald et al. 1999). Die Sickerraten unter einer unbewachsenen Kuppe und unter einer Erosionsrinne wurden seit Mitte 1997 mit tensionsgesteuerten Kleinlysimetern gemessen. Das Volumen des in die Mulde abgeflossenen Wassers wurde über die Messungen des Wasserstandes in der Mulde mit einer Drucksonde und über die aus dem Geländemodell abgeleitete Volumen-Wasserstandsbeziehung ermittelt. Um die Evaporation von der Wasseroberfläche bestimmen zu können, wurde auch die Wassertemperatur an der Oberfläche aufgezeichnet.

Zur Bestimmung der erforderlichen Parameter eines physikalisch basierten Modellansatzes für das Abflussverhalten im Muldeneinzugsgebiet (beschrieben im Abschnitt 3.3.4) wurde ein Rinnenexperiment durchgeführt. Für das Experiment wurde ein 11 m langer und durchschnittlich 0,5 m breiter Rinnenabschnitt mit 5 % Gefälle ausgewählt, an welchem der durch einen punktuell zugeführten Wasserfluss erzeugte oberirdische Abfluss gemessen wurde. Außerdem erfolgte eine Messung der Bodenfeuchteänderung im Substrat unter der Rinne mit TDR-Sonden an drei Profilen (A: 2,5 m vom Einleitpunkt entfernt; B: 5 m; C: 7,5 m) in den Tiefen 10, 20 und 30 cm.

Die hydraulischen Eigenschaften des Rinnensubstrates wurden mittels Tensionsinfiltrometer bei den Profilen B und C sowie im Labor an bei Profil B genommenen Stechzylinderproben bestimmt. Die Simulation des Rinnenexperimentes erfolgte letztlich durch Variation der hydraulischen Leitfähigkeit und des Rauhigkeitskoeffizienten, wobei vorerst Homogenität des Rinnensubstrates angenommen wurde.

2.2.2 Nutzung von Fernerkundungsdaten

Zur Ermittlung der räumlichen Verteilung sowie des flächenhaften Anteils der verschiedenen Geländestrukturen wurden Fernerkundungsdaten genutzt. Luftbilder, aufgenommen bei einer Befliegung im August 1997, wurden zur Ableitung eines räumlich hoch aufgelösten digitalen Geländemodells (DGM) herangezogen. Mit Hilfe des Geographischen Informationssystems ARC/INFO konnte die Verteilung der Rinnen, Kuppen und Mulden ermittelt werden. Der Anteil von vegetationsbedeckten Kuppen wurde aus Multispektralbildern des DAEDALUS-Scanners über die Berechnung des Normalised Difference Vegetation Index (NDVI) bestimmt.

2.2.3 Labormessungen

Um die gemessenen Tensionsverläufe mit modellierten Wassergehalten vergleichen und somit das entwickelte Modell MKI (Mehrschichten-Modell für Kippenstandorte) validieren zu können, wurden mit dem Druckplattenextraktorverfahren pF-Kurven (Desorption) im Labor im Bereich pF = 0 bis pF = 4,2 ermittelt und nach dem Ansatz von van Genuchten (1980) parameterisiert. Geländemessungen des Bodenwassergehaltes erfolgten nur auf einer vegetationsbedeckten Kuppe mit Hilfe von TDR-Sonden (Time Domaine Reflectometry).

2.2.4 Modellierung

Die Messergebnisse zeigen, dass für die flächenhafte Bestimmung der Tiefenversickerung auch eine Berücksichtigung des Oberflächenabflusses erfolgen

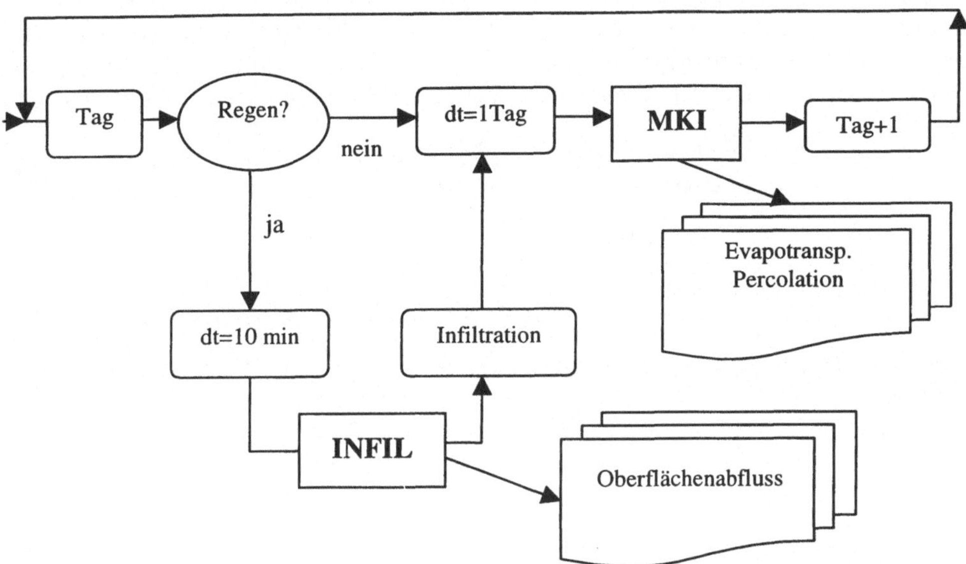

Abb. 1 Struktur der Modellkomponenten des um ein Infiltrationsmodul erweiterten MKI - Modells.

muss. In einem ersten Modellschritt ist der Niederschlag in Infiltration und Oberflächenabfluss aufzuteilen. Hierzu wurde unter Nutzung der 10 Minuten Niederschlagsintensitäten der Infiltrationsansatz nach Peschke (Dyck & Peschke 1995) verwendet.

Die Berücksichtigung der Hydrophobie des Substrats der unbewachsenen Kuppen erfolgt über die Einführung eines kritischen Wassergehaltes (θ_k), bei dessen Unterschreitung die gesättigte hydraulische Leitfähigkeit und das auffüllbare Porenvolumen des Bodens sehr klein gewählt werden. Diese Herangehensweise führt somit trotz Hydrophobie zum Eindringen von geringen Wassermengen in das Substrat und, bei einem Überschuss der eindringenden Wassermenge gegenüber der Evapotranspiration, zu einer Befeuchtung des Substrates.

Die zu Tageswerten kumulierten Infiltrationsraten werden an das Bodenwasserhaushaltsmodell MKI übergeben (Grünewald et al. 1999, Abb. 1). Dort erfolgt eine schichtenweise Simulation der Bodenwasserbewegung und der Entnahme von Bodenwasser durch Evapotranspiration (AET).

Die Reduktion der Gras-Referenzverdunstung zur realen Evapotranspiration (RET) erfolgt in Abhängigkeit vom simulierten Feuchtezustand in den einzelnen

Bodenschichten. Im Unterschied zum früheren Modell mit linearer Reduktionsfunktion (Grünewald et al. 1999) wird nun eine Funktion verwendet, die PET auch mit zunehmendem Verdunstungsanspruch der Atmosphäre stärker reduziert (Grünewald et al. 1999).

Zunächst werden Simulationsläufe jeweils für die bewachsene und für die unbewachsene Kuppe durchgeführt. Die ermittelten Abflüsse bilden die Eingangsgröße zur Simulation für die Rinne, wobei die Abflüsse [mm] entsprechend der Flächenproportionen zum direkt auftreffenden Niederschlag [mm] addiert werden.

$$\text{Input}_{er} = \frac{\text{Fläche}_{uk}}{\text{Fläche}_{er}} \text{Abfluß}_{uk} + \frac{\text{Fläche}_{bk}}{\text{Fläche}_{er}} \text{Abfluß}_{bk} + \text{Niederschlag}_{er} \quad (1)$$

er	Erosionsrinne
uk	unbewachsene Kuppe
bk	bewachsene Kuppe
Abfluss	von Geländestruktur abfließender Niederschlagsanteil

Der Oberflächenabfluss der Rinne bildet schließlich die Wassermenge in der Mulde.

Für eine Gesamtbilanz des Gebietes ist auch die Bestimmung von Verdunstung und Versickerung aus der Mulde notwendig. Die Verdunstung von der offenen Wasserfläche (WET) wurde im Stundentakt berechnet (Werner 1982).

$$\text{WET} = 0{,}013 \cdot u^{0,65} (E_w - e_L) \quad (2)$$

u	Windgeschwindigkeit in 2m Höhe [m s^{-1}]
E_w	Sättigungsdampfdruck von Luft bei Wassertemperatur [hPa]
e_L	aktueller Dampfdruck der Luft [hPa]

Die Differenz aus Wasservolumenänderung und Verdunstungsmenge ergibt die Versickerung.

Der beschriebene formale Bilanzansatz betrachtet die laterale Umverteilung des Niederschlagswassers jedoch ohne Beschreibung der Fließvorgänge, weshalb im Sinne einer besseren Modellierung des Abflussregimes im Muldeneinzugsgebiet auch ein physikalisch basierter Ansatz der Niederschlags-Abfluss-Modellierung verfolgt wurde. Dadurch wird die Flächendifferenzierung der Infiltration auch innerhalb der Geländestrukturen in der Modellierung berücksichtigt.

Das verwendete Modellkonzept basiert auf dem Modell SAKE (Simulationsmodell des Abflussverhaltens kleiner Einzugsgebiete; Merz 1996). Die in diesem Projekt modifizierte Version ist ein quasi-dreidimensionales, ereignisorientiertes Niederschlag-Abfluss-Modell, welches Prozesse entsprechend Tabelle 1 berücksichtigt.

Der Diffusionsanalogieansatz zur Beschreibung des Oberflächenabflusses beruht auf einer reduzierten Form der Saint-Venant-Gleichung, wobei das Reibungsgefälle mit der Manning-Strickler-Gleichung beschrieben wird.

Tab. 1 Prozesse und Modellbeschreibungen in SAKE für die verschiedenen geomorphologischen Strukturen.

Geomorphologische Struktur	Prozess	Beschreibung
Kuppe	Bodenwasserbewegung	1D-Richards-Gleichung
	Oberflächenabfluss	2D-Diffusionanalogie
Rinne	Bodenwasserbewegung	1D-Richards-Gleichung
	Oberflächenabfluss	1D-Diffusionanalogie
Mulde	Bodenwasserbewegung	1D-Richards-Gleichung

Da das Modell SAKE in seiner ursprünglichen Version auf einem regulären Quadratraster basiert, könnte das vorhandene, dicht verzweigte Rinnensystem (Abb. 6) nur über eine entsprechend hohe Auflösung adäquat parametrisiert werden. Um den damit verbundenen Rechenaufwand zu mindern, wurde eine Modellmodifikation durchgeführt. Die Modellmodifikation ermöglicht eine getrennte Modellierung der einzelnen Geländestrukturen unter Beachtung der realen räumlichen Bezüge. Abbildung 2 zeigt die veränderte Modellstruktur.

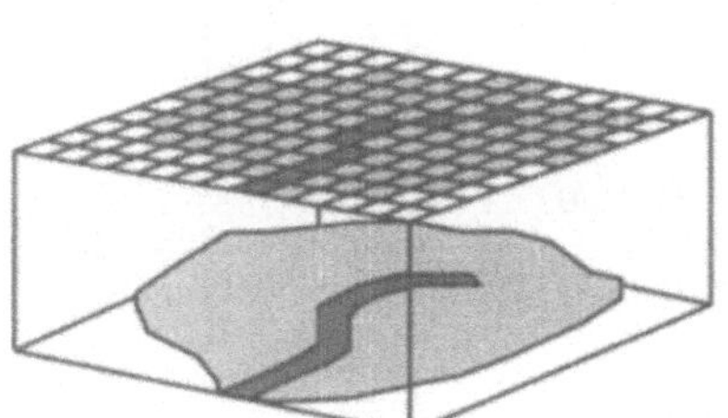

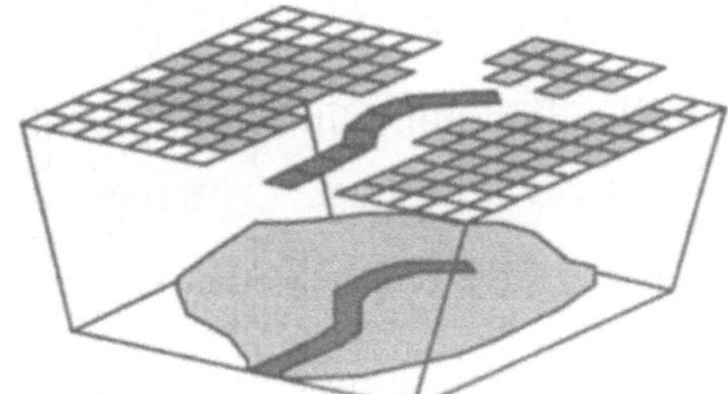

Abb. 2 Vergleich der Modellstruktur von SAKE in der Original- (links) und der modifizierten Version (rechts).

2.3 Ergebnisse

2.3.1 Ergebnisse der Feldmessungen

Beim Vergleich der gemessenen Tensionsverläufe (Tagesmittel) werden deutliche Unterschiede des Bodenwasserhaushaltes unter den verschiedenen Geländestrukturen ersichtlich (Abb. 3). Die Tensiometer in der Erosionsrinne zeigen bei nahezu jedem registrierten Niederschlag eine Befeuchtung an. Die Austrocknung ist gering. Das Substrat unter der bewachsenen Kuppe (ca. 30 % Bedeckung mit Silbergras) wird erst bei höheren Niederschlagsmengen deutlich befeuchtet und trocknet stärker aus als das Substrat unter den Rinnen.

Ein besonders ungewöhnliches Verhalten beobachtet man unter den unbewachsenen Kuppen. Es gibt kaum unmittelbare Reaktionen auf Niederschlagsereignisse. Die Tensionen zeigen einen Jahresgang mit Austrocknung bis in den Spätherbst und geringeren Tensionen im Winter.

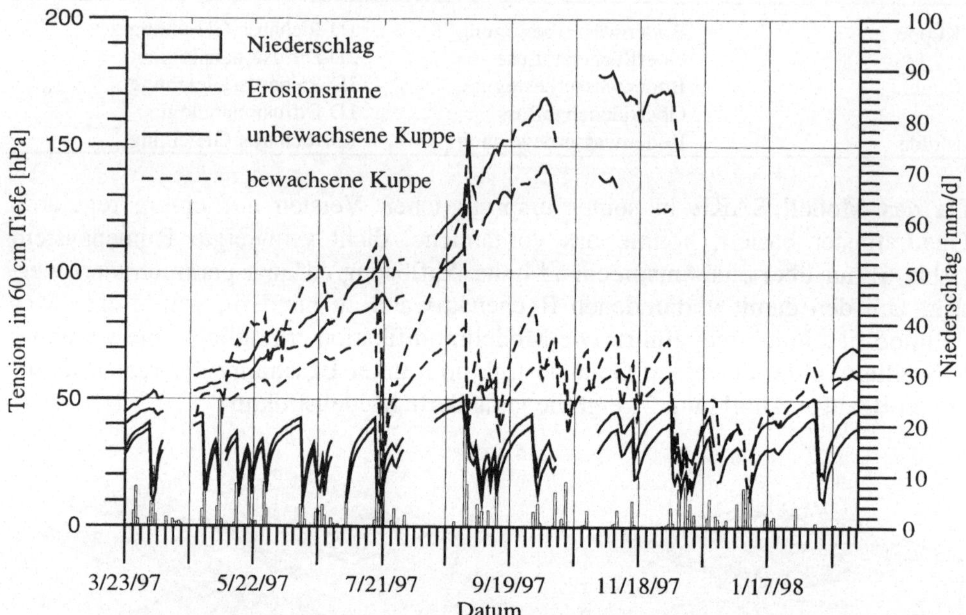

Abb. 3 Gemessene Tensionsverläufe unter verschiedenen Geländestrukturen.

Dieses Verhalten resultiert vermutlich aus den wasserabweisenden Eigenschaften des Substrates. Benetzungstests zeigten extreme Hydrophobie des Substrates, falls der Wassergehalt einen kritischen Wert unterschritten hat. Nur eine wenige mm dünne Schicht an der Oberfläche der unbewachsenen Kuppen lässt sich ständig benetzen. Wahrscheinlich erfolgt die langsame Wiederbefeuchtung des Substrates im Spätherbst ausgehend von dieser dünnen Schicht.

Die in den Lysimetern gesammelten Sickerwassermengen stehen im Einklang mit den Tensiometermessungen. Vom 27.06.97 bis 05.06.98 wurden unter der Rinne 982 mm und unter der unbewachsenen Kuppe kein Sickerwasser registriert. Die Lysimetermessungen unter der Rinne beweisen deutlich die extremen Sickerraten unter dieser Geländestruktur. Sie eignen sich jedoch nur sehr bedingt als Referenz für Modellrechnungen, da die tatsächliche Abflussbahn des Niederschlagswassers in der Rinne räumlich variiert und deshalb die Lysimeteroberfläche mehr oder weniger überflossen wird.

Die in der Mulde gemessenen Wasserstände zeigen, dass trotz der hydrophoben Eigenschaften der im Einzugsgebiet der Mulde überwiegend vorhandenen unbewachsenen Kuppen nur ein Bruchteil des Niederschlagswassers die Mulde erreicht, d. h. ein großer Teil muss in den Erosionsrinnen versickern. Der Abflussbeiwert (Wassermenge in der Mulde [m^3] / Gebietsniederschlag [m^3]) von bisher 7 registrierten Ereignissen ist im Mittel 0,11 und schwankt zwischen 0,01 und 0,20.

Diese Ergebnisse stehen im Einklang mit Doppelring-Tensionsinfiltrometermessungen der hydraulischen Leitfähigkeit, welche in den Rinnen ein bis zwei Größenordnungen über der des übrigen Gebietes liegt (Grünewald et al. 1999).

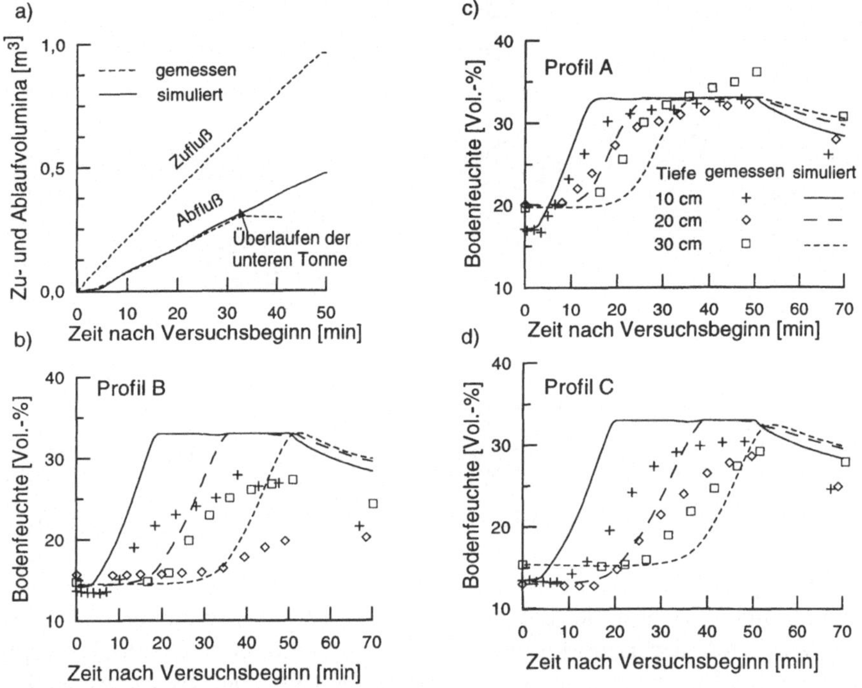

Abb. 4 Gemessener und simulierter Zu- und Abfluss (a) und Bodenfeuchte an drei Profilen (b-d).

Die Messwerte des Rinnenexperimentes und auch deren Simulation sind in Abbildung 4 zu sehen. Die gute Übereinstimmung des simulierten und berechneten Abflusses konnte mit einem Wert von 200 cm d^{-1} für die gesättigte Leitfähigkeit erzielt werden. Der gewählte Wert für den Rauhigkeitsbeiwert k_{str} von 25 $m^{1/3}$ s^{-1} liegt im Bereich der Literaturangaben (z. B. Moore & Foster 1990).

Der Vergleich der gemessenen und simulierten Bodenfeuchten zeigt hingegen ein anderes Bild. Eine Übereinstimmung konnte nur sehr begrenzt erreicht werden, wobei Abweichungen in erster Linie durch Substratheterogenitäten (Abweichungen der pF-Kurven) aber auch durch Messfehler bedingt sein können, z. B. bei Profil B in 20 cm Tiefe. Trotz dieser Einschränkungen lässt sich das Rinnenexperiment als wichtiger Schritt zur Betimmung sinnvoller Parameter werten.

2.3.2 Ergebnisse der Labormessungen

Abbildung 5 zeigt die nach van Genuchten (1980) an die Labormesswerte angepassten pF-Kurven sowie Felddaten von der bewachsenen Kuppe.

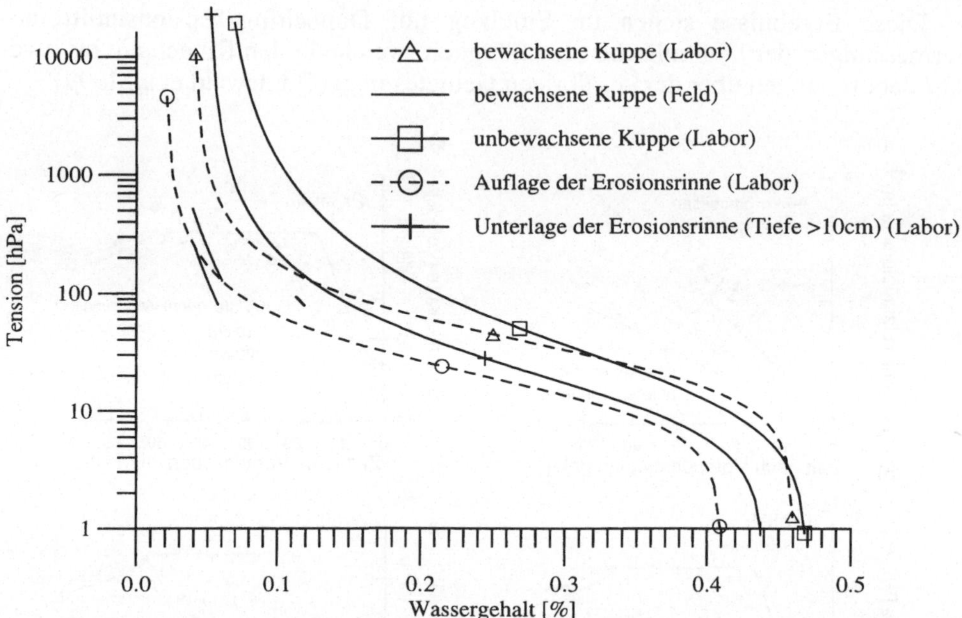

Abb. 5 pF-Kurven für die verschiedenen Geländestrukturen (Feld- und Labormessungen).

Der nahezu parallele Verlauf von jeweils zwei Kurven erklärt sich aus der vermutlich ähnlichen Genese der entsprechenden Substrate (Biemelt et al. 1999).

Der Vergleich der Laborkurven mit den im Feld gemessenen Desorptionskurven aus den Registrierungen der TDR-Sonden (nur unter bewachsener Kuppe) und der Tensiometer deuten auf eine extrem starke Hysterese der pF-Kurven zwischen Austrocknung und Befeuchtung hin. Da das Modell diese Hysterese nicht berücksichtigt, werden ausschließlich die pF-Kurven aus den Labormessungen zur Umrechnung der vom Modell MKI berechneten Wassergehalte in Tensionen genutzt (diskutiert in Grünewald et al. 1999).

2.3.3 Ergebnisse der Fernerkundung

Mit Hilfe des GIS ARC/INFO konnte aus dem DGM, welches aus stereoskopischen Luftbildaufnahmen (Maßstab 1:6.500) abgeleitet wurde, die Grenze für das Einzugsgebiet der abflusslosen Mulde ermittelt werden (Abb. 6). Das für das Einzugsgebiet ermittelte Flächenverhältnis von Kuppen zu Rinnen liegt bei 2:1.

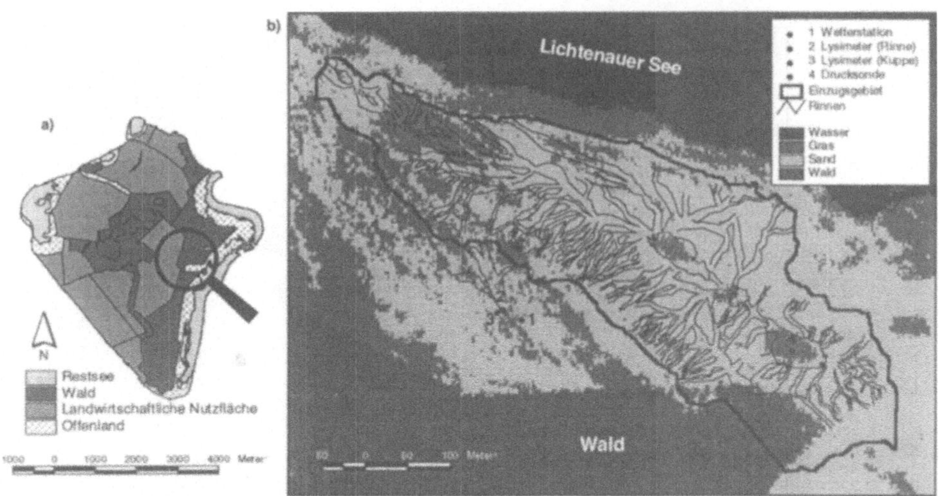

Abb. 6 a): Landnutzung des Tagebaugebietes Schlabendorf-Nord und b): Einzugsgebiet der Mulde mit Rinnenverteilung und Vegetationsverteilung.

Der Anteil von Vegetationsbedeckung der Kuppen ist 19 %. Die Landnutzungsdaten des Tagebaugebietes Schlabendorf-Nord (aus topographischen Karten mit dem Maßstab 1:100.00) konnten erstens anhand der DAEDALUS-Daten konkretisiert werden, indem der Randstreifen des Restsees in einzugsgebietsähnliche (Offenlandstandorte) und stärker bewachsene Flächen (Busch- und Grasflur) unterteilt wurde und zweitens anhand von LANDSAT-Satellitenbildern verfeinert werden.

2.3.4 Ergebnisse der Modellierung

Die Anpassungen der Modellrechnungen an gemessene Tensionen sind am Beispiel der bewachsenen Kuppe aus Abbildung 7 erkennbar. Bisher standen Daten für den Zeitraum 04.06.97 bis 05.06.98 zur Verfügung. Für alle Geländestrukturen wird eine akzeptable Anpassung erreicht, deren statistische Auswertung in Tabelle 2 zusammengefasst ist.

Die Anpassung der berechneten an die gemessenen Tensionen für die unbewachsene Kuppe ist nur unter Annahme verminderter Infiltration aufgrund der hydrophoben Bedingungen möglich (siehe Tab. 2). Bei der Parameteranpassung lieferte ein kritischer Wassergehalt von 1% unter Feldkapazität zusammen mit einer Absenkung der gesättigten hydraulischen Leitfähigkeit von 5 mm/h auf 0,3 mm/h eine günstige Anpassung (Tab. 3).

Ein weiteres wichtiges Kennzeichen der unbewachsenen Kuppen ist eine drastische Reduktion der Evaporation bei Erreichen hydrophober Bedingungen.

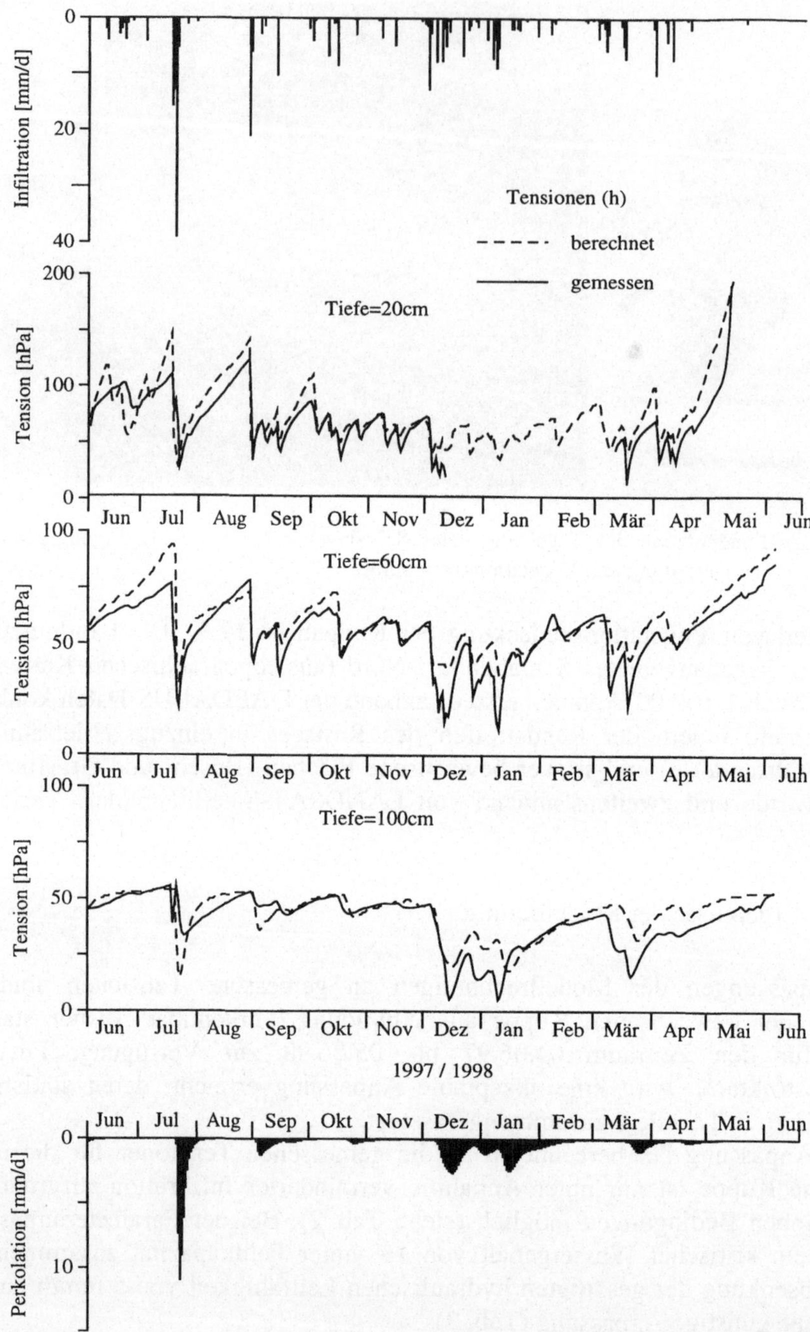

Abb. 7 Vergleich von gemessenen und modellierten (MKI) Tensionen sowie modellierte Infiltration und Tiefenversickerung am Beispiel der bewachsenen Kuppe.

Tab. 2 Güte der Modellanpassung anhand statistischer Maßzahlen zwischen berechneten [h_b] und gemessenen Tensionen [h_m] für bewachsene Kuppe, unbewachsene Kuppe ((a) mit hydrophoben Eigenschaften (b) ohne Berücksichtigung hydrophober Eigenschaften) und Erosionsrinnen. [MSRE: mittlerer quadratischer relativer Fehler, MRE: mittlerer relativer Fehler, RMSE: Standardabweichung, R: Korrelationskoeffizient].

Tiefe	Mittlere Tension [hPa]		MSRE	MRE	RMSE	R
	(h_b)	(h_m)	[-]	[-]	[hPa]	[-]
Bewachsene Kuppe						
20 cm	98	125	0,29	0,30	136	0,92
60 cm	61	55	0,02	0,10	8	0,87
100 cm	44	40	0,06	0,15	8	0,86
Unbewachsene Kuppe						
(a) 20 cm	154	145	0,92	0,56	53	0,86
60 cm	86	84	0,03	0,14	14	0,96
Unbewachsene Kuppe						
(b) 20 cm	57	145	9,58	2,33	110	0,24
60 cm	67	84	0,51	0,48	41	-0,10
Erosionsrinne						
20 cm	55	51	0,06	0,18	11	0,81
60 cm	36	33	0,04	0,15	6	0,77

In das Modell wurde dieser Aspekt über den Umweg der Vorgabe eines Jahresganges von Bedeckung mit evaporationsmindernden gelben (abgestorbenen) Pflanzenteilen einbezogen. Hydrophobe Bodenschichten mindern die Evaporation durch Behinderung des kapillaren Aufstiegs und wirken somit ähnlich wie eine Mulchschicht (DeBano 1981). Der berechnete hohe Oberflächenabfluss und die berechnete geringe Tiefensickerung stimmen qualitativ mit den Lysimetermessungen überein.

Auf der bewachsenen Kuppe liegen andere Verhältnisse vor. Nur an wenigen Tagen kommt es zu Oberflächenabfluss und die Behinderung der Infiltration durch Hydrophobie ist unbedeutend. Dementsprechend höher ist die Tiefensickerung und auch die Evapotranspiration.

Für das Einzugsgebiet der Tensiometer in der Erosionsrinne konnte ebenfalls eine akzeptable Anpassung der Modellrechnungen an die Messungen erzielt werden (Tab. 2). Die großen Wassermengen, welche den Rinnen zulaufen, versickern vorwiegend (Tab. 3). Ein relativ geringer Teil fließt ab und durch das erhöhte Wasserangebot wird eine deutliche Erhöhung der Verdunstung ausgewiesen.

Bei der Modellvalidierung an den gemessenen Volumina in der Mulde zeigt sich, dass bei Benutzung der Flächenverhältnisse unbewachsene Kuppe / Rinne, bewachsene Kuppe / Rinne aus der Fernerkundung kein Oberflächenabfluss berechnet wird. Eine treffende Wiedergabe der gemessenen Muldenwassermengen gelingt z. B. bei einer Verkleinerung der Rinnenflächen auf ein Zehntel und Annahme einer gesättigten hydraulischen Leitfähigkeit von 150 mm h^{-1} für die Rinnen (Abb. 8).

Tab. 3 Ergebnisse der MKI Rechnungen für bewachsene Kuppe, unbewachsene Kuppe ((a) mit hydrophoben Bedingungen (b) ohne hydrophobe Bedingungen) und Erosionsrinne (04.06.97 bis 05.06.98).

	Niederschlag & zufließendes Wasser [mm]	Evapotranspiration [mm]	Versickerung [mm]	Oberflächenabfluss [mm]
bewachsene Kuppe	464	305	167	18
unbewachsene Kuppe				
(a)	464	233	33	226
(b)	464	289	126	56
Erosionsrinne	2035	391	1564	68

Dieser recht große Faktor erklärt sich u. a. aus den relativ breit werdenden Auslaufbereichen der Rinnen kurz vor Einmündung in die Mulde und dem somit größer werdenden Unterschied zwischen aktuellen Abflussbahnen und identifizierten Rinnenbereichen.

Zur Bestimmung von Verdunstung und Versickerung standen 6 Abflussereignisse zur Verfügung. Der Anteil der Verdunstung am Gesamtwasservolumen betrug 0,3 %, 1,9 %, 2,7 %, 3,3 %, 1,9 % und 3,0 %. Es ist zu vermuten, dass in den Sommermonaten auch größere Verdunstungswerte erreicht werden.

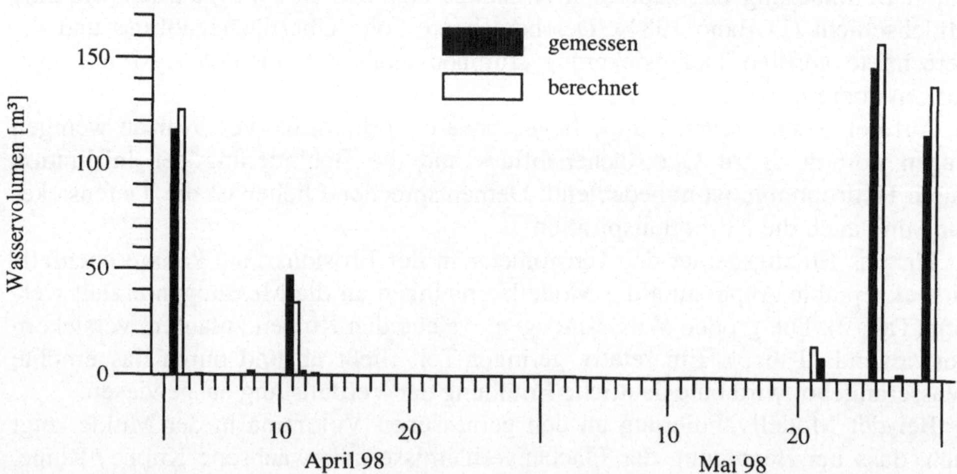

Abb. 8 Vergleich des gemessenen und modellierten (MKI) Wasservolumens in der Mulde.

Für die Verdunstung aus den Mulden wurden vorerst für den gesamten Betrachtungszeitraum 3 % der zusammengelaufenen Wassermenge angesetzt.

Die relativen Beiträge der einzelnen Geländestrukturen an der Gesamtwasserbilanz für den Zeitraum vom 04.06.97 bis 05.06.98 sind in Tabelle 4 zusammengefasst. Trotz des großen Oberflächenabflusses von den unbewachsenen Kuppen findet man dort wegen des großen Flächenanteils auch die anteilig höchste Verdunstung. Den größten Anteil an der Tiefensickerung leisten die Erosionsrinnen und trotz des geringen Flächenanteils der Mulden (< 1 %) versickert auch hier ein bedeutsamer Anteil. Insgesamt wird der Gesamtniederschlag zu etwa gleichen Teilen durch Verdunstung und Versickerung aufgebraucht. Im Berechnungszeitraum verdunsteten 254 mm und versickerten 236 mm vom Gesamtniederschlag (464 mm) bei einer Bodenspeicheränderung von -26 mm.

Tab. 4 Relative Anteile der Wasserhaushaltskomponenten unterschiedlicher Geländestrukturen bezogen auf den Gebietsniederschlag [%] für den Zeitraum vom 04.06.97 bis 05.06.98.

Geländestruktur	Flächenanteil [%]	Verdunstung	Versickerung	Bodenspeicheränderung	Abfluss	Zufluss
Bewachsene Kuppe	18	12,1	6,6	-1,0	0,7	0,0
Unbewachsene Kuppe	78	39,3	5,6	-4,7	38,1	0,0
Erosionsrinne	3	3,1	29,0	0,1	9,9	38,8
Mulde	<1	0,3	9,6	<0,1	0,0	9,9
Gesamt	100	54,8	50,6	-5,6	0,0	0,0

2.4 Diskussion

Für die GWNB des betrachteten Offenlandstandortes wurde unter Beachtung des Oberflächenabflusses im Zeitraum eines Jahres ca. 236 mm (50 % des Niederschlages) ermittelt. Besonders bemerkenswert sind die bezogen auf den Gebietsniederschlag hohen Anteile der GWNB von ca. 30 % in den Erosionsrinnen. Gleichzeitig ist die GWNB auf den spärlich bewachsenen Kuppen höher als auf den extrem hydrophoben, völlig vegetationslosen Kuppen. Insgesamt liegt die GWNB im Einzugsgebiet erwartungsgemäß deutlich über den Werten der Waldstandorte. Mit dem Modell SOIL wurden für 3-, 26- und 37-jährige Roteichenbestände im selben Zeitraum Werte der Tiefensickerung von 50 %, 8 % und 16 % des Niederschlages ermittelt (vgl. TP 4, dieser Band). Für 16-, 20-, 23- und 34-jährige Kiefernbestände wurden, ebenfalls mit dem Modell SOIL, Werte von 2 %, 11 %, 6 % und 22 % des Niederschlages gefunden (vgl. TP 3, dieser Band).

Der für detaillierte Untersuchungen an Offenlandstandorten geeignete Beobachtungszeitraum ist bisher recht kurz. Deshalb soll über eine weitere Generalisierung der Prozessvorstellungen versucht werden, mit Tageswerten der Niederschlagshöhe auszukommen. Die Güte derartiger Generalisierungen ist an den bisherigen Messergebnissen überprüfbar. Außerdem wäre eine Berechnung langjähriger Mittelwerte und somit ein Vergleich mit den Ergebnissen anderer Verfahren (z. B. nach Glugla 1985; in Grünewald et al. 1999) möglich.

Zur GWNB von Kippenstandorten der Lausitz findet man in bisherigen Untersuchungen eine Spannweite von 45 mm a^{-1} bis > 400 mm a^{-1}, wobei auch hier durch unterschiedliche Methoden, Standorte und Zeiträume Verallgemeinerungen kaum sinnvoll sind (Grünewald et al. 1999; Schaaf et al. 1998).

Andererseits wird mit den gegenwärtigen Modellvorstellungen die Dynamik der horizontalen Flüsse nicht beachtet. In der Realität trägt z. B. der Oberflächenabfluss von dichter an einer Mulde gelegenen Kuppen und Rinnen stärker und eher zu deren Füllung bei, als der jeweils weiter entfernterer Kuppen und Rinnen.

Dieser entscheidende Modellmangel wird durch das Fitting der Werte für die gesättigte hydraulische Leitfähigkeit und die Flächenanteile unterschiedlicher Geländestrukturen z. T. ausgeglichen. Gerade auf diese Parameter reagieren die Berechnungsergebnisse der Muldenwasserstände sehr empfindlich. Deshalb wurde begonnen, eine Beschreibung der lateralen Flüsse unter Nutzung und Anpassung eines physikalisch basierten Modells durchzuführen.

Das Modell SAKE (Simulationsmodell des Abflussverhaltens kleiner Einzugsgebiete) wurde hierfür modifiziert.

2.5 Zusammenarbeit

Eine sehr enge Zusammenarbeit entwickelte sich mit Dr.-Ing. Bruno Merz (GeoForschungszentrum Potsdam). Er stellte das von ihm entwickelte Modell SAKE zur Verfügung und begleitete auch dessen Anwendung und Modifikation.

Die Aufnahme von Luftbildern und Multispektralscannerdaten erfolgte durch das Deutsche Zentrum für Luft- und Raumfahrt e. V. (DLR), Institut für Optoelektronik, wo auch die Bearbeitung der Rohdaten, geometrische Entzerrung und Atmosphärenkorrektur stattfanden.

Die Erstellung des digitalen Geländemodells aus den Luftbildern wurde vom Ingenieurbüro LMV (Lausitzer Gesellschaft für Markscheidewesen und Vermessung mbH) durchgeführt.

2.6 Danksagung

Die Autoren danken Dr. H. H. Gerke, Dr. B. Merz und Dr. D. Knoche für den Review des Berichtes und ihre förderliche Kritik.

Die Untersuchungen wurden im Rahmen des BTUC Innovationskollegs „Ökologisches Entwicklungspotential der Bergbaufolgelandschaft im Lausitzer Braunkohlerevier“ von der Deutschen Forschungsgemeinschaft finanziert (Förderkennzeichen INK 4/A1 und INK 4/B1-1).

3 Publikationsliste und Literatur

3.1 Eigene Publikationen

Biemelt, D., Bekurts, V. und Grünewald, U., 1995: Ermittlung der Verdunstung und der Grundwasserneubildung an Tagebau-Restseen und auf Kippenstandorten der Lausitz. Proceedings 4. Dresdener Grundwasserforschungstage vom 24./25.10.1995 des DGFZ e. V., Heft 9, Coswig bei Dresden, Teil 2, 155-167.

Grünewald, U. Bekurts, V. und Biemelt, D., 1995: Wasserhaushaltsuntersuchungen in der Tagebaufolgelandschaft der Lausitz. Schriftenreihe Ruhr-Universität Bochum, 14, 80-98.

Grünewald, U., Biemelt, D., Bekurts, V., Schreiter, M. und Tahl, S., 1999: Standortuntersuchungen zur besseren Quantifizierung von Elementen des regionalen Wasserhaushalts. In: Hüttl, R. F., Klem, D. und Weber E. (Hrsg.): Rekultivierung von Bergbaufolgelandschaften. Das Beispiel des Lausitzer Braunkohlereviers. Walter de Gruyter, Berlin, New York, 223-238.

3.2 Zitierte Literatur

Allen, R. G., Smith, M., Perrier, A. und Pereira, L. S., 1994: An update for definition of reference evapotranspiration. ICID Bulletin, 43 (2), 1-34.

DeBano, L. F., 1981: Water repellent soils: a state of the art. Gen. Tech. Rep. Pacific Southwest Forest and Range Experiment Station, PSW-46, 21 S.

Dyck, S. und Peschke, G., 1995: Grundlagen der Hydrologie. Verlag für Bauwesen, Berlin, 536 S.

van Genuchten, M. Th., 1980: A closed-form equation for predicting the hydraulic conductivity of unsaturated soils. Soil Sci. Soc. Am. J., 44, 392-395.

Glugla, G., 1985: Bestimmung von Gebietswerten des Wasserhaushalts für den Lockersteinbereich unter Berücksichtigung der anthropogenen Beeinflussung. F/E-Bericht (A4), IfW, Berlin.

Merz, B., 1996: Modellierung des Niederschlag-Abfluss-Vorgangs in kleinen Einzugsgebieten unter Berücksichtigung der natürlichen Variablilität. Mitt. IHW Karlsruhe, 56.

Moore, I. D. und Foster G. R., 1990: Hydraulics and overland flow. In: Anderson, M. G. und Burt, T. P. (Hrsg.): Process studies in hillslope hydrology. Wiley, New York, Chinchester, Weinheim, Brisbane, Singapore, Toronto, 215-254.

Schaaf, W., Biemelt, D. und Knoche, D., 1998: Stoff- und Wasserhaushalt von Kippenstandorten im Lausitzer Braunkohlerevier. In: Arbeitsgruppe des GBL-Gemeinschaftsvorhabens, Niedersächsiches Landesamt für Bodenforschung (Hrsg.): Vortragsband des 4. GBL-Kolloquiums vom 26.-28. November 1997 in Cottbus - Ergebnisse und Empfehlungen, GBL Heft 5. E. Schweizerbart´sche Verlagsbuchhandlung, 122-125.

Wendling, U., 1995: Berechnung der Gras-Referenzverdunstung mit der FAO Penman-Monteith-Beziehung. Wasserwirtschaft, 85, 602-604.

Werner, J., 1982: Brauchbare Energieumsatzformeln für den Grenzbereich Gewässeroberfläche / Luft. Wasserwirtschaft, 72, 18-22.

Chemisch bedingte Beschaffenheitsveränderungen des Sicker- und Grundwassers (Teilprojekt 10)

Ralph Schöpke, Roland Koch & Werner Pietsch

1 Zusammenfassung

Die Beschaffenheitsveränderungen im Sicker- und Grundwasser der Kippe Schlabendorf-Nord wurden durch Beprobung von Altpegeln, zwei neu installierten Multilevelpegeln sowie durch umfangreiche Laborversuche mit Kippenmaterialien untersucht.

Das mit Produkten der Pyritverwitterung beladene Kippengrundwasser transportiert hauptsächlich in seinen oberen 10 Metern säurebildende Stoffe in Richtung Tagebausee.

Der Einfluss der zwei Jahrzehnte nach der Verkippung noch ablaufenden Pyritverwitterung auf die Sicker- und Grundwasserbeschaffenheit ist gegenüber der Lösung von an Kippenfeststoffen gebundenen Verwitterungsprodukten gering.

Die aus den ehemaligen Tagebaubereichen Schlabendorf-Nord und Seese-Ost vorliegenden Grundwasseranalysen konnten mittels eines Genesemodells auf den Eintrag von Pyritverwitterungsprodukten und Säurepufferung durch Calcit zurückgeführt werden.

Der in Tagebauseenähe im oberen Kippengrundwasser beobachtete Durchzug säurebelasteter Wasserkörper, als Säurewolken bezeichnet, ließ sich durch Elution von mit Pyritverwitterungsprodukten angereicherten Sedimenten von aufsteigendem Grundwasser erklären.

Zur Erkundung des Säurepotentials von Kippen wurden neue Versuchs- und Auswertungsmethoden (z. B. Bestimmung des wasserlöslichen Neutralisationspotentials an Kippensanden) entwickelt, die in der zweiten Projektphase auf die Beschreibung der Materialien aus der Kippe Seese-Ost angewendet wurden.

Insgesamt liegt ein auch wirtschaftlich nutzbares Datenmaterial von chemischen Eigenschaften Lausitzer Kippensande vor.

Im Ergebnis der Untersuchungen lassen sich die Säureeinträge in Tagebauseen durch das Kippengrundwasser genauer prognostizieren.

2 Arbeits- und Ergebnisbericht

2.1 Ziele

Das sich auf den Kippen bildende Grundwasser löst auf dem Weg durch den Grundwasserleiter zum Tagebausee saure Reaktionsprodukte der Pyritverwitterung, die dort niedrige pH-Werte herbeiführen. Ziel der Arbeit war die Aufklärung der Beschaffenheitsänderungen von Sicker- und Grundwässer im Kippengrundwasserleiter.

Das Zusammenwirken der massgebenden Reaktionen (Pyritverwitterung, Phasen- und Säure-Base-Gleichgewichte) sollte mit unterschiedlichen methodischen Ansätzen (Grundwasserbeprobungen und Laborversuche) erfasst werden und zu widerspruchsfreien Interpretationen zusammengefasst werden.

2.2 Methodik

2.2.1 Grundwasserbeprobungen

Die Beschaffenheitsentwicklungen im Sicker- und Grundwasser wurden durch Kombination der drei Teilbereiche
- Beobachtung der Beschaffenheitsveränderungen im Untersuchungsgebiet Schlabendorf-Nord,
- Laboruntersuchungen zu Wechselwirkungen des Grundwassers mit den Kippensandfeststoffen,
- Theoretische Beschreibung der Beobachtungen und Messungen mit hydrochemischen Modellen

erfasst.

Als Ergebnis des TP 1 (Biemelt et al. 1995) wurden nach Vorerkundung des Untersuchungsgebietes (Stenzel 1995) zwei Multilevelpegel (Lawall 1996) an einer vom Kippenrand zum Restsee gedachten Strombahn durch den ehemaligen Tagebau Schlabendorf-Nord eingerichtet.

Damit konnten die Beschaffenheitsveränderungen an zwei Tiefenprofilen bis März 1999 verfolgt werden. Die an den vorhandenen Altpegeln entnommenen Proben lieferten dazu ergänzende Daten (Schöpke et al. 1999) aus jeweils nur einer Beprobungstiefe.

Vor Ort wurden Temperatur, pH, elektrische Leitfähigkeit und Redoxpotential bestimmt sowie Eisen(II) konserviert und die Konzentrationen von Ca, Mg, Sr, Na, K, Fe, Mn, Al, SO_4, Cl, NO_3, NO_2, F, DOC im Zentralen Analytischen Labor der BTU gemessen (Schöpke 1999).

2.2.2 Laboruntersuchungen

Der Einfluss rezenter Pyritverwitterungsvorgänge in Kippen konnte über Verwitterungstests im Batch-Ansatz sowie Säulensickerversuchen mit bei den Pegelbohrungen erhaltenen Materialien erfasst werden (Schöpke 1999).

Die quantitative Bestimmung wasserlöslicher Stoffe in Kippensanden durch Elution nach DIN 38414-S4 erwies sich als unbrauchbar. Mit der daraufhin entwickelten kontinuierlichen Elution von Sanden in der REV-Fluidzirkulationsanlage (Schöpke 1999, Preuss 1998) wurde für mehr als siebzig Kippensandproben aus dem Lausitzer Bergbaugebiet (u. a. Jerratsch 1997) die Zusammensetzung ihrer wasserlöslichen Bestandteile quantitativ ermittelt. In der zweiten Projektphase wurden die bei Bohrungen des TP 21 auf der Kippe Seese-Ost angefallenen Feststoffe (Mischproben von je 5 Bohrmetern) nach dieser Methodik untersucht.

2.2.3 Auswertung

Die im Wasser auch in Form von Kationensäuren vorliegende (potentielle) Säure wird über nicht eindeutig nachvollziehbare Reaktionen (Abbildung 1) abgepuffert. Da nur die Summe aller säurebildenden Inhaltsstoffe im Grundwasser die Versauerung des im Abstrom liegenden Tagebausees bestimmt, konnte durch Anwendung des Neutralisationspotentials nach Evangelou (1996, modifiziert nach Schöpke 1999, Gleichung 1) die Zahl der bei der Analysenauswertung zu berücksichtigenden Parameter erheblich eingeschränkt werden:

$$NP \approx K_{S4,3} - 3c_{Al3+} - 2c_{Fe2+} - 2c_{Mn2+} \quad (1)$$

Die Säurekapazität $K_{S4,3}$ (mmol/L) enthält dabei die Konzentrationen aller säurebildenden (c_{Fe3+}) oder puffernden Stoffe (c_{HCO3-}), die während der Titration mit einer Säure / Base bis pH = 4,3 umgesetzt werden.

Eine potentielle Säurewirkung des Wassers zeichnet sich durch ein negatives Neutralisationspotential aus. Diese potentielle Säurekonzentration im Kippengrundwasser steht in Beziehung zum Sulfateintrag durch Pyritverwitterungsprodukte. Die verschiedenen säurebildenden und puffernden Reaktionen die die Genese des Grundwassers bestimmen, lassen sich prinzipiell auch als eine Linearkombination der in Abbildung 1 dargestellten Reaktionsvektoren veranschaulichen.

Die Darstellung ist auch auf die wasserlöslichen Kippensandfeststoffe übertragbar. Solange kein Gips ausgefallen oder gelöst worden ist, entspricht die Sulfatkonzentration dem verwitterten Sulfid-Schwefel. Durch Vergleich mit der potentiell vorhandenen Säure (-NP) lässt sich deren durch die unterschiedlichen Pufferungsreaktionen abgebundene Anteil abschätzen.

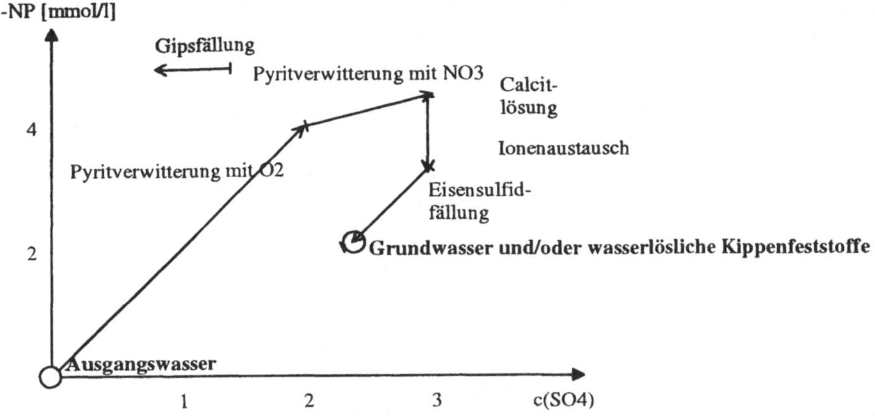

Abb. 1 Prinzipielle Entwicklung eines Kippengrundwassers aus ionenarmem Ausgangswasser (Niederschlag) durch Kombination säurebildender und puffernder Reaktionsvektoren.

Dafür definierte Schöpke (1999) den Pufferungsquotient PQ,

$$PQ = -\frac{NP}{c_{SO4}} \leq 2 \qquad (2)$$

der entsprechend der Pyritverwitterungsstöchiometrie unter Idealbedingungen maximal 2 beträgt.

Die Quotienten aus zwei Konzentrationen wurden als Stöchiometriequotienten definiert. Die Zusammensetzung von Kippengrundwässern charakterisieren insbesondere die Quotienten bezüglich Sulfat. Neben dem PQ spielt auch das Konzentrationsverhältnis der Erdalkalien (GH = Ca + Mg) zum Sulfat (GH/SO4) eine Rolle. Die Modellierung von geochemischen Gleichgewichten erfolgte darüberhinaus mit dem geochemischen Berechnungsprogramm PhreeqC (Parkhurst 1995).

2.3 Ergebnisse

2.3.1 Beschaffenheitsmuster im Kippengrundwasser

Die Grundwasserbeschaffenheit zeigte besonders in der Nähe des Tagebausees (Lichtenauer See) eine deutliche vertikale Gliederung, die nicht mit der geologischen Abgrenzung der Kippe zum gewachsenen Tertiärgrundwasserleiter durch den bei den Bohrungen ermittelten Liegendhemmer (s. Abbildung 3) übereinstimmt. Stellvertretend für die gemessenen Parameter zeigt Abbildung 2 die mittleren Tiefenprofile des Neutralisationspotentials am Kippenrand (SGM2) und in Tagebauseenähe (SGM1) in den Spannweiten der Standardabweichungen.

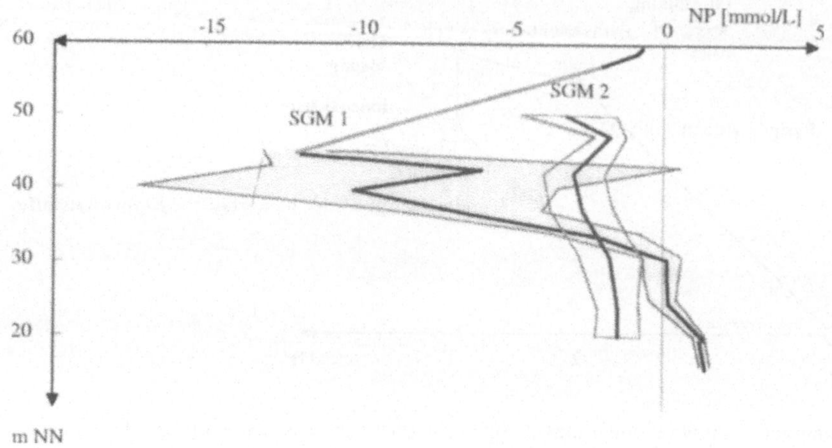

Abb. 2 Tiefenprofile des Neutralisationspotentials am SGM 1 (nahe Tagebausee, 14 Messsungen) und SGM 2 (Kippenrand, 12 Messungen) in den Intervallen der Standardabweichung.

Die dem Tagebausee zufliessende Säure konzentriert sich auf die oberen 10 m des Kippengrundwassers (SGM1). Der Übergang zum tieferen Grundwasser verläuft, über drei Messstellen verteilt, kontinuierlich.

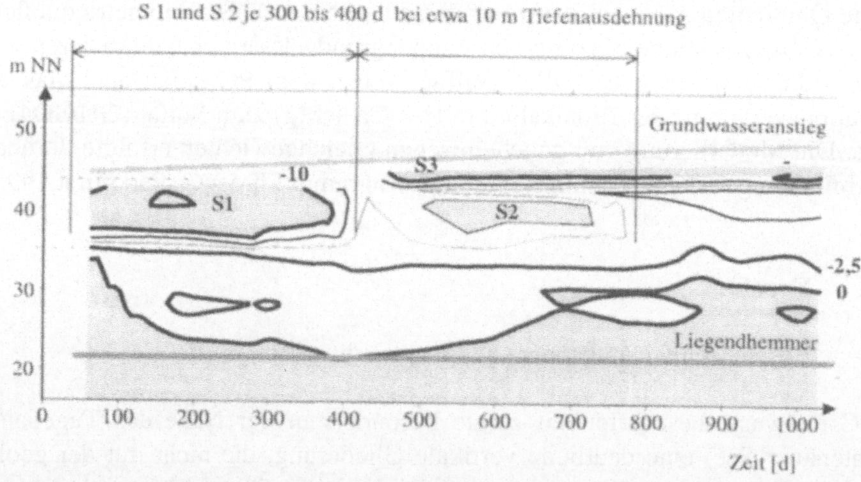

Abb. 3 Isoliniendarstellung des Neutralisationspotentials [0, -2,5, -10 mmol/L] am Tagebausee (SGM 1) in Abhängigkeit von der Höhe (m NN) und der Versuchszeit mit den identifizierten Säurewolken und deren ungefähren Abmessungen [S1, S2 , S3 -Säurewolken].

Die große zeitliche Variabilität der oberen Grundwasserlamelle verdeutlicht Abbildung 2, auf der das (negative) Neutralisationspotential in Abhängigkeit von dessen Höhenlage (m NN) über die Beobachtungszeit als Isolinien dargestellt ist. Die obere, potentiell saure Grundwasserlamelle reicht bis zur eingezeichneten $NP = -0{,}5\ mmol \cdot L^{-1}$ - Isolinie. Während des Untersuchungszeitraumes konnte der Durchzug von drei vorbeiströmenden Grundwasserkörpern mit stark negativem Neutralisationspotential beobachtet werden, die als Säurewolken (S1 bis S3) bezeichnet wurden. Schöpke (1999) schätzte die Abstandsgeschwindigkeit des Kippengrundwassers auf 40 bis 80 m pro Jahr. Daraus leiten sich aus den beobachteten Durchzugszeiten horizontale Ausdehnung in Fliessrichtung von etwa 30 bis 80 m bei Tiefenausdehnungen um 10 bis 15 m ab.

Das weniger kippengeprägte Grundwasser mit einem Neutralisationspotential zwischen 0 und -1 drang am Anfang der Messungen in Tiefen um 22 m NN ein um anschliessend durch nachströmendes tieferes Grundwasser wieder nach oben verdrängt zu werden. Dieser *Tiefenvorstoß* des negativen Neutralisationspotentials korrelierte nicht mit den gemessenen elektrischen Leitfähigkeiten.

Die im Untersuchungsgebiet gemessenen unterschiedlichen Wasserbeschaffenheiten sollen durch repräsentative Analysen in Tabelle 1 für die nachfolgenden Gruppen von Grundwässern zusammengefasst dargestellt werden:

- **P_1009**: potentiell stark saure aber hydrogencarbonatgepufferte Grundwässer.
- **P_1019**: potentiell schwach saure hydrogencarbonatgepufferte Grundwässer.
- **S_Wolke / SGM1**: Zusammenfassung der potentiell sauren Wässer der Säurewolken S1 und S2 (Abbildung 3).
- **tert. GWL / SGM1**: aus dem liegenden tertiären Grundwasserleiter einströmendes Grundwasser, gemessen am SGM 1,16 m NN.
- **SGM2-mittl**: Mittelwert aller Analysen am äusseren Kippenrand SGM2.

Die Temperatur des Kippengrundwassers lag zwischen 11 und 15 °C. Die Sättigungsindices von Gips und Siderit wurden mit dem geochemischen Berechnungsmodell Phreeqc (Parkhurst 1995) für 12 °C berechnet. Die potentiell sauren Kippengrundwässer sind gipsgesättigt. Die Ursache für die Sideritübersättigung der hydrogencarbonatgepufferten Kippengrundwässer konnte bisher nicht geklärt werden.

Zwischen dem Pufferungsquotienten PQ und dem Stöchiometriequotienten GH/SO_4 (Quotient aus Konzentrationssumme Ca+Mg und Sulfatkonzentration) besteht, von einigen Ausnahmen abgesehen, wahrscheinlich ein linearer Zusammenhang (s. Abbildung 4 und 5).

Die im Zusammenhang mit dem TP 21 (dieser Band) ausgewerteten Sümpfungswässer aus den Kippengebieten Seese-Ost (Grünewald et al. 1997; 1997 a) sind z. T. noch stärker hydrogencarbonatgepuffert als die dem P_1019 zugeordneten Wässer.

Tab. 1 Repräsentative Grundwasseranalysen aus dem Untersuchungsgebiet.

Parameter		P_1009	P_1019	S_Wolke / SGM 1	tert. GWL / SGM 1	SGM2-mittl.
pH	1	5,70	6,25	4,53	6,92	5,39
pe	1	5,30	3,50	8,60	4,20	5,40
Ionenstärke	$mmol \cdot L^{-1}$	134,70	60,00	62,35	4,44	22,90
Ca	$mmol \cdot L^{-1}$	10,68	16,25	12,94	1,20	5,71
Fe	$mmol \cdot L^{-1}$	38,30	4,72	7,63	0,01	1,46
Al	$mmol \cdot L^{-1}$	0,20	0,02	1,52	0,01	0,11
Mn	$mmol \cdot L^{-1}$	0,36	0,18	0,11		0,01
SO_4	$mmol \cdot L^{-1}$	53,42	18,06	23,60	0,60	7,11
HCO_3	$mmol \cdot L^{-1}$	1,81	8,03	0,44	1,58	0,49
Mg	$mmol \cdot L^{-1}$	3,02	1,79		0,09	0,18
NP	$mmol \cdot L^{-1}$	-76,00	-1,80	-19,60	1,50	2,80
PQ	1	1,40	0,10	0,83	-2,50	0,40
SI (Gips)	1	0,01	0,02	0,00	-1,90	-0,50
SI (Siderit)	1	0,80	1,40	-1,30	-0,80	-0,90

Die in Schlabendorf nur angedeutete lineare Verknüpfung zwischen PQ und GH/SO4 ist deutlich ausgeprägt.

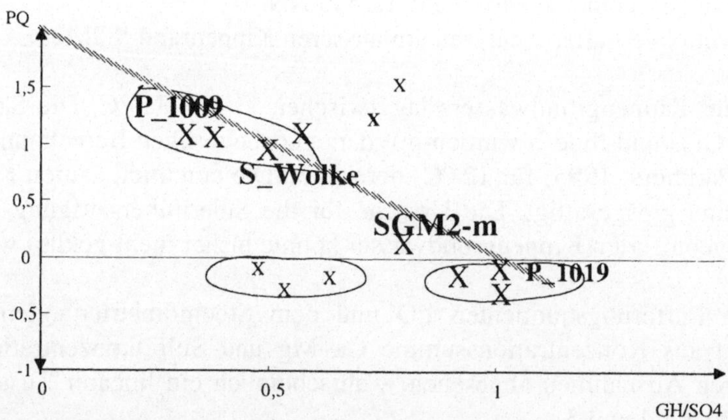

Abb. 4 Darstellung von PQ gegen GH/SO4 [X-Einzeldaten der Altpegel] für Schlabendorf-Nord (s. Tab. 1).

Die Zusammenhänge zwischen diesen sehr unterschiedlichen Kippengrundwässern lassen sich durch Überlagerung säurebildender und puffernder Reaktionen bei deren Genese in der Kippe interpretieren. Die Ergebnisse von Sickerwasseruntersuchungen wurden bereits in Schöpke et al. (1999) und Schöpke (1999) dokumentiert.

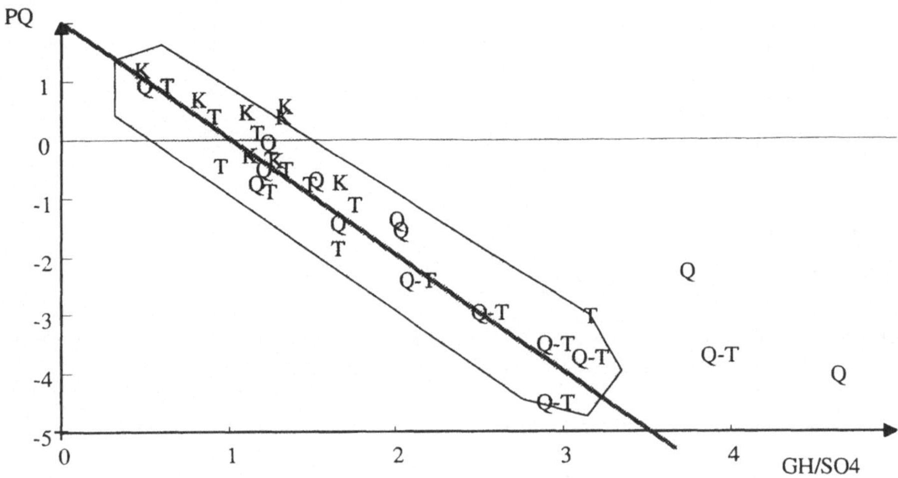

Abb. 5 Darstellung von Grund- und Oberflächenwässern aus den Kippengebieten Seese - Ost und - West [Q = quartärer, T = tertiärer Grundwasserleiter, K = Kippe, Q-T durchgehend verfilterter Brunnen].

2.3.2 Kippensandfeststoffe aus der Kippe Seese-Ost

Die an die Kippenfeststoffe der Proben des TP 21 gebundenen wasserlöslichen Neutralisationspotentiale zeigt Abbildung 6 für zwei ausgewählte Bohrungen. Die mittleren Säuregehalte für die untersuchten Bohrprofile ST 3 bis ST 15 wurden in Tabelle 2 aus je 3 - 5 Feststoffproben zusammengestellt und charakterisieren den potentiellen Säuregehalt der Kippe am jeweiligen Bohrprofil.

In Tabelle 2 stehen neben den einzelnen Profilmittelwerten die repräsentativen Kippensandbelastungen der Einzelproben für stark saure, saure und gepufferte Materialien. Die puffernden Materialien (NP > 0) können erheblich mehr Säure abbinden als durch Elution mit deionisiertem Wasser ermittelt werden konnte.

Deshalb wurden diese Materialien im Fluidzirkulationsversuch auch mit verdünnten Säuren eluiert. Übereinstimmend mit den Ergebnissen von Schöpke (1999) konnten keine reproduzierbaren Pufferkapazitäten von Feststoffen ermittelt werden. Hierzu sind weitere methodische Untersuchungen erforderlich.

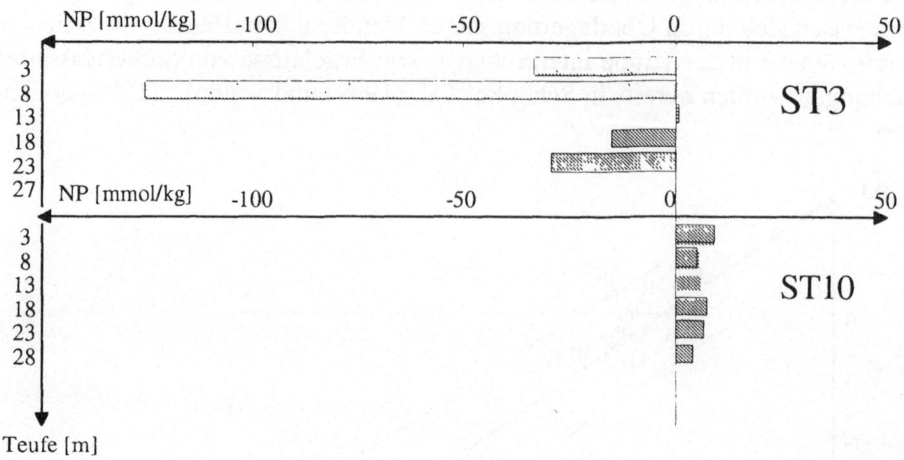

Abb. 6 Wasserlösliches Neutralisationspotential eines sauren und eines gepufferten Kippenprofils in Seese-Ost [Probenbezeichnungen ST 3 und ST 10 s. TP 21].

Tab. 2 Kippensandeigenschaften für die noch ungesättigten Bohrprofile Seese-Ost.

		Mittel über die Bohrprofile					repräsentative Materialien		
Parameter		ST3	ST 7	ST 8	ST10	ST15	stark sauer	sauer	gepuffert
NP	$mmol\,kg^{-1}$	-40,70	6,20	-18,40	6,10	-20,60	-65,00	-12,50	2,80
GH=Ca+Mg	$mmol\cdot kg^{-1}$	16,10	15,50	17,10	16,50	11,20	17,50	18,75	15,40
SO_4	$mmol\cdot kg^{-1}$	45,60	13,30	26,90	14,90	19,40	50,00	25,00	14,00
PQ	1	0,90	-0,40	0,50	-0,41	0,88	1,30	0,50	-0,20

2.3.3 Zusammenfassende Beschreibung der ermittelten Beschaffenheitsdaten durch ein Genesemodell für Kippengrundwässer

Laboruntersuchungen (Schöpke 1999) zeigten, dass die Grundwasserbeschaffenheit in der Kippe Schlabendorf-Nord im Wesentlichen durch die Lösung von Pyritverwitterungsprodukten aus dem Kippensand bestimmt wird. Die noch relativ junge Kippe Seese-Ost (s. TP 21, dieser Band) enthält noch puffernde, wahrscheinlich calcitreiche Materialien. Darauf aufbauend wird versucht, die Genese der ermittelten Kippengrundwasserbeschaffenheiten aus ionenarmem Ausgangswasser (z. B. Niederschlag) durch Kombination elementarer Reaktionen (Abbildung 1) zu erklären. Das Neutralisationspotential enthält bereits implizit die

Eisen-, Aluminium- und Mangan- sowie die Hydrogencarbonatkonzentration. Zusammen mit der Sulfat- und der Erdalkalienkonzentration beschreiben im Wesentlichen die in dem Konzentrationsvektor $(NP, c_{GH}, c_{SO4})^T$ zusammengefassten Grössen die Wasserbeschaffenheit.

Der Säureeintrag in das Wasser erfolgt direkt über Pyritverwitterung oder über die Lösung bzw. Aufnahme der Verwitterungsprodukte, quantifiziert durch den Reaktionskomponente **Py**.

Im Verhältnis zur Eisenkonzentration enthalten die repräsentativen Analysen in Tabelle 1 nur geringe Anteile an Aluminium und Mangan bei z. T. relativ hohen Hydrogencarbonatkonzentrationen. Die gebildete Säure wird wahrscheinlich überwiegend durch Lösung von Calciumcarbonat und auch durch Ionenaustausch von Erdalkalien gegen Protonen gepuffert (Reaktionskomponente **Pu**).

Da die potentiell sauren Kippengrundwässer mit Calciumsulfat (Gips, $CaSO_4 \cdot 2H_2O$) gesättigt sind, muß auch dessen Lösung / Fällung quantifiziert werden (Reaktionskomponente **Gips**).

Der Konzentrationsvektor des Kippengrundwassers setzt sich demzufolge aus dem des Ausgangswassers (Index 0) und dem Produkt der Stöchiometriematrix mit dem Reaktionsvektor $(Py, Pu, Gips)^T$ entsprechend Gleichung 3 zusammen.

$$\begin{pmatrix} NP \\ c_{GH} \\ c_{SO4} \end{pmatrix} = \begin{pmatrix} -2 & 2 & 0 \\ 0 & 1 & 1 \\ 1 & 0 & 1 \end{pmatrix} \times \begin{pmatrix} Py \\ Pu \\ Gips \end{pmatrix} + \begin{pmatrix} NP_0 \\ c_{GH0} \\ c_{SO40} \end{pmatrix} \tag{3}$$

Die Stöchiometriematrix enthält die Stöchiometriekoeffizienten der einzelnen Reaktionen. Das Gleichungssystem Gleichung 3 ist unterbestimmt. Dividiert man das Gleichungssystem durch die aktuelle Sulfatkonzentration und setzt für die Quotienten den Pufferungsquotienten bzw. den *Stöchiometriequotienten* (GH/SO4) ein, ergibt sich Gleichung 4:

$$\begin{pmatrix} -PQ \\ GH/SO4 \\ 1 \end{pmatrix} - \frac{1}{c_{SO4}} \begin{pmatrix} NP_0 \\ c_{GH0} \\ c_{SO40} \end{pmatrix} = \frac{1}{c_{SO4}} \begin{pmatrix} -2 & 2 & 0 \\ 0 & 1 & 1 \\ 1 & 0 & 1 \end{pmatrix} \times \begin{pmatrix} Py \\ Pu \\ Gips \end{pmatrix} \tag{4}$$

Wird der Einfluß der Gipslösung / Fällung eliminiert durch Subtraktion der Zeile 3 von Zeile 2 folgt Gleichung 5:

$$\begin{pmatrix} -PQ \\ GH/SO4 - 1 \end{pmatrix} - \frac{1}{c_{SO4}} \begin{pmatrix} NP_0 \\ c_{GH0} - c_{SO40} \end{pmatrix} = \frac{1}{c_{SO4}} \begin{pmatrix} -2 & 2 \\ -1 & 1 \end{pmatrix} \times \begin{pmatrix} Py \\ Pu \end{pmatrix} \tag{5}$$

Durch Einsetzen erhält man:

$$-PQ - 2GH/SO4 + 2 + \frac{-NP_0 + 2c_{GH0} - 2c_{SO40}}{c_{SO4}} = 0 \tag{6}$$

Die Abhängigkeit des Pufferungsquotienten PQ von den Anfangsparametern ergibt sich nach Umstellen von Gleichung 6 und unter Voraussetzung ionenarmem Initialwassers als Gleichung 7.

$$PQ = 2\left(1 - GH/SO4\right) \tag{7}$$

Die in den Abbildung 4 und 5 dargestellten Grundwasseranalysen lassen sich mit diesem einfachen Genesemodell erklären.

2.3.4 Berechnung von Kippenwässern über das entwickelte Genesemodell

Die in Folge des Säureeintrages und der Calcitpufferung sich einstellenden chemischen Gleichgewichte, die den pH-Wert und die Eisenkonzentration festlegen, können auch mit geochemischen Berechnungsmodellen bestimmt werden. Die Anzahl der dabei zu berücksichtigenden Freiheitsgrade reduzieren sich bei Anwendung des entwickelten Genesemodells auf zwei: den Eintrag von Verwitterungsprodukten (Py) und die Calcitpufferung (Pu). In der folgenden Beispielrechnung wurden 40 $mmol \cdot L^{-1}$ Pyrit mit 270 $mmol \cdot L^{-1}$ Sauerstoff (O) oxidiert und schrittweise mit Calcit neutralisiert (Abbildung 7). Dabei fällt zunächst Gips und ab pH > 4,8 auch Siderit aus.

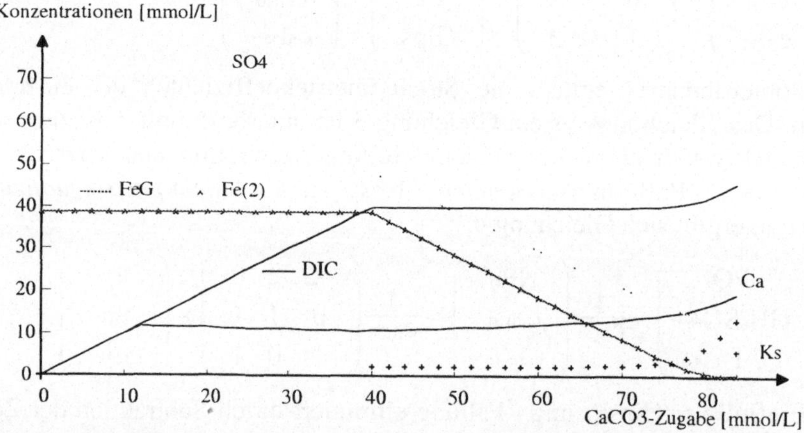

Abb. 7 Modellierte Konzentrationsverläufe der Neutralisation von Pyritverwitterungsprodukten mit Calcit [FeG, Fe(2) -Gesamteisen- bzw Eisen(II)konzentration].

Bedingt durch die relativ hohe Sulfatkonzentration liegt die Calciumkonzentration um 12 - 20 $mmol\,L^{-1}$. Nachdem freies Hydrogencarbonat vorliegt, beginnt auch die Sideritfällung und stabilisiert dabei die Hydrogencarbonatkonzentration um 2 $mmol\,L^{-1}$.

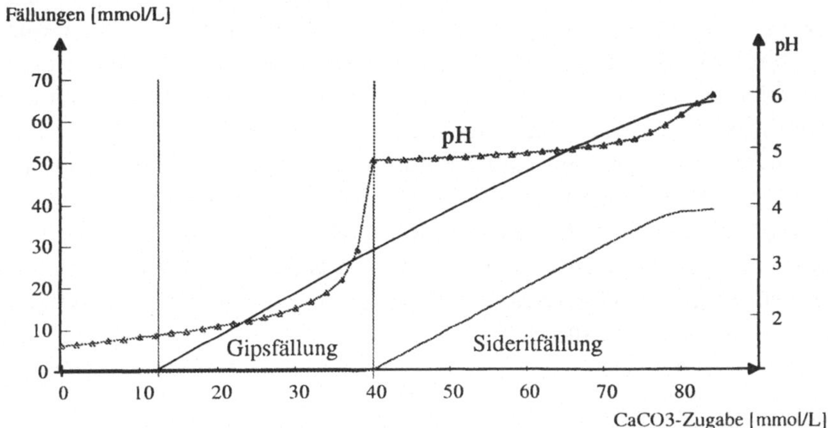

Abb. 8 Berechnete pH-Werte und Ausfällungsmengen in Abhängigkeit von der Calcitpufferung.

Nachdem das meiste Eisen als Siderit ausgefällt ist, steigt die Hydrogencarbonatkonzentration und nähert sich dabei der Calcitsättigung nach Zugabe von 85 $mmol \cdot L^{-1}$ Calcit (Abbildung 8). Während des modellierten Pufferungsprozesses entspricht der Zusammenhang zwischen PQ und Ca/SO4 dem Genesemodell. Damit lassen sich die beobachteten hydrogencarbonatgepufferten Grundwässer als direkte Folge von Säureeinträgen in calcitgepufferte Grundwasserleiter erklären.

2.4 Diskussion

Durch den Einsatz von Multilevelpegeln konnte eine starke Tiefenabhängigkeit der Kippengrundwasserbeschaffenheit ermittelt werden, die bei der Beprobung der vorhandenen Pegelsysteme z. B. durch Wurl et al. (1996) oder Gast und Katzur (1997) nicht beachtet werden konnte. Die gemessenen Beschaffenheitsänderungen können in Verbindung mit den Ergebnissen der Laboruntersuchungen wie folgt interpretiert werden:

Während des Grundwasserwiederanstieges werden mit sauren Pyritverwitterungsprodukten angereicherte Schichten durch aufsteigendes Grundwasser, zusammen mit den jeweils lokalen Grundwasserneubildungen eluiert (Abbildung 9). Die potentielle Säure (NP < 0) wird mit dem Grundwasserstrom in Richtung Tagebausee transportiert. Die Säurewolken entstehen wahrscheinlich durch Elution von stark mit sauren Pyritverwitterungsprodukten angereicherten Sedimenten beim Grundwasseranstieg. Die heterogene Verteilung von Pyritverwitterungsprodukten im ungesättigten Kippengrundwasserleiter kann durch ungleichmäßig verteilte Sickerwasserströme noch verstärkt werden (s. TP 15 und TP 19). Gleichzeitig strömt aus dem tertiären Grundwasserleiter gespanntes, hydrogencarbonatgepuffertes Wasser ein. In der Altkippe Schlabendorf-Nord ist bereits der gesamte Calcitvorrat durch die gebildete Säure verbraucht, so dass besonders in der oberen Grundwasserlamelle hohe potentielle Säurekonzentrationen auftreten. Im jüngeren Kippengebiet Seese-Ost gibt es noch calcithaltige Bereiche. Bei dem gegenwärtig noch niedrigen Grundwasserstand kann die aus den mit Pyritverwitterungsprodukten angereicherten Kippenbereichen sickernde Säure noch abgepuffert werden. Damit erklären sich die dort gefundenen hohen Hydrogencarbonatkonzentrationen. Bei ansteigendem Grundwasser wird das Verhältnis puffernder Substanzen zur potentiellen Säure im Grundwasserströmungsquerschnitt die Beschaffenheit der entstehenden Restseen bestimmen.

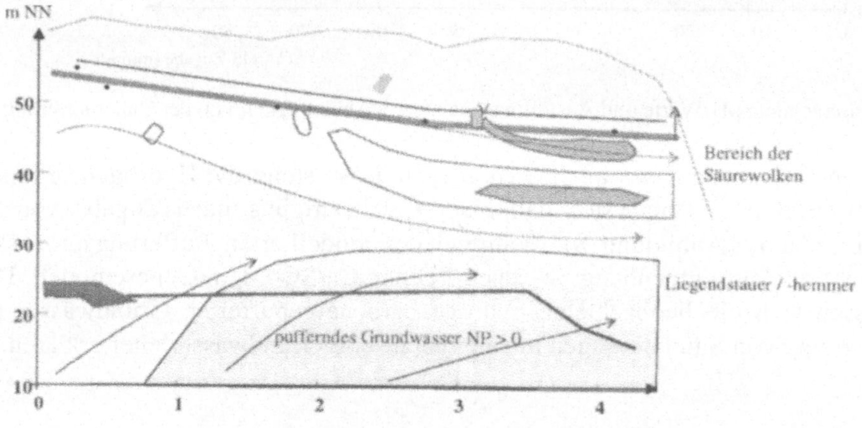

Abb. 9 Aus den Untersuchungsergebnissen abgeleitetes Schema der Beschaffenheitsentwicklungen im Grundwasser beim Durchströmen des Kippengebirges.

Die säurebildenden und puffernden Reaktionen im Kippengrundwasserleiter (ungesättigt und gesättigt) können im Ergebnis des abgeschlossenen Forschungsvorhabens quantitativ beschrieben werden. Dagegen fehlen noch detaillierte Ergebnisse zur Beschreibung sulfatreduzierender Prozesse im strömenden Grundwasser, zu Wechselwirkung mit basischen Komponenten (Asche) im Grundwasserleiter, sowie zum Verhalten von Spurenelementen. Für die Migration einzelner Kippengrundwasserinhaltsstoffe liegen brauchbare Modellansätze vor. Die Modellparameter sind jedoch noch nicht sicher genug bestimmt (Schöpke 1999). Die in den Kippengebieten vorgefundenen Grundwässer können nach Matschullat et al. (1997) dem Sulfat-Typ zugeordnet werden. Bisherige Versuche zur weiteren Systematisierung der Kippengrundwässer, z. B. durch Wurl et al. (1996), basieren auf statistischen Auswertungen der Analysendaten und erklären keine funktionalen Zusammenhänge. Das Verhalten von Spurenelementen, sowie Sorptions- und biochemischen Redoxprozessen sollten im Mittelpunkt nachfolgender Untersuchungen stehen. Auch konnte das Verhalten von Tonmineralien und Huminstoffen in den durchgeführten Untersuchungen noch nicht ausreichend Berücksichtigung finden.

2.5 Zusammenarbeit

Die Arbeiten auf den Bergbausanierungsflächen wurden von der LMBV unterstützt. Ein reger Meinungsaustausch entwickelte sich zum Dresdener Grundwasserforschungszentrum (DGFZ, Professor Luckner) und zur Ruhr-Universität-Bochum (Professor Obermann). Die Erfahrungen mit der Probenahme- und Versuchstechnik wurden mit den Herstellerfirmen ausgewertet und führten zu verbesserten Produkten.

2.6 Danksagung

Die Untersuchungen wurden im Rahmen des BTUC Innovationskollegs Bergbaufolgelandschaften (Förderkennzeichen INK 4/A1 und INK 4/B1-1) durchgeführt. Wir danken der DFG für die gewährten Finanzmittel. Dem Zentralen Analytischen Labor der Fakultät 4 der BTU Cottbus, den Mitarbeitern des gemeinsamen Wasserlabors der Lehrstühle Wassertechnik, Abwassertechnik, Hydrologie und Gewässerschutz danken wir für die Betreuung der Versuche und für analytische Arbeiten.

3 Publikationsliste und Literatur

3.1 Eigene Publikationen

Jerratsch, T., 1997: Vergleichen und Bewerten der Beschaffenheiten von Grundwasserleitern in den Kippenbereichen der Versuchsfläche Schlabendorf. Diplomarbeit BTU Cottbus, Lehrstuhl Wassertechnik (unveröffentlicht).

Kapahnke, J., 1995: Einsatz anaerober Verfahren zur Behandlung Lausitzer Bergbauwässer. Diplomarbeit BTU Cottbus (unveröffentlicht).

Lawall, R., 1996: Aufbau und Einarbeitung eines Grundwasserbeschaffenheitsnetzes für ein ausgewähltes Areal in einer Bergbaufolgelandschaft. Diplomarbeit BTU Cottbus, Lehrstuhl Wassertechnik (unveröffentlicht).

Preuß, V., 1999: Laboruntersuchungen von Stoffübergangsvorgängen in Modellsystemen Kippsand - Grundwasser. Diplomarbeit BTU Cottbus, Lehrstuhl Wassertechnik. Schriftenreihe Siedlungswasserwirtschaft und Umwelt Heft 3.

Schöpke, R., 1997: Einsatz einer REV-Fluidzirkulationsanlage zur Bestimmung wasserlöslicher Bestandteile in Kippensanden. Wasser & Boden 49, Jahrg., H. 10.

Schöpke, R., 1999: Erarbeitung einer Methodik zur Beschreibung hydrochemischer Prozesse in Kippengrundwasserleitern, Schriftenreihe Siedlungswasserwirtschaft und Umwelt Bd. 2, Dissertation BTU Cottbus, Lehrstuhl Wassertechnik.

Schöpke, R., Koch, R. und Pietsch, W., 1999: Chemisch bedingte Beschaffenheitsveränderungen des Sicker- und Grundwassers. In Hüttl, R., Klem, D., Weber, E.: (Hrsg.) Rekultivierung von Bergbaufolgelandschaften. Walter de Gruyter.

Stenzel, I. 1995: Beschaffenheit von Grundwässern, Grundwasserleitern und Grundwasserbeobachtungsrohren im Rekultivierungsgebiet Schlabendorf-Nord. Diplomarbeit BTU Cottbus, Lehrstuhl Wassertechnik (unveröffentlicht).

Uhlmann, W., Schöpke, R. und Leßmann, D., 1997: Oberflächenwasser in Bergbaugebieten. Sachstandsbericht 01/1997 zum Wissenschaftlichen Projekt: Erfassung und Vorhersage der Gewässergüte in Tagebauseen der Lausitz als Basis für deren nachhaltige Steuerung und Nutzung. BTU Cottbus.

3.2 Zitierte Literatur

Biemelt, D., Schöpke, R. und Mahlich, B., 1995: Auswahl von Versuchsflächen für die Teilprojekte 9, 10 und 11. In BTUC Innovationskolleg Bergbaufolgelandschaften: Ökologisches Entwicklungspotential der Bergbaufolgelandschaften im Lausitzer Braunkohlerevier. Bericht zum TP 1, 63-67 (unveröffentlicht).

Evangelou, V. P., 1995: Pyrite oxidation and its control. CRC Press Boca Raton New York London Tokio.

Gast, M. und Katzur, J., 1997: Auswirkungen der Strukturtypen der Bodendecken auf die Beschaffenheit des Grundwassers. Vortragsband, GBL Heft 4, Hannover 1997.

Grünewald et al., 1997 a: Erfassung und Vorhersage der Gewässergüte in Tagebauseen der Lausitz. Gutachten zur Entwicklung der Wasserbeschaffenheit im Bischdorfer See (RL 23). Senftenberg/Cottbus 15.12.97.

Grünewald et al., 1997 b: Erfassung und Vorhersage der Gewässergüte in Tagebauseen der Lausitz; Gutachten zur Entwicklung der Wasserbeschaffenheit im Schönfelder See (RL 4). Senftenberg/Cottbus 15.09.97.

Matschullat, J., Tobschall, H. J. und Voigt, H.-J., 1997: Geochemie und Umwelt. Springer Berlin, Heidelberg.

Parkhurst, D., 1995: User's guide to phreeqc-a computer program for specication, reaction-path, advective-transport, and inverse geochemical calculations. Water-Resources Investigations Report 95-4227.

Reichel, F., Uhlmann, W. und Grünewald, U., 1994: Möglichkeiten und Grenzen der Beeinflussung der Wasserbeschaffenheit in Tagebaurestlöchern bei aufsteigendem Grundwasser; Teil 1 Erarbeitung einer wissenschaftlichen Methodik. Gutachten Ingenieurbüro Fritz Reichel, Cossebaude, Ingenieurbüro für Wasser und Boden, Possendorf und BTU Cottbus, Lehrstuhl Hydrologie und Wasserwirtschaft.

Wurl, J., Manhenke, R. und Schirrmeister, W., 1996: Montanhydrogeologische Typisierung des Niederlausitzer Braunkohlenreviers. Vortragsband, GBL Heft 3, Hannover.

Biogeochemische Stoffumsetzungen an der Sediment-Wasser-Grenzfläche in Tagebauseen (Teilprojekt 11)

Maria Kapfer, Andrew Fyson, Remo Ender & Brigitte Nixdorf

1 Zusammenfassung

Ziel der vorliegenden Untersuchungen war, die Auswirkung von Stoffeinträgen auf biogeochemische Wechselwirkungen zwischen Grundwasser, Sediment und Freiwasser von extrem sauren Tagebauseen zu erfassen. Dabei wurde die Dynamik von pH-Wert, Phosphor und Kohlenstoff als wichtige Steuergrößen der biologischen Entwicklung besonders berücksichtigt. Artenzusammensetzung, Biomasse und Primärproduktion des Phytobenthos wurden als biologische Reaktionen auf die abiotischen Bedingungen an der Sediment-Wasser-Grenzfläche untersucht.

Die Phosphorkonzentrationen in den Sedimenten von vier Tagebauseen waren meist sehr gering. Die sequentielle Fraktionierung der Phosphorbindungsformen zeigte, dass die größten Anteile des Phosphors zum einen refraktär organisch oder mineralisch, zum anderen an Eisen-Oxide oder Calcium gebunden sind. Ein Laborversuch zur Phosphorbindungskapazität vom Litoralsediment des Lichtenauer Sees wies darauf hin, dass bei einer Zufuhr von Phosphor der größte Anteil an Calcium gebunden wird.

An drei Probestellen im Litoral des Lichtenauer Sees konnte gezeigt werden, dass sich der Einfluss von externen Stoffeinträgen sowohl auf die abiotischen Bedingungen als auch auf die biologische Besiedlung auswirkt. Der Eintrag von stark saurem Kippengrundwasser, von neutralem Grundwasser oder von nährstoffreichem Oberflächenwasser spiegelte sich in unterschiedlichen Gradienten von pH-Werten, Sulfat- und Eisenkonzentrationen im Porenwasser wider. Dies prägt erheblich die abiotischen Milieubedingungen und beeinflusst zugleich neutralisierende Prozesse wie die Sulfat- oder Eisenreduktion.

Die Bedeutung der Milieubedingungen zeigte sich insbesondere in der phytobenthischen Besiedlung. An allen drei Litoralstellen traten zwar dieselben säuretoleranten Arten auf (*Euglena mutabilis* (Euglenophyceae), *Eunotia exigua* (Bacillariophyceae) und *Nitzschia paleaeformis* (Bacillariophyceae)), jedoch unterschieden sich die Dominanzverhältnisse erheblich. Generell waren Biomasse und Primärproduktion des Phytobenthos im Lichtenauer See im Vergleich mit anderen Lausitzer Tagebauseen relativ gering. Eine kurzfristige Massenentwicklung von *N. paleaeformis* am Ostufer zeigte jedoch das hohe biologische Entwicklungspotential, das hier vermutlich durch lokale Erhöhung des pH-Wertes und durch Nährstoffeintrag aktiviert werden konnte. Die phytobenthischen Algen scheinen den größten Teil des anorganischen Kohlenstoffs aus dem Sedimentporenwasser zu beziehen, da dieser im Freiwasser nur in sehr geringen Konzentrationen vorliegt. Sie nehmen dadurch eine wichtige Rolle im Kohlenstoffmetabolismus dieser Gewässer ein, indem sie sowohl eine Quelle organischen Kohlenstoffs für neutralisierende Prozesse als auch eine Nahrungsquelle für Konsumenten darstellen.

2 Arbeits- und Ergebnisbericht

2.1 Ziele

Der Chemismus vieler Tagebaugewässer ist durch ihre hohe Azidität geprägt. Eine Charakterisierung dieser extremen abiotischen Bedingungen in Litoralsedimenten von Tagebauseen wurde in der ersten Projektphase begonnen, um die Milieubedingungen für die biotische Entwicklung in diesem Lebensraum abzuschätzen. Hierbei konnte u. a. eine große Heterogenität der abiotischen Milieubedingungen an der Sediment-Wasser-Kontaktzone nachgewiesen werden.

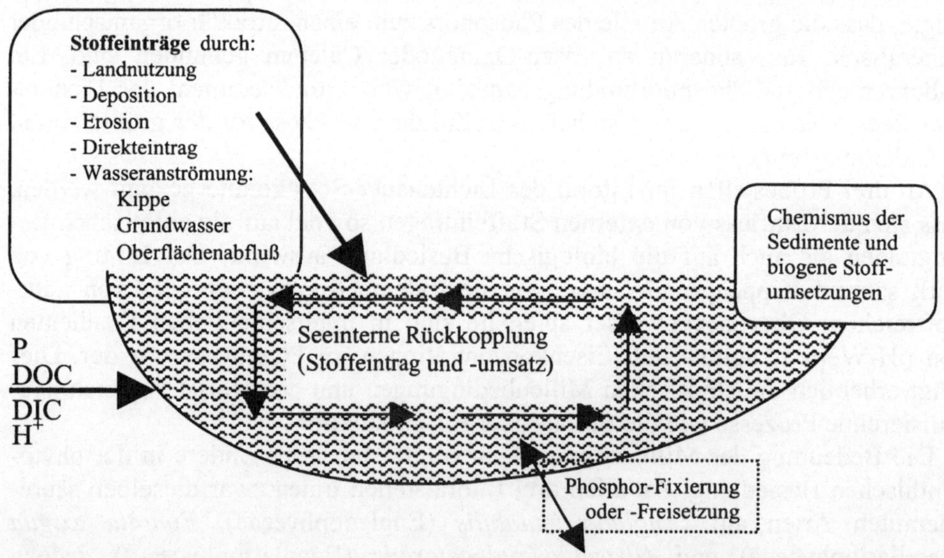

Abb. 1 Stoffeinträge und deren Auswirkung auf Stoffumsetzungsprozesse in Tagebauseen [P=Phosphor, DOC=Gelöster organischer Kohlenstoff, DIC=Gelöster anorganischer Kohlenstoff, H^+=Säure].

Dies ist auf den unterschiedlich stark ausgeprägten Einfluss von externen Stoffeinträgen zurückzuführen, dem die Sedimente der Tagebauseen unterliegen (Abb. 1): z. B. Zutritt von stark saurem Kippengrundwasser oder neutralem Grundwasser, von nährstoffreichem Oberflächenwasser, von Stoffeinträgen durch Erosion, Rutschungen, Sicherheitssprengungen, Landnutzung und Deposition. Von besonderer Bedeutung ist dabei der Eintrag von Kohlenstoff und Phosphor sowie deren chemische Fixierung oder biologische Verfügbarkeit, da beide Stoffe Voraussetzung für die Primärproduktion sind. Zudem ist der pH-Wert eine steuernde Größe für viele chemische sowie biologische Stoffumsetzungen.

Mit der zweiten Projektphase sollte Einblick in die Auswirkung und Bedeutung von Stoffeinträgen für das Sediment und Freiwasser sowie deren Verlagerungs- und Reaktionsprozesse gewonnen werden. Neben einer weitergehenden hydrogeochemischen Charakterisierung der Sediment-Wasser-Grenzfläche war es Ziel, Rückkopplungsmechanismen zwischen Sediment und Freiwasser unter besonderer Berücksichtigung der Dynamik von pH-Wert, Phosphor- und Kohlenstoff als Steuerfaktoren der biologischen Entwicklung zu erfassen. Als Beispiel für eine biologische Reaktion auf die abiotischen Bedingungen an der Sediment-Wasser-Grenzfläche wurden Besiedlung und Primärproduktion des Phytobenthos (Sediment-Aufwuchsalgen) untersucht. Die Erfassung von abiotischen und biotischen Bedingungen, die biogene Stoffumsetzungen in einem Gewässer hemmen, steuern oder fördern, soll eine Abschätzung des limnologischen Entwicklungspotentials ermöglichen.

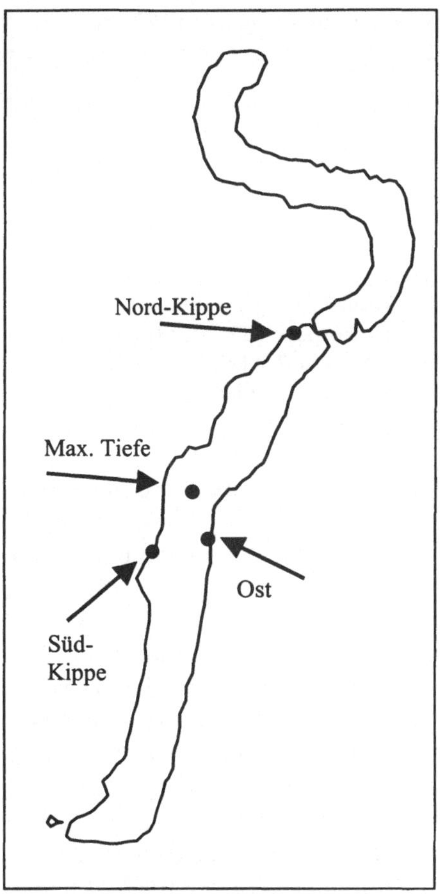

Abb. 2 Lichtenauer See (Restloch F) mit Probenahmestellen.

2.2 Methodik

2.2.1 Untersuchungsgewässer

Hauptuntersuchungsgewässer dieser Projektphase war der Lichtenauer See (Restloch F) in der Region Schlabendorf-Nord (Abb. 2). Hier erfolgten von März bis Dezember 1998 Probenahmen in 4 - 6-

wöchentlichen Abständen an den Litoralstellen Süd-Kippe und Ost (gewachsene Böschung). An der Stelle Nord-Kippe wurde die Beprobung aus Sicherheitsgründen nach zwei Terminen eingestellt (Abb. 2). Die Litoralproben wurden an makrophytenfreien Stellen im Flachwasserbereich in 0,3 - 0,5 m Wassertiefe entnommen. Außerdem wurden im Herbst 1997 Profundalsedimente aus zwei bis drei verschiedenen Tiefen des Lichtenauer Sees und drei weiteren Tagebauseen durchgeführt, die sich in Azidität, Trophie und Stoffeinträgen unterschieden (Tab. 1). Der See Koschen ist bislang nur durch Grundwasser gefüllt, Dreiweibern wird seit dem Frühjahr 1997 durch die Kleine Spree geflutet. Beide Seen sind oligotroph. Der Lugteich ist ein meromiktischer See, der durch jahrelange Abwasserzufuhr hypertroph ist.

Tab. 1 Limnologische Parameter der untersuchten Lausitzer Tagebauseen [Min - Max-Werte der Messungen im Pelagial von 1997 bis 1998; aus: Nixdorf & Kapfer 1998].

Parameter			Lichtenauer See	Koschen	Dreiweibern	Lugteich (Epilimnion)
pH			2,6 - 3,0	2,9 - 3,5	2,4 - 2,5	2,6 - 2,8
Azidität	$K_{B4.3}$	[mmol L^{-1}]	3,4 - 3,9	1,3 - 1,8	3,3 - 4,2	12,8 - 15,0
Sulfat	SO_4^{2-}	[g L^{-1}]	0,9 - 1,6	0,5 - 0,7	1,1 - 1,4	1,9
Gesamteisen	Fe_{tot}	[mg L^{-1}]	6 - 25	5 - 60	10 - 40	260
Aluminium	Al	[mg L^{-1}]	3,3 - 17	0,6 - 0,9	2,3 - 11	n.d.
Ges. anorg. Kohlenstoff	TIC	[mg L^{-1}]	<0,5 - 1,7	<0,5 - 1,7	<0,5 - 0,6	3,8
Gesamtphosphor	TP	[µg L^{-1}]	<5 - 7	<5 - 10	<5 - 9	28
Gesamtstickstoff	TN	[mg L^{-1}]	1,1 - 5,0	1,3 - 2,6	3,8 - 3,9	28
Chlorophyll *a* (median)		[µg L^{-1}]	4	4	3	138
Chlorophyll *a* (maximal)		[µg L^{-1}]	31	11	4	602

2.2.2 Porenwasser- und Sedimentanalysen

Für die Sedimentuntersuchungen wurden Kerne (5,5 cm Durchmesser, 10 - 40 cm Länge) entnommen, wovon für die biologischen Untersuchungen der Litoralsedimente die Oberflächenschicht von 0,5 cm abgetrennt wurde. Es erfolgte die Analyse von Trockengewicht (TG) bei 60 °C, Glühverlust (GV) bei 550 °C und Gesamtphosphor (TP) der gesamten Sedimentkerne in 1 - 5 cm Horizonten. Porenwasserproben wurden in 1 cm-Intervallen gewonnen, indem Porenwassersammler (Hesslein 1976) für 14 Tage an den Probestellen exponiert wurden (Membran aus regenerierter Cellulose, 25 Å, SERVAPOR). Sofort nach ihrer Entnahme wurden mit Hilfe einer Spritze Proben für gelösten anorganischen Kohlenstoff (DIC) und organischen Kohlenstoff (DOC) in stickstoffbegaste Glasvials abgefüllt und nach maximal 24 h im C-Analyzer gemessen. Im Labor wurden Profile von Temperatur, pH, Redoxpotential und elektrischer Leitfähigkeit gemessen. Zum Teil wurden der gelöste anorganische Phosphor (SRP), Kationen (Eisen,

Aluminium, Calcium, Magnesium, Natrium mit Atomarer Absorptionsspektroskopie) und Anionen (Chlorid, Sulfat, Nitrat mit Ionenchromatografie) im Porenwasser bestimmt.

Mit Hilfe der Phosphorfraktionierung nach Psenner et al. (1984) wurden die quantitativen Bindungsanteile des Phosphors (P) im Sediment ermittelt. Mit der schrittweisen Extraktion erhält man die in Tabelle 2 beschriebenen P-Fraktionen. Nach jedem Extraktionsschritt erfolgte zunächst die fotometrische Bestimmung der löslichen, molybdatreaktiven P-Fraktion (SRP). Durch den anschließenden Autoklavenaufschluss mit Kaliumperoxodisulfat wurde der nicht reaktive Anteil (NRP) der Extrakte ermittelt (TP – SRP = NRP). Dieselbe Aufschlussmethode wurde auch zur Bestimmung des Rest-P angewandt. Sämtliche Phosphorbestimmungen wurden nach der DIN-Vorschrift DIN EN 1189 : 1996 (DEV 1997) ausgeführt.

Tab. 2 Übersicht des P-Extraktionsverfahrens und die ungefähre Spezifizierung der P-Fraktionen [SRP: molybdatreaktiver Phosphor, NRP: nicht reaktiver Phosphor; nach Hupfer 1995; Psenner et al. 1984].

Extraktionsmittel	P-Spezies	Bindungsformen
NH_4Cl (1 m)	SRP/NRP	im Interstitialwasser befindlicher Phosphor, labil an Oberflächen adsorbierte Phosphate, algenverfügbare Phosphate
BD (0,11 m) (Bicarbonat-Dithionit)	SRP	an Fe-Hydroxide und Mangan-Verbindungen gebundener P, unter reduzierenden Bedingungen löslich
	NRP	organischer Anteil
NaOH (1 m)	SRP	an Fe- oder Al-Oxide gebundener P, gegen OH^--Ionen austauschbar
	NRP	organisch oder huminstoffgebundener P und Poly-P
HCl (0,5 m)	SRP	carbonatische Anteile, an Calcium (Ca) gebundener P oder Apatit-P
	NRP	säurelabiler organischer P
Rest		mineralischer P oder refraktärer organischer P

2.2.3 Laborversuch zum Phosphorbindungvermögen

Mit Hilfe eines Laborversuches wurde die Sedimentpassage von P-haltigem Grundwasser simuliert. Hierfür wurden im November 1998 vier Kerne an der Probestelle Süd-Kippe entnommen, wobei innerhalb jedes Kerns ein Porenwassersammler integriert wurde. Damit konnte gleichzeitig die gelöste P-Fraktion erfasst werden (Abb. 3). Der Innendurchmesser der vier Sedimentkerne betrug 8,6 cm, die Länge zwischen 25 cm und 30 cm, die Höhe des Überstandswassers zwischen 30 cm und 35 cm. In den Sedimentboden von zwei Kernen wurde jeweils 150 ml KH_2PO_4-Lösung (bzw. 4,89 mg P) eingespült, die die „Phosphor-Kerne“ von unten nach oben durchströmte. Damit war bei theoretischer Gleichverteilung im Poren- bzw. Überstandswasser eine Beladung von 2,06 - 2,28 mg P L^{-1} zu erwarten. Die P-Beladung im Sediment betrug rechnerisch 2,5 mg P $(kg\ TG)^{-1}$). Zwei „Kontroll-Kerne“ blieben unbehandelt. Im Ablaufwasser wurden regelmäßig pH, SRP und zweiwertiges Eisen (Fe(II)) nach DIN 38 406 (DEV 1992) gemessen. Nach vier Wochen wurden die Kerne fraktioniert. Da bei der Entnahme der Porenwassersammler die unteren Sedimentschichten zerfielen und sich vermischten, konnten nur bis 13 cm bzw. 15 cm Tiefe die folgenden Sedimentanalysen durchgeführt werden: TG, GV, Röntgenfluoreszenzanalyse (u. a. P, Fe, Al, Ca), P-Fraktionierung nach Psenner et al. (1984). Aus den Porenwasserproben wurden pH, Redoxpotential, Leitfähigkeit, Kationen (s. o.), Anionen (s. o.), Fe(II) und SRP bestimmt.

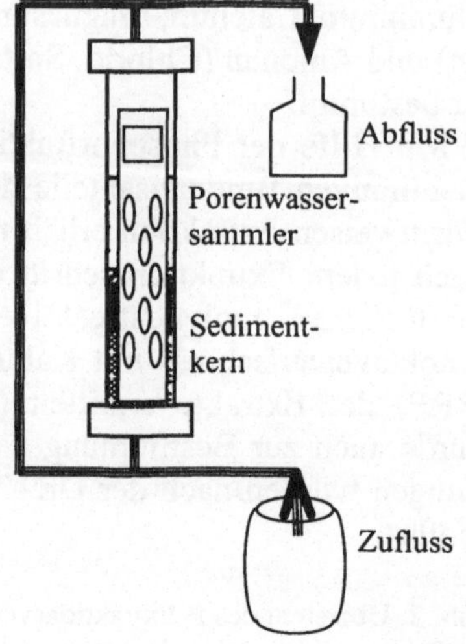

Abb. 3 Schema des Versuchsaufbaus zur Erfassung der P-Bindungskapazität.

2.2.4 Phytobenthische Besiedlung und Primärproduktion

Zur Artbestimmung und semiquantitativen Abschätzung des Phytobenthos wurden Lebendproben und lichtmikroskopische Präparate von der Sedimentoberfläche verwendet (Krammer & Lange-Bertalot 1986; 1988; 1991). Die Bestimmung von Chlorophyll *a* erfolgte an gefriergetrockneten Oberflächensedimenten (0,5 cm) und an einem Teil der exponierten Aufwuchsfolien (s. u.) durch 2-stündige Extraktion mit Ethanol (90 %, 70 °C) und Zugabe von basischem Magnesiumcarbonat (Kapfer 1998 b). Messungen der Primärproduktion des Phytobenthos an frischem Sedimentmaterial waren aufgrund von Quencheffekten nach der Extraktion in Dimethylsulfoxid (DMSO) nicht auswertbar. Daher wurden künstliche Aufwuchssubstrate in Form von transparenten, leicht strukturierten Polyethylen-Folien (8 cm x 1 cm x 0,1 cm) für vier Wochen im Juli, September und Okober 1998 an der Sedimentoberfläche exponiert (vgl. Kapfer 1998 b). Da ein Teil der Folien aufgrund der starken Windexposition durch Sand überdeckt wurde bzw. an der öffentlich zugänglichen Ost-Seite entwendet wurden, stand nur im Oktober ausreichend Material für die Messungen zur Verfügung. Die Folien wurden im Labor mit $NaH^{14}CO_3$ (7,4 - 11,5 kBq pro Folie) in 25 ml Seewasser inkubiert. Licht- und Temperaturverhältnisse wurden in Anlehnung an die Freilandbedingungen eingestellt. Nach zwei Stunden wurden die Folien in DMSO extrahiert, um das assimilierte ^{14}C zu extrahieren (Filbin & Hough 1984; Palumbo et al. 1987). Teilproben der Extrakte wurden im Szintillationszähler mit dem Zusatz des Cocktails Ultima Gold XR (Canberra-Packard) gemessen. Die Raten wurden um die Dunkelfixierungsraten korrigiert.

2.3 Ergebnisse

2.3.1 Beschreibung der Sedimente

Die Sedimente im Lichtenauer See bestanden in den Flachwasserbereichen vorwiegend aus mittel- bis grobsandigem Material. An der Probestelle Nord-Kippe, die durch deutlichem Kippengrundwasserzutritt gekennzeichnet war, war eine ca. 0,5 cm dicke Eisenocker-Auflage charakteristisch, die durch die Oxidation und Ausfällung von Eisenverbindungen entstand. Eine ähnliche Schicht war an der Stelle Süd-Kippe dünner und nur stellenweise vorhanden. An der Probestelle Ost auf der gewachsenen Böschungsseite waren die Sedimente ausschließlich sandig, an „belebteren" Stellen (mit dichtem Algenbewuchs oder in Schilfbereichen) wies jedoch eine dünne bräunliche Auflage auf die Akkumulation von organischer Substanz hin.

Auch die Sedimentkerne des Profundals bestanden vorwiegend aus Sand, wobei die oberen 5 cm mit Eisenocker-haltigen Bereichen durchsetzt waren. Diese bilden hier vermutlich aufgrund der Störung durch Sprengungen und Setzungsfließen keine einheitliche Auflage.

2.3.2 Phosphorgehalt und -Bindungsformen in Tagebausee-Sedimenten unterschiedlicher Azidität und Stoffeintragsbelastung

Vergleich der Gesamtphosphorgehalte und P-Bindungsformen
Die Gesamtphosphorkonzentrationen der untersuchten Sedimente waren im Lichtenauer See, Dreiweibern und Koschen sehr gering. Im Bereich der maximalen Tiefe der Seen blieben sie deutlich unter 0,1 % TP des Trockengewichts bzw. 1 mg P (g TG)$^{-1}$ (Abb. 4). Auch in den flacheren Seebereichen (3 - 5 m Tiefe) wurde diese Konzentration nicht überschritten (nicht dargestellt). Die erheblich höheren Konzentrationen von ca. 5 mg P (g TG)$^{-1}$ im Sediment des Lugteichs sind auf die jahrelange Belastung durch kommunales Abwasser (Fyson & Rücker 1998) zurückzuführen.

Trotz der geringen TP-Konzentrationen ließen sich klare Unterschiede in den Bindungsarten der Sedimente des Lichtenauer Sees und der Seen Dreiweibern und Koschen nachweisen (Abb. 4). Die Bestimmung der P-Anteile von den Sedimenten der tiefsten Stelle zeigten dabei eine ähnliche Verteilung wie in flacheren Bereichen (3 - 5 m) des jeweiligen Sees (nicht dargestellt). Im Lichtenauer See war der Rest-P-Anteil, d. h. der refraktäre organische oder mineralische P, mit bis zu 60 % relativ hoch. Die NaOH-Fraktion war gering, wovon nur ein kleiner Anteil an Fe- oder Al-Oxide gebunden war (SRP-NaOH-P). In den Sedimenten von Dreiweibern und Koschen lag dagegen zumeist der größte Anteil an Fe- oder Al-Oxide gebunden vor. Die HCl-Fraktion, d. h. der Ca-gebundene P war im Lichtenauer See und in Dreiweibern mit 15 - 20 % deutlich höher als im Sediment von

Koschen. Die Fraktionen NH_4Cl-P (0,5 - 2,6 %) und BD-P (6,0 –19,8 %) spielten in allen Seen quantitativ eine untergeordnete Rolle.

Überraschend hoch waren die TP-Konzentrationen im Sedimentporenwasser der tiefsten Stelle des Lichtenauer Sees mit 50 - 1400 µg TP L^{-1}. Sie überstiegen deutlich die Werte in Koschen (40 - 112 µg TP L^{-1}), in Dreiweibern (90 - 170 µg TP L^{-1}) und sogar die im Lugteich (95 - 265 µg TP L^{-1}) (nicht dargestellt).

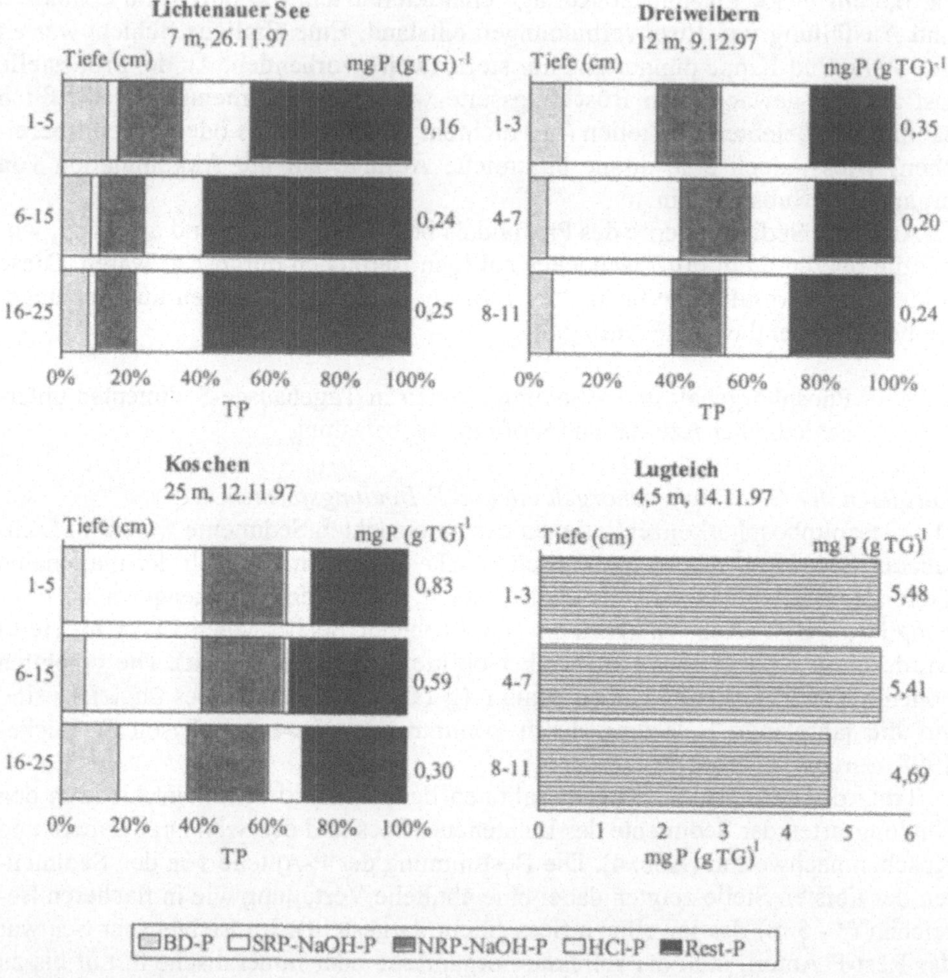

Abb. 4 Prozentanteile der Phosphorfraktionen (% TP) am Gesamtphosphor (mg P (g TG)$^{-1}$) von Profundalsedimenten verschiedener Lausitzer Tagebauseen [Die angegebene Tiefe (m) der Entnahmestellen entspricht jeweils der tiefsten Stelle der Seen. Die Anteile der NH_4Cl-Fraktionen sind nicht dargestellt. Zur besseren Übersichtlichkeit werden nur bei den NaOH-Fraktionen die SRP- und NRP-Anteile gezeigt. Im Lugteich wurde keine P-Fraktionierung durchgeführt.].

Laborversuch zum Phosphorbindungsvermögen im Sediment des Lichtenauer Sees
Die Verteilung der Phosphorfraktionen ergab in den untersuchten Sedimentkernen aus dem Flachwasserbereich der Probestelle Süd-Kippe mit und ohne Phosphatzugabe (Phosphor-Kern, Kontroll-Kern) nur geringe Unterschiede (Abb. 5). Die höchsten Anteile kamen in allen Sedimenthorizonten des Flachwasserbereichs dem refraktär organisch oder mineralisch gebundenen P (Rest-P) sowie dem Calcium-gebundenen Apatit-Phosphor (HCl-P) zu. Nur ein geringer Anteil von 5 - 12 % der HCl-P-Fraktion war organisch gebunden (NRP-HCl-P, nicht dargestellt). Die Tiefenverteilung der P-Fraktionen wies in beiden Kernen einen weitgehend homogenen Verlauf auf. Allerdings zeigte sich im untersten gemessenen Horizont (13 cm) des Phosphor-Kerns eine P-Akkumulation, die in erster Linie auf eine Erhöhung der HCl-P-Fraktion zurückzuführen ist. Dies weist darauf hin, dass ein erheblicher Teil des zugeführten gelösten Phosphats in diesem Horizont und möglicherweise auch in den darunterliegenden Sedimentschichten fixiert wurde. Dabei scheint Calcium als Bindungspartner eine größere Rolle zu spielen als Eisen. Ein Teil des zugeführten P blieb in Lösung, da die SRP-Konzentrationen im Porenwasser des Phosphor-Kerns deutlich höher (max. 240 $\mu g\,P\,L^{-1}$) als im Kontroll-Kern (max. 110 $\mu g\,P\,L^{-1}$) waren. Das SRP-Maximum, das mit dem Anstieg von Fe(II) und der Abnahme des Redoxpotentials korrespondierte, lag in einem schmalen schwarzgefärbten Horizont, der auf Sulfatreduktion hinwies. Die dargestellten Redoxpotentiale lagen vermutlich noch niedriger, da während der Messung keine anaeroben Bedingungen aufrechterhalten werden konnten.

Die Anionen- und Kationenbestimmungen im Porenwasser und die Röntgenfluoreszenzanalysen ergaben keine signifikanten Unterschiede zwischen den Phosphor- und Kontrollkernen. Ebensowenig konnte ein Effekt auf die Chlorophyllbiomasse des Phytobenthos festgestellt werden. Die Biomasse war bereits vor der Inkubation der Kerne mit 0,15 μg Chl *a* $(g\,TG)^{-1}$ sehr gering und betrug nach der Inkubation zwischen < 0,1 und 0,2 μg Chl *a* $(g\,TG)^{-1}$ an der Oberfläche der vier Kerne.

2.3.3 Porenwasseranalysen im Lichtenauer See

Während im Wasserkörper des Lichtenauer Sees die chemischen Parameter nur relativ geringe Schwankungsbreiten aufwiesen (Tab. 1), konnten in den Vertikalprofilen des Interstitialwassers deutliche Gradienten gemessen werden, insbesondere an der Sediment-Wasser-Grenze.

An der Probestelle Nord-Kippe, die durch stark versauertes, sulfat- und eisenreiches Kippengrundwasser beeinflusst war, stieg der pH-Wert im Tiefenprofil nur wenig an (Abb. 6). Dagegen war im Südteil des Sees (Probestellen Süd-Kippe und Ost) eine starke Zunahme des pH-Wertes bereits in den obersten Sedimenthorizonten (Abb. 6) charakteristisch, die durch die Zufuhr von schwach saurem bis neutralen Grundwasser bzw. Oberflächenwasser bedingt wird.

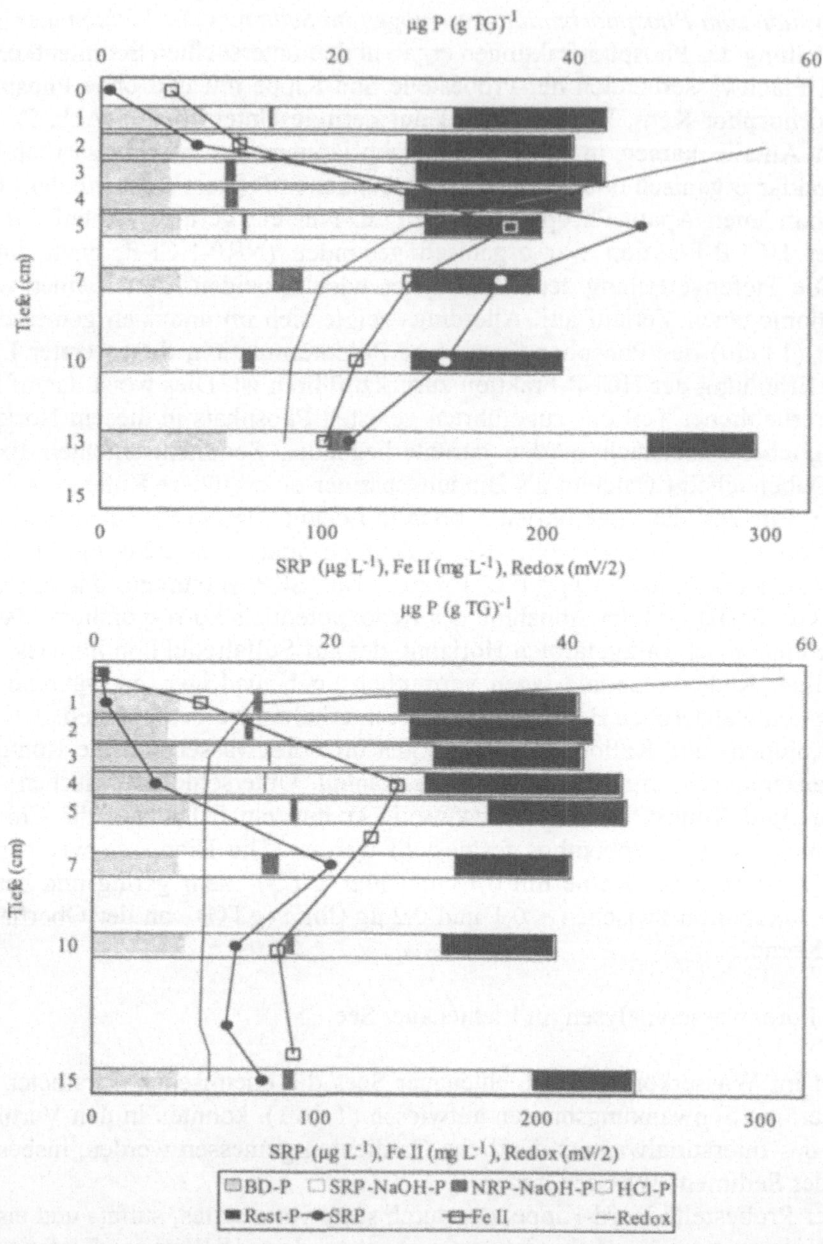

Abb. 5 P-Fraktionen und Porenwasserprofile von SRP, Fe(II) und des Redoxpotentials von Kernen der Probenahmestelle Süd-Kippe [Mit (Phosphor-Kern, oben) und ohne (Kontroll-Kern, unten) Zugabe von gelöstem Phosphat; Inkubationszeit 4.11. - 2.12.1998. Die Anteile der NH_4Cl-Fraktionen (0,5 - 2,6 %) sind nicht dargestellt. Zur besseren Übersichtlichkeit werden nur bei den NaOH-Fraktionen die SRP- und NRP-Anteile gezeigt.].

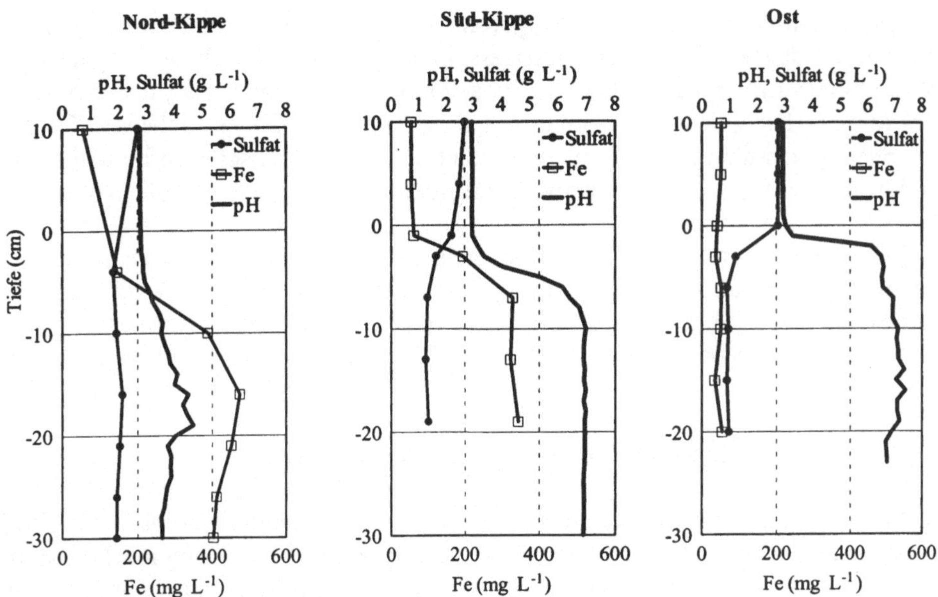

Abb. 6 Porenwasserprofile des pH-Wertes und der Sulfat- und Gesamteisen-(Fe) Konzentrationen an verschiedenen Litoralstellen des Lichtenauer Sees [Nord-Kippe: Juni 1998; Süd-Kippe und Ost: Oktober 1998].

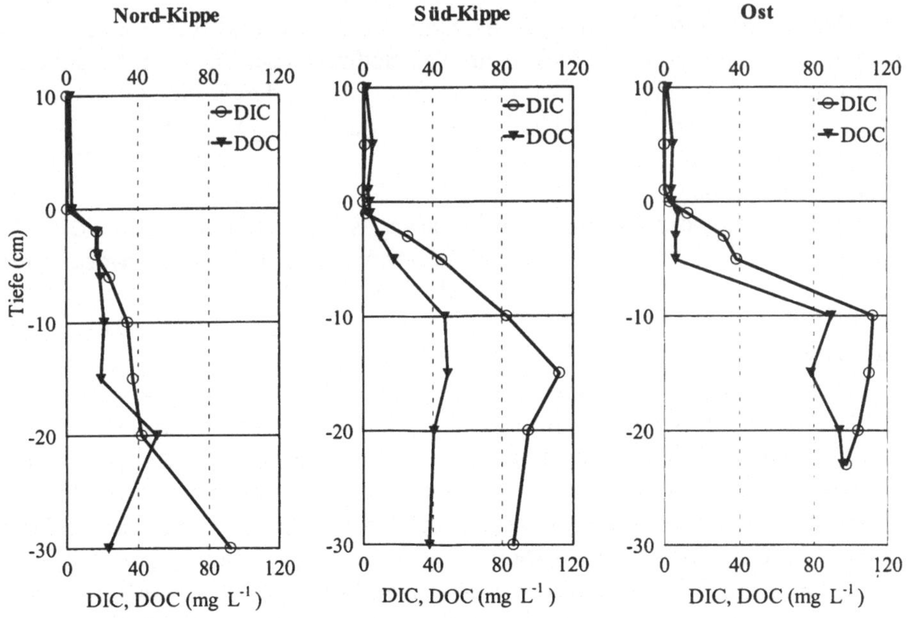

Abb. 7 Porenwasserprofile der DIC- und DOC-Konzentrationen an verschiedenen Litoralstellen des Lichtenauer Sees [Nord-Kippe: Juni 1998; Süd-Kippe und Ost: Oktober 1998].

Die gleichzeitige Abnahme der Sulfatkonzentrationen an beiden Probestellen wies auf Sulfatreduktion hin. Dieser Prozess kann einerseits durch die höheren pH-Werte begünstigt werden, andererseits selbst eine Neutralisierung des Porenwassers fördern. Die gelösten Gesamteisengehalte waren an der gewachsenen Ostseite des Sees gleichmäßig gering, während sich an der Kippenseite an beiden Probestellen der Einfluss der Pyritverwitterung deutlich machte und hohe gelöste Fe-Konzentrationen vorliegen.

Der Lichtenauer See wies wie die meisten anderen sauren Tagebauseen sehr geringe Konzentrationen organischen und anorganischen Kohlenstoffs im Freiwasser auf (Tab. 1). Im Gegensatz dazu zeigten die Porenwassermessungen an allen Probestellen bereits in den obersten Zentimetern eine starke Zunahme des DIC und DOC (Abb. 7).

2.3.4 Phytobenthische Besiedlung im Lichtenauer See

Die Untersuchung der phytobenthischen Algen ergab qualitativ deutliche Unterschiede an den drei Probenahmestellen. Zwar wiesen die Gemeinschaften mit *Euglena mutabilis* (Euglenophyceae), *Eunotia exigua* (Bacillariophyceae) und *Nitzschia paleaeformis* (Bacillariophyceae) dieselbe Artenzusammensetzung auf, jedoch unterschieden sie sich in den Dominanzverhältnissen. An der Nord-Kippe waren *E. exigua* und *N. paleaeformis* etwa in gleicher Abundanz vorhanden. Jedoch erreichte die gegenüber hohen Säure- und gelösten Metallkonzentrationen sehr tolerante *E. mutabilis* hier die größten Biomassen und trat in Form der arttypischen, intensiv grünen Flecken an der Sedimentoberfläche auf (Nakatsu & Hutchinson 1988; Kapfer 1998 b). *E. mutabilis* kam an den beiden anderen Stellen nur vereinzelt vor. Die Stelle Süd-Kippe war durch die Dominanz der Diatomee *E. exigua* gekennzeichnet, die Stelle Ost hingegen durch die höchsten Biomassen von *N. paleaeformis*.

Vergleicht man die Chlorophyllbiomasse, ist der Medianwert an der Nord-Kippe mit 4 µg Chl *a* $(g\,TG)^{-1}$ deutlich höher als an den Diatomeen-dominierten Standorten (ca. 1 µg Chl *a* $(g\,TG)^{-1}$) (Abb. 8). Jedoch ist der außergewöhnlich hohe Maximalwert an der Stelle Ost bemerkenswert, der auf eine lokale Massenentwicklung von *N. paleaeformis* Anfang September 1998 zurückzuführen war. Diese trat in Folge von Starkniederschlägen auf, die in den unbewachsenen Uferhängen Erosionsrinnen eintiefte, worüber vermutlich neutrales, nährstoffreiches Grund- und Oberflächenwasser zugeführt wurde. Zum Zeitpunkt der *N. paleaeformis*-Entwicklung im Lichtenauer See wurden keine Nährstoff- und Primärproduktionsmessungen durchgeführt. Spätere Messungen, während denen bereits ein rapider Abbau der Biomasse erfolgte, zeigten keine Auffälligkeiten. Die Dezimierung der Population wurde vermutlich durch das massive Auftreten der omnivoren Corixidenart *Sigara nigrolineata* an dieser Stelle beschleunigt (Wollmann 1998).

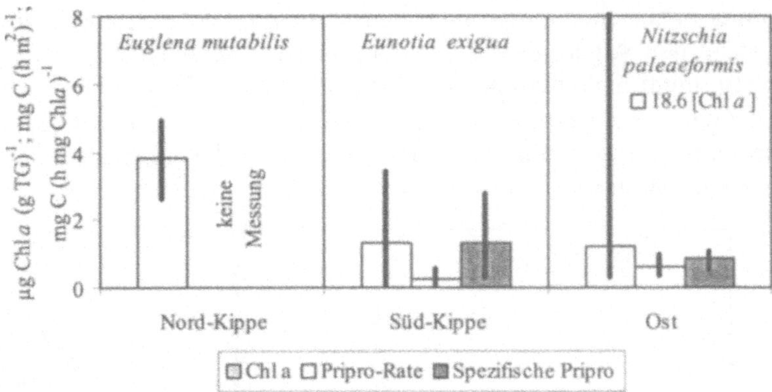

Abb. 8 Minimal-, Median- und Maximalwerte der Chlorophyll *a*-Konzentration und der Primärproduktionsraten mit der jeweils charakteristischen Phytobenthosart an verschiedenen Probestellen im Lichtenauer See [Messungen: Nord-Kippe: Juni-Juli 1998; Süd-Kippe und Ost: Chlorophyll *a*: März-Nov. 1998, Primärproduktion: Oktober 1998].

Tab. 3 Primärproduktionsraten des Phytobenthos in verschiedenen Lausitzer Tagebauseen [Kapfer 1998 b, verändert und ergänzt].

Probestelle	pH	Primärproduktionsrate mg C (h^{-1} m^{-2}) ± SD
Lichtenau S-Kippe	2,8	0,3 ± 0,2
Lichtenau Ost	2,8	0,6 ± 0,2
Plessa 111	2,6	1,0 ± 0,9
Plessa 108	2,9	3,0 ± 0,6
Plessa 108 *(E. mutabilis)*	2,9	5,4 ± 2,7
Koschen	3,1	5,1 ± 0,7

Die Primärproduktionsmessungen, die an den Stellen Süd-Kippe und Ost durchgeführt wurden, ergaben mit 0,3 - 0,6 mg C (h^{-1} m^{-2}) sehr geringe Kohlenstoffassimilationsraten verglichen mit anderen Lausitzer Tagebauseen (Abb. 8, Tab. 3). Dies ist auf den sehr schwachen Diatomeenbewuchs auf den Folien zurückzuführen.

In diesem Zusammenhang soll die angewandte Messmethode kritisch betrachtet werden: Es wurden künstliche Substrate verwendet, die in diesem Falle deutlich geringer besiedelt waren als das umgebende Sediment. Bislang wurden dieselben Aufwuchsfolien in anderen Tagebauseen erfolgreich eingesetzt, d. h. die Biomasse war auf den Folien quantitativ und qualitativ mit dem umliegenden Sediment vergleichbar (Kapfer 1998 b). Dies lag zum einen an der geringeren Windexposition der Probestellen, zum anderen bedingten die hohen Eisenkonzentrationen der Gewässer, dass sich im Lauf der Expositionszeit zumeist eine dünne Schicht von Eisenocker auf den Folien ablagerte, die die Aufwuchsfläche vergrößerte und die Milieubedingungen „sedimentähnlicher“ gestaltete. Weiterhin muss betont werden, dass die bewachsenen Folien im Labor inkubiert wurden,

d. h. nicht unter natürlichen, dafür unter konstanten und definierten Bedingungen. Außerdem stand den Algen als DIC-Quelle nur der Kohlenstoff des Seewassers zur Verfügung, nicht aber die höheren Konzentrationen des Sedimentporenwassers (s. auch Kap. 2.4). Insgesamt sind daher die vorliegenden Messergebnisse als Annäherung und wahrscheinlich als erhebliche Unterschätzung der phytobenthischen Primärproduktion im Lichtenauer See zu werten.

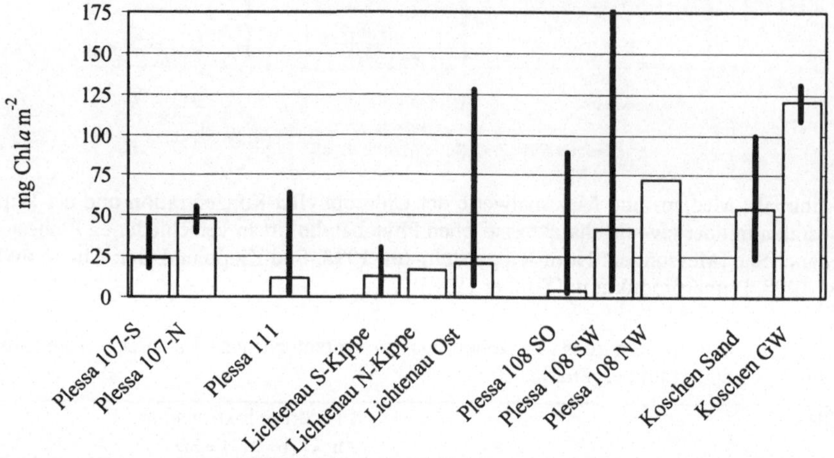

Abb. 9 Minimal-, Median- und Maximalwerte der Chlorophyll *a*-Konzentration pro Fläche an verschiedenen Lausitzer Tagebauseen [Die Flächenberechnungen (mg Chl *a* m^{-2}) sind auf eine Schichtdicke von 0,5 cm Sedimenttiefe bezogen.].

Ein abschließender Vergleich der Chlorophyllbiomassen in verschiedenen Lausitzer Tagebauseen zeigt, dass der Lichtenauer See auch hier eher im unteren Bereich einzuordnen ist (Abb. 9). Zugleich wird jedoch an der hohen Schwankungsbreite an der Probestelle Ost das Entwicklungspotential der vorhandenen Algenpopulation deutlich, die bei einer entsprechenden Änderung der Bedingungen, wie pH-Erhöhung oder Nährstoffzufuhr, mit einer starken Vermehrung der Biomasse reagierte. Ähnliche sporadische lokale Biomasseerhöhungen konnten auch in den Seen Plessa 111 und Plessa 108 beobachtet werden.

2.4 Diskussion

2.4.1 Die Bedeutung von Sickerwassereintritt für biogeochemische Prozesse an der Sediment-Wasser-Grenze

Die vorliegenden Ergebnisse zeigen, dass im Litoral des Lichtenauer Sees die chemischen Bedingungen wie auch die Besiedlung durch das Phytobenthos an der Sediment-Wasser-Grenze lokal erheblich variieren können. Dies wird in erster

Linie auf den Einfluss der unterschiedlichen Qualität des Grund- bzw. Oberflächenwassers zurückgeführt. Gerade die ufernahen Regionen nehmen eine wichtige Funktion bezüglich Sickerwassereinträgen ein (Lee 1977). Die Sedimente sind dabei wichtige Reaktionsorte, in denen der Chemismus des Grundwassers durch biogeochemische Prozesse beeinflusst wird (Schafran & Driscoll 1988). Beispielsweise kann oberflächennahes Grundwasser von höherer Azidität sein als Grundwasser, das an tieferen Stellen in den See eintritt (Chen et al. 1984). Wie an den verschiedenen Probestellen im Litoral des Lichtenauer See gezeigt werden konnte, hängen der pH-Wert sowie die Sulfat- und Eisenkonzentrationen der Sediment-Wasser-Kontaktzone stark davon ab, ob extrem saures Kippengrundwasser (Nord-Kippe), oder neutrales Grundwasser an der Kippenseite (Süd-Kippe), oder aber neutrales Grundwasser wie an der gewachsenen Seeseite (Ost) zutritt. Ein ähnlich starker pH-Anstieg in den oberen Sedimentschichten, wie er an den Probestellen Ost und Süd-Kippe beobachtet wurde (Abb. 6), ist auch aus anderen sauren Tagebauseen bekannt (z. B. Blodau et al. 1998; Friese et al. 1998; Herlihy & Mills 1986). Eine Neutralisation kann u. a. auf chemische und mikrobielle Sulfat- oder Eisenreduktion zurückzuführen sein (z. B. Kelly et al. 1982; Blodau et al. 1998). Der nur geringe pH-Anstieg an der Nord-Kippe ist durch die dauerhafte Nachlieferung von saurem Kippengrundwasser begründet, das im Gebiet Schlabendorf-Nord hochbelastet durch Eisen, Calcium und Sulfat ist (vgl. TP 10, dieser Band; Schöpke 1998), in diesem Bereich mit extrem hoher Azidität sind neutralisierende biogeochemische Prozesse eingeschränkt.

2.4.2 Verhalten der Phosphorfraktionen in verschiedenen Sedimenttypen

Nach den Ergebnissen der P-Fraktionierung der Litoralsedimente des Lichtenauer Sees ist der höchste Anteil des Phosphors an Calcium gebunden (Apatit-P, Abb. 5). Calcium scheint im Freiwasser (500 - 600 mg Ca L^{-1}) und Sediment (Porenwasser 400 - 650 mg Ca L^{-1}, Sediment 0,9 - 1,5 mg Ca $(g\ TG)^{-1}$) des Lichtenauer Sees und insbesondere im anströmenden Grundwasser eine wichtige Rolle als Bindungspartner für Sulfat wie auch für Phosphor zu spielen. Der vergleichsweise geringe Anteil an Ca-gebundenem P im Profundalsediment (Abb. 4) entspricht den Ergebnissen von Williams et al. (1976), der ebenfalls höhere Anteile von Apatit-P im Sediment ufernaher Bereiche im Vergleich zu Profundalsedimenten dokumentierte.

Der Laborversuch mit simuliertem P-Eintrag gab Hinweis darauf, dass hier die P-Sorptionskapazität noch nicht ausgelastet ist. Jedoch ist dies als vorläufiges Ergebnis zu werten, da die zugeführte P-Konzentration und damit die Unterschiede zwischen den Phosphor- und Kontrollkernen nur gering waren. Eine Anreicherung des gelösten Phosphors war nur im untersten analysierten Horizont sichtbar. Allerdings blieb auch ein Teil im Porenwasser in Lösung (Abb. 5). Eine vergleichbare Anreicherung von SRP zusammen mit Fe(II) im Porenwasser reduzierter Sedimentzonen beschreibt Cornwell (1987) und führt diese auf eine Kombination aus Reduktions-, Lösungs- und Desorptionsprozessen zurück. Die Konzentration des SRP ist dabei vom lokalen Redoxpotential abhängig. Generell wird bei einem Redoxpotential von unter 200 mV ein Teil des Fe(III)-Pools im Oberflächensediment zu Fe(II) reduziert. Fe(II) und der assoziierte Phosphor gehen dabei in Lösung (Goltermann 1975). Dies kann ein rein chemischer Prozess sein, aber auch durch mikrobielle Reduktion des Fe(III) verursacht werden (Bostrøm et al. 1988). Eine Diffusion nach oben wird jedoch im Allgemeinen durch die darüberliegende oxidierte Sedimentschicht verhindert.

Betrachtet man die Phosphorgehalte und -fraktionen in den anderen Tagebauseen (Abb. 4), so ist auffällig, dass in den Seen Koschen und Dreiweibern der größte P-Anteil mit NaOH extrahierbar, d. h. an Fe- oder Al-Oxide gebunden war. Dies stimmt mit Beobachtungen in anderen oligotrophen, sauren Seen überein, in denen der größte P-Anteil organisch oder an Fe und Al gebunden vorlag, und nur ein geringer Anteil labil (NH_4Cl-P) oder an Ca gebunden war (Bostrøm 1984). Generell sind die Sedimente dieser Seen durch eine hohe P-Sorptionskapazität gekennzeichnet. Davon unterscheidet sich deutlich die Verteilung im Profundalsediment des Lichtenauer Sees mit seinem hohen Anteil an refraktärem organischem oder mineralischem P. Eine vergleichbare Zusammensetzung wurde in einem oligotrophen, versauerten schwedischen See beschrieben, dessen TP-Konzentration ebenfalls relativ gering und zu über 90 % als refraktärer P gebunden war (Pettersson 1986).

Warum Eisen bzw. Aluminium im Profundalsediment des Lichtenauer Sees eine geringere Rolle als Bindungspartner spielt und warum die TP-Konzentrationen im Porenwasser verglichen mit anderen Tagebauseen so hoch sind, bedarf weiterer Untersuchungen. Die möglicherweise geringe Bindungskapazität der Sedimente sollte insbesondere im Hinblick auf die geplante Flutung des Lichtenauer Sees durch den Südumfluter der Spree berücksichtigt werden, da hierdurch mit einem weiteren P-Eintrag zu rechnen ist. Bis zum jetztigen Zeitpunkt scheint es, dass allenfalls ein sehr begrenzter Austausch mit dem Freiwasser besteht und Rücklösungsprozesse nur eine untergeordnete Rolle spielen, da die maximale TP-Konzentration 0,03 mg TP L^{-1} über Grund betrug (Nov. 1997, Leßmann, in: BTUC & LMBV 1998).

2.4.3 Kohlenstoffverfügbarkeit und die Rolle des Phytobenthos

Der Lichtenauer See weist sehr geringe Konzentrationen organischen und anorganischen Kohlenstoffs im Freiwasser auf. Wie in anderen Lausitzer Tagebauseen wurden im Porenwasser in den obersten Zentimetern starke Zunahmen des DOC und DIC gemessen (Abb. 7, Nixdorf & Kapfer 1998; Kapfer 1998 b; Blodau et al. 1998; Leßmann et al. 1999). Dabei scheint sich DIC und DOC im Sediment durch den Anstrom von neutralem, kohlenstoffreichem Grundwasser und durch erhöhte mikrobielle Aktivität anzureichern. Der DOC spielt als potentielles Substrat für die mikrobielle Sulfat- und Eisenreduktion und damit für das Neutralisierungspotential eine entscheidende Rolle. Der DIC-Flux ist vermutlich stark vom pH-Gradienten abhängig, da mit zunehmendem pH-Wert der gasförmige CO_2-Anteil zugunsten von gelöstem Hydrogencarbonat abnimmt. Das heißt, in tieferen Schichten mit pH-Werten > 4,3 reichert sich DIC als Hydrogencarbonat an und diffundiert nahe der Sediment-Wasser-Grenze aus dem sauren Porenwasser als CO_2 ins überstehende Wasser.

Während der DIC im Freiwasser von Tagebauseen als limitierender Faktor der Primärproduktion betrachtet wird (Nixdorf et al. 1998; Nixdorf & Kapfer 1998), scheint der DIC des Interstitialwassers eine maßgebliche Quelle für die Entwicklung der benthischen Algen zu sein (Wetzel et al. 1985; Kapfer 1998 b). Bis vor kurzem war allerdings nicht geklärt, ob die phytobenthischen Algen ihren Kohlenstoffbedarf für die Photosynthese bevorzugt aus dem überstehenden Freiwasser oder tatsächlich aus dem Sediment decken. Eine Abschätzung mit Hilfe von Laborversuchen zeigte, dass jeweils zur Hälfte beide Quellen genutzt werden (Vadeboncoeur & Lodge 1998). Dieses Verhältnis kann jedoch von System zu System variieren. Insbesondere ist für die Tagebauseen mit DIC-armem Freiwasser anzunehmen, dass das Interstitialwasser eine effektivere Quelle darstellt, da in den oberen Sedimentschichten mit steilen pH-Gradienten eine ständige Lösung und Diffusion von CO_2 zur Oberfläche stattfindet. Diese Zufuhr steuert die Entwicklung der Phytobenthosgemeinschaft an der Sediment-Wasser-Grenze wahrscheinlich maßgeblich.

Auch wenn bereits eine größere Anzahl an DIC-Porenwassermessungen aus verschiedenen Lausitzer Tagebauseen vorliegt, konnte bislang kein signifikanter Zusammenhang zwischen dem Gradienten der DIC-Zunahme oder der absoluten DIC-Konzentration und der phytobenthischen Besiedlung nachgewiesen werden. Dies ist zum einen methodisch bedingt, da beide Messungen (die DIC-Bestimmung in den 2-wöchig exponierten Porenwassersammlern und die Chlorophyllbestimmung des Phytobenthos) jeweils eine Summengröße über einen längeren Zeitraum darstellen. Das heißt, kurzfristige DIC-Schübe und die potentielle Reaktion des Phytobenthos, können so nicht erfasst werden. Zum anderen sind auch die artspezifischen Ansprüche der phytobenthischen Algen unterschiedlich, d. h. deren Entwicklung ist durch ein komplexes Faktorengefüge (Nährstoffe, Licht, pH, Metalltoleranz, Konsumenten etc.) gesteuert. Um dies zu spezifizieren, sind Untersuchungen unter definierten Laborbedingungen erforderlich. Die Beobachtung und Erfassung von sporadischen Ereignissen und deren Reaktionen bieten jedoch eine wichtige Möglichkeit, Hinweise auf steuernde Mechanismen und auf das Entwicklungspotential dieser Extrembiotope zu geben.

Insgesamt scheinen die jeweiligen hydrogeochemischen Bedingungen im Sediment und Porenwasser die Entwicklung der phytobenthischen Arten stärker zu beeinflussen als der Chemismus des Freiwassers, der an den Probestellen keine bedeutenden Unterschiede aufwies. Auch wenn zu der beschriebenen Massenentwicklung von *N. paleaeformis* keine chemischen Messungen vorliegen, ist zu vermuten, dass hier neben einer Nährstoffzufuhr eine lokale pH-Erhöhung an der Sediment-Wasser-Grenze die Hauptursache war. Die Art wurde bislang in den Lausitzer Tagebauseen in höheren Abundanzen erst ab ca. pH 3,0 im Freiwasser gefunden, wobei nicht nur der pH-Wert des Freiwassers, sondern auch der pH-Wert an der Sediment-Wasser-Grenze ausschlaggebend ist. Eine vergleichbare Entwicklung und Monodominanz von *N. paleaeformis* wurde bereits im Koschener See an der gewachsenen Böschungsseite beobachtet, an der pH-Werte von bis zu 4,5 an der Sedimentoberfläche gemessen wurden, die vermutlich auf den Zutritt von neutralem Grundwasser zurückzuführen sind (Abb. 9, Kapfer 1998 b). Als Reaktion auf die lokale Biomasseentwicklung von *N. paleaeformis* etablierte sich wie erwähnt an derselben Stelle eine große Corixidenpopulation, wovon insbesondere deren Larven den Diatomeenrasen regelrecht abzuweiden schienen. Dies verdeutlicht die Rolle, die phytobenthische Algen als organische Substanz für Konsumenten im Nahrungsnetz (Wollmann et al. 2000) und auch für mikrobielle Prozesse spielen können.

Im Folgenden sind die besonderen Funktionen des Phytobenthos als potentieller Stoffvermittler zwischen Sediment und Freiwasser der Tagebauseen zusammengefasst und in Abbildung 10 schematisch dargestellt:

- Aufgrund des direkten Sedimentkontaktes kann das Phytobenthos den DIC nutzen, der als Folge von mikrobiellen Prozessen (z. B. Sulfat-, Eisenreduktion, Respiration) im Sediment entsteht oder durch Grundwasser eingetragen wird, und mit abnehmendem pH-Wert verstärkt nach oben diffundiert.
- Es stellt damit eine Quelle organischen Kohlenstoffs dar, der für neutralisierende Prozesse wie die Sulfat- oder Eisenreduktion im Sediment genutzt werden kann.
- Schließlich kann es eine wichtige Rolle als Nahrungsquelle für Konsumenten spielen. Diese transportieren wiederum den phytobenthischen Kohlenstoff in das Freiwasser (z. B. Corixiden) oder in tiefere Sedimentschichten (z. B. Chironomiden). Damit stehen per Primärproduktion fixierte Energie und Kohlenstoff nicht nur lokal zur Verfügung, sondern beleben den Stoffhaushalt und das Nahrungsnetz in den Tagebauseen.

2.4.4 Schlussfolgerungen

Zusammenfassend lässt sich festhalten, dass die biogeochemischen Verhältnisse von Tagebausee-Sedimenten erheblich durch externe Stoffzufuhr geprägt werden können, z. B. durch den Zutritt von Grund- und Oberflächenwasser. Dies kann unter anderem eine Nachlieferung von Säure (Kippengrundwasser), Kohlenstoff und Phosphor (Grundwasser, Oberflächenwasser) bedeuten. Die chemischen Bedingungen im Sediment üben dabei einen größeren Einfluss auf die Entwicklung der

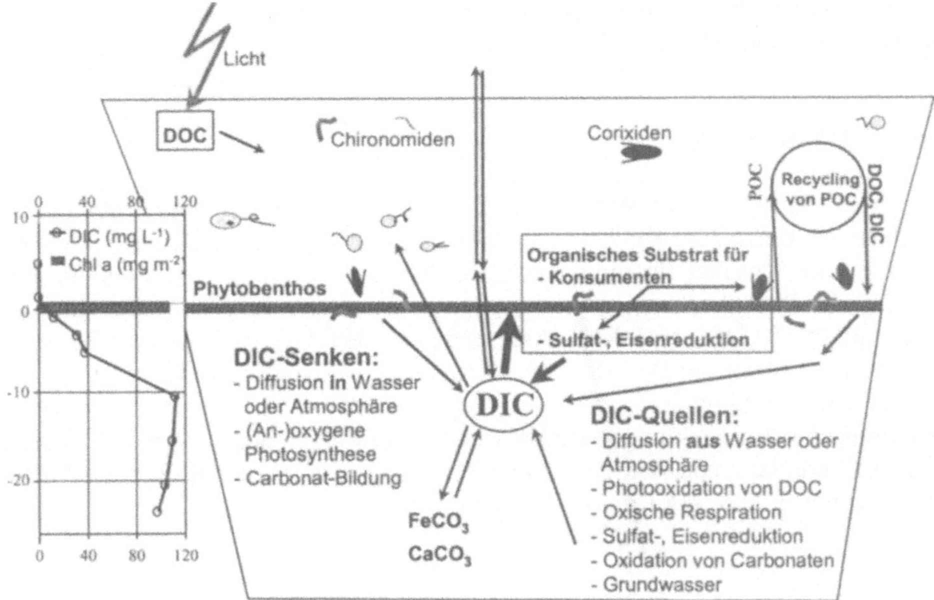

Abb. 10 Die Rolle des Phytobenthos für den Kohlenstoffmetabolismus im Wasser und Sediment eines Tagebausees.

phytobenthischen Artengemeinschaft aus als das umgebende Freiwasser. Weiterhin lassen sich aus den vorliegenden Ergebnissen folgende Hypothesen ableiten:

- Tagebauseen werden im frühen Zustand ihrer ökologischen Entwicklung stärker durch Stoffeinträge von Grundwasser als von Oberflächenwasser beeinflusst.
- Trotzdem findet - insbesondere bezüglich der Primärproduktionsressourcen Phosphor und Kohlenstoff - eine drastische Änderung der Verfügbarkeit und damit auch des ökologischen Entwicklungspotentials beim Übergang vom Grundwasser zum See statt.
- Die Sediment-Wasser-Grenzfläche ist bevorzugter Ort für biogeochemische Prozesse und ist damit maßgeblich bedeutsam für eine Intensivierung der Stoffumsetzungen im gesamten See.

2.5 Zusammenarbeit

Während des gesamten Projektzeitraums bestand intensive Zusammenarbeit mit dem Teilprojekt 10. Die Ergebnisse der Teilprojekte wurden regelmäßig ausgetauscht und insbesondere im Hinblick auf chemische Umsetzungsprozesse des anströmenden Kippengrundwassers beim Eintritt in den Tagebausee diskutiert. Der verwendete Versuchsaufbau (Kap. 2.2.3) erfolgte in Anlehnung an die Laborversuche des Teilprojekts 10 (vgl. TP 10, dieser Band).

2.6 Danksagung

Für die technische Unterstützung und Mithilfe bei zahlreichen Probenahmen möchten wir Herrn Jörg Koebcke und Herrn Mike Hemm herzlich danken, ebenso Herrn Erwin Banscher für die zuverlässige Messung der DIC- und DOC-Proben. Ein Teil der Phosphorfraktionierungen wurde von Herrn Jorge Casallas durchgeführt, die AAS-, IC- und RFA-Analysen von den Mitarbeitern des Zentralen Analytischen Labor der BTU Cottbus. Ihnen allen sei herzlich gedankt.

Die Untersuchungen wurden im Rahmen des BTUC Innovationskollegs „Ökologisches Entwicklungspotential der Bergbaufolgelandschaften im Lausitzer Braunkohlerevier" von der Deutschen Forschungsgemeinschaft finanziert (Förderkennzeichen INK 4/A1 und INK 4/B1-1).

3 Publikationsliste und Literatur

3.1 Eigene Publikationen

Fyson, A., Nixdorf, B. und Steinberg, C. E. W., 1998: Manipulation of the sediment-water interface with potatoes. Water, Air, and Soil Pollut. 108, 353-363.

Fyson, A. und Rücker, J., 1998: Die Chemie und Ökologie des Lugteichs - eines extrem sauren, meromiktischen Tagebausees. In: Schmitt, M. und Nixdorf, B. (Hrsg.): Gewässerreport (Nr. 4). BTUC-AR 5/98, 18-34.

Kapfer, M., 1998 a: Untersuchungen zur Besiedlung und Primärproduktion des Phytobenthos im Litoral von Tagebaurestseen der Lausitz. Deutsche Gesellschaft für Limnologie. Tagungsbericht 1997, 239-243.

Kapfer, M., 1998 b: Assessment of the colonization and primary production of microphytobenthos in the littoral of acidic mining lakes in Lusatia (Germany). Water, Air, and Soil Pollut., 108, 331-340.

Kapfer, M., Mischke, U., Wollmann, K. und Krumbeck, H., 1997: Erste Ergebnisse zur Primärproduktion in extrem sauren Tagebauseen der Lausitz. In: Deneke, R. und Nixdorf, B.: Gewässerreport (Teil III). BTUC-AR 5/97, 31-40.

Kapfer, M., Nixdorf, B., Fyson, A. und Bartenbach, B., 1999: Die Bedeutung des Benthals für das limnologische Entwicklungspotential von Tagebauseen. In: Hüttl, R. F., Klem, D. und Weber, E. (Hrsg.): Rekultivierung von Bergbaufolgelandschaften. Das Beispiel des Lausitzer Braunkohlereviers. Walter de Gruyter, Berlin, New York, 205-218.

Leßmann, D., Deneke, R., Ender, R, Hemm, M., Kapfer, M., Krumbeck, H., Wollmann, K. und Nixdorf, B., 1999: Lake Plessa 107 (Lusatia, Germany) - an extremely acidic shallow mining lake. Hydrobiologia, 408/409, 293-299.

Nixdorf, B., Fyson, A. und Schöpke, R., 1997: Versauerung von Tagebauseen in der Lausitz - Trends und Möglichkeiten der Beeinflussung oder: Kann die biogene Alkalinitätsproduk-

tion gesteuert werden? Deutsche Gesellschaft für Limnologie. Tagungsbericht 1996, 513-517.
Nixdorf, B. und Kapfer, M., 1998: Stimulation of phototrophic pelagic and benthic metabolism close to sediments in acidic mining lakes. Water, Air, and Soil Pollut. 108, 317-330.
Nixdorf, B., Wollmann, K. und Deneke, R., 1998: Ecological potentials for planktonic development and food web interactions in extremely acidic mining lakes in Lusatia. In: Geller, W., Klapper, H. und Salomons, W. (Hrsg.): Acidic Mining Lakes. Springer, Berlin, 147-167.
Wollmann, K., Deneke, R., Nixdorf, B. und Packroff, G., 2000: Dynamics of planktonic food webs in 3 lakes of different acidity (pH 2 - 4). Hydrobiologia (im Druck).

3.2 Zitierte Literatur

Blodau, C., Hoffmann, S., Peine, A. und Peiffer, S., 1998: Iron and sulfate reduction in the sediments of acidic mine lake 116 (Brandenburg, Germany): rates and geochemical evaluation. Water, Air, and Soil Pollut., 108, 249-270.
Bostrøm, B., 1984: Potential mobility of phosphorous in different types of lake sediment. Int. Revue ges. Hydrobiol., 69, 454-474.
Bostrøm, B., Andersen, J. M., Fleischer, S. und Jansson, M., 1988: Exchange of phosphorus across the sediment-water interface. Hydrobiologia, 170, 229-244.
BTUC und LMBV, 1998: Gutachten zur Entwicklung der Wasserbeschaffenheit in Tagebaurestseen der Schlabendorfer Felder. Brandenburgische Technische Universität Cottbus, Senftenberg/Cottbus, Juli 1998 (unveröffentlicht).
Chen, C. W., Gherini, S. A., Peters, N. E., Murdoch, P. S., Newton, R. M. und Goldstein, R. A., 1984: Hydrologic analysis of acidic and alkaline lakes. Water Resources Research, 20, 1875-1882.
Cornwell, J. C., 1987: Phosphorus cycling in arctic lake sediment: adsorption and authigenic minerals. Arch. Hydrobiol., 109 (2), 161-179.
DEV, 1992 – 1997: Deutsche Einheitsverfahren zur Wasser-, Abwasser- und Schlammuntersuchung: Verlag Chemie, Weinheim.
Filbin, G. J. und Hough, R. A., 1984: Extraction of ^{14}C-labeled photosynthate from aquatic plants with dimethyl sulfoxide (DMSO). Limnol. Oceanogr., 29, 426-428.
Friese, K., Hupfer, M. und Schultze, M., 1998: Chemical characteristics of water and sediment in acid mining lakes of the Lusatian lignite district. In: Geller, W., Klapper, H. und Salomons, W. (Hrsg.): Acidic Mining Lakes. Springer, Berlin, 25-45.
Friese, K., Wendt-Potthoff, K., Zachmann, D. W., Fauville, A., Mayer, B. und Veizer, J., 1998: Biogeochemistry of iron and sulfur in sediments of an acidic mining lake in Lusatia, Germany. Water, Air, and Soil Pollut., 108, 231-247.
Goltermann, H. L., 1975: Physiological Limnology. Elsevier Sci. Publ. Co., Amsterdam, 489 S.
Herlihy, A. T. und Mills, A. L., 1986: The pH-regime of sediments underlying acidified waters. Biogeochemistry, 2, 95-99.
Hesslein, R. H., 1976: An in situ sampler for close interval porewater studies. Limnol. Oceanogr., 21, 912-914.
Hupfer, M., 1995: Bindungsformen und Mobilität des Phosphors in Gewässersedimenten. In: Steinberg, C. E. W., Bernhardt, W. und Klapper, H. (Hrsg.): Handbuch Angewandte Limnologie. Ecomed, Kap. IV-3.2, 22 S.
Kelly, C. A., Rudd, J. W., Cook, R. B. und Schindler, D. W., 1982: The potential importance of bacterial processes in regulating rate of lake acidification. Limnol. Oceanogr., 27, 869-882.

Krammer, K. und Lange-Bertalot, H., 1986: Süßwasserflora von Mitteleuropa, Bacillariophyceae. 2/1: Naviculaceae. Fischer, Stuttgart, 876 S.

Krammer, K. und Lange-Bertalot, H., 1988: Süßwasserflora von Mitteleuropa, Bacillariophyceae. 2/2: Bacillariaceae, Epithemiaceae, Surirellaceae. Fischer, Stuttgart, 596 S.

Krammer, K. und Lange-Bertalot, H., 1991: Süßwasserflora von Mitteleuropa. 2/3: Centrales, Fragilariaceae, Eunotiaceae. Fischer, Stuttgart., 576 S.

Lee, D. R., 1977: A device for measuring seepage flux in lakes and estuaries. Limnol. Oceanogr., 22 (1), 140-147.

Nakatsu, C. und Hutchinson, T. C., 1988: Extreme metal and acid tolerance of *Euglena mutabilis* and an associated yeast from Smoking Hills, Northwest Territories, and their apparent mutualism. Microb. Ecol., 16, 213-231.

Palumbo, A. V., Mulholland, P. J. und Elwood, J. W., 1987: Extraction with DMSO to simultaneously measure periphyton photosynthesis, chlorophyll, and ATP. Limnol. Oceanogr., 32 (2). 464-471.

Pettersson, K., 1986: The fractional composition of sedimentary phosphorus in Swedish lake sediments of different characteristics. In: Sly, P. G. (Hrsg.): Sediments and water interactions. Springer, New York, 149-155.

Psenner, R., Pucsko, R. und Sager, M., 1984: Fractionation of organic and inorganic phosphorus compounds in lake sediments. Arch. Hydrobiol., Suppl. 70, 111-155.

Schafran, G. C. und Driscoll, C. T., 1988: Relationships between seepage chemistry and flow path through the near-shore sediments of an acidic lake. Verh. Internat. Verein. Limnol., 23, 2262-2266.

Schöpke, R., 1998: Erarbeitung einer Methodik zur Beschreibung hydrochemischer Prozesse in Kippengrundwasserleitern. Schriftenreihe Siedlungswasserwirtschaft und Umwelt, 2, 135 S.

Vadeboncoeur, Y. and Lodge, D. M., 1998: Dissolved inorganic carbon sources for epipelic algal production: Sensitivity of primary production estimates to spatial and temporal distribution of ^{14}C. Limnol. Oceanogr., 43 (6), 1222-1226.

Wetzel, R. G., Brammer, E. S., Lindström, K. und Forsberg, C., 1985: Photosynthesis of submerged macrophytes in acidified lakes. II. Carbon limitation and utilization of benthic CO_2 sources. Aquat. Bot., 22, 107-120.

Williams, J. D. H., Jaquet, J. M. und Thomas, R. L., 1976: Forms of phosphorus in the surficial sediments of Lake Erie. J. Fish. Res. Bd. Canada, 33, 413-429.

Wollmann, K., 1998: Zur Ökologie der Corixiden (Hemiptera, Heteroptera) in Tagebauseen der Lausitz. Deutsche Gesellschaft für Limnologie. Tagungsbericht 1997, 535-539.

Entwicklung und Bereitstellung dynamischer Datenbanken zur Abschätzung des ökologischen Entwicklungspotentials in den Lausitzer Bergbaufolgelandschaften (Teilprojekt 12.1)

Suzan Yigitbasi, Oleg Seleznev & Bernhard Thalheim

1 Zusammenfassung

In heterogenen Anwendungsfeldern, wie z. B. dem Umwelt- und Forschungsbereich nehmen die Anforderungen an Datenbankanwendungen rasch recht komplexe Form an. Die Entwicklungsarbeiten zur Datenbank des BTUC Innovationskollegs Bergbaufolgelandschaften geben ein Beispiel dafür. Dies soll im Folgenden anhand von Anforderungen und Datenbasis skizziert werden.

Im Vordergrund stehen dabei die Informations-Modellierung im Rahmen des Entity-Relationship-Ansatzes und die Einarbeitung von Metainformationen in das Datenbankkonzept. Daneben werden Ansätze zur Benutzerunterstützung sowie Methoden zur Erweiterung der vorhandenen Datenmodelle vorgestellt. Ihnen kommt gerade in Bezug auf die Nachnutzbarkeit große Bedeutung zu. Abschließend werden anhand eines Beispieldialogs die Ergebnisse des Projekts vorgestellt.

2 Arbeits- und Ergebnisbericht

2.1 Ziele

Die Hauptaufgabe des Teilprojekts 12.1, DENDA - Dynamic Environmental Databases, bestand in der Entwicklung und Bereitstellung einer erweiterbaren und damit nachnutzbaren Umwelt- und Forschungsdatenbank für das BTUC Innovationskolleg. Durch sie sollten die erhobenen Daten bereitgestellt werden, so dass sie auch für spätere Auswertungen und Analysen nutzbar bleiben. Weiter war die Entwicklung eines eigenständigen, dynamischen Datenbankprototypen geplant, der den Benutzern die notwendigen statistischen Funktionen und Methoden bereitstellt, so dass sie anhand der gesammelten Daten die verborgenen Abhängigkeiten und Korrelationen zwischen den Messgrößen erkennen und extrahieren können und so ihre Prognosen und Modelle statistisch absichern und gegebenenfalls verfeinern können.

Voraussetzung für die Schaffung einer allen Teilprojekten zugänglichen Datenbankanwendung war ein in sich konsistentes Datenmodell der erfassten Eingangsinformationen und Messwerte, das alle untersuchten Teilbereiche der Bergbaufolgelandschaften beschreibt. Dies erforderte die Modellierung von Böden, Mikroklima, Flora, Fauna und Gewässern. Als Modellierungsgrundlage dienten dabei die externen Datenmodelle und Methodenbeschreibungen der verschiedenen Erfasser und Teilprojekte.

2.2 Methodik

2.2.1 Konzeption der Datenbank

Die Konzeption der Datenbank orientierte sich an den im Innovationskolleg durchgeführten Untersuchungen, d. h. die einzelnen Datenbankabschnitte können den verschiedenen Bearbeitungsthemen zugeordnet werden (vgl. Abb. 20.1 in Yigitbasi et al. 1999). Dies war hier möglich, da die verschiedenen Versuchsflächen im Allgemeinen auf gleiche oder zumindest ähnliche Weise beprobt wurden. Weiterhin erlaubt dieser Modellierungsansatz, auf einfache Weise die Entwicklung verschiedener Flächen miteinander zu vergleichen.

Der Aufbau der Datenbank folgte der klassischen 3-Schichten-Architektur, die eine Trennung zwischen Applikationen und physischer Datenbankebene ermöglicht:

- Die unterste Schicht repräsentiert das interne Schema der Datenbank, das Speicherstrukturen und Zugriff festgelegt.
- Die nächste Ebene ist durch das Konzeptionelle Schema festgelegt. Es beschreibt den Inhalt der Datenbank, die abgebildeten Umweltobjekte, wie Sickerwasseranalysen, meteorologische Messungen sowie die logischen Tabellen.
- Die oberste Schicht ist den verschiedenen Benutzersichten, Ein- und Ausgabeprozeduren zugeordnet. Sie stellen die für den Endanwender relevante Information bereit. Der Anwender selbst greift mittels einer graphischen Benutzungsschnittstelle auf die Datenbank zu. Dabei liegen jeweiligen Such- und Eingabefenstern entsprechende Sichten und Prozeduren zugrunde.

Die in der in der Datenbank gespeicherte Information ist in folgende drei Bereiche geteilt:

- Die Metainformationen: Dieser Abschnitt enthält übergeordnete Informationen zu Teilprojekten, Aufgaben, Personen und Untersuchungsflächen sowie detaillierte Angaben zu den Untersuchungsmethoden und erfassten Messgrößen, um so die langfristige Interpretierbarkeit der Messdaten zu garantieren (Kremers & Krasemann 1996; Zamperoni et al. 1996).

- Die Flächenauswahl: Dieser Abschnitt ist den Ergebnissen der im Rahmen des in der ersten Phase des BTUC Innovationskollegs abgeschlossenen Teilprojekts Flächenauswahl durchgeführten Voruntersuchungen gewidmet. Da nicht alle hier untersuchten Flächen weiter beprobt wurden, ist diesen Daten ein eigener Abschnitt gewidmet.
- Die Messdatenbank: Sie enthält nach Themen geordnet die reinen Messdaten aller derzeit beprobten Versuchsflächen (meliorierte, aufgeforstete Kiefern- und Eichenflächen, unbehandelte Offenlandflächen sowie Kippen und Tagebauseen). Die einzelnen Bereiche sind dabei weiter nach Unterthemen bzw. Schlagwörtern unterteilt. So enthält die Teildatenbank Boden Auswertungen zu Bodenphysik (Korngrößen, Substratart, etc.) und Bodenchemie, z. B. Standortcharakteristik und Häufigkeiten der chemischen Fraktionen bestimmter Elemente in den Bodenprofilproben.

Falls beispielsweise neben den reinen Messdaten auch Laborversuche und Simulationen integriert werden sollen, können analog zur Messdatenbank die Teildatenbanken Laborversuche und Simulationen eingefügt werden. Entsprechend ist der Abschnitt Metainformationen um Beschreibungen der Laborversuche zu ergänzen.

2.2.2 Datenbankanwendungsentwicklung

Die Entwicklungsarbeiten zur Realisierung des Datenbankanwendungssystems können in zwei große Abschnitte eingeteilt werden, den Aufbau der eigentlichen Datenbank und die anschließende Entwicklung der graphischen Oberfläche.

Datenbankentwicklung und Implementierung

Die Eingangsanalyse bildet die Grundlage für die nachfolgenden Modellierungs- und Implementierungsarbeiten. In diesem Arbeitsschritt wird zusammen mit den Bearbeitern der verschiedenen Teilprojekte geklärt, welche Daten in der Datenbank erfasst werden sollen, wie sie darzustellen sind, welche Informationen neben dem reinen Messwert zum allgemeinen Verständnis bereitgestellt werden müssen und wer schließlich auf diese Daten zugreifen darf. Sie bildet die Grundlage für die anschließenden Modellierungsarbeiten.

Aufgrund des recht umfangreichen Spektrums an Untersuchungsthemen war nur eine sukzessive Modellierung der betrachteten Umweltausschnitte möglich. Ausgehend von den Ergebnissen der Eingangsanalyse, prototypischen Messdatensätzen und der den Untersuchungen zugrunde liegenden Semantik werden externe Datenmodelle entworfen (vgl. Vinek et al. 1982). Sie stellen Abstraktionen zur Beschreibung des jeweiligen Umweltausschnitts dar. Das externe Modell entspricht in etwa dem, welche Information für die Endanwender bereitgestellt werden muss.

Im nächsten Schritt werden diese externen Modelle mit den Mitteln des erweiterten Entity-Relationship Ansatzes (Chen 1976; Thalheim 1993) in ein Gesamtschema, das konzeptionelle Schema der Datenbank, eingearbeitet. Dabei steht die Forderung nach Konsistenz für das resultierende, konzeptionelle Schema an erster Stelle. Bearbeiten z. B. mehrere Teilprojekte dieselbe oder eine ähnliche Thematik, so liegen für diesen Ausschnitt i. A. mehrere externe Beschreibungsmodelle vor. Zur Gewährleistung eines konsistenten, d. h. alle zu speichernden Messergebnisse und Metainformationen beschreibenden, konzeptionellen Modells ist es notwendig, die verschiedenen externen Modelle so zu entwerfen, dass sie miteinander kompatibel sind. Dabei zeigt sich, dass die Kompatibilität der externen Modelle vor allem durch eine methodische Abstimmung zwischen den Teilprojekten erreicht werden kann.

Die themenorientierte Einteilung der Messdatenbank erlaubt es, ähnliche Daten, die von verschiedenen Erfassern auf unterschiedlichen Versuchsflächen erhoben wurden, unter Berücksichtigung der Konsistenzforderung in ein und dasselbe Teilschema zu integrieren. Um beispielsweise die Tabellen Bodenphysik und Standortcharakteristik den Teilprojekten 2.1 (Bodenbildende Teilprozesse) und 8.1 (Sukzession der Vegetation) bereitzustellen, war wegen unterschiedlicher Probenahmeverfahren eine Schema-Erweiterung notwendig. Da bei den Proben des Teilprojekts 2.1 eine Beziehung zwischen den Probennummern der Standortcharakteristik- und Bodenphysiktabelle besteht, wurde das Schema um die Zuordnungstabellen (Probensätze Zuordnung 1) ergänzt. Analog wurde bei den Untersuchungen zu den bodenchemischen Fraktionen verfahren.

Die Messwerttabellen der Teilprojekte wurden also aufgeteilt, in einen Header mit Orts- und Zeitangaben, nämlich der Entity-Typ Bodenprofil, von dem die reinen Messwerte, die Bodenphysiktabelle, die Standortcharakteristik und die chemischen Fraktionen abhängen. Damit die Beziehung zwischen den genommenen Proben bei Teilprojekt 2.1 nicht verloren geht, wurden zusätzliche Beziehungs-Typen (Zuordnungstabellen Zuordnung 1 und Zuordnung 2) eingeführt.

Einarbeitung der Metadaten, Datenbankimplementierung
Nach diesem Einblick in den Aufbau der Messdatenbank soll nun das Schema des Metadatenbankabschnitts skizziert werden (vgl. Abb. 20.4 in Yigitbasi et. al. 1999). Die Metadaten können durch drei Teilschemata beschrieben werden: den Informationen zu Messung und Methodik, den untersuchten Flächen sowie den Teilprojekten und ihren Mitarbeitern (Yigitbasi et. al. 1998). Die im Abschnitt Methodik gespeicherten Informationen dienen der Interpretation der Messungen. Zur Dokumentation wurden im Beziehungstyp „messvorschr." Angaben zu Probenahme- und Auswertungsverfahren festgehalten (Klem 1998). Der Entity-Typ „attr_info" hält fest, welche Parameter gemessen wurden, welche Datenbanktabelle ihnen zugeordnet ist, sowie die Messgenauigkeit und den Wertebereich.

Der zweite Abschnitt wurde den Versuchsflächen und ihrer Vorgeschichte gewidmet, wobei aus Gründen der Kompatibilität mit anderen Fachinformationssystemen die Erfassungsvorschriften des Sächsischen Landesamts für Umwelt und Geologie (Schmidt & Bräunig 1993) berücksichtigt wurden. Die Gesamtheit von Messdaten-, Metadaten- und Flächenauswahlschema bildet das konzeptionelle Modell, aus dem die logischen Tabellen der Datenbank abgeleitet werden.

Im Rahmen der Implementierungsphase werden Indexe und Sichten definiert und Prozeduren zur Ein- und Ausgabe entwickelt. Erstere dienen einer verbesserten Performanz und ermöglichen einen schnelleren Zugriff auf Tabellenobjekte. Die Sichten und Prozeduren erlauben es, für jede Benutzergruppe eine eigene Quasidatenbank zu erstellen, deren Sichten zur Zusammenschau der Information sich an den jeweiligen Benutzervorschlägen orientiert. Zur Umsetzung von Integritätsbedingungen beim Einfügen, Ändern und Löschen werden sogenannte Trigger programmiert, welche die Konsistenz des Datenbankinhalts gewährleisten.

Die Entwicklung der graphischen Oberflächen

Im letzten Schritt wurde für den Datenbankprototypen eine graphische Datenbankoberfläche entwickelt. Dabei war zu beachten, dass die Oberfläche möglichst einfach und intuitiv bedienbar ist. Dies setzt vor allem eine einheitliche und übersichtliche Gestaltung der einzelnen Fenster sowie eine benutzerorientierte Sichtendefinition voraus. Um eine einheitliche Gestaltung und einfache Nachnutzbarkeit der Oberfläche zu gewährleisten, wurde ein Styleguide entwickelt, in dem die Richtlinien für Fenster- und Objekttypen, deren Größen, Anordnung und Namensgebung festgelegt sind. Zur Unterstützung der Bearbeiter wurden die Fenster zu Eingabe, Ändern und Löschen der Daten in Anlehnung an die vorher eingereichten Beispieltabellen (i. A. Excel-Dateien) entwickelt. Hierzu wurden für die verschiedenen Fenster in Anlehnung an die externen Modelle aufgabenspezifische Sichten definiert, in denen alle aus Modellierungsgründen über mehrere Tabellen verteilten Informationen wieder den Nutzerwünschen entsprechend zusammengefasst werden.

2.3 Ergebnisse

In diesem Abschnitt sollen anhand eines Beispieldialogs mit der Datenbank die Ergebnisse des Teilprojekts veranschaulicht werden.

2.3.1 Einstieg in die Datenbank

Da aus Gründen des Urheber- und Datenschutzes nur Mitarbeiter des Innovationskollegs auf die Datenbank zugreifen sollten, erhielten alle Projektmitarbeiter einen eigenen Datenbankaccount samt Passwort, das natürlich zum Schutz vor unbefugten Zugriff geändert werden kann.

Nach erfolgreichem Login öffnet sich das Auswahlfenster (vgl. Abb. 20.5 in Yigitbasi et. al. 1999). Die Einteilung der Daten nach den verschiedenen Themenbereichen spiegelt sich auch in der Datenbankoberfläche wider. So zeigt das Einstiegsfenster eine thematische Übersicht zu den vorhandenen Mess-, Meta- und Flächenauswahldaten. Der Benutzer kann in der linken Groupbox den ihn interessierenden Themenbereich, beispielsweise Boden auswählen, die rechte zugeordnete Groupbox zeigt die hierzu verfügbaren Unterthemen an. Da es sich um eine ereignisgesteuerte Oberfläche handelt, können einzelne Funktionen selektiv aktiviert werden. Die Aktivierung von Fensterobjekten und Funktionen wird dabei durch spezielle Ausgabe- und Hilfsprozeduren sowie Select-Anweisungen gesteuert. Abhängig davon, ob der Benutzer selbst Daten erfasst, werden nach Auswahl des Unterthemas neben den Control-Buttons (Suche, Ende und Hilfe - sie stehen jedem zur Verfügung) auch die Funktionen „Einfügen“, „Ändern“ und „Löschen“ aktiviert. Jeder Benutzer sieht also eine auf seine Bedürfnisse zugeschnittene Arbeitsoberfläche. Zusätzlich zum Auswahlfenster steht den Benutzern ein Hilfemenü zur Verfügung, das eine einführende Übersicht zur Bedienung der Datenbankoberfläche bereitstellt. Die Hilfe kann im Einstiegfenster entweder durch Anklicken des Control-Buttons „Hilfe“ oder wie in den nachfolgenden Fenstern über die obere Menüleiste abgerufen werden.

2.3.2 Datensuche

Nachdem die Benutzer im Auswahlmenü einen bestimmten Themenbereich samt Unterpunkt gewählt haben, können sie die zu diesem Teilbereich vorliegenden Ergebnisse ihrer Kollegen abrufen, sofern diese Daten zum Lesen freigegeben wurden. Die Messwerte werden in Tabellen (sie dienen i. A. dem Export in weitere Auswertungsprogramme) oder Graphiken angezeigt.

Im Suchfenster werden die Ergebnisse entweder tabellarisch oder als 3D-Graphik dargestellt. Darüber hinaus können einfache statistische Auswertungen (Mittelwert, Standardabweichung, Median und Perzentilen) abgerufen werden.

Was die graphische Aufbereitung der Daten betrifft, hat sich gezeigt, dass Oberflächenentwicklungsumgebungen wie der verwendete Power Builder 5.0 nur eine minimale Funktionalität bieten. Daher ist es recht aufwendig und bisweilen geradezu unmöglich, wissenschaftlich weiterverwertbare Diagramme zu erzeugen. Dies liegt zum einen daran, dass im Fall von Kurven, Null-Werte am Kurvenbeginn im Rahmen der Vektorgraphik als Wert $x = 0$ interpretiert werden. Daher wird in diesem Fall, um Fehlinterpretationen zu vermeiden, für den Benutzer die dem Suchergebnis zugrunde liegende Tabelle mit angezeigt.

Ebenfalls komplex gestaltet sich der Vergleich von Messgrößen, da es mittels Power Builder 5.0 nicht möglich ist, beispielsweise die in der Sicht Sickerwasserchemismus bereitgestellten quantitativen Nachweise zu den verschieden Ionenkonzentrationen innerhalb einer einfachen Select-Anfrage darzustellen. Um dies zu erreichen, muss für jeden Ausgabetypen eine Select-Anweisung über der Sickerwassersicht und der Tabelle „attr_info" formuliert werden, um dann mittels Union der einzelnen Select-Anweisungen die verschiedenen Ausgabetypen, wie pH-Wert, elektrische Leitfähigkeit und Sulfatkonzentration einander gegenüberzustellen. Dies ist vor allem bei recht umfangreichen Auswertungen wie im Fall des Sickerwassers, wo insgesamt 23 Messgrößen betrachtet werden, recht aufwendig, zumal nur Select-Anfragen über maximal 16 Tabellen / Sichten möglich sind.

2.3.3 Daten eingeben, ändern und löschen

Aufgrund des Zugriffskonzepts ist dieser Datenbankbereich nur dem jeweiligen Erfasser oder einer von ihm autorisierten Person zugänglich.

Da die Datenbank sowohl Massendaten, wie die Messungen zu Mikroklima und Wasserhaushalt, als auch aufwendige Einzeluntersuchungen aufnimmt, werden durch die Applikation zwei Eingabemöglichkeiten bereitgestellt: Zum einen die Eingabe mittels externem Datenfile, zum anderen der Dateneintrag anhand eines Eingabeformulars. Dabei verlangt die Eingabe mittels File, dass die Reihenfolge der Tabellenspalten und die Dimensionierungen der Messwerte genau mit den Parametern der Eingabeprozedur übereinstimmen. Um dies zu erzielen, können die Benutzer innerhalb eines Preview Fensters ihre Eingabetabelle mit der Vorgabe der Datenbank vergleichen und gegebenenfalls editieren.

2.4 Diskussion

Ein wichtiger Aspekt im Rahmen der Entwicklungsarbeiten war sicher die Erweiterbarkeit und Nachnutzbarkeit der Datenbankanwendung. Aufwendig ist dabei weniger die Erweiterung des konzeptionellen Schemas um neue Untersuchungsthemen, sondern vielmehr die Integration der dadurch hinzutretenden Sichten und Oberflächen in ein konsistentes Gesamtschema. Da herkömmliche Oberflächenentwicklungsumgebungen in der Regel im Geschäftsumfeld eingesetzt werden, also einem Bereich, in dem wir es mit Standardformularen und -anfragen zu tun haben, bieten sie wenig Unterstützung hinsichtlich der notwendigen Entwicklung von Frames zur Visualisierung des Datenmaterials oder der schnellen Generierung von Sicht und Oberfläche. Aufgrund dieser Erfahrungen aus DENDA und anderen Projekten wurden am Lehrstuhl neue Ansätze zur Datenbankanwendungsentwicklung formuliert, die eine bessere wechselseitige Abstimmung von Datenbank und Oberfläche erlauben (vgl. hierzu Radochla 1998; Seelig 1998; Thalheim 1997).

2.5 Zusammenarbeit

Eine Reihe von Teilaspekten der Datenbank wurden in Zusammenarbeit insbesondere mit Prof. Dr. Oliver Günther, Humboldt Universität zu Berlin, Jan Röttgers, Humboldt Universität zu Berlin, Dr. Heidrun Ortleb, Universität Oldenburg (Projekte WATIS und ELAWAT), Prof. Dr. Heinz Schweppe, Freie Universität Berlin und Prof. Dr. C. Beeri, Universität Jerusalem entwickelt.

2.6 Danksagung

Wir danken den externen und internen Reviewern, Frau Dr. H. Ortleb und Herrn Dr. J. Fichter sowie den Koordinatoren Frau Dipl.-Geoökol. D. Klem und Herrn Dr. E. Weber für die freundliche Durchsicht des Manuskripts.

Die Untersuchungen wurden im Rahmen des BTUC Innovationskollegs „Ökologisches Entwicklungspotential der Bergbaufolgelandschaften im Lausitzer Braunkohlerevier" von der Deutschen Forschungsgemeinschaft finanziert (Förderkennzeichen INK 4/A2-1 und INK 4/B1-1).

3 Publikationsliste

3.1 Eigene Publikationen

Radochla, S., 1998: CO-DESIGN: Integrierte Entwicklungsmethodik zum Aufbau von Datenbankanwendungssystemen. Vortragsband zum 10. Workshop Grundlagen von Datenbanken in Konstanz, 2-5. Juni 1998. Konstanzer Schriften in Mathematik und Informatik, 63, 109-113.

Seelig, K., 1998: Konzepte und Beispiele für benutzerunterstützende Arbeitsoberflächen für Datenbankanwendungen. Vortragsband zum 10. Workshop Grundlagen von Datenbanken in Konstanz, 2-5 Juni 1998. Konstanzer Schriften in Mathematik und Informatik, 63, 124-128.

Yigitbasi, S., 1998: Entwicklung und Einsatz einer Umwelt- und Forschungsdatenbank für die Lausitzer Bergbaufolgelandschaften. Vortragsband zum 10. Workshop Grundlagen von Datenbanken in Konstanz, 2-5 Juni 1998. Konstanzer Schriften in Mathematik und Informatik, 63, 148.

Yigitbasi, S., Thalheim, B., Radochla, S. und Jurk, R., 1997: Struktur der Umweltdaten des BTUC Innovationskollegs Bergbaufolgelandschaften und ihre Integration in ein Umweltdatenbanksystem. Vortragsband des 3. GBL-Kolloquiums in Halle/Saale, 19-21 Februar 1997. GBL, 4, 27-34.

Yigitbasi, S., Thalheim, B., Radochla, S. und Seelig, K., 1998: Entwicklung einer Umwelt- und Forschungsdatenbank für die Lausitzer Bergbaufolgelandschaften. Vortragsband des 12. Internationalen Symposiums „Informatik für den Umweltschutz" der Gesellschaft für Informatik, Bremen, 16-18 September 1998. Umwelt-Informatik aktuell, Metropolis, Band 18, II, 461-472.

3.2 Zitierte Literatur

Chen, P., 1976: The Entity-Relationship Model - Towards a Unified View of Data. ACM Transactions on Database Systems, 1, 1, 9-36.

Klem, D., 1998: BTUC Innovationskolleg Bergbaufolgelandschaften - Methodenkatalog (unveröffentlicht).

Kremers, H. und Krasemann, H. L., 1996: Umweltdaten verstehen durch Metainformationen. Metropolis, Marburg.

Schmidt, J. und Bräunig, A., 1993: Fachinformationssystem Boden und Geologie, Erfassungsvorschrift Flächendaten / Kippengutachten. Sächsisches Landesamt für Umwelt und Geologie.

Seleznev, O., Thalheim, B. und Yigitbasi, S., 1999: Statistical evaluation methods for dynamics in environmental data. Computer Science Report, 07/99, BTU, Cottbus.

Thalheim, B., 1993: Foundations of Entity-Relationship Modeling. Annals of Mathematics and Artifical Intelligence, 7, 197-256.

Thalheim, B., 1997: Codesign von Struktur, Funktionen und Oberflächen von Datenbanken. Informatik-Bericht I-05. Fakultät für Mathematik, Naturwissenschaften und Informatik, BTU, Cottbus.

Vinek, G., Rennert, P. F. und Tjoa, A. M., 1982: Datenmodellierung, Theorie und Praxis des Datenbankentwurfs. Physica, Würzburg, Wien.

Zamperoni, D., Behlig, G. und Wenderoth, C., 1996: Dynamische Metadatenverwaltung von Umweltdaten. Vortragsband des 10. Internationalen Symposiums „Informatik für den Umweltschutz" der Gesellschaft für Informatik, Hannover, 1996. In: Umwelt-Informatik aktuell, Metropolis, 10, 79-88.

Forstliche Ökosystemsimulation (Teilprojekt 12.2)

Jörg Fichter & Reinhard F. Hüttl

1 Zusammenfassung

Für die Kiefernchronosequenzstandorte des Innovationskollegs wurde das bereits vorliegende Ökosystemmodell FORSANA überarbeitet, angewendet und durch die im Innovationskolleg erhobenen Messdaten verifiziert.

Die Ergebnisse zur Wasserbilanz weisen zum Teil noch Diskrepanzen zu gemessenen Werten auf, lassen sich jedoch plausibel erklären. Eine realistischere Abbildung der Interzeptionsverdunstung im Kronenraum, sowie die Berücksichtigung des direkten Zusammenhangs zwischen Wasseraufnahme und Wasserspannung im Boden erscheinen sinnvoll.

Die gemessenen mittleren Durchmesserzuwächse lagen für die untersuchten Kippenbestände über den durch das Modell errechneten Werten. Offensichtlich wird das Baumwachstum nicht durch die kippenspezifischen Bodenbedingungen per se gesteuert, sondern ist durch forstwirtschaftliche Maßnahmen, wie Grundmelioration und Düngung überlagert. Der hierfür erforderliche Umbau des Modells ist bislang noch nicht abgeschlossen. Dazu zählen vor allem die kippenspezifischen Bodenprozesse Pyritoxidation und Mineralverwitterung / -neubildung sowie Prozesse, die durch das Vorhandensein des geogenen Kohlenstoffs bedingt sind.

2 Arbeits- und Ergebnisbericht

2.1 Ziele

Untersuchungsobjekt der „Forstlichen Ökosystemsimulation“ waren die Kiefernchronosequenzstandorte des BTUC Innovationskollegs auf tertiärem Kippsubstrat (Heinkele et al. 1999; Knoche et al. 1999). Für diese Bestände sollte während des Antragszeitraumes vom 01.01.1998 - 30.06.1999 das vorliegende Waldwachstumsmodell FORSANA eingesetzt, beziehungsweise weiterführend angepaßt werden. Im Antrag waren folgende Ziele genannt:

a) Die aktuelle Kohlenstoff-, Stickstoff- und Wasserbilanz und der davon beeinflusste Bestandeszuwachs (Höhen- und Dickenwachstum) sollten mit Hilfe des Modells FORSANA berechnet werden.
b) Eine erste Modellversion für die regionale Analyse mit vollständiger Wasserbilanz war angestrebt.
c) Die Pyritverwitterung, ihre Auswirkung auf den pH und auf den Stoffhaushalt der Kiefernökosysteme als bedeutender kippenspezifischer Prozeß sollte mittelfristig beleuchtet werden. Die mechanistische Beschreibung dieser und anderer Prozesse (z. B. Nährstoffverfügbarkeit) sowie deren Eingliederung ins Modell sollten eine wichtige Aufgabe darstellen.

2.2 Methodik

2.2.1 Untersuchungsflächen

Das Klima der Niederlausitz ist kontinental geprägt und weist relativ geringe Niederschläge auf, von denen ein beträchtlicher Teil in Form einzelner Starkregen während der Sommermonate fallen kann. Gegenstand der forstlichen Ökosystemmodellierung waren hier die Kiefernchronosequenzstandorte Bärenbrück (BB), Meuro (MR), Schlabendorf-Nord (SD) und Domsdorf (DD). Ausgangssubstrat der Bodenbildung auf diesen Versuchsstandorten waren pyrithaltige tertiäre Kipp-Kohlelehmsande oder Kippkohlesande, welche durch Einarbeitung großer Mengen basenreicher Kraftwerksaschen (BB, MR, DD) oder Kalk (SD) melioriert worden waren. Die Standorte wurden in unterschiedlichen Jahren mit Kiefernreinbeständen (*Pinus nigra* (Arnold): BB; *Pinus sylvestris* (L.): SD, MR, DD) aufgeforstet (Tabelle 1). Der älteste Bestand Domsdorf weist einen dichten geschlossenen Teil ohne Bodenvegetation (DDov) und einen weniger dicht geschlossenen Teil mit Bodenvegetation (DDmv) auf. Besonders im weitständigen Bestandesteil sind derzeit zusätzlich noch geringe Anteile natürlich angesamter Birken (< 3 % der Kiefernbestandesgrundfläche) vorhanden.

2.2.2 Modellbeschreibung und Validierung

Sämtliche Simulationen wurden mit Hilfe des eindimensionalen Patch-Modells FORSANA zur Beschreibung des Kiefernwachstums (Grote et al. 1997; Grote 1999) realisiert.

Mit FORSANA als einem prozessorientierten Forstökosystemmodell lassen sich unter anderem Vorräte und Flüsse des Wasser-, C- und N-Haushalts von Kiefernbeständen (*Pinus sylvestris* L.) sowie auch alle forstwirtschaftlich wichtigen Ertragstafelwerte berechnen. Zur Initialisierung des Modells waren Bestandes- (Alter,

Baumhöhe und Mitteldurchmesser des Grundflächenmittelstammes, Volumenfestmeter des Bestandes, Durchwurzelungstiefe (Schneider, pers. Mitt.)) und Bodenvariable (Porenvolumen (aus TP 3), pH-Werte sowie C- und N-Gehalte (Heinkele, pers. Mitt.)) erforderlich. Klima (Niederschlag, Temperatur, Windstärke, relative Luftfeuchte und Strahlung (aus TP 3, TP 4 und TP 9)) sowie fakultativ auch Deposition (SO_2, NO_x, NH_3) und CO_2-Konzentration der Luft (vom gewachsenen Vergleichsstandort Neuglobsow) wirken als Triebkräfte. Kronenraum und durch-

Tab. 1 Bestandeskennwerte der Kiefernchronosequenz im August 1996 (vgl. Grote 1999), Entwicklung des Brusthöhendurchmessers[I] in den darauffolgenden Jahren und LAI (Ende, pers. Mitt.).

Standort	Baumart[II] Alter 1996	Stammzahl pro Hektar 1996	BHD[III] Aug. 1996 Apr. 1998 Apr. 1999 [cm]	arithmetische Mittelhöhe[IV] 1996 [m]	Bestandesgrundfläche 1996 [$m^2\ ha^{-1}$]	Vorratsfestmeter[V] 1996 [$m^3\ ha^{-1}$]	LAI Nov. 1997 Jul. 1998
Bärenbrück (BB)	PN–14	7.375	4,4 5,6 6,3	3,48	13,0	35	5,13 4,64
Meuro (MR)	PS–18	8.944	5,6 6,0 6,4	6,12	24,7	100	4,92 5,51
Schlabendorf-Nord (SD)	PS–17	10.657	5,9 n.b.[VI] n.b.[VI]	6,18	33,5	133	4,58 5,16
Domsdorf mit Bodenvegetation (DDmv)	PS–32	2.315	13,0 13,7 14,1	12,90	31,5	212	4,14[VII] 4,58
Domsdorf ohne Bodenvegetation (DDov)	PS–32	3.409	12,5 12,8 13,2	12,75	43,0	280	4,14[VII] 4,52

[I] wegen eines technischen Defektes am Höhenmessgerät konnte die im April 1999 begonnene Baumhöhenmessung 1998 (höchster Astquirl) und 1999 (Baumspitze) vorerst nicht realisiert werden. [II] PN - *Pinus nigra* (Arnold); PS - *Pinus sylvestris* (L.); [III] Brusthöhendurchmesser (= Stammdurchmesser in 1,3 m Höhe); [IV] des Grundflächenmittelstammes; [V] Derbholz mit Rinde; [VI] n.b. - nicht bestimmt; [VII] 1997 wurde für die unterschiedlichen Bestandesteile in Domsdorf zusammen ein mittlerer LAI aufgenommen.

wurzelte Bodenhorizonte werden jeweils in vertikale Schichten aufgeteilt. Physiologische Prozesse der Bäume und der Bodenvegetation (Aufnahme, Assimilation, Allokation in verschiedene Pflanzenkompartimente, Dissimilation, Seneszenz) als auch Bodenprozesse (Versickerung, Streuakkumulation, Humifizierung, Mineralisierung, Nitrifikation, Ammonifikation) werden im Modell für die Berechnung forstwirtschaftlicher Variablen berücksichtigt. Alle Berechnungen beziehen sich auf den Grundflächenmittelstamm, von welchem auf die Bezugsebene von einem Hektar des Bestandes extrapoliert wird. Die Ergebnisse werden mit täglicher (Wasser- und Elementhaushalt) oder jährlicher Auflösung (Bestandesvariablen) berechnet. Eine ausführliche Modellbeschreibung findet sich bei Grote et al. (1997).

Zur Validierung der hier vorgestellten Ergebnisse wurden Daten zum Xylemfluss (aus TP 3) und Bestandeskenndaten herangezogen. Die Bestandesinventuren im April 1998 und 1999 wurden an den Standorten Bärenbrück, Meuro und Domsdorf an dauerhaft markierten Bäumen vor Einsetzen des Dickenwachstums im jeweiligen Bestandesteil der im August 1996 vorangegangenen Inventuren realisiert. Dadurch wurde der Zuwachs des Brusthöhendurchmessers (BHD) während jeweils einer Vegetationsperiode erfasst. Der Blattflächenindex (LAI) wurde mehrmals zu verschiedenen Jahreszeiten gemessen (Ende, pers. Mitt.).

2.3 Ergebnisse

2.3.1 Wasser

In Abbildung 1 ist beispielhaft der Jahresverlauf der modellierten Bestandestranspiration 1996 im Vergleich zu den gemessenen Xylemflussdaten (TP 3) für den Kiefernbestand Meuro dargestellt. Die modellierte Gesamttranspiration stimmt in etwa mit den vorliegenden Messergebnissen zum Xylemfluss überein.

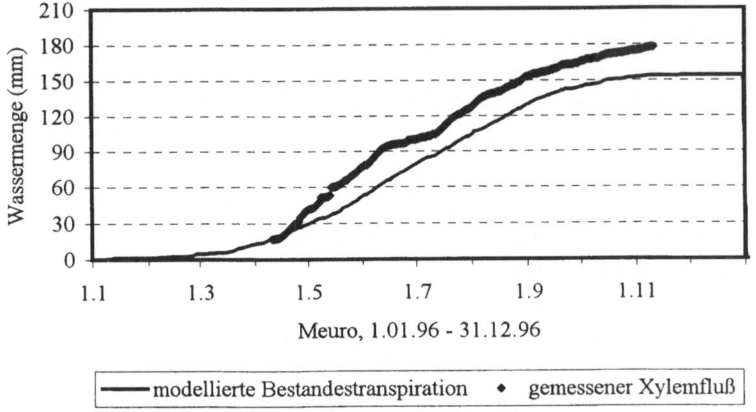

Abb. 1 Modellierte Bestandestranspiration und gemessener Xylemfluss 1996 (aus TP 3) am Standort Meuro.

Bestandestranspiration und Interzeptionsverluste hängen unter anderem von der vorhandenen Blattmasse des Bestandes ab. In die Berechnung des täglichen Blattflächenindex geht im Modell auch der potentielle Blattflächenindex (LAIpot) mit ein. Dieser dient der Kalibration und wird vom Modellbenutzer so gewählt, dass für den Tag einer realisierten Kontrollmessung der gemessene LAI mit dem entsprechenden Tageswert des modellierten LAI übereinstimmt. Am Beispiel des Standorts Meuro wurde der LAIpot im Rahmen einer Sensitivitätsstudie jeweils um zwei Einheiten nach oben oder unten verändert (Abbildung 2). Das Ziel war, die Auswirkung dieses Eingabeparameters auf den modellierten Wasserhaushalt zu erfassen.

Tabelle 2 gibt die errechneten Wasserbilanzen bei variierendem LAIpot für den Standort Meuro im relativ niederschlagsreichen Jahr 1997 wieder. Von der Höhe des Freilandniederschlags ausgehend entstehen jeweils die bedeutendsten Wasserverluste des Kiefernbestandes im Kronenraum durch die LAI-abhängigen Prozesse Interzeptionsverdunstung und Bestandestranspiration. Die Erhöhung oder Erniedrigung des LAIpot um jeweils 2 Einheiten verdeutlicht die positive Korrelation dieser Wasserverluste mit der vorhandenen Blattfläche. Die berechneten Versickerungsraten aus den durchwurzelten Bodenhorizonten verringern oder erhöhen sich in umgekehrter Form.

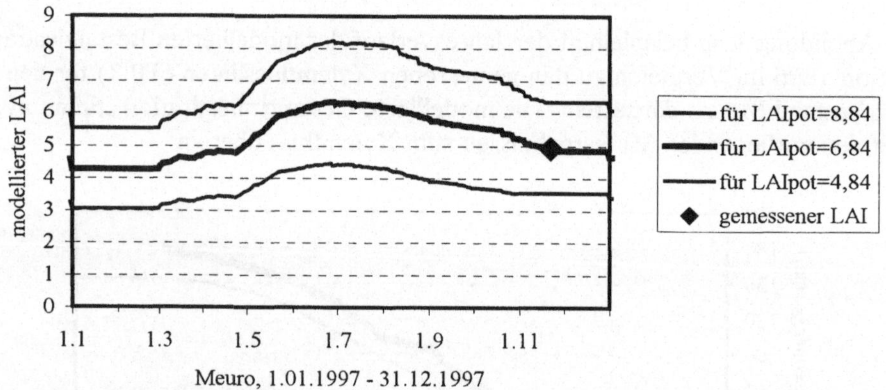

Abb. 2 Modellierter LAI in Abhängigkeit des zur Kalibration erforderlichen potentiellen LAI (LAIpot) am Standort Meuro im Jahr 1997.

2.3.2 Bestandesinventuren - modellierte Ergebnisse

Im Jahr 1997 beträgt beispielsweise am Standort Meuro der aus den Bestandesinventurdaten errechnete mittlere Durchmesserzuwachs 0,42 cm. Für diesen Zeitraum wird mit dem Modell ein Durchmesserzuwachs von 0,16 cm berechnet. Dabei

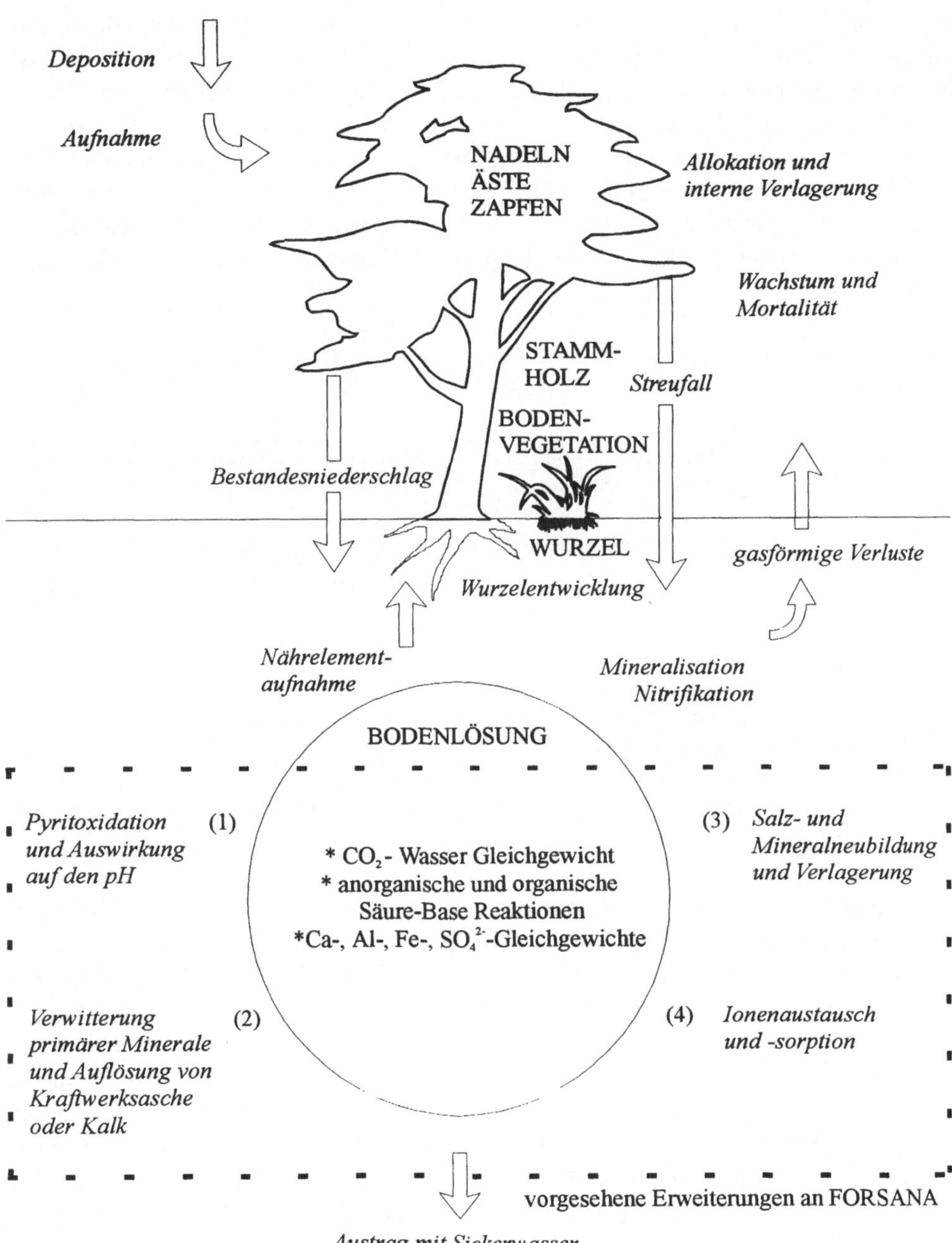

Abb. 3 Einbindung der geplanten bodenchemischen Erweiterungen in den derzeit für C, N und Wasser implementierten Elementkreislauf von FORSANA.

wurde das Modell mit den im August 1996 gemessenen Bestandeskenndaten initialisiert, um das Bestandeswachstum ab dem 01.01.1997 zu berechnen. Im August dürfte das Höhenwachstum der Kiefern wohl abgeschlossen gewesen sein. Wahrscheinlich war jedoch das Dickenwachstum zu diesem Zeitpunkt noch nicht beendet. Der aus den Inventurdaten errechnete Durchmesserzuwachs für das Jahr 1997 könnte also aus diesem Grund im Vergleich zu den modellierten Ergebnissen etwas zu hoch ausfallen. In Anbetracht der Messgenauigkeit bei den Geländeaufnahmen dürfte dieser Umstand für langfristige Berechnungen keine große Rolle mehr spielen.

Tab. 2 Bilanzgrößen des ökosystemaren Wasserhaushalts im Jahr 1997 am Standort Meuro (*Pinus sylvestris* (L.), 19-jährig) und deren Entwicklung bei der Variation des potentiellen Blattflächenindex (LAIpot).

	LAIpot [I]	Freiland-nieder schlag[II]	Bestandes-nieder schlag [III]	Bestandes-interzep tion [III]	Evapo-transpira tion[III]	Wasserfluss in 100 cm Profiltiefe[III]
		[mm]	--------- [mm] (% des Freilandniederschlags) -------------			
Meuro	4,84	668	499 (75)	169 (25)	203 (30)	283 (42)
	6,84	668	476 (71)	191 (29)	212 (32)	254 (38)
	8,84	668	461 (69)	207 (31)	224 (34)	227 (34)

[I] LAIpot = potentieller Blattflächenindex, über den der Jahresverlauf der tageweise vom Modell ausgegebenen LAI-Werte an einen gemessenen LAI angebunden werden kann (siehe Abb. 2); [II] gemessener Wert; [III] modellierte Werte.

2.3.3 Berücksichtigung der Pyritverwitterung und ihrer Auswirkungen auf den pH-Wert

Im Folgenden wird die Einarbeitung dieser Prozesse in das Modell FORSANA kurz dargestellt (vgl. Abbildung 3):

Für intensiv untersuchte Standorte, wie jene des Innovationskollegs, sollte zunächst der Pyritgehalt eingegeben werden. Für weniger intensiv untersuchte Standorte treten statt dessen Näherungswerte mit Referenz auf die im Innovationskolleg untersuchten Standorte (vgl. Abbildung 3, Punkt (1)). Über erweiterte Subroutinen aus den geochemischen Modellen PROFILE (Sverdrup & Warfvinge 1993) oder SAFE (Jönsson et al. 1995) soll der eingangs definierte Pyritgehalt über die Prozesse der Oxidation und der Protonenbildung in die Elementfreisetzung aus der Verwitterung (vgl. Abbildung 3, Punkt (2)) und in den Elementhaushalt der Ökosysteme eingehen. Als Zwischenergebnis liegt nun die chemische Zusammensetzung einer stark übersättigten Bodenlösung vor. In Anlehnung an das Modell PHREEQC (Parkhurst 1995) sollen die für die Ausfällung neugebildeter Minerale erforderlichen Elementmengen eliminiert werden (vgl. Abbildung 3, Punkt (3)). Die

verbleibende Zusammensetzung der Bodenlösung sollte daraufhin unter Berücksichtigung von Ionenaustausch und Sorptionsprozessen (vgl. Abbildung 3, Punkt (4)), eine grobe Annäherung an die gemessene Zusammensetzung der Bodenlösung darstellen. Möglicherweise werden hier aufgrund heterogener Bodenbedingungen Differenzen zwischen den modellierten Ergebnissen und den gemessenen Werten entstehen. Diese müßten zunächst beispielsweise durch Hinweise aus TP 19 (dieser Band) erklärt werden. Hieran soll sich dann die Einarbeitung wichtiger Prozesse der Waldernährung in das Modell anschließen (z. B. Schwermetalltoxizität; unspezifische und derzeit noch nicht im Modell berücksichtigte spezifische Nährelementaufnahme sowie Antagonismen zwischen einzelnen Nährelementen und den Hauptbestandteilen der übersättigten Bodenlösung (SO_4^{2-}, Ca^{2+}, Al- und Fe-Species)), welche dann ihrerseits das für die Waldkiefer bereits im Modell implementierte Baumwachstum und Mortalität beeinflußt.

2.4 Diskussion

Kiefernökosysteme sind ein wesentlicher Bestandteil der Bergbaufolgelandschaft in der Niederlausitz. Ihre nachhaltige Bewirtschaftung ist deshalb von großer Bedeutung für die künftige Entwicklung dieser Landschaft. Die integrierte Ökosystemmodellierung mit FORSANA bietet grundsätzlich die Möglichkeit, den Wasserhaushalt und das Bestandeswachstum von Kiefernwäldern in Abhängigkeit von den im Modell berücksichtigten Standortverhältnissen modellhaft abzubilden.

Die Versickerungsrate aus dem durchwurzelten Boden wird im Modell FORSANA im Vergleich zu den Ergebnissen des kommerziellen Bodenwasserhaushaltsmodells SOIL offensichtlich überschätzt (vgl. Tabelle 1 im Synthesekapitel „Wasser- und Stoffhaushalt der Kiefern- und Eichenökosysteme"). Während die Transpiration im Modell einigermaßen gut berechnet wird, liegt die modellierte Interzeptionsverdunstung deutlich unter den Vergleichswerten. Dies führt zu einem relativ hohen Wert für den modellierten Bestandesniederschlag. Auch die Versickerungsrate aus dem durchwurzelten Bodenbereich wird dementsprechend zu hoch berechnet. An dieser Stelle weist das Modell noch ein Defizit auf, das vor der Einarbeitung neuer Prozesse zu beheben ist.

Der Zuwachs der noch relativ jungen und wuchsfreudigen Bestände wird im Modell offensichtlich unterschätzt. Dies könnte einerseits an den im Vergleich zu gewachsenen sandigen und in der Regel sehr nährstoffarmen Standorten auf insgesamt günstigere Oberbodenbedingungen infolge von Aschemelioration und Düngung zurückzuführen sein. Eine weitere mögliche Verbesserung der Bestandesberechnungen könnte der Ersatz der im Modell implementierten Kegelberechnung für die Stammformen durch die Einführung regionaltypischer und kippenspezifischer Formzahlen sein. Insgesamt ist in diesem Kontext zu berücksichtigen, dass auch die üblicherweise zur Anwendung kommenden Ertragstafeln nicht auf aus der Region abgeleiteten Werten beruhen. Tatsächlich liegt die derzeitige Zuwachsentwicklung der Kippenbestände der Lausitz über diesem Ertragstafelniveau (Katzur & Haubold-Rosar 1996).

Zusammenfassend kann festgestellt werden, dass das Modell noch Diskrepanzen zu verschiedenen Messwerten aufweist, die aber teilweise plausibel erklärt werden können. Waldbestände auf Kippenstandorten weisen spezifische Besonderheiten auf. Somit erfordert die Weiterentwicklung des Modells eine spezifische Anpassung an die untersuchten Kippenstandorte.

2.5 Zusammenarbeit

Es bestand eine Zusammenarbeit mit Vertretern der Arbeitsgruppe am Institut of Chemical Engineering II der Universität Lund in Schweden (Herrn Prof. Dr. H. Sverdrup und Mitarbeiter). Das vorhandene Bodenmodell SAFE sollte dort unter anderem auch durch die Beschreibung des Bestandeswachstums zu einem integrierten Ökosystemmodell erweitert werden. Ziel der dortigen Arbeitsgruppe war, die nachhaltige Nutzung schwedischer Wälder in Abhängigkeit des Bestandeswachstums bei fortschreitender Bodenversauerung und damit verbundenen Nährelementverlusten zu beschreiben. Teile aus dem Modell FORSANA sollten dabei als Vorlage dienen. Im Gegenzug sollten Teile des Bodenmodells SAFE Eingang in ein integriertes Modell FORSANA finden.

2.6 Danksagung

Das Teilprojekt Forstliche Ökosystemsimulation ist auf eine gute Zusammenarbeit mit allen Teilprojekten aus dem Bereich Forst / Boden des Innovationskollegs angewiesen. Unser Dank gilt in alphabetischer Reihenfolge: Herrn Dr. habil. K. Bellmann (vormals Potsdam-Institut für Klimafolgenforschung) für seine beratende Tätigkeit, Herrn Dr. D. Biemelt für die Klimadaten vom Standort Schlabendorf, Frau Dipl. Biol. A. Dageförde für die Streufalldaten, Herrn Dipl. Hydrol. E. Hangen für die räumlich aufgelöste Wurzelverteilung am Standort Bärenbrück, Herrn Dr. Th. Heinkele für Bodenkenndaten wie Textur, pH-Werte und C- und N-Gehalte, Frau Dr. B. Keplin für die Informationen zum Streuabbau und der Bodenvegetationsbiomasse, Herrn Dr. D. Knoche für die Klimadaten vom Standort Domsdorf, Frau Dr. C. Rumpel für Informationen zum C-Haushalt, Herrn Dr. W. Schaaf, Herrn Dipl. Ing. Agr. M. Gast und Herrn Dipl. Geoökol. J. Scherzer für die Bereitstellung zahlreicher Klima- und Stoffhaushaltsdaten sowie Informationen zum Xylemfluss und dem Bodenporenvolumen der Kiefernchronosequenz, Herrn

Dr. B. U. Schneider für die Daten über Wurzelverteilungen und oberirdische Biomasseverteilungen, Herrn Dr. E. Weber und Frau Dipl. Geoökol. D. Klem für die Projektkoordination.

Für die LAI-Messungen in den Kiefernchronosequenzbeständen sind wir Herrn Dr. P. Ende (Zentrum für Agrarlandschafts- und Landnutzungsforschung, Müncheberg) sehr dankbar.

Sehr hilfreich waren auch die Hinweise von Herrn Dr. T. Pool und Herrn Dipl. Math. E. Elbrächter vom Regionalen Hochschulrechenzentrum Kaiserslautern bei der Überarbeitung des FORTRAN-Codes.

Die Arbeiten wurden im Rahmen des BTUC Innovationskollegs „Ökologisches Entwicklungspotential der Bergbaufolgelandschaften im Lausitzer Braunkohlerevier" von der Deutschen Forschungsgemeinschaft finanziert (Förderkennzeichen INK 4/A2-1 und INK 4/B1-1).

3 Publikationsliste und Literatur

3.1 Eigene Publikationen

Grote, R. und Suckow, F., 1998: Integrating dynamic morphological properties into forest growth modelling. I. Effects on water balance and gas exchange. Forest Ecology and Management, 112, 101-119.

Grote, R., 1998: Integrating dynamic morphological properties into forest growth modelling. II. Allocation and mortality. Forest Ecology and Management, 111, 193-210.

Grote, R. und Erhard, M., 1999: Simulation of tree and stand development under different environmental conditions with a physiologically based model. Forest Ecology and Management, 120, 59-76.

Grote, R., 1999: Simulation der forstlichen Ökosystemproduktion in Kiefernwäldern der Bergbaufolgelandschaften. In: Hüttl, R. F., Klem, D. und Weber, E. (Hrsg.): Rekultivierung von Bergbaufolgelandschaften. Das Beispiel des Lausitzer Braunkohlereviers. Walter de Gruyter, Berlin, New York, 131-145.

3.2 Zitierte Literatur

Grote, R., Bellmann, K., Erhard, M. und Suckow, F. 1997: Evaluation of the forest growth model FORSANA. PIK Report, 32, 64 S.

Heinkele, Th., Neumann, C., Rumpel, C., Strzyszcz, Z., Kögel-Knabner, I. und Hüttl, R.F., 1999: Zur Pedogenese pyrit- und kohlehaltiger Kippsubstrate im Lausitzer Braunkohlerevier. In: Hüttl, R. F., Klem, D. und Weber, E. (Hrsg.): Rekultivierung von Bergbaufolgelandschaften. Das Beispiel des Lausitzer Braunkohlereviers. Walter de Gruyter, Berlin, New York, 25-44.

Jönsson, C., Warfvinge, P. und Sverdrup, H. 1995: Application of the SAFE model to the Solling spruce site. Ecological Modelling, 83, 85-96.

Katzur, J. und Haubold-Rosar, M. 1996: Amelioration and reforestation of sulfurous mine soils in Lusatia (Eastern Germany). Water, Air, and Soil Pollution, 91, 17-32.

Knoche, D., Schaaf, W., Embacher, A., Faß, H.-J., Gast, M, Scherzer, J. und Wilden, R. 1999: Wasser- und Stoffdynamik von Waldökosystemen auf schwefelsauren Kippsubstraten des Braunkohletagebaues im Lausitzer Revier. In: Hüttl, R. F., Klem, D. und Weber, E. (Hrsg.): Rekultivierung von Bergbaufolgelandschaften. Das Beispiel des Lausitzer Braunkohlereviers. Walter de Gruyter, Berlin, New York, 45-71.

Parkhurst, D. L., 1995: Users guide to PHREEQC - a computer program for speciation, reaction-path, advective transport, and inverse geochemical calculations. U. S. Geological Survey, Water-Resources Investigations Report 95-4227, Lakewood, Colorado, 151 S.

Sverdrup, H. und Warfvinge, P., 1993: Calculating field weathering rates using a mechanistic geochemical model PROFILE. Applied Biochemistry, 8, 273-283.

Beobachtung von Setzungen und Sackungen locker gelagerter Schüttungen während des Grundwasseranstiegs am Beispiel einer Kippe des Lausitzer Braunkohlentagebaus (Teilprojekt 14)

Lutz Wichter & Markus Kügler

1 Zusammenfassung

Locker gelagerte Aufschüttungen (z. B. Tagebaukippen in der Niederlausitz) sind bei Änderung der hydraulischen Verhältnisse (z. B. bei Grundwasseranstieg) in ihrer bodenmechanischen Stabilität durch Setzungsfließen und Sackungen gefährdet. Für eine Nachnutzung von ehemaligen Kippenflächen ist die Gewährleistung ihrer Standsicherheit unabdingbar. Dies macht eine Prognose über die Langzeitstabilität dieser Gebiete erforderlich. Grundlegend für eine zuverlässige Prognose von Sackungsvorgängen ist die Ermittlung wesentlicher Einflussparameter bei einem Grundwasseranstieg.

Ziel des Projektes war es, exemplarisch die Sackungen während des Grundwasseranstiegs an einer Tagebaukippe zu erfassen und eine Prognose zur Oberflächenverformung von Kippenmassiven infolge Setzungen und Sackungen zu erarbeiten. Auf der Innenkippe des stillgelegten Tagebaus Gräbendorf wurden Langzeitmessungen zur Beobachtung des Verformungsverhaltens von verkipptem Material während des Grundwasseranstiegs durchgeführt. Bis zum Grundwasserstand zu Projektende (ca. 50 % der Kippenhöhe) konnten nur geringe Sackungen in den durchfluteten Bereichen der Kippe gemessen werden. Ursache hierfür ist die relativ hohe Lagerungsdichte in größerer Kippenteufe. Anhand von Erkenntnissen aus experimentellen Sackungsversuchen kann für den oberen ungesättigten Kippenbereich ein mögliches Sackungsmaß von 2 - 4 % nach der Wassersättigung prognostiziert werden. Nach Abschluss der Flutung in situ ist für die Kippe mit einer Oberflächensetzung von mehr als 50 cm zu rechnen.

Eine wesentliche Einflussgröße für die Stabilität der Kippen vor der Flutung ist eine im Laufe der Zeit sich bildende Verfestigung des Korngerüstes. Eine derartige Verfestigung des ungestörten Korngerüstes durch sogenannte Phasenkontakte konnte experimentell nachgewiesen. Diese im Laufe der Zeit sich bildende Verfestigung äußerte sich in der Zunahme der Druck- und Zugfestigkeit. Die Zementierung kann bis zum 1,5-fachen der Festigkeit eines nicht-verfestigten Bodens betragen. Unter dem Rasterelektronenmikroskop konnten Verkittungen und Brückenbildungen innerhalb des Korngerüstes gezeigt werden. Die Zerstörung der Bindungen infolge des Grundwasseranstiegs ermöglicht eine Kornumlagerung (Sackung). Auslöser (Initial) für die Kornumlagerung kann schon eine geringfügige Änderung des Wassergehaltes sein.

Sackungen eines verfestigten (ungestörten) Kippenbodens können bis zu doppelt so hoch ausfallen wie diejenigen eines nicht-verfestigten (gestörten) Bodens. Bei Untersuchungen von Kippenböden im Labor muss dieser Tatsache Rechnung getragen werden, da hier i. d. R. nur gestörtes Material zur Verfügung steht.

2 Arbeits- und Ergebnisbericht

2.1 Ziele

Für die Rekultivierung und Wiedereingliederung von Bergbaufolgelandschaften in eine Kultur- und Naturlandschaft sind Kenntnisse über Stabilität und Sicherheit der ehemaligen Tagebauflächen von wesentlicher Bedeutung. Besonders beim Fluten von Restlöchern stillgelegter Tagebaue neigen bisher stabile Böschungsbereiche durch den Grundwasseranstieg dazu, in den Tagebau auszufließen. Kippenoberflächen können um mehrere Dezimeter sacken.

Ziel des Teilprojektes 14 war die Erfassung der zeitlichen und räumlichen Verteilung der Verformungen während des Grundwasseranstiegs in Nachbarschaft zur nachbergbaulichen Nutzung vorgesehenen Kippenflächen. Dabei sollten alle wesentlichen Einflussfaktoren erfasst und in Kontext zueinander gebracht werden. Exemplarisch sollten Verformungszustände, die durch den Grundwasseranstieg in einer geschütteten Kippe initiiert werden, in Böschungsbereichen, an der Oberfläche der Kippen und im Innern erfasst werden. Zusätzlich sollten die Auswirkungen von nachträglichen Verdichtungsmaßnahmen (Sprengungen, Rütteldruckverdichtungen) auf die Kippengeometrie untersucht werden. Die Information über Eigensetzungsvorgänge, Sackungsverhalten und Verflüssigungsverhalten helfen bei der Abschätzung von Nutzungsmöglichkeiten und Gefahrenpotential. Hierzu gehören insbesondere die Herleitung und Überprüfung einer zuverlässigen Sackungsprognose für locker gelagerte Kippenböden. Durch die Kombination von Feld- und Laborversuchen sollten zu folgenden Fragestellungen Aussagen getroffen werden:

- Größe des durchschnittlichen Sackungsmaßes an der Geländeoberfläche infolge erstmaligem Grundwasseranstieg,
- zeitlicher und räumlicher Verlauf der Sackung innerhalb des wassergesättigten und des -ungesättigten Bereichs in Abhängigkeit von der Höhe des Grundwasserspiegels.

Die Übertragung der Untersuchungsergebnisse auf andere Gebiete in Form einer Setzungsprognose kann über eine Korrelation der Resultate aus Feld- und Laborversuchen erfolgen. Dabei gelten die Rückschlüsse nicht nur für Rekultivierungsgebiete innerhalb von Bergbaufolgelandschaften, sondern sie können allgemein auf Bereiche mit ähnlichen Randbedingungen übertragen werden.

2.2 Methodik

2.2.1 Untersuchungsgebiet

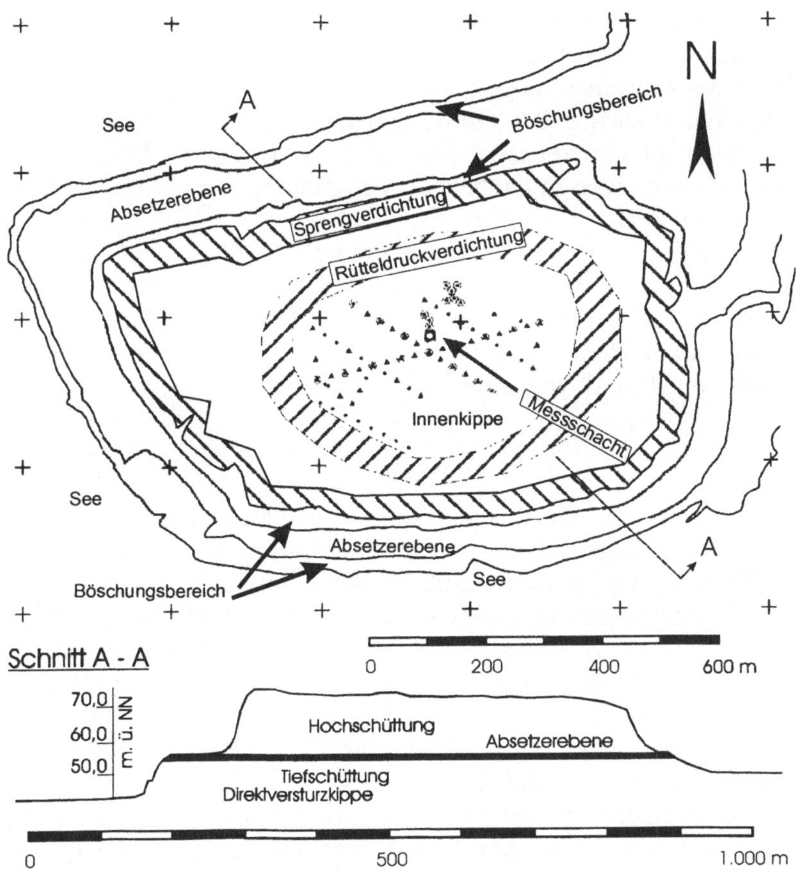

Abb. 1 Messfeld Innenkippe Gräbendorf (Draufsicht und Schnitt). Insgesamt sechs Messachsen mit ursprünglich 85 Messpunkten in einem Abstand von 25 bzw. 50 m. Entlang des Messfeldes sind Oberflächenmesspunkte, Extensometer und Wasserpegel installiert. Bedingt durch die Sanierungsmaßnahmen mussten mehrere Messpunkte im Randbereich aufgegeben werden. Im Zentrum der Kippe befindet sich der Mess- und Versuchsschacht.

Untersuchungsgebiet war der 1991 stillgelegte Tagebau Gräbendorf (Landkreis Spree-Neiße, Land Brandenburg). Im süd-östlichen Bereich des Tagebaurestloches befindet sich eine geschüttete Innenkippe, die nach der Flutung des Tagebaus eine Insel bilden wird (Abb. 1). Wegen der besonderen Gegebenheiten in Gräbendorf (begrenzter Untersuchungsraum, klar definierte Randbedingungen durch Insellage, repräsentativer Standort, beschleunigte Flutung des Tagebaurestloches) wurde dieser Tagebau für die Untersuchungen ausgewählt.

Zusammen mit weiteren Teilprojekten des BTUC Innovationskollegs bildete er einen Untersuchungsschwerpunkt verschiedener Aspekte der Bodenmechanik und Hydrologie.

Im Lausitzer Revier liegt der Grundwasserspiegel vor dem Aufschluss eines Tagebaus in unbeeinflussten Bereichen ca. 2 bis 3 m unter der Geländeoberfläche. Während des Tagebaubetriebs wurde das Grundwasser 12 bis 20 m unter die Oberfläche des Liegenden abgesenkt. Nach dem Einstellen des Tagebaubetriebs dauert der Wiederanstieg des Grundwasserspiegels in der Regel mehrere Jahrzehnte, falls nicht Fremdwasser zugeführt werden kann. Durch Fremdflutung wurde der Wasseranstieg in Gräbendorf beschleunigt, um frühzeitig den Endwasserstand zu erreichen.

Der vertikale Aufbau der Kippe gliedert sich (vom Gewachsenen zur Kippenoberfläche) in eine Direktversturzkippe und eine Tiefschüttung (gemeinsame Mächtigkeit: ca. 20 m) und in eine Hochschüttung (Mächtigkeit: ca. 16 m). Zwischen Tief- und Hochschüttung befindet sich die Absetzerebene (ca. 3 m mächtig), ein maschinell stark verdichteter Bereich.

2.2.2 Definition des Begriffes Sackung

Nichtbindige Erdstoffe, die vormals noch nicht wassergesättigt waren, neigen zu spontanen Verformungen, wenn sie unter Belastung plötzlich gesättigt werden. Der Begriff „Sackung“ ist nach Kézdi (1964) definiert als Anteil der Setzung, der durch eine Kornumlagerung infolge erstmaliger Wassersättigung auftritt. Das Sackungsmaß i_{mp} (Bobe & Hubácek 1983) ist eine Maßzahl für die Setzung durch Kornumlagerung bezogen auf eine Bezugshöhe. Nach Striegler (1988) kann dieses Sackungsmaß pauschal zwischen 0,2 und 2,5 % der gesamten Kippenmächtigkeit schwanken; diese Angabe beruht auf experimentellen Laboruntersuchungen und In-situ-Messungen auf Kippen.

Die Setzungsanteile infolge Eigenlast, Grundwasseranstieg und eventuell äusserer Last bestimmen die Gesamtvertikalverformung. Über die Liegezeit einer Kippe ergeben sich Primärsetzungen und Sekundärsetzungen (Formazin 1988). Der Verlauf der Sekundärsetzung kann für den vorliegenden Fall in die Anteile

- Sackung infolge Grundwasseranstieg bzw. Versickerung und
- Lastsetzung infolge statischer oder dynamischer Belastung

unterteilt werden.

Prognosen für Sackungen bei überwiegend nichtbindigen Kippen sind bisher mit Unsicherheiten behaftet, da verallgemeinerungsfähige Verformungsbeobachtungen für solche Kippen nicht vorliegen (Sachse 1988; Sperling & Vogel 1985).

2.2.3 In-situ-Messungen

In der ersten Projektphase (1995 - 1997) wurde an der Kippenoberfläche und im Kippeninnern die Grundlage für die In-situ-Messungen geschaffen. Ein auf der Oberfläche der Innenkippe eingerichtetes Messfeld (Abb. 1) ermöglichte die Langzeitbeobachtung des Verformungsverhaltens der Innenkippe während des Grundwasseranstiegs.

Durch Messpunkte an der Geländeoberfläche (75 Höhenmesspunkte) und in der Tiefe (40 Extensometer; gestaffelt in 1,50 bis 40,50 m Tiefe, Tab. 1) konnte die vertikale Verformung der Kippe gemessen werden. Während die Höhenmesspunkte die Gesamtsetzung erfassten, ermöglichten die Extensometer eine differenzierte Zuordnung der Setzungsanteile in Abhängigkeit von der Tiefe.

Tab. 1 Messeinrichtungen auf der Innenkippe Gräbendorf.

Messort	Typ	Anzahl	Messart	Messbeginn	Bemerkung
Oberfläche	Setzungs-messpunkte	75	Feinnivellement	1996	
Kippeninnern	Extensometer	40	Feinnivellement	1996	
	Erddruckgeber	6	elektrisch	1997/98	
Grundwasser	Pegel	19 (+8)	Kabellot	1996	
Böschungsbereich	Höhenpunkte	50	Vorwärts-Einschnitt	1996	durch Böschungsrutschung im Herbst 1997 zerstört

Ende 1996 wurden die Messungen nach Abklingen der Primärsetzungen (Striegler 1988: nach ca. drei Jahren Liegezeit) und bei einem für das Verformungsverhalten der Innenkippe noch unkritischen Seewasserstand im Restloch begonnen und in regelmäßigen Abständen (zweiwöchentlich) über den gesamten Projektzeitraum wiederholt. Parallel dazu wurden an insgesamt 27 Pegelrohren die Grundwasserstände im Innenbereich der Kippe gemessen.

Begleitend zu den Untersuchungen an der Kippenoberfläche wurden in dem in der ersten Projektphase erstellten Mess- und Versuchsschacht (s. a. Wichter et al. 1999) Erddruckspannungen in verschieden Tiefen (7, 14 und 35 m Tiefe) gemessen. Für ein weiteres Teilprojekt (TP 20) des BTUC Innovationskollegs ergab sich die Möglichkeit, Pumpen zur Grundwasserentnahme im Kippeninnern installieren.

In einem Böschungsbereich der Innenkippe wurden Messpunkte zur Erfassung von Böschungsbewegungen installiert. Durch eine frühzeitige Böschungsrutschung ging diese Messeinrichtung verloren. Aus Sicherheitsgründen konnte der Böschungsbereich der Kippe anschließend nicht mehr betreten werden (Wichter et al. 1999).

2.2.4 Probenahme

Für die experimentelle Sackungsuntersuchung wurde vom Mess- und Versuchsschacht aus oberhalb des Grundwasserspiegels ungestörtes (d. h. unverändert in Gefüge, Kornverteilung und Wassergehalt) und gestörtes Probenmaterial in verschiedenen Tiefen entnommen (Tab. 2). Die Proben wurden mit einem Ödemeterkreisring ausgestochen.

Tab. 2 Ungestört entnommene Proben aus dem Mess- und Versuchsschacht Innenkippe Gräbendorf oberhalb des Grundwasserspiegels.

Tiefe	7 m	14 m	28 m
Anzahl der Proben für Zug- und Druckversuche	6	3	7
Anzahl der Proben für Sackungsversuche	5	2	-

Auf gleiche Weise konnten Proben für Druck- und Zugversuche zur Sensitivitätsbestimmung gewonnen werden (Tab. 2). Hierbei wurden für die Probengewinnung zwei verschraubte Formbleche verwandt.

2.2.5 Bodenmechanische Untersuchungen

Standarduntersuchungen

Tab. 3 Laboruntersuchung von Bodenproben.

Parameter	Methode	Einheit	Vorschrift
Wassergehalt	Wägung	w [-]	DIN 18 121
Korngrößenverteilung Ungleichförmigkeit	Siebung	$U = d_{60}/d_{10}$ [-]	DIN 18 123
Korndichte	Pyknometer	ρ_s [kg m^{-3}]	DIN 18 124
Dichte	Wägung, Volumenbestimmung	ρ [kg m^{-3}]	DIN 18 125, T1+T2
Lagerungsdichte	Wägung, Volumenbestimmung	D [-]	DIN 18 126
Glühverlust	Erhitzen, Wägung	V_{gl} [-]	DIN 18 128
Wasserdurchlässigkeit	Durchflussmessung	k_f [m s^{-1}]	DIN 18 130
einaxiale Druckfestigkeit	Druckversuch	σ [Nm^{-2}]	DIN 18 136
Kompressionsversuch			Önorm B 4420
Kapillare Steighöhe	nach Kézdi (1964)	h_k [m]	-

Zur genauen Definition des Bodens wurden Standarduntersuchungen an Probenmaterial durchgeführt (Tab. 3).

Sackungsversuche
Die experimentelle Untersuchung des Sackungsverhaltens wurde im kleinmaßstäblichen Versuch durchgeführt. Die Methode wurde in Anlehnung an die Untersuchungen von Kézdi (1964) und Hellweg (1981) modifiziert. Für die Versuche wurden die Proben in einem Kompressionsstand (Ödometerstand, Terzaghi 1925) mit feststehendem Ring eingebaut, über eine Belastungseinrichtung stufenweise belastet und nach Erreichen der im Gebirge herrschenden Vertikalspannung (ermittelt durch die vom Schacht aus eingebauten Erddruckgeber in 7 und 14 m Tiefe) von unten her geflutet. Dabei wurden die Setzungen und die Wasserstände in der Probe gemessen. Die Flutung der Proben erfolgte kontinuierlich; die Flutungsgeschwindigkeit entspracht den In-situ-Verhältnissen in der Kippe (ca. 15 mm d^{-1}). Nach Abschluss der Sackungsvorgänge durch die Flutung wurde den Proben eine Störung (dynamisches Initial durch Schlag gegen den Probenring) zugeführt, um das Sackungsverhalten bei Erschütterungen zu beobachten. An zwei Proben wurden zusätzlich zyklische Wasserspiegeländerungen (nach Erlenbach 1936), wie sie bei Grundwasserspiegelschwankungen auftreten können, durchgeführt.

Insgesamt konnten 18 Sackungsversuche (7 ungestörte Proben, 11 gestörte Proben) durchgeführt werden. Vorhandene organische Anteile (Kohle) wurden im Versuchsmaterial belassen.

Untersuchungen der kapillaren Steighöhe
Die Untersuchung des Sackungsverhaltens ergab, dass ein Anteil der Sackungen bereits im Kapillarsaum der Probe stattfindet. Deshalb wurde zur Bestimmung der aktiven Kapillarität experimentell die kapillare Steighöhe nach Kézdi (1964) bestimmt. In mehreren Versuchsreihen wurde Kippenmaterial mit definierter Dichte (locker bis mitteldicht) trocken eingebaut und die aktive Steighöhe gemessen. Im Anschluss wurden Wassergehalt und Sättigung über die Probenhöhe ermittelt.

Zug- und Druckfestigkeitsversuche
Geschüttete Kippenböden können im Laufe ihrer Liegezeit eine Verfestigung der Kornstruktur erfahren, die sich in einer Zunahme der spannungsunabhängigen Scherfestigkeit (Kohäsion) des Bodens ausdrückt. Ein Nachweis der Verfestigungen an den Kornkontaktstellen (Phasenkontakte) gelingt z. B. durch experimentelle Versuche an ungestört entnommenem Material.

Die Bestimmung des Verhältnisses der mechanischen Festigkeiten von gestörten und ungestörten Proben erfolgte nach Mikulitsch & Gudehus (1996). Nach erfolgreichem Test an einer ungestörten Probe wurde unter gleichen Bedingungen das Probenmaterial gestört eingebaut und der Versuch wiederholt. Das Verhältnis beider Festigkeiten (ungestört zu gestört) ergibt die Sensitivität eines Boden bezüglich seiner mechanischen Zug- und Druckfestigkeit. Sie gibt Aufschluss über die zeitabhängige Verfestigung der Bodenstruktur (Scherfestigkeitserhöhung des ungestörten Bodens).

Rasterelektronenmikroskopische (REM-) Untersuchungen
Die in den Versuchen nachgewiesene Verfestigung konnte mit Hilfe von REM-Untersuchungen sichtbar gemacht werden. Vom Teilprojekt 20 wurden hierzu Proben, die in Gräbendorf aus einem Bohrkern aus 23 m Tiefe (zum Zeitpunkt der Entnahme ein ungesättigter Bereich) gewonnen werden konnten, zur Verfügung gestellt. Nach Aufbereitung der Proben konnte durch Untersuchung der Probenanschliffe mit dem Rückstreuelektronendetektor (BSE) die Bildung von Phasenkontakten nachgewiesen werden. Anhand der Aufnahmen konnte die Porenzahl der Proben ermittelt werden. Zur differenzierten Elementbestimmung in den Kontaktstellen wurden diskrete Bereiche einer Röntgenfluoreszenzanalyse (EDX) unterzogen.

2.3 Ergebnisse

2.3.1 In-situ-Messungen

Zum Projektende war der Tagebau Gräbendorf zur Hälfte geflutet. Tiefschüttung und Absetzerebene sind vom ansteigenden Grundwasser durchströmt worden. Die Hochschüttung wurde nur im unteren Bereich (ca. 2 m) vom Grundwasser beeinflusst. Hierbei konnte jedoch eine deutliche Zunahme der Sackungen im darüber liegenden Bereich der Hochschüttung gemessen werden (Tab. 4).

Tab. 4 Sackungen der Kippenoberfläche (Innenbereich) in Abhängigkeit vom Grundwasseranstieg.

Bereich	Mächtigkeit [m]	bisher durchfluteter Bereich [m]	Gesamtsetzung [mm]	Setzung je m Wasseranstieg [mm]
Tiefschüttung	20	20	20 – 30	1 - 1,5
Absetzerebene	3	3	0 - 1	0 - 0,3
Hochschüttung	16	ca. 2	10 – 15	5 – 7,5

Die bisher auf der Innenkippe Gräbendorf gemessenen Vertikalverformungen lassen im Innenbereich eine Gesamtsetzung der Kippe um 3,5 cm über 3 Jahre erkennen. Die in Abbildung 2 grafisch dargestellten Messergebnisse ausgewählter Messpunkte zeigen einen gleichmäßigen Setzungsverlauf über die Beobachtungszeit. Dabei wurden Setzungserscheinungen nur oberhalb des Grundwasserspiegels registriert. Nach Durchstreichen der Wasserfront wurden an den betroffenen Extensometern im Kippeninnern nur noch vernachlässigbar kleine Vertikalverformungen gemessen.

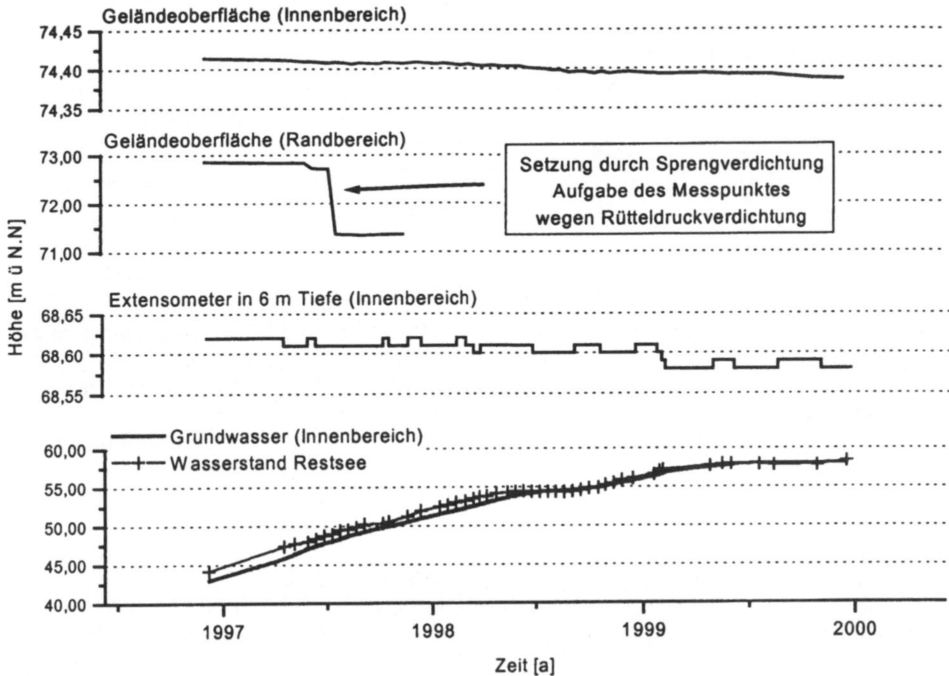

Abb. 2 Wasserstände und Vertikalverformungen im Innenbereich und im Randbereich der Innenkippe Gräbendorf über den Beobachtungszeitraum (ausgewählte Messpunkte).

Im Randbereich des Messfeldes konnten aufgrund der Verdichtungssprengungen (Abb. 2) und der Rütteldruckverdichtungen wesentlich höhere Vertikalverformungen (bis zu 150 cm) gemessen werden (vgl. Wichter et al. 1999). Nach den Verdichtungsmaßnahmen konnten an den Messpunkten in diesen Bereichen keine weiteren Verformungen beobachtet werden. Messstellen, die in der Verdichtungszone platziert waren, mussten bedingt durch die Rütteldruckverdichtungsarbeiten aufgegeben werden (vgl. Abb. 1).

Die im Mess- und Versuchsschacht installierten Messgeber ließen bis zum Projektende keine Veränderungen der Erddruckspannungen im Innern der Tagebaukippe erkennen.

Die Messpunkte im Böschungsbereich ließen vor Eintritt der Rutschung keine Bewegung erkennen; die Rutschung, die das Böschungsmessfeld zerstörte, trat ohne Ankündigung ein.

2.3.2 Laboruntersuchungen / Bodenkennwerte

Das Kippenmaterial in Gräbendorf ist folgendermaßen zu charakterisieren (Tab. 5):

Tab. 5 Kennwerte Innenkippe Gräbendorf.

Kennwerte	Symbol	Einheit	Minima	Maxima	Bemerkung
Korndichte	ρ_s	g cm^{-3}	2,642	2,653	
Ungleichförmigkeit	U	-	1,23	4,65	sehr gleichförmig
Wassergehalt [1)]	w	-	0,08	0,12	im ungesättigten Bereich
Glühverlust	V_{gl}	-	0,01	0,05 (0,38) [2)]	stark schwankend
Dichte [3)], vor Kornumlagerung [4)]	ρ_0	g cm^{-3}	1,45	1,68	ungestört entnommene Proben
Dichte [3)], nach Kornumlagerung [4)]	ρ_1	g cm^{-3}	1,80	1,99	experimentell ermittelt
Porenzahl, vor Kornumlagerung [4)]	e_0	-	0,70	1,01	ungestört entnommene Proben
Porenzahl, nach Kornumlagerung [4)]	e_1	-	0,63	0,92	experimentell ermittelt
Sättigungsgrad	S_r	-	0,88	0,95	(Sackungsversuche)
			0,80	0,90	(Versuche zur kapillaren Steighöhe)
aktive kapillare Steighöhe	h_k	m	0,40	0,80	abhängig von Einbaudichte
Durchlässigkeit	k_f	m s^{-1}	1E-4	3E-5	stark abhängig von Einbaudichte

[1)] Starke Abhängigkeit von den hydrologischen Verhältnissen im Boden, die angegebenen Werte gelten für den Bereich zwischen Einflussbereich der Oberflächenversickerung und des Kapillarsaums.
[2)] teilweise erhebliche Mengenschwankungen in den organischen Anteilen (überwiegend Kohlepartikel)
[3)] Dichte des feuchten Bodens
[4)] gültig für den Bereich der Hochschüttung (Zone 2, siehe auch Kap. 2.4)

Der Kohleanteil im Gräbendorfer Material liegt im Mittel bei ca. 4 %. Die große Streuung des Kohleanteils (0 - 30 %) verdeutlicht die teilweise starke Inhomogenität des Materials (bedingt durch größere Kohlestücke). Diese spiegelt sich in der teilweisen hohen Varianz der Kennwerte wider. Die Kornverteilung (ohne Kohlefraktion) kennzeichnet den Boden als enggestuften Fein- bis Mittelsand mit bindigen Anteilen von < 10 % (Kügler 1999).

2.3.3 Bodenmechanische Untersuchungen

Sackungsversuche

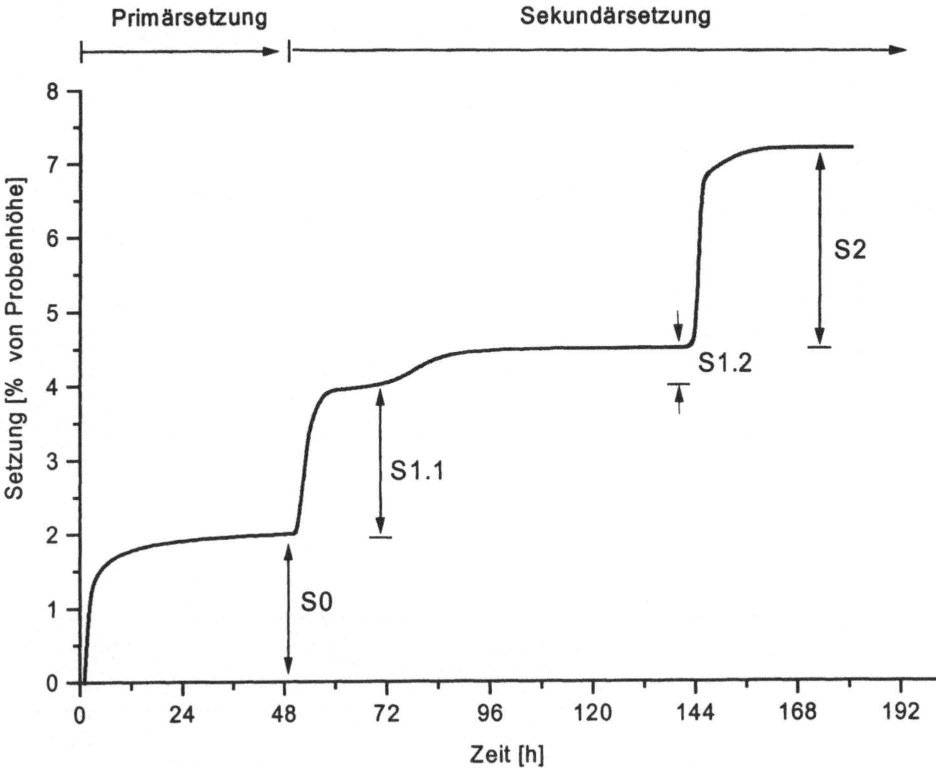

Abb. 3 Zeit-Setzungs-Diagramm (Beispiel). Primärsetzung: S0, Sekundärsetzung: S1.1 (Kapillarsackung), S1.2 (Sättigungssackung), S2 (Dynamische Sackung).

Zur Bestimmung des Sackungsverhaltens locker gelagerter Böden bei veränderlichen Wassergehalten wurden Sackungsversuche an ungestörtem und gestörtem Material durchgeführt. Es konnten im Zeit-Setzungsverlauf verschiedene Setzungsphasen beobachtet werden (Abb. 3). Unter Laststeigerung tritt eine Konsolidierung und Komprimierung des Bodens (S0, Primärsetzung) ein.

Während des Flutungsvorganges waren weitere Vertikalverformungen innerhalb des Kapillarsaumes (Kapillarsackung S1.1, s. a. Rethati 1963) und bei vollständiger Sättigung (S1.2) der Probe zu beobachten. Je nach Normalspannung betrug der Anteil der relativen Sackung $i_{m(S1)}$ ca. 2 - 4 % und lag damit in der Größenordnung, die von Striegler (1988) angegeben wird. Führte man dem System nach der Flutung und nach Abklingen der Sekundärsetzungen ein dynamisches Initial (hier eine Erschütterung der Probe) zu, so erfuhr das Probenmaterial eine weitere deutliche Verdichtung (Setzung durch dynamisches Initial S2, $i_{m(S2)} = 3 - 5$ %, Abb. 4).

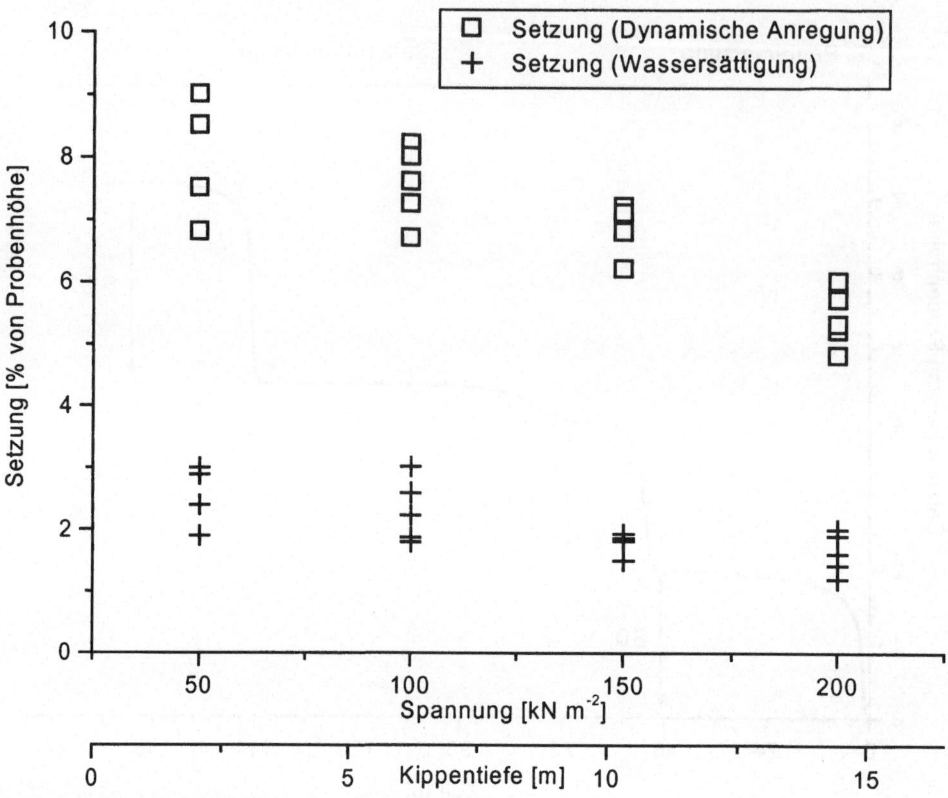

Abb. 4 Last-Setzungs-Diagramm, Setzungen infolge Wassersättigung und dynamischer Anregung; Spannung entsprechend der Kippentiefe.

Mit zunehmender Konsolidierungsspannung nahmen die Beträge der Sekundärsetzung ab. Der sich nach einer Flutung einstellende Sättigungsgrad lag zwischen 84 und 95 % (Wassergehalt: 24 bis 32 %). Eine vollständige Wassersättigung, d. h. die komplette Verdrängung der Porenluft, konnte bei keiner Probe gemessen werden. Zyklische Wasserspiegeländerungen nach der Probenflutung ergaben nur geringe weitere Sackungen (0,1 - 0,3 % der Probenhöhe).

Kapillare Steighöhe

Die experimentell ermittelte kapillare Steighöhe h_k lag im Bereich zwischen 40 und 60 cm, in einem Fall sogar bei 80 cm (Abb. 5).

Es konnten Wassergehalte von 25 bis 32 % gemessen werden. Diese Werte entsprachen den Ergebnissen, die sich in den Sackungsversuchen einstellten. Nach Abschluss der Versuche konnte im Bereich des Wasserspiegels eine Sättigung von 80 bis 90 % gemessen werden. Hierbei muss jedoch beachtet werden, dass aufgrund der Versuchsmethode nur eine näherungsweise Bestimmung des Porenraums möglich war.

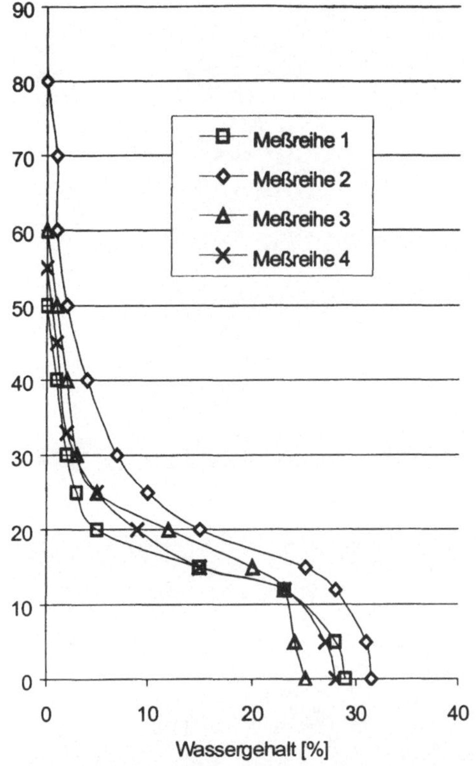

Abb. 5 Aktive kapillare Steighöhe; Bestimmung nach Kézdi (1964).

Zug- und Druckfestigkeit
Die Sensitivität des Bodens wurde durch Druck- und Zugfestigkeitsversuche nachgewiesen ($1{,}0 \leq S_t \leq 1{,}5$). Die Untersuchungen belegen eine zeitabhängige Verfestigung des Korngerüstes (Mikulitsch & Kügler, in Vorbereitung).

REM-Untersuchung
Die experimentell nachgewiesene Verfestigung konnte anhand von Untersuchungen mit dem Rasterelektronenmikroskop (REM) verdeutlicht werden (Abb. 6). Erkennbar ist die Heterogenität des Materials im mikroskaligen Bereich: neben zahlreichen kleinen Porenräume existieren deutlich größere Hohlräume. Auffallend ist eine Konzentration von Material entlang des Porenraumrandes. Untersuchungen dieser Randbereiche mit einer Röntgenfluoreszenz-Sonde (EDX) ergaben verstärkte Aluminium- und Eisenanreicherungen (Abb. 7 und Abb. 8).

Die Auswertung aller bisherigen REM-Aufnahmen ergab Porenanteile von 37 - 44 %. Diese liegen in der Größenordnung der durch Massendifferenz ermittelten Porenräume anderer Proben aus Gräbendorf.

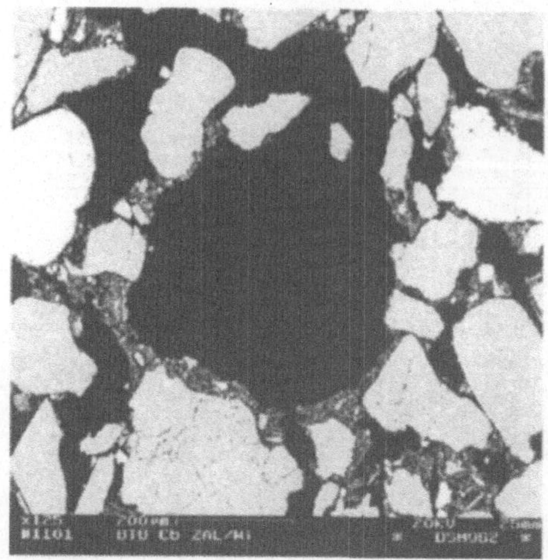

◂ **Abb. 6** Beispiel REM-Aufnahme (125x Vergrößerung) eines polierten Anschliffes, gewonnen aus einem Bohrprofil der Innenkippe Gräbendorf in 23 m Tiefe. Je höher die Dichte eines Materials ist, desto heller ist seine Darstellung. In der Bildmitte befindet sich eine Pore (ca. ø 350 μm). Kreisförmig angeordnet sind die Sandkörner. Deutlich erkennbar sind die Verkittungen und Brükkenbildungen in den Kornzwischenräumen (Wabenstruktur), die eine Verfestigung des Korngerüstes bewirken.

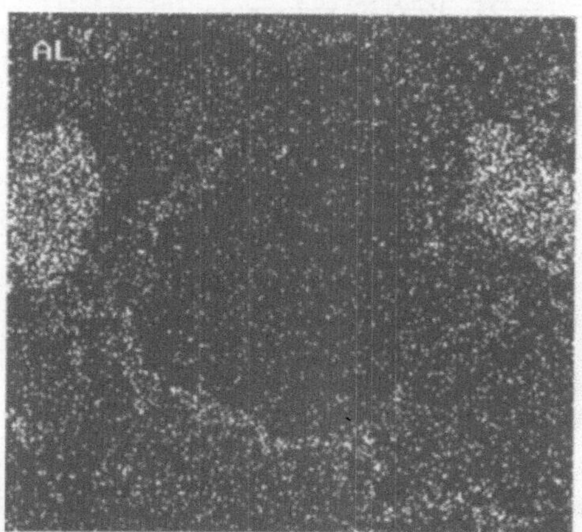

Abb. 7 EDX-Elementmapping der Probe aus Abb. 6: Anreicherung von Al im Porenrandbereich.

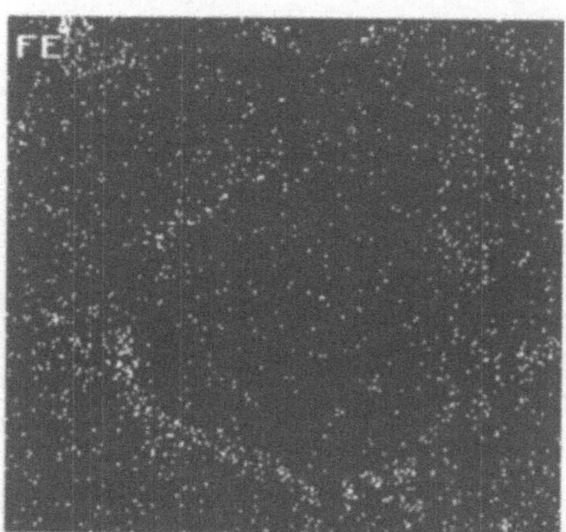

Abb. 8 EDX-Elementmapping der Probe aus Abb. 6: Anreicherung von Fe im Porenrandbereich.

2.4 Diskussion

Sackungen und Sekundärsetzungen werden durch Störungen initiiert. Im Fall der Innenkippe Gräbendorf wurden die Auswirkungen infolge der Störung „Grundwasseranstieg" untersucht.

Über Verformungen im Böschungsbereich kann aufgrund des Ausfalls der Messeinrichtung keine Analyse erfolgen. Generell kann anhand mehrerer eingetretener Rutschungen gesagt werden, dass die Böschungsbereiche der Innenkippe Gräbendorf aufgrund des verkippten Materials und der Verkippungstechnologie bei Grundwasseranstieg stark setzungsfließgefährdet sind. Die Fließrutschungen traten plötzlich und ohne Ankündigung an. Eine messtechnische Erfassung der Setzungsfließrutschung in situ ist mit der gewählten Methode nicht gelungen.

Im künstlich durch Spreng- und Rütteldruckverdichtung behandelten Bereich der Kippe konnten seit Abschluss der Verdichtungsmaßnahmen keine weiteren Verformungen aufgrund des Grundwasseranstiegs gemessen werden. Dieser Bereich der Kippe ist nicht mehr sackungsgefährdet.

Die geringen Sackungen im Innenbereich der Kippe sind durch die Horizontalstruktur der Kippe zu erklären: Die Innenkippe des Tagebaus Gräbendorf ist im Absetzerbetrieb als Tief- und Hochschüttung entstanden; aufgrund dieser Verkippungstechnologie ergaben sich verschiedene Verdichtungszonen. Dementsprechend kann die Innenkippe Gräbendorf vor dem Grundwasseranstieg in drei Zonen (Sperling & Vogel 1985) untergliedert werden:

- Zone 1 (0 - 3 m unter Geländeoberfläche):
  Erdstoff ist locker bis sehr locker gelagert, in der Regel unbelastet und nur gering verdichtet (z. B. durch atmosphärische Einwirkung).
- Zone 2 (3 m bis Arbeitsebene):
  Lagerung der Erdmassen ebenfalls locker bis sehr locker, infolge der zu geringen Spannung allein (Auflast der Erdmassen aus Zone 1 und z. T. Eigengewicht) ist keine Kornumlagerung möglich.
- Zone 3 (Arbeitsebene bis Liegendes):
  lockere bis mitteldichte Lagerung vorherrschend, eine Kornumlagerung durch Auflast wird erzwungen.

Die Zonen unterschiedlicher Lagerungsdichte innerhalb der Innenkippe Gräbendorf konnten durch Drucksondierungen bestätigt werden. Die In-situ-Messungen ergaben, dass in Zone 3 keine Setzungen größeren Ausmaßes stattfanden; die Sättigung des Sandes führte nur zur geringen Kornumlagerung. In der verdichteten Arbeitsebene fanden keine Sackungen statt. Die hier ermittelten Setzungswerte liegen innerhalb der Messtoleranz bzw. sind den Zonen oberhalb und unterhalb der Arbeitsebene zuzuordnen. Bei Durchströmung der Hochschüttung durch das ansteigende Grundwasser lässt sich bisher eine deutliche Zunahme der Setzungen erkennen. Inwieweit sich die Setzungen im offenen oder geschlossenen Kapillarsaum abspielten, kann anhand der bisherigen Messergebnisse in situ nicht geklärt werden. Die Extensometermessungen belegen jedoch, dass sich die Verformungen hauptsächlich im unmittelbaren Bereich des Grundwasserspiegels ereignen. Extensometer, die unterhalb des Grundwasserspiegels liegen, zeigen keine weiteren Sackungen an.

Die Ergebnisse der experimentellen Sackungsuntersuchungen lassen darauf schließen, dass in dem Bereich oberhalb der Arbeitsebene (Zone 2) aufgrund der geringeren Lagerungsdichte der Grundwasseranstieg als Initial ausreichend sein kann und mit Sackungen zu rechnen ist, wie dies auf anderen Kippenstandorten beobachtet werden konnte (Sperling & Vogel 1985).

Oberhalb des Grundwasserspiegels bildet sich eine teilgesättigte Zone (Kapillarsaum), deren Mächtigkeit von der kapillaren Steighöhe des Bodens (aktive Kapillarität) abhängig ist. Die Sackungsversuche haben verdeutlicht, dass eine Großteil der Kornumlagerung bereits durch die Wassergehaltsänderung im Kapillarsaum auftritt (ca. 60 - 80 % der Gesamtsackung). Bei einer Wassersättigung wird die scheinbare Kohäsion reduziert. Das in den Kornkontaktflächenmenisken abgelagerte Material (Rigole & Bisschop 1972), welches eine Verfestigung (Zementierung) des ungestörten Bodens bewirkt, wird durch das Porenwasser gelöst.

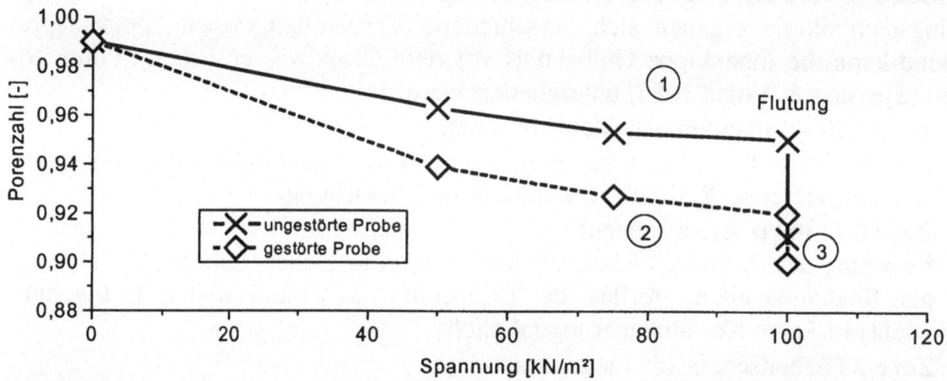

Abb. 9 Porenzahlen einer gestörten und einer ungestörten Probe in Abhängigkeit der Spannung und bei Wassersättigung (Beispiel).

Diese scherfestigkeitserhöhende Verfestigung (Hartge & Horn 1991) kann in den Sackungsversuchen nachgewiesen werden (Abb. 9). Sie bewirkt, dass die Primärsetzung einer ungestörten Probe (①) im Vergleich zu einer gestörten (②) signifikant kleiner ist. Bei Lösen der Zementierung durch Wassersättigung ergibt sich bei beiden Proben eine Porenzahl gleicher Größenordnung (③). Dies bedeutet, dass das relative Sackungsmaß bei ungestörtem Material größer ist als bei gestörtem, wie dies z. B. für Laboruntersuchungen zur Verfügung steht. Für die Gesamtsetzung ergibt sich (bedingt durch die höhere Konsolidierungssetzung bei gestörtem Material) ein annähernd gleich großer Betrag (s. a. Hellweg 1981).

Ursache der Zementierung können anorganische und organische Partikel oder Filme sein. Neben der Genese des Bodens sind als wesentliche Parameter für den Grad einer Verfestigung Lagerungsdichte, Kornform, -radius und Anzahl der Kontaktstellen und Brückenbildungen zu nennen. Die Aufnahmen unter dem REM zeigen eine signifikante Anreicherung von Aluminium und Eisen in den Kornmenisken und Verfestigungsbrücken. Die Menge der Substanzen, die eine

Verfestigung des Korngerüstes bewirken, kann gering sein. Ihre Wirkung entfalten sie dadurch, dass sie sich an den Kontaktstellen konzentrieren und Bodenpartikel miteinander verbinden (Brückenbildung). Aus den EDX-Untersuchungen konnte eine spezifische Zusammensetzung der Zementierung aufgrund der starken Heterogenität des Materials nicht eindeutig bestimmt werden. Die Abhängigkeit zwischen Liegezeit des Materials und Grad der Verfestigung konnte nicht untersucht werden, da eine zeitlich gestaffelte Probenentnahme zur Erfassung differenzierter Verfestigungszustände aufgrund der schwierigen Entnahmebedingungen im Messschacht nicht möglich war.

Der Einfluss des Wassergehalts auf die Porenraumveränderung konnte in den Sackungsversuchen aufgrund der angewendeten Methodik nicht näher bestimmt werden, da die kapillare Steighöhe die Probenhöhe überstieg und somit nicht vollständig erfasst werden konnte. Separate Untersuchungen zur Bestimmung der aktiven kapillaren Steighöhe ergaben einen Betrag von 400 - 800 mm. Ebenfalls in diesen Untersuchungen ungeklärt bleibt das Verhältnis zwischen Kapillarsackung und Sättigungssackung in Abhängigkeit von der Normalspannung.

Die Untersuchungsergebnisse zeigen deutlich die Grenzen der angewandten Methoden: Die geringe Probenhöhe ermöglicht nicht die vollständige Ausbildung des Kapillarsaums. Gerade hier findet jedoch ein wichtiger Teil der Sackungen statt. Da auf die kleinen Probenabmessungen bei der Verwendung von ungestörten Proben nicht verzichtet werden konnte, bedarf die Versuchsanordnung einiger Modifizierungen (z. B. Messung der Saugspannung). Leider konnten diese Erkenntnisse im Rahmen der Untersuchungen dieses Projektes nicht mehr umgesetzt werden, da sie erst zum Ende der Projektlaufzeit erkennbar wurden.

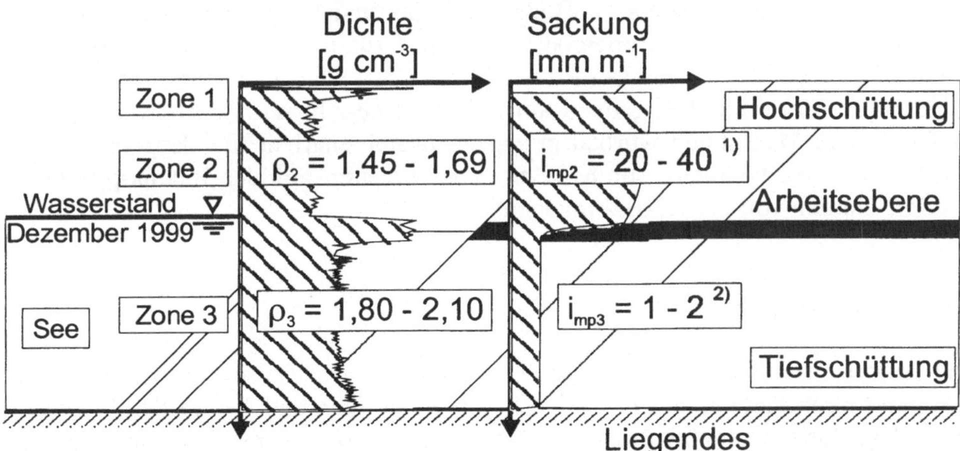

Abb. 12 Sackungsprognose für die Innenkippe Gräbendorf. Gegenüberstellung Dichteverteilung - Sackung über die Tiefe; Zone 2: akut sackungsgefährdet, Zone 3: nicht akut sackungsgefährdet (Zoneneinteilung nach Sperling & Vogel 1985) [Erläuterungen: 1) aus Sackungsversuchen, 2) aus In-situ-Messungen].

Bei wiederholter Sättigung, wie sie durch Grundwasserschwankungen verursacht werden kann, traten aufgrund der höheren Lagerungsdichte im gesättigten Bereich nur geringe weitere Sackungen ein (eigene Untersuchungen; Erlenbach 1936). Somit kann gesagt werden, dass Sackungen im Innenbereich nach Abschluss des Grundwasseranstiegs nicht mehr zu erwarten sind, wenn andere Einflüsse (z. B. dynamische Einwirkungen aus Verkehr) ausgeschlossen werden können.

Wie sich für den weiteren Verlauf der Flutung des Restsees Gräbendorf Sackungen einstellen könnten, zeigt die Sackungsprognose in Abbildung 12, basierend auf den Ergebnissen diese Projektes. Bei einem experimentell ermittelten relativen Sackungsmaß von 20 - 40 mm m^{-1} ist bei einem weiteren Grundwasseranstieg in Zone 2 mit einer vertikalen Gesamtverformung von etwa 0,5 m zu rechnen. Für den bisher vom Grundwasser beeinflussten Bereich der Zone 2 wurden diese erhöhten Setzungswerte bestätigt.

Im Rahmen des BTUC Innovationskollegs konnten die Voraussetzungen für eine umfassende Beschreibung der Setzungsvorgänge einer Tagebauinnenkippe während des Grundwasseranstiegs geschaffen werden. Aufgrund der zeitlichen Verzögerung der Flutung bestand keine Möglichkeit, die Messungen wie geplant bis zur völligen Restlochfüllung abschließend fortzuführen. Eine Überprüfung der Prognose durch Messungen auf der Kippe steht deshalb noch aus.

2.5 Zusammenarbeit

Die Zug- und Druckfestigkeitsuntersuchungen wurden in enger Zusammenarbeit mit Mitarbeitern des Instituts für Bodenmechanik und Felsmechanik der Universität Karlsruhe, Abteilung Bodenmechanik und Grundbau, und der TU Bergakademie Freiberg, Institut für Bergbau, durchgeführt. Dabei entstand ein wissenschaftlicher Austausch. Ein gemeinsamer Ergebnisbericht ist in Vorbereitung.

Die In-situ-Messungen wurden in enger Zusammenarbeit mit dem TP 20 des BTUC Innovationskollegs durchgeführt. Die Arbeiten auf der Innenkippe Gräbendorf wurden von der LMBV unterstützt.

2.6 Danksagung

Die Autoren danken der LMBV für ihre kooperative Zusammenarbeit über die gesamte Projektlaufzeit. Dank gilt auch den Beteiligten des TP 20 des Innovationskollegs für die regelmäßigen Unterstützung der Messkampagnen auf der Innenkippe Gräbendorf und den Mitarbeitern der Universität Karlsruhe und der TU BA Freiberg (namentlich Herrn Mikulitsch) für Ihre Unterstützung bei der Durchführung der Festigkeitsuntersuchungen.

Die Untersuchungen wurden im Rahmen des BTUC Innovationskollegs „Ökologisches Entwicklungspotential der Bergbaufolgelandschaften im Lausitzer Braunkohlerevier“ von der Deutschen Forschungsgemeinschaft finanziert (Förderkennzeichen INK 4/A1 und INK 4/B1-1)

3 Publikationsliste und Literatur

3.1 Eigene Publikationen

Kügler, M., 1999: Laboruntersuchungen Pegel 17, Innenkippe Gräbendorf. Interner Bericht.

Mikulitsch, V. A. und Kügler, M.: Zur Kohäsion und Sensitivität verkippter Lockergesteine des Braunkohlenreviers – Bericht zu den Untersuchungen aus dem Versuchsschacht der Kippe Gräbendorf (in Vorbereitung).

Wichter, L., Kügler, M. und Lemke, K., 1999: Untersuchungen zum Setzungsverhalten von Kippen des Lausitzer Braunkohletagebaus beim Wiederanstieg des Grundwasserspiegels. In: Hüttl, R. F., Klem, D. und Weber, E. (Hrsg.): Rekultivierung von Bergbaufolgelandschaften. Das Beispiel des Lausitzer Braunkohlereviers. Walter De Gruyter, Berlin, New York, 153-162.

Wichter, L. und Kügler, M., 1999: Settlements of open-cast mining areas initiated by groundwater reascending, Poster Session, International Symposium „Ecology of Post-Mining Landscapes" (EcoPol), Cottbus.

3.2 Zitierte Literatur

Bobe, R. und Hubácek, H., 1983: Bodenmechanik. VEB Verlag für Bauwesen, Berlin.

Erlenbach, L., 1936: Über das Verhalten des Sandes bei Belastungsänderung und Grundwasserbewegung. Verlagsbuchhandlung J. Springer, Berlin.

Formazin, J., 1988: Bebauung von Kippen des Braunkohletagebaus - Bodenmechanische Probleme im Braunkohletagebau und bei der Bebauung von Kippen. Bauplanung-Bautechnik, 42, 11, 483-486.

Hartge, K. H. und Horn, R., 1991: Einführung in die Bodenphysik. Enke, Stuttgart.

Hellweg, V., 1981: Ein Vorschlag zur Abschätzung des Setzungs- und Sackungsverhaltens nichtbindiger Böden bei Durchnässung. Mitteilungen des IGBE der Universität Hannover, 17, Eigenverlag.

Kézdi, A., 1964: Bodenmechanik. Band 1+2 VEB Verlag für Bauwesen, Berlin.

Mikulitsch, W. A. und Gudehus, G., 1996: Uniaxial tension, biaxial loading and wetting tests on loess. In: Alonso, E. E. und Delag, P. (Hrsg.): Unsaturated soils. Proceedings of the First International Conference on Unsaturated Soil. Balkema, Rotterdam. Vol. 1, 145-150.

Rethati, L., 1963: Die Sackung von rolligen Böden infolge Aufnahme von Kapillarwasser. Proceedings of the European Conference on Soil Mechanics and Fondation Engineering, Wiesbaden, 295-300.

Rigole, W. und de Bisschop, F., 1972: The formation of adhesive links between granular particles by means of emulsion. In: De Boodt, M. (Hrsg.): Proceedings Symposium on the Fundamentals of Soil Conditioning in Ghent, 938-954.

Sachse, H., 1988: Zum zeitlichen Verlauf von Sackungen nichtbindiger Kippen des Braunkohletagebaus. Bauplanung-Bautechnik, 42, 11, 486-488.

Sperling, G. und Vogel, W., 1985: Zur Bebauung von Tagebaukippen. Bauplanung-Bautechnik, 39, 11, 486-488.

Striegler, W., 1988: Bau von Verkehrswegen auf Tagebaukippen. Bauforschung-Baupraxis. Bodenmechanische Probleme im Braunkohletagebau Teil 1, 222, 31-34.

v. Terzaghi, K., 1925: Erdbaumechanik auf bodenphysikalischer Grundlage. Verlag Franz Deuticke, Leipzig, Wien.

Beschreibung von Transport- und Umwandlungsvorgängen in der wasserungesättigten Zone heterogener Braunkohletagebau-Abraumkippen der Lausitz (Teilprojekt 15)

Horst H. Gerke, Uwe Buczko & Reinhard F. Hüttl

1 Zusammenfassung

In diesem Projekt sollte untersucht werden, wie sich die Wasserbewegung und die Verlagerung gelöster Stoffe sowie Umwandlungsvorgänge in heterogenen Kippenmassiven des Lausitzer Reviers modellhaft beschreiben lassen. Mit numerischen 2D-Simulationen wurde die Abhängigkeit der räumlichen Verteilung der Fließbahnen und Konzentrationen gelöster Stoffe von derjenigen der hydraulischen und geochemischen Eigenschaften typischer Förderbrückenkippen bei stationären Flussraten analysiert. Räumliche Verteilungen physikalischer Eigenschaften wurden unter Berücksichtigung der Geologie an der Abbauseite, des Verkippungsvorgangs und der Schüttstrukturen generiert. Verdichtungen im Aufprallbereich des Sedimentstromes und Entmischungsvorgänge an den Flanken wurden in Abhängigkeit der Fallhöhe und des Ungleichförmigkeitsgrades beschrieben. Die hydraulischen Parameter wurden mittels Pedotransferfunktionen geschätzt. Georadarmessungen von der Kippe Schlabendorf-Nord ließen Verteilungsmuster erkennen, die im Vergleich zu diesem geo-technologisch generierten 2D-Querschnitt Kipprippen mit vergleichbaren Abständen aber unterschiedlichem Einfallswinkel andeuteten. Beim simulierten Transport eines konservativen Tracers im heterogenen Kippenmassiv zeigten sich mehrmodale Durchbruchskurven mit z. T. schnellerer Verlagerung im Unterschied zu einem geostatistisch generierten und einem homogenen 2D-Querschnitt. Bei der Modellierung des reaktiven Multikomponenten-Stofftransports wurden die Verteilungen hydraulischer und geochemischer Parameter allein geostatistisch generiert und die Kinetik der oxidativen Pyritverwitterung mit dem „shrinking-core“ Ansatz beschrieben. Die räumliche Variabilität geochemischer Eigenschaften im heterogenen Fließfeld führte zu einer Spreizung der Konzentrationsfronten mit früherem und längerem Austrag, wobei langfristig die Mineralverteilung über die Lösungs- und Fällungsreaktionen den zeitlichen Verlauf der Auswaschung gelöster Stoffe beeinflusst.

2 Arbeits- und Ergebnisbericht

2.1 Ziele

Die wasserungesättigte Zone erstreckt sich in vertikaler Richtung vom oberflächennahen, durchwurzelten Boden bis zum Grundwasserspiegel. In Braunkohletagebau-Abraumkippen der Lausitz kann diese Zone bei Kippenentstehung bis zu 100 m mächtig sein. Später ist ihre Ausdehnung abhängig vom Verlauf des Wiederanstiegs des Grundwassers und von der Wurzeltiefen- und Bodenentwicklung. In der ungesättigten Zone von Kippenmassiven finden Wärme-, Luft- und Sickerwasserbewegungen sowie Stoffumwandlungen und -verlagerungen statt. Sie prägt langfristig über die Sickerwasserzufuhr den Anstieg und über die Auswaschung gelöster Stoffe die Beschaffenheit des Grundwassers. Aufgrund ihrer chemischen Eigenschaften und überwiegend oxidativen Bedingungen können in der ungesättigten Kippenzone oxidative Mineralverwitterungsvorgänge sowie zahlreiche weitere geochemische Reaktionen (Zheng et al. 1998) stattfinden.

In Abhängigkeit von der Abraumtechnologie und den Verkippungsverfahren entstehen heterogene Kippen, in denen die räumliche Variabilität von chemischen und physikalischen Eigenschaften die Mischung der beteiligten geologischen Sedimente der Abbauseite und die Effekte der Abbau- und Verkippungsverfahren wiederspiegelt. Zudem ist die räumliche Anordnung der festen Partikel bei Kippensedimenten zeitlich variabel, besonders kurz nach der Kippenschüttung. Die räumliche Heterogenität umfasst sowohl die Anordnung von Kipprippen und Schüttkegeln, als auch die relativ kleinräumig verteilte Anordnung unterschiedlicher Sedimentanteile oder kohliger Brocken. Auf beiden räumlichen Skalen können unterschiedlich durchlässige Regionen mit bevorzugten Fließbahnen vorkommen. Darin können saure Sickerwässer, die bei der oxidativen Verwitterung von Sulfidmineralen entstehen, wesentlich früher und über einen längeren Zeitraum - wenn nur ein Teil des Porenraums am Transport teilnimmt - in das Grundwasser gelangen, als bei räumlich gleichmäßiger Sickerung. Die Heterogenität schränkt die Anwendung von Modellen, die für homogene poröse Medien entwickelt wurden, zur Prognose der Transport- und Umsatzprozesse in ungesättigten Kippenmassiven somit ein.

Ziel dieses Projekts war es, die Auswirkungen der räumlichen Variabilität auf die Transport- und Umwandlungsvorgänge in Kippen zu analysieren, um zu verbesserten Modellen und Vorhersagen zu gelangen. Dazu sollten vorhandene geostatistische Ansätze und mehrdimensionale Modelle verwendet sowie geostatistische Verfahren mit Mehr-Regionen-Modellen verknüpft werden. Die Auswirkungen der Verteilungsmuster und Kippeneigenschaften sollten in ihrer Wirkung auf die Verlagerung analysiert werden, um vereinfachte Modelle für größere Gebietsausschnitte abzuleiten.

Da kaum geeignete Daten über heterogene Verteilungen von hydraulischen und Transportparametern für Kippen existierten, sollte ein 2D-Kippenquerschnitt generiert werden, der wesentliche Merkmale wiederspiegelt. Ein derartiges „Kippengenesemodell" sollte auch zur Übertragbarkeit der Ergebnisse auf andere Kippenmassive dienen. Zur Verfügung standen dazu Informationen über die Geologie an der Abbauseite sowie die Abraumtechnologie und qualitative Beobachtungen des Kippenaufbaus. Geophysikalische Untersuchungen sollten dazu dienen, die Verteilungsmuster von physikalischen Kippeneigenschaften flächenhaft zu ermitteln, um räumliche Muster des Kippenaufbaus mit solchen aus dem Modell der Kippengenese vergleichen zu können. Die Wirkungen der auf diese Weise erzeugten 2D-Verteilungen hydraulischer Parameter auf Wasserfluss und Stofftransport sollten wie in einer Sensitivitätsanalyse mit Hilfe von numerischen Simulationen von Szenarien bei verschiedenen Randbedingungen untersucht werden.

2.2 Methodik

Zweidimensionale (2D-) isothermale Darcy'sche Wasserbewegung bei variabler Sättigung in einem Boden mit starrem Porenraum wird unter der Annahme, dass der Einfluss der Luftphase vernachlässigbar sei, mit einer modifizierten Form der Richards-Gleichung (Šimůnek et al. 1994) beschrieben:

$$\frac{\partial\theta}{\partial t} = \frac{\partial}{\partial x_i}\left[K\left(K_{ij}^A \frac{\partial\psi}{\partial x_j} + K_{iz}^A\right)\right] \tag{1}$$

In dieser Gleichung ist θ der volumetrische Wassergehalt $[L^3L^{-3}]$; ψ ist das Matrixpotenzial [L], x_i (i = 1,2) sind Raumkoordinaten [L], t ist die Zeit [Z], $K_{ij}{}^A$ sind Komponenten eines dimensionslosen Anisotropie-Tensors $\mathbf{K}^A$ und K(h, x, z) = K_s(x, z) K_r(h, x, z) ist die ungesättigte hydraulische Leitfähigkeitsfunktion $[LZ^{-1}]$, wobei K_r die dimensionslose relative und K_s die gesättigte hydraulische Leitfähigkeit $[LZ^{-1}]$ bedeuten. Im vertikalen 2D-Querschnitt ist x_1 = x die horizontale und x_2 = z die vertikale, positiv aufwärts gerichtete, kartesische Koodinate. Dimensionen, wie Länge, L, Zeit, Z, und Masse, M, sind in eckigen Klammern angegeben.

Die substratabhängigen Beziehungen zwischen Wassergehalt und Matrixpotenzial (Retentionsfunktion), $\theta(\psi)$, und zwischen der hydraulischen Leitfähigkeit und Matrixpotenzial (K-Funktion), $K(\psi)$, wurden nach dem Modell von van Genuchten und Mualem (VGM; van Genuchten 1980) parameterisiert:

$$\theta(\psi) = \theta_r + (\theta_s - \theta_r)\left(1 + |\alpha\psi|^n\right)^{-m} \tag{2}$$

$$K(\psi) = K_s \left\{1 - (\alpha\psi)^{n-1}\left[1 + (\alpha\psi)^n\right]^{-m}\right\}^2 \left[1 + (\alpha\psi)^n\right]^{-m/2} \tag{3}$$

wobei θ_s der gesättigte und θ_r der residuale Wassergehalt $[L^3L^{-3}]$ bedeuten und die Parameter α $[L^{-1}]$, n und m = (1 – 1/n) den Kurvenverlauf bestimmen.

Konvektiv-dispersiver Transport von gelösten Stoffen wird beschrieben mit:

$$\frac{\partial(\theta c)}{\partial t} = \frac{\partial}{\partial x_i}\left(\theta D_{ij}\frac{\partial c}{\partial x_j}\right) - \frac{\partial(q_i c)}{\partial x_i} \tag{4}$$

wobei c die Konzentration gelöster Stoffe $[ML^{-3}]$ und q_i die i-te Komponente der lokalen Wasserflussdichte $[LZ^{-1}]$ bedeuten; D_{ij} $[L^2Z^{-1}]$ sind die Komponenten des Tensors des Dispersionskoeffizienten, die nach Bear (1972) berechnet werden:

$$\theta D_{ij} = D_T|q|\delta_{ij} + (D_L - D_T)q_j q_i / |q| + \theta D_d T^* \delta_{ij} \tag{5}$$

In (5) ist D_d der molekulare Diffusionskoeffizient in freiem Wasser $[L^2Z^{-1}]$, D_T ist die transversale und D_L die longitudinale Dispersivität [L], δ_{ij} ist die Kronecker Delta-Funktion ($\delta_{ij} = 1$ für i = j, und $\delta_{ij} = 0$ für $i \neq j$), und T^* ist ein Tortuositätskoeffizient [-] der nach Millington und Quirk (1961) als $T^* = \theta^{\,7/3}/\theta_s^2$ evaluiert wurde (Buczko & Gerke 1996; 1997). Bei den Simulationen wurden $D_L = 1$ cm, $D_T = 0{,}5$ cm und $D_d = 2$ cm²/Tag verwendet.

Die Fluss- und Transportgleichungen (1) und (4) wurden numerisch mit dem Finite-Elemente- (FE-) Programm SWMS_2D (Simunek et al. 1994) gelöst. Das rechteckige FE-Gitter hatte eine einheitliche Diskretisierung von 20 cm. Die Modellregion war 22 m hoch und 29 m breit. Am oberen Rand wurden zeitlich stationäre Infiltrationsraten zwischen 0,02 und 350 cm/Tag sowie räumlich homogen und heterogen verteilte Infiltrationen angenommen. Für die heterogene Infiltration wurde ein lineares Ansteigen und Abfallen der Infiltrationsraten je Kipprippe über die Breite des 2D-Querschnittes simuliert, womit eine relativ hohe Infiltration in Senken und relativ geringe auf Kuppen imitiert werden sollte. Am unteren Rand der Modellregion wurde ein Einheitsgradient des hydraulischen Potenzials angenommen. Als obere Randbedingung für den Stofftransport wurde die Konzentration des gelösten Stoffes im infiltrierenden Wasser als bekannt angenommen. Die simulierte Stoff-Applikation erfolgte als Puls mit einer relativen Konzentration von 1. Die Dauer der Stoffpulse betrugen 500 Tage bei einer Infiltrationsrate von 0,02 cm/Tag, 100 Tage bei 0,1 cm/Tag, 10 Tage bei 1 cm/Tag, 1 Tag bei 10 cm/Tag, 0,1 Tag bei 100 cm/Tag, und 0,02857 Tage bei 350 cm/Tag; sie war invers proportional zur Infiltrationsrate, um die Stoffmengen vergleichbar zu halten.

Die räumliche Variabilität der hydraulischen Funktionen wurde unter der Annahme einer linearen Variabilität (Vogel et al. 1991) mit jeweils einem ortsabhängigen Skalierungsfaktor, α_r, pro hydraulischer Funktion beschrieben:

$$\psi(\theta) = \psi^*(\theta^*)/\alpha_{r,\psi}$$
$$K(\psi) = K^*(\psi^*)\,\alpha_{r,K}^2 \quad (6)$$

Die Referenzfunktionen sind durch Sternchen gekennzeichnet. Im Unterschied zu (6) wurde beim geostatistisch generierten Kippenquerschnitt eine Selbstähnlichkeit des Porenraums (Miller & Miller 1956) angenommen, wobei $\alpha_{r,K} = \alpha_{r,\psi}$ ist. Die Referenzkurven für die Retentions- und K-Funktionen hatten die Parameter θ_s = 0,4, θ_r = 0,03, n = 2, α = 0,025. Referenzwert für die gesättigte hydraulische Leitfähigkeit war K_s = 1140 cm/Tag, als der geometrische Mittelwert aus allen mit der Pedotransferfunktion berechneten K-Werten des Kippenquerschnitts.

Die 2D-Verteilungen im geo-technologisch generierten Kippenquerschnitt (Buczko 1999; Buczko et al. 1997; 1998; 1999 a; 1999 b) basierten auf Beobachtungen und Messdaten von der Kippe des stillgelegten Tagebaus Schlabendorf-Nord. Die klastischen Abraumsedimente von etwa 30 m Mächtigkeit waren tertiären, pleistozänen und holozänen Alters und mit Förderbrücken des Typs F 34 bewegt worden (Braunkohlenausschuss 1994). Im Mittel kamen etwa 18 m Tertiär, (Index t), 8 m Pleistozän (Index p) und 4 m Holozän (Index h) vor. Jede der drei stratigraphischen Einheiten sollte einen Massenanteil, w, zum Korngrößengemisch der Kippe beitragen, der im Mittel gleich dem Mächtigkeitsanteil der betreffenden Schicht entsprach. Die mittleren Gewichtungsfaktoren waren w_t = 0,6 für das Tertiär, w_p = 0,267 für das Pleistozän und w_h = 0,133 für das Holozän. Da die Mächtigkeiten der Sedimentschichten und deren Vermischung beim Verkippen vermutlich variierten, wurden die Faktoren w_t, w_p und w_h als Zufallsvariablen betrachtet. Der Zufallsprozess wurde hier als zeitliche Variabilität der Sedimentmischung auf der Förderbrücke simuliert. Eine Realisierung wurde mit dem geostatistischen Programm SGSIM (Deutsch & Journel 1992) generiert. Dabei wurden die Zeitreihen für w_p und w_h unabhängig voneinander jeweils mit einem sphärischen Semivariogramm-Modell, einer Autokorrelationslänge von 30 s und Varianzen von 0,038 für w_p, und 0,0095 für w_h simuliert. Als resultierender Anteil ergab sich $w_t = 1 - w_p - w_h$.

Den drei Sedimenten wurde, entsprechend geologischer Kenntnisse des unverritzen Bereichs, je eine Korngrößensummenkurve zugeordnet. Die Korngrößenverteilung des simulierten Mischsediments, M, welches (quasi fiktiv) auf der Förderbrücke transportiert worden war, wurde für jede Korngrößenklasse gewichtet:

$$M_{i,0} = w_{i,t}M_{i,t} + w_{i,p}M_{i,p} + w_{i,h}M_{i,h} \quad i = 1,\ldots,N$$
$$M(t) = \sum_{i=1}^{k} M_{i,0} \quad (7)$$

wobei $M_{i,0}$ den gewichteten Anteil der Korngrößenklasse i bezeichnet; N ist die

Anzahl der Korngrößenklassen. Die resultierende Textur des Mischsediments, M(t), ist demnach auch eine Zufallsvariable als Funktion der Zeit.

Für die Generierung des 2D-Kippenaufbaus wurden 25 m hohe Schüttkegel, Fallhöhen des Sedimentstroms von der Förderbrücke zwischen 5 und 15 m, eine Rückweite der Förderbrücke von 10 m und ein Winkel von 45° für die Flanken der Schüttkegel angenommen. Die Lagerungsdichte des Bodens, ρ_b, in den 1 – 2 m breiten Aufschlagbereichen des Sedimentsstroms wurde als lineare Funktion der Fallhöhe, H_D, (in Metern) entsprechend den empirischen Befunden von Matschak (1969) berechnet, zuerst als maximale Lagerungsdichte (in g/cm³), $\rho_{b,m} = 1{,}62 + 0{,}0093 H_D$. Die Lagerungsdichte des Bodens zwischen den Aufprallbereichen wurde anfänglich mit $\rho_{b0} = 1{,}55$ g/cm³ angenommen. Je Rückweite wurde eine einzelne Schicht mit etwas erhöhter Lagerungsdichte entlang den Flanken berücksichtigt, um den Witterungseinfluss auf exponierte Teile von Kipprippen zu imitieren.

Die Entmischung des Sediments beim Herunterrollen und -rutschen entlang der Flanken der Schüttkegel (Leibiger 1964; Kaubisch 1986) wurde in Abhängigkeit der Korngrößenklassen vereinfacht beschrieben:

$$M_i(x,z) = M_{i,0} + \left(\frac{H_{max}}{2} - H_k\right)\zeta_i M_{i,0} \tag{8}$$

wobei M_i (x, z) der ortsabhängige Anteil der i-ten Teilchengrößenklasse nach der Entmischung ist; H_{max} ist der vertikale Abstand von der Referenzhöhe H_k [L], $M_{i,0}$ ist der ursprüngliche Anteil der Korngrößenklasse i im Mischsediment (7) und ζ_i sind empirische Entmischungsfaktoren [L^{-1}], die so gewählt wurden, dass sie die Ergebnisse von Leibiger (1964) in etwa reproduzierten.

Die endgültigen 2D-Verteilungen der Lagerungsdichte, ρ_b, in der Kippe wurden aus dem berechneten Ungleichförmigkeitsgrad, U, und einer Zufallskomponente, Z, geschätzt mit:

$$\rho_b(x,z) = w_U\left(\rho_{b0} + a(1 - U_m / U)\right) + w_R\left(\rho_{b0} + b(Z^* - 0.5)\right) \tag{9}$$

wobei w_U und w_R Faktoren zur Gewichtung des relativen Einflusses von U und Z bedeuten; U_m ist der Mittelwert und U(x,y) sind die lokalen Werte der Ungleichförmigkeit, Z^* ist eine räumlich unkorrelierte, gleichverteilte Zufallszahl zwischen 0 und 1 und a und b sind Faktoren zur Gewichtung der Variabilität, die durch die Korngrößenverteilung und die Zufallskomponente verursacht wird. Für die Simulationen wurden $w_U = 0{,}8$, $w_R = 0{,}2$, $U_m = 5{,}5$, a = 0,5 und b = 0,5 verwendet.

Aus Korngrößenverteilung und Lagerungsdichte wurden Retentionsfunktionen nach dem Modell von Arya & Paris (1981) geschätzt. Aus dem repräsentativen Teilchenradius, R_i, jeder Korngrößenfraktion i wurde ein Radius, r_i, einer kapillaren Röhre berechnet mit:

$$r_i = R_i \left[\frac{2\varepsilon}{3(1-\varepsilon)} \left(\frac{3M_i}{4\pi R_i^3 \rho_s} \right)^{1-\beta} \right]^{0,5} \tag{10}$$

wobei ε die Porosität [-], ρ_s die Dichte der festen Substanz [ML^{-3}] und β einen Kornformfaktor darstellen. Das Kapillarpotenzial für jede Korngrößenklasse, ψ_i [L], wurde aus den Porenradien r_i mittels der kapillaren Steighöhengleichung abgeleitet. Der Wert für den Exponenten β wurde anhand von gemessenen Retentionsdaten von Bodenproben aus der Pegelbohrung SGM 1 (vgl. TP 10, dieser Band) kalibriert.

Die hydraulische Permeabilität, k [L^2], wurde aus Textur und Lagerungsdichte mit der Kozeny-Carman-Gleichung (Busch & Luckner 1973) geschätzt:

$$k = \frac{d_w^2}{72C^2\tau} \frac{(\varepsilon')^3}{(1-\varepsilon)^2} \tag{11}$$

worin C ein Faktor für die Abweichungen der Teilchen von der Kugelform ist; ε′ ist die durchflossene Porosität, d_w ist der hydraulisch wirksame Porendurchmesser [L]; τ ist ein Tortuositätsfaktor (hier τ = 2,25). Die hydraulische Leitfähigkeit bei Wassersättigung wurde mit $K_s = kg/\nu$ berechnet, wobei g die Erdbeschleunigung [LZ^{-2}] und ν die kinematische Viskosität [L^2Z^{-1}] von Wasser ist.

Zum Vergleich wurden 2D-Verteilungen der hydraulischen Parameter mittels geostatistischer Simulation des Skalierungsfaktors für die hydraulische Leitfähigkeit, $\alpha_{r,K}$, direkt generiert. Autokorrelationslängen wurden aufgrund von experimentellen Variogrammen aus relativ wenigen Messdaten von Proben der Pegelbohrung SGM 1 sowie von Georadar-Reflexionen (Buczko et al. 1999 c) geschätzt. Für die geostatistischen Simulationen wurde der sequenzielle Gauß'sche Algorithmus SGSIM des Programmpaketes GSLIB (Deutsch & Journel 1992) verwendet. Es wurde ein sphärisches Variogramm-Modell mit einem Nugget von 0,01 und einer Korrelationslänge von 2 m parallel und 0,4 m senkrecht zur Hauptschichtung der Kippenflanken, in einem Winkel von 45°, angenommen. Die räumliche Anisotropie der Korrelationsstruktur sollte einen Aspekt des Kippenaufbaus abbilden. Für die Simuationen wurde eine Realisierung des 2D-Zufallsprozesses ausgewählt.

Die longitudinale Makrodispersivität, D_L, wurde durch die ersten beiden statistischen Momente der Transportdistanz, z, zu festgesetzten Zeiten berechnet:

$$D_L(t) = \frac{\mathrm{var}_t(z)}{2\langle z \rangle_t} \tag{12}$$

Zusätzlich wurden aus den simulierten Szenarien die lokalen Tracer-Durchbruchskurven horizontal über die gesamte Breite des Kippenquerschnitts gemittelt. Aus den mittleren Kurven wurden effektive Dispersionskoeffizienten durch Fitten mit dem Programm CXTFIT (Toride et al. 1995) ermittelt. Die effektive hydraulische Leitfähigkeit, K_{eff}, wurde berechnet mit:

$$K_{eff} = \frac{E(q)}{-E[\partial H / \partial z]} \tag{13}$$

wobei $E[\partial H/\partial z]$ der mittlere hydraulische Gradient und E[q] die mittlere Wasserflussdichte sind.

Bei der Modellierung des reaktiven Multikomponenten-Stofftransports wurde von einem geostatistisch generierten Kippenquerschnitt ausgegangen. Die Methodik einschließlich der Kopplung der Sauerstoffdiffusion und des kinetischen „shrinking-core" Ansatzes zur Modellierung der Pyritverwitterung und mit dem reaktiven Transportmodell ist in Gerke et al. (1998) beschrieben. Zur Untersuchung der Auswirkungen unterschiedlicher räumlicher Verteilungen (heterogen, geschichtet, homogen) von hydraulischen und chemischen Parametern wurden die lokalen Parameter aus dem heterogenen Szenario über die Breite des Profils gemittelt (Gerke et al. 2000), um weitgehend vergleichbare Bedingungen zu generieren.

Korngrößenverteilungen, Retentions- und K-Funktionen wurden an 250 cm^3 großen, ungestörten Proben aus 10 Tiefenstufen der gekernten Pegelbohrung SGM 1 (Schöpke 1998) bestimmt. Die hydraulische Leitfähigkeit wurde mit einem Disk-Permeameter (Smettem & Clothier 1989) bei Matrixpotenzialen von -1, -5 und -10 cm Wassersäule und mit der langsamen Verdunstungsmethode (Schindler 1980) bei höheren Saugspannungen bestimmt. Die Retentionsfunktion wurde im Desorptionsgang mit einer Standardapparatur, bestehend aus Sand- und Kaolinbett (bis 500 hPa) und Druckapparatur (0,1 - 1,5 MPa), gemessen. Die Parameter des VGM-Modells wurden mit dem Programm RETC (van Genuchten et al. 1991) gefittet. Korngrößenverteilungen wurden durch Nass-Siebung und mittels Köhn-Pipettenmethode nach DIN bestimmt.

Im unmittelbaren Umfeld der Pegelbohrung SGM 1 auf der Kippe Schlabendorf-Nord wurden Georadar-Profile mit Frequenzen von 100, 200, und 500 MHz aufgenommen (Buczko et al. 1999 c; 2000 c).

2.3 Ergebnisse

2D-Verteilungen des Skalierungsfaktors für die hydraulische Leitfähigkeit, $\alpha_{r,K}$, zeigen für den geo-technologisch generierten Kippenquerschnitt (Abb. 1 oben) die Effekte der Verdichtung in den Aufprallbereichen des Sedimentstroms an einer verringerten hydraulischen Leitfähigkeit sowie die der Entmischung an einer Leitfähigkeitszunahme mit der Tiefe. Außerdem sind Schüttkegelstrukturen und eine

Schichtung im Winkel von 45° in der Verteilung der Werte der Skalierungsfaktoren wiederzuerkennen. Effekte der Stochastik bei der Generierung der Sedimentmischung und bei der Entmischung zeigen sich an den jeweils etwas unterschiedlichen räumlichen Strukturen von $\alpha_{r,K}$ in den einzelnen Kipprippen. Abbildung 1 (unten) zeigt zum Vergleich eine Realisierung der rein geostatistisch erzeugten, Miller-ähnlichen, räumlichen Verteilung von $\alpha_{r,K}$. Im geostatistischen Kippenquerschnitt sind weder Kipprippen noch vertikale Trends zu erkennen. Allein die Anisotropie der räumlichen Korrelationsstruktur deutet auf die schräg einfallenden Schüttkegel hin. Die statistischen Eigenschaften der in Abbildung 1 dargestellten $\alpha_{r,K}$ - Verteilungen sind für beide Ansätze jedoch relativ ähnlich. Die Varianz von $\ln(K_s)$ beträgt in beiden Querschnitten etwa 1,8.

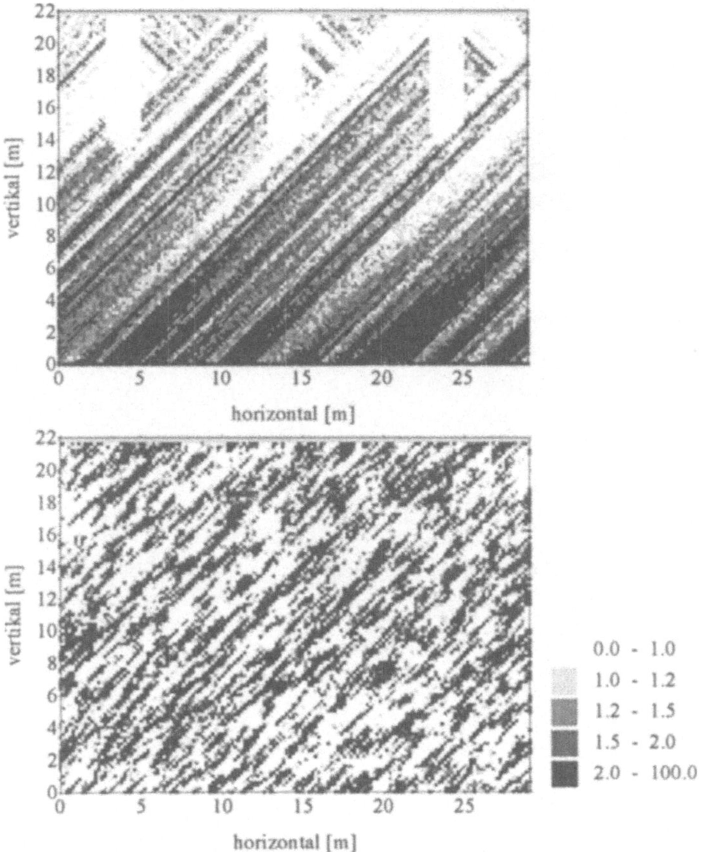

Abb. 1 2D- räumliche Verteilungen der Skalierungsfakoren für die hydraulische Leitfähigkeit, $\alpha_{r,K}$ (Grauwertskala). Verglichen werden der geo-technologisch (oben) und der geostatistisch (unten) generierte Kippenquerschnitt.

Abbildung 2 vergleicht die mit dem geo-technologisch generierten Kippenquerschnitt simulierten 2D-Verteilungen der relativen Wasserflussdichten und Stoffkonzentrationen bei relativ geringen (0,1 cm/Tag) und hohen (350 cm/Tag) stationären Infiltrationsraten. Es sind jeweils unterschiedliche Verteilungsmuster zu erkennen.

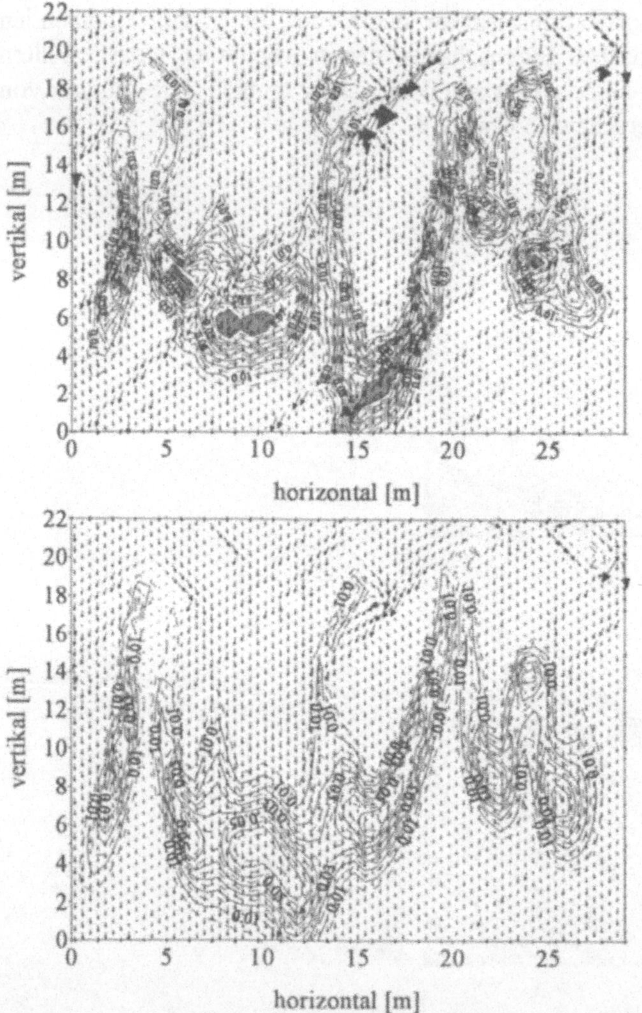

Abb. 2 Simulierte 2D-Verteilungen der Vektoren der Wasserflussdichte (Richtung und Größe der Pfeile) und der relativen Stoffkonzentrationen (Graustufen) für den geo-technologisch generierten Kippenquerschnitt bei räumlich homogen verteilter Infiltration nach 15 Jahren bei 0,1 cm/Tag (oben) und nach 1,5643 Tagen bei 350 cm/Tag (unten).

Bei relativ geringer Infiltrationsrate sind die räumlichen Variabilitäten und die Abweichungen der Flussvektoren von der vertikalen Richtung größer als bei der hohen Rate. Im geo-technologisch generierten Kippenquerschnitt werden die Wasserflüsse auf der relativ gering-durchlässigen geneigten Schicht zwischen mittlerem und rechtem Aufprallbereich kanalisiert, was sich in einer beschleunigten Stoffverlagerung in diesem Kippensegment besonders stark bei der Infiltrationsrate von 0,1 cm/Tag auswirkt. Die verdichteten Aufprallbereiche verzögern die Stoffverlagerung bei beiden Infiltrationsraten.

Tabelle 1 zeigt die gemittelten Wassergehalte und die Varianzen von $\ln(K(\psi))$ beider Kippenquerschnitte für die unterschiedlichen Infiltrationsraten. Für den geostatistisch generierten Kippenquerschnitt ist die Varianz von $\ln(K(\psi))$ bei geringen Wassersättigungen (entsprechend 0,02 cm/Tag Infiltration) am höchsten. Die Varianz nimmt bis auf einen Wert von 0,199 bei 100 cm/Tag ab und ist bei 350 cm/Tag wieder höher. Die Abhängigkeit der hydraulischen Variabilität von der Wassersättigung ist typisch für poröse Medien, bei denen Miller-Ähnlichkeit angenommen wird (Roth 1995; Birkhölzer & Tsang 1997). Beim geo-technologisch generierten Kippenquerschnitt sind die Werte von $\alpha_{r,\psi}$ und $\alpha_{r,K}$ unabhängig voneinander. Der Korrelationskoeffizient für die Beziehung zwischen $\ln(\alpha_{r,\psi})$ und $\ln(\alpha_{r,K})$ ist 0,14. Die Varianzen von $\ln(K(\psi))$ liegen für den geo-technologisch generierten Kippenquerschnitt (Tab. 1) hingegen generell relativ höher bei geringeren Unterschieden in Abhängigkeit vom Wassergehalt. Maximalwerte von $\ln(K(\psi))$ finden sich bei mittleren Wassergehalten während die Varianzen sowohl bei relativ geringen als auch hohen Wassergehalten geringer sind.

Tab. 1 Mittelwerte des volumetrischen Wassergehaltes, θ - Mittel, und Varianzen, Var, von $\ln(K(\psi))$ für den geo-technologisch (geo-tech.) und den geostatistisch (geostat.) generierten Kippenquerschnitt für 6 Infiltrationsraten bei räumlich homogen verteilter Infiltration.

Infiltrationsrate [cm/Tag]	θ - Mittel geo-tech.	θ - Mittel geostat.	Var $\ln(K(\psi))$ geo-tech.	Var $\ln(K(\psi))$ geostat.
0,02	0,072	0,077	1,756	2,540
0,1	0,090	0,097	1,849	2,321
1	0,129	0,139	2,147	1,772
10	0,192	0,207	2,125	0,907
100	0,286	0,302	2,010	0,199
350	0,348	0,355	1,672	0,348

Die Simulationen mit dem geostatistisch generierten Kippenquerschnitt zeigten, dass Fließfelder und Stoffverlagerungsmuster mit zunehmender Infiltrationsrate homogener wurden. Darüberhinaus kehrten sich aufgrund der Miller-Ähnlichkeit die räumlichen Strukturen in Abhängigkeit der Wassersättigung um, wobei die Bereiche, die bei geringen Infiltrationsraten relativ hohe Wasserflussraten aufwiesen, bei hohen Infiltrationsraten relativ geringe Flussraten hatten (Buczko 1999). In den Szenarien mit räumlich heterogener Infiltration zeigten sich für den geotechnologisch generierten Kippenquerschnitt relativ geringere Unterschiede im Vergleich zur homogen verteilten Infiltration als beim geostatistisch generierten Querschnitt. Heterogene Verteilung der Infiltration führte zu erhöhten Wasserflussraten und beschleunigter Stoffverlagerung im Bereich zwischen den Verdichtungszonen. Die Unterschiede zur homogenen Verteilung waren bei 350 cm/Tag größer als bei den geringeren Raten.

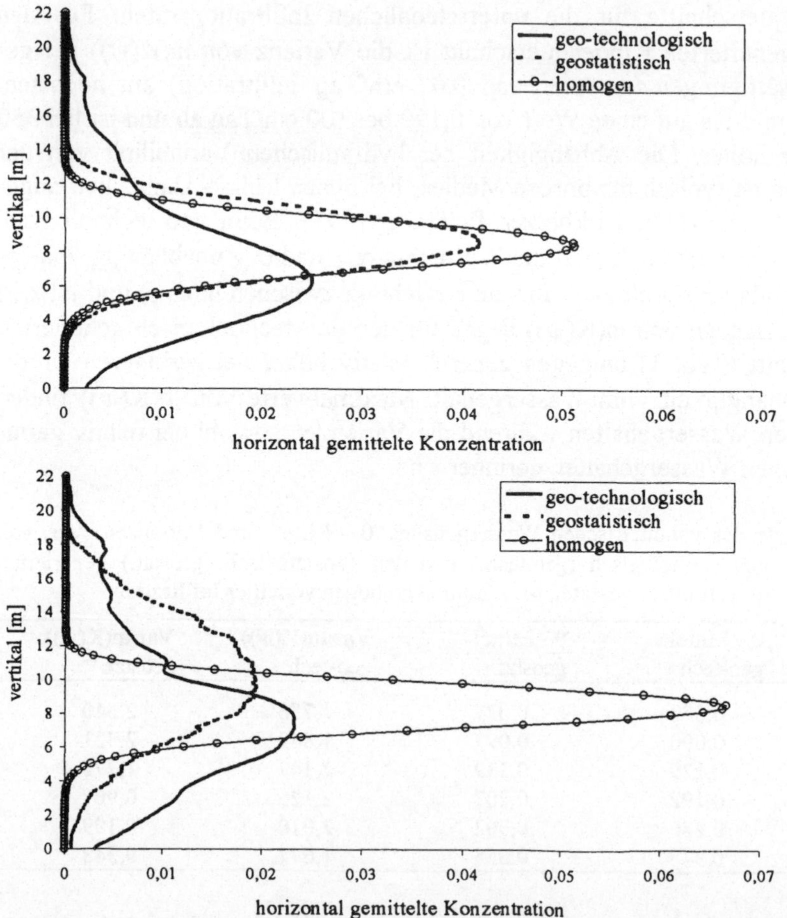

Abb. 3 Simulierte Konzentrationen eines gelösten Stoffes (horizontal gemittelt) als Funktion der Tiefe für den geo-technologisch und geostatistisch generierten und einen homogenen Kippenquerschnitt bei räumlich homogen verteilte Infiltration nach 15 Jahren bei 0,1 cm/Tag (oben) und 1,5643 Tagen bei 350 cm/Tag (unten).

Die horizontal gemittelten Stoffkonzentrationen in Abbildung 3 lassen erkennen, dass die Heterogenität der hydraulischen Eigenschaften, sowohl beim geo-technologisch als auch beim geostatistisch generierten Kippenquerschnitt, zu einer Spreizung der Konzentrationsfront mit der Tiefe im Vergleich zu einer homogenen Verteilung führt. Die Spreizung der Konzentrationsfront ist bei geringer Infiltrationsrate (0,1 cm/Tag) stärker als bei hoher (350 cm/Tag). Beim geo-technologisch generierten Kippenquerschnitt lässt sich der Effekt der verlangsamten Stoffverlagerung in den Aufprallbereichen an kleineren Konzentrations-Peaks im oberen Teil des Profils wiedererkennen. Der Vergleich zwischen den Ergebnissen im unterem und oberem Teil der Abbildung 3 zeigt, dass beim geo-technologisch im Unterschied zum geostatistisch generierten Kippenquerschnitt die Form der Konzentrations-Tiefenfunktion relativ unabhängig von der Infiltrationsrate ist.

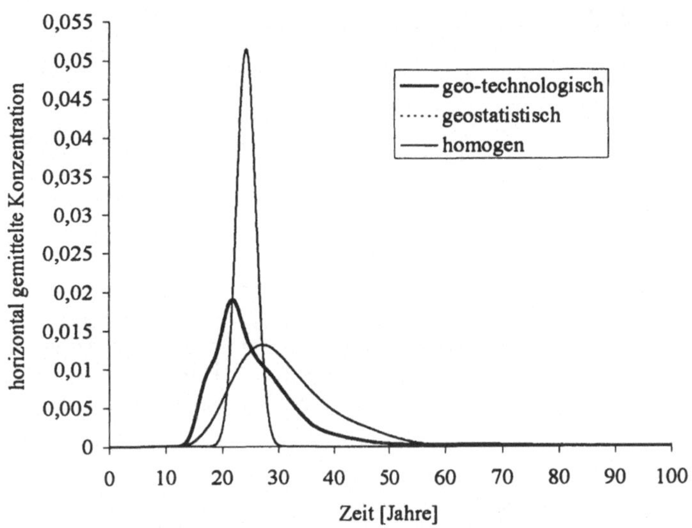

Abb. 4 Horizontal gemittelte Stoffkonzentrationen im am unteren Rand des Kippenausschnitts als Funktion der Zeit (Durchbruchskurven) für eine räumlich homogen verteilte Infiltrationsrate von 0,1 cm/Tag.

Horizontal gemittelte Tracer-Durchbruchskurven für räumlich homogen verteilte Infiltrationsraten von 0,1 cm/Tag (Abb. 4) zeigen ein früheres und relativ höheres Konzentrationsmaximum für den geo-technologisch (etwa 0,02 bei 22 Jahren) als für den geostatistisch generierten Kippenquerschnitt (etwa 0,01 bei 27 Jahren). Trotz deutlicher Unterschiede im Anfangsteil zeigen die Durchbruchskurven sowohl für den geo-technologisch als auch für den geostatisch generierte Kippenquerschnitt jeweils ein ‚Tailing', d. h. gelöste Stoffe werden noch bis zu 80 Jahre nach Beginn der Simulation ausgewaschen.

Die effektiven hydraulischen Leitfähigkeiten, K_{eff}, (Tab. 2) für den geo-technologisch generierten Kippenquerschnitt waren bei relativ geringer Infiltrationsrate (0,1 cm/Tag) im Bereich der Kippenflanken um das 2- bis 5-fache höher als in den Aufprallbereichen. Zwischen den drei Kipprippen des simulierten 2D-Querschnitts sind Unterschiede im Wert von K_{eff} von bis zu Faktor 2 zu finden.

Tabelle 2: Effektive hydraulische Leitfähigkeiten [cm/Tag], berechnet für einzelne Teilbereiche des geo-technologisch generierten Kippenquerschnittes aus den Simulationsergebnissen bei einer stationären Infiltrationsrate von 0,1 cm/Tag.

Kipprippe	Abrollzone links	Aufprallzone	Abrollzone rechts
1	0,131	0,028	0,111
2	0,126	0,055	0,160
3	0,069	0,037	0,113

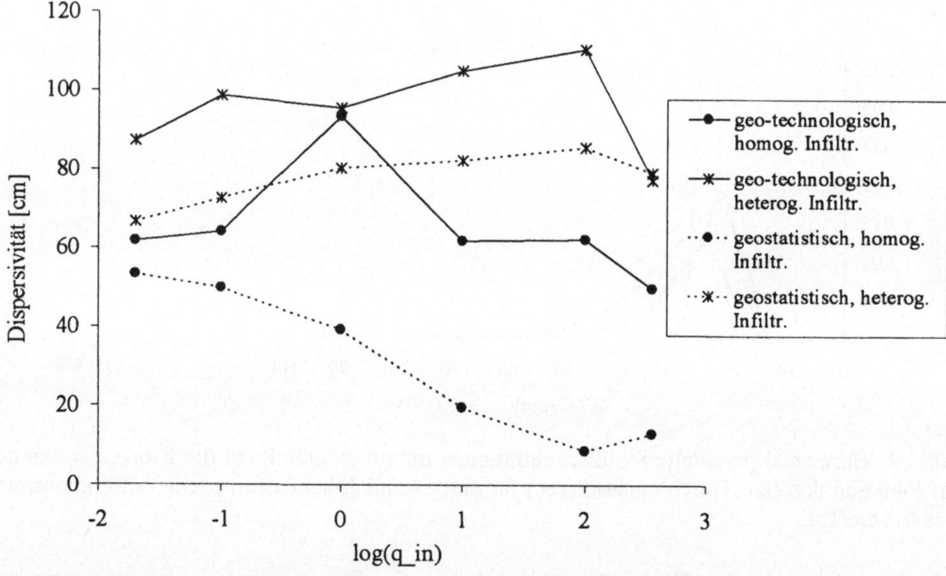

Abb. 5 Effektive Dispersivität als Funktion der normalisierten Infiltrationsrate berechnet aus den Ergebnissen von Transportsimulationen mit geo-technologisch und geostatistisch generierten 2D-Parameterverteilungen im Kippenquerschnitt sowie für räumlich homogen und heterogen verteilte Infiltration.

Longitudinale Makro-Dispersivitäten, D_L, als Funktion der durch den Referenzwert der hydraulischen Leitfähigkeit, K_s^*, normalisierten Infiltrationsrate sind in Abbildung 5 dargestellt. Für räumlich homogen verteilte Infiltration ist D_L umso größer, je größer die Varianz von ln(K(ψ)) ist (vgl. Tab. 1). Für die heterogenen Infiltrations-Szenarien ist D_L generell größer als für homogene Infiltration, mit Maximalwerten bei 100 cm/Tag.

Simulationsergebnisse zum reaktiven Stofftransport zeigen, dass die räumliche Variabilität geochemischer Eigenschaften im heterogenen Fließfeld zu einer zusätzlichen Spreizung der Konzentrationsfronten mit früherem und längerem Austrag gelöster Stoffe aus dem Kippenprofil im Vergleich zu einer homogenen oder geschichteten Verteilung führt (Gerke et al. 1998; 1999). Langfristig beeinflusst eine heterogene Verteilung der Minerale über die räumliche Differenzierung der Lösungs- und Fällungsreaktionen immer stärker den zeitlichen Verlauf der Auswaschung gelöster Stoffe im Vergleich zu der Heterogenität der hydraulischen Eigenschaften (Gerke et al. 2000).

An den Georadar-Messungen bei einer Frequenz von 100 MHz ließen sich 2D-Muster ähnlich denen von schräggestellten Kipprippenstrukturen erkennen. Allerdings war der Neigungswinkel geringer, als im geo-technologischen Kippenmodell angenommen. Eine geostatistische Auswertung der kleinskaligen Variabilität in den Georadar-Profilen von 200 und 500 MHz (Rea & Knight 1998) ergab Korrelationslängen zwischen 15 und 200 cm und eine Anisotropie der räumlichen Korrelationsstruktur (Buczko et al. 1999 c; 2000 c).

2.4 Diskussion

Im ursprünglichen Untersuchungsansatz war geplant, die Effekte der räumlichen Variabilität des Substrats und von lokalen Ungleichgewichten in einem gekoppelten 2D-Dualporositätsmodell mit räumlich variablen Parametern (Gerke & van Genuchten 1993; Vogel et al. 1993) abzubilden. Aufgrund der Größe der Kipprippen und der meist sandigen Kippsedimente wurde präferenzieller Fluss in Makroporen bei lokalen Potenzial-Ungleichgewichten hier als vernachlässigbar angesehen. Außerdem sind in der Kippenzone, die erst unterhalb des durchwurzelten Bodens beginnt, die zeitlichen Schwankungen der Wasserflussraten vermutlich bereits gedämpft, so dass von quasi - stationären Flussraten ausgegangen werden kann.

Die simulierten heterogenen 2D-Verteilungen der hydraulischen Parameter im geo-technologisch generierten Kippenquerschnitt zeigen, dass sich, abgesehen von einer Spreizung der Konzentrationsfronten, ein großer Teil der gelösten Stoffe mit höheren Geschwindigkeiten bewegt, als bei homogener sowie bei geostatistisch generierter Parameterverteilung. Letztere gibt aufgrund der hier unzureichenden Datenbasis die tatsächliche Struktur und Parameterverteilung im Kippenmassiv kaum wieder. Eine realistischere Abbildung geo- und technogen bedingter räumlicher Strukturen innerhalb des ungesättigten Kippenmassivs mit - an Messwerten konditionierten - geostatistischen Simulationsverfahren, würde allerdings vermutlich ein so dichtes Messnetz mit Tiefbohrungen erfordern, dass dies Vorhaben meist ausscheidet. Auch wegen der eingeschränkten Übertragbarkeit der Ergebnisse erscheinen rein geostatistische Verfahren, wie Kriging, zur Nachbildung der räumlichen Parameterverteilungen in Kippenmassiven als unzureichend. Hingegen sind die Informationen und Parameter, die für die geo-technologische Generierung der 2D-Verteilungen im Kippenquerschnitt erforderlich sind, weitgehend vorhanden und meist auch verfügbar, wie z. B. die Kenntnis der Geologie der Sedimente auf der unverritzen Abbauseite und über die eingesetzte Abbau- und Verkippungstechnologie. Das hier vorgestellte geo-technologische Modell ist als ein erster Ansatz zu sehen, der weiter entwickelt werden müsste. Parameter des Retentionsmodells von Arya und Paris (1981) konnten hier z. B. nur an 10 Proben kalibriert werden. Auch die experimentelle Bestimmung der hydraulischen Parameter von Kippenböden, u. a. aufgrund der kleinräumigen Heterogenität der kohlehaltigen Sedimentmischungen und der geringen mechanischen Stabilität des Korngerüsts, wirft methodische Fragen auf. Das generische Kippenmodell könnte flächenhaft z. B. durch Vergleich mit Georadarmustern kalibriert werden. Mit großräumigen Tracerexperimenten ließen sich die Gültigkeit der zugrundegelegten Annahmen über die Transportprozesse überprüfen. Falls sich Modellparameter unabhängig bestimmen ließen, wäre dieser Modellansatz auf ähnlich aufgebaute Kippen übertragbar.

Aufgrund der Analyse der Auswirkungen räumlich heterogener Kippstrukturen und Fließmuster auf Wasser- und Stoffverlagerung erscheint die Verwendung von Mehrregionen-Ansätzen als ein möglicher Weg zur vereinfachenden Simulation der Wasser- und Stoffverlagerung in größeren Kippenausschnitten, wobei die Effekte der Heterogenität in den effektiven Parametern abgebildet und wiederkehrende Strukturen, wie Kipprippen und Verdichtungszonen, von Bereichen mit eher zufälligen Strukturen getrennt beschrieben werden könnten.

Die mit dem Modellsystem des reaktiven Multikomponenten-Stofftransports mit kinetischer Pyritoxidation durchgeführten Analysen zeigten für geostatistisch generierte Verteilungsmuster bereits, dass eine heterogene Sulfidverteilung zu einer weiteren Spreizung der Oxidationsfront führen kann. Aufgrund der Vergleiche des konservativen Stofftransports zwischen geo-technologisch und geostatistisch generierten Kippenquerschnitten erwarten wir stärkere Auswirkungen der Kippenstrukturen, wenn die reaktiven Transportsimulationen mit geo-technologisch generierten Kippenquerschnitten durchgeführt würden.

2.5 Zusammenarbeit

Mit Dipl.-Geol. W. Berger vom Dresdener Grundwasserforschungszentrum e.V. wurde eine gemeinsame Probenahme im Tagebau Welzow-Süd durchgeführt. Die

Messungen der Textur und der hydraulischen Eigenschaften von Kippensedimentproben erfolgte am Zentrum für Agrarlandschafts- und Landnutzungsforschung (ZALF) in Müncheberg. Gemeinsam mit Dr. H. Petzold und Dipl.-Geophys. F. Große von der der Lausitzer Braunkohle AG wurden Georadar-Messungen im Tagebau Schlabendorf-Nord durchgeführt. Kippensediment (Kernmaterial) aus einer Pegelbohrung von Dr. R. Schöppke vom Lehrstuhl Wassertechnik der BTU Cottbus wurde zur Messung von physikalischen Parametern verwendet. Niederschlagsdaten, ermittelt von Dipl.-Met. D. Biemelt vom Lehrstuhl Hydrologie und Wasserwirtschaft der BTU Cottbus, wurden für die Szenarien verwendet.

2.6 Danksagung

Wir danken Dr. S. Koszinski, Dr. U. Schindler, Dr. O. Wendroth, Frau Rühl und Herrn Wypler vom ZALF Müncheberg für ihre Unterstützung bei den bodenphysikalischen Messungen. Dr. M. Th. van Genuchten (U.S. Salinity Laboratory, USDA-ARS, Riverside, CA, USA) danken wir für das das Programm SWMS_2D. Die Autoren danken der Deutschen Forschungsgemeinschaft (DFG) für die Förderung (Förderkennzeichen INK 4/A1 und INK 4/B1-1).

3 Publikationsliste und Literatur

3.1 Eigene Publikationen

Buczko, U., 1999: Modellierung des Wasserflusses und Stofftransports in der ungesättigten Zone heterogener Abraumkippen des Braunkohletagebaues im Lausitzer Revier. Dissertation. In: Hüttl, R. F. (Hrsg.): Cottbuser Schriften zu Bodenschutz und Rekultivierung, Cottbus, Band 6, 200 S.

Buczko, U. und Gerke, H. H., 1996: Tortuositätskonzepte und ihre Anwendung in Transportmodellen bei variabler Sättigung des Porenraumes. Mitteilgn. Dtsch. Bodenkundl. Gesellsch., 80, 295-298.

Buczko, U. und Gerke, H. H., 1997: Tortuosity coefficients for structured soils. Annales Geophysicae, Supplement, 15, C259.

Buczko, U., Gerke, H. H. und Hüttl, R. F., 1997: Modellierung von Wasserbewegung und Stofftransport in heterogenen Braunkohletagebau-Abraumkippen. Mittlgn. Dtsch. Bodenkundl. Gesellsch., 85/I, 71-74.

Buczko, U., Gerke, H. H. und Hüttl, R. F., 1998: Modellierung der Wasser- und Stoffverlagerung in heterogenen Kippen mit Hilfe von Sedimentationsmodellen für Schüttungen. „Geo-Berlin '98" - Gemeinsame Jahrestagung DGG, DMG, GGW & Pal. Ges., Terra Nostra, P21.

Buczko, U., Gerke, H. H. und Hüttl, R. F., 1999 a: Modeling water flow and solute transport in heterogeneous lignite mine spoils. Geophysical Research Abstracts, 1, 313.

Buczko, U., Gerke, H. H. und Hüttl, R. F., 1999 b: Modellierung von Wasserfluß und Stofftransport in der ungesättigten Zone heterogener Abraumkippen des Braunkohletagebaus im Lausitzer Revier. Zeitschrift der Deutschen Geologischen Gesellschaft, 150, 753-768.

Buczko, U., Petzold, H., Große, F., Gerke, H. H. und Hüttl, R. F., 1999 c: Ermittlung der räumlichen Korrelationsstruktur hydraulischer Eigenschaften in Kippensedimenten mit Georadar. Forum der Forschung (Wissenschaftsmagazin der BTU Cottbus), Heft 8, 79-84.

Buczko, U., Gerke, H. H. und Hüttl, R. F., 2000 a: Modeling water flow and solute transport in the unsaturated zone of heterogeneous lignite mine spoils. ZALF-Berichte, Müncheberg (im Druck).

Buczko, U., Gerke, H. H. und Hüttl, R. F., 2000 b: Modeling spatial distributions of lignite mine spoil properties for simulating 2D variably saturated flow and transport. Ecological Engineering (im Druck).

Buczko, U., Gerke, H. H., Petzold, H., Große, F. und Hüttl, R. F., 2000 c: Estimation of the spatial correlation structure of hydraulic properties in heterogeneous lignite mine spoil sediments using ground penetrating radar. Water Resources Research (eingereicht).

Gerke, H. H., Molson, J. W. und Frind, E. O., 1997: Modeling the effect of chemical heterogeneity on solute leaching in oxidizing pyritic mine spoils. Annales Geophysicae, Supplement of Vol 15, C 268.

Gerke, H. H., Frind, E. O. und Molson, J. W., 1998 a: Modeling the effect of heterogeneity on acidification and solute leaching in overburden mine spoils. Journal of Hydrology, 209, 166-185.

Gerke, H. H., Frind, E. O., Molson, J. W. und Hüttl, R. F., 1998 b: Modellierung des reaktiven Transports in pyrithaltigen heterogenen Kippen. In: Niedersächsisches Landesamt für Bodenforschung Hannover (Hrsg.), GBL-Heft 5, 146-151.

Gerke, H. H., Buczko, U. und Hüttl, R. F., 1999: Beschreibung von Transport- und Umwandlungsvorgängen in der wasserungesättigten Zone heterogener Braunkohletagebau-Abraumkippen der Lausitz. In: Hüttl, R. F., Klem, D. und Weber, E. (Hrsg.): Rekultivierung von Bergbaufolgelandschaften. Das Beispiel des Lausitzer Braunkohlereviers. Walter De Gruyter, Berlin, New York, 169-183.

Gerke, H. H., Molson, J. W. und Frind, E. O., 2000: Modeling the impact of physical and chemical heterogeneity on solute leaching in pyritic overburden mine spoils. Ecological Engineering (im Druck).

Zheng, Z., Gerke, H. H., Niu, H. und Hüttl, R. F., 1998: Pyrite oxidation related to pyritic minesite spoils and its controls: a review. Chinese Journal of Geochemistry, 17, 159-169.

3.2 Zitierte Literatur

Arya, L. M. und Paris, J. F., 1981: A physicoempirical model to predict the soil moisture characteristic from particle-size distribution and bulk density data. Soil Sci. Soc. Am. J., 45, 1023-1030.

Bear, J., 1972: Dynamics of fluids in porous media. Elsevier, New York.

Birkhölzer, J. und Tsang, C.-F., 1997: Solute channeling in unsaturated heterogeneous porous media. Water Resour. Res., 33, 2221-2238.

Braunkohlenausschuß (Hrsg.), 1994: Sanierungsplan Schlabendorfer Felder; verbindlicher Sanierungsplan des Braunkohlenausschusses des Landes Brandenburg. Cottbus, 65 S.

Busch, K.-F. und Luckner, L., 1973: Geohydraulik. VEB Deutscher Verlag für Grundstoffindustrie, Leipzig.

Deutsch, C. V. und Journel, A. G., 1992: GSLIB. Geostatistical software library and user's guide. Oxford University Press, New York.

Gerke, H. H. und van Genuchten, M. T., 1993: A dual-porosity model for simulating the preferential movement of water and solutes in structured porous media. Water Resour. Res., 29, 305-319.

Kaubisch, M., 1986: Zur indirekten Ermittlung hydrogeologischer Kennwerte von Kippenkomplexen, dargestellt am Beispiel des Braunkohlenbergbaus. Dissertation, Bergakademie Freiberg, 112 S.

Leibiger, H., 1964: Über die Gesetzmäßigkeiten der Bodenentmischung beim Verkippen von Mischböden in Braunkohletagebauen. Freiberger Forschungshefte, A 309, 1-103, Freiberg.

Matschak, H., 1969: Beiträge zur Strukturforschung an Tagebaukippen, Teil 1. Rohdichteverteilung in Abhängigkeit von der Fallhöhe und anderen Faktoren. Bergbautechnik, 19, 287-293.

Miller, E. E. und Miller, R. D., 1956: Physical theory for capillary flow phenomena. J. Appl. Phys., 27, 324-332.

Millington, R. J. und Quirk, J. M., 1961: Permeability of porous solids. Trans. Faraday Soc., 57, 1200-1207.

Rea, J. und Knight, R., 1998: Geostatistical analysis of ground-penetrating radar data: A means of describing spatial variation in the subsurface. Water Resour. Res., 34, 329-339.

Roth, K., 1995: Steady state flow in an unsaturated, two-dimensional, macroscopically homogeneous, Miller-similar medium. Water Resour. Res., 31, 2127-2140.

Schindler, U., 1980: Ein Schnellverfahren zur Messung der Wasserleitfähigkeit im teilgesättigten Boden an Stechzylinderproben. Archiv für Acker- und Pflanzenbau und Bodenkunde, 24, 1-7.

Schöpke, R., 1998: Erarbeitung einer Methodik zur Beschreibung hydrochemischer Prozesse in Kippengrundwasserleitern. Cottbus, Schriftenreihe Siedlungswasserwirtschaft und Umwelt, 2, 135 S.

Šimůnek, J., Vogel, T. und van Genuchten, M. T., 1994: The SWMS_2D code for simulating water flow and solute transport in two-dimensional variably saturated media. Version 1.21 Research Report No. 132, U.S. Salinity Laboratory, USDA, ARS, Riverside, CA.

Smettem, K. R. J. und Clothier, B. E., 1989: Measuring unsaturated sorptivity and hydraulic conductivity using multiple disc permeameters. J. Soil Sci., 40, 563-568.

van Genuchten, M. T., 1980: A closed-form equation for predicting the hydraulic conductivity of unsaturated soils. Soil Sci. Soc. Am. J., 44, 892-898.

van Genuchten, M. T, Leij, F. J. und Yates, S. R., 1991: The RETC Code for quantifying the hydraulic functions of unsaturated soils. Report No: EPA/600/2-91/065, United States Environmental Protection Agency, Office of Research and Development, Washington, DC, pp. 85.

Vogel, T., Cislerova, M. und Hopmans, J. W., 1991: Porous media with linearly variable hydraulic properties. Water Resour. Res., 27, 2735-2741.

Vogel, T. N., Zhang, R., Gerke, H. H. & van Genuchten, M. T., 1993: Modeling two-dimensional water flow and solute transport in heterogeneous soil systems. In: Eckstein, Y. und Zaporozec, A. (Hrsg.): Hydrologic Investigation, Evaluation, and Ground Water Modeling. Proceedings of Industrial and Agricultural Impacts on the Hydrologic Environment. The Second USA/CIS Joint Conference on Environmental Hydrology and Hydrogeology, 16-21 May 1993, Washington, DC, S. 279-302.

Betriebswirtschaftliche Bedeutung und Auswirkung der land- und forstwirtschaftlichen Bewirtschaftung von Kippenflächen für und auf die Betriebsstruktur und das Betriebsergebnis landwirtschaftlicher Betriebe in der Lausitz (Teilprojekt 18)

Ralf Schlauderer & Alexandra Dehnhardt

1 Zusammenfassung

Das Ziel des Teilprojektes war die Erarbeitung von Grundlagen über den Einfluss rekultivierter Flächen des Braunkohletagebaus auf die Entwicklungsrichtung und Entwicklungsfähigkeit landwirtschaftlicher Unternehmen (Dehnhardt & Schlauderer 1999).

Für die Datensammlung wurde nahezu eine Vollerhebung der betroffenen Haupterwerbsbetriebe durchgeführt. Mit standardisierten Fragebögen wurden alle Unternehmensbereiche berücksichtigt, wobei ein besonderer Schwerpunkt auf die Pflanzenproduktion gelegt wurde. Ein Teilbereich behandelte die Einstellungen der in Bezug auf ihre Problemsicht und ihr Entscheidungsverhalten befragten Betriebsleiter.

Die meisten der betroffenen landwirtschaftlichen Unternehmer räumten der schwierigen Bewirtschaftung der Rekultivierungsflächen keine Vorrangstellung ein. Vielmehr sahen die Unternehmensleiter die größten Herausforderungen auch noch ca. 10 Jahre nach der Wiedervereinigung in grundsätzlichen Umstrukturierungs- und Konsolidierungsmaßnahmen.

Trotz dieser Schwerpunktsetzung sollten die negativen betrieblichen Auswirkungen, die sich durch die Bewirtschaftung von Rekultivierungsflächen ergaben, nicht unterschätzt werden. Diese negativen Auswirkungen ließen sich auf organisatorischer, technischer und ökonomischer Ebene nachweisen. Dabei stand der Bedarf für zusätzliche Arbeitsgänge, verkürzte knappe Arbeitszeitspannen für die Arbeitserledigung und in Folge hoher Schlagkraftbedarf, sowie die Ertrags- und Aufwandsentwicklung im Vordergrund. Hier zeigte sich, dass die Erträge und Deckungsbeiträge im Untersuchungszeitraum 1997/1998 beispielsweise bei Winterroggen um ca. 20 % niedriger lagen als auf gewachsenem Boden.

Neben negativen Aspekten waren auch positive Aspekte zu berücksichtigen. Durch große Schlaggrößen und die Subventionierung im Pflanzenbau war die

Bewirtschaftung dieser Flächen unter Umständen trotz niedriger Erträge sowohl partiell als auch gesamtbetrieblich wirtschaftlich lohnend.

Die Analysen der ökonomischen Auswirkungen auf gesamtbetrieblicher Ebene zeigten, dass die Höhe des prozentualen Rekultivierungsflächenanteils an der Gesamtbetriebsfläche stärkeren Einfluss als eine Veränderung der politischen Rahmenbedingungen hatte. Nach den Modellrechnungen war eine Reduzierung des Gesamtdeckungsbeitrages um max. 12 % zu verzeichnen, wobei die Ergebnisse der einzelnen Szenarien und Betriebstypen vergleichsweise stark schwankten. Die Regelungen der Agenda 2000 wirkten sich bei den Juristischen Personen mit steigendem Flächenanteil an Rekultivierungsflächen negativ auf den Gesamtdeckungsbeitrag aus (bei 60 % Anteil Rückgang des Gesamtdeckungsbeitrags um ca. 9 %). Im Untersuchungsjahr erzielten die Referenzgruppen insbesondere bei den Natürlichen Personen höhere Gesamtdeckungsbeiträge (bis zu 30 %) im Vergleich zu den Rekultivierungsbetrieben.

Für aufgeforstete Rekultivierungsflächen gab es bislang kaum eine produktionsorientierte Käufernachfrage. Grund dafür war, dass es noch ein Überangebot von Forst auf gewachsenem Boden auf dem Markt gibt, dessen Preis sich kaum von Forst auf Rekultivierungsflächen unterscheidet.

2 Arbeits- und Ergebnisbericht

2.1 Ziele

Die Möglichkeiten der landwirtschaftlichen Nutzung von Rekultivierungsstandorten des Braunkohletagebaus beeinflussen in mehr oder weniger großem Ausmaß die Gestaltungs- und Entwicklungsperspektiven landwirtschaftlicher Unternehmen in der Lausitzer Bergbauregion. Einerseits ist durch bergbaubedingte Flächeninanspruchnahme weiterhin mehr landwirtschaftliche Nutzfläche der Landwirtschaft entzogen als durch die Wiedernutzbarmachung von Rekultivierungsflächen zur Verfügung gestellt wird. Andererseits sind die Rekultivierungsflächen durch den massiven Eingriff in die natürlichen Standortverhältnisse durch Bewirtschaftungserschwernisse und Beeinträchtigungen der Ertragsfähigkeit der Böden gekennzeichnet. Die landwirtschaftlichen Unternehmen sind insbesondere durch den bis zu 30 Jahre währenden Zeithorizont einer erfolgreichen Rekultivierung, d. h. einer möglichen Bodenverbesserung betroffen. Damit verbunden ist die Stabilisierung und Erhöhung der Erträge sowie die Planungsunsicherheit aufgrund des erhöhten Ertragsrisikos. Die ökonomischen Auswirkungen der Rekultivierung stehen damit - neben erhöhten Kosten und Nutzungsrestriktionen - in direktem Zusammenhang mit der Ertragsbildung und -entwicklung sowie den unsicheren Ertragserwartungen.

Ziel des Teilprojektes 18 war es, zu untersuchen, welche direkten und indirekten Auswirkungen die Nutzung rekultivierter Rekultivierungsflächen für die betroffenen landwirtschaftlichen Unternehmen mit sich brachte. Neben partiellen produktionstechnischen und ökonomischen Betrachtungen - vorwiegend bezüglich der unterschiedlichen Ausprägung pflanzlicher Produktionsverfahren auf Rekultivierungsflächen - wurde der Einfluss der Nutzung von Rekultivierungsflächen und deren spezifischer Problematik auf die gesamte Betriebsstruktur und -organisation, d. h. der möglichen Anpassungsmechanismen an die veränderten Rahmenbedingungen, betrachtet.

2.2 Methodik

Die landwirtschaftlichen Ausgangsbedingungen und die landwirtschaftlichen Nutzungsmöglichkeiten in der Lausitz unterscheiden sich grundlegend von den Bedingungen in anderen Braunkohleabbaugebieten, wie z. B. dem Rheinischen Braunkohlerevier (Sihorsch 1998). Aus diesem Grund sind die Regionen nicht direkt vergleichbar. Bislang basierten die wissenschaftlichen Arbeiten auf partiellen Analysen zur landwirtschaftlichen Nutzung (Stierand 1995; Sächsische Landesanstalt für Landwirtschaft 1997; Gunschera 1998) bzw. zur regionalen Entwicklung (Vorwald & Wiegleb 1996; BTU 1998; BMBF 1998) in der Niederlausitzer Braunkohleregion. Aus diesem Grunde wurde eine umfangreiche Primärdatensammlung notwendig, um verlässliche Daten zu gesamtbetrieblichen Aspekten zu erhalten. Die Definition der Untersuchungsregion umfasst die drei Landkreise Spree-Neiße, Oberspreewald-Lausitz und Elbe-Elster des Brandenburger Braunkohletagebaugebietes in der Niederlausitz (Abb. 1). Die Betriebsbefragung bezog 22 der 25 Rekultivierungsflächen bewirtschaftenden Haupterwerbsbetriebe (ca. 90 %) ein. Die Ergebnisse können deshalb als repräsentativ aufgefasst werden. Das wesentlichste Unterscheidungsmerkmal zwischen den untersuchten Betrieben lag in der Gliederung nach der Rechtsform in Juristische und Natürliche Personen. Bei den Natürlichen Personen handelte es sich im Wesentlichen um Familienbetriebe, die sich nach der Wende wieder neu gegründet hatten (sogenannte Wiedereinrichter). Bei den Juristischen Personen handelt es sich dagegen im Wesentlichen um Nachfolgeunternehmen der ehemaligen Landwirtschaftlichen Produktionsgenossenschaften (LPG). Um die Entwicklungs- und Einkommenssituation der betroffenen Unternehmen besser beurteilen zu können, wurde eine Gruppe mit Vergleichsbetrieben ohne Rekultivierungsflächen einbezogen. Zur besseren Vergleichbarkeit dieser Betriebe mit den Rekultivierungsbetrieben trugen folgende Kriterien bei: a) nur landwirtschaftliche Haupterwerbsbetriebe, b) eine Mindestbetriebsgröße (Natürliche Personen: > 125 ha; Juristische Personen: > 800 ha) und c) keine Berücksichtigung von spezialisierten Betrieben (z. B. Veredlungs- oder Dauerkulturbetriebe). Auch hier war die Grundgesamtheit der Betriebe begrenzt, so dass im Fall der Natürlichen Personen 80 % und im Fall der Juristischen Personen 32 % aller entsprechenden Unternehmen in der Untersuchungsregion berücksichtigt werden konnten. Da die gewählte Klassifizierung auch für den Agrarbericht verwendet wird, bestand die Möglichkeit, Quervergleiche bezogen auf das Land Brandenburg (MELF 1997 a) und die Bundesrepublik (BML 1997) zu ziehen. Auf die Verwendung einer Clusteranalyse, die feinere Unterscheidungen ermöglicht, wurde aufgrund der kleinen Grundgesamtheit verzichtet.

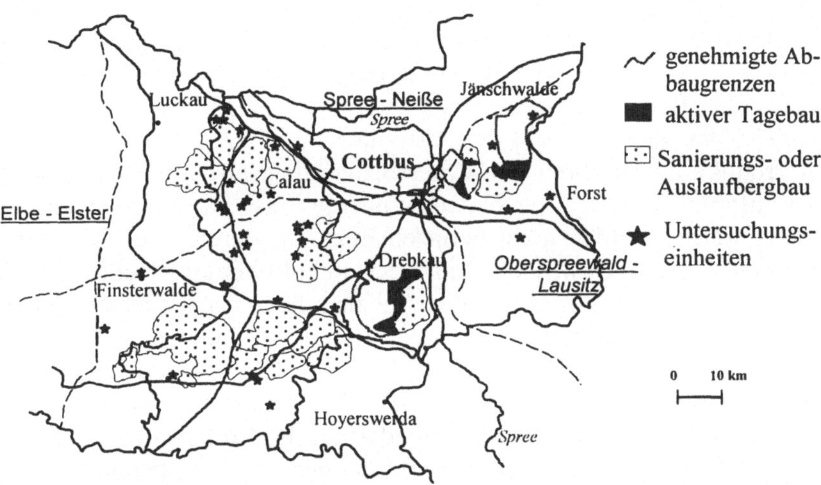

Abb. 1 Untersuchungsregion und Untersuchungseinheiten.

Die empirische Datensammlung bei den einzelnen landwirtschaftlichen Unternehmen erfolgte unter Verwendung standardisierter Fragebögen. Zusätzlich kamen strukturierte Gesprächsleitfäden für die Befragung von Schlüsselpersonen zum Einsatz.

Die Analyse und Bewertung partieller, wie auch gesamtbetrieblicher Auswirkungen, erfolgte auf Grundlage sowohl qualitativer als auch quantitativer Parameter. Dabei wurden neben der Betriebsstruktur (Organisation, Anbau, Tierhaltung, Technikausstattung, etc.) und der ökonomischen Situation (Deckungsbeiträge, Kreditbelastung, etc.) auch sozioökonomische Faktoren wie Problemsicht, Präferenzen und Einstellungen der betrieblichen Entscheidungsträger in die Untersuchung mit einbezogen. Die Prozesskettenanalyse (Ackermann & Schlauderer 1997 a; 1997 b; Plöchl et al. 1998) diente der Bewertung umweltrelevanter Auswirkungen im pflanzenbaulichen Bereich. Hierbei wurden in erster Linie der Primärenergiebedarf und die umweltrelevanten Emissionen unter Verwendung des

Modells SimCrop (Schlauderer & Ackermann 1997) bestimmt. Zur Unterstützung gesamtbetrieblicher Analysen bezüglich des Einflusses der Rekultivierungsflächen wurden Betriebsmodelle auf Basis der Linearen Programmierung (Dent & Harisson 1986; Hazell & Norton 1986) entwickelt, mit deren Hilfe zentrale betriebliche Parameter berücksichtigt und bewertet werden konnten. Entsprechend der Betriebsklassifikation wurden dabei auf Grundlage der erhobenen Primärdaten und Zusatzinformationen sowie der einschlägigen Literatur vier Grundmodelle (Juristische und Natürliche Personen, jeweils für Rekultivierungs- und Referenzbetriebe, und zwar für die Betriebsform Gemischtbetrieb) erarbeitet. Die dem Modell zugrundeliegende Faktorausstattung hinsichtlich der Betriebsflächen sowie des Arbeitskräfte- und Tierbesatzes, ebenso wie die eingehenden Erträge und Deckungsbeiträge für die Pflanzen- und Tierproduktion, basierte auf den für die entsprechenden Betriebsklassen errechneten Durchschnittswerten für die Anbaujahre 1997/1998. Die Auswahl der Aktivitäten erfolgte auf Grundlage der realisierten Produktionsverfahren der Untersuchungsbetriebe im Anbaujahr. Verfahren, die aufgrund ihres geringen Anbauumfangs insgesamt von untergeordneter Bedeutung waren, wurden nicht berücksichtigt. Im Bereich der Pflanzenproduktion wurden für die Bewirtschaftung der Rekultivierungsflächen Fruchtfolgerestriktionen, das heißt ein minimaler Anbauumfang von Luzerne oder Feldgras von 30 % sowie ein maximaler Anbau von Körnergetreide von 30 % der gesamten Rekultivierungsfläche (nach Gunschera 1998), festgelegt. Um eine ausreichende Nährstoffversorgung der gewachsenen Standorte und der Rekultivierungsflächen zu gewährleisten, wurde der Nährstoffbedarf an die Erntemenge je Kulturart gekoppelt. Der Nährstoffbedarf konnte entweder über organische und / oder mineralische Düngung gedeckt werden, wobei das Modell berücksichtigte, dass der gesamte durch die Tierhaltung anfallende organische Dünger auch ausgebracht wurde. Für die ausreichende Humusversorgung - die besonders relevant für die Rekultivierungsflächen ist - wurde die Reproduktion der organischen Substanz im Boden in einer entsprechenden Bilanz berücksichtigt. Auch innerhalb der Gruppierungen waren die Betriebe hinsichtlich ihres Rekultivierungsflächenanteils ausgesprochen heterogen, so dass eine Klassifizierung nach Höhe des tatsächlichen Rekultivierungsflächenanteils als nicht sinnvoll erschien. Deshalb wurde für die erstellten Grundmodelle (Juristische und Natürliche Personen - Rekultivierungsbetriebe) *ceteris paribus* der Anteil an Rekultivierungsfläche variiert (20, 40 und 60 % an der gesamten LF) (LF = landwirtschaftlich genutzte Fläche). Für diese Grundmodelle wurden verschiedene Varianten in Bezug auf die politischen Rahmenbedingungen gerechnet: (1) gegenwärtige Agrarförderung, (2) zusätzliche Förderung des Luzerneanbaus auf Rekultivierungsflächen[1] und (3) Agrarförderung auf Grundlage der Beschlüsse zur Agenda 2000 (BML 1998 b). Nach der

[1] Nach mündlichen Informationen ist es beabsichtigt, den Luzerneanbau auf Kippenflächen ab dem Jahr 2000 mit 680 DM / ha zu fördern.

Erstellung der ersten Modellversion für Juristische Personen wurden Probeläufe für den Ist-Zustand eines konkreten Rekultivierungsbetriebes berechnet. Die Ergebnisse wurden im Dialog mit dem Betriebsleiter auf ihre Vollständigkeit und Plausibilität hin geprüft und entsprechende Ergänzungen und Korrekturen im Modellaufbau vorgenommen. Nach dieser Pretest-Phase wurden die beschriebenen Szenarien berechnet.

2.3 Ergebnisse

2.3.1 Landwirtschaft

Betriebsstruktur
Die befragten landwirtschaftlichen Unternehmen, bei denen es sich überwiegend um Gemischtbetriebe handelte, bewirtschafteten insgesamt eine Fläche von knapp 27.000 ha, davon waren 4.565 ha Rekultivierungsflächen. Innerhalb dieser „Rekultivierungsbetriebe“ wurden 13 Betriebe in der Rechtsform der Juristischen Personen mit ca. 24.000 ha landwirtschaftlich genutzter Fläche, davon 3.363 ha Rekultivierungsfläche betrachtet. 9 Betriebe in der Rechtsform der Natürlichen Personen bewirtschafteten ca. 3.000 ha LF, davon 1.200 ha Rekultivierungsflächen (Tab. 1). Insgesamt schwankten die Rekultivierungsflächenanteile zwischen unter 5 % und über 75 %. Mit einem Anteil von durchschnittlich 41 % Rekultivierungsfläche an der gesamten LF bewirtschafteten dabei die Natürlichen Personen relativ zu ihrer Betriebsfläche mehr Rekultivierungsflächen als die Juristischen Personen mit durchschnittlich 15 %. Nach dem „Strukturkonzept Lausitz“ (Brandenburgische Landgesellschaft mbH 1996) wurde davon ausgegangen, dass ein Rekultivierungsflächenanteil von ≥ 20 % die jeweilige Betriebsstruktur nachhaltig beeinflusste. Legt man diese Aussage zugrunde, waren 50 % der Untersuchungsbetriebe maßgeblich von der Bewirtschaftung der Rekultivierungsflächen geprägt, wobei v. a. die Natürlichen Personen betroffen waren. Im Folgenden werden die Rekultivierungsbetriebe anhand von charakteristischen Kennzahlen mit Betrieben ohne Rekultivierungsflächen aus der Untersuchungsregion, sowie mit dem Brandenburger bzw. bundesdeutschen Durchschnitt verglichen.

Die *Faktorausstattung* bezüglich des Arbeitskräftebesatzes (AK) lag bei den untersuchten Rekultivierungsbetrieben etwas unterhalb des Brandenburger Durchschnittes (2,03 AK je 100 ha) (MELF 1997 a) und war annähernd so hoch wie in den untersuchten Vergleichsbetrieben.

Mit 1,96 Arbeitskräfte je 100 ha lag der Arbeitskräftebesatz Juristischer Personen dabei in etwa doppelt so hoch wie bei Natürlichen Personen aber immer noch um mehr als 50 % unter dem gesamtdeutschen Durchschnitt mit 4,2 Arbeitskräften je 100 ha (Landesamt für Datenverarbeitung und Statistik 1998). Dieser Unterschied konnte zu einem Teil auf den unterschiedlichen Viehbesatz zurückgeführt werden. Die Viehbestände waren bei allen untersuchten Betrieben auffallend niedrig und lagen deutlich unter dem bundesdeutschen Durchschnitt (0,87 GV / ha). Dies entsprach allerdings der allgemeinen Situation der Tierhaltung in den Neuen Bundesländern und insbesondere in Brandenburg. Hier lagen die Rekultivierungsbetriebe mit 0,42 GV / ha sowie die Vergleichsgruppe mit 0,60 GV / ha ungefähr im Brandenburger Durchschnitt (0,47 GV / ha). Durch den bevorzugten Luzerneanbau auf Rekultivierungsflächen wäre insbesondere bei den Rekultivierungsbetrieben ein höherer Viehbesatz zu erwarten gewesen. Da dies nicht der Fall war, lag z. T. an den seinerzeit bereits ausgeschöpften Milchquoten.

92 % der Juristischen Personen und 89 % der Natürlichen Personen betrieben *Tierhaltung*. Die Milchviehhaltung mit eigener Nachzucht stellte dabei mit 92 % die bedeutendste Form für Juristische Personen dar. Die durchschnittliche Anzahl der Milchkühe je Betrieb lag bei 330. Bei den Natürlichen Personen gab es die Milchviehhaltung nur vereinzelt (11 % der Betriebe). Die Mastrinderhaltung war nur im Fall der Juristischen Personen mit Rekultivierungsfläche von Bedeutung. Im Bereich der Zuchtsauen- und Mastschweinehaltung zeigte sich, dass es sich hier überwiegend um geschlossene Systeme handelte, bei denen die erzeugten Ferkel in der Mast eingesetzt wurden. Die Schweinehaltung hatte mit knapp einem Drittel der Betriebe insgesamt keine große Bedeutung. Bei der Anzahl der Mastschweine je Betrieb ließen sich drei Größenklassen mit ca. 200, ca. 1.000 sowie in einem Fall 17.000 Stück eingrenzen. Die obere Größenklasse fand sich lediglich bei den Referenzbetrieben.

Tab. 1 Faktorausstattung landwirtschaftlicher Betriebe, Niederlausitzer Braunkohlerevier 1997.

Rechtsform	Anzahl	Betriebsgröße [ha]	Anteil von Rekultivierungsfläche [%]	Arbeitskräftebesatz [AK / 100ha]	Tierbesatz [GV / ha]
Rekultivierungsbetriebe	22			1,83	0,42
Natürliche Personen	9	344	41	0,81	0,27
Juristische Personen	13	1.835	15	1,96	0,44
Referenzbetriebe	14			1,97	0,60
Natürliche Personen	8	400	-	0,90	0,29
Juristische Personen	6	1.540	-	2,34	0,71

Zusammenfassend ließen sich anhand der dargestellten allgemeinen Betriebscharakteristika jedoch keine bedeutsamen Unterschiede zwischen den Rekultivierungsbetrieben, der Vergleichsgruppe und dem Brandenburger Durchschnitt feststellen. Auffallend war lediglich die Dominanz von Großbetrieben in der Untersuchungsregion insgesamt, insbesondere jedoch bei den Rekultivierungsbetrieben. Der Grund hierfür liegt in erster Linie bei den grundsätzlich ungünstigen Standortbedingungen, die eine größere Betriebsfläche begünstigten.

Die gesamte Landwirtschaft in der Lausitzer Bergbauregion war von den äußerst marginalen *natürlichen Standortbedingungen* (Sauer 1969; Illner & Lorenz 1977; Katzur & Zeitz 1985; Latif 1993; Haubold et al. 1998, Haubold-Rosar 1998) in ihrer Wettbewerbskraft beeinträchtigt. Dabei spielte insbesondere das Grundwassermanagement zur Ermöglichung der Förderung der Braunkohle im Tagebau eine wichtige Rolle (Grünewald et al. 1999 a; 1999 b). Die Wasserversorgung der Pflanzenbestände muss, in Folge der bergbaubedingten großflächigen Grundwasserabsenkung (insgesamt 139.000 ha; davon 46.000 ha landwirtschaftliche Nutzfläche, Strukturkonzept Lausitz) (Brandenburgische Landgesellschaft mbH 1996), überwiegend durch die Niederschläge gedeckt werden. Diese sind jedoch niedrig und liegen für den Bereich Cottbus lediglich bei 563 mm im langjährigen Mittel (Landesamt für Datenverarbeitung und Statistik Brandenburg 1998). Die Betriebsflächen der Rekultivierungsbetriebe lagen zu mehr als der Hälfte im Landbaugebiet IV mit Ackerzahlen von 23 bis 28, weitere 37 % lagen im Landbaugebiet III mit Ackerzahlen von 29 bis 35. Die Betriebe waren damit auch hinsichtlich der natürlichen Ertragsfähigkeit der Böden - ohne Berücksichtigung der Rekultivierungsflächen - vergleichsweise schwierigen Ausgangsbedingungen unterworfen. Sowohl bei der Vergleichsgruppe als auch im Brandenburger Durchschnitt war die Ackerfläche demgegenüber auf die Landbaugebiete II, III und IV mit jeweils etwa einem Drittel annähernd gleich verteilt.

Die Flächenausstattung basierte überwiegend auf Pachtflächen (> 90 %) mit langjährigen Pachtverträgen, da das nötige Eigenkapital für den Zukauf bis dato nicht vorhanden war und voraussichtlich auch längerfristig nicht vorhanden sein wird. Lediglich bei den zugepachteten Rekultivierungsflächen handelte es sich bei ca. 1/3 der Verträge um einjährige Pachtverträge. Die Pachtpreise waren entsprechend der marginalen Bodenverhältnisse niedrig und schwankten zwischen 40 und 120 DM / ha mit einem Durchschnitt von ca. 75 DM / ha, wobei insgesamt eine steigende Tendenz festzustellen war. Die Pachtpreise für die Rekultivierungsflächen unterschieden sich im Durchschnitt kaum von denen auf gewachsenem Boden. Bei der Befragung entstand der Eindruck, dass der momentan noch verhaltene Bodenmarkt in den nächsten Jahren aufgrund der Knappheit der verfügbaren Flächen an Dynamik gewinnen würde. Mehr als ein Viertel der Betriebe wäre an der Zupacht weiterer Flächen - auch Rekultivierungsflächen - interessiert.

Die Hypothese, dass es zu einer maßgeblichen Verschlechterung auch der inneren Verkehrslage durch die Bergbauaktivitäten käme, wurde nicht bestätigt. Die innere Verkehrslage der Betriebe wurde durch die Bewirtschaftung von Rekultivierungsflächen kaum verändert. Allerdings waren die Rekultivierungsflächen durchschnittlich um fünf Kilometer weiter von der Hofstelle entfernt als die gewachsenen Standorte.

Kredite, Problemsicht und Strategien
Etwa 20 % der Natürlichen Personen und ca. 40 % der Juristischen Personen hatten Schwierigkeiten beim Zugang zu Krediten. Die durchschnittliche Kreditbelastung belief sich seinerzeit auf ca. 1.200 DM / ha. Nur ein Drittel der Betriebsleiter berichteten, dass keine Liquiditätsprobleme auftraten. Die Anzahl der Betriebe, die sich durch die finanzielle Situation in der Entwicklungsfähigkeit beeinträchtigt sahen, hielt sich mit der Anzahl, die sich nicht davon beeinträchtigt sahen, die Waage. Die damalige Situation der Betriebe wurde von einem guten Drittel als stabil, von einem weiteren guten Drittel als durchschnittlich und von ca. einem Fünftel als schlecht eingestuft. Diese Einschätzungen wiesen bereits auf die noch nicht vollständig bewältigten Umstrukturierungsprobleme und dem damit verbundenen hohen Innovations- und Investitionsbedarf hin. Ein wichtiger Bereich, um die Entwicklung landwirtschaftlicher Betriebe unter den gegebenen Rahmenbedingungen zu verstehen, lag in der Problemsicht der betrieblichen Entscheidungsträger. Die Hauptprobleme auf Betriebsebene lagen dabei in der Vergangenheit in der Reorganisation des Unternehmens, der Lösung von Eigentumsfragen und Liquiditätsfragen. Während der Befragungsperiode wurde die Problemsicht der Betriebsleiter in erster Linie durch die unsicheren politischen Rahmenbedingungen (AGENDA 2000) und weiterhin durch Liquiditätsengpässe bestimmt. Für die Zukunft sahen mehr als 50 % der Betriebsleiter die unsicheren Rahmenbedingungen für betriebliche Entscheidungen als Hauptproblem.

Die Betriebe verfolgten unterschiedliche Strategien, um diesen Problemen zu begegnen. Dominierend war das Bestreben zur Stabilisierung bestehender Aktivitäten, teilweise auch zur Diversifizierung beispielsweise durch Direktvermarktung. Daneben spielte die Vergrößerung der Betriebe sowie die Erhöhung der Produktivität eine Rolle. Für die Zukunft wurde letztere von den Betriebsleitern jedoch nicht mehr als Engpass angesehen.

Die Antworten der Betriebsleiter bezüglich ihrer Hauptprobleme belegten, dass die Bewirtschaftung von Rekultivierungsflächen in der Regel keine dominierende gesamtbetriebliche Stellung einnahm, sondern dass in erster Linie durch die Wiedervereinigung Deutschlands hervorgerufene Umstrukturierungsprozesse die Entwicklung der landwirtschaftlichen Unternehmen prägten.

Pflanzenproduktion
Aufgrund des massiven Eingriffes in die natürlichen Standortverhältnisse und des mehr oder weniger geringen Kulturzustandes der Rekultivierungsflächen war davon auszugehen, dass sich die Bewirtschaftung von Rekultivierungsflächen von denen der gewachsenen Standorte unterschied, bzw. die Wirtschaftlichkeit der pflanzlichen Produktionsverfahren durch Nutzungsrestriktionen, Bewirtschaftungsprobleme sowie veränderte Ertrags-/Aufwands-Relationen herabgesetzt war. Die *Anbaustruktur 1997* auf den Rekultivierungsflächen unterschied sich von gewachsenen Standorten sowohl der Rekultivierungsbetriebe als auch der unter-

suchten Vergleichsbetriebe (Abb. 2). Auf den gewachsenen Standorten wurde hauptsächlich Getreide angebaut (ca. 40 %, davon ungefähr die Hälfte Winterroggen), weiterhin Ackerfutter (ca. 15 %), Ölfrüchte (ca. 10 %), in sehr geringem Umfang Hack- und Hülsenfrüchte (< 5 %); ca. 10 % der Fläche wurde stillgelegt. Lediglich der Anteil an Dauergrünland unterschied sich bei den gewachsenen Standorten der Rekultivierungsbetriebe und der Referenzbetriebe (12 % bzw. 17 %). Bedeutsame Unterschiede der Anbaustruktur auf Rekultivierungsflächen zeigten sich beim Anteil an Ackerfutter mit über 34 % (davon ca. 18 % Luzerne) sowie einem hohen Ölfruchtanteil (ca. 18 %) in erster Linie Öllein. Rekultivierungsflächen wurden so gut wie gar nicht als Dauergrünland genutzt (< 1 %).

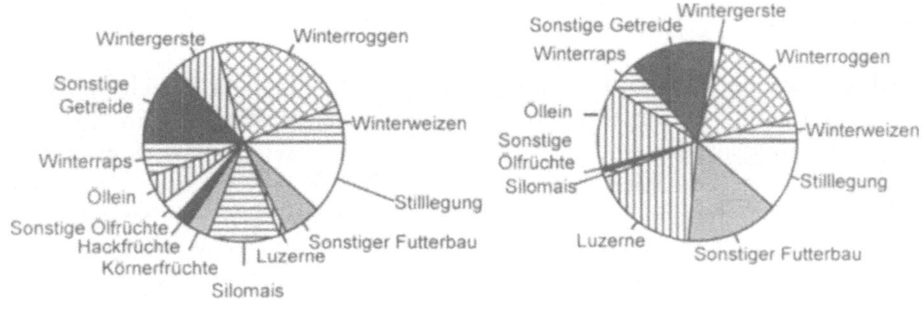

Abb. 2 Anbaustruktur von Rekultivierungsbetrieben auf gewachsenem Boden und Rekultivierungsflächen (Niederlausitzer Braunkohleregion 1997).

Der Stilllegungsanteil auf Rekultivierungsflächen war nicht wesentlich erhöht. Vergleicht man die Anbaustruktur auf *gewachsenen Standorten* der Rekultivierungsbetriebe mit der Anbaustruktur der Referenzbetriebe, zeigen sich nur vereinzelt Unterschiede und dies vornehmlich bei den Natürlichen Personen. So schränkten die Rekultivierungsbetriebe in der Rechtsform der Natürlichen Personen ihren Grünlandanteil auf über 10 % und ihren Ölfrucht- und Körnerfruchtanteil auf jeweils ca. 5 % zugunsten eines steigenden Getreideanteils ein. Dieser stieg anteilsmäßig um über 15 %, v. a. durch eine stärkere Nutzung des Winterroggens. Diese Nutzungsunterschiede bestätigten sich mit Ausnahme des Ölfruchtanbaus auch für die gesamte Anbaustruktur, also einschließlich der Rekultivierungsflächen. Der Ölfruchtanbau wurde dagegen verstärkt auf den Rekultivierungsflächen betrieben, so dass die Einschränkungen des Ölfruchtanbaus auf gewachsenem Boden gesamtbetrieblich kompensiert werden konnten. Im Fall der Juristischen Personen ließen sich kaum Unterschiede in der Anbaustruktur zwischen Referenz- und Rekultivierungsbetrieben feststellen. Lediglich der Anbau von Winterroggen war zugunsten anderer Getreidearten eingeschränkt. Bezogen auf den gesamten Getreidebau machte sich dies jedoch kaum bemerkbar.

Die Bewirtschaftung auf der Grundlage von Richtfruchtfolgen, die für eine langfristige Erhöhung der Bodenfruchtbarkeit der Rekultivierungsflächen als Voraussetzung angesehen wurde, war auf einzelnen Schlägen, deren Entwicklung über einen sehr langen Betrachtungshorizont nachvollzogen werden konnte, erkennbar. Infolge der Wiedervereinigung waren jedoch nicht nur die Einflüsse auf die Anbaustruktur aufgrund der veränderten agrarpolitischen Rahmenbedingungen zu verzeichnen, sondern auch aufgrund nicht restlos geklärter Vermögensauseinandersetzungen. Insbesondere für die Rekultivierungsflächen bestand weitgehende Planungsunsicherheit durch kurzfristig kündbare Pachtverträge, die einen sorgsamen und langwierigen Aufbau der Bodenfruchtbarkeit, d. h. eine „Investition“ in die Flächen, aus Sicht des Landwirtes nicht tragbar erscheinen ließ.

Erträge

Betrachtet man die Erträge des Anbaujahres 1996/1997, so lässt sich im Durchschnitt aller Rekultivierungsflächen für alle angebauten Kulturarten ein bedeutsam niedrigeres Ertragsniveau im Vergleich zu den gewachsenen Standorten feststellen. Im Mittel der verschiedenen Kulturarten wurden auf den Rekultivierungsflächen 70 % des Ertragsniveaus gewachsener Standorte erreicht. So lagen beispielsweise die Erträge von Winterroggen (mit 15 - 20 % der Anbaufläche wichtigste Kulturart) auf gewachsenen Standorten der Rekultivierungs- und Vergleichsbetriebe 1997 bei ungefähr 35 dt / ha und damit noch ca. 7 dt / ha unter dem Brandenburger Landesdurchschnitt (42,4 dt / ha) (BML 1998 a). Die Erträge für Winterroggen auf den Rekultivierungsstandorten erreichten jedoch nur eine Höhe von durchschnittlich 28,5 dt / ha. Bei Öllein, der auf knapp 13 % der Rekultivierungsflächen im Jahr 1997 angebaut wurde, lagen die durchschnittlichen Erträge bei unter 5 dt / ha und damit gut 3 dt / ha unterhalb dem der gewachsenen Standorte gleicher Betriebe.

Die Getreideerträge in Rekultivierungsbetrieben der Rechtsform von Juristischen Unternehmen auf gewachsenen Böden waren im Vergleich zu den Rekultivierungsböden um ca. 50 % höher. Dieser Abstand hielt sich auch bezogen auf die Deckungsbeiträge je Hektar. Durch den höheren Arbeitskräfteeinsatz verminderten sich die Unterschiede bei einem Vergleich der Deckungsbeiträge je eingesetzter Arbeitskraftstunde (AKh) auf 10 %. Die Rekultivierungsbetriebe erwirtschafteten auf ihren gewachsenen Standorten höhere Erträge als die Vergleichsgruppe (+ 40 %). Trotz höherer variablen Kosten blieb ein um 30 % höherer Dekkungsbeitrag je Hektar bestehen. Bezieht man allerdings die höheren Arbeitsaufwendungen mit ein, so sind die Deckungsbeiträge je AKh in etwa vergleichbar.

Bei den Natürlichen Personen waren keine eindeutigen Trends festzustellen. Im Fall von Winterroggen und Winterweizen bestätigten sich die Ertrags- und Aufwandsverhältnisse, wenn auch nicht so ausgeprägt wie bei den Juristischen Personen, während sie sich bei Gerste und Hafer umkehrten. Hier besteht noch Erklärungsbedarf.

Zur Beurteilung der aktuellen Wettbewerbskraft der Rekultivierungsstandorte war neben der Ertragshöhe die Beschreibung und Quantifizierung der Produktionsverfahren insbesondere im Vergleich zu gewachsenen Standorten der gleichen Betriebe notwendig. Für die Berechnung der Deckungsbeiträge auf Rekultivierungsflächen wurden die üblichen Eingangsgrößen (Leistungen, proportionale und fixe Spezialkosten, Faktoransprüche) berücksichtigt. Die Einbeziehung der z. T. schwer quantifizierbaren Größen, die sich aus den Aussagen der Betriebsleiter ergaben, gestaltete sich dagegen außerordentlich schwierig. Bei den grundsätzlich kostenerhöhenden Faktoren kamen einerseits erhöhte Bewirtschaftungsaufwendungen (v. a. mineralische und organische Düngung) andererseits aber auch eine erhöhte oder erschwerte Bodenbearbeitung und ein höherer Maschinenverschleiß durch die schlechten Bodengefügeverhältnisse, die Inhomogenität der Rekultivierungsflächen sowie einen teilweise starken Steinbesatz zum Tragen. Derartige Faktoren wurden zwar vom überwiegenden Teil der Landwirte angegeben, eine Auflistung der konkreten Mehrkosten auf Betriebsebene war jedoch in der Regel nicht vorhanden. Noch schwieriger gestaltete sich die Monetarisierung eher arbeitsorganisatorischer Aspekte, z. B. die Notwendigkeit zur punktgenauen Bodenbearbeitung insbesondere auf den Ascheflächen, die bei ungünstiger Witterung zur Verschlämmung oder Verhärtung und damit zu einer schlechten Befahrbarkeit sowie schwierigen Bearbeitbarkeit neigten.

Bei den Natürlichen Personen kam es neben Kostenerhöhungen wie beim Mineraldüngereinsatz (Tab. 2) auch zu Kostensenkungen. Hervorzuheben waren hierbei die niedrigeren Pflanzenschutzkosten, die v. a. infolge eines geringeren Unkrautdrucks anfielen. Der geringe Unkrautbesatz ließ sich v. a. auf eine in Rekultivierungsflächen anfangs nicht vorhandene bodenbürtige Unkrautsamenbank zurückführen. Durch den verminderten Maschineneinsatz senkten sich trotz größerer Belastung bei den Arbeitsgängen der Bodenbearbeitung die gesamten Maschinenkosten. Im Vergleich zu den Juristischen Personen wurde hier v. a. die Ausbringung organischen Düngers reduziert. Die schlechteren Erträge führten im Vergleich zu den höheren Erträgen auf gewachsenen Standorten zu niedrigeren Trocknungskosten.

Auffallend bei den Untersuchungen war, dass der ausgesprochen niedrige durchschnittliche Ertrag von Öllein auf Rekultivierungsflächen durch Totalausfälle auf einigen Flächen bedingt war. Schließt man den Anteil der Totalausfälle aus, wäre der Ertrag ungefähr mit dem gewachsener Standorte vergleichbar. Die Totalausfälle ließen sich laut Aussagen der Landwirte auf Wassermangel in Folge ungenügender und schlecht verteilter Niederschläge zurückführen. Dies unterstreicht die Annahme, dass das Ertragsrisiko mehr als die potentielle, absolute Ertragshöhe die Bewirtschaftung und Planung für die Rekultivierungsflächen beeinflusst und erschwert.

So sahen bei den ertragsrelevanten Faktoren auch rund 60 % der Betriebsleiter die größten Probleme in den starken Ertragsschwankungen und gut ein Drittel in der Höhe des erreichbaren Ertrages. 23 % der Betriebsleiter hoben hervor, dass insbesondere auf den Rekultivierungsflächen die Abhängigkeit der Ertragsbildung von der Niederschlagshöhe und -verteilung spürbar wurde. Diese Böden waren hinsichtlich ihrer Wasserhaltekapazität ungünstiger als gewachsene Standorte zu beurteilen. Neben diesen Faktoren war grundsätzlich eine Reihe weiterer Parameter für die Ertragsbildung auf Rekultivierungsflächen verantwortlich. So wirkten z. B. das Kippsubstrat und der Fruchtbarkeitszustand sowie das gesamte Bewirtschaftungssystem einschließlich aller Betriebsmittelinputs, der Fruchtfolge sowie meliorativer Maßnahmen auf den Ertrag. Die Kausalzusammenhänge zwischen diesen Faktoren und ihre spezifischen Auswirkungen auf das Ertragsniveau über mehrere Perioden mussten erkannt, formalisiert und über ein dynamisches Ertragsmodell abgebildet werden.

Tab. 2 Deckungsbeitrag von Winterroggen, Natürliche Personen - Rekultivierungsbetriebe (Niederlausitzer Braunkohlerevier, 1997/98).

		Gewachsener Boden	Rekultivierungsflächen	Unterschied
Ertrag	[dt / ha]	37,9	28,8	-24 [%]
Marktleistung	[DM / ha]	807	621	-23 [%]
Flächenbeihilfe	[DM / ha]	479	479	0 [%]
Gesamt	[DM / ha]	1.286	1.093	-15 [%]
Variable Kosten:				
Saatgut	[DM / ha]	60	61	2 [%]
Mineraldünger	[DM / ha]	74	105	42 [%]
Pflanzenschutzmittel	[DM / ha]	46	23	-50 [%]
Maschinen	[DM / ha]	173	153	-12 [%]
Trocknung	[DM / ha]	45	35	-22 [%]
Lohnunternehmer	[DM / ha]		3	
Zinsaufwand	[DM / ha]	10	9	-10 [%]
Total	[DM / ha]	409	388	-5 [%]
Arbeitsaufwand	[AKh / ha]	5	5	0 [%]
Deckungsbeitrag	[DM / ha]	876	705	-20 [%]
Deckungsbeitrag	[DM / AKh]	194	148	-24 [%]

Die dargestellten niedrigeren Erträge und die direkt kostenwirksamen Faktoren führten durch die geringeren Deckungsbeiträge direkt zu Einkommensverlusten im Vergleich zu den Produktionsverfahren auf gewachsenen Standorten.

Die Befragung zeigte, dass Landwirte in der Regel keine speziellen Strategien und Fruchtfolgen für die Bewirtschaftung der Rekultivierungsflächen anwandten. Der Anbauplan wurde vielmehr durch die EU-Subventionspolitik mitbestimmt.

Allerdings wies der hohe Anteil von Luzerne auf Rekultivierungsflächen darauf hin, dass zwar nicht im Sinne von Fruchtfolgen gedacht wurde, dass aber in diesem besonderen Fall durchaus bodenverbessernde Maßnahmen soweit als möglich eingesetzt wurden.

Die Gesamtheit der potentiellen ökonomischen und organisatorischen Auswirkungen der Bewirtschaftung von Rekultivierungsflächen konnte durch die verminderte Wettbewerbskraft einzelner Produktionsverfahren nur zum Teil erfasst werden. Beispielsweise kam es - wie bereits erwähnt - in unregelmäßigen Abständen auch zu extremen Ertragsschwankungen bzw. Totalausfällen. Auch führten in Abhängigkeit vom Alter der Rekultivierungsflächen sowie dem individuellen Betriebsmanagement Nutzungsrestriktionen, d. h. die Veränderung der Fruchtfolge auf Rekultivierungsflächen, zumindest mittelfristig zu veränderten Produktionsstrukturen.

Die umweltrelevante Bewertung von Produktionsverfahren unter Verwendung der Prozesskettenanalyse zeigte bei den Natürlichen Personen keine wesentlichen Unterschiede zwischen der Bewirtschaftung von gewachsenen Rekultivierungsflächen. Bei den Juristischen Personen ergaben sich durch die verstärkte Ausbringung organischen Düngers dagegen ein höherer Primärenergiebedarf sowie etwas höhere Emissionen. Neben der angewandten Prozesskettenanalyse sind hier bei zukünftigen Forschungen quantitative Messungen zur Auswaschung zu empfehlen.

Betriebsmodelle

Für die Diskussion der möglichen gesamtbetrieblichen Auswirkungen der Bewirtschaftung von Rekultivierungsflächen wurden komparativ-statische lineare Betriebsmodelle erarbeitet. Ziel war die Modellierung der gesamtbetrieblichen Aktivitäten, weshalb neben dem rein pflanzenbaulichen Teil u. a. auch die Tierhaltung, außerlandwirtschaftliche Tätigkeiten sowie der Arbeitskräftetransfer berücksichtigt wurden.

Die ersten Berechnungen bezogen sich auf einen unterschiedlich hohen Anteil der Kippenflächen an der gesamten landwirtschaftlich genutzten Fläche (Szenario 1). Die zweite Perspektive richtete sich auf die Auswirkung einer Förderung des Luzerneanbaus auf Kippenflächen (Szenario 2), welcher für die Rekultivierung dieser Flächen eine herausragende Bedeutung einnahm. Dabei wurde die Auswirkung einer Förderung des Luzerneanbaus in Höhe von 680 DM / ha und Jahr für die Dauer von vier Jahren auf die Betriebe untersucht. Danach wurde die Luzerne umgebrochen. Für die zukünftige Bewirtschaftung dieser benachteiligten Flächen spielten die allgemeinen agrarpolitischen Rahmenbedingungen, geprägt durch die Agenda 2000, eine zentrale Rolle. In einer dritten Variante (Szenario 3) wurde deshalb untersucht, mit welchen weitergehenden Auswirkungen bei der Einführung der Agenda 2000 für die Rekultivierungsbetriebe zu rechnen wäre.

Im Folgenden werden die Ergebnisse des Betriebsmodells hinsichtlich der ökonomischen Auswirkungen der alternativen Szenarien (Abb. 3) beschrieben und diskutiert. Es bleibt festzuhalten, dass die in das Modell eingehenden Daten - gerade in dem für Rekultivierungsflächen sensiblen Bereich der Ertragsentwicklung und des Ertragsrisikos - nicht auf langjährigen Datenreihen beruhen, so dass die Ergebnisse nur bedingt generalisierbar sind. Zusätzlich wiesen die Betriebe trotz der gewählten Klassifizierung eine starke Heterogenität innerhalb der Betriebsgruppen auf. Diese Faktoren, sowie die hohe Ertragsabhängigkeit von den variierenden Niederschlagsbedingungen und Bewirtschaftungsmaßnahmen machten eine Dynamisierung des Modells und eine verstärkte Erweiterung in kausalanalytischer Richtung wünschenswert.

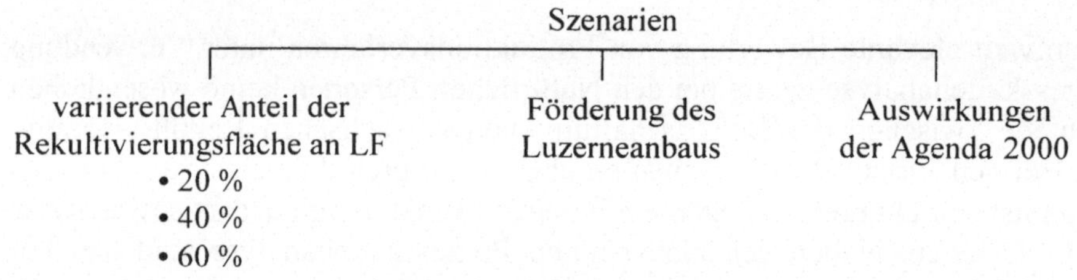

Abb. 3 Übersicht zu den alternativen, berechneten Szenarien zur Ist-Situation von Rekultivierungsbetrieben [LF = landwirtschaftlich genutzte Fläche].

Die Modellergebnisse zeigten, dass im Hinblick auf den Arbeitskräftebesatz eine Auslastung der vorhandenen Arbeitskraftstunden bei den Juristischen Personen generell nicht gegeben war. Der Grund hierfür wurde darin gesehen, dass viele Betriebe nicht unbedingt notwendige Arbeitskräfte aus sozialer Verantwortung heraus behielten. Diese Aussage wurde von vielen Betriebsleitern bei den Befragungen gemacht. Die Natürlichen Personen hingegen waren personell unterbesetzt. Die Beschäftigung zusätzlicher Arbeitskräfte wäre ökonomisch tragbar gewesen; in der Realität tendierten jedoch Familienbetriebe eher zur stärkeren Auslastung ihrer Arbeitskräfte. Die Nutzung der Rekultivierungsflächen in allen Szenarien erfolgte v. a. über den Ackerfutteranbau aber auch Wintergetreideanbau; außerdem wurde ein Teil der Fläche stillgelegt. Bei den Juristischen Personen wurde in allen Varianten deutlich mehr Rekultivierungsfläche als gewachsener Boden stillgelegt, bei den Natürlichen Personen war das Verhältnis in etwa ausgeglichen.

Sowohl bei Juristischen und den Natürlichen Personen zeigte sich, dass der Anteil der Rekultivierungsfläche an der Gesamtfläche stärkeren Einfluss auf den Gesamtdeckungsbeitrag hatte als eine Veränderung der politischen Rahmenbedingungen. Der Gesamtdeckungsbeitrag reduzierte sich bei einer Erhöhung der Rekultivierungsfläche von 20 % auf 60 % jeweils um 12 %. Durch eine mögliche Förderung des Luzerneanbaus (Szenario 2) löste dieser den Feldfutterbau zumindest teilweise ab und wurde in die Optimierungslösung aufgenommen. Zudem kam es zu geringen Steigerungen des Gesamtdeckungsbeitrags bei Juristischen Personen (ca. 2 %) und zu etwas höheren bei Natürlichen Personen (ca. 7 %). Die verabschiedeten Agenda-Regelungen (BML 1998 b) führten bei den Juristischen Personen mit Rekultivierungsflächen zur durchschnittlichen Reduzierung des Gesamtdeckungsbeitrags von etwa 5 %, während die Natürlichen Personen die Reduzierung der Preisstützung in der Pflanzenproduktion durch Mehreinnahmen in der Tierproduktion kompensieren konnten.

Die Analysen der Modellrechnungen aller Vergleichsbetriebe deuten darauf hin, dass diese ökonomisch besser gestellt waren als die Rekultivierungsbetriebe. Dabei kam hier wahrscheinlich der deutlich höhere Anteil an Marktfrüchten in der Fruchtfolge gegenüber dem durch die Rekultivierungsflächen bedingten hohen Futterbauanteil zum Tragen. Bei den Juristischen Personen lag der Gesamtdeckungsbeitrag der Vergleichsbetriebe um ca. 7 % über demjenigen der Rekultivierungsbetriebe. Bei den Natürlichen Personen wiesen die Betriebsmodelle einen sogar um über 30 % höheren Gesamtdeckungsbeitrag aus. Hier bestand aufgrund der Heterogenität der untersuchten Betriebe noch erheblicher Erklärungsbedarf, wobei insbesondere die Differenzierung des Einflusses der Rekultivierungsflächen versus der Dynamik der Neugliederung und Umformung landwirtschaftlicher Betriebe im Transformationsprozess einzuordnen war.

2.3.2 Forstwirtschaftliche Aspekte

Neben landwirtschaftlichen Betrieben war geplant, auch forstwirtschaftliche Betriebe v. a. qualitativ zu analysieren. In der Vorbereitung der Befragung zeigte sich, dass die Nachfrage nach forstwirtschaftlicher Fläche insgesamt sehr gering war und einem übergroßen Angebot gegenüber stand. Dies galt für gewachsenen Boden und Rekultivierungsflächen. Für die Rekultivierungsflächen waren eindeutige Verkaufs- und Verpachtungsnachteile festzustellen, da sich die Preise für Forst auf natürlichem Boden und auf Rekultivierungsstandorten dessen ungeachtet kaum unterschieden. Die langfristige Stabilität von Forsten auf Rekultivierungsflächen war noch nicht endgültig geklärt, so dass wahrscheinlich aufgeforstete Rekultivierungsflächen erst dann nachgefragt würden, wenn Forstflächen auf natürlichem Boden nahezu vollständig veräußert wären, was zum Zeitpunkt der Untersuchung nicht der Fall war.

Bei den Untersuchungsbetrieben spielte die forstwirtschaftliche Nutzung - einschließlich gewachsener Standorte - generell eine untergeordnete Rolle. Insgesamt waren bei Juristischen Personen 1,6 % der Betriebsfläche und bei Natürlichen Personen 4,4 % der Betriebsfläche Forstfläche. Das Interesse oder die Bereitschaft von Seiten der betrieblichen Entscheidungsträger aufgeforstete Rekultivierungsflächen in Zukunft zu pachten oder zu kaufen, um sie zu bewirtschaften, war seinerzeit nicht zu erkennen. Lediglich die Auslastung von Arbeitskräften wurde als potentieller Beweggrund zur Nutzung forstlicher Rekultivierungsflächen genannt. Aufgrund der marginalen Bedeutung der forstlichen Nutzung durch landwirtschaftliche Betriebe wurde auf eine Einbeziehung in die Betriebsmodelle verzichtet.

Da die Jagd von den Standortnachteilen und Unsicherheiten der Rekultivierungsflächen nicht beeinträchtigt war, ließ sich diese als interessante Nutzungsmöglichkeit aufgeforsteter Rekultivierungsflächen nachweisen. Die Nachfrage kam dabei in erster Linie aus den alten Bundesländern. Dieser Fragestellung wurde nicht weiter nachgegangen.

2.4 Diskussion

Durch das Teilprojekt konnten die derzeitige Situation sowie die Entwicklungsperspektiven der Rekultivierungsbetriebe aufgezeigt werden. Da es sich dabei um eine einperiodische Untersuchung handelte, blieben jedoch einige Fragen offen. So wurde in der Untersuchung die Bedeutung der Grundwasserabsenkung im Hinblick auf das Ertragspotential sowie das Ertragsrisiko auch auf gewachsenen Standorten deutlich. Insbesondere auf Rekultivierungsflächen sollte diesem Problem künftig stärkere Beachtung eingeräumt werden, damit langfristige Modellierungen und Szenariorechnungen auf eine solide Basis gestellt werden können. Eine Ertragsmodellierung speziell für diese Standorte, unter Einbeziehung des Grundwasserstandes sowie der Grundwasserentwicklung bildet in Hinblick auf den geplanten SFB „Gestörte Kulturlandschaften" eine notwendige Ergänzung, um die landwirtschaftliche Problematik in der Untersuchungsregion umfassend abbilden zu können.

2.5 Zusammenarbeit

Für die Untersuchung wurde in erster Linie mit betroffenen Landwirten zusammen gearbeitet. Für spezielle Fragen wurden die Expertise der Ämter für Landwirtschaft, der Lausitzer und Mitteldeutschen Bergbau-Verwaltungsgesellschaft (LMBV), der Sächsischen Landesanstalt für Landwirtschaft, der Brandenburgischen Landesanstalt für Landwirtschaft und der Rheinbraun AG eingeholt und die Ergebnisse diskutiert.

2.6 Danksagung

Wir danken der Deutschen Forschungsgemeinschaft (DFG) für die Finanzierung des Forschungsvorhabens im Rahmen des BTUC Innovationskollegs Bergbaufolgelandschaften (INK 4/B1-1). Für die Durchsicht dieses Berichtes und die weiterführenden Kommentare gilt unser herzlicher Dank Herrn Prof. Odening und Herrn Dr. Bellmann. Des Weiteren möchten wir uns für die gute Zusammenarbeit bei allen teilnehmenden Betriebsleitern, insbesondere den Eheleuten Sawade, Herrn Schneider, den Mitarbeitern aus anderen Teilprojekten des Innovationskollegs, besonders Herrn Dr. Heinkele, Herrn Dr. Weber und Frau Klem sowie den Bearbeitern aus den Ämtern für Landwirtschaft und der LMBV herzlich bedanken.

3 Publikationsliste und Literatur

3.1 Eigene Publikationen

Dehnhardt, A. und Schlauderer, R., 1999: Analyse und Bewertung der sozio-ökonomischen Auswirkungen land- und forstwirtschaftlicher Nutzung rekultivierter Kippenflächen im Lausitzer Braunkohlerevier. In: Hüttl, R. F., Klem, D. und Weber, E. (Hrsg.): Rekultivierung von Bergbaufolgelandschaften. Das Beispiel des Lausitzer Braunkohlereviers. Walter de Gruyter, Berlin, New York, 241-245.

Plöchl, M., Ackermann, I. und Schlauderer, R., 1998: Ein integriertes Bewertungskonzept für landwirtschaftliche Produktionsverfahren. Fachtagung: Landnutzung im Spiegel der Technikbewertung - Methoden, Indikatoren, Fallbeispiele, 7. - 8. Dezember 1998, Potsdam. Tagungsband, 36-42.

Schlauderer, R. und Dehnhardt, A., 1999: Möglichkeiten und Grenzen des Einsatzes von Kraftwerksasche für Rekultivierungsmaßnahmen aus landwirtschaftlicher Sicht. Tagung des Bundesverbands Boden (BVB) und des Deutschen Braunkohlen Industrie-Vereins e.V., 5. - 6.11.1998, Cottbus.

Schlauderer, R. und Dehnhardt, A., 2000: Was kommt nach dem Tagebau? Bewirtschaftungsmöglichkeiten für die Landwirtschaft auf Rekultivierungsflächen des Braunkohletagebaus. Die Neue Landwirtschaft (im Druck).

3.2 Zitierte Literatur

Ackermann, I. und Schlauderer, R., 1997 a: Decision-support models for the design of animal husbandry and plant production procedures. 1st European Conference for Information Technology in Agriculture (EFITA Conference), Copenhagen, June 16 - 17, 1997, Proceedings: http: //www.efita.org/.

Ackermann, I. und Schlauderer, R., 1997 b: Produkt-Ökobilanzen als Entscheidungshilfsmittel zur Gestaltung umweltfreundlicher Produkte. Workshop „Nachhaltigkeit - Leitbild für die Wirtschaft". In: Böhm, H.-P., Dietz, J. und Gebauer, H. (Hrsg.): Nachhaltigkeit - Leitbild für die Wirtschaft. TU Dresden, 135-142.

Bundesministerium für Ernährung, Landwirtschaft und Forsten (BML), 1997: Statistisches Jahrbuch 1997 über Ernährung, Landwirtschaft und Forsten. 41. Jahrgang. Landwirtschaftsverlag, Münster-Hiltrup.

Bundesministerium für Ernährung, Landwirtschaft und Forsten (BML), 1998 a: Agrarbericht 1998.

Bundesministerium für Ernährung, Landwirtschaft und Forsten (BML), 1998 b: Die Europäische Agrarreform, Oktober 1998.

Bundesministerium für Bildung, Wissenschaft, Forschung und Technologie (BMBF), 1998: Möglichkeiten der landwirtschaftlichen Nutzung von Bergbaufolgelandschaften in Mittel- und Ostdeutschland. Fördermaßnahme „Sanierung und ökologische Gestaltung der Landschaften des Braunkohlenbergbaus in den neuen Bundesländern". Tagungsband des Workshop, Königswartha.

Brandenburgische Landgesellschaft mbH, 1996: Strukturkonzept Lausitz. Im Auftrag des Ministeriums für Ernährung, Landwirtschaft und Forsten Brandenburg, Potsdam.

Brandenburgische Technische Universität Cottbus (BTU), 1998: Abschlussbericht. Verbundvorhaben LENAB „Niederlausitzer Bergbaufolgelandschaft: Erarbeitung von Leitbildern und Handlungskonzepten für die verantwortliche Gestaltung und nachhaltige Entwicklung ihrer naturnahen Bereiche". BTU, Cottbus, 1056 S.

Dent, J. B. und Harisson, W., 1986: Farm planning with Linear Programming: Concept and Practice. Butterworthsart. Springer Verlag, New York, Berlin, Heidelberg, 435 S.

Grünewald, U., Biemelt, D., Bekurts, V. Schreiter, M. und Tahl, S. 1999 a: Standortuntersuchungen zur besseren Quantifizierung von Elementen des regionalen Wasserhaushalts. In: Hüttl, R. F., Klem, D. und Weber, E. (Hrsg.): Rekultivierung von Bergbaufolgelandschaften. Das Beispiel des Lausitzer Braunkohlereviers. Walter de Gruyter, Berlin, New York, 223-237.

Grünewald, U., Klem, D. und Hüttl, R.F., 1999 b: Zusammenschau „Wasser- und Stoffdynamik in Kippenkomplexen". In: Hüttl, R. F., Klem, D. und Weber, E. (Hrsg.): Rekultivierung von Bergbaufolgelandschaften. Das Beispiel des Lausitzer Braunkohlereviers. Walter de Gruyter, Berlin, New York, 219-222.

Gunschera, G., 1998: Landwirtschaftliche Rekultivierung. In: Pflug, W. (Hrsg.): Braunkohletagebau und Rekultivierung. Springer Verlag, Berlin, Heidelberg, 589-599.

Haubold, W., Katzur, J. und Oehme, W.-D., 1998: Standortkundliche Grundlagen. In: Pflug, W. (Hrsg.): Braunkohletagebau und Rekultivierung. Springer Verlag, Berlin, Heidelberg, 536-558.

Haubold-Rosar, M., 1998: Bodenentwicklung. In: Pflug, W. (Hrsg.): Braunkohletagebau und Rekultivierung. Springer Verlag, Berlin, Heidelberg, 574-588.

Hazell, P. B. R. und Norton, R. D., 1986: Mathematical Programming for Economic analysis in Agriculture. MacMillan Publishing Company, New York and London.

Illner, K. und Lorenz, W.-D., 1977: Landwirtschaftliche Rekultivierung von meliorierten schwefelhaltigen Kipprohböden. In: Kommission für Umweltschutz (Hrsg.): Wiedernutzbarmachung devastierter Böden. Verlag Leipzig, 130-139.

Katzur, J. und Zeitz, J., 1985: Bodenfruchtbarkeitskennziffern zur Beurteilung der Qualität der Wiederurbarmachung schwefelhaltiger Kippböden. Arch. Acker-Pflanzenbau Bodenkunde, 4, 195-203.

Latif, A., 1993: Die physikalischen Eigenschaften der Böden von Braunkohleabraumhalden in ihrer Wirkung auf die Begrünung und Erodierbarkeit. In: Gesamthochschule Kassel (Hrsg.): Ökologie und Umweltsicherung, 4/93. Kassel.

Landesamt für Datenverarbeitung und Statistik Brandenburg, 1998: Statistisches Jahrbuch. Potsdam.

Ministerium für Ernährung, Landwirtschaft und Forsten (MELF), Brandenburg, 1997 a: Bericht zur Lage der Land-, Ernährungs- und Forstwirtschaft des Landes Brandenburg 1997. Potsdam.

Ministerium für Ernährung, Landwirtschaft und Forsten (MELF), Brandenburg, 1997 b: Datensammlung für die Betriebsplanung und die betriebswirtschaftliche Bewertung landwirtschaftlicher Produktionsverfahren im Land Brandenburg. Potsdam.

Plöchl, M., Ackermann, I. und Schlauderer, R., 1998: Ein integriertes Bewertungskonzept für landwirtschaftliche Produktionsverfahren. Fachtagung: Landnutzung im Spiegel der Technikbewertung - Methoden, Indikatoren, Fallbeispiele, 7. – 8. Dezember 1998. Tagungsband, 36-42, Potsdam.

Sächsische Landesanstalt für Landwirtschaft, 1997: Statusbericht zur Rekultivierung im Freistaat Sachsen 1996.

Sauer, H., 1969: Zur landwirtschaftlichen Rekultivierung von Kippenflächen des Bezirkes Cottbus. Konsultationspunkt 7. Verlag Cottbus, 123-125.

Schlauderer, R. und Ackermann, I., 1997: SimCrop - Ein Entscheidungsunterstützungsmodell in der Pflanzenproduktion. In: Berichte der Gesellschaft für Informatik in der Land-, Forst und Ernährungswirtschaft, Band 10, Referate der 18. GIL-Jahrestagung in Hohenheim/Stuttgart 1997, 152-155.

Sihorsch, W., 1998: Ackerland vom Förderband - Rekultivierung im rheinischen Revier. Geospektrum, 5/98, 17-21.

Stierand, R., 1995: Sozioökonomische Bedingungen und Ziele bei der Gestaltung naturnaher Bereiche im Lausitzer Braunkohlerevier. In: BMBF-Verbundvorhaben LENAB: Niederlausitzer Bergbaufolgelandschaft: Erarbeitung von Leitbildern und Handlungskonzepten für die verantwortliche Gestaltung und nachhaltige Entwicklung ihrer naturnahen Bereiche. Zwischenbericht, Cottbus, 81-88.

Vorwald, J. und Wiegleb, G., 1996: Beispielhafte Entwicklung von Leitbildern in der Bergbaufolgelandschaft. Aktuelle Reihe BTUC Cottbus, 4/98, 1-55.

Präferenzielle Wasser- und Luftbewegung in heterogenen aufgeforsteten Kippenböden im Lausitzer Braunkohletagebaugebiet (Teilprojekt 19)

Horst H. Gerke, Wolfgang Schaaf, Edzard Hangen & Reinhard F. Hüttl

1 Zusammenfassung

In diesem Projekt wurde das vermutete Auftreten von präferenziellem Fluss im mit Kiefern forstlich rekultivierten Kippenboden des Versuchssstandorts „Bärenbrück" untersucht. Dazu erfolgte zunächst eine qualitative Beschreibung bevorzugter Fließwege durch ein Farbtracer-Infiltrationsexperiment. Gleichzeitig wurde ein Unterflur-Zellenlysimeter konstruiert und installiert, mit dem die räumliche Verteilung der Flussraten auch quantitativ erfasst werden kann. Für den Farbtracerversuch wurde eine 1,25 m x 2,5 m Fläche unter den 16-jährigen Kiefern mit einer Jodidlösung (15 g L^{-1}) 8 Stunden lang (7,5 mm h^{-1}) besprüht. Beim nachfolgenden schichtweisen Bodenabtrag und durch Ausnutzung der Jod-Stärke-Reaktion zeigten sich violett gefärbte Bodenzonen, in die Jodid-Tracerlösung gelangt sein muss. Die grafische Auswertung der in 10 cm Tiefenabständen aufgenommenen flächenhaften Farbmuster zeigte, dass der Tracer nach Passieren der Streuschicht nur auf weniger als 20 % der Fläche den Mineralboden erreichte. In der Graswurzelzone waren die markierten Bereiche relativ gleichmäßig und auf etwa 60 % der Fläche verteilt. Darunter konzentrierte sich die Verlagerung des Farbtracers auf einzelne „fingerartige" Fließbahnen bis in 1,5 m Tiefe. Zwischen der räumlichen Verteilung der Infiltrationszonen und derjenigen des Grades der potenziellen Benetzbarkeit konnte kein Zusammenhang gefunden werden. In der durchwurzelten Zone bis etwa 60 cm Tiefe scheint die Lage präferenzieller Fließzonen eher mit der räumlichen Struktur des Wurzelsystems zu korrelieren. Der Versuch zeigt, dass auf diesem Standort das Phänomen „Fingerfluss" eine räumlich heterogene Sickerwasserbewegung induzieren kann. Das Zellenlysimeter zur quantitativen Erfassung der Flussraten wurde 110 cm unterhalb des ungestörten Kippenbodens von der Seite her hydraulisch eingepresst. Die Instrumentierung des Lysimeterbodens umfasst Geräte zur Messung des Bestandesniederschlags sowie die Kombination von Tensiometern und Bodenluftdruck-Sensoren.

2 Arbeits- und Ergebnisbericht

2.1 Ziele

Über die Wasser- und Luftbewegung in heterogenen Kippenböden ist relativ wenig bekannt. Messwerte von Saugspannungen und Wassergehalten sowie von Konzentrationen gelöster Stoffe zeigten eine relativ große räumliche und zeitliche Variabilität (Schaaf 1997; Schaaf et al. 1998). Die Ergebnisse lassen vermuten, dass auf Kippsanden unter Kiefern die Infiltration und Versickerung räumlich heterogen und zeitlich episodisch verlaufen könnte. Es stellt sich daher die Frage, ob sich mit den für homogene Böden entwickelten Methoden die für die relativ niederschlagsarme Lausitz bedeutsamen Sickerraten (Hüttl & Mayer 1996; Grünewald et al. 1999) mit ausreichender Genauigkeit bestimmt lassen.

Als präferenziellen Fluss bezeichnet man das Umfließen der Bodenmatrix entlang bevorzugter Bahnen (Beven & Germann 1982). Die Fließbahnen lehnen sich in strukturierten Böden an Meso- und Makroporen (z. B. Schrumpfrisse, Regenwurmgänge) an. In sandigen Kippenböden mit Kiefernbestockung könnte es zudem zur „fingerartigen“ Kanalisierung der Infiltration und Versickerung kommen, wie es auch für natürliche Sandstandorte beschrieben wurde (z. B. Ehwald et al. 1961). Die „Fingerbildung" ist ein Ausdruck von Instabilitäten in der Feuchtefront (z. B. Nicholl et al. 1994), verursacht z. B. durch eingeschlossene Bodenluft, Hydrophobie der Bodenpartikel oder durch kleinräumige Umverteilung der Infiltration im Oberboden („distribution flow“; Ritsema & Dekker 1995).

Numerische Modelle zur Beschreibung von präferenziellem Fluss wurden zumeist für Fluss in strukturierten oder makroporösen Böden entwickelt, wie z. B. das Dual-Porositätsmodell (Gerke & van Genuchten 1993 a; 1993 b; 1996) oder das MACRO-Modell (z. B. Jarvis et al. 1991). In jüngster Zeit wurde Fingerfluss mit einem 2D-Modell simuliert, in dem Pertubationen der Flussraten an der Schichtgrenze zwischen Fein- und Grobsand und die Hysterese der Retentionsfunktionen berücksichtigt wurden (z. B. Nieber 1996).

Die Bewegung des Wassers in bevorzugten Fließbahnen beeinflusst vermutlich auch die Druckverhältnisse in der Bodenluft und die Luftbewegung. Die Luftphase dient als Medium für den Sauerstofftransport zu Wurzeln und Mikroorganismen, aber auch in die Bodenzonen, in denen eine oxidative Verwitterung von Sulfiden (siehe z. B. Gerke et al. 1998) stattfindet.

Ziel dieser Arbeit war die experimentelle Erfassung von bevorzugten Fließwegen in einem forstlich rekultivierten Kippenboden und die Ermittlung der räumlichen Verteilung der Fließwege und Sickerwasserraten. Die Arbeiten dieses ersten Abschnitts sollten Grundlagen zur Modellierung der Wasser- und Luftbewegung im Kippenboden und zur Verbesserung der Bilanzierung des Stoffhaushalts von Kiefernökosystemen schaffen. Die Ergebnisse dienen gleichzeitig zur Ermittlung der Flüsse am oberen Rand des wasserungesättigten Kippenmassivs sowie zur verbesserten Abschätzung der räumlichen Verteilung und des zeitlichen Verlaufs der Sickerwasserströmung.

2.2 Methodik

Die experimentellen Untersuchungen wurden am Standort Bärenbrück durchgeführt, wo ein 16-jähriger Bestand von Schwarzkiefern auf tertiärem Kippsubstrat stockt. Die Oberfläche (Abb. 1) umfasst den Bereich zwischen zwei Kiefernreihen (2,5 m x 1,25 m). Die unterste Beprobungsebene liegt in 1,5 m Tiefe, wo eine überwiegend abwärts gerichtete Wasserbewegung vermutet wird.

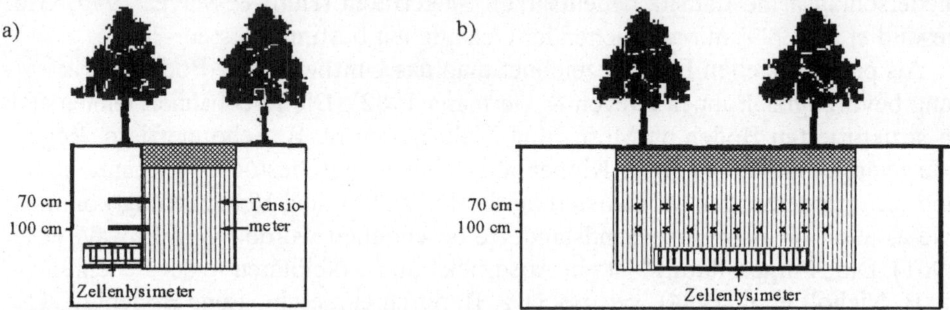

Abb. 1 Schematische Darstellung der Anordnung der Messgeräte im Bereich der Bodengrube und des Zellenlysimeters am Untersuchungsstandort Bärenbrück: a) Seitenansicht, b) Frontansicht.

Der tertiäre Kipp-Kohlelehmsand ist bis etwa 40 cm Tiefe mit Kraftwerksasche melioriert und besteht zu etwa 10 Vol.% aus kohliger Substanz. Die Kohle kommt in Form von Brocken, Staub und in Form feiner Mineralüberzüge vor. Das Substrat ist grau-schwarz bis leicht violett gefärbt. In den oberen 10 - 15 cm Tiefe ist das Kippsubstrat von Graswurzeln durchzogen.

Durch Aufbringung eines Farbtracers auf die Oberfläche der späteren Bodengrube und Beregnung können bevorzugte Fließwege qualitativ markiert werden. Ein schichtweiser Bodenabtrag ermöglicht eine Art „tomografische" Betrachtung der beim Durchströmen mit Jodid angereicherten Fließbahnen. Vorversuche zeigten, dass gebräuchliche Farbstoffe (Brilliant-Blue-Varianten) für die Fließwegvisualisierung im Kippenboden ungeeignet waren, da sie sich kaum vom relativ dunklen Bodenhintergrund abhebten (Gerke et al. 1999). Die Jod-Stärke Färbungstechnik lieferte hingegen gute Resultate (Hangen et al. 2000 a). Die Färbetechnik besteht darin, dass nach Applikation einer Jodidlösung die Jodidionen zu Jodmolekülen mittels Hypochlorit oxidiert werden. Ausbringen von Stärke bewirkt eine Komplexierung der Jodmoleküle unter Ausbildung einer charakteristischen Violettfärbung. Die Färbung hebt sich deutlich gegen den durch das Stärkepulver aufgehellten Hintergrund ab. Es lassen sich bereits Jodmengen ab 10^{-5} mol sichtbar machen (van Ommen et al. 1988).

Auf der 2,5 m x 1,25 m großen Versuchsfläche wurden zuerst alle Kiefern gefällt. Die Mikrotopografie wurde unter Verwendung eines skalierten Richtscheits und eines Zollstocks in einer Rasterweite von 5 cm kartiert. Die Oberfläche wurde dann mit 2 mm destillierten Wassers vorbefeuchtet. Anschließend wurde eine Jodidlösung (15 g L^{-1}) unter Verwendung eines 4-düsigen Drucksprühgeräts (Solo 485) 8 Stunden lang beregnet. Die mittlere Beregnungshöhe von 60 mm und die Ausbringrate von 7,5 mm h^{-1} entsprechen am Standort gemessenen Niederschlagswerten. Zur Kontrolle der räumlichen Verteilung der Tracerapplikation wurden an den Stirnseiten der Versuchsfläche jeweils 21 Polyethylenflaschen zu je 250 mL aufgestellt. Deren Auswertung ergab eine Standardabweichung der Ausbringrate von etwa 25 %. Drei Tage nach Tracerapplikation begannen die Arbeiten zur Visualisierung der Fließwege. Ausgehend von der Geländeoberkante wurde die Versuchsfläche in 10 cm-Tiefenintervallen bis in eine Tiefe von 1,5 m (16 Ebenen) abgegraben. Auf jede Ebene wurde Stärkepulver gestreut. Die Umrisse der violett gefärbten Bereiche wurden manuell auf eine Fensterfolie übertragen, digitalisiert und mit GIS-Software (Arc-Info und Arc-View) verarbeitet.

Die Farbflächendaten von den 16 horizontalen Schichten wurden analysiert hinsichtlich (i) des gefärbten Flächenanteils, F [%], der den Anteil der durchflussaktiven Zone darstellt, (ii) des mittleren Umfangs von präferenziellen Fließzonen, U [L], (iii) des mittleren abstrakten Durchmessers von präferenziellen Fließzonen, $D = F\,U^{-1}$ [L] und (iv) des Mittelwertes, A, des nächsten Abstands benachbarter präferenzieller Fließzonen [L]. Der Durchmesser, D, ist mit der modalen Korngröße des Bodens korreliert (Yao & Hendrickx 1996) und entspricht näherungsweise der halben Perturbationslänge einer instabilen Feuchtefront (Nicholl et al. 1994), was auf inhärente Heterogenitäten in einem sonst strukturlosen Boden hindeutet. Der mittlere Abstand, A, zeigt die durch präferenziellen Fluss induzierenden Heterogenitäten des Substrats an und kann als Anhaltspunkt für eine geeignete Stichprobenrasterung dienen (Ritsema & Dekker 1996).

Aus jedem Tiefenintervall wurden 636 cm^3 große zylindrische Bodenproben in einem quadratischen Raster von 25 cm Abstand entnommen. An den Proben wurden der volumetrische Wassergehalt, die potenzielle Benetzbarkeit und die Wurzelverteilung bestimmt. Zur Analyse der Benetzbarkeit wurde der „Water Drop Penetration Time" (WDPT-) Test (De Bano 1981) angewandt, der den Hydrophobiegrad eines lufttrockenen Bodens anhand der Infiltrationsdauer eines applizierten Wassertropfens definiert. Die Hydrophobiegrade entsprechen folgenden Infiltrationsdauern: „Nicht hydrophob" (< 5 Sek.), „leicht hydrophob" (5 bis 60 Sek.), „stark hydrophob" (60 bis 600 Sek.), „sehr stark hydrophob" (600 bis 3.600 Sek.) und „extrem hydrophob" (> 3.600 Sek.). Die Bodenproben wurden mehrere Tage lang bei 60 °C getrocknet, um einen vergleichbaren Wert (potenzielle Benetzbarkeit) zu ermitteln, der unabhängig von der jeweiligen Bodenfeuchte ist. An jeder

Bodenprobe wurden 30 einzelne WDPT-Tests durchgeführt. Der volumetrische Wassergehalt wurde gravimetrisch durch Trocknung bei 105 °C bis zur Gewichtskonstanz bestimmt. Schließlich wurden die Wurzeln aus dem Boden ausgewaschen, separiert, bei 105 °C getrocknet und die Trockenmasse bestimmt.

Ausgehend von der Bodengrube, die nach Abschluss des Tracerversuchs existierte, wurde in das ungestörte Kippsubstrat von der Seite her ein Unterdruckzellenlysimeter eingetrieben. Die Oberkante des Zellenlysimeters befindet sich in ca. 1,1 m Tiefe. Die Messanordnung besteht aus insgesamt 3 Segmenten, die eine Bodenfläche von etwa 4 m^2 unterfangen.

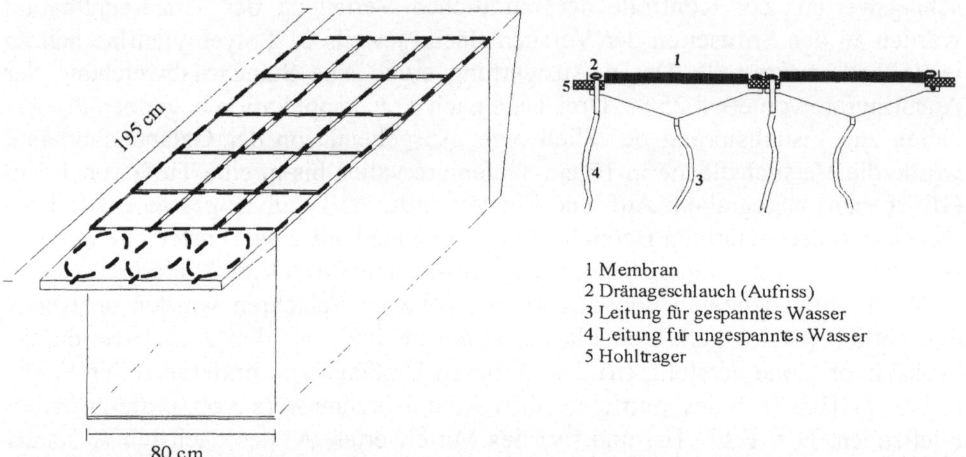

Abb. 2 Vorderansicht eines Lysimetersegments. Die unterbrochene schwarze Linie im dem linken Teil der Abbildung kennzeichnet die Anordnung der Dränage-Schläuche. Der rechte Teil der Abbildung zeigt einen Querschnitt durch zwei benachbarte Lysimetertrichter und die Leitungen.

Der Stahlrahmen eines jeden Segments (85 cm x 85 cm x 195 cm) trägt 15 quadratische Trichterlysimeter (Seitenlänge 23 cm), deren Abflüsse separat gesammelt werden können. Jeder Trichter ist von einer Membran (NY 20 HC, Fa. Hydro-Bios) überspannt, die eine Porung von 20 µm besitzt und von reinem Quarzsand (Körnung 1 mm) gestützt wird. Zur Erfassung von ungespanntem Wasser wurde um jeden Trichter herum ein oberseits perforierter Dränschlauch aus Polyethylen verlegt. Zur Vermeidung eines Randeffekts weist jedes Lysimetersegment am hinteren Ende eine 30 cm lange „Schürze" auf, von der mögliches Stauwasser durch Dränschläuche abgeführt werden kann (Abb. 2).

Die 3 Lysimetersegmente wurden mittels hydraulischer Pressung (Trapp 1995; Jene 1996; de Rooij 1996) von der Seite eingebracht. Ein manueller Einbau des Lysimeters in den Boden (Shaffer et al. 1979; Heuvelman & McInnes 1997) schied aufgrund des Gewichtes der Stahlrahmen (je 300 kg) und der relativ großen Dimensionen der Messanordnung aus.

Von der Seite her wurden in 70 und 100 cm Tiefe je 9 Druckaufnehmer-Tensiometer horizontal eingebaut, um die Saugspannung des Bodenwassers in hoher zeitlicher Auflösung registrieren zu können. Weitere 18 Temperatur- und Luftdrucksensoren sowie (diskontinuierlich) Sauerstoff-Diffusionsmeter (Fiedler 1973) werden seitlich in die abgedichtete Wand des Profils installiert. Die lateralen Abstände zwischen den Geräten orientierten sich an Ergebnissen des Farbtracerexperiments.

Auf der ungestörten Bodenoberfläche soll in einer nachfolgenden Untersuchung ein chemisch-isotopischer Doppeltracer (z. B. Br^- und ^{18}O) (Knappe et al. 1998) ausgebracht werden. Mit der ^{18}O-Beigabe soll u. a. kontrolliert werden, ob sich Bromid auf diesem extrem sauren Kippenboden wie ein konservativer Tracer verhält. Die Verlagerung soll unter natürlichen Niederschlagsverhältnissen erfolgen. Die räumliche Verteilung des Freiland- und Bestandesniederschlags wird fortlaufend in Abhängigkeit vom Abstand zu den Baumreihen erfasst. Außerdem soll ein weiterer Tracer (z. B. Terbuthylazin) appliziert werden, um die präferenzielle Verlagerung von sorbierbaren Stoffen zu untersuchen. Am Ende des Versuchs soll auch der Bodenausschnitt über dem Zellenlysimeter schichtweise beprobt und die 3D-Verteilung der Tracer-Konzentration im Profil bestimmt werden, da bis zu diesem Zeitpunkt die Tracer vermutlich nur teilweise bis in das Unterdruckzellenlysimeter gelangt sein werden. Außerdem soll die kleinräumige Variabilität der Bodeneigenschaften am Ende des Experiments erfasst werden. Die Daten sollen zum Testen unterschiedlicher Modelle verwendet werden, wie z. B. einem 2D-Modell zur gekoppelten Beschreibung der Wasser- und Luftbewegung im Boden (Binning & Celia 1994) oder einem Dual-Porositätsmodell zur Beschreibung von präferenzieller Wasser- und Stoffverlagerung (Gerke & van Genuchten (1993 a; 1993 b).

2.3 Ergebnisse

Die Jod-Stärke Färbung markierte diejenigen Bodenzonen bis in 150 cm Tiefe, in denen eine Tiefenverlagerung der aufgebrachten Jodidlösung stattgefunden hatte, d. h. gefärbte Flächen deuten indirekt auf Fließwege hin (Abb. 3).

2.3.1 Fließwegvisualisierung

Die Farbmuster in Abbildung 3 lassen erkennen, dass die Tracerlösung nach Passieren der Streuauflage nur an relativ wenigen Stellen in den Mineralboden (0 cm Tiefe) infiltrierte, sich dann an der Unterseite der Graswurzelzone (10 cm Tiefe) lateral ausbreitete und in 20 cm Tiefe wiederum auf einzelne Bodenzonen konzentrierte. Mit zunehmender Tiefe nehmen die gefärbten Flächenanteile zuerst allmählich (60 cm Tiefe) und dann stärker (110 cm Tiefe) ab. Einzelne gefärbte Bereiche finden sich aber noch bis in 150 cm Bodentiefe (Abb. 3).

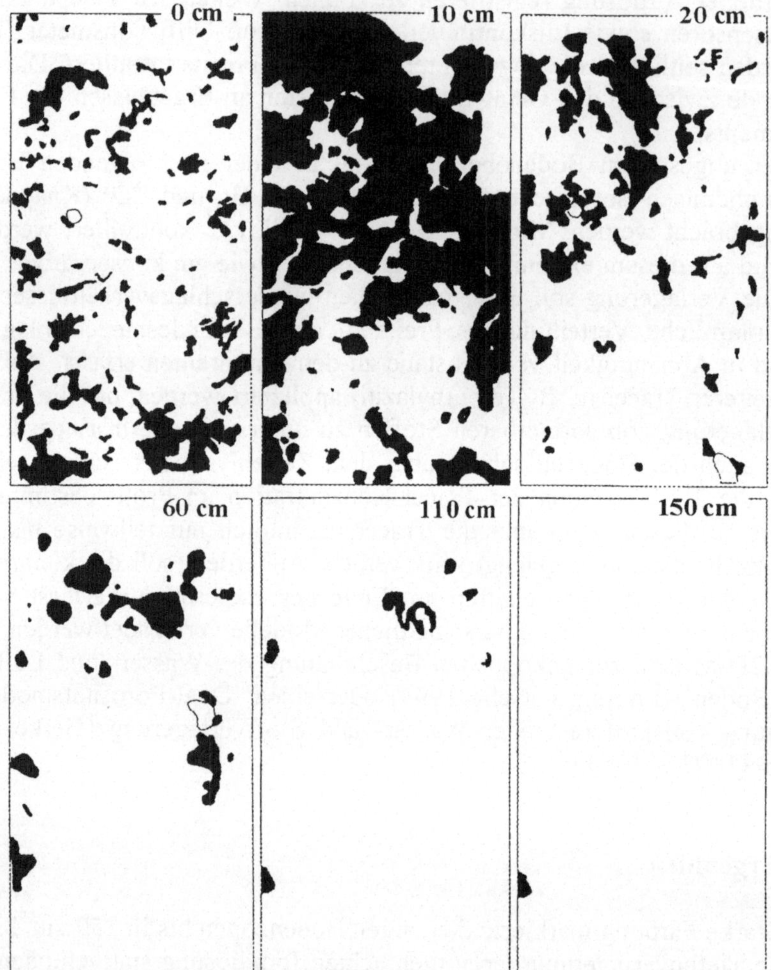

Abb. 3 Horizontale räumliche Verteilung der mittels Jod-Stärke-Reaktion angefärbten Bodenzonen in 6 Tiefenstufen (0, 10, 20, 60, 110 und 150 cm) eines 2,5 m langen und 1,25 m breiten Bodenausschnittes auf dem Versuchsstandort Bärenbrück.

Für jede Tiefenstufe wurden Parameter zur quantitativen Beschreibung der Färbestrukturen berechnet (Tab. 1).

Danach beträgt der gefärbte (durchflossene) Flächenanteil [F] an der Oberfläche (0 cm Tiefe) lediglich 16 %, während er in 10 cm Tiefe etwa 55 % ausmacht. Zwischen 20 und 50 cm Tiefe beträgt F etwa 10 % und nimmt in größeren Tiefen weiter stark ab bis auf Werte unter 1 %. Im Gegensatz zum durchflussaktiven Flächenanteil zeigen die übrigen Parameter, wie der Fließzonenumfang [U], der mittlere Durchmesser [D] und (im oberen Teil des Bodens) auch der mittlere Abstand zwischen benachbarten Fließzonen [A] keine deutlichen Trends in Abhängigkeit von der Bodentiefe.

Unterhalb von 100 cm Tiefe nimmt A auf Werte von mehr als 100 cm zu, während oberhalb davon der mittlere Abstand zwischen benachbarten Fließzonen nur 12 bis 36 cm beträgt. Der durchschnittliche Durchmesser der Fließfinger [D] beträgt, über alle Bodentiefen gemittelt, etwa 6,5 cm.

Tab. 1 Gefärbter Flächenanteil [F] und Mittelwerte des Umfangs [U], des Durchmessers [D] und des Abstands [A] sowie der Anzahl [n] der Farbflecken in den 16 Beprobungsebenen des Farbtracer-Infiltrationsversuchs (Standardabweichungen in Klammern, n. d. = nicht definiert).

Tiefe [cm]	n	F [%]	U [cm]	D [cm]	A [cm]
0	86	15,9	32,6 (44,1)	4,2 (2,6)	11,9 (4,4)
10	25	55,0	75,3 (163,2)	7,0 (6,4)	14,7 (9,5)
20	44	14,4	35,3 (45,3)	4,4 (3,6)	15,4 (8,4)
30	31	7,3	25,3 (34,3)	3,8 (3,5)	14,9 (7,4)
40	18	10,5	33,7 (59,3)	4,9 (4,8)	28,4 (11,0)
50	33	12,5	32,8 (57,1)	5,6 (6,3)	12,8 (13,7)
60	22	7,0	24,0 (30,2)	4,7 (5,0)	15,8 (6,6)
70	11	4,1	27,3 (25,8)	5,6 (5,2)	35,8 (21,9)
80	11	3,1	35,3 (21,6)	7,8 (4,4)	27,3 (29,5)
90	9	3,0	37,7 (23,2)	8,4 (5,2)	25,1 (15,5)
100	3	1,6	48,7 (22,7)	11,5 (5,6)	74,1 (60,2)
110	6	1,5	47,6 (44,8)	6,4 (5,6)	50,0 (36,6)
120	3	0,7	33,1 (8,7)	8,9 (2.8)	91,9 (23,7)
130	2	0,4	35,1 (4,9)	8,3 (0,8)	161,3 (n. d.)
140	1	0,1	28,6 (n. d.)	5,4 (n. d.)	n. d. (n. d.)
150	1	0,2	37,6 (n. d.)	7,7 (n. d.)	n. d. (n. d.)

2.3.2 Einfluss morphometrischer und bodenphysikalischer Eigenschaften auf die Ausbildung präferenzieller Fließwege

Bezogen auf den niedrigsten Punkt weist die Versuchsfläche Höhendifferenzen von bis zu 19 cm auf.

Die Abbildung 4 zeigt eine aus dem 5 cm Raster der Messwerte räumlich interpolierte Karte der Mikrotopografie.

Verglichen mit der Verteilung der durchflussaktiven Zonen an der Oberfläche (0 cm Tiefe in Abb. 3) zeigen sich keine auffälligen räumlichen Übereinstimmungen zwischen tiefergelegenen Bereichen und gefärbten Infiltrationszonen, die auf eine Umverteilung der beregneten Jodidlösung aufgrund des Mikroreliefs der Bodenoberfläche hindeuten könnten.

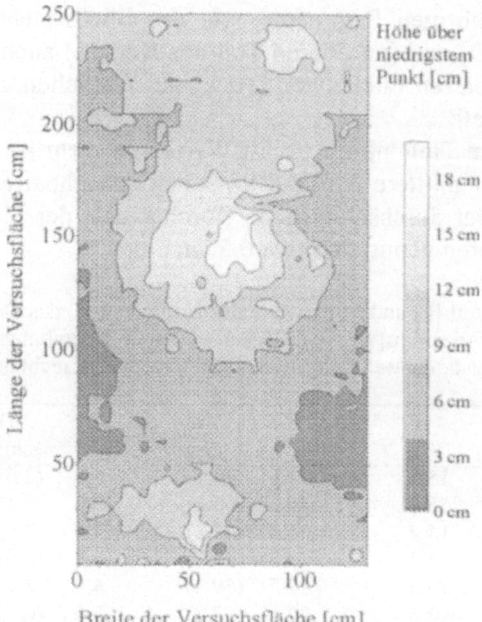

Abb. 4 Horizontale räumliche Verteilung der Höhe der Mineralbodenoberfläche (Mikrotopografie) des untersuchten Bodenausschnitts auf der Versuchsfläche Bärenbrück.

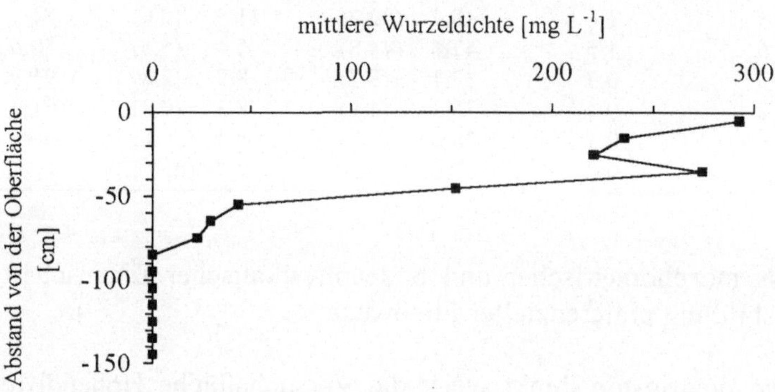

Abb. 5 Wurzeldichte als Funktion der Bodentiefe. Dargestellt ist die 1D-vertikale Verteilung der arithmetisch gemittelten Wurzelmassendichte [mg Wurzeln L^{-1} Boden] im untersuchten Bodenausschnitt am Versuchsstandort Bärenbrück.

Abbildung 5 zeigt, dass die mittlere Wurzeldichte in 0 - 10 cm Tiefe am höchsten ist. Ein zweites Maximum der Wurzeldichte, mit fast gleichen Werten von etwa 300 mg L^{-1}, konnte im Tiefenintervall zwischen 30 und 40 cm gefunden werden. Zwischen 50 und 80 cm Tiefe liegt die Wurzeldichte nur noch bei Werten zwischen 20 und 45 mg L^{-1}, wobei die räumliche Verteilung der Wurzeln in diesen Tiefen auf relativ wenige Bereiche begrenzt ist. Unterhalb von 80 cm Tiefe wurden keine Wurzeln mehr gefunden.

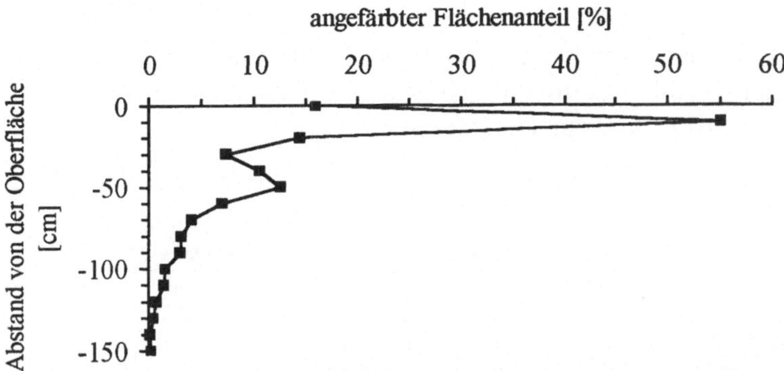

Abb. 6 Angefärbter Flächenanteil als Funktion der Bodentiefe. Dargestellt ist die 1D-vertikale Verteilung der Summe der Farbflächen je Tiefenschicht bezogen auf die Fläche von 3,125 m^2 des untersuchten Bodenausschnitts am Versuchsstandort Bärenbrück.

Der mittels der Jod-Stärke-Reaktion angefärbte Flächenanteil in Abbildung 6 ist mit etwa 55 % in 10 cm Tiefe am höchsten. Ein zweites Maximum, mit etwa 14 % ist in 50 cm Tiefe zu erkennen. Der Kurvenverlauf der gefärbten Flächenanteile mit der Tiefe ist qualitativ hinsichtlich der zwei Maxima relativ ähnlich dem der Wurzeldichte (Abb. 5).

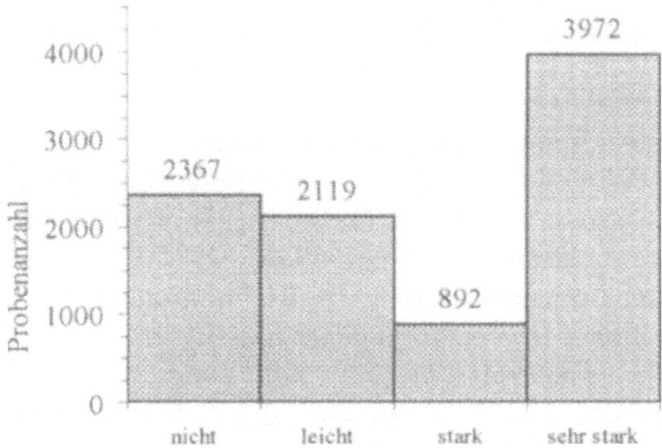

Abb. 7 Häufigkeitsverteilung des potenziellen Hydrophobiegrades der Kippsubstratproben vom Versuchsstandort Bärenbrück.

Entsprechend der Klassifizierung des Hydrophobiegrades (De Bano 1981) in Abbildung 7 lässt sich der überwiegende Anteil des Kippbodens als „sehr stark hydrophob“ und „stark hydrophob“ einstufen. Allerdings wurden fast genauso viele „nicht“ und „schwach hydrophobe“ Proben gefunden. Die Hydrophobiegrade der Proben des untersuchten Bodenausschnitts weisen eine bimodale Häufigkeitsverteilung auf und können kleinräumig stark unterschiedlich sein (vgl. Hangen et al. 2000 b).

Abbildung 8 zeigt, dass in jeder Tiefenstufe alle vier Hydrophobiegrade vorkommen. Relativ große Anteile an „sehr stark hydrophoben“ Proben wurden in 70 - 80 cm sowie in 100 - 130 cm Tiefe gefunden.

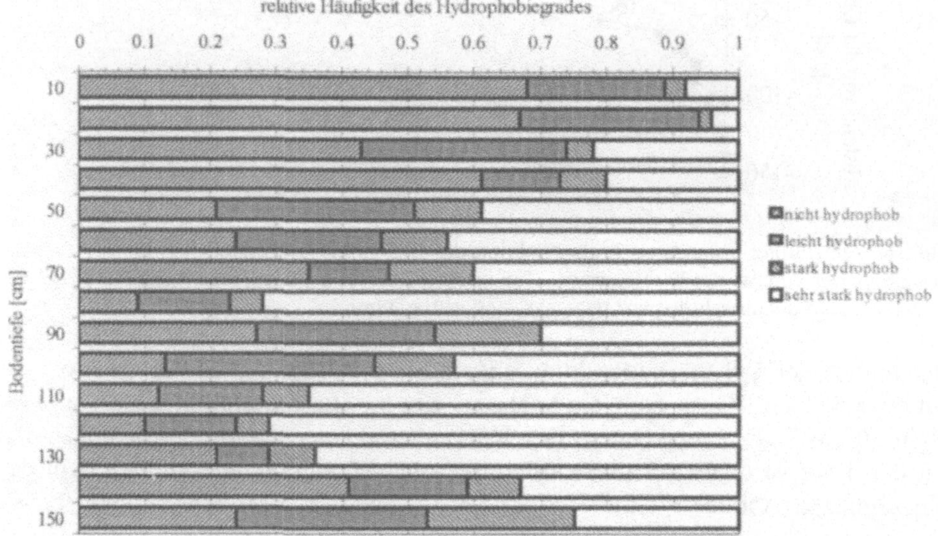

Abb. 8 Relative Häufigkeit der Hydrophobieklassen nach De Bano (1981) als Funktion der Bodentiefe.

Die Abbildung 9 zeigt zweidimensionale (2D-) vertikale Querschnitte der gefärbten Flächenanteile, der Wurzeldichte, der Wassertropfen-Infiltrationsdauer und der volumetrischen Wassergehalte. Die 2D-Darstellungen wurden aus den dreidimensional erhobenen Messwerten durch Integration und Mittelung der einzelnen Werte über die Breite des Bodenausschnittes (in Richtung der Kiefernreihen) sowie anschließender räumlicher Interpolation generiert.

Die 2D-Verteilung des angefärbten Flächenanteils (Abb. 9 a) in Prozentanteilen an der Gesamtbreite des Pedons zeigt, dass die Jodidlösung besonders im rechten Teil des Bodenausschnitts in größere Tiefen vorgedrungen sein muss, während der Tracer auf der linken Seite kaum verlagert wurde. Die Farbflächenverteilung erlaubt Hypothesen über die Position bevorzugter Fließwege sowie den Infiltrations- und Perkolationsvorgang. Selbst in 10 cm Tiefe sind die Farbflächenanteile in der linken und rechten Hälfte unterschiedlich (vgl. auch Abb. 3). Unterhalb von 20 - 30 cm Tiefe wechselt das „frontartige“, horizontale in ein

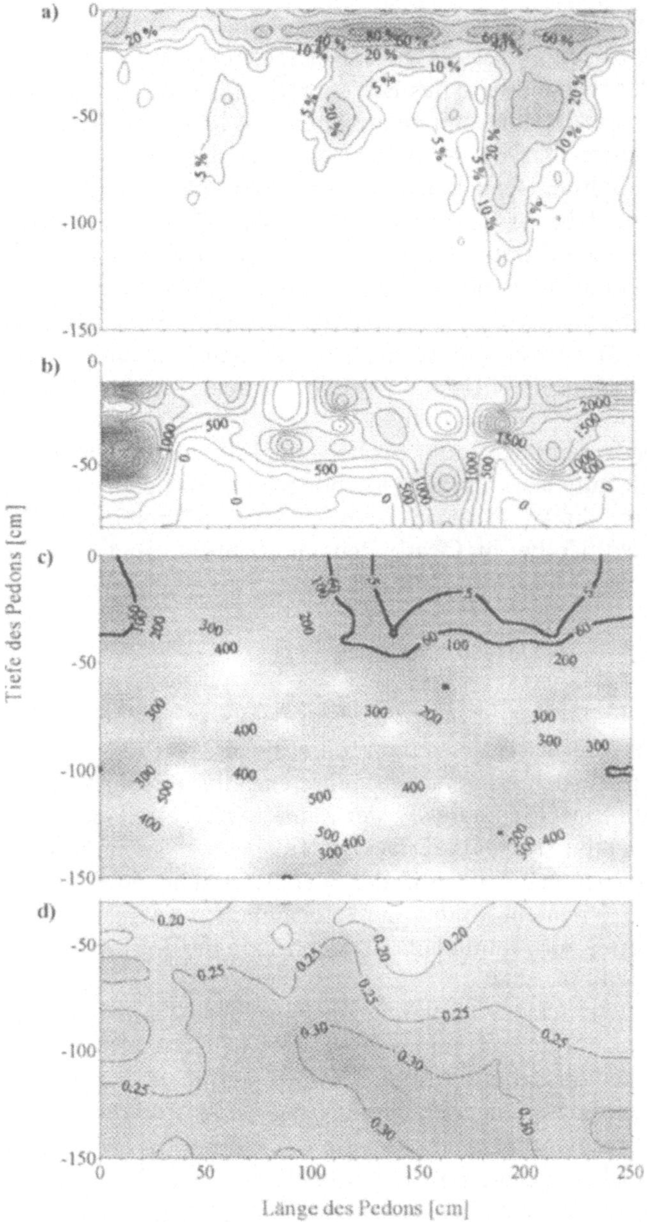

Abb. 9 2D – vertikale Verteilungen a) des angefärbten Flächenanteils [%], b) der mittleren Dichte der Wurzelmasse [mg Wurzeln L^{-1} Boden], c) der mittleren Wassertröpfchen-Infiltrationsdauer [Sekunden] und d) des mittleren volumetrischen Wassergehalts [cm^3 cm^{-3}] zum Zeitpunkt der Probenahme. Die Hydrophobieklassen in c) sind durch Isolinien gekennzeichnet. Die Flächenanteile und Mittelwerte beziehen sich auf die Breite von 1,25 m des untersuchten Bodenausschnitts am Versuchsstandort Bärenbrück.

„fingerartiges", vertikales Verlagerungsmuster. Die 2D-vertikale Wurzeldichteverteilung (Abb. 9 b) zeigt, dass die größten Dichten an Wurzelbiomasse auf der linken sowie auf der rechten Seite des Bodenprofils bis etwa 50 cm Tiefe vorhanden waren. Eine schmale Zone mit relativ hoher Wurzelbiomasse bis in 80 cm Tiefe ist im Bereich rechts von der Mitte des untersuchten Bodenausschnitts zu erkennen. Eine qualitative Beziehung zwischen Farbflächenanteil (Abb. 9 a) und Wurzeldichte (Abb. 9 b) ist anhand der 2D-Muster nicht erkennbar. Die 2D-Verteilung der Tropfeninfiltrationszeiten (Abb. 9 c) zeigt, dass der Grad der potenziellen Hydrophobie im rechten oberen Bereich sowie in der linken oberen Ecke des Pedons geringer ist als im linken und mittleren unteren Bereich des Bodenausschnitts. Die Benetzungsfähigkeit des trockenen Kippenbodens scheint im unteren Teil des Pedons heterogener verteilt zu sein, als im Oberboden. Die räumliche Verteilung des volumetrischen Wassergehalts (Abb. 9 d) ist relativ heterogen, wobei der Unterbodens zum Probenahmezeitpunkt einen etwa 10 % höheren Wassergehalt aufweist, als der Oberboden. Im mittleren und rechten Teil des Unterbodens sind die Wassergehalte am höchsten, während sie in einer relativ schmalen Zone direkt darüber im Oberboden am geringsten sind.

2.4 Diskussion

Die mit Hilfe des Farbtracer-Infiltrationsexperiments markierten Infiltrationszonen und Bodenbereiche lassen vermuten, dass auf diesem mit Kiefern forstlich rekultivierten Kippenboden fingerartige präferenzielle Fließbahnen aufgetreten sind (Abb. 3 und 9). Eine Abhängigkeit der räumlichen Verteilung der Infiltration von der Mikrotopografie (Ritsema & Dekker 1995) durch kleinräumig auftretenden Oberflächenabfluss erscheint auf der Versuchsfläche nicht wahrscheinlich (vgl. Abb. 3 und 4). Vielmehr könnte die Streuauflage, bestehend aus Kiefernnadeln und Waldreitgras, zur räumlichen Konzentration der Infiltration auf etwa 10 % der Oberfläche geführt haben.

Die sich in 10 - 20 cm Tiefe anschließende Zone der lateralen Ausdehnung der angefärbten Flächen (Abb. 3, 5 und 9 a) könnte dem von Ritsema & Dekker (1995) beschriebenen „distribution flow" entsprechen. Eine laterale Ausbreitung der Tracerlösung deutet auf eine Veränderung der Bodenstruktur hin. Im Kippenboden des Versuchsstandorts ist eine deutliche Gefügeänderung beim Übergang von der relativ locker gelagerten Graswurzelzone zum kompakteren Kipp-Kohlesand erkennbar. Der Oberboden zeichnet sich außerdem durch eine relativ höhere Benetzungsfähigkeit aus (Abb. 7 und 8; Hangen et al. 1999 a).

Die meisten der ab 20 - 30 cm Tiefe beginnenden bevorzugten Fließregionen setzen sich bis in 60 cm Tiefe fort (Abb. 3), wo etwa die Durchwurzelung endet (Abb. 5). Obwohl aus den 1D- und 2D-vertikalen Verteilungen von Farbflächenanteilen und Wurzeldichten (Abb. 5 und 6, sowie 9 a und b) kaum direkte Zusammenhänge erkennbar sind, sind solche Beziehungen wahrscheinlich. So wurde während des Versuchs ein vermehrtes Auftreten angefärbter Wurzelkanäle in 20 - 70 cm Tiefe beobachtet. Der Einfluss des Wurzelsystems auf die Ausbildung präferenzieller Fließzonen, wie er z. B. von Mitchell et al. (1991) beschrieben wurde, muss in nachfolgenden Untersuchungen genauer aufgeklärt werden.

Obwohl Anzahl [n] und Querschnittsfläche [F] der Fließfinger mit der Tiefe abnehmen, bleiben die Eigenschaften der Fließfinger relativ gleich (Tab. 1). Ein mittlerer Abstand benachbarter Fließzonen von 12 - 36 cm in den oberen 90 cm entspricht in etwa dem für die Bodenanalyse gewählten Beprobungsraster von 25 cm und der räumlichen Auflösung (27 cm) des Unterdruck-Zellenlysimeters. Die Zunahme des mittleren Abstands zwischen benachbarten Fließzonen [A] ab 100 cm Tiefe beruht darauf, dass mit zunehmender Tiefe immer mehr isolierte Fließzonen enden. Dem mittleren „abstrakten" Fingerdurchmesser [D] von 6,5 cm kann nach Yao & Hendrickx (1996) eine modale Korngröße im Boden von 0,25 - 0,84 mm zugeordnet werden. Gemessene Korngrößenverteilungen des Kippenbodens vom Versuchsstandort Bärenbrück ergaben einen etwas geringeren Modalbereich von 0,063 - 0,2 mm (Neumann 1999).

Die in dieser Studie bis in 150 cm Bodentiefe (Abb. 3, 5 und 9 a; Tab. 1) auftretenden gefärbten Fließwege lassen vermuten, dass bei Starkregenereignissen auch im Sommerhalbjahr Sickerwasser entlang von bevorzugten Fließbahnen auftritt und möglicherweise zur Grundwasserneubildung beiträgt. Im Gegensatz zu bestockten Kippenböden des semiariden Klimabereichs (Schröder & Bauer 1984) ist hier der Betrag der aufwärts gerichteten Wasserbewegung vermutlich relativ gering, da die Wurzelzone nur flach und die kapillare Aufstiegshöhe aufgrund des sandigen Bodens begrenzt ist. Der kapillare Aufstieg wird im untersuchten Kippsubstrat vermutlich außerdem durch die Benetzungshemmung des Unterbodens vermindert (Abb. 7, 8 und 9 c).

Die räumlichen Muster der vertikalen Fließwege (Abb. 3 und 9 a) wird durch die 2D-Verteilung der potenziellen Hydrophobie (Abb 9 c) nicht widergespiegelt. Zur Aufklärung der Entstehung der präferenziellen Fließzonen könnte die Untersuchung der räumlichen Verteilung der Textur, der Gehalt an Braunkohlefragmenten sowie des Wassergehalts beitragen (Sharma et al. 1993).

Allerdings wäre auch ein Einfluss der Hydrophobie (Abb. 8) auf die Dichteverteilung der Kiefernwurzeln (Abb. 5) denkbar (Richardson & Wollenhaupt 1983). Obwohl Wurzeln auch als Quellen für Hydrophobie bekannt sind (Doerr et al. 1998), ist am vorliegenden Versuchsstandort eher ein geogener Ursprung anzunehmen. Vermutlich wird die Hydrophobie durch Überzüge (Ma'shum et al. 1988) wasserabweisender Partikel um die Quarzkörner des tertiären Kipp-Kohlelehmsandes, wie z. B. Braunkohlestaub (Sharma et al. 1993), hervorgerufen. Der geringere Grad der potenziellen Hydrophobie im Oberboden könnte auf die Einwaschung relativ leichter benetzbarer Substanzen, wie z. B. Kohlenhydrate und Proteine (Capriel 1997), zurückzuführen sein.

2.5 Zusammenarbeit

Aufbau und Installation des Unterdruckzellenlysimeters erfolgten in Zusammenarbeit mit dem Lehrstuhl für Bodenmechanik und Grundbau / Geotechnik der BTU. Die markierten Umrisse der Farbmuster wurden am Institut für Bodenlandschaftsforschung des Zentrums für Agrarlandschafts- und Landnutzungsforschung (ZALF) e. V. in Müncheberg digitalisiert. Die weitere Bearbeitung der digitalisierten Daten wurde zusammen mit dem Lehrstuhl für Hydrologie und Wasserwirtschaft der BTU durchgeführt.

2.6 Danksagung

Für die aufwendige und wertvolle Unterstützung beim Bau und bei der Installation des Unterdruckzellenlysimeters sei M. Kügler und K. Lemke, BTU, Lehrstuhl für Bodenmechanik und Grundbau / Geotechnik, herzlich gedankt. Für hilfreiche Instruktionen bei der Digitalisierung der Farbverteilungen danken wir Frau S. Ehlert vom Institut für Landnutzungssysteme und Frau L. Völker vom Institut für Bodenlandschaftsforschung des ZALF sowie Prof. Li, damals Humboldstipendiat am ZALF in Müncheberg. Die Autoren danken der Deutschen Forschungsgemeinschaft, Förderkennzeichen INK 4/B1-1, für die finanzielle Unterstützung dieser Arbeit.

3 Publikationsliste und Literatur

3.1 Eigene Publikationen

Gerke, H. H., Schaaf, W., Hangen, E. und Hüttl, R. F, 1999: Präferenzielle Wasser- und Luftbewegung in heterogenen aufgeforsteten Kippen im Lausitzer Braunkohlentagebaugebiet, In: Hüttl, R. F., Klem, D. und Weber, E. (Hrsg.): Rekultivierung von Bergbaufolgelandschaften. Das Beispiel des Lausitzer Braunkohlereviers. Walter de Gruyter, Berlin, New York, 163-167.

Hangen, E., Gerke, H. H., Schaaf, W. und Hüttl, R. F., 1999 a: Hydrophobie und präferentieller Fluß in einem aufgeforsteten Kippenboden. Forum der Forschung, 8, Wissenschaftsmagazin der BTU Cottbus, 36-41.

Hangen, E., Gerke, H. H., Schaaf, W. und Hüttl, R. F., 1999 b: Präferenzieller Fluss in einem aufgeforsteten kohlehaltigen Kippenboden. Identifizierung von Fließwegen, Hydrophobie und Heterogenität. Mitteilungen der Deutschen Bodenkundlichen Gesellschaft, 91, 169-172.

Hangen, E., Gerke, H. H., Schaaf, W. und Hüttl, R. F., 2000 a: Preferential water and air movement in heterogeneous afforested mine spoils in the Lusatia lignite mining district, Proceedings of the Workshop „Land Surface Processes II - Monitoring, Analysing and Modeling Spatio-Temporal Patterns in Landscape Research", 15. April 1998, ZALF-Berichte, Müncheberg (im Druck).

Hangen, E., Gerke, H. H., Schaaf, W. und Hüttl, R. F., 2000 b: Spatial variability of water repellency in a lignitic mine soil afforested with Pinus nigra. Geoderma (eingereicht).

3.2 Zitierte Literatur

Beven, K. und Germann, P., 1982: Macropores and water flow in soils. Water Resour. Res., 18, 1311-1325.

Binning, P. und Celia, M., 1994: Coupled air-water flow and contaminant transport in the unsaturated zone: A numerical model. Proceedings, Water Down Under, Vol. 2 part A, 45-50, Institution of Engineers Australia and the International Association of Hydrogeologists.

Capriel, P., 1997: Hydrophobicity of organic matter in arable soils: Influence of management. European. J. of Soil Sci., 48, 457-462.

De Bano, L., 1981: Water repellent soils: A state of the art. Gen. Techn. Rep. PS-W-46, Pacific Southwest Forest and Range Exp. Stn. Berkeley, CA.

Doerr, S., Shakesby R. und Walsh R., 1998: Spatial variability of soil hydrophobicity in fire-prone eucalyptus and pine forests, Portugal. Soil Science, 163, 313-324.

Ehwald, E., Vetterlein, E. und Buchholz, F., 1961: Das Eindringen von Niederschlägen und Wasserbewegungen in sandigen Waldböden. Pflanzenernährung, Düngung, Bodenkunde, 93, 202-209.

Fiedler, H., 1973: Methoden der Bodenanalyse, Band 1: Feldmethoden. Verlag Theodor Steinkopf, Dresden, 239 S.

Gerke, H. H. und van Genuchten, M. Th., 1993 a: A dual-porosity model for simulating the preferential movement of water and solutes in structured porous media. Water Resour. Res., 29, 305-319.

Gerke, H. H. und van Genuchten, M. Th., 1993 b: Evaluation of a first-order water transfer term for variably saturated dual-porosity flow models. Water Resour. Res., 29, 1225-1238.

Gerke, H. H. und van Genuchten, M. Th., 1996: Macroscopic representation of structural geometry for simulating water and solute mass transfer in dual-porosity media. Adv. Water Resour., 19, 343-357.

Gerke, H. H., Frind, E. O. und Molson, J. W., 1998: Modelling the effect of heterogeneity on acidification and solute leaching in overburden mine spoils. J. Hydrol., 209, 166-185.

Grünewald, U., Biemelt, D., Bekurts, V., Schreiter, M. und Thal, S., 1999: Standortuntersuchungen zur besseren Quantifizierung von Elementen des regionalen Wasserhaushalts. In: Hüttl, R. F., Klem, D. und Weber, E. (Hrsg.): Rekultivierung von Bergbaufolgelandschaften. Das Beispiel des Lausitzer Braunkohlereviers. Walter de Gruyter, Berlin, New York, 223-238.

Heuvelman, W. H. und McInnes K. J., 1997: Spatial variability of water fluxes in soil: A field study. Soil Sci. Soc. Am. J., 61, 1037-1041.

Hüttl, R. F. und Mayer, S., 1996: Wiederherstellung ökologischer Bodenfunktionen in den Kippsubstraten des Lausitzer Braunkohlereviers. Bodenschutz, 1, 21-26.

Jarvis, N. J., Jansson, P. E., Dik, P. E. und Messing, I., 1991: Modeling water and solute transport in macroporous soil. I. Model description and sensitivity analysis. J. Soil Sci., 42, 59-70.

Jene, B., 1996: Räumliche Aspekte von Wasser- und Stoffflüssen durch einen definierten Bodenquerschnitt. Mitt. Dtsch. Bodenkdl. Gesellsch., 80, 345-348.

Knappe, S., Russow, R. und Seeger, J., 1998: Multitraceruntersuchungen zur Bestimmung der Sickerwassergeschwindigkeit. Abstract zum Workshop „Bestimmung der Sickerwassergeschwindigkeit in Lysimetern", 27.-28.4.98, München.

Ludwig, R., Gerke, H. H. und Wendroth, O., 1999: Describing water flow in macroporous field soils using the modified MACRO model. J. Hydrol., 215, 135-152.

Ma'shum, M. und Farmer, V., 1988: Extraction and characterization of water repellent materials from Australian soils. Soil Science, 39, 99-110.

Mitchell, A. R., Ellsworth, T. R. und Meek, D. B., 1991: Plant root systems' effects on preferential flow in swelling soil. In: Gish, T. J. und Shirmohammadi, A. (Hrsg.): Preferential Flow. Proceedings of the National Symposium, Dezember 16-17, 1991, Chicago, Illinois. Am. Soc. Agric. Eng., St. Joseph, Michigan, 376-382.

Nicholl, M., Glass, R. und Wheatcraft, S., 1994: Gravity driven infiltration instability in initially dry non-horizontal fractures. Water Resour. Res., 30, 2533-2546.

Nieber, J. L., 1996: Modeling finger development and persistence in initially dry porous media. Geoderma, 80, 207-229.

Neumann, C., 1999: Zur Pedogenese pyrit- und kohlehaltiger Kippsubstrate im Lausitzer Braunkohlerevier. Dissertation BTU Cottbus. Cottbuser Schriften zu Bodenschutz und Rekultivierung, 8, 141 .S.

van Ommen, H., Dekker, L, Dijksma, R., Hulshof, J. und van der Molen, W., 1988: A new technique for evaluating the presence of preferential flow paths in nonstructured soils. Soil Sci. Soc. Am. J., 52, 1192-1193.

Richardson, J. und Wollenhaupt N., 1983: Water repellency of degraded lignite in a reclaimed soil. Can. J. Soil Sci., 63, 405-407.

Ritsema, C. und Dekker, L., 1995: Distribution flow: A general process in the top layer of water repellent soils. Water Resour. Res., 31, 1187-1200.

Ritsema, C. und Dekker, L., 1996: Influence of sampling strategy in detecting preferential flow paths in water repellent sand. J. Hydrol., 177, 33-45.

de Rooij, G. H., 1996: Preferential flow in water-repellent sandy soils. PhD.-Thesis. Agricultural University, Wageningen, 227 S.

Schaaf, W., 1997: Untersuchungen zum Wasser- und Stoffhaushalt von Kiefernökosystemen auf rekultivierten Kippenstandorten des Lausitzer Braunkohlereviers und deren Beitrag zu bodenökologischen Fragestellungen. Mitt. Dtsch. Bodenkdl. Gesellsch., 83, 191-194.

Schaaf, W., Knoche, D. und Biemelt, D., 1998: Stoff- und Wasserhaushalt von Kippenstandorten im Lausitzer Braunkohlerevier. GBL Heft 5, 122-125.

Schröder, S. und Bauer, A., 1984: Soil water variation in spoil and undisturbed sites in North Dakota. Soil Sci. Soc. Am. J., 48, 656-659.

Shaffer, K. A., Fritton, D. D. und Baker, D. E., 1979: Drainage water sampling in a wet, dual-pore soil system. J. Environ. Qual., 8, 241-246.

Sharma, P., Carter, F. und Halvorson, G., 1993: Water retention by soils containing coal. Soil Sci. Soc. Am. J., 57, 311-316.

Trapp, G., 1995: Ergebnisse aus dem Betrieb eines Unterdruck-Zellen-Lysimeters als Feldinstallation im ungestörten Boden. 5. Gumpensteiner Lysimetertagung „Stofftransport und Stoffbilanz in der ungesättigten Zone". BAL Gumpenstein, 25.-26. April, 1995.

Yao, T. und Hendrickx, J., 1996: Stability of wetting fronts in dry homogeneous soils under low infiltration rates. Soil Sci. Soc. Am. J., 60, 20-28.

Standortbezogene Erfassung und Modellierung von Wasser- und Stoffflüssen in Kippen der Lausitzer Braunkohletagebaue unter Nutzung der Versuchsanlage auf der Innenkippe des Restsees Gräbendorf (Teilprojekt 20)

Wolfgang Rolland, Kerstin Jannack & Uwe Grünewald

1 Zusammenfassung

Die Gewinnung von Braunkohle im Lausitzer Revier ist mit der Umlagerung großer Mengen tertiärer und quartärer Deckschichten verbunden. Das Material wird stark durchmischt und mit Abraumförderbrücken oder -absetzern auf Kippen in technogen geprägten Strukturen abgelagert. In Abhängigkeit von den geologischen und technologischen Gegebenheiten werden dabei nicht nur die geohydraulischen Eigenschaften, sondern, induziert durch die Pyritverwitterung, auch das geochemische Milieu grundlegend verändert. Für die Prognose der künftigen Gewässerbeschaffenheit ist es erforderlich, die in den Kippen ablaufenden Umsetzungs- und Transportprozesse zu quantifizieren.

Das Teilprojekt 20 hatte zum Ziel, aufbauend auf detaillierten Prozessanalysen anderer Arbeitsgruppen und eigenständigen Feld- und Labormessungen, verschiedene konzeptionelle Vorstellungen über die Geohydraulik und die Geochemie in Braunkohlekippen zu verifizieren. Die am Standort Gräbendorf abgeleiteten allgemein gültigen Aussagen gestatten eine Übertragung auf großflächigere Kippenkomplexe.

Für die Innenkippe Gräbendorf wurde ein geohydraulisches Modell aufgebaut und unter Annahme verschiedener konzeptioneller Vorstellungen über die Parameterverteilung invers kalibriert. Die Wasserstandsmessungen zeigen, dass das Grundwasser in der Kippe aufgrund des homogenen Materials und der Verkippungstechnik relativ gleichmäßig ansteigt. Infolge günstiger Randbedingungen lässt sich der k_f-Wert mit hoher Sicherheit vorhersagen ($2{,}9 \cdot 10^{-3}$ m s^{-1} für den gewachsenen, $3{,}8 \cdot 10^{-4}$ m s^{-1} für den gekippten Bereich). Die Sprengverdichtung reduziert den k_f-Wert ca. um den Faktor 2,6. Ein Methodenvergleich mit anderen Verfahren zur Ermittlung geohydraulischer Parameter (Sieblinien, Slug-Tests, Darcy-Versuchen) zeigt, dass Sieblinienverfahren und Darcy-Versuche eine gute Schätzung der Parameter erlauben. Dabei zeigen Darcy-Versuche an ungestörten

Sedimenten aus größeren Tiefen eine gute Übereinstimmung mit der inversen Modellierung, oberflächennah gewonnene Proben hingegen unterschätzen den k_f-Wert ebenso wie die restlichen Verfahren.

Die geochemische Differenzierung der Kippe in Tiefenkompartimente basiert auf Analysen der Gasphase, der Festphase und der wässrigen Phase. Diese ergaben, dass der grundwassergesättigte Bereich zwar die bergbautypisch hohen Stoffkonzentrationen an Sulfat, Eisen und Erdalkalimetallen aufweist, jedoch infolge der vergleichsweise hohen Karbonatgehalte durch ein gutes Puffervermögen (positive Neutralisationskapazitäten) gekennzeichnet ist. In den oberflächennahen Bereichen übersteigt die Intensität der Pyritverwitterung die Pufferkapazität der Sedimente. Deutlich sind bereits eine pyritfreie Elutionszone (0 - 5 m) und eine Verwitterungszone (5 - 8 m) ausgebildet. Verlagerungspeaks der Reaktionsprodukte sind in Tiefen von 2,2 - 3,0 m zu erkennen. Die Quantifizierung dieser Prozesse mit dem Pyritoxidationsmodell SAPY erlaubt eine hinreichend genaue Beschreibung der oberen Randbedingung für die Stoffflüsse im Grundwasser.

2 Arbeits- und Ergebnisbericht

2.1 Ziele

Ziel des Projektes war es, am Standort Gräbendorf mit makroskopischen Untersuchungsansätzen allgemein gültige Aussagen über die Geohydraulik und die Geochemie von Kippen abzuleiten und damit die Grundlagen zur Quantifizierung der Stoffausträge aus großräumigen Kippenkomplexen in Grund- und Oberflächengewässer zu verbessern. Dabei wurden folgende Teilfragen bearbeitet:

- Welche Verfahren der Parameterschätzung sind zur Beschreibung der Grundwasserströmung in Braunkohlekippen geeignet?
- Wie wirkt sich die Verkippungsstruktur auf die Grundwasserströmung aus?
- Wie wirkt sich die Sprengverdichtung auf die Grundwasserströmung aus?
- Lassen sich die in Kippen ablaufenden geochemischen Prozesse definierten Kompartimenten zuordnen, und ist damit eine Systematisierung großräumiger Kippenkomplexe möglich?

2.2 Methodik

2.2.1 Geohydraulik

Die Standortbedingungen und die Messfeldausrüstung boten optimale Voraussetzungen für die inverse Kalibrierung geohydraulischer Parameter. Im Projekt wurde dazu das Programm MODFLOW (Chiang & Kinzelbach 1997) benutzt, da es den Postprozessor PEST (Doherty et al. 1997) zur inversen Parameterkalibrierung integriert hat.

Das Modell für die Innenkippe Gräbendorf wurde anhand der 14-tägigen Pegelbeobachtungen für den Zeitraum von März bis Dezember 1997 erstellt. Fernerkundungsdaten bildeten die Grundlage für das digitale Geländemodell des Untersuchungsgebietes. Um die Geometrie des Gebietes in ausreichend hoher räumlicher Auflösung abzubilden, wurde ein Finite-Differenzen-Netz mit 322 Zeilen und 186 Spalten erzeugt. Die Zellgröße variiert von 10 x 10 m an den Randbereichen bis 2 x 2 m in der Zone der Messpegel.

Die dynamische Entwicklung des Wasserspiegels im Restsee und die damit einhergehende Änderung der Uferlinie wurde berücksichtigt, indem der Wasserspiegel von Juni 1997 (Mitte des damaligen Beobachtungszeitraumes) als konstant festgelegt wurde. Da die ehemalige Arbeitsebene (Ebene bei 60 m NN, von der der Absetzer die Tief- und Hochschüttung verkippte) nicht erreicht wurde, und sich die Uferlinie bisher nur geringfügig verändert hat, ist der dabei auftretende Fehler vernachlässigbar. Erst wenn der Wasserspiegel die Arbeitsebene übersteigt und die Hochschüttung erreicht, ist die neue Lage dieser Randbedingung zu berücksichtigen.

Der Seewasserspiegel wurde als zeitlich variable Randbedingung festgelegt. Für jede Beobachtungsperiode wurde ein Anfangs- und Endwasserspiegel definiert, der sich aus der Interpolation der monatlich gemessenen Wasserspiegelhöhen im Restsee ergab.

Die Kalibrierung des Strömungsmodells erfolgte unter Annahme verschiedener Strukturen der Kippe. Das Grundmodell berücksichtigt den gewachsenen Teil (Restpfeiler der Kohlebahnausfahrt, der teilweise von der Hochschüttung bedeckt ist) und den gekippten Teil der Innenkippe. Die beiden Zonen werden für den Zeitraum von März bis September 1997 auch als homogen angenommen.

Von April bis Juli 1997 wurde ein Sprengverdichtungsring zur Böschungsstabilisierung errichtet. Die Verdichtung des Substrates wurde erst im September 1997 in den Wasserstandsmessungen sichtbar, daher wurde die betroffene Zone von September bis Dezember 1997 getrennt bei der Kalibrierung berücksichtigt. Die weiteren Beobachtungsdaten bis März 1999 wurden zur Verifikation der erzielten Ergebnisse genutzt. Das Strömungsmodell beinhaltet nun die gewachsene, gekippte und verdichtete Zone der Innenkippe.

Zusätzlich wurde ein Methodenvergleich (Siebanalysen, Darcy-Versuche an gestörten und ungestörten Sedimenten, Slugteste) zur k_f-Wert-Bestimmung durchgeführt.

2.2.2 Geochemie

Für eine Einteilung des Kippenkörpers in unterschiedliche Reaktionsräume (aerobe pyritfreie Auswaschungszone, aerobe Pyritoxidationszone, anaerobe Sickerzone und gesättigte Zone) wurden tiefendifferenzierte Feststoffanalysen ($CaCO_3$, C_{ges}, S_{ges} und Pyrit-S) in 1 m-Schritten durchgeführt. Die Feststoffproben stammen aus den bei den Pegelbohrungen gewonnenen Bohrkernen.

Die Schwefelbestimmung erfolgte nach der von der GBL (1996) veröffentlichten Verfahrensweise. Die gefriergetrockneten Proben wurden auf 2 mm gesiebt und anschließend gemahlen. Ein Aliquot der Probe wurde zunächst 20 Minuten im Muffelofen bei 550 °C erhitzt, anschließend wurden die beiden Proben im Sauerstoffstrom bei 1350 °C verbrannt. Zur Analyse der Schwefelgehalte diente ein LECO SC-432. Die Werte der unbehandelten Probe ergeben den Gesamtschwefelgehalt, durch das Vorglühen entweicht der organische Schwefel, sodass die Differenz den Pyritschwefel darstellt. Dieses auf den Arbeiten von Brumsack (1981) und Wisotzky (1994) basierende thermische Verfahren ist allerdings nur unter eingeschränkten Bedingungen verwendbar. Das Ergebnis wird durch den S_{org}-Gehalt der Probe und durch die Wahl des Verbrennungsapparates beeinflusst. Ein Methodenvergleich mit dem Verfahren nach DIN 51724 wies zuvor die Anwendbarkeit nach (nachzulesen in Rolland et al. 1998 b).

Analog des Schwefels wurde der Kohlenstoff mit dem Analysegerät LECO CNH-1000 bestimmt, wobei sich der Gesamtkohlenstoff aus dem organischen Kohlenstoff (vorbehandelte Probe) und dem Karbonatgehalt zusammensetzt.

Weiterhin erfolgten Gashaushaltsmessungen (O_2 und CO_2) an 8 Standorten. Die Gasproben wurden in 25 cm-Intervallen bis in 8 m Tiefe mit einer Stitz-Bodenluftsonde gewonnen und die Messungen im Feld on-line durchgeführt. Diese Daten bildeten die Grundlage, um den künftigen Stoffeintrag aus der ungesättigten Zone ins Grundwasser mit dem Pyritoxidationsmodell SAPY (Prein 1994) zu prognostizieren.

Sickerwässer wurden kontinuierlich mit P80-Saugkerzen in den Tiefen 0,3, 0,6, 0,9, 1,2, 2,2 und 3,0 m bei einem Unterdruck von 0,2 - 0,4 bar gewonnen.

Während der Grundwasserprobenahme wurden die Parameter O_2-Konzentration, Temperatur, elektrische Leitfähigkeit, pH-Wert und Redoxpotential kontinuierlich erfasst. Nach deren Konstanz und dem dreimaligem Austausch des Standwassers im Filterraum wurden die Proben mit einer UIT-Membranpumpe entnommen. Die Probenaufbereitung, die Konservierung und die Analysen erfolgten entsprechend den DIN-Vorgaben. Die jeweils angewandten Verfahren sind im Methodenkatalog des Innovationskollegs (Klem 1998) nachzulesen.

Wichtige Information über den Stofftransfer zwischen Fest- und Flüssigphase können durch Batch-Versuche bei Variation des Verhältnisses zwischen Fest- und Flüssigphase gewonnen werden. Entsprechend der in Schöpke (1999) dargestellten Methodik wurden 48 Proben über eine Kippenmächtigkeit von 24 Meter analysiert. Das Material aus den Bohrkernen wurde 48 Stunden mit deionisiertem Wasser in Feststoff-Lösungs-Verhältnissen von 1:1,5, 1:10, 1:100 und 1:500 geschüttelt. Nach dem Absetzen der Feststoffe wurden pH, Leitfähigkeit und Redoxpotential sowie die Säure-Base-Kapazitäten bei pH 4,3 und 8,2 bestimmt. Die weiteren Analysen erfolgten hinsichtlich der Elemente, die auch bei den Sicker- und Grundwässern bestimmt wurden und in Tabelle 1 abgebildet sind.

Tab. 1 Analyseparameter für Sicker- und Grundwässer sowie Eluate.

Parameter	Messinstrument
Sulfat, Chlorid, Natrium, Kalium, Calcium, Magnesium, Nitrat, Ammonium	IC
Eisen-ges., Eisen-ges. gelöst, Eisen(II)-gelöst, Mangan, Aluminium, Kieselsäure, Nitrit, Phosphor-ges, Orthoposphat-P	AAS
pH, Leitfähigkeit, Sauerstoffgehalt, Redoxpotential	WTW-Feldmessgeräte
Säure- u. Basekapazität	Titrierautomat

Rasterelektronenmikroskopische Beschreibungen der Mineralphasen ergänzten diese Untersuchungen. Mit kleineren Stechzylinder wurden ungestörte Proben aus den Linern entnommen, luftgetrocknet, in Acrylharz eingegossen und für die Untersuchungen mit dem Elektronenmikroskop vorbereitet.

2.3 Ergebnisse

2.3.1 Ergebnisse der Strömungsmodellierung

Im Beobachtungszeitraum stiegen die Wasserstände im Restsee und im Kippengrundwasserleiter nicht über den Bereich der ehemaligen Arbeitsebene (17 - 19 m unter Geländeoberkante), so dass die Ergebnisse nur Gültigkeit für die Tiefschüttung der Innenkippe Gräbendorf besitzen.

Für den ersten Beobachtungszeitraum (März bis Dezember 1997) wurde eine Sensitivitätsanalyse für die Parameter k_f-Wert, Speicherkoeffizient und Grundwasserneubildung durchgeführt. Aufgrund der Flutung des Restsees dominiert in der Wasserbilanz der Kippe ausschließlich der horizontale Zustrom, sodass sich der vertikale Zustrom in Form der Grundwasserneubildung kaum auf die Modellergebnisse auswirkt. Auf eine Variation des Speicherkoeffizienten in einem plausiblen Rahmen reagierten die Schätzungen nur geringfügig (Kluge 1998). Es zeigte sich, dass Veränderungen des Durchlässigkeitsbeiwertes das Ergebnis am stärksten beeinflussen, weshalb nur der k_f-Wert invers parametrisiert wurde. Für die Grundwasserneubildung wurde der von TP 9 (dieser Band) für den Standort berechnete Werte von 100 mm a^{-1} zugrunde gelegt. Den Speicherkoeffizient von

0,4 ermittelte TP 14 aus den Messungen der Porosität.

Unter Annahme einer homogenen Parameterverteilung ergibt sich für den gekippten Bereich der Innenkippe mit den Werten von März bis Dezember 1997 ein k_f-Wert von $3,8 \cdot 10^{-4}$ m s^{-1}, der auch mit den restlichen Messreihen bestätigt wurde.

Es zeigt sich zwar eine sehr geringe Ungleichförmigkeit im Anstieg der Wasserstände (im Bereich weniger Zentimeter) in den Pegeln, jedoch lassen sich keine Hinweise auf eine durch die Kipprippen bedingte Anisotropie finden. In den Grundwassermessstellen, die eine gleiche Entfernung zum See aufweisen, ist der Wasseranstieg identisch, unabhängig davon, ob die Schüttung im Zwischenraum parallel oder quer zur Grundwasserfließrichtung verläuft. Die Ursachen hierfür sind in der Gleichförmigkeit des Substrates (überwiegend Fein- und Mittelsande mit sehr geringem bindigen Anteil) sowie in der im Tagebau verwendeten Förder-, Transport- und Verkippungstechnologie, die zu einer vergleichsweise guten Vermischung der Materialien führt, zu sehen.

Tab. 2 Ergebnisse verschiedener Verfahren zur k_f-Wert-Bestimmung [m s^{-1}].

Verfahren		Mittelwert	Maximum	Minimum
Vorfelduntersuchung	1. Abraumschnitt	$2,68\ 10^{-4}$		
	2. Abraumschnitt	$1,49\ 10^{-4}$		
Darcyversuch	oberflächennah			
	(0,3 –1,0 m)	$4,65\ 10^{-5}$	$8,80\ 10^{-5}$	$1,33\ 10^{-5}$
	aus Bohrkernen			
	- ungestört	$2,03\ 10^{-4}$	$3,83\ 10^{-4}$	$7,90\ 10^{-5}$
	- verdichtet	$1,07\ 10^{-4}$	$2,67\ 10^{-4}$	$3,34\ 10^{-5}$
Siebanalyse				
Trockensiebung	Hazen	$1,77\ 10^{-4}$	$1,96\ 10^{-4}$	$9,82\ 10^{-5}$
	Beyer	$1,66\ 10^{-4}$	$1,86\ 10^{-4}$	$8,46\ 10^{-5}$
	Seelheim	$1,43\ 10^{-4}$	$1,82\ 10^{-4}$	$9,03\ 10^{-5}$
Nasssiebung	Hazen	$1,09\ 10^{-4}$	$1,81\ 10^{-4}$	$9,61\ 10^{-5}$
	Beyer	$9,45\ 10^{-5}$	$1,72\ 10^{-4}$	$8,28\ 10^{-5}$
	Seelheim	$1,41\ 10^{-4}$	$1,73\ 10^{-4}$	$1,18\ 10^{-4}$
Slugtest		$3,34\ 10^{-6}$	$4,89\ 10^{-6}$	$2,18\ 10^{-6}$
Hochauflösende Wasserspiegelmessungen	(KESSELS 1997)	$7,50\ 10^{-5}$		
Inverse Kalibrierung mit MODFLOW	Annahme: Homogen	$3,62\ 10^{-4}$	$1,35\ 10^{-4}$	$9,66\ 10^{-4}$
	Annahme: Heterogen:			
	- gewachsen	$2,93\ 10^{-3}$		
	- gekippt	$3,82\ 10^{-4}$		
	- sprengverdichtet	$1,42\ 10^{-4}$		

Die Nichtberücksichtigung der von April bis Juli 1997 durchgeführten Sprengverdichtungen bei der Modellierung führte zu einer systematischen Überschätzung der Wasserstände. Die beste Anpassung wurde bei einer verminderten Durchlässigkeit im verdichteten Bereich um den Faktor 2,6 erzielt. Die Kalibrierung erfolgte auf Grundlage der Messwerte bis zum 31.12.1997, daran schließt sich die Verifikation der Schätzung an.

Zwischen den Ergebnissen der k_f-Wert-Schätzung durch das Modell und den anderen Verfahren treten große Abweichungen auf (siehe Tabelle 2).

Insbesondere die Slug-Tests, aber auch die Schätzung von Kessels (1997), weichen stark vom Modellergebnis ab. Die beste Übereinstimmung findet sich bei den Siebanalysen, wobei die Wahl des Auswerteverfahrens und auch die Probenaufbereitung (Nass- oder Trockensiebung) von untergeordneter Bedeutung erscheint. Die Auswertung der Darcy-Versuche erfolgt getrennt, da oberflächennahe, ungestörte Proben größere Abweichungen ergeben als die Beprobung ungestörter Sedimente aus den Bohrkernen. Da die Lagerungsdichten und die Kornzusammensetzungen nahezu identisch sind, liegt die Ursache hierfür in dem Benetzungswiderstand der Materialien, wie er auch von Hangen et al. (1999) und Biemelt et al. (dieser Band) beobachtet wurde.

2.3.2 Ergebnisse zur Geochemie

Die Tiefenprofile der Festphasengehalte sind in Abbildung 1 dargestellt. Bis in eine Tiefe von ca. 5 m ist der Pyrit vollständig umgesetzt. Danach schließt sich eine Zone mit Gehalten zwischen 0,02 und 0,35 Gew.- % Pyrit-S an. Auffällig sind die niedrigen Pyrit- und S_{ges}-Gehalte im Bereich der ehemaligen Arbeitsebene. Die überdurchschnittlich langen Expositionszeiten dieser Zone während des Tagebaubetriebes könnten der Grund dafür sein. Die durch die Sauerstoffnachlieferung von der Kippenoberfläche initiierte sekundäre Pyritverwitterung führt zu einer Aufzehrung der Pufferkapazität in den obersten Metern des Profils.

Um die zeitliche Entwicklung der Pyritverwitterung und den Eintrag der Reaktionsprodukte in das aufsteigende Grundwasser mit dem Modell SAPY (Prein 1994) zu prognostizieren, wurden Tiefenprofile von O_2 und CO_2 in den obersten 8 Metern aufgenommen (siehe Abb. 2). Ein Trend in der Sauerstoffkonzentration ist nicht zu erkennen. In den obersten 4 Metern nehmen die Werte ab, allerdings werden auch in den pyrithaltigen Tiefen z. T. bis zu 20 Vol.- % erreicht. Trotz der sehr hohen Heterogenität der einzelnen Messungen ist festzustellen, dass die Sauerstoffkonzentration sehr eng mit der CO_2-Konzentration korreliert (siehe Abb. 3).

Die Steigung der Regressionsgerade von nahe 1 zeigt, dass offensichtlich die bei der Pyritoxidation produzierten Protonen vollständig, entsprechend der Stöchiometrie der Reaktionsgleichungen (Singer & Stumm 1970; Evangelou 1995; Wisotzky 1994), durch die Karbonatverwitterung abgepuffert werden und zur Produktion von 1 mol CO_2 je Mol O_2 führen.

Die Pyritoxidation im Modell SAPY reagiert ausschließlich sensitiv auf die Parameter Luft- und Feldkapazität sowie Pyritgehalt (Rolland et al. 1999; Schweigert 1999). Die Startwerte der Simulation wurden wie folgt geschätzt:

- Pyritgehalt 0,16 Gew.-% (≈ mittlerer Gehalt im Tiefenprofil),
- Luftkapazität 0,19 Vol.-% und Feldkapazität 0,23 Vol.-% (nach KA 4),
- Lagerungsdichte 1,44 g cm^{-3} (von TP 14).

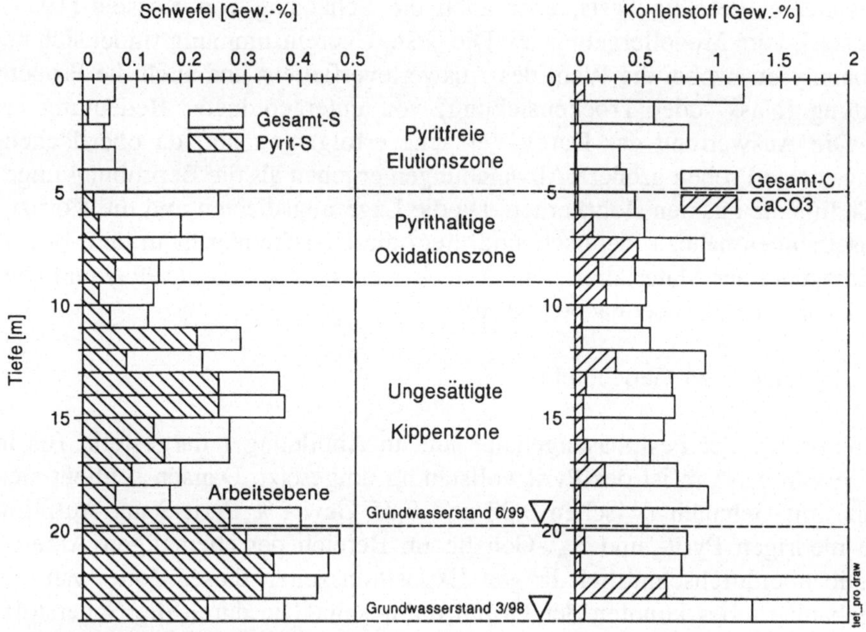

Abb. 1 Tiefenprofil von Schwefel und Kohlenstoff (Innenkippe Gräbendorf).

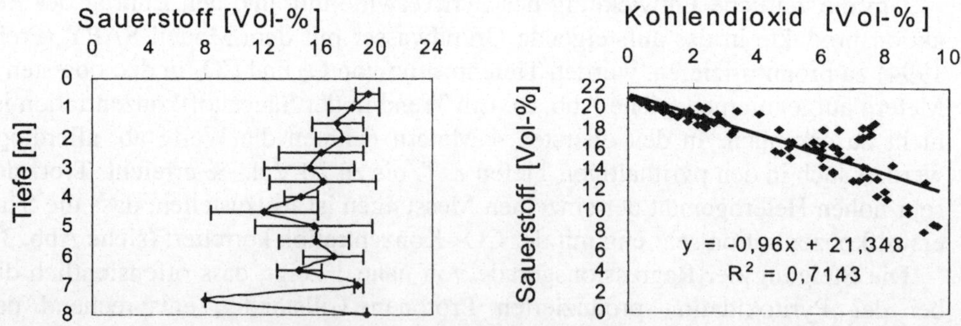

Abb. 2 und 3 Im Untersuchungsgebiet aufgenommene Sauerstoffkonzentrationen als Mittelwerte und deren Regression zu Kohlendioxid.

Bei der Simulation des Zeitraumes zwischen Kippenschüttung (1988 - 1990) und aktuellen Zustand (1998) zeigte sich eine gute Übereinstimmung hinsichtlich der Tiefe der Oxidationsfront und den Pyritgehalten im Profil. Die gemessenen Sauerstoffkonzentrationen bildete das Modell allerdings schlecht ab. Hier zeigten sich wesentlich schärfere Fronten mit Abnahmen der O_2-Konzentration auf 0 Vol.- % im Bereich der obersten pyrithaltigen Schichten.

Daher erfolgte die Ausgrenzung der Reaktionsräume ausschließlich anhand des Tiefenprofils von Pyrit und des Wasserstandes. Somit ergaben sich für den Zeitpunkt der Bohrkernentnahme folgende Kompartimente:

- Reaktionsraum 1: pyritfreie Elutionszone 0 - 5 m
- Reaktionsraum 2: pyrithaltige Oxidationszone 5 - 8 m
- Reaktionsraum 3: ungesättigte Kippenzone (anaerob) 8 - 24 m
- Reaktionsraum 4: gesättigte Zone > 24 m.

Es ist jedoch festzustellen, dass diese Kompartimentierungen in einem gewissen Widerspruch zu den bis in 8 m Tiefe gemessenen O_2-Konzentrationen stehen. Auch die von Großwig et al. (1996) ermittelten Temperaturprofile in der Innenkippe lassen sich so nicht erklären. In Tiefen von 8 - 20 Metern bilden sich Bereiche mit konstant hohen Temperaturen von 17 - 18 °C heraus, die auf starke exotherme Reaktionen zurückzuführen sind.

Die Verlagerung der Grenzen zwischen den Kompartimenten wird durch die Anstiegsgeschwindigkeit des Grundwassers, den endgültigen Grundwasserflurabstand und die Verlagerungsgeschwindigkeit der Oxidationsfront bestimmt. Aufbauend auf ein Grundwasser- und dem Pyritoxidationsmodell lässt sich die zeitliche Entwicklung der Lage der Grenzen zwischen den Kompartimenten prognostizieren. Der Flurabstand nach Abschluss der Flutung wird 7 Meter betragen und nach korrigierten Schätzungen 2005 erreicht. Diese Tiefe ist identisch mit der dann berechneten Lage der Versauerungsfront.

Repräsentative Analysen der Grund- und Sickerwässer in verschiedenen Tiefen der Kippe (siehe Abb. 4) zeigen, dass die Sickerwässer stark versauert sind. Die Entstehung von Sekundärmineralien, die Sulfatkonzentrationen und die Säurekapazität lassen erkennen, dass die obersten zwei Meter durch eine nahezu vollständige Elution der Reaktionsprodukte der Pyritverwitterung geprägt sind. In den darauf folgenden Metern reichern sich die verlagerten Reaktionsprodukte an (in 3 m Tiefe Sulfatkonzentrationen von 2.048 mg L^{-1}).

Die Grundwässer weisen deutlich davon abweichende Eigenschaften auf (siehe Tab. 3). Dabei ist weniger zu beachten, dass die pH-Werte vor Ort im neutralen Bereich liegen, sondern dass die Neutralisationskapazitäten (NP) (siehe Schöpke 1999) mit Ausnahme der Probe von 19 m Tiefe positiv sind. Wie auch die Modellrechnungen mit PHREEQC zeigen, neigen diese Wässer daher nach O_2-Kontakt (z. B. bei Exfiltration in den Restsee) nicht zur Versauerung. Die Probe aus

52 m Tiefe weist, da sie dem Liegendgrundwasserleiter GWL 5 entstammt, eine deutlich geringere stoffliche Belastung auf als die restlichen GW-Proben und scheint vom Bergbau kaum beeinflusst zu sein.

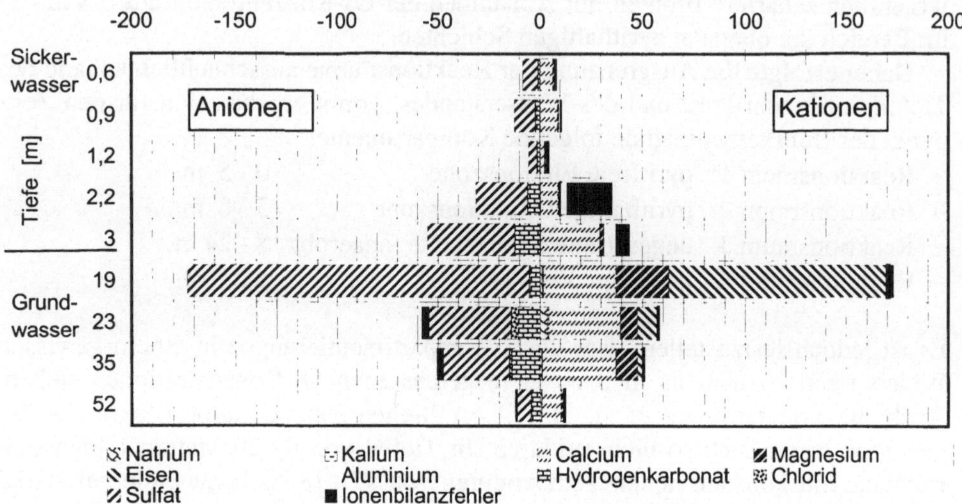

Abb. 4 Tiefenprofil der Sicker- und Grundwasserbeschaffenheit (alle Angaben in meq. L^{-1}).

Tab. 3 Gemessene Parameter der in Abbildung 4 dargestellten Sicker- und Grundwässer.

Tiefe [m]	pH	Leitfähigkeit [mS cm^{-1}]	$K_{B,S\,8,2}$ [mmol L^{-1}]	$K_{B,S4,3}$ [mmol L^{-1}]	NP [mmol L^{-1}]
0,6	5,5	0,22	0,70	-0,09	-0,94
0,9	3,5	1,09	1,50	0,48	-1,13
1,2	3,7	0,36	0,78	0,21	-0,82
2,2	2,5	2,34	12,91	9,94	-18,33
3,0	3,8	2,40	7,18	1,08	-7,07
19,0	5,6	7,45	88,55	-4,60	-102,57
23,0	6,4	3,45	13,50	-10,70	0,54
35,0	6,0	3,02	20,74	-13,68	10,92
52,0	6,1	0,91	1,36	-3,92	3,82

Die vorliegenden Analysen bestätigen die Einteilung der Kippe in Reaktionsräume. Die Probe aus 19 m Tiefe entstammt der ehemaligen Arbeitsebene, in der infolge der langen Expositionszeiten das Pyrit vollständig oxidiert wurde (Sulfatkonzentrationen von 8067 mg/l). Die Proben aus 23 und 35 m Tiefe sind noch nicht so stark belastet, da die Säurefront nicht bis in diese Tiefen vorgedrungen bzw. das Grundwasser bereits angestiegen ist.

Hydrogeochemisch lassen sich die Wässer wie folgt beschreiben: Die Sickerwässer aus den obersten 2 Metern sind im Sättigungsgleichgewicht bezüglich Eisenhydroxid und weisen eine deutliche Übersättigung bezogen auf die Eisenoxide Goethit und Hämatit auf (in den obersten 0,6 m Tiefe auch Gibbsit). Die Gips-, Siderit- und Calciumkarbonatkonzentrationen liegen deutlich unterhalb der Sättigungsgrenze. Erst in 3 m Tiefe wird das Gipsgleichgewicht erreicht. In den Kippengrundwässern wird aufgrund der hohen Kalkgehalte überall eine Sideritsättigung erreicht wird, z. T. sogar eine Ca-Karbonat-Sättigung. Auch das Gips- und das $Fe(OH)_3(a)$-Gleichgewicht werden stets erreicht.

Nach der von Schöpke (1999) beschriebenen Methode wurden 48 Eluate untersucht. Die geochemisch wichtigsten Elemente, Sulfat, Calcium und Eisen, verhalten sich dabei wie folgt:

Allen Elutionsreihen ist gemeinsam, dass sie ein fast lineares Verdünnungsverhalten bei Variation des Feststoff-Lösungs-Verhältnis aufweisen. Dieses weicht jedoch von der 1:1-Linie der idealisierten Verdünnungsgeraden ab. Die Sättigungskonzentrationen der oben genannten Elemente werden nicht erreicht.

2.4 Diskussion

Die bezüglich der Geohydraulik dargestellten Ergebnisse gelten nur für die Tiefschüttung der Innenkippe Gräbendorf. Aus unserer Sicht sind jedoch folgende Schlussfolgerungen bezüglich der Übertragbarkeit der Ergebnisse auf andere Kippenkomplexe möglich:

Für die k_f-Wert-Bestimmung sollten vorzugsweise Sieblinien eingesetzt werden, da die Resultate anderer Verfahren stark von dem als relativ gesichert anzunehmenden Ergebnis der inversen Modellierung abweichen. Dies ist insofern von Vorteil, da es sich dabei um die einfachste und kostengünstigste Methode handelt.

Wenn vorhanden, können mit ungestörten Sedimentproben aus größeren Tiefen Darcy-Versuche durchgeführt werden, die bei ähnlicher Kornzusammensetzung und Lagerungsdichte ebenfalls eine gute Übereinstimmung mit der Modellierung ergaben.

Die Technologie der Absetzerkippen führt zu einem vergleichsweise homogenen Zustand. Die Strukturen wirken sich kaum auf die Strömungsverhältnisse aus. Die Sprengverdichtungen führen zu einer Reduktion des Porenvolumens in der Größenordnung von 10 % (TP 14, dieser Band), die dadurch bedingte Abnahme der Durchlässigkeit ist bei der regionalen Modellierung im An- und Abstrombereich von Restseen zu berücksichtigen, zumal sie in bindigeren Materialien deutlich höher sein dürfte.

Initial der stofflichen Belastung von Gewässern ist die Pyrit- und Markasitverwitterung. Die Intensität dieses Prozesses während des Tagebaubetriebes (primäre

Verwitterung) und nach der Ablagerung der Kippen (sekundäre Verwitterung) bestimmt das Auswaschungspotential.

Am Standort Gräbendorf ist festzustellen, dass die primäre Verwitterung zwar zu einer sehr hohen Aufkonzentrierung von Sulfat und Eisen im Grundwasser im Kippeninneren führt, die Säureproduktion allerdings geringer ist als die Neutralisationskapazität der Sedimente. Auch beim Austrag dieser Wässer in den Restsee und bei der Oxidation durch Sauerstoffkontakt wird aufgrund der hohen Pufferkapazität keine Versauerung auftreten.

Durch die höheren Expositionszeiten an der Kippenoberfläche werden hier deutlich höhere Pyrit-Umsätze als im Inneren erreicht. Auf die besondere Bedeutung der sekundären Verwitterung im Lausitzer Revier wurde bereits von Rolland et al. (1998 a; 1999) hingewiesen. Das hat zur Folge, dass, unabhängig von der Stratifizierung der Grundwasserbeschaffenheit durch den Einstrom von Liegendgrundwasser (vgl. TP 10, dieser Band), eine Schichtung in den aufgehenden Grundwässern zu erwarten ist.

Ein Ansatz zur Strukturierung großer Kippenkomplexe bietet die Differenzierung in Reaktionsräume. Dabei sind der Tiefenreichweite und der Intensität der sekundären Pyritverwitterung besondere Beachtung zu schenken. Es liegen zwar erste Ansätze zur flächenhaften Beschreibung der Prozesse vor (Berger et al. eingereicht; Gerke et al. 2000; Rolland et al. 1999), allerdings sind noch große Defizite in der Prozessbeschreibung (insbesondere O_2-Diffusion) und Parametrisierung (insbesondere die eingeschränkte Anwendbarkeit der KA 4 hinsichtlich der Lagerungsdichten und Luftkapazitäten für Kippenböden) zu erkennen.

Die einzelnen Untersuchungen zu den Festphasen und Lösungsgehalten liefern ein konsistentes Bild über die Geochemie der Innenkippe Gräbendorf.

2.5 Zusammenarbeit

Die 14-tägigen Feldmessungen der Pegelstände erfolgte gleichzeitig mit den durch den Lehrstuhl Bodenmechanik und Grundbau / Geotechnik (TP 14) durchgeführten Nivellements um die Setzungen der Pegel zu erfassen. Die Installation der Messausrüstung im Gelände wurde gleichfalls mit den Bearbeitern dieses Projektes ausgeführt.

Die von Biemelt et al. (TP 9) ermittelten die Grundwasserneubildungsrate dienten als eine Randbedingung für die geohydraulische Modellierung.

Hinweise zur chemischen Analytik ergaben sich aus den Diskussionen mit den Bearbeitern von TP 10.

2.6 Danksagung

Die Autoren danken Prof. Dr. Peter Obermann und Dr. Frank Wisotzky für den Review des Berichtes und für ihre förderliche Kritik.

Die Untersuchungen wurden im Rahmen des BTUC Innovationskollegs „Ökologisches Entwicklungspotential der Bergbaufolgelandschaften im Lausitzer Braunkohlerevier“ von der Deutschen Forschungsgemeinschaft finanziert (Förderkennzeichen INK 4/B1-1).

3 Publikationsliste und Literatur

3.1 Eigene Publikationen

Rolland, W., Jannack, K. und Grünewald, U., 1999: Standortbezogene Erfassung und Modellierung von Wasser- und Stoffflüssen in Kippen der Lausitzer Braunkohletagebaue unter Nutzung der Versuchsanlage auf der Innenkippe des Restsees Gräbendorf. In: Hüttl, R. F., Klem, D. und Weber, E. (Hrsg.): Rekultivierung von Bergbaufolgelandschaften. Das Beispiel des Lausitzer Braunkohlereviers. Walter de Gruyter, Berlin, New York, 199-204.

Rolland, W., Chmielewski, R., Wagner, H. und Grünewald, U., 1998 a: Bilanzierung der Säureproduktion und Pufferkapazität in der Kippe des Tagebaus Jänschwalde. Wissenschaftsmagazin Forum der Forschung, 7, 121-126.

Rolland, W., Chmielewski, R., Wagner, H. und Grünewald, U., 1998 b: Ergebnisse von Felduntersuchungen zur Verwitterungskinetik am Beispiel eines aktiven Tagebaus der Lausitz. In: Arbeitsgruppe des GBL-Gemeinschaftsvorhabens (Hrsg.): GBL–Grundwassergüteentwicklung in den Braunkohlegebieten der neuen Länder. 4. Kolloquium: Ergebnisse und Empfehlungen. Schweizerbart´sche Verlagsbuchhandlung. Hannover, Stuttgart. 48-56.

Rolland, W., Chmielewski, R., Wagner, H. und Grünewald, U.: Evaluation of the long term groundwater pollution by the open cast mine Jänschwalde. Geochemical Exploration (eingereicht).

3.2 Zitierte Literatur

AG Boden, 1999: Bodenkundliche Kartieranleitung. BGR (Hrsg.), 4. Auflage, Hannover, 392 S.

Berger, W., Börner, F. und Werner, F.: Monitoring pyrite on a conveyer bridge dump in the Lower Lusitia lignite mining district (Germany). International Symposium „Ecology of post-mining landscapes“ (EcoPol 99), Cottbus, March 15-19, 1999. Environmental Engineering. (eingereicht).

Brumsack, H.-J., 1981: A simple method for the determination of sulfide- and sulfate sulfur in geological materials by using different temperatures of decomposition. Z. Anal. Chem., 307, 206-207.

BTU Cottbus, 1996: Gutachten zur Entwicklung der Wasserbeschaffenheit im Tagebaurestsee Gräbendorf (unveröffentlicht).

Chiang, W.-H. und Kinzelbach, W., 1997: Processing Modflow – A simulation system for modeling groundwater flow and pollution. (o. A.)

Doherty, J. , Brebber, L., und Whyte, P. 1997: PEST: Model independent parameter estimation. Watermark Computing, Sydney, 126 S.

Evangelou, V., 1995: Pyrite oxidation and its control. CRC Press, New York.

GBL, 1996: Richtlinie zur Planung, zur Errichtung und zum Betrieb des Grundwassersondermessnetzes „Braunkohle". In: Arbeitsgruppe des GBL-Gemeinschaftsvorhabens (Hrsg.): GBL-Grundwassergüteentwicklung in den Braunkohlegebieten der neuen Länder. Heft Nr. 2. Schweizerbart'sche Verlagsbuchhandlung. Hannover, Stuttgart, 212 S.

Gerke, H. H., Frind, E. O. und Molson, J. W., 2000: Modelling the impact of physical and chemical heterogeneity on solute leaching in pyritic overburden mine spoils. Ecological Engineering, (im Druck).

Großwig, S., Hurtig, E. und Kühn, K., 1996: Fibre optic temperature sensing. A new tool for temperatuere measurements in boreholes. Geophysics, Vol. 61 (4), 1065-1069.

Hangen, E., Gerke, H. H., Schaaf, W. und Hüttl, R. F., 1999: Präferentieller Fluss in einem aufgeforsteten kohlehaltigen Kippenboden. Identifizierung von Fliesswegen, Hydrophobie und Heterogenität. Mitteilgn. Dtsch. Bodenkdl. Ges. 91/I, 169-172.

Kessels, W., 1997: Untersuchungen von Sprengverdichtungen auf der Innenkippe des ehemaligen Braunkohletagebaues Gräbendorf mittels hochauflösender Wasserspiegelmessungen. In: Arbeitsgruppe des GBL-Gemeinschaftsvorhabens (Hrsg.): GBL–Grundwassergüteentwicklung in den Braunkohlegebieten der neuen Länder. 4. Kolloquium: Ergebnisse und Empfehlungen, Schweizerbart´sche Verlagsbuchhandlung. Hannover, Stuttgart. 241.

Klem, D., 1998: BTUC Innovationskolleg Bergbaufolgelandschaften. Methodenkatalog (unveröffentlicht).

Kluge, S., 1998: Entwicklung eines Grundwasserströmungsmodells für die Innenkippe Gräbendorf – inverse Ermittlung anisotroper Parameterverteilungen aus Intensivbeobachtungen. Diplomarbeit, BTU, Cottbus.

Kölling, M., 1990: Modellierung geochemischer Prozesse im Sickerwasser und im Grundwasser. Beispiel: Die Pyritverwitterung und das Problem saurer Grubenwässer. Dissertation, UNI Bremen, 135 S.

LUA, 1996: Wasserbeschaffenheit in Tagebaurestseen. Studien und Tagungsberichte, Band 6, Landesumweltamt Brandenburg, 27-28.

Matschak, H., 1969: Beiträge zur Strukturerforschung an Tagebaukippen: Teil 1. Rohdichte-Verteilung in Abhängigkeit von der Fallhöhe und anderen Faktoren. Bergbautechnik, 6, 287-293.

Prein, A., 1994: Sauerstoffzufuhr als limitierender Faktor für die Pyritverwitterung in Abraumkippen von Braunkohletagebauen. Dissertation, UNI Hannover, 126 S.

Rolland, W., Chmielewski, R., Wagner, H. und Grünewald, U., 1998: Ermittlung der Grundwasserbeschaffenheit der Braunkohlenabraumkippe des Tagebaues Jänschwalde – Endbericht. BTU, Cottbus, 96 S.

Schöpke, R., 1999: Erarbeitung einer Methodik zur Beschreibung hydrochemischer Prozesse in Kippengrundwasserleitern. Schriftenreihe Siedlungswasserwirtschaft und Umwelt, 2, BTU, Cottbus.

Schweigert, S., 1999: Aufbau eines GIS-gestützten Modells zur Quantifizierung der Pyritoxidation auf der Kippenoberfläche des Tagebaus Jänschwalde. Diplomarbeit, BTU, Cottbus (unveröffentlicht).

Singer, P. und Stumm, W., 1970: Acidic Mine Drainage: The Rate-Determinating Step. Science, 167, 1121-1123.

Wisotzky, F., 1994: Untersuchungen zur Pyritoxidation in Sedimenten des Rheinischen Braunkohlenreviers und deren Auswirkung auf die Chemie des Grundwassers. Besondere Mitteilungen zum Deutschen Gewässerkundlichen Jahrbuch, Essen, 153 S.

Geologische Erkundung der Kippen des Niederlausitzer Braunkohlereviers: Mineralogisch-petrographische Zusammensetzung, Gefügeaufbau und Lagerung der Abraumschüttung aus tertiären und quartären Sedimenten (Teilprojekt 21)

Reinhard Oehmig, Günter Voigt & Hans-Jürgen Voigt

1 Zusammenfassung

Gravierende Folge des Braunkohlentagebaus ist die großflächig vollständig *veränderte Untergrundbeschaffenheit*. Im Zusammenhang mit dem wiederaufgehenden Grundwasser stellt sich hinsichtlich der Sediment / Wasser-Reaktion und der *hydraulischen Anbindung* der entstehenden Innenkippenmassive an nicht abgegrabenes Gebirge die Frage nach dem inneren Bau dieser Abraumschüttungskörper.

Mit der geologischen Erkundung, *kombiniert aus Bohrkernuntersuchung und Bohrlochmessung*, wurden die *Grundzüge des strukturellen und stofflichen Aufbaus* der Abraumförderbrücken (AFB)-Kippen in vertikalen Profilen und lateralen Schnitten bestimmt. Für die technogenen Körper aus umgelagerten Sedimenten wurde gezeigt, wie infolge der schüttungsbeeinflussenden Faktoren / Prozesse, nämlich 1.) Abraumförderbrücken-Technologie, 2.) Regionale Geologie, 3.) Kinetik und Sedimentologie des Schüttungsvorgangs, das vertikale und laterale Kippenprofil in Abschnitte mit charakteristischer Petrographie / Geochemie gegliedert werden kann.

Den Hauptstockwerken (x 10 m) überlagert sind schräggeschichtete Schüttungslagen. Die schüttungserzeugten Untereinheiten bilden überwiegend rollig / bindig-*Wechsellagerungen* mit (x 1 m) Mächtigkeit pro Lage. Die im GAMMA-Log erfasste *Anreicherung* feinklastischer Sedimentbestandteile in *schrägstehenden Lagen* weist auf ein quer zur Strossenrichtung ausgebildetes hydraulisch wirksames *Barrierensystem* gegenüber dem künftigen Grundwasseranstrom.

Neben dem *stofflichen* Profil wurde eine vertikale Untergliederung der Kippe in der Dichteverteilung und - über die Lithologieänderungen der rollig / bindig-Wechsellagen hinaus - Lagerungsdichte / *Porosität* beobachtet. Es besteht ein *Teufenversatz* von chemisch-mineralogischen Kippenstockwerken und dem Vertikalprofil der Wasserwegsamkeit.

Diese Konstellation ist insbesondere für den hydraulischen Anschluß der Kippenmassive an das unverritzte geologische und hydrogeologische Profil von Bedeutung.

Außer dem *raumbezogenen* Vorgehen bei der geologischen Erkundung der Kippen wurden die Beziehungen zwischen den geochemisch-mineralogischen und den texturellen Eigenschaften der Lockersedimente der Abraumschüttungsmassen untersucht. Hier ist die beobachtete Korrelation Kohle-, Schwefel- und Feinanteil zu nennen. Das Wiederauftreten der geogenetisch angelegten *Mineral-Texturparagenese* in den Abraummassen erhöht als Vorinformation wesentlich die Aussagemöglichkeiten der Bohrlochmessungen über das Gefüge- und Stoffprofil der Kippen.

Die Ergebnisse zu Struktur / Lagerung, Verteilung von Gefüge / Stoff und ihren Ursachen sowie der Wirksamkeit von Materialeintrags- und Sedimentsortierungsprozessen bei den exemplarisch untersuchten AFB-Innenkippen weisen auf *verallgemeinerbare Eigenschaften* dieses häufigen Kippentyps der Niederlausitz. Die gezeigte *Neuordnung der Deckgebirgsbestandteile* in Kippen-Teufenstockwerken nach Stoff und Durchlässigkeit ist Basis für die Ableitung von Zeitscheiben der Kippenreaktionen mit dem wiederaufgehenden Grundwasser.

2 Arbeits- und Ergebnisbericht

2.1 Ziele

Gravierende Folge des bergbaulichen Eingriffs in die Landschaft ist deren vollkommen veränderte Untergrundbeschaffenheit. Die neu entstandenen *Kippenmassive* mit Dimensionen von im Durchschnitt 4 x 2 km (L x B) x 50 m (H) je Tagebau wurden als maßgebliche Bestandteile der Bergbaufolgelandschaft mit dem Ziel ihrer regionalgeologischen Eingliederung in das durch den Bergbau gestörte Tertiär-Quartär-System geologisch erkundet (Oehmig & Voigt 1998). Gewinnung, Transport und Verkippung der Deckgebirgsschichten mit Abraumförderbrücken-Verbänden erzeugen in den Kippenmassiven künstliche Sedimentkörper. Durch das Angrenzen an nicht abgegrabenes Gebirge und mit gegenüber diesem erheblich veränderten Sedimenteigenschaften entsteht ein zusammengesetztes technogenes Gesteinssystem. Der *unbekannte innere Gefügeaufbau* der Abraumschüttungskörper - augenfällig gekennzeichnet durch die vollständige Aufhebung der ursprünglich +/- horizontalen Grundwasser (GW)-Stockwerke - steuert das Verhalten der Kippen im Zusammenhang mit der benachbart anstehend, natürlich gelagerten Tertiär- und Quartärfolge als Reaktions-, Reservoir- und Durchflusssystem für:

- wiederansteigendes Grundwasser nach dem kontinuierlichen Rückgang der Entnahme durch Sümpfung,
- den langfristig sich wiedereinstellenden GW-Anstrom sowie untergeordnet
- eindringendes Sickerwasser.

Für die fundierte Prognose von *Ort* sowie *Ausmaß* und *Dauer* der eintretenden *Reaktionen* zwischen Sediment und Wasser wie Versauerung und Mobilisierung von toxischem Aluminium sowie Schwermetallen wurden exemplarisch zwei AFB-Innenkippen des Niederlausitzer Braunkohlereviers in ihrem Aufbau bestimmt. Die ehemaligen Tagebaue Seese-Ost und Meuro *repräsentieren* mit ihrer Lage im Baruther und Lausitzer Urstromtal zwei der drei quartärgeologischen Struktureinheiten der Niederlausitz. Die beiden Urstromtäler - getrennt durch den Endmoränenzug „Niederlausitzer Grenzwall" - dominieren außerdem die heute geltende Hauptabstromrichtung des GW nach NW. Für die Bergbaufolgelandschaft ist die Eingliederung der Kippen mit geeigneten Sanierungsmaßnahmen zu erreichen, welche sich am Aufbau der Kippenmassive orientiert.

Das Ziel des Teilprojektes war die Charakterisierung der Neuverteilung der Sedimente des Flöz-Deckgebirges in den Kippenmassiven und wie diese aufgrund der Durchlässigkeiten dieser Lockergesteinskörper vom wiederaufgehenden GW erreichbar sind. Dementsprechend wurden an den Kippenmassiven bestimmt:

- die *kippengeologische Struktur* aus Schüttungs-Lagerung und petrographischer Abfolge sowie infolgedessen:
- die räumliche Verteilung und Anordnung der wesentlichen *reaktionsrelevanten mineralisch-geochemischen Sedimentbestandteile*,
- die räumliche Verteilung und Anordnung des porenraumsteuernden *Sedimentgefüges* (Korngrößenverteilung, Gesteinsdichte) hinsichtlich Wegsamkeit für Wasser / Lösungen, Porosität und Ausmaß von Permeabilitätskontrasten.

Mit einer exemplarischen Darstellung der Ergebnisse zu diesen kippengeologischen Grundlagen wird hier nach 2-jährigen Untersuchungen berichtet.

2.2 Methodik

Die *Exploration natürlich entstandener Sedimentfolgen* im Hinblick auf ihre Wasser-, Öl- und Gasführung nutzt bekannte Bildungsgesetzmäßigkeiten der verschiedenen Ablagerungsräume, welche die Ausbildung der Sedimentporenraumeigenschaften maßgeblich beeinflussen. Vergleichbar dieser Vorgehensweise stützte sich die Erkundung des Kippenaufbaus auf die Gesetzmäßigkeiten, welche den schüttungsgenerierenden Faktoren / Prozessen zugrundeliegen:

- *Technologie der Abraumförderbrückenkippen* - Verteilung des Abraums in Zeit (Jahresscheiben) und Raum (Strossenanordnung),
- *Regionale Geologie* - Anteil der verschiedenen lithologischen Einheiten des geologischen Profils mit entsprechenden stofflichen und texturellen Sedimenteigenschaften
- *Kinetik und Sedimentologie des Schüttungsvorgangs* - Rückbreite / Bildung von Schüttungs-Schichtfolgen.

Die kippengeologische Erkundung / Untersuchung erfolgte in vier Abschnitten:

1. Zur *Aufschlussgewinnung* wurde ein Bohrprogramm von je 11 Erkundungsbohrungen in den beiden Kippenmassiven festgelegt. Für das räumliche Erfassen der Kippenstruktur als Basisinformation zu innerem stofflichen und texturellen Aufbau musste sich die Lage der Bohrungen an der Kippenenstehung orientieren. Für die aus der Umlagerung des Deckgebirges resultierenden AFB-Innenkippen gelten 2 charakteristische Hauptrichtungen, die Abbaurichtung (➔) und quer dazu die Strossenrichtung (←→, Abb. 1). Für ein günstiges Nutzen / Kosten-Verhältnis wurde jeweils die Hälfte der Bohrungen als *Trockenbohrungen* zur Kerngewinnung und als *Spülbohrungen* durchgeführt. Als häufige Abweichung vom Parallelbetrieb ist in Braunkohletagebauen der Niederlausitz der Schwenkbetrieb realisiert. Konsequenz für die Abbaurichtung ist deren kreisbogenförmiger Verlauf um den Drehpunkt (DP). Entlang dieser Kreisbögen mit unterschiedlichem Abstand zum DP sind die Bohrungen in verschieden alten Schüttungsbereichen (Jahresscheiben) abgeteuft worden.
2. An beiden Bohrloch-Aufschlussserien wurde ein Programm geophysikalischer *Bohrlochmessungen* durchgeführt. Prinzipiell werden mit Bohrlochmessungen *indirekt* petrographische Sedimenteigenschaften erfaßt. Die ermittelten Sediment- und Wasserparameter waren Tonanteil (v. a. GAMMA-Log), Sedimentdichte-Porosität-Partikelpackung (DENSITY-Log), Permeabilität (aus Diskrepanz kurze und lange Messeindringtiefe DENSITY-Log), Elektrolytgehalt (Elektrischer Widerstand), Kohleanteil (v. a. DENSITY-Log). Die Kombination mehrerer Messverfahren zusammen mit der Kalibration durch Bohrkernanalysen ermöglicht weitgehende Aussagen zur Lithologie (Oehmig 1997).
3. Die Sedimente der gesamten Bohrkernstrecke wurden in 5 m-Proben auf ihre *Korngrößenverteilung* analysiert und fraktionsweise zur Bestimmung der *geochemisch-mineralogischen Zusammensetzung* gegeben.
4. Es wurden *Profilschnitte* konstruiert, um die räumliche Verteilung der Kippenbestandteile und ihre struktur- und gefügebedingte Erreichbarkeit für das aufgehende bzw. anströmende GW zu verdeutlichen. Diese Schnittdarstellungen bilden die Basis für die Aufstellung eines 3-dimensionalen Modells über Aufbau und Zusammensetzung von AFB-Innenkippen des Niederlausitzer Braunkohletagebaus und ihre Verbindung zur unverritzt anstehenden Sedimentfolge des

benachbarten Raumes. Zur besseren Darstellbarkeit wurden in vorliegender Arbeit bei den Schnitten die Bohransatzhöhen jeweils auf 1 Niveau gesetzt.

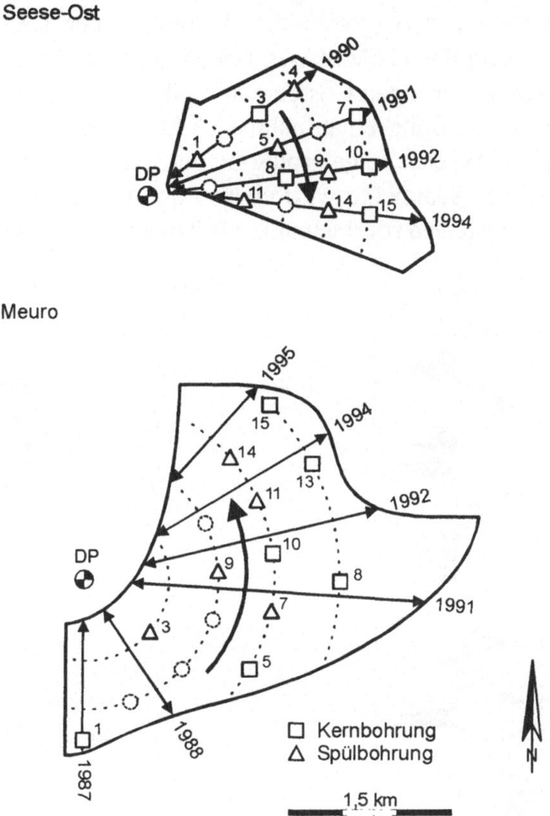

Abb. 1 Trockenkern- und Spülbohrungen in den Innenkippen der beiden Untersuchungstagebaue Seese-Ost und Meuro (Tagebaugrundrisse) - ausgerichtet am Abbaufortschritt in Jahresscheiben; Abbaurichtung ➔, Strossenrichtung ←→, Drehpunkt DP.

2.3 Ergebnisse

2.3.1 Schüttungsschichten - Lagerung - Struktur der Kippen

Den Einstieg zur Klärung des inneren Kippenaufbaus bildeten Informationen über den *strukturellen* Kippenaufbau, der durch die Raumlage der Abraumschüttung und die *petrographische Abfolge* charakterisiert wird. Dazu wurden Vertikalprofile geeigneter Sedimentparameter herangezogen und deren Veränderung im Profil selbst sowie in Profilschnitten interpretiert, welche den beiden Hauptrichtungen folgen, die von der Kippenentstehung her wesentlich sind. Abbildung 2 zeigt exemplarisch zwei Trockenkernbohrungen eines Profilschnittes in Abbaurichtung. Dargestellt ist jeweils die petrographische Ansprache der Bohrkernaufnahme in Bohrsäulen und das Log der GAMMA-Bohrlochmessung. Diese mißt die γ-Aktivität der im Bohrloch anstehenden Gesteine und gibt sie in der Relativ-Einheit API an. Das Säulenprofil der Bohrkernaufnahme (ST10 - *S*eese-Ost / *T*rockenkernbohrung) weist eine Wechselfolge rollig-bindig aus. Diese *Wechsellagerung* tonarmer und tonreicher Sedimente wird ebenso deutlich erkennbar im GAMMA-Log, das in Sedimentgesteinen routinemäßig als Tonanzeiger benutzt wird.

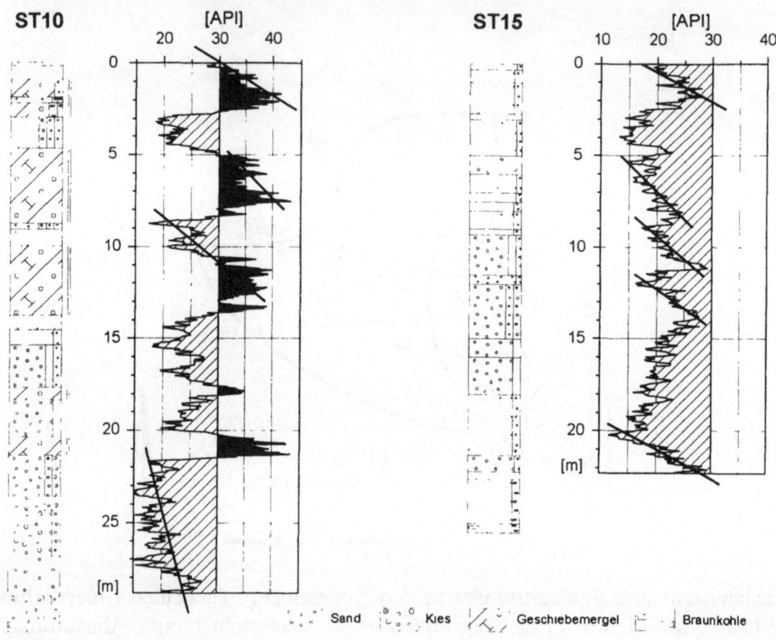

Abb. 2 Profilschnitt in Abbaurichtung (➔), Trockenkernbohrungen Kippe Seese-Ost (ST10, ST15) - Bohrkernaufnahme und GAMMA-Log [API] zeigen rollig-bindig Wechsellagerung.

Diese Funktion des GAMMA-Logs wird auf das γ-aktive ^{40}K des Tonminerals *Illit* zurückgeführt. Die XRD-Analysen des Mineralbestandes der Fraktion < 0,063 mm weisen daneben allerdings zum Teil beträchtliche Anteile an *Kaolinit* und *Chlorit* in den tertiären und quartären Sedimenten des Deckgebirges aus. Das aus der Korrelation von Petrographie nach Bohrkernaufnahme und GAMMA-Log wahrscheinliche Funktionieren der Tonanzeige auch in den hier untersuchten Sedimenten weist auf die wesentliche Beteiligung der tonassoziierten radioaktiven Isotope des Thoriums und des Urans an der gemessenen γ-Strahlung des

Sediments. Die bevorzugte „Bindung“ der radioaktiven Istotope ist wahrscheinlich nur in geringem Maße von der Tonmineralart abhängig und wird im Wesentlichen verursacht durch die generell hohen spezifischen Oberflächen dieser feinklastischen Sedimentbestandteile. In der Schüttungsfolge können demnach grundsätzlich Abschnitte unterschiedlicher petrographischer Beschaffenheit - sandig und stärker tonführend - im GAMMA-Log gegeneinander abgegrenzt werden. Darüberhinaus fallen im Verlauf der GAMMA-Logs von ST10 und ST15, jeweils einsetzend an der Kippenbasis wiederholt Bereiche auf, in denen zum Hangenden hin systematisch eine Abnahme der γ-Aktivität, respektive der Tonführung erfolgt. Diese „coarsening upward-cycles“ mit graduell abnehmendem Tonanteil und am Top spontan durch eine an der Basis wiederum feinanteilreiche weitere Lage abgelösten Schüttungslagen stellen ein häufiges Element im vertikalen Aufbau der Kippen dar. Die inverse Gradierung deutet möglicherweise auf Korngrößensortierungsvorgänge, die im Zuge des Sedimenttransports des Abraums von dessen Abgrabung bis zur Aufschüttung in die *Schüttungslagen* der Kippe und in Form danach erfolgender *Rutschungen* stattfinden.

Die Mächtigkeit dieser Zyklen mit gering durchlässiger Basis und zum Hangenden durchlässiger werdend, beträgt für die Bohrungen des dargestellten Profilschnittes zwischen 2 und 7 m.

Die Korrelierbarkeit einzelner Schichtglieder in verschiedenen Bohrungen, wie sie in den +/- horizontal gelagerten Tertiär-Quartär-Folgen möglich ist, bleibt jedoch für den Kippenkörper auf die Kippenbasis (Liegendschluff und darauf xylitische Kohle) und die Kippenoberfläche, entsprechend den Bohransatzpunkten, beschränkt.

Dies wird deutlich mit dem *prinzipiellen Aufbau der Kippenmassive aus einzelnen Schüttungslagen*, wie er schematisch in einem Schnitt parallel zur Abbaurichtung in Abbildung 3 wiedergegeben ist. Im Unterschied zu den Profilschnittabbildungen ist hier keine vertikale Überhöhung vorhanden und mit Annahmen für die wesentlichen bodenmechanischen und geometrischen Stellgrößen für die Ausbildung des Schüttlagensystems

- Böschungswinkel, 33 ° und
- Rückweite des Föderbrückenverbandes, mittlerer Wert von 10 m

wird die winkeltreue Darstellung der Schüttungsabfolge erreicht, die in einer Kippenvertikalbohrung angetroffen wird. Die in drei Schüttungslagen eingetragenen Pfeillinien zeigen das *Aufwachsen* der Schüttungslagen, beginnend jeweils auf der Flanke der eine Rückbreite vorher erzeugten Lage.

Gleichzeitig mit diesem Aufwachsen sowie durch später erfolgende Rutschungen finden entlang der schiefen Ebene Sortierungsvorgänge statt (Matschak 1969 a; b; c). Dazu kommen, abhängig von Sedimentaggregat bzw. *Korngröße*, *Form* und *Materialdichte* (Lund-Hansen & Oehmig 1992; Oehmig & Wallrabe-

Adams 1993; Oehmig 1993) die verschiedenen Sedimentbestandteile in Positionen mit unterschiedlicher Entfernung vom Schüttungslagen-Startpunkt zur Ablagerung. Gesteuert von der Schüttungszusammensetzung aus den petrographischen Hauptbestandteilen (Sand - Schluff und Ton - Kies - Kohle) werden die beobachteten charakteristischen *Wechsellagerungen* beziehungsweise Abfolgen mit graduellen Übergängen im Profil vertikaler Kippenbohrungen erzeugt.

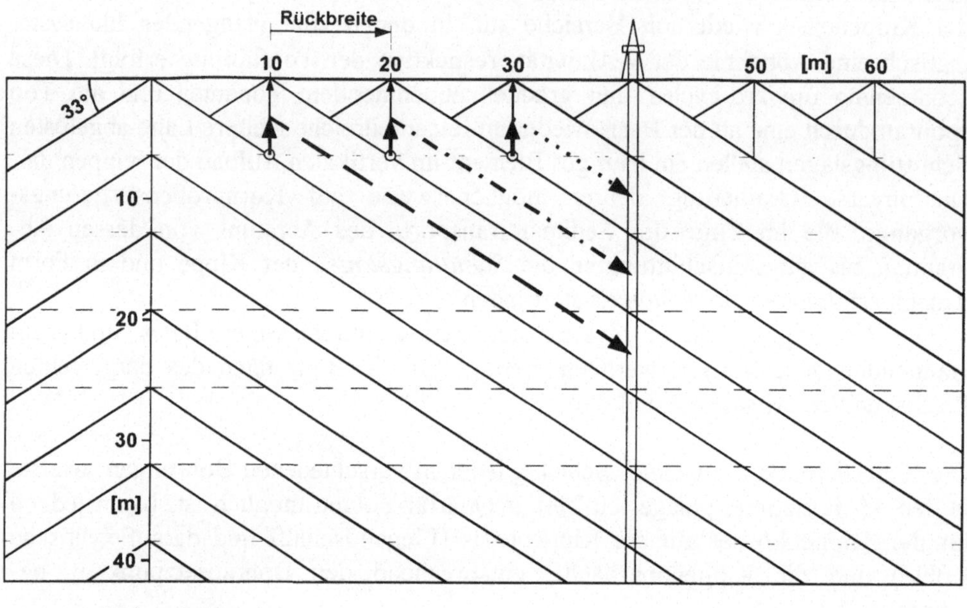

Abb. 3 Schematisierter Aufbau einer AFB-Innenkippe aus schrägstehenden Schüttungslagen - maßgeblich strukturiert durch Rückintervalle des Abraumförderbrückenverbandes und Sortierungsvorgänge entlang der schiefen Ebene, Schnitt quer zur Strossenrichtung.

2.3.2 Vertikales Dichteprofil / Porosität - Gefügeeigenschaften der Abraumschüttung

Die Gesteinsdichte (Gesamtdichte) klastischer Sedimentgesteine ist bei bekannter Korndichte maßgebliche Größe zur Bestimmung der Porosität. Abbildung 4 zeigt jeweils rechts den aus der DENSITY-Messung errechneten *Gesteinsdichteverlauf* (g cm^{-3}) über das vertikale Kippenprofil. SS11 und SS14 (*S*eese-Ost / *S*pülbohrung) sind entlang der Strossenrichtung angeordnet, weisen also gleiches Schüttungsalter und - sofern eingetreten - einen vergleichbaren Effekt von Sackung bzw. Eigenkonsolidation der Schüttung aus. Beides sind unverrohrte Rotary-Spülbohrungen, so dass die auf einer Kalibration an Sandstein beruhenden Dichte-

Werte die tatsächlichen Dichteverhältnisse widergeben und für Spülbohrungen untereinander auch direkt vergleichbar sind. Analysiert man die Dichteprofile hinsichtlich des großskaligen Verlaufs mit der Tiefe (x 10 m), so wird für die Bohrungen ein 3-stöckiger Aufbau erkennbar:

- lockeres, poröses Kippenoberteil von ca. 10 m Mächtigkeit
- 15 bis 20 m stärker konsolidierter innerer Kippenbereich
- poröse, relativ locker geschüttete Vorkippe.

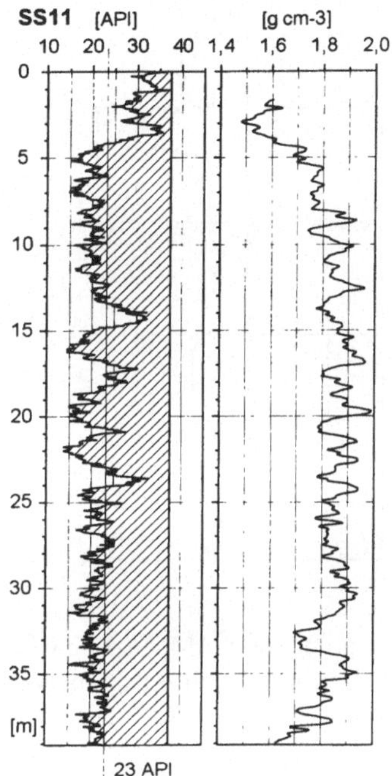

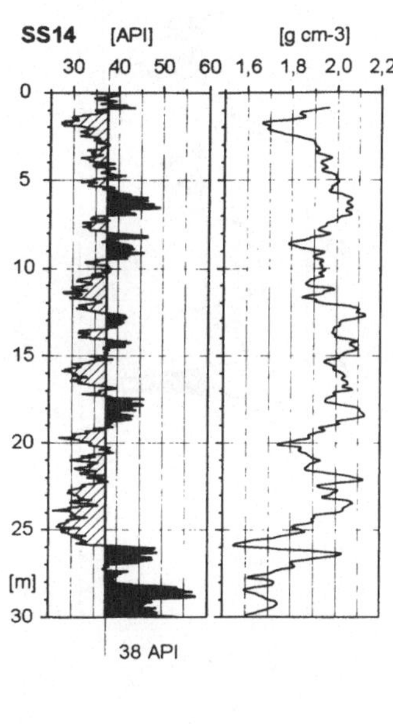

Abb. 4 Profilschnitt in Strossenrichtung, Spülbohrungen Kippe Seese-Ost (SS11, SS14), GAMMA-Log [API] und DENSITY-Log [g cm^{-3}].

Durch den allmählichen Übergang in die drei Zonen entsteht für insgesamt 7 der 11 Bohrungen der AFB-Kippe Seese-Ost das Bild eines vertikalen uhrglasförmigen Dichteprofils. Dichteminima und das Maximum des höher konsolidierten Kippeninneren erreichen in der Bohrung SS14 jeweils höhere Werte. Wahrscheinlich ist dies auf den generell höheren *porositätsreduzierenden Fein- bzw. Tonanteil* zurückzuführen, wie ihn das GAMMA-Log der SS14 mit durchschnittlich 38 API gegenüber durchschnittlich 23 API der SS11 ausweist. Für eine erste Klärung der damit aufgeworfenen Frage, inwieweit die Lagerungsdichte / Porosität oder die petrographische Zusammensetzung für die gemessenen DENSITY-Dichtewerte wirksam sind, wurde auf Bohrungen mit Kernbearbeitung zurückgegriffen.

Abbildung 5 zeigt die Bohrung Seese-Ost ST10; dem tonanzeigenden GAMMA-Log ist das DENSITY-Log (g cm^{-3}) hinzugestellt.

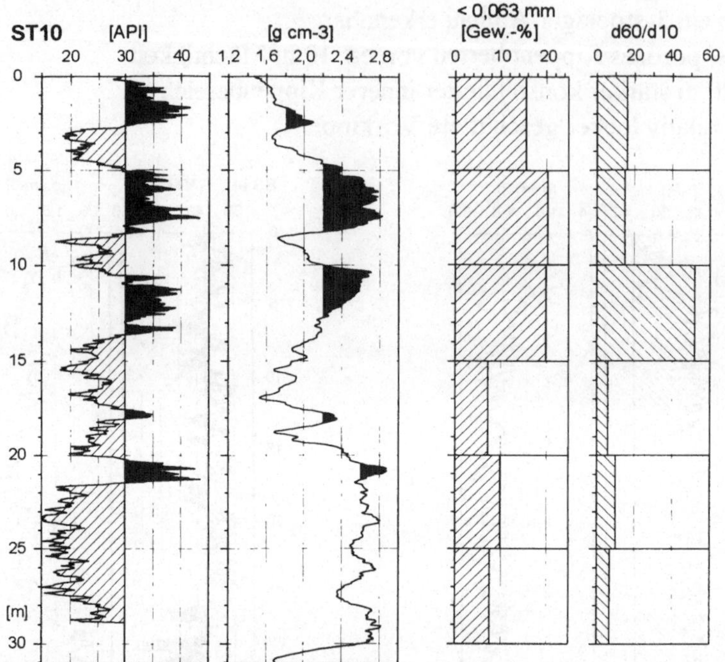

Abb. 5 Bohrung ST10, Tagebau / Kippe Seese-Ost: Korrelation von GAMMA-Log (Feinanteil) und DENSITY-Log (Gesamtdichte), Anteil < 0,063 mm, Ungleichförmigkeitsgrad d_{60}/d_{10} (aus der Korngrößenverteilung).

Da es sich um eine verrohrte Bohrung handelt, ist zunächst nur die Bewertung relativer Dichteänderungen anhand des DENSITY-Logs möglich. Für Absolutwertbetrachtungen können die angegebenen Dichtewerte erst nach Korrektur zum Einfluß der Verrohrung mit den Messungen in Spülbohrungen verglichen werden. Das GAMMA-Log und das Dichte-Log zeigen eine positive Korrelation. Da keine größeren Mineraldichteunterschiede zwischen dem Quarz der Sande und den Tonmineralen bestehen, ist der gleichsinnige Verlauf von hohem Ton- bzw. Feinanteil und hoher Gesteinsdichte wahrscheinlich auf eine *erhebliche Reduktion des Porenraums* durch die feinklastischen Sedimentbestandteile zurückzuführen. Innerhalb der oberen 15 m Kippe (ST10) wirkt sich möglicherweise außerdem die sehr ungleichförmige Korngrößenverteilung der Abraumschüttung porositätsreduzierend aus. Bislang ohne Erklärung sind die für den unteren Kippenteil (Bereich der *Vorkippe*) angezeigten hohen Dichtewerte bei geringem Feinanteil und vergleichsweise besser sortiertem Sediment dieses Kippenstockwerks.

2.3.3 Der Eintrag von Kohle und Kohlebegleitsedimenten in die Kippe - Verteilung im Profil

Der 2. Lausitzer Flözhorizont zeigt eine mehr oder weniger wellige Grenzfläche zu den Hangendschluffen. Um möglichst reine Kohle (Minimierung der aschebildenden anorganischen / mineralischen Anteile) zu fördern, werden daher bei der Abbaggerung des Deckgebirges des Kohleflözes grundsätzlich zwischen 10 und 15 cm des obersten Flözabschnitts mit als Abraum aufgenommen und werden somit Bestandteil der Schüttungslagen der *Hauptkippe*.

Mit dieser wegen ihrer massigen Ausbildung sogenannten „ungeschichteten Kohle“ - besonders schwefelreich durch die epigenetische Schwefel-Zufuhr aus den Hangendschluffen (Vulpius & Neubert 1982) - ist ein wesentlicher Eintrag für Kohle, respektive *Kohlenstoff*, in das Kippensystem gegeben.

An den Kohleeintrag gekoppelt ist durch die genetische Beziehung von Kohle und Schwefel gleichzeitig ein wesentlicher Eintrag für *Schwefel* zu sehen. Ohne an dieser Stelle auf die Bindungsform und mögliche Umwandlungen einzugehen, verdeutlicht dies die Abbildung 6, welche für die Sedimente der Kippenschüttung Meuro (Fraktion 0,063 bis 2 mm) die Abhängigkeit der Schwefelgehalte vom Kohleanteil zeigt. Jedem Kohleanteil, respektive C-Wert, lässt sich ein bestimmter maximaler Schwefelgehalt zuordnen.

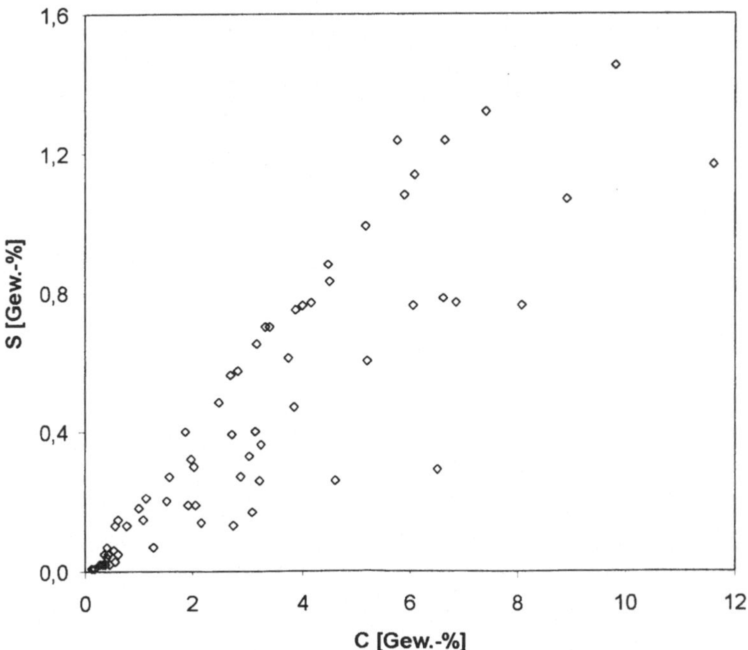

Abb. 6 Schwefel- und Kohlenstoffanteil in der Sandfraktion, Tagebau / Kippe Meuro.

Einen Eindruck über die räumliche Verteilung der Kohle- und Schwefelgehalte (Fraktion 0,063 bis 2 mm) im Meuroer Kippenkörper vermittelt der Profilschnitt von Bohrungen in Abbaurichtung (Abb. 7). Hauptmerkmal ist die Aufteilung des Vertikalprofils in 2 Abschnitte. Gegenüber dem unteren Abschnitt der Kippe, welcher die Abraummassen des Hochschnittes in der Vorkippe enthält, kennzeichnen um Faktor 10 höhere C- und S-Gehalte den oberen Kippenteil, die Hauptkippe. Das teilweise beträchtliche Zurückgehen der C- und S-Gehalte im Bereich der Kippen-Top-Probe ist möglicherweise auf das Aufbringen der offensichtlich notwendigen kulturfreundlichen Abschlussschicht zurückzuführen.

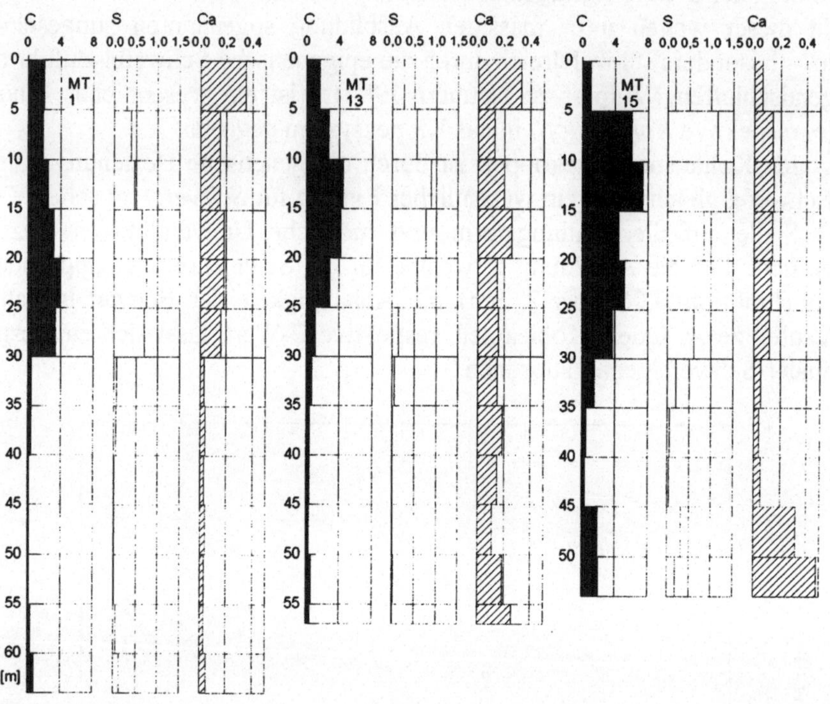

Abb. 7 C, S, Ca – Gehalte [Gew. - %] Profilschnitt in Abbaurichtung der Kippe Meuro (Bohrungen 1, 13, 15).

Die Zusammensetzung jeweils der 5 m-Probe im Basisbereich der Kippe ist durch miterbohrtes anstehendes Sediment des Liegendschluffs beeinflußt und zeigt somit leicht erhöhte Werte relativ zu den auflagernden Hochschnittmassen. In der weiteren Bearbeitung der beobachteten Verteilung des Kippenchemismus ist die Bindungsform des offenbar in den kohlereichen Schüttungsteilen erhöhten Ca-Gehaltes zu klären. Die marin beeinflußte Kohleentstehung macht sowohl primäres Sulfat wie Karbonat möglich.

Einen Hinweis auf die enge genetische Verbindung von feinklastischem Sedimenteintrag und Kohleentstehung wie er sich bis in die Kippenschüttung hinein durchpaust, zeigt exemplarisch die Gegenüberstellung des tonanzeigenden GAMMA-Logs und des DENSITY-Logs der Bohrung MT8 (Abb. 8). Für das Intervall 20 - 30 m unter GOK besteht bei maximalen C-Gehalten (11 Gew. - %) eine negative Korrelation von GAMMA-Log und Dichteminimum im DENSITY-Log. Der dichteherabsetzende Einfluß der Kohle (D = 1,2 g cm^{-3}) überwiegt hier den porositätsreduzierenden Effekt der höheren Gehalte feinklastischer Sedimentbestandteile.

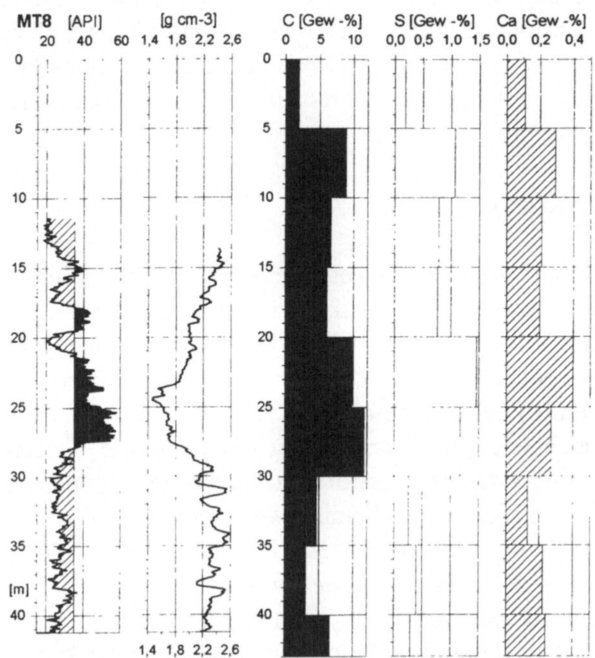

Abb. 8 Bohrung MT8: GAMMA-Log [API], DENSITY-Log; C, S, Ca-Gehalte [Gew. - %].

2.4 Diskussion - Ausblick

Die Ergebnisse zeigen die *Grundzüge des inneren Aufbaus* der Abraumschüttungskörper zum Anschluss ans unverritzte Gebirge, charakterisiert durch:

- die räumliche Struktur / Lagerung,
- Gefüge (Korngrößenverteilung) / stoffliche Zusammensetzung (geochemisch-mineralogisch),
- Haupteintragsweg besonders reaktionsrelevanter Sedimentbestandteile.

Es wurden die *schüttungsgenerierenden bzw. -beeinflussenden Faktoren und Prozesse*, die bei der Herausbildung räumlicher und „stofflicher“ Strukturen des technogen erzeugten Sedimentsystems wirksam werden, herausgearbeitet. Unterhalb der prinzipiellen Zwei-Teilung des vertikalen Kippenprofils (Hierarchiestufe 1 der Profilgliederung) in Hochschnitt- und Tiefschnittmassen sind als typische schüttungsgenetische sedimentäre Einheiten Wechsellagerungen bzw. zyklische Abfolgen festzustellen, die eine *stoffliche Systematik* im Kippenaufbau ausmachen.

In unterschiedlicher Beziehung zur stofflichen Beschaffenheit steht der *petrophysikalische Kippenaufbau* (Porosität / Permeabilität). Auf der Hierarchiestufe 1 einer Systematisierung des vertikalen Kippenaufbaus für Seese-Ost besteht eine charakteristische Drei-Gliederung mit locker gelagertem Abschnitt an Basis und Top. Diese wird z. B. durch die „coarsening upward“-Ausbildung der einzelnen Schüttungslagen mit jeweils nach oben zunehmendem Porenvolumen überlagert. Hinsichtlich

- der Orte,
- der Intensität / Dauer und
- der Abfolge

der mit dem aufgehenden GW eintretenden Reaktionen zwischen Sediment und Wasser kommt der Relation von vertikalem Stoffprofil und vertikalem Porositäts- bzw. Permeabilitätsprofil (Kippenstockwerke mit unterschiedlichen Höhenlagen) eine besondere Bedeutung zu und folgt immer dem *raumbezogenen* Konzept des kippengeologischen Erkundungsansatzes.

Die so zu erreichende Charakterisierung des *künftigen Grundwasser-Aquifer-Systems Kippe-Anstehendes* wird gestützt durch das begonnene Herausarbeiten der Beziehungen zwischen den geochemisch-mineralogischen und den texturellen Eigenschaften der hier untersuchten Lockersedimente der Abraumschüttungsmassen. Diese *Mineral-Texturparagenesen* sind wichtig für die weitergehende Nutzung der Bohrlochmessungen u. a. indirekter Verfahren (z. B. Drucksondierungen), die sich in der Entwicklung zunehmend gegenüber den aufwendigen Kernuntersuchungsprogrammen durchsetzen müssen. Als Beispiel sei die Korrelation Fein-, Kohle- und Schwefelanteil und ihre Auswirkung auf die GAMMA- und DENSITY-Messung angeführt. Diese Korrelation war, *geogenetisch* bedingt, zu erwarten, ihr tatsächliches Bestehen auch nach Abbaggerung / Verkippung in der Abraumschüttungsfolge ist eine wesentliche Hilfe für die optimale Auswertung der Bohrlochmessungen.

Die Wechsellagerung im Kippenmassiv ist Beispiel für die Beziehungen von stofflichen Eigenschaften, Lagerung und Gefügeeigenschaften einerseits sowie der *resultierenden petrophysikalischen Eigenschaften* Porosität und Permeabitität andererseits. Da letztere wesentlich von der *Lagerung / Partikelorientierung* abhängen, ist dies für die Durchlässigkeitsbestimmung aus der Korngrößenverteilung zu berücksichtigen. Für den GW-Anstrom ist es entscheidend, *wie der*

Feinanteil verteilt ist, das heißt hier barrierewirksam in Lagen konzentriert ist. Beim Erkennen gradueller Änderungen von Sedimentparametern ist die *kontinuierliche Messung* im Bohrloch nicht durch den Informationsgehalt von Kernproben mit Durchschnittswerten für definierte Teufenabschnitte zu ersetzen.

Die Ergebnisse der kippengeologischen Untersuchung zu Struktur und Lagerung, Verteilung von Gefüge / Stoff und ihren Ursachen sowie der Wirksamkeit von Materialeintrags- und Sortierungsprozessen bei den exemplarisch untersuchten AFB-Innenkippen zeigen, dass sich *verallgemeinerbare Eigenschaften* dieses häufigen Kippentyps der Niederlausitz ableiten lassen. Zusammen mit Vorfelderkundungsdaten über das vormals anstehende Profil wird darauf basierend die *GW-reaktions- und durchströmungsrelevante Neuordnung der Deckgebirgsbestandteile* weiterer AFB-Kippen mit präzisen kippengeologischen Erkundungsprogrammen zügig erreichbar sein.

Die Aufklärung der Struktur und der Verteilung der Kippeninhaltstoffe geschieht im Hinblick auf die Schaffung eines langfristig stabilen - mit voraussehbarer GW-Beschaffenheitsentwicklung - *Systems aus Kippenmassiv und anstehender Tertiär/Quartär-Folge*. Die Anbindung kann nur aus der Kenntnis heraus der *tatsächlichen Lagerung* der sedimentären Kippenbestandteile erfolgen, um sanierungstechnisch an diesen *künftigen Schnittstellen* Maßnahmen des Sanierungsbergbaus vornehmen zu können.

Dazu kommt die Anlage eines Messstellen-Netzes, welches die Wirksamkeit dieser Maßnahmen kontrolliert. Hierzu bieten die kippengeologischen Untersuchungsergebnisse die Basis.

2.5 Zusammenarbeit

Die Durchführung des Bohrungsprogramms und der Bohrlochmessungen erfolgte in Abstimmung mit der LMBV, Abteilung Geotechnik und Abteilung Markscheiderei.

2.6 Danksagung

Herrn Dipl.-Geol. F. Thiemig, LMBV Senftenberg-Brieske danken wir für seinen Einsatz, der ein schnelles Durchziehen des umfangreichen Bohr- und Sondierprogramms ermöglichte sowie für wesentliche Hinweise zum Faktor Abbautechnologie. Herrn Professor Dr. W. Gläßer, Umweltforschungszentrum Halle-Leipzig danken wir für wertvolle Hinweise zum Berichtsmanuskript und die weiteren Arbeiten. Herrn Dipl.-Geol. R. Herd, BTU, sei für wichtige Präzisierungen im Berichtsmanuskript gedankt. Die Untersuchungen wurden im Rahmen des Innovationskollegs „Ökologisches Entwicklungspotential der Bergbaufolgelandschaften im Lausitzer Braunkohlerevier" an der BTU durchgeführt und von der Deutschen Forschungsgemeinschaft finanziert (Förderkennzeichen INK 4/B1-1).

3 Publikationsliste und Literatur

3.1 Eigene Publikationen

Oehmig, R. und Voigt, G., 1998: Geologische Erkundung und Untersuchung von AFB-Kippen der Braunkohletagebaue der Lausitz. Zusammenfassung Vortrag, Tagung „Geo-Berlin '98 - 150 Jahre Deutsche Geologische Gesellschaft", 6. bis 9. Oktober, Berlin. TERRA NOSTRA, Schriften der Alfred-Wegener-Stiftung, 98/3, V254.

Oehmig, R. und Voigt, G., 1999: Geological exploration and investigation of overburden dumps of open-cast lignite mines at lower lusatia, Germany. Zusammenfassung Vortrag und Poster Internationales Symposium „Ecology of post-mining landscapes" - EcoPol'99, 15. bis 19. März, Cottbus.

Oehmig, R., Voigt, G. und Voigt, H.-J., 1999: Overburden conveyor bridge dumps of open-cast lignite mining - structural and chemical composition of artificial sedimentary deposits. International Conference „Textures and Physical Properties of Rocks", 13. bis 16. Oktober, Göttingen. Göttinger Arbeiten zur Geologie und Paläontologie, Sb4, 142-143.

3.2 Zitierte Literatur

Lund-Hansen, L. C. und Oehmig, R., 1992: Comparing sieve and sedimentation balance analysis of beach, lake and eolian sediments using log-hyperbolic parameters. Marine Geology, 107, 139-147.

Matschak, H., 1969 a: Rohdichte-Verteilung in Abhängigkeit von der Fallhöhe und anderen Faktoren. Beiträge zur Strukturforschung an Tagebaukippen, Teil I. Bergbautechnik, 19, 287-293.

Matschak, H., 1969 b: Bodenkennwerte und ihre Beziehungen in nichtbindigen Kippenböschungen. Beiträge zur Strukturforschung an Tagebaukippen, Teil II. Bergbautechnik 19, 397-402.

Matschak, H., 1969 c: Kennwertänderungen gleichförmiger Sande bei der Abraum-Verkippung. Beiträge zur Strukturforschung an Tagebaukippen, Teil IV. Bergbautechnik, 19, 632-637.

Oehmig, R. und Wallrabe-Adams, H.-J., 1993: Hydrodynamic properties and grain size characteristics of volcaniclastic deposits on the Mid-Atlantic Ridge north of Iceland (Kolbeinsey Ridge). Journal of Sedimentary Petrology, 63, 140-151.

Oehmig, R., 1993: Entrainment of planktonic foraminifera: Effect of bulk density. Sedimentology, 40, 869-877.

Oehmig, R., 1997: Reservoir-Charakterisierung einer klastischen Rotliegend/Buntsandstein-Folge durch vergleichende Bohrkern-/Log-Analyse. Erdöl Erdgas Kohle, 113, 205-210.

Vulpius, R. und Neubert, K. H., 1982: Zur Verteilung und Genese des Schwefels in den Braunkohlen des 2. Lausitzer Flözhorizontes. Neue Bergbautechnik, 11, 653-658.

Wasser- und Stoffhaushalt der Kiefern- und Eichenökosysteme - eine Zusammenschau

Wolfgang Schaaf, Dirk Knoche & Andrea Dageförde

1 Wasserhaushalt

Wie die Betrachtung der ökosystemaren Wasserflüsse zeigt, ist auf forstlich genutzten schwefelsauren Kippenflächen des Lausitzer Reviers ein bedeutsamer Beitrag zur Grundwasserneubildung nur unter Jungbeständen zu erwarten. An den beiden jüngsten Chronosequenzstandorten erreicht die Tiefensickerung 27 % (Kiefer, Weißagker Berg) bzw. 52 % (Eiche, Nochten) des Freilandniederschlags, was in etwa den Raten einer landwirtschaftlichen Nutzung entspricht (Katzur & Liebner 1998).

Dabei muss der für Weißagker Berg simulierte Oberflächenabfluss von 153 mm berücksichtigt werden, denn in Anbetracht einer nahezu identischen Verdunstung wären unter vollständiger Infiltration des Niederschlagswassers der Fläche Nochten vergleichbare Bodenwasserflüsse anzunehmen. Ein Bestockungseinfluss auf die Tiefensickerung ist daher in der Jungwuchsphase nicht nachweisbar. Vielmehr modifizieren Relief und Substrateigenschaften die Bodenwasserflüsse ganz erheblich.

Aufgrund der unterschiedlichen Bestandesphänologie war jedoch zu vermuten, dass sich Kiefer und Eiche mit fortschreitendem Alter hinsichtlich ihrer Wasserhaushaltscharakteristik und -dynamik unterscheiden. Tatsächlich zeigen die älteren Kiefernbestände gegenüber den Eichenforsten aufgrund ihrer ganzjährigen Benadelung sowohl absolut als auch relativ (bezogen auf das Niederschlagsdargebot) deutlich differierende Wasserflüsse. Mit bis zu 52 % des Freilandniederschlags sind die Interzeptionsverluste der Kiefer wesentlich höher. Demgegenüber beträgt die Evapotranspiration der beiden älteren Eichenchronosequenz-Bestände 72 bzw. 74 %, diejenige der jeweils gleichaltrigen Kiefern lediglich 45 bis 51 % (Tab. 1).

Mit fortschreitendem Bestandesalter wird zeitweise eine intensive Tiefenaustrocknung beobachtet. Bereits im Frühsommer erreicht sowohl auf den kiefern- als auch eichenbestockten Flächen die Saugspannung bis in den tieferen Unterboden > 850 hPa. Auch im Jahresverlauf ist die Tensionsdynamik der beiden Baumarten vergleichbar. Dementsprechend lassen sich im Gegensatz zu gewachsenen Standorten des nordostdeutschen Flachlandes (Anders 1996 bzw. Müller

1996) bislang keine eindeutigen Sickerratenunterschiede zwischen Laub- und Nadelholz ableiten.

Bei ähnlichem Bestandesalter variiert die Sickerung zwischen Kiefer und Eiche in etwa gleicher Größenordnung wie innerhalb der jeweiligen Baumart. Offensichtlich überlagern die unterschiedlichen mesoklimatischen Randbedingungen und verdunstungsdifferenzierend wirkenden Strukturparameter, wie Bestockungsdichte, Deckungsgrad der Bodenvegetation und Kronenschlussgrad, den Baumarteneinfluss.

Die Detailbetrachtung der Bodenwasserflüsse verdeutlicht, dass auf den langjährig bestockten Kippen das infiltrierte Niederschlagswasser bis in 100 cm Tiefe zu > 75 % durch die Bestände genutzt wird. Der Wasserentzug konzentriert sich auf den Oberboden. Bereits in den oberen 20 cm des Profils werden ca. 50 % des Wasserdargebots durch die Vegetation aufgenommen, was in etwa den Werten des unverritzten Referenzstandortes Taura entspricht (vgl. auch Abb. 2).

Trotz des starken Wasserentzugs und der hieraus resultierenden intensiven Bodenaustrocknung ergeben sich bislang keine Hinweise auf Engpässe in der Wasserversorgung (Knoche et al. 1999). Anhand der Xylemflussdichte als Indikator der Bestandestranspiration lässt sich während der Sommermonate keine Depression der Wasseraufnahme belegen.

Tab. 1 Bilanzgrößen des ökosystemaren Wasserhaushalts auf den Eichen-Chronosequenzflächen (Nochten, Koyne, Domsdorf) und Kiefern-Chronosequenzflächen (Weißagker Berg, Bärenbrück, Meuro, Schlabendorf-Nord, Domsdorf) sowie am Referenzstandort Taura-Kiefer.

Standort	Alter	FN	BN	I	ET	20 cm	100 cm
	[Jahre]	[mm]	←	[% des Freilandniederschlags]			→
Eiche							
Nochten	3	695	-	-	52[1)]	57	46
Koyne	26	533	85	15	72	37	14
Domsdorf	37	562	78	22	78	39	27
Kiefer							
Weißagker Berg	2	766	-	-	50[1)]	29	20
Bärenbrück	16	759	47	53	45	23	10
Schlabendorf-N.	19	590	55	45	51	22	4
Meuro	20	673	48	52	40	25	17
Domsdorf	32	562	71	29	51	37	16
Taura	45	842	72	29	41	63	29

FN = Freilandniederschlag, BN = Bestandesniederschlag, I = Interzeption, ET = Evapotranspiration, Wasserflüsse in 20 und 100 cm Profiltiefe, [1)] incl. Interzeption.

2 Stoffhaushalt

Im Folgenden werden für die Elemente Kohlenstoff, Stickstoff, Schwefel und Calcium die Vorräte und Flüsse in Kompartimenten der Kiefern- und Eichen-Ökosysteme beider Chronosequenzen sowie der Kiefern-Vergleichsfläche Taura dargestellt und diskutiert. Diese Auswahl erfolgte aufgrund der Tatsache, dass diese Elemente einerseits charakteristisch für Besonderheiten der untersuchten Standorte sind und andererseits die günstigste Datenbasis aus den einzelnen Teilprojekten vorhanden war. Dabei fließen in erster Linie Daten der Teilprojekte 3, 4 und 8.2 ein. Die Daten für den Standort Taura entstammen den Arbeiten von Bergmann (1999), Weisdorfer (1999) und Schaaf et al. (1999). Weitergehende Aussagen, insbesondere zu den ebenfalls wichtigen Elementen Kalium, Phosphor, Aluminium und Eisen finden sich in den Abschlussberichten der Teilprojekte.

Abbildung 1 veranschaulicht das Schema der folgenden Abbildungen. Soweit aus der Datenlage möglich, wurden bei den Vorräten die Mittelwerte +/- Standardabweichung mehrfacher Erhebungen (räumlich bzw. zeitlich) und bei den Flüssen die Mittelwerte +/- Standardabweichungen der jährlichen Flüsse im Untersuchungszeitraum dargestellt.

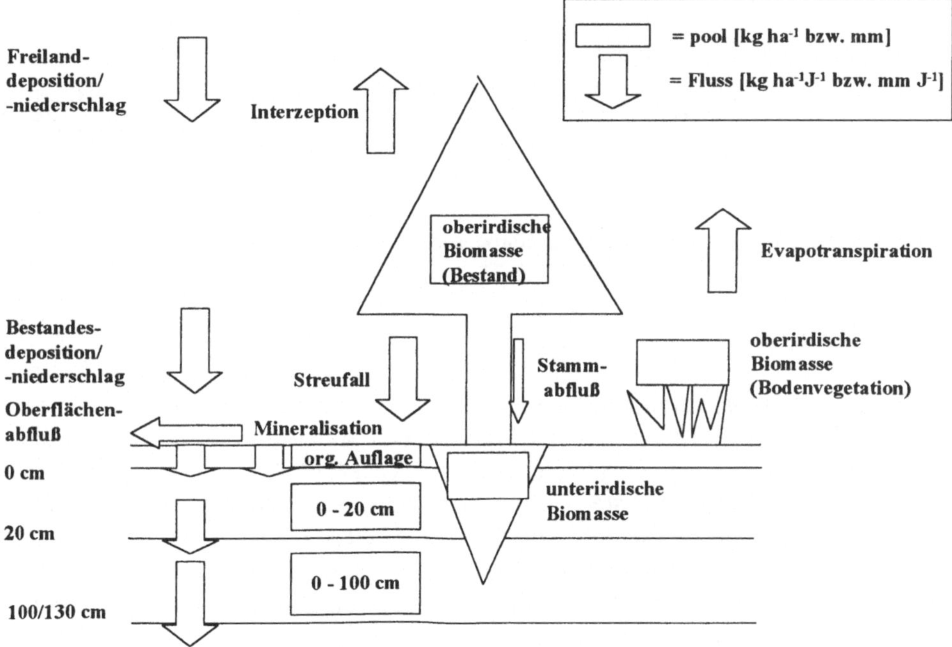

Abb. 1 Schematische Darstellung der Kompartimente und Flüsse der Abbildungen 2 – 6.

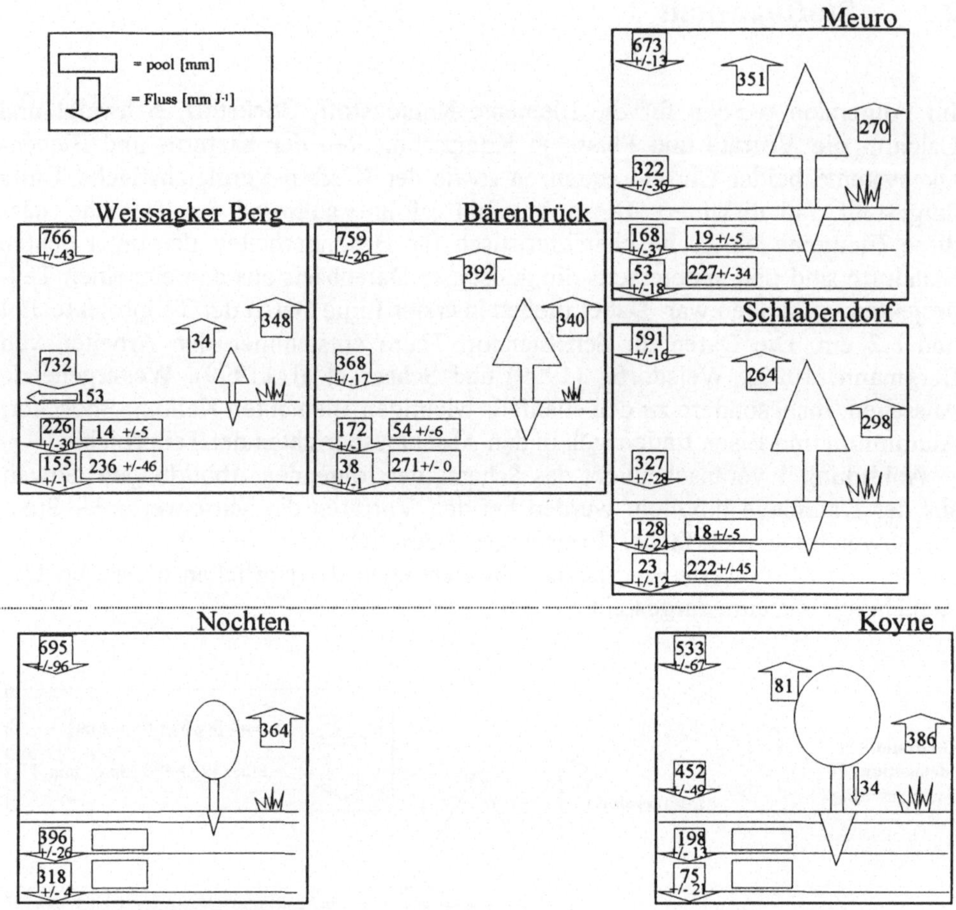

Abb. 2 Parameter des Wasserhaushalts der Chronosequenz-Standorte unter Kiefer und Eiche.

2.1 Kohlenstoff

Aufgrund der kohligen Beimengungen der tertiären Substrate liegen die C-Vorräte im Mineralboden (0 - 100 cm) aller Chronosequenzstandorte 10- bis 30-fach über denen des gewachsenen Vergleichsstandorts Taura (Abb. 3). Die heterogene Verteilung der kohligen Substanz ergibt sehr hohe Schwankungen in den Mineralbodenvorräten, die im Bereich von 20 - 30 % liegen. Deutliche Unterschiede zwischen den Baumarten Kiefer und Eiche kommen in der größeren Mächtigkeit der organischen Auflage und den etwa 8-fach höheren C-Vorräten in den Humusauflagen unter Kiefer zum Ausdruck. Die älteren Kiefern-Chronosequenzstandorte Meuro und Domsdorf erreichen bereits die Werte des Vergleichsstandorts.

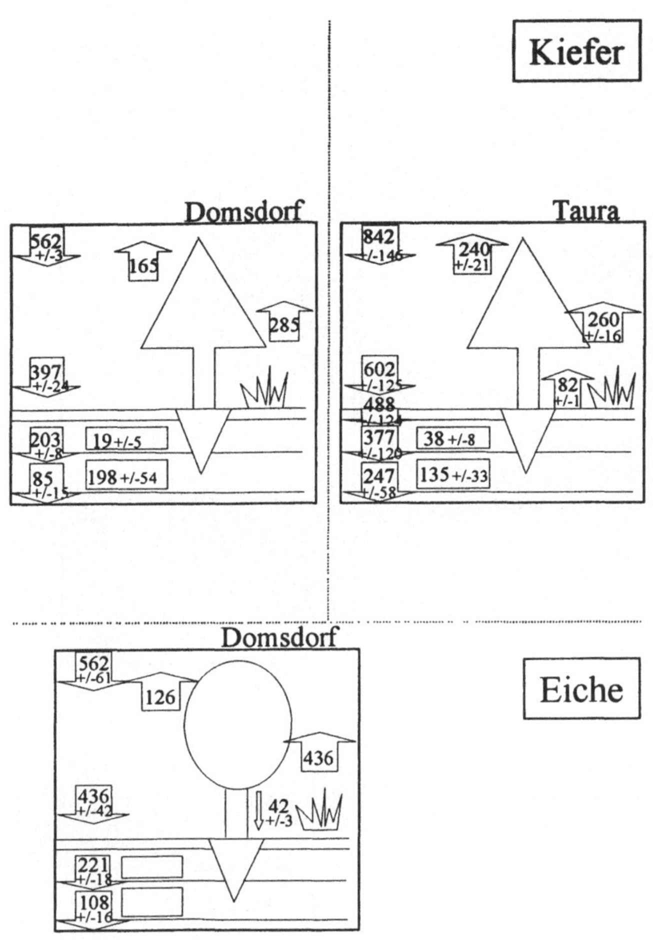

(Abb. 2 Fortsetzung)

Die Vorräte in der Bodenvegetation der dichten, überbestockten Bestände spielen im Vergleich zu Taura eine untergeordnete Rolle. Lediglich der Aufforstungsstandort Weißagker Berg zeigt aufgrund der Einsaat mit Waldstaudenroggen höhere Werte.

Die DOC-Flüsse durch die Ökosysteme liegen an allen Standorten in ähnlichen Größenordnungen und sind lediglich auf den jüngeren Flächen erhöht, was in erster Linie auf höhere Wasserflüsse und Kohlegehalte zurückzuführen sein dürfte. Der Stammabfluss unter Eiche spielt nur eine untergeordnete Rolle im C-Kreislauf. Der Gesamtstreufall im ältesten Kiefernbestand mit ca. 5 t TS $ha^{-1}a^{-1}$ ist mit dem am Referenzstandort Taura (ca. 4,9 t TS $ha^{-1}a^{-1}$) vergleichbar, während der Nadelstreufall in Domsdorf gegenüber Taura erhöht ist.

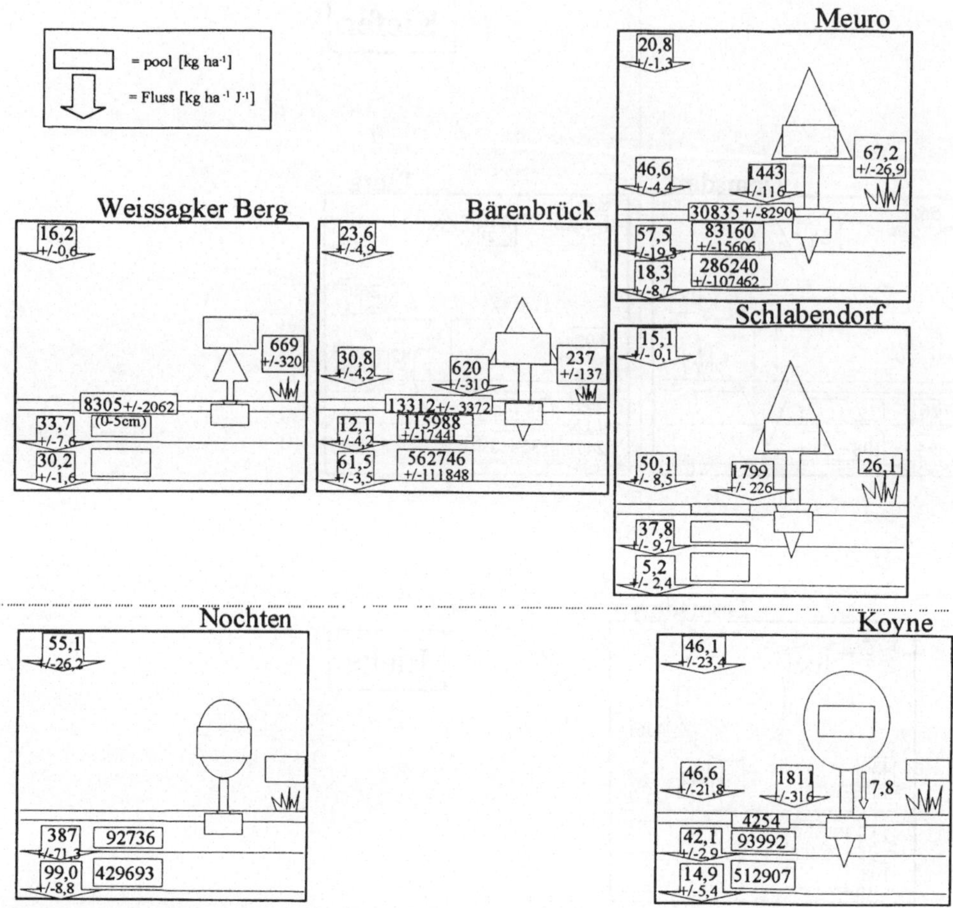

Abb. 3 Parameter des C-Haushalts der Chronosequenz-Standorte unter Kiefer und Eiche.

2.2 Stickstoff

Auch hier liegen die Vorräte im Mineralboden der Kippenstandorte offensichtlich aufgrund der Kohlegehalte um den Faktor 2 bis 4 über dem gewachsenen Standort. Die Vorräte in der Humusauflage des ältesten Standorts Domsdorf erreichen unter Kiefer die Werte des Vergleichsstandorts (Abb. 4). Dagegen betragen die N-Vorräte unter Eiche nur rund 15% der in der Auflage unter Kiefer gespeicherten Mengen.

Die atmosphärischen $N_{anorg.}$-Einträge sind für alle untersuchten Standorte mit 13 - 20 kg N $ha^{-1}a^{-1}$ relativ ähnlich. NH_4-N und NO_3-N sind zu etwa gleichen Teilen am Eintrag beteiligt.

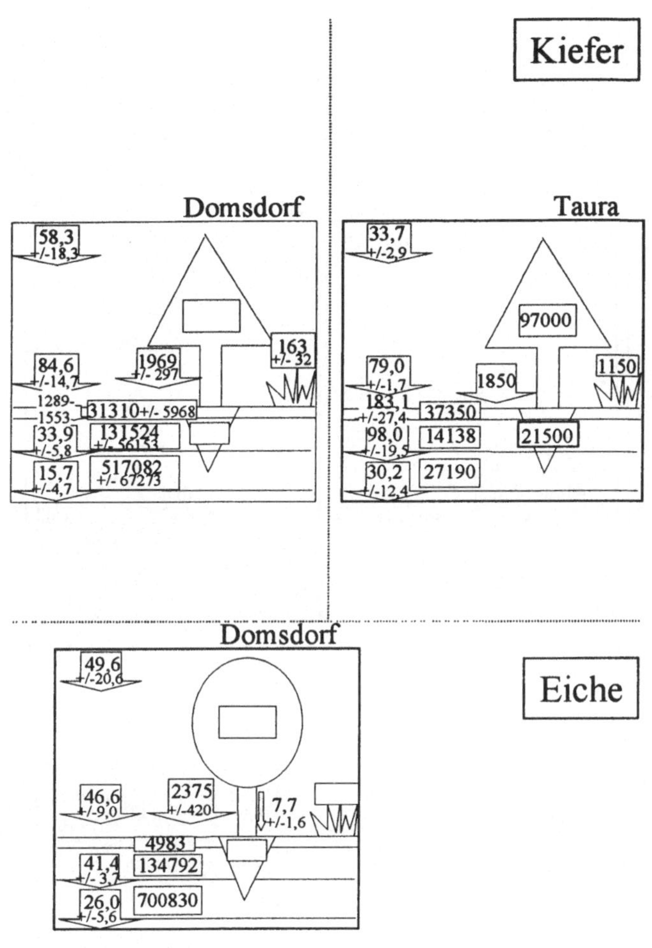

(Abb. 3 Fortsetzung)

An den jüngeren Standorten deutet der Rückgang der N-Flüsse nach der Kronenpassage auf eine direkte Aufnahme hin. Mit Ausnahme von Bärenbrück liegen die N-Flüsse mit dem Streufall deutlich über der Bestandesdeposition. Besonders in den Eichenbeständen spielen die N-Einträge mit der flüssigen Phase gegenüber dem Streufall eine untergeordnete Rolle.

Die beiden jüngsten Standorte Weißagker Berg und Nochten zeigen noch eine Überprägung der N-Flüsse durch die erfolgte Mineraldüngung. Jedoch zeigt sich ein deutlicher Unterschied in der dominierenden N-Form. Während in Weißagker Berg im Unterboden NH_4 vorherrscht, ist es in Nochten vor allem NO_3, das ausgewaschen wird. Dies ist wahrscheinlich auf die sehr unterschiedlichen pH-Verhältnisse in den beiden Substraten bis 1 m Tiefe zurückzuführen. Im saureren

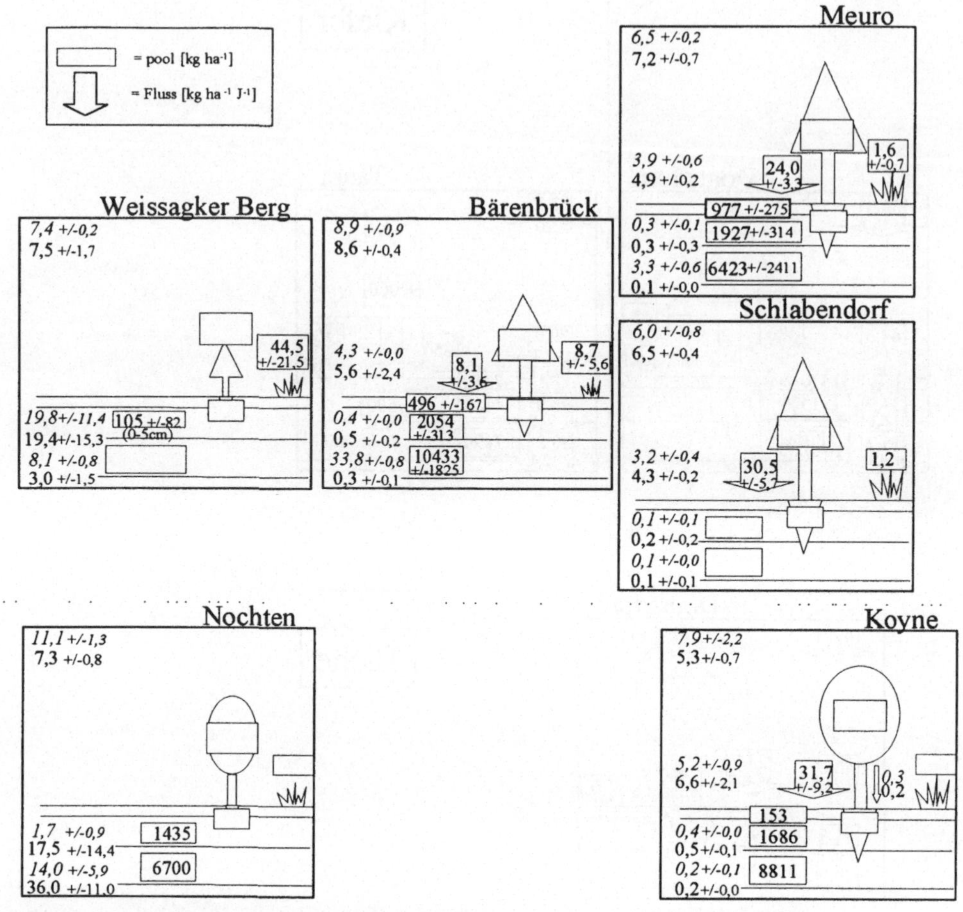

Abb. 4 Parameter des N-Haushalts der Chronosequenz-Standorte unter Kiefer und Eiche.

Unterboden (160 cm) steigen auch in Nochten die NH_4-N-Flüsse stark an (vgl. TP 4).

pH-Wert, Humusform- und Mächtigkeit sind offenbar auch die Ursache für die unterschiedlichen N-Flüsse im Oberboden der Kiefern- und Eichenbestände in Domsdorf. Dort werden unter Kiefer sehr hohe NO_3-Austräge bestimmt. Die Untersuchungen zur Mineralisierung belegen die hohe N-Freisetzung aus der organischen Auflage, die N-Gehalte der Nadeln zeigen eine sehr gute N-Versorgung der Bäume an. Auch bei der Streuzersetzung lässt sich keine N-Limitierung der Zersetzerorganismen beobachten. Die bei der Mineralisierung freigesetzte N-Menge deckt einen Teil der von den Kiefern zum Aufbau eines neuen Nadeljahr-

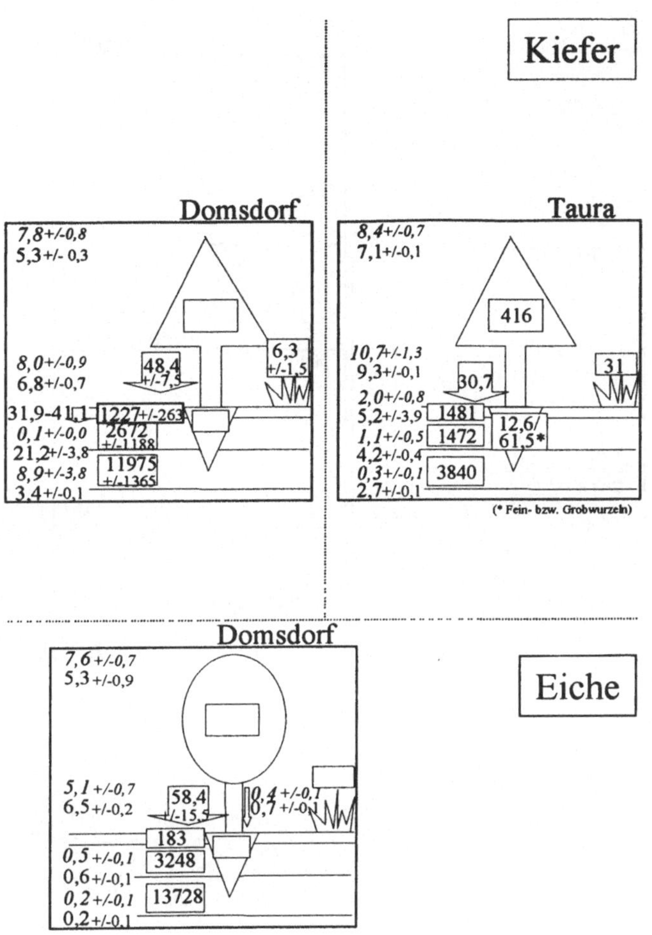

(Abb. 4 Fortsetzung; Flüsse als NO_3-N und *NH_4-N (kursiv)*)

gangs benötigten N-Menge. Weiterhin wird möglicherweise aus anderen als den rezent organischen Phasen ebenfalls Stickstoff freigesetzt und anschließend in tieferen Horizonten von den Kiefern aufgenommen. Auch aus Umverlagerungen im Baum selbst kann ein Teil der benötigten Stickstoffmenge stammen. Demgegenüber sind die N-Flüsse unter Eiche wie auch an allen anderen Standorten sehr gering. Einzige Ausnahme bildet der Unterboden in Bärenbrück, wo wiederum hohe NH_4-Frachten ausgetragen werden. Diese liegen zweifach über den Einträgen mit der Bestandesdeposition plus Streufall und bewirken somit eine deutlich negative Ökosystembilanz. Die hohen NH_4-Austräge in Bärenbrück können nicht durch Verlagerungsprozesse aus dem Oberboden erklärt werden und sind offenbar durch Freisetzung aus der kohligen Substanz unter stark sauren

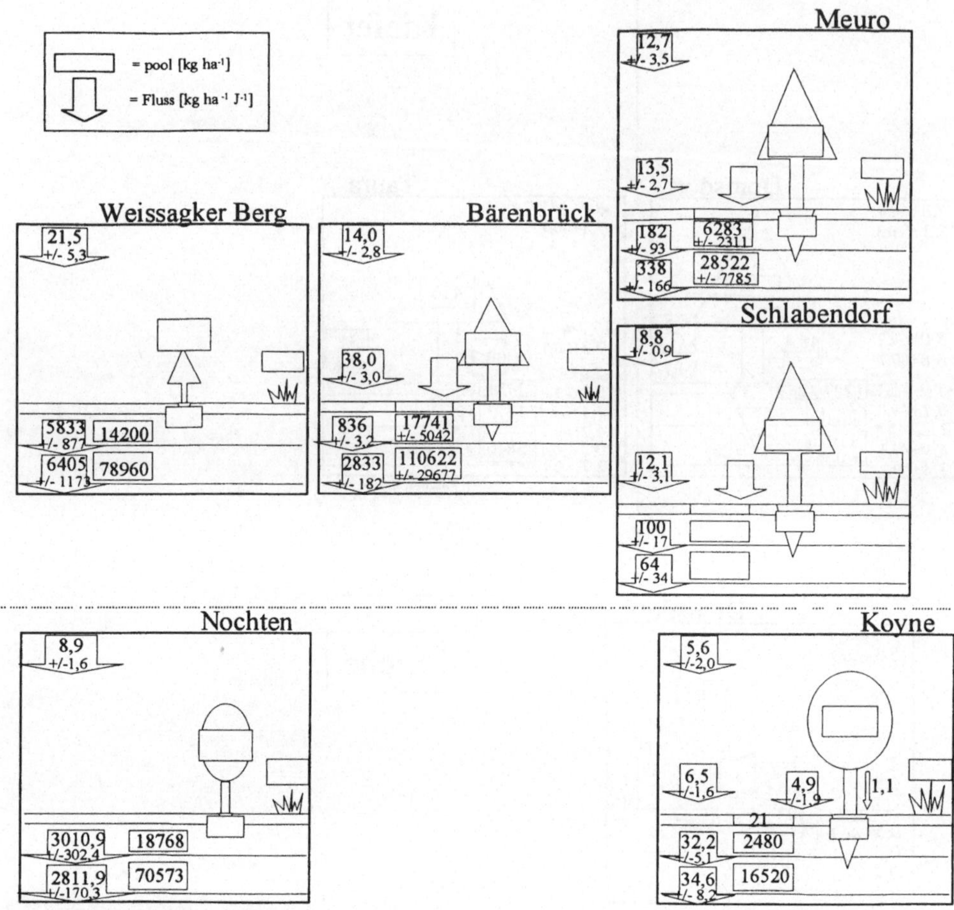

Abb. 5 Parameter des S-Haushalts der Chronosequenz-Standorte unter Kiefer und Eiche.

Bedingungen verursacht. Die kohlige Substanz spielt daher möglicherweise eine wichtige Rolle im N-Kreislauf und in der N-Ernährung der Bestände, deren Bedeutung noch weiter untersucht werden muss.

2.3 Schwefel

Die Gesamt-Schwefelvorräte im Mineralboden aller untersuchten Kippenstandorte liegen 20- bis 100-fach über den Werten des Vergleichsstandorts und verdeutlichen die hohe geochemische Belastung dieser Standorte durch die Pyritoxidation bzw. deren Folgeprodukte (Abb. 5). Dementsprechend sind die

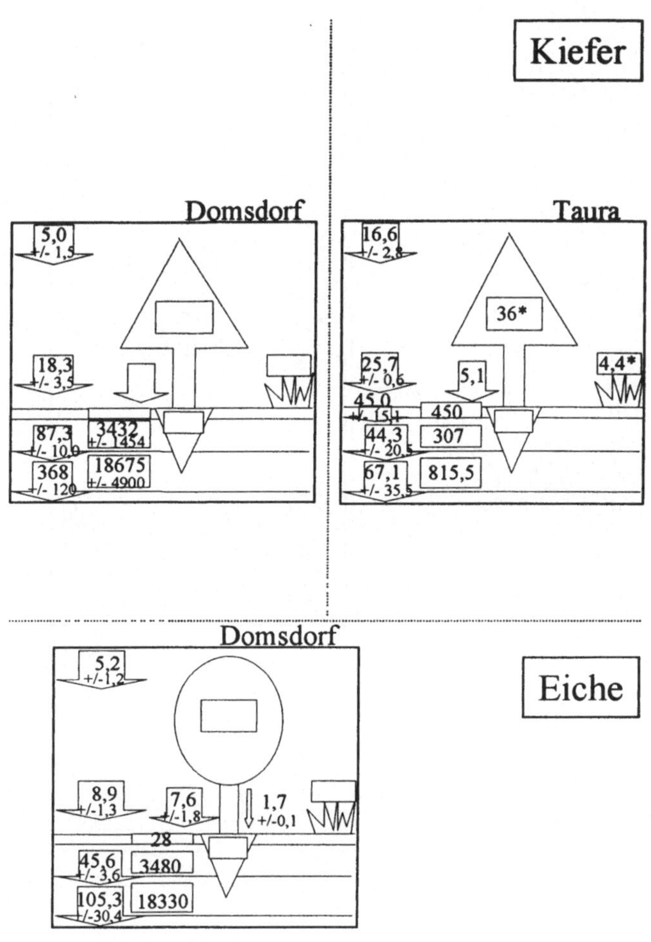

(Abb. 5 Fortsetzung)

SO_4-Flüsse trotz der geringen Wasserflüsse im Vergleich zum gewachsenen Standort vielfach erhöht mit Ausnahme der Standorte Schlabendorf, Koyne und Domsdorf / Eiche. Warum unter Eiche (Koyne und Domsdorf) trotz vergleichbarer Bodenvorräte und Wasserflüsse so deutlich niedrigere S-Austräge im Vergleich zur Kiefer (Meuro und Domsdorf) ermittelt wurden, ist noch unklar.

2.4 Calcium

Auch für Calcium sind die Bodenvorräte 6- bis 12-fach gegenüber dem Vergleichsstandort erhöht (Abb. 6). Dagegen zeigt Taura die höchsten Ca-Vorräte in

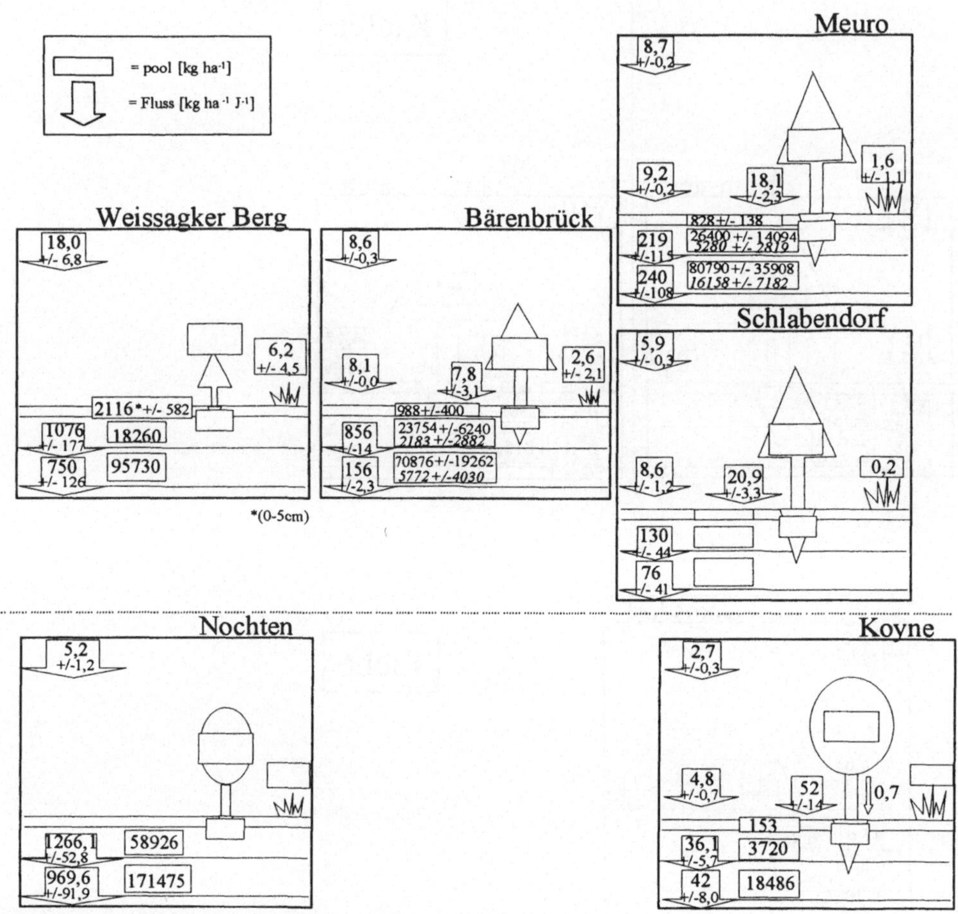

Abb. 6 Parameter des Ca-Haushalts der Chronosequenz-Standorte unter Kiefer und Eiche.

der organischen Auflage, obwohl an den älteren Chronosequenzstandorten, besonders unter Eiche, die Einträge mit dem Streufall weit über Taura liegen. Die an den Kiefernstandorten bestimmten austauschbaren Ca-Mengen (Ca_{ex} in Abb. 6) liegen nicht nur absolut 25- bis 80-fach über den Werten des Vergleichsstandorts, sondern auch im Verhältnis zu den Gesamtgehalten (Ca_t). Das Verhältnis Ca_{ex} / Ca_t ist von 0,03 - 0,07 in Taura auf 0,1 - 0,2 auf den Kippenstandorten verschoben. Dies bedeutet eine höhere Ca-Verfügbarkeit, wie auch die Ca-Flüsse im Boden zeigen, die an den jüngeren Chronosequenzstandorten 4- bis 25-fach über den Werten von Taura liegen. Auch hier bilden wiederum Schlabendorf und Koyne Ausnahmen. Trotzdem liegen diese hohen Ca-Flüsse in der Regel unter 1 % der Gesamtvorräte. Erklärbar sind die hohen Ca-Flüsse durch die Tatsache,

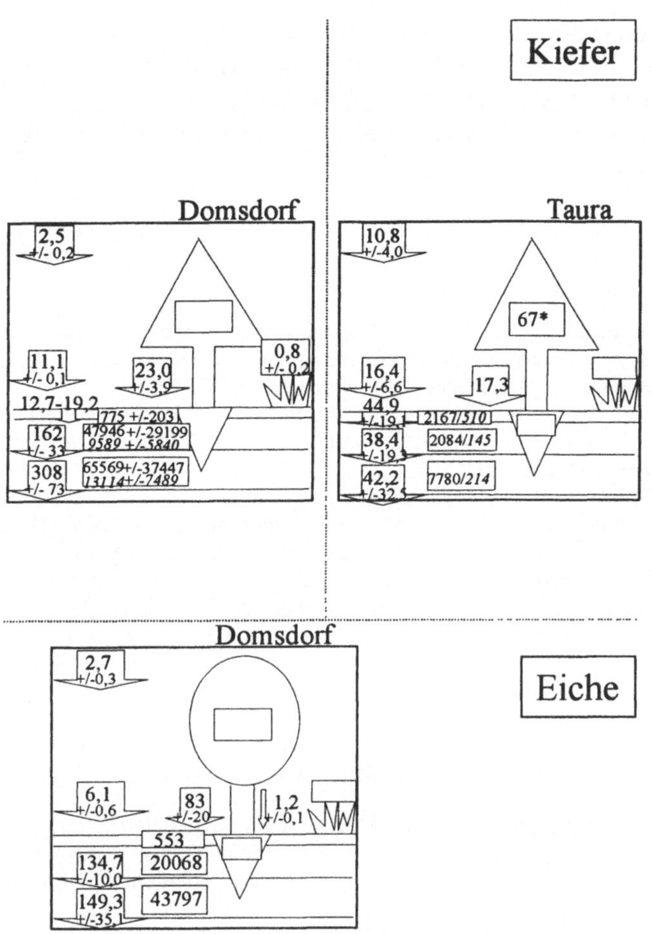

(Abb. 6 Fortsetzung; Vorräte an austauschbarem Ca (Ca_{ex}) sind kursiv dargestellt)

dass an fast allen Standorten in allen Tiefen die Lösungszusammensetzung über das Gips-Gleichgewicht gesteuert wird. Diese Bedeutung einer löslichen Salzphase für den Stoffhaushalt stellt einen grundsätzlichen Unterschied zu gewachsenen Böden der Region dar. Dort erfolgt der Austausch zwischen Bodenfest- und -lösungsphase in dominierender Form über die Prozesse der Sorption bzw. Desorption.

Im Gegensatz zum Referenzstandort Taura ist auf den Chronosequenzstandorten der Ca-Fluss mit dem Nadelstreufall gegenüber demjenigen mit der Bestandesdeposition deutlich erhöht. Zwischen den ermittelten Ca-Vorräten im Boden und den mit der Melioration eingebrachten Aschemengen lässt sich kein direkter Zusammenhang herstellen. Dies liegt unter anderem daran, dass an den Chronosequenzstandorten die Gesamt-Ca-Gehalte im HNO_3-Druckaufschluß bestimmt wurden, der silikatisch gebundenes Ca nicht miterfasst. Allerdings ergeben sich auch für die benachbarten Flächen am Standort Domsdorf, die zu etwa der gleichen Zeit mit vergleichbaren Mengen (500 - 600 dt CaO ha^{-1}) melioriert wurden, keine Beziehungen zu den aktuellen Bodenvorräten, die unter Kiefer doppelt so hoch sind wie unter Eiche.

3 Literatur

Anders, S., 1996: Waldökosystemforschung Eberswalde - Struktur, Dynamik und Stabilität von Kiefern- und Buchenwaldökosystemen unter normalen und multiplen Streßbedingungen unterschiedlicher Ausprägung im norddeutschen Tiefland. BFH-Mitteilungen 182, 1-88.

Bergmann, C., 1998: Stickstoff-Umsätze in der Humusauflage unterschiedlich immissionsbelasteter Kiefernbestände (Pinus sylvestris L.) im nordostdeutschen Tiefland. Cottbuser Schriften zu Bodenschutz und Rekultivierung, Band 1, 128 S.

Katzur, J. und Liebner, F., 1998: Effects of superficial tertiary dump substrates and recultivation variants on acid output, salt leaching and development of seepage water quality. In: Geller, W., Klapper, H., Salomons, W. (Hrsg.): Acidic mining lakes: Acid mine drainage, limnology and reclamation. Environmental Science. Springer Verlag, Berlin Heidelberg New York, 251-265.

Knoche, D., Schaaf, W., Embacher, A., Fass, H.-J., Gast, M., Scherzer, J. und Wilden, R., 1999: Wasser- und Stoffdynamik von Waldökosystemen auf schwefelsauren Kippsubstraten des Braunkohlebergbaus im Lausitzer Revier. In: Hüttl, R. F., Klem, D. und Weber, E. (Hrsg.): Rekultivierung von Bergbaufolgelandschaften. Das Beispiel des Lausitzer Braunkohlereviers. Walter de Gruyter, Berlin New York, 45-71.

Müller, J., 1996: Beziehung zwischen Vegetationsstrukturen und Wasserhaushalt in Kiefern- und Buchenökosystemen. Mitt. Bundesforschungsanstalt für Forst- und Holzwirtschaft 185, 12-128.

Weisdorfer, M., 1999: Einfluß unterschiedlicher Schwefel- und Staubimmissionen in der Vergangenheit auf die chemische Entwicklung von Humusauflagen und Mineralböden in Kiefernwaldökosystemen im nordostdeutschen Tiefland. Cottbuser Schriften zu Bodenschutz und Rekultivierung, Band 4, 214 S.

Schaaf W., Weisdorfer M. und Hüttl, R. F., 1999: Forest soil reaction to drastical changes in sulfur and alkaline dust deposition in three Scots pine ecosystems in NE-Germany. In: Möller, D. (Hrsg.): Atmospheric Environmental Research: Critical Decisions between Technological Progress and Preservation of Nature. Springer, Berlin, 51-77.

Bodenorganismen als Bioindikatoren für Veränderungen in der Habitatqualität von Kippenstandorten

Beate Keplin, Christian Düker, Karl-Hinrich Kielhorn & Reinhard F. Hüttl

Zur Bioindikation der Veränderungen in der Habitatqualität aufgeforsteter Kippböden wurden Carabiden (Laufkäfer) als Repräsentanten der epigäischen und Enchytraeiden (Kleinringelwürmer) als Repräsentanten der endogäischen Fauna ausgewählt. Laufkäfer zählen zu den ersten Arthropoden, die junge Kippsubstrate besiedeln (Neumann 1971; Hejkal 1985; Parmenter & MacMahon 1987). Als Vertreter einer höheren trophischen Ebene ist ihr quantitativer Einfluss auf Umsetzungsprozesse in Ökosystemen gering, ihre Eignung als Indikatoren in der Rekultivierung wurde allerdings durch eine Reihe von Untersuchungen in deutschen Tagebaugebieten belegt (Mader 1985; Vogel & Dunger 1991; Topp et al. 1992; Haag & Depenbusch 1995; Skambracks et al. 1997; Topp 1999). Enchytraeiden als Wiederbesiedler von gestörten Böden haben bisher in wissenschaftlichen Untersuchungen eine untergeordnete Rolle gespielt. In der Regel wurden bevorzugt Regenwürmer und Springschwänze als Indikatorarten für die Besiedlung von Kippenflächen und deren ökologischen Reifegrad herangezogen (Dunger 1991; Fromm 1998). Zur Besiedlung von Braunkohlekippen durch Kleinringelwürmer gab es bisher nur Untersuchungen aus Tagebauen in der Oberlausitz und aus dem mitteldeutschen Revier bei Leipzig. Diese Untersuchungen waren rein quantitativer Natur und lassen aufgrund der anders gearteten Kippsubstrate nur bedingt Vergleiche zu (Dunger 1998 a; 1998 b). Aus anderen Lebensräumen ist die Indikatorfunktion von Enchytraeiden bereits gut belegt (Beylich et al. 1995; Graefe 1997).

Aus unseren Untersuchungen ging hervor, dass die Arten- und Individuenzahlen der beiden Tiergruppen einen gegensätzlichen Entwicklungsverlauf nehmen (Abb. 1, Kielhorn et al. 1999). In der Jungaufforstung Weißagker Berg (WB) traten Carabiden mit einer hohen Artenzahl und in hoher Gesamtaktivitätsdichte auf. Mit zunehmendem Alter der Bestände sanken sowohl Arten- wie Individuenzahlen deutlich ab. Trotz wiederholter Probenahme konnten in der Jungaufforstung WB keine Enchytraeiden nachgewiesen werden. In den nachfolgenden Stadien der Chronosequenz stiegen die Artenzahlen langsam an, die Abundanzen entwickelten sich exponentiell von im Mittel 872 Tieren pro m² in Bärenbrück (BB) zu einem Maximum von durchschnittlich 41.000 Tieren pro m² in Domsdorf (DD).

Der unterschiedliche Verlauf der Sukzession in den beiden Tiergruppen ist vermutlich auf eine divergierende Entwicklung der Anzahl von verfügbaren Nischen für Carabiden (auf der Bodenoberfläche) und Enchytraeiden (im Boden) zurückzuführen (Kielhorn et al. 1999). Jungaufforstungen bieten heterogene Bedingungen in Hinblick auf Beschattung, Streuansammlungen und Feuchte und können von einer Vielzahl von Carabidenarten besiedelt werden. Der Kronenschluss und die Ausbildung einer geschlossenen Streuschicht in älteren Beständen schaffen homogenere Bedingungen, die nur eine begrenzte Anzahl von Arten begünstigen. Umgekehrt sind Enchytraeiden kaum in der Lage, die trotz Melioration unvorteilhaften Jungaufforstungen ohne ausgeprägte Streuschicht zu besiedeln, da eine ausreichende Nahrungsgrundlage fehlt. Die Akkumulation von organischem Material im Oberboden älterer Bestände und die Entwicklung einer Streuauflage (Keplin et al. 1999) führen zu einer fortschreitenden Ausprägung unterschiedlicher Straten (Weigmann 1987), die Lebensbedingungen für eine wachsende Zahl von Enchytraeiden-Arten bieten.

Kleinringelwürmer gehören nicht zu den Erstbesiedlern von Rohböden. Enchytraeiden sind saprophage und detrivore Organismen, d. h. sie ernähren sich von totem organischen Material, aber auch von Mikroorganismen und Pilzen (Didden et al. 1997). Die Aufnahme von organischem Material setzt voraus, dass die darin enthaltenen Nährstoffe aufgeschlossen vorliegen, also bereits primär zersetzt worden sind. Durch die zunächst fehlende Pflanzendecke besteht für Primärzersetzer keine Nahrungsgrundlage, also fehlen auch die sekundärzersetzenden Enchytraeiden, bis durch die Etablierung von Pflanzengesellschaften eine organische Auflage entwickelt ist, die den Destruenten im System eine Nahrungsbasis liefert. Dieses ist aber nur der biotische Effekt, der die Besiedlung erschwert. Die sandigen Kippsubstrate ohne beschattende Pflanzendecke trocknen sehr schnell aus (Knoche et al. 1999). Die semiaquatischen Enchytraeiden sind einer zu starken Austrocknung schutzlos ausgeliefert.

Durch die Verwitterung der Eisensulfide kommt es nach der Verkippung zu starker Säurefreisetzung und einer erheblichen Erniedrigung des pH-Wertes der Bodenlösung. Durch die erfolgten Meliorationsmaßnahmen und der auf den älteren Standorten in den oberen Zentimetern des Mineralbodens abgeschlossenen Pyritverwitterung und gleichzeitig stattfindender Auswaschungsprozesse ist der Effekt der Versauerung erheblich verringert (Heinkele et al. 1999). Dennoch liegen auch im Oberboden in Domsdorf die pH-Werte teilweise noch im stark sauren Bereich, was u. U. auf eine uneinheitliche Melioration zurückzuführen sein kann (Hüttl et al. 1995) oder eine Folge der Bodenatmung ist (Gisi et al. 1997). Besonders auf frisch verkippten Substraten können sich die niedrigen pH-Werte neben den hohen Salzgehalten massiv schädigend auf die Bodenlebewesen auswirken (Schrader et al. 1997).

Die Besiedlung großer Rohbodenareale, wie Braunkohlerekultivierungsflächen sie darstellen, verzögert sich durch das geringe Ausbreitungspotential der Enchy-

traeiden. Die untersuchten Kippenstandorte liegen in großer Entfernung zu Forsten auf gewachsenen Böden, von denen aus eine Besiedlung erfolgen kann.

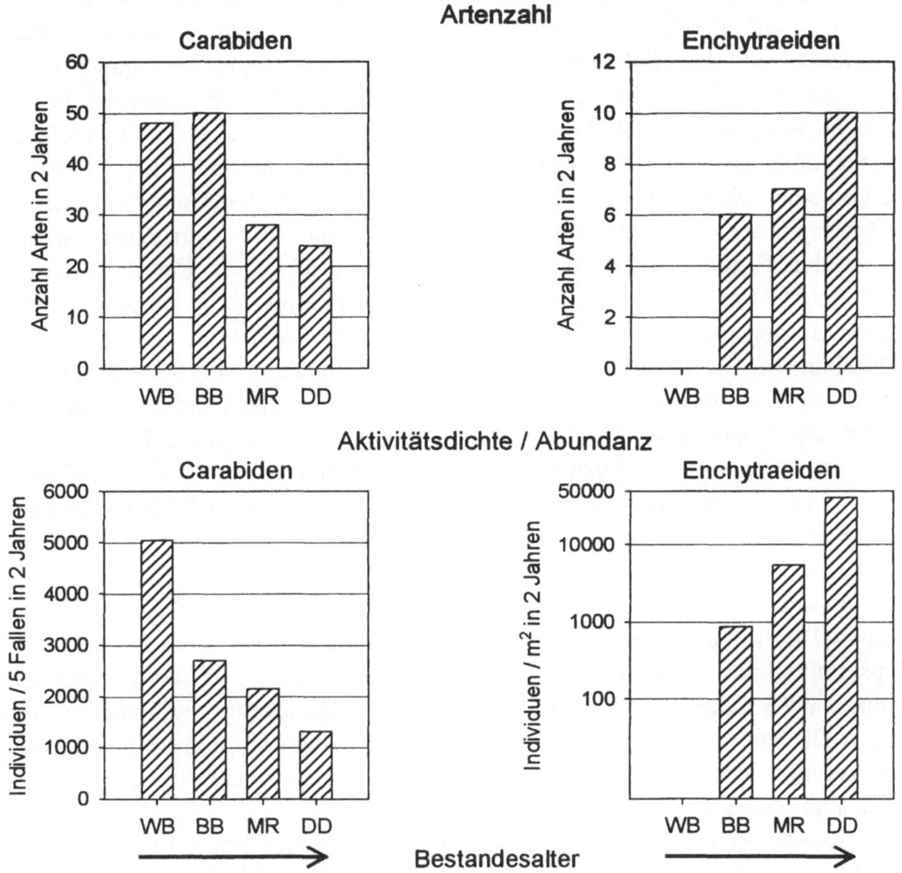

Abb. 1 Veränderung der Artenzahlen, Aktivitätsdichten und Abundanzen von Carabiden und Enchytraeiden mit wachsendem Alter der Kiefernaufforstungen (Werte aus Gesamtfängen in zwei Jahren, Carabiden mit nur einem Individuum pro Standort nicht berücksichtigt; beachte logarithmische Skalierung in der Grafik der Enchytraeiden-Abundanzen) (Kielhorn et al. 1999).

Dabei sind die Besiedlungsmechanismen noch nicht vollständig bekannt. Neben dem Eintrag durch an Bodenpartikel anhaftenden Individuen oder Kokons durch Pflanzmaßnahmen und Maschineneinsatz ist eine Einwehung von Kokons vorstellbar, wie sie für andere Tiergruppen bereits nachgewiesen wurde (Wanner et al. 1998).

Die ökologische Charakterisierung des Pionierstadiums der Carabidengemeinschaften zeigte eine Dominanz xerophiler, teils stenotoper Arten offener Sandflächen und von Feldarten in der Jungaufforstung WB (Abb. 2, Kielhorn et al. 1999). Das erste Übergangsstadium im 14/15-jährigen Stangenholz in Bärenbrück (BB) wurde trotz des entwickelten Baumbestands weiterhin von xero- und mesophilen Offenlandarten dominiert. Im zweiten Übergangsstadium stellten Waldarten bereits die Hälfte der Individuen. Arten des ersten Übergangsstadiums waren immer noch häufig, die dominante Art *Calathus micropterus* besiedelt jedoch vorwiegend Nadelholzforsten. Im ältesten Bestand war ein vorläufiges Klimaxstadium erreicht, Waldarten stellten über 90 % der Individuen. Der Übergang von einer Mischfauna zu einer typischen Waldfauna findet also zwischen dem 18/19-jährigen Bestand und dem 32-jährigen Bestand statt, ein Zeitrahmen, der sich mit den Ergebnissen von Vogel & Dunger (1991) und Platen & Kowarik (1995) deckt. Vergleichbare Stadien in der Entwicklung von Carabidengemeinschaften aufgeforsteter Tagebaustandorte wurden auch von anderen Autoren beschrieben (Mader 1985; Tietze & Eppert 1993; Durka et al. 1997; Dunger 1998 a). Auch die Entwicklung der Spinnengemeinschaften in der Chronosequenz zeigte ähnliche Tendenzen wie die der Carabiden in Bezug auf Individuenzahlen und Habitatpräferenzen. Eine Ausnahme bildet das Initialstadium der Besiedlung, in dem bei Spinnen euryöke Pionierbesiedler wie *Oedothorax apicatus* dominieren (Gack et al. 1999).

Die Carabidengemeinschaften der aufgeforsteten Kippstandorte zeigen im Vergleich mit anderen deutschen Tagebaugebieten regionale Charakteristika (Kielhorn & Keplin 1999). Das Auftreten sonst selten nachgewiesener stenotoper, xerophiler und psammophiler Arten, die aus Sicht des Artenschutzes als wertgebend gelten (Plachter 1983; Geiser 1989), unterstreicht die Bedeutung regionaler Untersuchungen (Kubach & Zebitz 1996). Die im Detail eingeschränkte Übertragbarkeit von Ergebnissen aus anderen Tagebaugebieten beruht auf einer abweichenden Substratzusammensetzung, anderen Klimabedingungen und unterschiedlichen Verbreitungsschwerpunkten einzelner Arten. Gegenüber ähnlichen Standorten auf gewachsenen Böden weist das Pionierstadium der Besiedlung durch Carabiden Abweichungen im Artenbestand auf, die auf den Einfluss der Bodenbearbeitung während der Rekultivierung zurückgeführt werden können. Die Fauna des ältesten Bestands zeigt dagegen eine weitgehende Übereinstimmung mit Carabidengemeinschaften gleichaltriger Kiefernforsten auf gewachsenen Böden.

Die Zusammensetzung der Carabidenfauna wird offensichtlich vorwiegend durch die Faktoren Feuchte, Beschattung und Ausprägung der Humusschicht in älteren Beständen bestimmt (Kielhorn & Keplin 1999). Ein Zusammenhang der Artenzahlen der Pflanzen in der Krautschicht der Bestände (Wulf et al. 1999) mit der Artenzahl der Carabidengemeinschaften, wie z. B. von Feldrainen (Asteraki 1994) und aus Heiden (McCracken 1994) beschrieben, konnte in den Aufforstungen nicht festgestellt werden. Allerdings ergeben die Zeigerwerte der Bodenvegetation für die Lichtzahl einen mit zunehmendem Bestandesalter abnehmenden

Trend (Wulf et al. 1999), der sich mit der Abnahme der photophilen Carabidenarten bzw. der Zunahme der Waldarten parallelisieren lässt (s. auch Stumpf 1997).

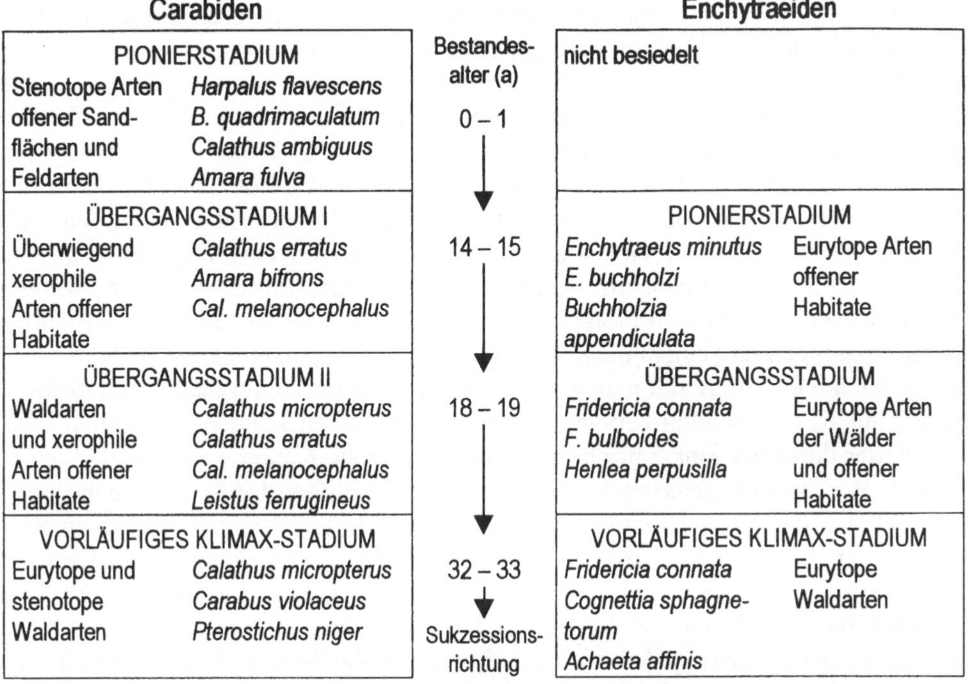

Abb. 2 Ökologische Charakterisierung der dominanten Laufkäfer- und Enchytraeiden-Arten verschiedener Sukzessionsstadien in Kiefernaufforstungen auf rekultivierten Kippböden (Kielhorn et al. 1999).

Unsere Untersuchungen zeigten, dass eine Besiedlung der Kippenflächen durch Enchytraeiden spätestens 14 Jahre nach Aufforstung (Alter des Forstes auf der Bärenbrücker Höhe zu Beginn der Untersuchungen) stattgefunden haben kann. Doch weisen die Individuenzahlen zunächst außerordentlich geringe Werte auf, die mit zunehmendem Alter der Flächen deutlich ansteigen (Düker et al. 1999). Diese Beobachtung trifft auch für alle von den tschechischen Kollegen untersuchten Tiergruppen mit Ausnahme der Nematoden zu (Frouz et al. 2000). Zunächst sind die Enchytraeiden noch relativ unstrukturiert über das Tiefenprofil verteilt, wobei Tiefen über 12 cm kaum besiedelt sind. Mit zunehmendem Alter der Flächen entsteht eine Humusauflage, die dann den Enchytraeiden verbesserte Lebensbedingungen bietet. Hier sind eine Vielzahl von Mikroorganismen und Pilzen etabliert (vgl. Schneider 1999), die zusammen mit anderen Vertretern der Bodenmesofauna (Milben und Collembolen, vgl. Keplin et al. 1999; Frouz et al. 2000) für eine zunehmende Dekomposition der eingetragenen Pflanzenstreu sorgen und somit eine verbesserte Nahrungsbasis für die Enchytraeiden liefern.

Ein weiterer fördernder Effekt besteht in den guten Feuchtigkeitsbedingungen in der Streu und den ausgewogenen mäßig sauren Bedingungen, an die die meisten Enchytraeidenarten gut angepasst sind. Dies zeigt sich deutlich in der Konzentration der Enchytraeiden in diesem Bereich. Auf dem ältesten untersuchten Standort Domsdorf werden Enchytraeidendichten erreicht, die mit denen in Kiefernforsten auf gewachsenen Böden in der Region vergleichbar sind. Neben dem Anwachsen der Individuenzahlen auf den älteren Standorten ist auch eine Artenzunahme mit zunehmendem Standortalter - auch bei den übrigen untersuchten Tiergruppen (vgl. Frouz et al. 2000) - zu verzeichnen, auch wenn dieser Anstieg gering ist.

Werden die Flächen zunächst von kleinen Arten besiedelt, die eine hohe Reproduktionsrate aufweisen und typisch für Standorte mit stark wechselnden Feuchtigkeitsbedingungen und einem unausgewogenen Nahrungsangebot sind (z. B. *Enchytraeus buchholzi*), so findet man auf den älteren Standorten durchaus auch größere Arten, die als (wenn auch euryvalente) Waldarten gelten können (*Fridericia connata*) oder durchaus sehr typisch für mitteleuropäische Kiefernwälder und -forsten sind (z. B. *Cognettia sphagnetorum*, Didden & de Fluiter 1998). Dennoch unterscheidet sich das Arteninventar insgesamt von denen aus Untersuchungen in Kiefernwäldern Berlins und Niedersachsens (Gröngröft & Miehlich 1983; Heck & Römbke 1990). Diese Unterschiede können einerseits auf die bereits oben erwähnten Schwierigkeiten bei der Einwanderung der Enchytraeiden aus Forsten auf natürlich gewachsenen Böden zurückzuführen sein, andererseits aber auch an den immer noch von gewachsenen Forstböden abweichenden Substratbedingungen liegen. Auch das Fehlen von Regenwürmern als Vertreter der Makrofauna mit höherer Mobilität als die Enchytraeiden in den Standorten Meuro und Schlabendorf deutet auf die Unterschiede in der Substratqualität hin. Die Rolle der Enchytraeiden für die Oberbodenentwicklung an diesen Standorten gewinnt durch das Fehlen der Regenwürmer zusätzlich an Bedeutung. Lumbriciden spielen erst auf der Domsdorfer Fläche eine Rolle im Destruentenkomplex (Stöhr & Dunger 1997; Dageförde et al. 2000).

Carabiden und Enchytraeiden zeigen aufgrund der Lebensweise in unterschiedlichen Kompartimenten des Ökosystems und ihrer unterschiedlichen Mobilität sehr verschiedene Entwicklungen der Arten und Individuenzahlen mit fortschreitendem Bestandesalter. Bei der Charakterisierung der dominanten Arten nach Habitatpräferenzen ergeben sich jedoch Ähnlichkeiten im Sukzessionsverlauf. Allerdings fehlen Enchytraeiden in der Primärphase der Besiedlung. Als Bioindikatoren für die Habitatqualität der Aufforstungen ergänzen sich die Tiergruppen in sinnvoller Weise. Carabiden sind besonders geeignet für die Bewertung junger Aufforstungen, während Enchytraeiden mit zunehmendem Alter der Bestände an Bedeutung gewinnen und als Zeigergruppe für die Oberbodenentwicklung herangezogen werden können.

Literatur

Asteraki, E., 1994: The carabid fauna of sown conservation margins around arable fields. In: Desender, K., Dufrêne, M., Loreau, M., Luff, M. L. und Maelfait, J.-P. (Hrsg.): Carabid Beetles: Ecology and Evolution. Kluwer Academic Publishers, Dordrecht, 229-233.

Dageförde, A., Düker, C., Keplin, B., Kielhorn, K.-H., Wagner, A. und Wulf, M., 2000: Eintrag und Abbau organischer Substanz in forstlich rekultivierten Kippsubstraten und die Reaktion der Bodenfauna (Carabidae und Enchytraeidae) im Lausitzer Braunkohlerevier. In: Broll, G., Dunger, W., Keplin, B. und Topp, W. (Hrsg.): Rekultivierung in Bergbaufolgelandschaften. Bodenorganismen, bodenökologische Prozesse und Standortentwicklung. Geowissenschaften + Umwelt, Springer-Verlag, Berlin, 101-130.

Didden, W. A. M. und de Fluiter, R., 1998: Dynamics and Stratification of Enchytraeidae in the Organic Layer of a Scots Pine Forest. Biol Fertil Soils, 26, 305-312.

Didden, W. A. M., 1993: Ecology of terrestrial Enchytraeidae. Pedobiologia, 37, 2-29.

Didden, W. A. M., Fründ, H.-Ch. und Graefe, U., 1997: Enchytraeids. In: Benckiser, G. (Hrsg.): Fauna in Soil Ecosystems. Marcel Dekker Verlag, New York, 135-172.

Düker, C., Keplin, B. und Hüttl, R. F., 1999: Development of enchytraeid communities in reclaimed lignite mine spoil. Newsletter on Enchytraeidae, 6, 77-89.

Dunger, W., 1991: Zur Primärsukzession humiphager Tiergruppen auf Bergbauflächen. Zool. Jb. Syst., 118, 423-447.

Dunger, W., 1998 a: Ergebnisse langjähriger Untersuchungen zur faunistischen Besiedlung von Kippböden. In: Pflug, W. (Hrsg.): Braunkohlentagebau und Rekultivierung. Springer Verlag, Berlin, Heidelberg, 625-634.

Dunger, W., 1998 b: Immigration, Ansiedlung und Primärsukzession der Bodenfauna auf jungen Kippböden. In: Pflug, W. (Hrsg.): Braunkohletagebau und Rekultivierung. Springer-Verlag, Berlin, Heidelberg, 635-644.

Durka, W., Brändle, M. und Altmoos, M., 1997: Sukzession, Habitate und Schutz von Laufkäfern (Carabidae) in Braunkohletagebauen. Mitt. Dtsch. Ges. Allg. Angew. Entomol., 11, 111-114.

Fromm, H., 1998: Collembolen und Bewertung am Beispiel der Bergbaufolgelandschaft. Mitteilungen der AG Bodenmesofauna, 14, 6-13.

Frouz, J., Keplin, B., Tajovský, K., Starý, J., Lukesová, A., Nováková, A., Balík, V., Hánìl, V., Pizl, V., Materna, M., Düker, C., Chalupský, J., Rusek, J. und Heinkele, Th. (2000): Soil biota and upper soil layers development in two contrasting post mining chronosequences. Ecological Engineering (im Druck).

Gack, C., Kobel-Lamparski, A. und Lamparski, F., 1999: Spinnenzönosen als Indikatoren von Entwicklungsschritten in einer Bergbaufolgelandschaft. Arachnologische Mitt., 18, 1-16.

Geiser, R., 1989: Spezielle Käfer-Biotope, welche für die meisten übrigen Tiergruppen weniger relevant sind und daher in der Naturschutzpraxis zumeist übergangen werden. Schr.-R. f. Landschaftspflege u. Naturschutz, 29, 268-276.

Gisi, U., Schenker, R., Schulin, R., Stadelmann, F. X. und Sticher, H., 1997: Bodenökologie. 2. Aufl., Thieme Verlag, Stuttgart, 350 S.

Graefe, U., 1997: Bodenorganismen als Indikatoren des biologischen Bodenzustandes. Mitt. Deutsch. Bodenkundl. Gesell., 85 (2), 687-690.

Gröngröft, A. und Miehlich, G., 1983: Bedeutung der Bodenfeuchte für die Populationsdynamik von Enchytraeidae (Oligochaeta) und Oribatei (Acari), Untersuchung in der Rohhumusauflage im Kiefernforst Gartow (Kreis Lüchow-Dannenberg). Abh. Naturw. Ver. Hamburg (NF), 25, 115-131.

Haag, C. und Depenbusch, M., 1995: Carabiden auf forstlichen Rekultivierungsflächen des rheinischen Braunkohlentagebaus: Besiedlung, Reproduktion und Sukzession. Mitt. Dtsch. Ges. Allg. Angew. Entomol., 9, 727-731.

Heck, M. und Römbke, J., 1990: Enchytraeiden-Gemeinschaften Berliner Forststandorte. Zool. Beitr. N. F., 33, 433-548.

Heijkal, J., 1985: The development of a carabid fauna (Coleoptera, Carabidae) on spoil banks under conditions of primary succession. Acta Entomol. Bohemoslov., 82, 321-346.

Heinkele, Th., Neumann, C., Rumpel, C., Strzyszcz, Z., Kögel-Knabner, I. und Hüttl, R. F., 1999: Zur Pedogenese pyrit- und kohlehaltiger Kippsubstrate im Lausitzer Braunkohlerevier. In: Hüttl, R. F., Klem, D. und Weber, E. (Hrsg.): Rekultivierung von Bergbaufolgelandschaften. Das Beispiel des Lausitzer Braunkohlereviers. Walter de Gruyter, Berlin, New York, 25-44.

Hüttl, R. F., Heinkele, Th., Neumann, C., und Strzyszcz, Z., 1995: Untersuchungen über Richtung und Ausmaß bodenbildender Teilprozesse von Kippenböden. In: Hüttl, R. F., Klem, D. und Weber, E. (Hrsg.): BTUC Innovationskolleg: Ökologisches Entwicklungspotential der Bergbaufolgelandschaften im Lausitzer Braunkohlenrevier. Arbeitsbericht, 9-12 (unveröffentlicht).

Keplin, B., Dageförde, A. und Düker, C., 1999: Untersuchungen zum Abbau von organischer Substanz und zur Bodenbiozönose auf forstlich rekultivierten Kippstandorten. In: Hüttl, R. F., Klem, D. und Weber, E. (Hrsg.): Rekultivierung von Bergbaufolgelandschaften. Das Beispiel des Lausitzer Braunkohlereviers. Walter de Gruyter, Berlin, New York, 73-87.

Kielhorn, K.-H. und Keplin, B. 1999: Carabidenzönosen unterschiedlich alter Kiefernaufforstungen auf rekultivierten Kippböden: Struktur der Fauna, regionale Charakteristika und Aspekte des Artenschutzes. In: Hüttl, R. F., Klem, D. und Weber, E. (Hrsg.): Rekultivierung von Bergbaufolgelandschaften. Das Beispiel des Lausitzer Braunkohlereviers. Walter de Gruyter, Berlin, New York, 119-130.

Kielhorn, K.-H., Düker, C. und Keplin, B., 1999: Successional stages in the development of enchytraeid and carabid assemblages of afforested mine spoil. In: Tajovsky, K. und Pizl, V. (Hrsg.): Soil Zoology in Central Europe. ISB AS CR, Ceske Budejovice: 137-142.

Knoche, D., Schaaf, W., Embacher, A., Faß, H.-J., Gast, M., Scherzer, J. und Wilden, R., 1999: Wasser- und Stoffdynamik von Waldökosystemen auf schwefelsauren Kippsubstraten des Braunkohletagebaues im Lausitzer Revier. In: Hüttl, R. F., Klem, D. und Weber, E. (Hrsg.): Rekultivierung von Bergbaufolgelandschaften. Das Beispiel des Lausitzer Braunkohlereviers. Walter de Gruyter, Berlin, New York, 45-71.

Kubach, G. und Zebitz, C. P. W., 1996: Laufkäfer (Carabidae) auf neu angelegten Saumstrukturen in einer süddeutschen Agrarlandschaft (Kraichgau) unter besonderer Berücksichtigung der Habitatbindung von Arten der Unterfamilie Harpalinae. Jh. Ges. Naturkunde Württ., 152, 187-212.

Mader, H.-J., 1985: Die Sukzession der Laufkäfer- und Spinnengemeinschaften auf Rohböden des Braunkohlereviers. Schr.-R. f. Vegetationskunde, 16, 167-194.

McCracken, D. I., 1994: A fuzzy classification of moorland ground beetle (Coleoptera: Carabidae) and plant communities. Pedobiologia, 38, 12-27.

Neumann, U., 1971: Die Sukzession der Bodenfauna (Carabidae (Coleoptera), Diplopoda und Isopoda) in den forstlich rekultivierten Gebieten des Rheinischen Braunkohlenreviers. Pedobiologia, 11, 193-226.

Parmenter, R. R. und MacMahon, J. A., 1987: Early successional patterns of arthropod recolonization on reclaimed strip mines in southwestern Wyoming: The ground-dwelling beetle fauna (Coleoptera). Environ. Entomol., 16, 168-177.

Plachter, H., 1983: Die Lebensgemeinschaften aufgelassener Abbaustellen. Schr.-R. Bayer. Landesamt f. Umweltschutz, 56, 1-109.

Platen, R. und Kowarik, I., 1995: Dynamik von Pflanzen-, Spinnen- und Laufkäfergemeinschaften bei der Sukzession von Trockenrasen zu Gehölzgesellschaften auf innerstädtischen Bahnbrachen in Berlin. Verh. Ges. Ökol., 24, 431-439.

Schneider, B., 1999: Optimierung und Anwendung molekularbiologischer Methoden zur Untersuchung der mikrobiellen Diversität in forstlich rekultivierten Kippenböden der Bergbaufolgelandschaft in der Niederlausitz. Zwischenbericht an die DFG, Förderkennzeichen: Schn 555/1-1 (unveröffentlicht).

Schrader, G., Keplin, B., Larink, O. und Hüttl, R. F., 1997: Rekultivierung von stark sulfathaltigen Kippenstandorten unter Betrachten der Besiedelbarkeit durch Collembolen. Mitt. Deutsch. Bodenkundl. Gesell., 85/III, 1603-1606.

Skambracks, D., Stengele, U. und Topp, W., 1997: Verteilungsmuster von Laufkäfern (Carabidae) auf der Außenkippe Sophienhöhe. Mitt. Deutsch. Bodenkundl. Gesell., 83, 211-213.

Stöhr, H. und Dunger, W., 1997: Lumbriciden. In: Dunger, W., 1997: Untersuchungen zur Fauna 35jähriger aschemeliorierter Kippböden. BTUC Innovationskolleg „Ökologisches Entwicklungspotential der Bergbaufolgelandschaften im Lausitzer Braunkohlenrevier“. Abschlußbericht der Arbeitsgruppe Görlitz, 50-52 (unveröffentlicht).

Stumpf, T., 1997: Neue Wege in der Bioindikation - Ein ökologisches Zeigerwertsystem für Käfer. LÖBF-Mitt., 2, 53-58.

Tietze, F. und Eppert, F., 1993: Zur Habitatnutzung von Carabiden-Gemeinschaften in verschiedenaltrigen Rekultivierungsbiotopen des Halle-Bitterfelder-Braunkohlenrevieres (Coleoptera - Carabidae). Mitt. Dtsch. Ges. Allg. Angew. Entomol., 8, 537-543.

Topp, W., 1999: Landschaftsplanung und bodenökologische Forschung: Die Sophienhöhe im Rheinischen Braunkohlenrevier. In: Broll, G., Dunger, W., Keplin, B. und Topp, W. (Hrsg.): Rekultivierung in Bergbaufolgelandschaften. Bodenorganismen, bodenökologische Prozesse und Standortentwicklung. Springer-Verlag, Berlin, 1-36.

Topp, W., Gemesi, O., Grüning, C., Tasch, P. und Zhou, H.-Z., 1992: Forstliche Rekultivierung mit Altwaldboden im Rheinischen Braunkohlenrevier. Zool. Jb. Syst., 119, 505-533.

Vogel, J. und Dunger, W., 1991: Carabiden und Staphyliniden als Besiedler rekultivierter Tagebau-Halden in Ostdeutschland. Abh. Ber. Naturkundemus. Görlitz, 65 (3), 1–31.

Wanner, M., Dunger, W., Schulz, H.-J. und Voigtländer, K., 1998: Primary Immigration of Soil Organisms on Coal Mined Area in Eastern Germany. In: Pizl, V. und Tajovský, K. (Hrsg.): Soil Zoological Problems in Central Europe. Ceské Budejovice, 267-275.

Weigmann, G., 1987: Fragen der Auswertung und Bewertung faunistischer Artenlisten. Mitt. Biol. Bundesanst. Land- u. Forstwirtschaft, 234, 23-33.

Wulf, M., Schmincke, B. und Weber, E., 1999: Entwicklung der Bodenvegetation in Kippenforsten. In: Hüttl, R. F., Klem, D. und Weber, E. (Hrsg.): Rekultivierung von Bergbaufolgelandschaften. Das Beispiel des Lausitzer Braunkohlereviers. Walter de Gruyter, Berlin, New York, 89-100.

Hydrogeochemische Zustandsbeschreibung

Ralph Schöpke

1 Wasserbeschaffenheitsbestimmende Reaktionen

Die Veränderungen der Sicker- und Grundwasserbeschaffenheit laufen vor allem im Porensystem ab. Der Grundwasserleiter ist aus Primärmineralen aufgebaut (Abb. 1), die das Porengerüst bilden und chemisch inert bzw. reaktionsträge sind *(1)*. Die Pyritverwitterung (*1a*) ist die entscheidende Reaktion für die Bildung eines Stoffaustragspotentials im Kippenkörper. Daneben liegen eine Reihe reaktiver und sekundärer Minerale vor, die im Gleichgewicht mit den gelösten Stoffen im Grundwasser stehen (*3*). An den Phasengrenzflächen Grundwasser-Feststoff bilden sich *Adsorptionsfilme* (2). Die sich vielfach überlagernden Lösungs- und Sorptionsgleichgewichte zwischen Grundwasser und Feststoff beschrieb Schöpke (1999) zusammengefaßt als *komplexe Phasengleichgewichte* (*2+3*).

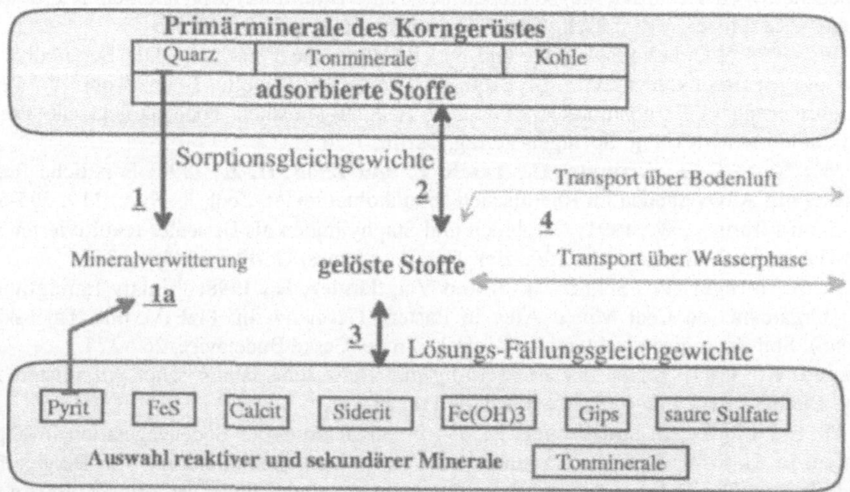

Abb. 1 Beschaffenheitsbestimmende Wechselwirkungen im Porenraum von Kippenkörpern [Erklärungen im Text].

Über die mobilen Phasen Grundwasser und Bodenluft erfolgt der Stoffaustausch mit den angrenzenden Kompartimenten *(4)* (vergleiche Zusammenschau Transportprozesse).

Dieses hydrogeochemische Grundmodell (vgl. Abb. 1) ist auf alle Teilkompartimente des Grundwasserleiters unter Berücksichtigung ihrer jeweiligen Spezifik anwendbar. Die auf die Bergbautechnologie zurückzuführende Heterogenität der Sedimente beeinflusst vor allem die Beschaffenheit des Sickerwassers und die im oberen Kippengrundwasserleiter.

Mit zunehmendem Alter der Kippe nimmt der Einfluß der Pyritverwitterung auf die Beschaffenheit der Sicker- und Grundwässer zugunsten von Reaktionen der Verwitterungsprodukte mit den Mineralien der Kippensedimente ab (Schöpke 1999).

2 Pyritverwitterung

Bei der Pyritverwitterung handelt sich um einen komplexen Prozess, der sowohl anorganisch als auch mikrobiologisch katalysiert in mehreren sequentiellen Teilschritten (Evangelou 1995) ablaufen kann. Im Zuge der Braunkohlegewinnung kommt es mehrfach, angefangen bei der Vorfeldentwässerung über Abbau und Verkippung, zu einem Kontakt pyrithaltiger Sedimente mit dem Luftsauerstoff. Die Pyritoxidation nach Abschluss des Tagebaubetriebes hängt vor allem von der Nachlieferung von Oxidationsmitteln durch die Bodenluft oder das Sickerwasser ab. Dementsprechend beschrieb TP 20 (dieser Band) Reaktionszonen in der jungen Innenkippe Gräbendorf unter Berücksichtigung der Bodenluftzusammensetzung mit einem 1D-Reaktions-Diffusions-Modell nach Prein (1994). Die Untersuchungen der letzten Jahre zeigen, dass die Tiefenerstreckung der Pyritoxidation bei Expositionszeiten von mehreren Jahren von wenigen Dezimetern in stark schluffigen pyritreichen Sedimenten (TP 20) bis zu mehreren Metern in sandigen pyritarmen Sedimenten reicht.

Im Rahmen des TP 15 (dieser Band) wurde ein 2D-Modell zur Beschreibung von reaktivem Multikomponenten Stofftransport in heterogenen wasserungesättigten Kippen entwickelt, in dem die Pyritoxidationskinetik nach dem Shrinking Core – Modell (Wunderly et al. 1994) beschrieben wird. Eine heterogene Sulfidverteilung führt bei gleichen Mengen in Modellrechnungen zu einer Spreizung der Oxidationsfront, während die Verteilung der puffernden Minerale die Auswaschung über das Fällungs- und Lösungsverhalten beeinflusst.

In der bereits über 20 Jahre alten Kippe Schlabendorf-Nord spielt dagegen die rezente Pyritverwitterung keine Rolle mehr (Schöpke et al. 1999). Allerdings konnten nach Zuführung von Sauerstoff in noch pyrithaltige Sedimente aus Tiefen unter 6 m im Labor Oxidationsgeschwindigkeiten bis zu 0,8 $mmol \cdot kg^{-1}d^{-1}$ (S) gemessen werden. Die beobachtete Reaktionskinetik konnte keiner der in Evangelou (1995) oder Wunderly et al. (1994) beschriebenen Mechanismen zugeordnet werden.

3 Lösung von Pyritverwitterungsprodukten (Phasengleichgewichte)

Die sauren Pyritverwitterungsprodukte werden in der ungesättigten Zone gespeichert und nur sehr langsam mit dem Sickerwasser in das Grundwasser transportiert. Dessen Zusammensetzung wird durch die Löslichkeitsprodukte sekundär gebildeter Salzphasen wie z. B. Gips und Jurbanit bestimmt (TP 3 und 4, dieser Band). Das aus dem Sickerwasser gebildete Grundwasser ist häufig gipsgesättigt. Zum massiven Eintrag saurer Pyritverwitterungsprodukte kommt es beim Anstieg des Grundwassers durch die Elution von Pyritverwitterungsprodukten aus dem ungesättigten Bereich (TP 10, dieser Band). Die Eisen(II)konzentration hydrogencarbonatgepufferter Wässer ist häufig höher als nach dem Sideritlöslichkeitsgleichgewicht berechnet. Für diese scheinbare Übersättigung konnte noch keine Erklärung gefunden werden (Schöpke 1999).

Für die quantitative Bestimmung wasserlöslicher Stoffe in Kippensedimenten mussten neue methodische Ansätze entwickelt werden (kontinuierliche Elution, Schöpke 1999), weil durch die Überlagerung von Löslichkeits- und Sorptionsgleichgewichten im einfachen Batch-Ansatz das Ergebnis vom jeweils angewendeten Phasenverhältnis beeinflusst wurde.

4 Säurepufferung

Die Säuregenerierung im Zuge der Eisensulfidoxidation bewirkt eine intensive Mineralverwitterung. Im Meliorationshorizont puffert die eingearbeitete Asche. Calcium unterliegt einer zusätzlichen Freisetzung durch die Auflösung des in der Substratmatrix eingelagerten Gips bzw. Calcits (TP 3 und 4). Im unmeliorierten Unterboden findet darüber hinaus bei pH-Werten zwischen 2,2 bis 2,8 eine starke Primärmineralzerstörung statt, wie extrem hohe Al-Konzentrationen (TP3 und 4) im Sickerwassser belegen.

Zur Beschreibung der säurebildenden Eigenschaften von anoxischen Kippengrundwässern im aeroben Tagebausee führte Schöpke (1999, TP 10) ein modifiziertes Neutralisationspotential nach Evangelou (1995) ein. Die wesentliche Säureneutralisation im Kippensediment wird der Auflösung von Calcit zugeschrieben.

Beim Übergang des sauren Sickerwassers in anaerobes Grundwasser steigt der pH-Wert bis in den Hydrogencarbonatpuffer, ohne dass sich dabei das Neutralisationspotential wesentlich ändert. Im Umfeld junger Kippen (Gräbendorf, Seese) mit niedrigem Grundwasserstand wird die aus der Kippe mit der Grundwasserneubildung eluierte Säure noch abgepuffert. Diese Grundwässer zeichnen sich durch hohe Hydrogencarbonatkonzentrationen aus und lassen sich in ihrer Zusammensetzung mit dem von Schöpke konzipierten einfachen Genesemodell (vgl. TP 10, dieser Band) beschreiben.

Die qualitative Änderung des Grundwassers zum aeroben Tagebauseewasser verläuft innerhalb der oberen 10 cm des Seesediments. Dabei wird auch Phosphat des anströmenden Grundwassers an ausgefallenem Eisenhydroxid adsorbiert oder als Ca-Apatit gefällt (TP 11, dieser Band).

5 Literatur

Evangelou, V. P., 1995: Pyrite oxidation and its control. CRC Press, Boca Raton, New York, London, Tokio.

Prein, A., 1994: Sauerstoffzufuhr als limitierender Faktor für die Pyritverwitterung in Abraumkippen von Braunkohlentagebauen. Mittlungen 79, I. Hydrologie Landwirtschaft Wasserbau, Hannover.

Gerke, H. H., Frind, E. O. und Molson, J. W., 1998: Modelling the effect of heterogenity on acidification and solute leaching in overburden mine spoils. Journal of Hydrology, 209, 166-185.

Schöpke, R., 1999: Erarbeitung einer Methodik zur Beschreibung hydrochemischer Prozesse in Kippengrundwasserleitern. Dissertation Lehrstuhl Wassertechnik BTU Cottbus. Schriftenreihe Siedlungswasserwirtschaft und Umwelt, Bd.2.

Schöpke, R., Koch, R. und Pietsch, W. 1999: Chemisch bedingte Beschaffenheitsveränderungen des Sicker- und Grundwassers In: Hüttl, R. F., Klem, D. und Weber, E.: (Hrsg.): Rekultivierung von Bergbaufolgelandschaften. Walter de Gruyter, Berlin, New York.

Wunderly, M. D., Blowes,D. W., Frind E.O. and Ptacek P., 1996: : Sulfide mineral oxidation and subsequent reactive transport of oxidation products in mine tailings impoundments: Num. mod. Water Ressources Research, Vol. 32 No.10.

Zusammenschau Transportprozesse

Wolfgang Rolland, Horst H. Gerke, Detlef Biemelt, Wolfgang Schaaf & Markus Kügler

1 Einleitung

Die Tagebaukippen stellen Quellen für den Austrag von Reaktions- und Folgeprodukten der Pyritverwitterung dar (siehe Zusammenschau „Hydrogeochemische Zustandsbeschreibung"). Je nach Lage der Kippen im hydrogeologischen System werden durch den Abstrom dieser Stoffe Restseen, natürliche Grundwasserleiter oder auch Fließgewässer belastet.

Das Kippengrundwasser kann, entsprechend seiner Genese, in vier Gruppen eingeteilt werden:

- Grundwasserneubildung aus dem Sickerwasser der Kippe
- Grundwasser, das dem horizontalen Einstrom aus quartären und / oder tertiären Grundwasserleitern entstammt
- Grundwasser, das dem horizontalen Einstrom aus Tagebauseen entstammt
- Grundwasser, das dem vertikalen Einstrom aus dem Liegendgrundwasserleiter durch den natürlich oder durch die Bergbautätigkeit gestörten Liegendstauer entstammt.

Übergeordnetes Ziel der hier betrachteten Teilprojekte war es, die quantitative Kenntnisse über die Wasser- und Stoffbewegung in der vadosen und der gesättigten Zone zu erweitern, als Voraussetzung für eine verbesserte Bilanzierung des Wasser- und Stoffhaushaltes von Braunkohletagebaukippen.

In diesem Kapitel wird eine Zusammenschau von Teilprojekten vorgenommen, die sich mit der Wasser- und Stoffverlagerung sowohl prozessorientiert in räumlich eindimensionaler, punktorientierter Betrachtung beschäftigten als auch räumlich zwei- und dreidimensional Ansätze bearbeiten (Tab.1). Die Arbeiten umfassen theoretische Ansätze zur Ableitung möglicher räumlicher Verteilungen von hydraulischen Eigenschaften in Kippenmassiven sowie Versuche, Kippenkomplexe von mehreren Quadratkilometer Ausdehnung mittels indirekter und direkter Verfahren hinsichtlich der Transportvorgänge zu charakterisieren. Untersucht wurden unterschiedlich alte Kippen, unterschiedliche Standorte / Lokationen sowie unterschiedliche Nutzungsarten, wobei die Zielrichtung auf die Erfassung des Wasser- und Stoffaustrags aus und den Stoffumsatz im System sowie die zeitliche Entwicklung von Systemzuständen gerichtet war.

Tab. 1 Übersicht über die Teilprojekte des Innovationskollegs, die sich mit Aspekten des Wasser- und Stofftransportes befassten.

TP	Alter der Kippe [Jahre]	Kippenbereich	Untersuchungsgegenstand	Ort Methodik
TP 9	20	Oberfläche, Bodenwasser (0 - 1 m)	Grundwasserneubildung	Schlabendorf-Nord Messung und Modellierung des Bodenwasserhaushaltes, der meteorologischen Randbed. an verschiedenen Punkten, Bilanzierung für kleine Einzugsgebiete
TP 3 & 4	5 - 55	Boden (0 - 160 cm Tiefe)	Wasser- und Stoffhaushalt	Flächen der Chronosequenz Bilanzierung der Wasser- und Stoffflüsse durch kalibrierte Wasserflussmodelle und gemessene Stoffkonzentration
TP 10	5 - 12 20 - 25	vadose und gesättigte Zone (bis 45 m. u. GOK*)	Festphasen- und Grundwasserchemismus	Schlabendorf-Nord phreeqc-Bahnlinienmodell
TP 20	6 - 10	vadose und gesättigte Zone (bis 36 m u. GOK)	Wasser-, Stoff- und Gashaushalt	Gräbendorf Geohydraulik, Festphasen- und Grundwasserchemismus
TP 21	4 - 12	vadose Zone (0 - 64 m u. GOK)	Bestandsaufnahme von Systemzuständen und deren struktureller Regelhaftigkeit	Seese-Ost, Meuro Geophysik, Festphasenchemismus
TP 14	6 - 10	ungesättigte und ges. Zone (bis 36 m u. GOK)	Setzungen und Sackungen	Bodenmechanische Messungen zur Erfassung der zeitlichen Entwicklung von Systemzuständen
TP 15	(25)	ungesättigte Zone (1,5 - 20 m)	Berechnung des Wasser- und Stoffaustrages basierend auf verschiedenen begründeten Annahmen über Verteilungsmuster von Systemzuständen und Parametern	Basierend auf Daten von Schlabendorf-Nord Modellierung der Auswirkungen der räumlichen Variabilität von physikalischen / hydraulischen und chemischen Kippeneigenschaften auf die Wasser- und Stoffverlagerung
TP 19	16-20	Durchwurzelter Boden und obere ungesättigte Zone (0 - 1,5 m)	Präferentieller Fluss	Bärenbrück Experimenteller qualitativer Nachweis von präferentiellen Fließwegen und quantitative Erfassung der räumlichen Variabilität der Sickerwasserbewegung mit einem Untergrund-Zellenlysimeter

*GOK: Geländeoberkante

2 Boden-geohydraulische Besonderheiten von Tagebaukippen im Niederlausitzer Braunkohlerevier

Die Geohydraulik von Kippen weist eine Reihe von Merkmalen auf, die sich grundsätzlich von denen unverritzter Sedimente unterscheiden.

Bereits das Infiltrationsgeschehen führt, aufgrund der Hydrophobie der kohlehaltigen Sedimente und der Reliefstruktur auf unmeliorierten Offenlandstandorten, zu einem komplexen, räumlich differenzierten Verteilungsmuster der Grundwasserneubildung und der Stoffeinträge in das Grundwasser (siehe TP 9 und TP 19, dieser Band). In der meliorierten Bodenzone führt die Bodenbearbeitung und Düngung zu einer weiteren Mischung, bewirkt aber auch die Entstehung neuer Strukturen.

Das Innere des Kippenkörpers ist technogen strukturiert. Dadurch wird die ehemals annähernd horizontalebene Schichtung der Grundwassersysteme aufgehoben und durch eine, von der Verkippungstechnologie abhängige, geneigte kleinräumige Wechsellagerung von Sedimenten unterschiedlichen Ursprungs ersetzt (TP 21, dieser Band).

Die dadurch bedingte Heterogenität bodenphysikalischer und -chemischer Zustände ist gekennzeichnet durch eine „zufällige“ Komponente im mikroskaligen Bereich und eine „strukturelle“ Komponente im Maßstab von mehreren 10er Metern. Untersuchungsansätze, die eine systematische Beschreibung der Kippenkörper ermöglichen, reichen bis in die 60er Jahre zurück. Zu nennen sind insbesondere die Arbeiten von Leibiger (1964), Matschak (1969) und Kaubisch (1986). Diese Arbeiten fanden nun, da es nach der flächenhaften Stilllegung des Braunkohlebergbaus zur Flutung der Kippenkörper kommt, ihre Fortsetzung im Rahmen einer Reihe von Teilprojekten des BTUC Innovationskollegs, aber auch in anderen Forschungsprojekten (z. B. Pohl 1996 und Rolland et al. 1999).

Für den Wasserfluss und Transport gelöster Stoffe in Kippen sind nachfolgend genormte Strukturen von Bedeutung. Diese wurden in verschiedenen Teilprojekten beschrieben:

- regel- oder unregelmäßige Abfolgen von Kipprippen oder -kegeln mit Material unterschiedlichen geologischen Ursprungs (siehe TP 15, dieser Band und Scholz & Kaubisch 1986)
- Auflockerungs- und Verdichtungsprozesse im Zentrum und an den Flanken der Kipprippen (siehe TP 15, dieser Band und Matschak 1969)
- Entmischungsvorgänge bei der Verkippung an den Flanken der Kipprippen (siehe TP 15, 21, dieser Band und Leibiger 1964)
- horizontal angeordnete sekundäre Verdichtungsbereiche z. B. Arbeitsebenen (siehe TP 14 dieser Band)
- vertikal angeordnete Verdichtungsbereiche z. B. Zonen der Spreng- und Rüttelverdichtung (siehe TP 20).

Zusätzlich ist zu beachten, dass die Kippensedimente bei der Verkippung eine Auflockerung gegenüber ihrer natürlichen Lagerung erfahren. Dabei wird bei der Berechnung der Kippenvolumina im Bergbau der Lausitz von einem durchschnittlicher Auflockerungsfaktor von 1,1 ausgegangen (LAUBAG, pers. Mitt.). Diese Auflockerungen sind lokal (durch Setzungen und Sackungen) reversibel (TP 14, dieser Band).

Über die Wirkungen dieser spezifischen Struktureigenschaften auf die Wasser- und Stoffflüsse liegen bislang kaum Erkenntnisse vor. In der Regel, und das gilt sowohl für die Modellierung der Flüsse in der Praxis des Sanierungs- und aktiven Bergbaus, als auch in der Forschung, werden, trotz des Wissens über die Heterogenität bzw. die anisotropen Eigenschaften der Materialien, diese außer Acht gelassen. Die Ergebnisse der theoretischen Arbeiten in TP 15 (bezüglich Kippenstruktur und Dichteverteilung und Verteilung geochemischer Komponenten auf den reaktiven Transport und die Pyritoxidation) und TP 20 (bezüglich Sprengverdichtung) zeigen, dass die Heterogenität physikalischer und chemischer Eigenschaften in Kippenmassiven den Transport, die Umsetzungen und die Auswaschung hinsichtlich Dauer und Raten stark beeinflussen kann.

3 Beschreibung der Einzelprozesse

3.1 Versickerung

Die obere Randbedingung der Wasserflussmodelle für die vadose Zone stellt die Versickerungsrate dar. Diese wurde mit den Modellsystemen SOIL (TP 3 und 4) und MKI (TP 9 und TP 20) berechnet. In allen Fällen erfolgte eine Kalibrierung der bodenhydraulischen Funktionen an Tensiometermessungen. Eine Übersicht über die ermittelten Grundwasserneubildungsraten gibt Tabelle 2. Im TP 15 wurde die Wirkung unterschiedlicher Versickerungsraten auf den Wasserfluss und den Stofftransport in heterogenen Systemen studiert.

Auf den Flächen der Kiefern- und Eichenchronosequenzen wird die Grundwasserneubildung ausschließlich durch die Größe des Interzeptionsspeichers, die eine Funktion des Bestandesalters ist, geprägt. Die Merkmalseigenschaften der Böden treten dagegen stark zurück. Eine Ausnahme stellen hier die Standorte Weißagker Berg und Nochten dar, die aufgrund der noch jungen und lückigen Bestände eher einem Freilandstandort gleichzusetzen sind. Hier treten, wie auch an den anderen Freilandstandorten, die Bodeneigenschaften (Infiltrationskapazität, hydraulische Leitfähigkeit und Speicherkapazität) in den Vordergrund. Infolge von Hangneigung (Weißagker Berg) aber auch von strukturbedingten heterogenen Infiltrationseigenschaften der oberen Bodenschichten (Schlabendorf-Nord) kommt es auf Freilandstandorten zu Oberflächenabfluss. Da dieser Abfluss in der Regel in kleineren Erosionsrinnen versickert oder in abflusslosen Senken zum Stillstand kommt, entsteht eine kleinräumige Struktur mit Zonen sehr geringer und Zonen hoher Grundwasserneubildungsraten.

Tab. 2 Berechnete Grundwasserneubildungsraten.

Standort	Standortcharakteristik	Grundwasserneubildung [mm a^{-1}]	Methode	Bilanzzeitraum
TP 3				
Weißagker Berg	Kiefernchronosequenz	207	Modellrechnung Soil	01.04.96 - 31.03.98
Bärenbrück		22		
Meuro		41		
Domsdorf		108		
Schlabendorf-Nord		11		
TP 4				
Nochten	Eichenchronosequenz	320		01.07.95 - 30.06.98
Koyne		42		
Domsdorf		73		
TP 9				
Schlabendorf-Nord	bewachsene Kuppe	167	Infiltrometermessungen	04.06.97 - 05.06.98
	unbewachsene Kuppe (a)	33		
	unbewachsene Kuppe (b)	126		
	Erosionsrinne	1564		
	heterogenes unbew. Einzugsgebiet von 12 ha	236	Wasserbilanz	
TP 15				
-		100*		
Vergleichswerte aus der Literatur:				
Matschak & Walde (1968)	frische Absetzerkippe ohne Vegetation	45 - 85	Lysimeter	1964 - 66
Kleinleipisch				
Glugla (1985)	devastierte Fläche	440	Modellrechnung (Raster 84)	
	rekult. landwirt. Fläche	240		
	Walde	310 - 110		
Winkler (1984)	o. A.			
Welzow-Süd		90	Pumpversuch	1978 - 82
Scholz & Kaubisch (1986)	junger Kippenkomplex		Isotopenhydrogeolog. Untersuchungen	
	Hochlage	28		
	Tieflage	200		
Katzur & Liebner (1995)	Quart. Kippsand	234	Lysimeter	1992 - 94
Grünewalde	Quartär über Tertiär	271		
	Tertiär aschemelioriert	355		
	Tertiär kalkmelioriert	377		

* Summe bei variabler Intensität; (a) hydrophob (b) nicht hydrophob

3.2 Wasserflüsse im Kippeninneren (unterhalb der Wurzelzone)

Aufgrund der Heterogenität der Sedimente und deren besonderen Eigenschaften (Auflockerung, zeitlich variable Lagerungsdichte) bestehen große Unsicherheiten bei der Parametrisierung von Strömungsmodellen. Ursächlich sind drei Gründe:

- Geringe Datendichte
- Mangelnde Kenntnis von Prozessabläufen
- Methodische Defizite.

In einer Reihe von Teilprojekten wurden hydraulische Parameter von Böden und Kippensedimenten mittels verschiedener Methoden bestimmt. In TP 20 wurde darüber hinaus ein Methodenvergleich durchgeführt. Eine Übersicht über die erzielten Ergebnisse gibt Tabelle 3.

Aus den in der Tabelle 3 zusammengestellten Daten lassen sich folgende Aussagen ableiten:

Die Wahl der Methode hat einen entscheidenden Einfluss auf den bestimmten kf-Wert. Der Methodenvergleich am Standort Gräbendorf verdeutlicht, dass Unterschiede von bis zu 3 Größenordnungen bei der Anwendung verschiedener Verfahren auftreten. Relativ nahe beieinander liegen dabei die invers ermittelten Parameter, die aufgrund der Modellgeometrie des dichten Messnetzes, der hohen Anzahl von Messungen und der besonderen Sensitivität des kf-Wertes auf das Modellergebnis dem „wahren mittleren Wert“ am nächsten kommen dürften und die mittels Sieblinien bestimmten kf-Werte. Von geringerer Bedeutung scheint dabei zu sein, ob die Siebung nass oder trocken durchgeführt wurde und welcher empirische Ansatz zur Auswertung herangezogen wird.

Vermutlich aufgrund des ungünstigen Pegelausbaus liefern die Slugtests deutlich niedrigere Werte. Die Ergebnisse der Darcy-Versuche lassen sich in 2 Gruppen einteilen: Versuche mit ungestörten Sedimenten aus größeren Tiefen der Kippe zeigen eine recht gute Übereinstimmung mit Siebanalysen und der inversen Modellierung. Die Berechnung der Leitfähigkeit aus oberflächennah gewonnenen Proben führt hingegen zu einer systematischen Unterschätzung der Leitfähigkeit, trotz nahezu identischer Korngrößenzusammensetzung und gleicher Lagerungsdichte. Ursächlich hierfür ist der beim Versuch auch optisch erkennbare Benetzungswiderstand dieser Sedimente.

Auffällig ist weiterhin, dass in den Fällen, in denen Bohrprofile vollständig in verschiedenen Tiefenschritten ausgewertet wurden (TP 20, TP 14 und TP 10), sehr einheitliche Sieblinien vorgefunden wurden und demzufolge die berechneten kf-Werte nur eine sehr geringe Standardabweichung aufweisen. In diesen Fällen sind weder eine nennenswerte Heterogenität noch irgendwelche Strukturmerkmale anhand der Korngrößenverteilung zu erkennen. In Gräbendorf ist dies durch das recht gleichförmige Ausgangsmaterial und die technologisch bedingte starke Homogenisierung des Materials zu erklären und wird durch andere Ergebnisse

(Gleichförmigkeit des Grundwasser-Wiederanstieges) bestätigt. Ob dieser Befund für das Gebiet Schlabendorf-Nord gleichfalls typisch ist, kann nicht beurteilt werden. Die geophysikalischen Untersuchungen aus Seese-Ost und Meuro weisen hingegen auf eine systematische Wechsellagerung der Sedimente hin. Es handelt sich hier jedoch um relative Messgrößen, so dass die unmittelbare Ableitung hydraulischer Parameter und deren systematischer Schwankungsbreite nicht möglich ist.

Tab. 3 Zusammenstellung geohydraulischer Kennwerte.

Standort	TP	Kennzeichen des Standortes	Lagerungsdichte [g cm^{-3}]	kf-Wert [cm d^{-1}]	Methode
Bärenbrück	TP 3	Profil 3:			
		20 - 25 cm	1,07 ± 0,21	720 - 1080	inverse Modellierung
		50 - 55 cm	1,36 ± 0,08		
		95 - 100 cm	1,32 ± 0,04		
Domsdorf	TP 3	Profil 2:			
		15 - 20 cm	1,31 ± 0,04	727 - 1382	inverse Modellierung
		55 - 60 cm	1,05 ± 0,08		
		85 - 90 cm	1,17 ± 0,25		
Meuro	TP 3	Profil 6:			
		15 - 20 cm	1,32 ± 0,06	150 - 868	inverse Modellierung
		60 - 65 cm	1,27 ± 0,02		
		95 - 100 cm	1,26 ± 0,11		
Schlabendorf-Nord	TP 3	Profil 5:			
		20 - 25 cm	1,73 ± 0,02	982 - 1454	inverse Modellierung
		55 - 60 cm	1,43 ± 0,03		
		85 - 90 cm	1,30 ± 0,03		
Nochten	TP 4	Kipp-Kohle-Lehmsand	1,3 - 1,39	69 - 207	DIN 19683-9
Koyne	TP 4	Kipp-Kohle-Lehmsand	1,1 - 1,24	399 - 845	DIN 19683-9
Domsdorf	TP 4	Kipp-Kohle-Lehmsand	1,16 - 1,25	397 - 645	DIN 19683-9
Schlabendorf-Nord	TP 9	Rinne		360	inverse Schätzung
Schlabendorf-Nord	TP 9	Rinne	1,42	493	Tensionsinfiltrometer
	TP 9	Kuppe (trocken)	1,4 - 1,85	15	Tensionsinfiltrometer
	TP 9	Mulde		8,5	Tensionsinfiltrometer
Schlabendorf-Nord	TP 10	SGM 1		1.892 ± 352	Siebanalyse (Beyer)
					Siebanalyse (Hazen)
				2.242 ± 434	
	TP 10	SGM 2		2.057 ± 461	Siebanalyse (Beyer)
				2.226 ± 695	Siebanalyse (Hazen)

Standort	TP	Kennzeichen des Standortes	Lagerungs-dichte [g cm^{-3}]	kf-Wert [cm d^{-1}]	Methode
Gräbendorf	**TP 20**	**30 - 100 cm**		**404 ± 153**	**Darçy-Versuch (ungestört)**
	TP 20	**Tiefschüttung**		**1.530 ± 220**	**Siebanalyse trocken (Hazen)**
	TP 20	Tiefschüttung		941 ± 350	Siebanalyse feucht (nach Hazen)
	TP 20	Tiefschüttung		28 ± 5	Slugtest
	TP 20	homogen		3.127	inverse Kalibrierung
	TP 20	heterogen			inverse Kalibrierung
		- sprengverdichtet		1.365	
		- nicht verdichtet		2.549	
Gräbendorf	TP 20	7 m Tiefe	1,41		
	TP 20	14 m Tiefe	1,52		
	TP 20	28 m Tiefe	1,60		
Gräbendorf	TP 14	Oberflächen-proben	1,39	1.002	Darcy-Versuch (gestört)
			1,48	426	
			1,55	198	
			1,65	198	
Gräbendorf	TP 20	Proben aus den Bohrkernen	ungestört / verdichtet	ungest. / verd.	Darcy-Versuch (ungestört / verdichtet)
		2,5 m	1,63 / 1,7	691 / 507	
		5,5 m	1,72 / 1,72	2.779 /	
		8,5 m	1,60 / 1,60*	2.314	
		18,5 m	1,39 / 1,55	1.054 / 289	
		19,5 m	1,62 / 1,82	1.385 / 633	
		23,5 m	1,41 / 1,44	1.299 / 487	
				3.315 / 1.338	

* Randeffekte
± = Standardabweichung

Sekundäre Verdichtungen durch Sackungen, Setzungen und künstliche Verdichtungen (Spreng- oder Rüttelverdichtung) führen zu einer Reduktion des Porenvolumens um ca. 10 % und einer dementsprechenden Zunahme der Dichte. Verschiedene Untersuchungen zur Wirkung dieser Prozesse in TP 14 und TP 20 zeigen, dass sich sowohl im Laborversuch als auch bei inverser Modellierung eine nachweisbare Beeinflussung der kf-Werte von annähernd der gleichen Größe ergibt (siehe Abb. 1). Dass die Abnahme der kf-Werte jedoch nicht nur auf eine Änderung der Lagerungsdichte, sondern auch auf eine geschichtete Sedimentation bei der Neuablagerung zurückzuführen ist, wird bei der Versuchsdurchführung optisch bereits deutlich erkennbar. Auch die Lage der Regressionsgerade (Schnittpunkt der Ordinate) in Abbildung 1 weist darauf hin.

Diese Spannweite von Dichteunterschieden wird auch bei der auf Literaturangaben basierenden Dichteverteilung im TP 15 angenommen (1,55 bis max. 1,75 g cm^{-3}). Hier konnte gezeigt werden, dass diese Verdichtungszonen auch auf den ungesättigten Wasserfluss einen großen Einfluss haben.

Aus den hier dargestellten Einzelergebnissen lassen sich Verteilungen hydraulischer Parameter für Kippen „konstruieren" (siehe TP 15 und TP 20). Eine alternative Möglichkeit bietet die geostatistische Auswertung hydraulischer Kennwertverteilungen, wie sie in TP 15 durchgeführt wurde.

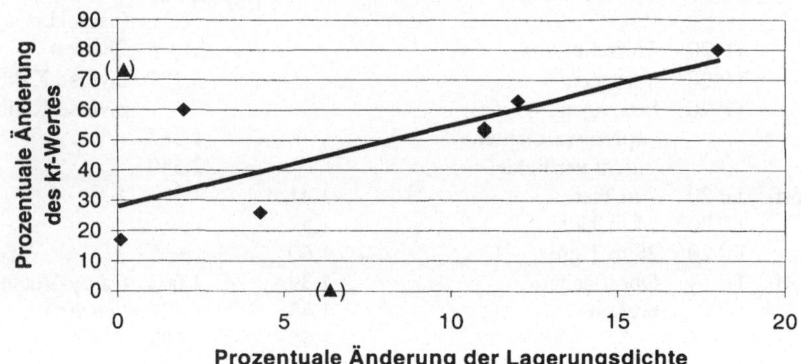

Abb. 1 Veränderung der Durchlässigkeit der Kippensedimente bei Veränderung der Lagerungsdichte.

Die geostatistische Auswertung von Georadar-Profilen im Tagebau Schlabendorf-Nord (TP 15) ergab Korrelationslängen zwischen 40 und 200 cm, vergleichbar mit 90 bis 300 cm, die TP 10 durch chemische Tests an Proben von Rammkernsondierungen ermittelte. Ähnliche Verhältnisse ergaben bohrlochphysikalische Messungen für die Kippe Seese-Ost (TP 21).

3.3 Stoffflüsse

Die Geochemie der hier betrachteten Systeme ist im wesentlichen durch die Wechselwirkungen der wässrigen Phase mit der Festphase geprägt. Atmosphärische Einträge und die biologischen Wechselwirkungen treten dabei, im Gegensatz zu gewachsenen Standorten, in den Hintergrund und werden in diesem Kapitel nicht betrachtet. Die Wechselwirkungen lassen sich differenzieren in:

1. *einseitig gerichtete Stofffreisetzungen* aus der Festphase (z. B. Pyritoxidation, Karbonatverwitterung). Die Pyritverwitterung stellt dabei das Initial einer Reihe von Folgeprozessen dar, die für die Beschaffenheitscharakteristik der Wässer ausschließlich bestimmend sind. Zusammen mit der Pufferkapazität der Calziumkarbonate wird dadurch der Säurestatus (ausgedrückt als Alkalinität bzw. Neutralisationspotential) im jeweiligen Kompartiment festgelegt. Es ist zu beachten, dass die Pyritverwitterung, als einziger aller Wechselwir-

kungsprozesse in diesem Zusammenhang, einer kinetischen Betrachtungsweise bedarf und daher die ratenbestimmenden Prozesse (z. B. O_2-Diffusion und -Konvektion) zusätzlich erfasst werden müssen.

2. *gleichgewichtsthermodynamische Fällungs- und Lösungsprozesse.* Durch die Bildung und Rücklösung von Sekundärmineralen (siehe Zusammenschau hydrogeochemische Zustandsbeschreibung) werden temporäre Stoff- und z. T. Säurespeicher gebildet (bzw. abgebaut). Als Konsequenz ist dadurch eine Retardation des Stoffaustrages der löslichen Elemente zu verzeichnen.
3. *oberflächengebundene Austauschprozesse* zwischen Fest- und Flüssigphase. Diese wirken in gleicher Weise wie (2).

Pyritverwitterung

Die Pyritverwitterung ist der bestimmende Reaktionsschritt für das Stoffaustragspotential der Kippenkörper. Es handelt sich um einen komplexen Prozess, der sowohl anorganisch als auch mikrobiologisch katalysiert in mehreren sequentiellen Teilschritten (Singer & Stumm 1970) ablaufen kann. Im Zuge der Braunkohlegewinnung kommt es mehrfach zu einem Kontakt pyrithaltiger Sedimente mit dem Luftsauerstoff. Dies beginnt bereits mit der Vorfeldentwässerung (durch konvektiven O_2-Eintrag) und setzt sich fort an den kurzfristig exponierten Böschungen (Gewachsenes und Kippe) in der Abbaugrube. Diese Prozesse wirken sich, genauso wie der Einschluss von Sauerstoff bei der Verkippung, über die gesamte Mächtigkeit der Kippenkörper aus und prägen die Grundwässer in der Anfangsphase des Wiederanstieges. Darüber hinaus erfolgt an den langfristig exponierten Böschungen der Randschläuche und über die Kippenoberfläche (sekundäre Verwitterung) ein Sauerstoffeintrag, der sich auf eine begrenzte Tiefenschicht erstreckt. Die Tiefenreichweite der Oxidationsvorgänge ist hierbei abhängig von allen Faktoren, die die Sauerstoffnachlieferung beeinflussen, wie Porengröße und -verteilung, Wasser- und Lufthaushalt der Sedimente (Prein 1994), Diffusionsgeschwindigkeiten im Porensystem und an das Einzelkorn (Wunderly et al. 1996) sowie der Kinetik der Verwitterungsreaktion (Nicholson et al. 1988; Lowson 1982; Wisotzky & Piehler 1995).

Die Untersuchungen der letzten Jahre zeigen, dass die Tiefenerstreckung der Pyritoxidation bei Expositionszeiten von mehreren Jahren von wenigen Dezimetern in stark schluffigen pyritreichen Sedimenten (Rolland et al. 1998) bis zu mehreren Metern in sandigen pyritarmen Sedimenten reicht.

In den älteren Kippen des Tagebaus Schlabendorf-Nord und auch in den untersuchten Böden der TP 3 und 4 spielt die Pyritverwitterung aktuell nur noch eine sehr untergeordnete Rolle für den Stoffhaushalt. In den jüngeren Kippen, wie z. B. in Gräbendorf, Nochten und Weißagker Berg, wo die Diffusionswege noch nicht so lang sind, ist jedoch noch ein deutlicher Umsatz erkennbar. Die sekundäre Verwitterung prägt die horizontale Verteilung der Sicker- und Grundwasserbeschaffenheit. Resultat ist eine geochemische Zonierung der Grundwasser-Körper, wie sie in TP 10 und TP 20 beobachtet wird. Auch in Seese-Ost wird anhand der Schwefel-Festphasengehalte die „Verarmung" der obersten Schichten erkennbar. Ausschließlich durch die primäre Verwitterung geprägte tiefere Bereiche sind geringer belastet und besser gepuffert. Zum Teil ist die Pufferkapazität hier sogar ausreichend, so dass Wässer mit einem positiven Neutralisationspotential vorgefunden werden (siehe TP 20). Die aus den Grundwasseranalysen berechneten Sättigungsindizes, Elutions- und REV-Analysen sowie REM-Aufnahmen machen deutlich, dass sich in der gesättigten Zone die Säurefracht vollständig in Lösung befindet. Dies hat zur Folge, dass der Austrag dieser Wässer aus den Kippen nur unwesentlich durch eine Nachlieferung aus der Festphase beeinflusst wird. Anders sieht dies in den durch einen intensiveren Umsatz geprägten oberflächennahen Kippenzonen aus. Möglichkeiten und Grenzen, die Nachlieferung aus diesem Speicher zu bestimmen, sind in Schöpke (1999) dargestellt.

Die hier dargestellten Prozesse (Grundwasserwiederanstieg, Pyritverwitterung, Sickerwasserfronten und vertikale Stoffverlagerung) lassen sich stark vereinfachend als Prozesse in horizontal angeordneten Kompartimenten (mit variablen Grenzen) darstellen, wenn es darum geht, großräumigere Kippenkomplexe zu beschreiben (siehe TP 20). Dabei werden die in TP 15 dargestellten Wirkungen heterogener Parameterverteilungen bewusst vernachlässigt.

Stofftransport

Die Berechnung der Stoffflüsse in den verschiedenen Teilprojekten des BTUC Innovationskollegs erfolgte eindimensional, mit Ausnahme von TP 15, wo 2D-vertikale Betrachtungen angestellt wurden (Gerke et al. 1998). Der vertikale Transport in den Böden wird, auf Basis der Wasserbilanz und der Stoffkonzentration in den einzelnen Tiefenkompartimenten berechnet (TP 3, 4 und 20). Im Gesättigten erfolgte die Beschreibung des Stofftransportes in Form hintereinandergeschalteter „phreeqc-Reaktoren" (TP 10 und TP 20). Die Fließgeschwindigkeiten und Stoffflüsse der beiden wichtigsten Kennwerte (Neutralisationspotantial und Sulfatkonzentration) sind in Tabelle 4 zusammengestellt.

Für den Stoffaustrag spielen zwei (voneinander abhängige) Faktoren eine wesentliche Rolle. Die Stoffkonzentration im Sickerwasser wird maßgeblich durch das Alter der Kippe geprägt. Die anfänglich extrem hohen und innerhalb des Profils annähernd gleichförmigen Stoffkonzentrationen (siehe Weißagker Berg und Nochten) werden mit der Zeit eluiert mit der Folge, dass Auswaschungsbereiche und Zonen intensiver Verlagerung erkennbar werden. Gleichzeitig nimmt auf meliorierten Standorten die Vegetationsdichte zu. Damit nimmt die Sickerwasserbildung und die Verlagerungsgeschwindigkeit der Reaktionsprodukte der Pyritverwitterung drastisch ab. Die Stoffausträge aus den Böden (berechnet aus den

Messungen der Stoffflüsse an der untersten Messebene) sind nicht mit dem Stoffeintrag in das Grundwasser gleichzusetzen. Zum einen liegen diese Messebenen noch innerhalb der Zone der Pyritverwitterung, sodass auch unterhalb noch eine Aufkonzentrierung des Sickerwassers erfolgen kann, zum anderen besteht aufgrund der Mächtigkeiten der ungesättigten Zone bei Grundwasserabsenkung ein hoher zeitlicher Verzug zwischen dem Austrag aus dem Boden und dem Eintrag ins Grundwasser.

Tab. 4 Vertikale und horizontale Wasser- und Stoffflüsse [NP = Neutralisationspotential, Ei = Eiche, Ki = Kiefer].

Standort	TP	Filtergeschwindigkeiten v [m a^{-1}]	Stoffstrom NP [mol m^{-2} a^{-1}]	SO_4^{2-}
Sickerwässer				
Nochten (Ei)	TP 4	0,320	- 24,5	13,5
Koyne (Ei)	TP 4	0,042	- 0,4	0,3
Domsdorf (Ei)	TP 4	0,073	- 0,7	0,6
Weißagker Berg (Ki)	TP 3	0,207	- 29,7	20,0
Bärenbrücker Höhe (Ki)	TP 3	0,022	- 18,5	8,9
Meuro (Ki)	TP 3	0,041	- 0,7	1,1
Domsdorf (Ki)	TP 3	0,108	- 0,5	1,2
Schlabendorf (Ki)	TP 3	0,011	- 0,1	0,2
Grundwässer				
Schlabendorf SGM1	TP 10	12	- 240,0	288,0
Gräbendorf	TP 20			
maximaler Gradient (6,6 10^{-3})		75	38 - 836	2.300 – 3.000
minimaler Gradient (6,6 10^{-4})		7,5	4 - 84	230 - 300

Aufgrund der hohen Flussdichten der Grundwässer werden hier wesentlich höhere Stoffströme festgestellt. Diese werden sich allerdings mit Annäherung an den stationären Endzustand mit geringeren Gradienten und einer zunehmenden Elution der Stoffvorräte vermindern.

4 Schlussfolgerungen

Als wesentliche Erkenntnisse der Untersuchungen bleibt festzuhalten, dass die Prozesse der Infiltration auf der Rohkippe mit Oberflächenabfluss und Versickerung in Rinnen zwischen den Kipprippen und die Bildung von temporären Tümpeln eine überragende Bedeutung für die Wasser- und Stoffumlagerung in der Anfangsphase der Kippenentstehung haben. Ausgehend von der heterogenen Infiltration wird die Sickerwasserbewegung sich an Kipprippenstrukturen im Untergrund anlehnen, sodass vermutlich unterhalb der Rinnen und temporären Teiche eine sehr rasche Verlagerung durch hydraulisch besser leitfähige ehemalige Kippenflanken bis zur Basis ins Grundwasser erfolgt. Der 3D-Aspekt der Wasserbewegung und des Transports gelöster und partikulärer Stoffe auf der Skala einer größeren Kippe wurde bislang jedoch noch nicht beachtet.

Der Zustand der Rohkippe (mit den Kipprippen) hält je nach Tagebaufortschritt zwischen Monaten und wenigen Jahren an. Im Anschluss erfolgt eine Planierung, Überkippung mit z. T. quartären Materialien und / oder Melioration. Nach Überkippung mit quartärem Material wird schlagartig der durch die Umlagerungen an der Oberfläche entstandene Kippenzustand konserviert und die nächste Phase der relativ ebenen Kippe mit Anfangsbegrünung bis zur Rekultivierung beginnt. In dieser Phase sind die stofflichen Umlagerungen und somit auch die Stofffrachten geringer. Nach erfolgreicher Rekultivierung kommt die laterale Umlagerung an der Bodenoberfläche zu einem unbekannten Zeitpunkt zum Abschluss und die vertikale 1D-Infiltration des Niederschlages dominiert. Erst ab diesem Zeitraum wird von oben her der Kippenkörper relativ gleichmäßig durchfeuchtet bzw. kann überall eine Sickerwasserbewegung erfolgen. Allerdings wird dann aufgrund der Vegetationsstrukturen und der kleinräumigen Variabilitäten der Infiltration die oberste Bodenzone in Abhängigkeit von den Regenintensitäten und Bedingungen am Boden unterschiedlich durchströmt. Der Fluss in bevorzugten Fließbahnen löst sich mit der Tiefe allmählich auf, sodass nun der Untergrund gleichmäßiger durchströmt wird.

Auf Offenlandstandorten bleiben auch nach der Planierung heterogene Infiltrationseigenschaften erhalten. Diese werden nun allerdings nicht mehr durch die primären Strukturen der Kipprippen sondern vielmehr durch das Wechselspiel hydrophober Materialeigenschaften und durch Erosion entstehende neue Oberflächenstrukturen bestimmt. Die Infiltration auf Offenlandstandorten bleibt auf wenige Bereiche konzentriert, da die partielle Hydrophobie der Oberflächen (Kuppen) dazu führt, dass sich hier kein Sickerwasser bilden kann. Im sandigen Kippen-Substrat unter Kiefer (im meliorierten und homogenisierten Oberboden) kann es zu einer ungleichmäßigen Infiltration und zum Fluß in bevorzugten Fließbahnen hauptsächlich in Form von 'Fingerfluß' als Folge von Hydrophobizität kommen. Die Fließfinger lösen sich mit der Tiefe allmählich auf. Die Heterogenität der Wasser- und Stoffbewegung wird dabei mit zunehmender Tiefe stärker aufgrund der kleinräumigen Heterogenitäten und der räumlichen Kippenstrukturen beeinflußt, wobei die Durchströmung des ungesättigten Kippenmassivs nicht, wie man erwarten könnte, homogener wird, sondern nur andere Muster aufweist, die mehr von den Schüttstrukturen und Verteilungen der geologischen Sedimente abhängen.

Von unten steigt gleichzeitig der Grundwasserspiegel an und erfährt eine Aufkonzentration mit den Reaktionsprodukten der Pyritverwitterung. Ob mittel- und langfristig die Stoffausträge aus den Kippen dadurch zunehmen, wird von veränderten hydraulischen Gradienten abhängen.

Die genaue Erfassung des geo-physiko-chemischen Aufbaus der Kippen zu unterschiedlichen Zeitpunkten wird zukünftig eine wichtige Aufgabe darstellen, um den langfristigen Wasser- und Stoffhaushalt prognostizieren zu können.

5 Literatur

Gerke, H. H., Frind, E. und Molson, J., 1998: Modeling the effect of chemical heterogeneity on acidification and solute leaching in overburden mine spoils. J. Hydrol., 209, 166-185.

Glugla, G., 1985: Bestimmung von Gebietswerten des Wasserhaushalts für den Lockergesteinsbereich unter Berücksichtigung der anthropogenen Beeinflussung. F/E-Bericht (A4), IfW, Berlin.

Katzur, J. und Liebner, F., 1995: Erste Ergebnisse eines Großlysimeterversuches zu den Auswirkungen der Abraumsubstrate und Aschemelioration auf Sickerwasserbildung und Stofffrachten der Sickerwässer auf den Kippen und Halden des Braunkohlenbergbaus, 1. Mitteilung: Versuchsbeschreibung, Funktionskontrolle und physikalisch-chemische Parameter der Sickerwässer. Arch. Acker- und Pflanzenbau und Bodenkunde, 39, Finsterwalde, 19-35.

Kaubisch, M., 1986: Zur indirekten Ermittlung hydrogeologischer Kennwerte von Kippenkomplexen dargestellt am Beispiel des Braunkohlenbergbaus. Dissertation, BAK Freiberg, Freiberg, 104 S.

Leibiger, H., 1964: Über die Gesetzmäßigkeit der Bodenentmischung beim Verkippen von Mischböden in Braunkohlebergbauen. Freiberger Forschungshefte, A 304.

Lowson, R. T., 1982: Aqueous oxidation of pyrite by molecular oxygen. Chemical Reviews, 82 (5), 461 - 497.

Matschak, H., 1969: Beiträge zur Strukturforschung an Tagebaukippen, Teil 1. Rohdichteverteilung in Abhängigkeit von der Fallhöhe und anderen Faktoren. Bergbautechnik, 19, 287-293.

Matschak, H. und Walde, M., 1968: Versickerungs- und Feuchtigkeitsmessungen in den Tagebaukippen. Bergbautechnik, 18, 12, 620-625.

Nicholson, R. V., Gillham, R. W. und Reardon, E. J., 1988: Pyrite oxidation in carbonate buffered solution. Experimental kinetics. Geochimica et Cosmochimica Acta, 52, 1077-1085.

Pohl, W., 1996: Statischer und dynamischer Wasserhaushalt von Kippen und dessen Auswirkung auf die Standsicherheit. In: LANAKA (Hrsg.): Sanierung und ökologische Gestaltung der Landschaften des Braunkohlebergbaus in den neuen Bundesländern, Cottbus, 74 S.

Prein, A., 1994: Sauerstoffzufuhr als limitierender Faktor für die Pyritverwitterung in Abraumkippen von Braunkohletagebauen, Dissertation. UNI Hannover, 126 S.

Rolland, W., Wagner, H., Chmielewski, R. und Grünewald, U., 1998: Ergebnisse von Felduntersuchungen zur Pyritverwitterung am Beispiel eines aktiven Tagebaus der Lausitz. In: GBL Gemeinschaftsvorhaben (Hrsg.): Grundwassergüteentwicklung in den Braunkohlegebieten der neuen Länder - Ergebnisse und Empfehlungen - . Schweizerbart'sche Verlagsbuchhandlung, Stuttgart, 48-56.

Rolland, W., Chmielewski, R., Wagner, H. und Grünewald, U., 1999: Bilanzierung der Säureproduktion und der Pufferkapazität in der Kippe des Tagebaus Jänschwalde. Forum der Forschung, 7, 121-126.

Singer, P. C. und Stumm, W., 1970: Acidic Mine Drainage: The Rate-Determinating Step. Science, 167, 1121-1123.

Schöpke, R., 1999: Erarbeitung einer Methodik zur Beschreibung hydrochemischer Prozesse in Kippengrundwasserleitern. Schriftenreihe Siedlungswasserwirtschaft und Umwelt, 2, BTU, Cottbus, 134 S.

Scholz, R.-P. und Kaubisch, M., 1986: Zur wasserhaushaltlichen Charakterisierung von Kippenkomplexen im Braunkohlenbergbau, Neue Bergbautechnik, 16, 12, 460-463.

Winkler, F.-M., 1984: Ermittlung von geohydraulischen Kennwerten für das Kippenmaterial von Abraumförderbrücken-Kippen und Schlussfolgerungen für den Grundwasserwiederanstieg, Neue Bergbautechnik, 14, 6, 208-212.

Wisotzky, F. und Piehler, H., 1995: Gastransport in der ungesättigten Zone von Braunkohlekippen. In: DGFZ (Hrsg.): Rezente Flutungsprobleme mitteldeutscher und Lausitzer Tagebaurestlöcher. Selbstverlag, Coswig, 111-125.

Wunderly, M. D., Blowes, D. W., Frind, E. O. und Ptacek, C. T., 1996: Sulfide mineral oxidation and subsequent reactive transport of oxidation products in mine tailing impoundments: A numerical model. Water Resources Research, 10, 32, 3173 - 3187.

Wissenschaftliche Koordination

Edwin Weber, Doris Klem & Reinhard F. Hüttl

1 Zusammenfassung

Das Zentralprojekt des BTUC Innovationskollegs war neben dem Projektmanagement für die wissenschaftliche Koordination mit den Arbeitsgebieten Kommunikation, Querschnittsaufgaben, Berichterstattung, Veröffentlichungen, Tagungen sowie Öffentlichkeitsarbeit zuständig. Außerdem erfüllte das Zentralprojekt die Querschnittsaufgaben „Methoden Boden- / Wasserchemismus“ und „Punkt zu Fläche“.

Die Projektmanagementtätigkeit des Zentralprojekts entlastete die Mitarbeiterinnen und Mitarbeiter der Teilprojekte weitestgehend von administrativen Arbeiten.

Das Zentralprojekt förderte den inter- und transdisziplinären Austausch innerhalb des Kollegs sowie den Kontakt zu thematisch verwandten Verbundprojekten und zu betroffenen Entscheidungsträgern in der Region. Die Koordination initiierte interdisziplinäre Veröffentlichungen und organisierte die Fachexkursion im Rahmen des internationalen Symposiums „Ecology of Post-Mining Landscapes“. Zudem unterstützte das Zentralprojekt die Öffentlichkeitsarbeit des Kollegs durch eine Vielzahl von Fachexkursionen für die wissenschaftliche Öffentlichkeit.

Die gesamte Berichterstattung des Kollegs sowie die abschließende Statuspräsentation des Innovationskollegs wurde durch das Zentralprojekt koordiniert.

Im Rahmen der Querschnittsaufgabe „Methoden Boden- / Wasserchemismus“ wurden Diskussionen zu Fragen der Anwendbarkeit bzw. Vergleichbarkeit von Methoden innerhalb derjenigen Arbeitsgruppen moderiert, die sich mit hydro- und geochemischen Aspekten befassten. Die Methodenvorschriften zu den naturwissenschaftlichen Untersuchungen des BTUC Innovationskollegs wurden in einem Methodenkatalog dokumentiert. Damit leistete diese Aufgabe einen wichtigen Beitrag zur Interpretation und Integration der Ergebnisse des BTUC Innovationskollegs.

In der Querschnittsaufgabe „Punkt zu Fläche“ wurden neben den in den Teilprojekten integrierten Arbeiten Untersuchungen zur räumlichen Heterogenität und eine flächenrepräsentative Bestimmung von bodenkundlichen Parametern durchgeführt. Diese Ergebnisse sind auch Grundlage für die weitere Optimierung der Probenahmemethodik, eine notwendige Basis für die mittelfristig geplante Erweiterung der Beobachtungsebene hin zu Landschaftsausschnitten.

2 Arbeits- und Ergebnisbericht

2.1 Ziele

Wie bereits in der ersten Phase des BTUC Innovationskollegs Bergbaufolgelandschaften finanzierte die BTU das Zentralprojekt des Innovationskollegs. Die Koordinationsgruppe bestand aus zwei wissenschaftlichen Mitarbeitern und einer Sekretärin unter der Leitung des Sprechers des Innovationskollegs.

Diese Koordinationsgruppe war neben dem Projektmanagement verantwortlich für die wissenschaftliche Koordination mit den Arbeitsgebieten

- Kommunikation
- Querschnittsaufgaben (s. folgende Kapitel)
- Berichterstattung, Veröffentlichungen, Tagungen
- Öffentlichkeitsarbeit (gemeinsam mit dem Teilprojekt Öffentlichkeitsarbeit).

2.2 Projektmanagement

Das Zentralprojekt verfolgte im Rahmen seiner Managementaufgabe das Ziel, die vorgegebenen Projektziele mit Blick auf die personellen, technischen, finanziellen und terminlichen Aspekte des Innovationskollegs zu realisieren. Die Eckpunkte der Terminplanung waren vor allem durch „Meilensteine“ wie die Durchführung des internationalen Symposiums „Ecology of Post-Mining Landscapes“ (EcoPoL’99) oder die Erarbeitung des Abschlussberichts zum Ende der zweiten Förderphase vorgegeben.

Das Koordinationsteam prüfte die Bearbeitung der Projekte hinsichtlich der Zielvorgaben und versuchte, bei Problemen konstruktive Lösungen zu finden.

Zum Arbeitsalltag gehörte auch die Betreuung des Projektsekretariats und die damit verbundene Routinearbeit. Das Zentralprojekt verwaltete die für das Kolleg bereitgestellten Universitätsmittel und gewährleistete die Arbeitsfähigkeit aller Beteiligten. Im Rahmen der internen Verwaltung wurden für alle Teilprojekte monatliche Buchungsübersichten als Grundlage für die weitere Ausgabenplanung erstellt. Sämtliche Personalangelegenheiten des Kollegs wurden über das Zentralprojekt abgewickelt. Die interne Personalverwaltung erfolgte in Absprache mit den Projektverantwortlichen und in Rückkopplung mit der Universitätsverwaltung. Des Weiteren verwaltete die Koordination die zentral bewilligten Reise- und Tagungsmittel. Die interne Finanzplanung war Planungsgrundlage für den Mittelabruf bei der DFG durch die Universitätsverwaltung.

2.3 Kommunikation

Regelmäßige Arbeitsgruppentreffen zu Schwerpunktthemen wie beispielsweise dem Wasser- und Stoffhaushalt terrestrischer Ökosysteme oder der Stoffumsetzung bzw. Stoffdynamik in Kippenkörpern wurden durch die Koordination initiiert, um den effizienten Austausch zwischen den einzelnen Teilprojekten bzw. Arbeitsgruppen sicherzustellen.

Zudem war das Zentralprojekt weiterhin die zentrale Anlaufstelle für den Datentransfer, da die Datenbank nur für eine Reihe von Teilprojekten prototypisch verfügbar war.

Das Zentralprojekt leitete das bereits in der ersten Phase etablierte 14-tägige Kollegseminar zur Präsentation und Diskussion von Ergebnissen der Teilprojekte und zum Austausch mit auswärtigen Gastwissenschaftlern. Das Kollegseminar bewährte sich als Plattform für Informationsaustausch, fachübergreifende Diskussion und die Konzeption weiterführender Forschungsansätze.

Ein durch die Koordination herausgegebener interner Rundbrief („intern") an alle Mitarbeiter diente vor allem organisatorischen Zwecken.

Für ausländische Besucher des Kollegs wurden im Rahmen von Kurzzeitaufenthalten fachlich zugeschnittene (Trainings-)Programme gemeinsam mit den Bearbeiterinnen und Bearbeitern der Teilprojekte des Innovationskollegs ausgearbeitet.

Das Koordinationsteam trug auch zur Transparenz der vielfältigen Aktivitäten des Projektes für andere Bereiche der BTU bei. Das Zentralprojekt hielt die Kontakte zu Forschungsvorhaben in der Region, die sich mit ökologischen Fragestellungen bzw. der Rekultivierung von Bergbaufolgelandschaften beschäftigten, insbesondere zu verschiedenen BMBF-geförderten Verbundprojekten (z. B. LENAB, REKLAM).

Durch den kontinuierlichen Kontakt mit betroffenen Entscheidungsträgern, v. a. den Verantwortlichen der lokalen Bergbauunternehmen, den Sanierungsgesellschaften und den relevanten Behörden, bereitete das Zentralprojekt den Boden für einen Wissenstransfer in die Praxis.

2.4 Berichterstattung, Veröffentlichungen, Tagungen

Das Zentralprojekt sorgte für die fach- und termingerechte Erstellung von Ergebnis- und Arbeitsberichten.

Ein erster Schritt in eine interdisziplinäre Arbeit wurde gemeinsam mit Bearbeiterinnen und Bearbeitern verschiedener Teilprojekte nach Abschluss der ersten Phase unternommen. Die Koordination unterstützte die einzelnen Arbeitsgruppen bei der Teilprojekt-, Lehrstuhl- und Institutionen-übergreifenden Auswertung und der Ausarbeitung gemeinsamer Beiträge. So wurden Veröffentlichungen zu den

Themen „Wasser- und Stoffdynamik von Waldökosystemen", „Untersuchungen zum Abbau organischer Substanz und zur Bodenbiologie" sowie „Entwicklung der Bodenvegetation in Kippenforsten" gemeinsam verfasst. Die Ergebnisse dieser Arbeiten wurden durch den Sprecher des Innovationskollegs und das Zentralprojekt im Band „Rekultivierung von Bergbaufolgelandschaften" (Hüttl et al. 1999) herausgegeben, so dass diese Ergebnisse auch einer breiten Fachöffentlichkeit zugänglich wurden.

Das Koordinationsteam initiierte in einem weiteren Schritt auch die gemeinsame Erarbeitung von integrativen Beiträgen, die Sie in diesem Band finden.

Das Zentralprojekt organisierte eine Vielzahl von Fachexkursionen, so z. B. auch im Rahmen des internationalen Symposiums „Ecology of Post-Mining Landscapes" (EcoPol '99).

Auch die Statuspräsentation des Innovationskollegs im Kontext von EcoPol '99 wurde durch das Zentralprojekt geplant und organisiert. Durch die Einbindung in dieses internationale Forum konnte sich das Kolleg damit gleichzeitig einem internationalen Fachpublikum als Forschungseinheit und Kompetenzkern für Rekultivierungsfragen an der BTU präsentieren.

2.5 Öffentlichkeitsarbeit

Das Zentralprojekt betreute eine Reihe von in- und ausländischen Besuchern und führte diese in ökologische Zusammenhänge rekultivierter Standorte im Lausitzer Braunkohlerevier ein. Dazu organisierte das Zentralprojekt eine Vielzahl von Exkursionen in die Region.

Im Rahmen der „Tage der Forschung" an der BTU im Juni 1999 organisierte das Zentralprojekt zudem einmalig einen Workshop mit dem Ziel, zusammen mit interessierten Laien allgemeinverständliche Kurzzusammenfassungen der Konzeptionen und Ergebnisse der Teilprojekte bzw. des gesamten Kollegs zu entwickeln.

2.6 Diskussion und Schlussfolgerungen

Das Koordinationsteam beteiligte sich über die Lehrstuhl- bzw. Institutionsgrenzen hinweg neben der inhaltlichen Koordination an der strukturellen Umsetzung der Projektziele. Das Zentralprojekt übernahm dabei auch eine Vielzahl organisatorischer Tätigkeiten wie beispielsweise die Organisation von Veranstaltungen. Die Neustrukturierung an der eben erst gegründeten BTU bedeutete neben den Chancen für kreatives Gestalten auch eine Reihe zusätzlicher Organisationsaufgaben, vor allem an der Nahtstelle zwischen Verwaltung und Projektverantwortlichen. Die Koordination stellte auch hier die Umsetzung sicher und sorgte für einen technisch reibungsarmen Projektablauf. Außerdem stand den Mitarbeiterinnen und Mitarbeitern des Innovationskollegs so mehr Zeit zur Verfügung, um sich auf die eigentlichen Forschungsaktivitäten zu konzentrieren.

Im Hinblick auf den Informationstransfer innerhalb des Kollegs kam dem Zentralprojekt eine wesentliche Bedeutung zu, da es den Fokus der Beteiligten von den eigentlichen Teilprojektzielen auf mögliche gemeinsame Fragen lenkte und somit die Bearbeitung übergeordneter Fragestellungen im Kolleg initiierte. Die Koordination der wissenschaftlichen Arbeiten in den Arbeitsgruppen hin auf eine gemeinsame Berichterstattung bzw. Abschlusspräsentation wurde ein wesentliches Instrument zur Förderung der interdisziplinären Zusammenarbeit im Kolleg. Daraus entstanden für diesen Band 4 Zusammenschauen, die von jeweils mehreren Teilprojekten gemeinsam erarbeitet wurden.

Durch die Koordinationstätigkeit im Rahmen der wissenschaftlichen Querschnittsaufgaben (vgl. u.) wurden gemeinsam mit den Bearbeiterinnen und Bearbeitern der Teilprojekte methodische Anknüpfungsmöglichkeiten herausgearbeitet sowie auf räumlich repräsentative Erhebungen hingewirkt. Fachübergreifend ausgerichtet waren auch Exkursionen und Seminare, die die Koordination für die wissenschaftliche Öffentlichkeit individuell gestaltete und durchführte.

Mit dem Projektfortschritt entwickelte sich zwischen dem Zentralprojekt und Vertretern von Industrie und Behörden auch allmählich ein Vertrauensverhältnis, in dem konstruktive Kritik und Anregungen von Seiten der Entscheidungsträger und neuartige Vorschläge der Wissenschaftlerinnen und Wissenschaftler ausgetauscht werden konnten.

Durch die Aktivitäten des Koordinationsteams in Zusammenarbeit mit dem Teilprojekt Öffentlichkeitsarbeit gewann das Innovationskolleg Bergbaufolgelandschaften in seiner Gesamtheit einen gewissen Bekanntheitsgrad nicht nur innerhalb der BTU selbst, sondern auch in einer breiten, wissenschaftlich interessierten Öffentlichkeit.

Aus unserer Erfahrung ist eine vergleichbare koordinierende Struktureinheit gerade im Hinblick auf die strukturellen Ziele des Förderprogramms „Innovationskolleg" in vergleichbaren zukünftigen Vorhaben unverzichtbar.

3 Publikationsliste

Erhard, M., Grote, R., Weber, E. und Wiegleb, G., 1997: Vom Punkt zur Fläche: Theoretische und praktische Probleme bei der räumlichen Integration ökologischer Daten. In: Tagungsband zum Arbeitskreistreffen „Theorie in der Ökologie", Beschreibung und Erklärung von Mustern und Prozessen auf Ökosystem- und Landschaftsebene, BTUC-AR 4/97, 65-85.

Grünewald, U., Klem, D. und Hüttl, R. F., 1999: Zusammenschau „Wasser- und Stoffdynamik in Kippenkomplexen". In: Hüttl, R. F., Klem, D. und Weber, E. (Hrsg): Rekultivierung von

Bergbaufolgelandschaften. Das Beispiel des Lausitzer Braunkohlereviers. Walter de Gruyter, Berlin, New York, 219-220.

Hüttl, R. F., Heinkele, Th., Klem, D., Schaaf, W. und Weber, E., 1994: Ökologisches Entwicklungspotential der Bergbaufolgelandschaften im Lausitzer Braunkohlerevier - ein interdisziplinärer Forschungsschwerpunkt an der BTU Cottbus. Forum der Forschung, Heft 1, 5-10.

Hüttl, R. F., Klem D., Heinkele, Th., Schaaf, W. und Weber, E., 1995: Ökologisches Entwicklungspotential der Bergbaufolgelandschaften im Lausitzer Braunkohlerevier. In: Bayerl, G. (Hrsg.): Technisch-Historische Spaziergänge in Cottbus und dem Land zwischen Elster, Spree und Neiße. Niederlausitz Edition, 204-205.

Hüttl, R. F., Klem, D. und Weber, E. (Hrsg.), 1999: Rekultivierung von Bergbaufolgelandschaften. Das Beispiel des Lausitzer Braunkohlereviers. Walter de Gruyter, Berlin, New York, 295 S.

Hüttl, R. F., Klem, D. und Weber, E., 1999: Ökologisches Entwicklungspotential von Bergbaufolgelandschaften im Lausitzer Braunkohlerevier. In: Hüttl, R. F., Klem, D. und Weber, E. (Hrsg.): Rekultivierung von Bergbaufolgelandschaften. Das Beispiel des Lausitzer Braunkohlereviers. Walter de Gruyter, Berlin, New York, 285-287.

Hüttl, R. F. und Weber, E., 1998: Bodenschutz in den Folgelandschaften des Braunkohlebergbaus - Erarbeitung ökologischer Grundlagen in den Bergbaufolgelandschaften des Lausitzer Braunkohlereviers. Forum Geoökol., 9 (1), 25-27.

Hüttl, R. F., Weber, E. und Bellmann, K., 1999: Zusammenschau „Terrestrisches Ökosystem". In: Hüttl, R. F., Klem, D. und Weber, E. (Hrsg): Rekultivierung von Bergbaufolgelandschaften. Das Beispiel des Lausitzer Braunkohlereviers. Walter de Gruyter, Berlin, New York, 147-149.

Klem, D., 1998: BTUC Innovationskolleg Bergbaufolgelandschaften - Methodenkatalog (unveröffentlicht).

Weber, E., 2000: Rekultivierung in Braunkohletagebauen. Seminar Wohnen in Neuen Landschaften. Lehrstuhl Entwerfen, Wohn- und Sozialbauten, BTU, Cottbus (im Druck).

Weber, E., Klem, D. und Hüttl, R. F., 1999: Problemstellung. In: Hüttl, R. F., Klem, D. und Weber, E. (Hrsg.): Rekultivierung von Bergbaufolgelandschaften. Das Beispiel des Lausitzer Braunkohlereviers. Walter de Gruyter, Berlin, New York, 3-22.

Querschnittsaufgabe „Methoden Boden- / Wasser-chemismus“

Doris Klem

1 Einführung

Verschiedene Teilprojekte des BTUC Innovationskollegs Bergbaufolgelandschaften beschäftigten sich mit der Aufklärung von geo- und hydrochemischen Prozessen (v. a. Pyritverwitterung und Folgeprozesse), die zur Stofffreisetzung und Stoffverlagerung in der Pedosphäre sowie im ungesättigten und gesättigten Bereich des Kippenkörpers führen. Damit wurden Aussagen zur Entwicklung von terrestrischen und aquatischen Ökosystemen möglich. Zudem wurden detaillierte Kenntnisse über Vorgänge in Kippenmassiven gewonnen.

2 Ziele

Zur Kennzeichnung der Festphase und der Stofffreisetzung aus der Festphase wurden in den verschiedenen Teilprojekten zunächst nur zum Teil einheitliche Methoden verwandt.

Die Koordinierung und der Vergleich der methodischen Ansätze hatte zum Ziel, eine Basis für die Erhebung kompatibler Daten in der Pedo- und vor allem der Hydrosphäre zu generieren. Damit sollte diese Querschnittsaufgabe zur Integration der Ergebnisse beitragen und die interdisziplinäre Arbeit innerhalb des BTUC Innovationskollegs unterstützen.

3 Methodik

3.1 Moderation von Arbeitsgruppen

Im Rahmen dieser Querschnittsaufgabe wurden die Vergleichbarkeit der angewandten Methoden und damit in Zusammenhang stehende spezifische inhaltliche Fragestellungen in Arbeitsgruppensitzungen und im internen Kollegseminar thematisiert. Gemeinsam mit Agrarwissenschaftlern, Bodenkundlern, Geoökologen, Geologen, Hydrologen und Hydrochemikern (verantwortlich für die Teilprojekte 3, 4,

10, 15, 19, 20, 21) wurde die methodische Abstimmung innerhalb der hydrogeochemischen Arbeitsgruppe erarbeitet.

3.2 Dokumentation der angewandten Methoden

Die Katalogisierung aller Methoden umfasste die Aspekte:
- gemessene Parameter,
- methodische Vorschrift,
- Messinstrument,
- Literaturangaben,
- Bearbeiter bzw. Bearbeiterinnen (Teilprojekt).

4 Ergebnisse

4.1 Moderation von Arbeitsgruppen

Der thematische Schwerpunkt lag auf hydrogeochemischen Fragestellungen. Dementsprechend konzentrierte sich die Abstimmung innerhalb der mit diesen Fragen befassten Arbeitsgruppe darauf, möglichst zweckmäßige Methoden einzusetzen, um hydrogeochemische Prozesse in Kippen abbilden bzw. erklären zu können.

Die Diskussion wirkte unter anderem darauf hin, dass die Bearbeiter der Teilprojekte, die Prozesse des Grundwasserchemismus aufklärten, schrittweise aufeinander abgestimmte und geeignete Methoden verwendeten. Beispielsweise wurden die in der ersten Phase des BTUC Innovationskollegs vom Teilprojekt „Chemie Sicker- und Grundwasser" (TP 10) entwickelten Methoden zur Charakterisierung der Stofffreisetzung wie etwa der Einsatz der REV-Fluidzirkulationsanlage oder die Verhältnisse der wässrigen Extraktion als Grundlage für das in der zweiten Projektphase bewilligte Teilprojekt „Wasser- und Stoffflüsse im Gesättigten" (TP 20) eingesetzt.

In weiteren abstimmenden Gesprächen innerhalb der hydrogeochemischen Arbeitsgruppe wurde darauf hingewirkt, dass Bohrkerne, die im Rahmen der Untersuchungen des Teilprojekts „Geologische Kippen-Erkundung" (TP 21) im ehemaligen Tagebau Seese-Ost entnommen wurden, unter Mitarbeit von Teilprojekt „Chemie Sicker- und Grundwasser" (TP 10) hydrochemisch analysiert werden. Diese zusätzlichen Informationen dienten dazu, Zusammenhänge zwischen stofflicher Zusammensetzung und Stofffreisetzung des Kippenmaterials herauszuarbeiten.

Auch kristallisierten sich innerhalb der Arbeitsgruppe offene Fragestellungen heraus, wie beispielsweise diejenige der Wasserhaltekapazität stark kohlehaltiger

Substrate. Der Aspekt des Einflusses der Kohle auf den Bodenwasserhaushalt wurde vom Teilprojekt „Wasser- und Stoffflüsse Eiche“ (TP 4) in zusätzlichen Experimenten aufgegriffen und innerhalb des BTUC Innovationskollegs zur Diskussion gestellt.

3.2 Dokumentation der angewandten Methoden

Der Methodenkatalog dokumentiert alle angewandten Methoden. Die inhaltliche Gliederung greift im Einzelnen folgende Aspekte auf: Pflanzenproben, Streu, Auflage, Humusmorphologie, Festphase bzw. Sediment, Freiland- und Bestandesniederschlag, Bodenlösung, Interstitial-Wasser, Grundwasser, Bodenluft, Phytoplankton und Phytobenthos, Bodenfauna, Vegetation, Wurzeln, Bestand. Dem Katalog liegen detaillierte Analysevorschriften als Anlage bei.

In den Methodenkatalog wurden auch die Resultate eines Methodenvergleichs im Rahmen des BMBF-geförderten Projektes „Überprüfung und Anpassung bodenchemischer Untersuchungsmethoden für Kippkohle- und Kippgemengekohle-Substrate“ (KISMET) aufgenommen, wobei die modifizierte Methode zur Bestimmung der effektiven Kationenaustauschkapazität stark saliner Kippsubstrate zugänglich gemacht wurde.

Der Methodenkatalog selbst fand als Metainformation Eingang in die Datenbank des Innovationskollegs (vgl. TP 12.1, dieser Band), um die langfristige Interpretierbarkeit der Messwerte zu gewährleisten.

Mit Hilfe dieser Querschnittsaufgabe wurde der Zugang zu den verwendeten Methoden innerhalb der verschiedenen Teilprojekte erleichert und gleichzeitig die Etablierung der Methoden innerhalb des Innovationskollegs unterstützt. Der Katalog bot damit für alle Bearbeiterinnen und Bearbeiter die Möglichkeit, auf bereits eingesetzte Methoden zurückzugreifen.

Der Katalog erleichert es, die erzielten Ergebnisse eines Teilprojektes vor dem Hintergrund der entsprechenden Methoden einzuordnen sowie zu interpretieren und auch die Vergleichbarkeit der Methoden einzuschätzen. Darüber hinaus wurden die einzelnen Teilprojekte unterstützt, methodisch kompatible Daten zu erzeugen.

5 Diskussion

Die Querschnittsaufgabe „Methoden Boden- / Wasserchemismus“ bildete eine Basis für die interdisziplinäre Zusammenarbeit und Integration der Ergebnisse innerhalb des BTUC Innovationskollegs Bergbaufolgelandschaften. Mit Blick auf die

Erarbeitung des Methodenkatalogs und die Moderation der Arbeitsgruppen wurde ein wesentliches Ziel dieser Aufgabe erreicht.

Unabhängig von der Koordinierung bzw. Moderation der Methoden wurden in einigen Projekten übergreifende Fragestellungen in Eigeninitiative aufgegriffen. So führte beispielsweise das Teilprojekt „Wasser- und Stoffflüsse im Ungesättigten" (TP 20) einen Vergleich von Methoden zur Bestimmung der hydraulischen Leitfähigkeit durch, die als Grundlage für die Modellierung von Wasser- und Stoffflüssen in der Kippe dienten. Auch die geochemische Speziierung von Ionen in wässriger Phase sowie Gleichgewichtsberechnungen wurde projektübergreifend in verschiedenen Teilprojekten (TP 3, TP 4, TP 10, TP 20) mit dem Modellansatz PhreeqC durchgeführt.

Die kritische Diskussion innerhalb der Arbeitsgruppe verdeutlichte inhaltliche Defizite hinsichtlich detaillierter bodenphysikalischer Untersuchungen von kohlehaltigen Substraten. Insbesondere ergaben sich offene Fragen im Kontext der Hydrophobizität und den physiko-chemischen Wechselwirkungen von kohlehaltigem Substrat oder der mikroskopischen Verkittung von Partikeln und Verfestigung des Untergrunds in Zusammenhang mit geotechnischen Aspekten. Diese Fragen sollen in Folgeprojekten im Rahmen des geplanten Sonderforschungsbereichs „Gestörte Kulturlandschaften" untersucht werden.

Bei einigen Teilprojekten war eine Modifikation der Methoden im Nachgang nicht möglich, da der Arbeitsplan in methodischer Hinsicht bereits zu Beginn der zweiten Projektphase festgelegt war. Jedoch erlaubte hier der Methodenkatalog eine Einschätzung der verwendeten Methoden im Vergleich zu anderen Methoden.

Aufgrund dieser Defizite liegt es gerade im Hinblick auf künftige Vorhaben auf der Hand, bereits zu Projektbeginn bzw. im Verlauf der Beantragung stärkeres Gewicht auf die Kompatibilität des experimentellen Designs zu legen und eine Überprüfung der Methoden gegebenenfalls in die jeweilige Projektkonzeption mit aufzunehmen.

6 Literatur

Klem, D., 1999: BTUC Innovationskolleg Bergbaufolgelandschaften. Methodenkatalog. BTU, Cottbus (unveröffentlicht).

Querschnittsaufgabe „Punkt zu Fläche“

Edwin Weber

1 Einführung

Die Beobachtungsebenen der Untersuchungen im BTUC Innovationskolleg wurden durch die Teilprojekte i. d. R. so gewählt, dass die Teilprojektziele möglichst effizient erreicht werden konnten. Mit der Querschnittsaufgabe „Punkt zu Fläche“ wirkte die wissenschaftliche Koordination in der zweiten Phase verstärkt darauf hin, dass soweit möglich neben teilprojekt-bezogenen Punkt-Erhebungen zur Prozessaufklärung auch flächenrepräsentative Daten für die Modellierung bzw. als Basis für die Verknüpfung verschiedener Aspekte mit Flächenbezug bereitgestellt wurden.

2 Ziele

Ziel dieser Querschnittsaufgabe war es, gemeinsam mit den Teilprojekten,

- Parameter flächenrepräsentativ zu bestimmen, die auf der Beobachtungsebene „Bestand“ (Pflanzenbestand bzw. -teilbestand) für das Ökosystem-Verständnis von Bedeutung sind bzw. in der ökosystemaren Modellierung von Teilflächen bzw. Beständen als Eingangsgrößen benötigt werden,
- Untersuchungen zur räumlichen Heterogenität von Bodenparametern durchzuführen, um die Probenahmen und die empirischen (sowie später ggf. manipulativen) Arbeiten methodisch effizienter durchführen zu können.

Bemerkung
Im Rahmen dieser Aufgabenstellung wurden innerhalb der Beobachtungsebene „Bestand“ Punkt-Daten interpoliert. Die Übertragung auf höhere Beobachtungsebenen, für die der Begriff „vom Punkt zur Fläche“ zumeist im Rahmen der Regionalisierungsmethoden verwendet wird, war nicht Gegenstand der Aufgabe. Auch wurde - wie in vergleichbaren pragmatischen Ansätzen - das theoretische Problem, dass punktuell gemessene Werte generell nicht für eine gesamte Fläche gelten können (auch nicht als Mittel- oder Summenwerte; nach Blumenstein 1998), ausgeklammert.

3 Methoden

Stichprobenbedarf zur flächenrepräsentativen Bestimmung von Bodenparametern
Der für eine flächenrepräsentative Probenahme erforderliche Stichprobenumfang für die u. g. Bodenparameter wurde nach Bätz (1972) ermittelt.

Dazu wurden im November / Dezember 1997 flächendeckend Rasterbeprobungen (10 m-Raster) auf den Untersuchungsflächen der Chronosequenz-Standorte des BTUC Innovationskollegs durchgeführt. Die Probenahme erfolgte mit einem Eijkelkamp-Wurzelbohrer (Bohrkopfinnendurchmesser 8 cm). Die Proben wurden in Auflage und Mineralboden (0 - 5 cm) separiert, luftgetrocknet und nach Standard-Methoden des Innovationskollegs (vgl. Klem 1998) analysiert.

Die getrennte Probenahme von organischer Auflage und Mineralboden (0 - 5 cm) ermöglichte außerdem den direkten Vergleich der darin bestimmten Anteile geogenen Kohlenstoffs mit den in der ersten Phase aus Profiluntersuchungen geschätzten Anteilen (Rumpel et al. 1998).

Untersuchungen zur räumlichen Heterogenität
Die räumlich referenzierten Daten der o. g. Rasteruntersuchungen bildeten auch die Datengrundlage für die Abschätzung der räumlichen Autokorrelation der untersuchten Parameter. Die Semivariogrammanalyse wurde mit dem Softwarepaket Variowin 2.2 (Pannatier, Springer-Verlag) durchgeführt.

Zur Wahl der Parameter
Die Artenzusammensetzung der Krautschicht in typischen Kiefernforsten auf Kippenstandorten zeigte an vielen Standorten (z. B. am über 30-jährigen Chronosequenz-Standort Domsdorf) offensichtliche räumliche Heterogenität. Deshalb wurden neben generellen Leitparametern des Mineralbodens (pH, E.C., Trockenraumdichte) und der Auflage (Auflagemächtigkeit, Trockenraumdichte) weitere potentiell pflanzenwachstumsrelevante Bodenparameter (N_{min}, P_{DL}, K_{DL}) mit in die Untersuchungen einbezogen, um ggf. Hinweise auf bodenbedingte Ursachen der Heterogenität der Pflanzenartenverteilung im Unterwuchs zu finden.

Querschnittsaufgaben in Teilprojekten
Querschnittsarbeiten wurden nur zum geringeren Teil durch das Zentralprojekt selbst durchgeführt. Diese Aufgaben waren auch implizite Ziele verschiedener Teilprojekte, die methodisch eng mit anderen Teilprojekten abgestimmt für die Fläche repräsentative Aussagen planten. Dazu berichten die jeweiligen Teilprojekte sowohl in ihren Beiträgen (z. B. TP 9: Methoden der Fernerkundung und 2D-Modell der Offenlandflächen zur Schätzung der Grundwasserneubildung; TP 20: Wasserleitfähigkeit für große Kippenbereiche) als auch in den Zusammenschauen (insbesondere in der Zusammenschau „Transportprozesse").

4 Ergebnisse und Diskussion

Stichprobenbedarf zur flächenrepräsentativen Bestimmung von Bodenparametern
Der erforderliche Stichprobenumfang zum Erzielen einer gewünschten Genauigkeit ist in Tabelle 1 für eine Auswahl von Parametern exemplarisch zusammengestellt.

Wie aus der Tabelle zu ersehen ist, sind die ausgewählten Parameter bei der gewünschten Genauigkeit (*kursiv*) mit 20 bis über 90 Stichproben pro Untersuchungsfläche (1.200 - 3.000 m^2 pro Versuchsstandort) zu bestimmen.

Thum (1974) hatte in Raster-Untersuchungen bereits versucht, den Stichprobenbedarf für verschiedene Kippbodenparameter auf vergleichbarer Beobachtungsebene mit ähnlicher Auflösung (25 Einstiche in 1.000 m^2) abzuschätzen. Er folgerte aus seinen Ergebnissen, dass für vergleichende Mineralbodenuntersuchungen ein Stichprobenumfang von n = 30 - 60 (mit Ausnahme der Parameter % C und % $CaCO_3$) sinnvoll erscheint. Die Ergebnisse bewegen sich somit in derselben Größenordung.

Zur Charakterisierung des Auflagehumus empfiehlt Thum (1974) einen Stichprobenumfang von n = 15 - 30.

Tabelle 1 Benötigte Stichprobenzahl nach Bätz (1972) zur Bestimmung verschiedener Mineralboden-Parameter auf den Standorten der Kiefern- und Eichen-Chronosequenz des BTUC Innovationskollegs [p<0,10].

Parameter	Gewünschte Genauigkeit	Benötigte Stichprobenzahl (n)
pH	Ø ± 20%	1 - 3
	Ø ± 0,2pH	*3 - 95*
E.C.	Ø ± 20%	6 - 199
	Ø ± 200µS	*1 - 20*
N_{min}	Ø ± 20%	23 - 89
	Ø ± 1 ppm	5 - 523
	Ø ± 5 ppm	*1 - 21*

Dabei sei zugleich auf die Bedeutsamkeit der Festlegung der gewünschten Genauigkeit verwiesen: erforderlich ist, was ökophysiologisch oder bodenkundlich sinnvoll interpretiert werden kann, nicht was am einzelnen Messpunkt an Analysegenauigkeit für den jeweiligen Parameter erzielt werden kann. In der Regel ist die für die an der Analysegenauigkeit orientierte Charakterisierung eines Bodens auf der Beobachtungsebene „Bestand" erforderliche Probenzahl praktisch auch nicht realisierbar.

Dies kann am Beispiel der Erfassung des pflanzenverfügbaren Stickstoffs (N_{min}) verdeutlicht werden. Wenn z. B. in der Praxis die Einschätzung der Verfügbarkeit von Stickstoff mit einer Genauigkeit von ± 5 ppm N_{min} erfolgen soll, werden für eine grobe Abschätzung 21 Unterproben benötigt (s. Tab. 1). Orientierte man sich dagegen an der Messgenauigkeit von N_{min} von ca. 1 ppm, dann wäre ein errechneter Bedarf von über 500 Proben nötig.

Dabei ist außerdem zu bedenken, dass bei einem errechneten Probebedarf von mehr als 100 Proben keine hinreichend ($p < 0,10$) genaue Beschreibung eines Parameters in der gewählten Auflösung innerhalb einer Beobachtungsebene mehr möglich ist. Nach Sinowski (1995) sehen Webster & Oliver (1990) bereits ab 20 Messpunkten für eine Schätzung keinen nennenswerten Gewinn an Schätzgenauigkeit bei Hinzunehmen weiterer Messpunkte mehr.

Untersuchungen zur Heterogenität

Nur in einer idealen Fläche sind (Boden)Parameter mehr oder weniger homogen verteilt. Am konkreten Standort findet bzw. bildet sich jeweils eine mehr oder weniger heterogene räumliche Verteilung. Die flächenhafte Beschreibung eines Parameters schließt deshalb idealerweise die Beschreibung seiner räumlichen Variabilität bzw. die Frage nach der räumlichen Autokorrelation ein (vgl. Oliver & Webster 1991).

Die Kenntnis räumlicher Heterogenität kann auch wesentlich dazu beitragen, die Probenahmestrategie weiterzuentwickeln, um ggf. mit geringerem Aufwand zu gleichermaßen genauen Ergebnissen zu kommen.

Die Semivarianzanalyse zeigte, dass die untersuchten Parameter - wie bereits aus den Ergebnissen der ersten Phase des Innovationskollegs erwartet (vgl. Walter 1996) - auf der untersuchten Beobachtungsebene bei der verwendeten Auflösung mit wenigen Ausnahmen keine räumliche Autokorrelation zeigen. Entsprechend konnten Heterogenitäten in entsprechenden Untersuchungsdesigns auch nicht genutzt worden.

Allerdings gibt es eine Reihe von Hinweisen (z. B. aus der AG Kippenböden der DBG sowie eigene Beobachtungen), dass die kleinräumige Heterogenität von Kippsubstraten charakteristisch für diese Substrate ist und sowohl qualitativ (technogene Verteilungsmuster) als auch quantitativ (z. B. pH-Spannen) von gewachsenen, „ausstrukturierten“ Substraten verschieden ist. Auch zahlreiche andere Befunde deuten in diese Richtung:

Beispielsweise ist nach Thum et al. (1992) „typisch für Kippböden ihre mehr oder weniger deutliche Substratheterogenität und der damit verbundene Wechsel von Bodenmerkmalen auf kleinem Raum“.

Die Kippboden-Nomenklatur (AG Boden 1994) berücksichtigt folgerichtig die kleinräumige Heterogenität mit der expliziten Ausweisung von Beimengungen bzw. dem Vorliegen von Gemengen im Vergleich zu den kleinräumig homogen(er)en „Reintypen“.

Vor allem aus ökophysiologischer Sicht ist in solchen kleinräumig heterogenen Substraten eine Mittelwertbildung von Bodenparametern beispielsweise bereits innerhalb des Wurzelraumes eines Baumes äußerst fragwürdig. Wenn z. B. in großen Teilen des Bodenvolumens phytotoxische Bedingungen herrschen und ein Baum dadurch überlebt, dass er nur im restlichen Bodenvolumen mit günstigeren Bedingungen wurzelt, dann würde die Mittelwertbildung dazu führen, das Substrat insgesamt als unbesiedelbar zu diagnostizieren oder im Umkehrschluss zu dem unrichtigen Ergebnis führen, dass der Baum unter bereits phytotoxischen Bedingungen noch überleben könnte.

Die kleinräumige und Mikro-Variabilität bodenchemischer Eigenschaften ist möglicherweise der Schlüssel für das Verständnis der unerwartet erfolgreichen Etablierung von Forstbeständen auf diesen - im Durchschnitt - extremen Standorten.

Ergänzende Bodenuntersuchungen

Im Rahmen dieser Querschnittsaufgabe wurde auch der Anteil des geogenen Kohlenstoffs am Gesamtkohlenstoff (der „Kohleanteil“) in der Auflage und der obersten Mineralbodenschicht der Kippsubstrate aller Chronosequenz-Standorte des BTUC Innovationskollegs bestimmt. Zusammen mit den vor allem qualitativen Untersuchungen im Rahmen des Teilprojekts 2.2 in der ersten Phase des Innovationskollegs ist damit eine flächenrepräsentative Abschätzung der Anreicherung von rezenter organischer Masse in kohlehaltigen Kippsubstraten möglich. Eine vorläufige Abschätzung (Rumpel & Weber, in Vorbereitung) zeigte eine relativ gute Übereinstimmung der Ergebnisse aus den umfangreichen Rastererhebungen mit den aus den Profilen gewonnenen Ergebnissen - ein weiteres Indiz für die relativ große Homogenität der Substrate im hier untersuchten Maßstab.

5 Literatur

AG Boden, 1994: Bodenkundliche Kartieranleitung, 4. Auflage, Hannover

Bätz, G. und Mitarbeiter, 1972: Biometrische Versuchsplanung. VEB Deutscher Landwirtschaftsverlag.

Klem, D., 1998: BTUC Innovationskolleg Bergbaufolgelandschaften. Methodenkatalog. BTU, Cottbus (unveröffentlicht).

Oliver, M. A. und Webster, R., 1991: How geostatistics can help you. Soil Use and Management, 7, 206-217.

Rumpel, C., Knicker, H., Kögel-Knabner, I., Skjemstad, J. O. und Hüttl, R. F., 1998: Types and chemical composition of organic matter in reforested lignite-rich mine soils. Geoderma, 86, 123-142.

Sinowski, W., 1995: Die dreidimensionale Variabilität von Bodeneigenschaften. Verlag Shaker, Aachen.

Thum, J., 1974: Über die Variabilität von Kippbodeneigenschaften und den notwendigen Stichprobenumfang für flächenbezogene Mittelwerte. Archiv für Acker- und Pflanzenbau und Bodenkunde, 18, 909-915.

Walter, E., 1996: Untersuchungen zur Heterogenität bodenchemischer Parameter eines Kiefernbestandes der Tagebaukippe Tröbitz-Süd. Diplomarbeit, BTU, Cottbus.

Webster, R. und Oliver, M. A., 1990: Statistical methods in soil and land resource survey. Oxford University Press, Oxford.

Öffentlichkeitsarbeit

Reinhard F. Hüttl, Verena Heuer & Cathrin Gast

1 Zusammenfassung

Das Research Network Minesite Recultivation (ReNet) diente vor allem der Verbesserung des Informationsaustausches zwischen den auf dem Gebiet der Rekultivierungsforschung international tätigen Arbeitsgruppen.

Im Rahmen des vor allem durch das Teilprojekt Öffentlichkeitsarbeit organisierten internationalen Symposiums „Ecology of Post-Mining Landscapes“ (EcoPoL' 99) im März 1999 traf sich zum ersten Mal ein bedeutender Teil der Netzwerk-Teilnehmer. In der Folge wurden bereits eine Reihe von internationalen Forschungskooperationen angestoßen.

Das Teilprojekt Öffentlichkeitsarbeit versuchte neben der Erarbeitung von klassischen Informationsmaterialien (Flyer, Veröffentlichungslisten etc.) mit Hilfe eines speziell dafür entwickelten mobilen Ausstellungssystems Verständnis für die komplexen Zusammenhänge in Ökosystemen und die Besonderheiten dieser Systeme auf Kippenstandorten zu vermitteln. Dieses Ausstellungssystem war auf einer Reihe von Veranstaltungen erfolgreich, v. a. wenn es darum ging, bei Veranstaltungen mit konkurrierenden Angeboten die Aufmerksamkeit der Besucher zu wecken.

Insgesamt zeigten die Resonanz in der Presse sowie auch Rückfragen von interessierten Bürgern, dass das Zielpublikum erreicht wurde.

2 Arbeits- und Ergebnisbericht

2.1 Ziele

Hauptziel dieses Teilprojekts war das Erhalten, Festigen und Ausbauen des Bekanntheitsgrads der Forschungsarbeit des BTUC Innovationskollegs in der internationalen Fachwelt und bei wissenschaftlich interessierten Laien.

Hinsichtlich der Integration des Innovationskollegs in die internationale Fachwelt sollte das Research Network Minesite Recultivation (ReNet) als Plattform für Informationsaustausch, Diskussion und Kooperation eine zentrale Rolle spielen.

Des Weiteren sollte ein Präsentationsprogramm entwickelt werden, um wissenschaftlichen Laien sowohl die noch offenen Fragen als auch den Erkenntniszuwachs und den daraus folgenden Forschungsbedarf zu verdeutlichen. Die Präsentation der Arbeit sollte auch dazu beitragen, die Attraktivität der BTU und der Region aufzuzeigen und für Aktivitäten in diesem Raum zu werben.

2.2 Methoden

2.2.1 Forschungsöffentlichkeit

Um das vorrangige Ziel, den *Informationsaustausch* zwischen allen international tätigen Arbeitsgruppen, die sich mit ökologischen und sozioökonomischen Aspekten von Bergbaufolgelandschaften beschäftigen, zu ermöglichen bzw. zu fördern, wurden folgende Aufgaben durch die Bearbeiterin des Teilprojekts für das *Research Network Minesite Recultivation* geplant: persönliche Kontakte zu vermitteln mittels einer Liste aller Netzwerkpartner, durch Dokumentation umfassende Informationen zu relevanten Themen bereitzustellen sowie die Netzwerkpartner über aktuelle Themen zu informieren.

Um den Austausch anzustossen, sollte der Newsletter ausgebaut werden, später sollten die Möglichkeiten des Internet mitgenutzt werden.

Zur Initiierung intensiver Diskussionen war ein Treffen von Netzwerkpartnern im Rahmen der internationalen Tagung „Ecology of Post-Mining Landscapes" geplant. Aus den Kontakten über das ReNet sollte die *Kooperation* der Netzwerkpartner angestoßen werden.

2.2.2 Entscheidungsträger und Interessierte Öffentlichkeit

Zur Präsentation des Innovationskollegs für die interessierte Öffentlichkeit wurde ein Präsentationsprogramm mit folgenden Bestandteilen entwickelt: Flyer / Broschüren, Publikationsliste und -sammlung des BTUC Innovationskollegs, Poster sowie ein mobiles Ausstellungssystem. Gemeinsam mit Medienvertretern bzw. für die Medien wurden außerdem populärwissenschaftliche Beiträge erarbeitet.

2.3 Ergebnisse

2.3.1 Forschungsöffentlichkeit

In der zweiten Phase des BTUC Innovationskollegs erschien zunächst im Juli 1997 ein Newsletter mit einem Schwerpunkt zum Lausitzer Braunkohlerevier, in dem das Innovationskolleg mit allen Teilprojekten der internationalen wissenschaftlichen Öffentlichkeit vorgestellt wurde. Ein weiterer Newsletter wurde zu Beginn der nächsten Jahreshälfte zusammengestellt und im März 1998 an die Mitglieder des Netzwerks versandt. In diesem Newsletter wurden die Forschungsarbeiten rund um den Meirama-Tagebau in Nordspanien präsentiert.

Die für das zweite Halbjahr 1998 geplanten Ausgabe wurde der aufwendigen Vorbereitungsarbeit für das internationale Symposium untergeordnet. Gleichzeitig brachten die intensiven und direkten Kontakte im Rahmen der Vorbereitung des Symposiums eine neue Qualität in die ReNet-Arbeit: aus einer größtenteils virtuellen Veranstaltung entstand endlich der mit dieser Initiative erhoffte lebendige Austausch zwischen den Mitgliedern des Netzwerkes. Im Rahmen des EcoPoL'99-Symposiums traf sich zum ersten Mal ein großer Kreis von Mitgliedern des internationalen Netzwerks. Im Verlauf der Vorbereitungen des Symposiums zeigte sich, dass ein großes Interesse an den Newslettern und insbesondere an aktuellen qualifizierten Empfehlungen bzw. Zusammenstellungen von Veröffentlichungen und Forschungsberichten zu spezifischen Themen der Rekultivierungsforschung besteht.

Für die Nachlaufphase des Innovationskollegs wird aufgrund des Fortschritts in der Internet-Technologie eine Veröffentlichung in elektronischer Form statt in der bisherigen Papierform angestrebt. Langfristiges Ziel ist die Nutzung des Internets zur Schaffung eines tagesaktuellen interaktiven Forums.

An der *internationalen Tagung EcoPoL'99* nahmen insgesamt knapp 250 Wissenschaftlerinnen und Wissenschaftler teil. Das Tagungsprogramm umfasste alle relevanten Themen der Rekultivierungsforschung: natürliche und gelenkte Sukzession in terrestrischen Ökosystemen, Etablierung und Management von terrestrischen Ökosystemen mit dem Schwerpunkt auf forstlichen und landwirtschaftlich genutzten Systemen, Prozesse und Ursachen der Versauerung von Sicker- und Grundwasser in Braunkohlekippen, die Auswirkungen der Versauerung auf die Wasserqualität von Tagebauseen und die Entwicklung aquatischer Ökosysteme. Weitere Vorträge beleuchteten regionale Aspekte und sozioökonomische Zusammenhänge sowie regulative Vorgaben für die Rekultivierung.

Darüber hinaus wurden in methodisch orientierten Workshops spezielle Fragestellungen wie beispielsweise die Chemie und Ökologie von stark versauerten Seen diskutiert und auch der daraus resultierende künftige Forschungsbedarf aufgezeigt.

Die Tagung stellte somit wie geplant eine Plattform für den Austausch von national und international renommierten Fachleuten dar, wobei neben den grundlagenorientierten Fragestellungen auch anwendungsorientierte und technische Aspekte diskutiert wurden.

Die DFG und das BMBF hatten Mittel zur Verfügung gestellt, um eine möglichst große Gruppe renommierter Wissenschaftlerinnen und Wissenschaftler aus allen Teilen der Welt in Cottbus zusammenzuführen. Damit konnte eine Reihe von

Referenten für Gastvorträge und die Leitung von spezifischen Sessions gewonnen werden.

Das Teilprojekt Öffentlichkeitsarbeit spielte eine entscheidende Rolle bei der Umsetzung der Tagung. Gemeinsam mit dem Zentralprojekt des Kollegs und Mitarbeitern der beteiligten Lehrstühle, insbesondere des Lehrstuhls für Bodenschutz und Rekultivierung gelang es, die Organisation der Tagung aus eigenen Kräften an der BTU durchzuführen, und zwar als erste wirklich internationale Tagung im neuen Audimax der BTU. Mit der Einbindung in das SCOPE-Programm konnte eine renommierter Rahmen geschaffen werden. Die Einbindung der internationalen forstwissenschaftlichen Forschungsorganisation (IUFRO) lenkte die Aufmerksamkeit einer Vielzahl von Wissenschaftlern, die mit verwandten Forschungsansätzen mit anderen gestörten Systemen arbeiten, auf den Bereich der Rekultivierungsforschung.

In enger Zusammenarbeit mit dem Zentralprojekt wurden im Nachlauf der Tagung resümierende Mitteilungen in national und international verbreiteten wissenschaftlichen Zeitschriften (z. B. IUFRO, AFZ, Forum der Forschung) veröffentlicht.

Als nun international ausgewiesene Struktureinheit auf dem Gebiet der Rekultivierung wurde das Innovationskolleg in der Folge gebeten, eine spezifische Session zu Mineland Rehabilitation im Rahmen des IUFRO 2000 Weltkongresses in Kuala Lumpur, Malaysia zu organisieren und zu leiten.

2.3.2 Entscheidungsträger und Interessierte Öffentlichkeit

Das mobile Ausstellungssystem des BTUC Innovationskollegs wurde bei vielzähligen Anlässen einer breiten Öffentlichkeit präsentiert:

Bei einer Reihe von Veranstaltungen auch für wissenschaftliche Laien auf dem Campus (z. B. Tage der Forschung der BTU 1998) konnten mit dem Exponat grundlegende Zusammenhänge mit Bezug auf die Ökologie der Bergbaufolgelandschaften demonstriert werden.

Am Beispiel eines improvisierten Bodenschnelltests konnte jeder Teilnehmer selbst Erfahrungen mit dem unbekannten Bodenmaterial von der Tagebaukippe sammeln und miterleben, dass das Wasser aus dem Material saurer als der wohlbekannte Haushaltsessig aus der Flasche ist - das beeindruckte gleichermaßen Schüler, Stundenten nicht naturwissenschaftlicher Disziplinen und fachfremde Entscheidungsträger.

Das Teilprojekt Öffentlichkeitsarbeit erarbeitete Pressemitteilungen (z. B. zum Verlauf des EcoPoL'99 Symposiums), um den Journalisten das Thema verständlicher zu machen.

Auf der *Messe* Forschungsforum '97 in Leipzig (15.9. - 20.9.1997) stellte sich das BTUC Innovationskolleg gemeinsam mit der DFG im BMBF-Forum vor.

Das mobile Ausstellungssystem hat sich auch hier bewährt, um Aufmerksamkeit zu wecken und die Messebesucher zum Verweilen und näheren Betrachten einzuladen. In den sich anschließenden intensiven Gesprächen konnte eine Reihe von offensichtlich fachfremden Besuchern für die Thematik interessiert werden.

Auf dieser Messe wurde aber auch deutlich, daß es generell sinnvoll ist, einen (Messe)Stand mit mehr als einer Person zu besetzen, möglichst mit einer Gruppe, die zum einen fachlich alle Aspekte des Kollegs darstellen kann, zum anderen auch in der Lage ist, Anliegen und Resultate der Forschungsarbeit in einer der Zielgruppe adäquaten Sprache zu vermitteln.

Diese Erfahrungen flossen vor allem in die Präsentationen für Entscheidungsträger und interessierte Öffentlichkeit ein (vgl. o.), wo in der Folge Gruppen aus Mitarbeitern, Hochschullehrern und Studenten das Kolleg gemeinsam vorstellten.

Das Exponat und eine Reihe von Postern wurden bei *universitätsinternen Veranstaltungen* verwendet, um die Darstellung der Arbeit der Kollegs für andere Disziplinen verständlicher zu machen. Die Poster dienten auch dazu, bei der Vorstellung von einzelnen Teilprojekten den Rahmen des Gesamtprojekts mit aufzuzeigen.

2.4 Diskussion und Schlussfolgerungen

2.4.1 Forschungsöffentlichkeit

Die schwer darzustellende, aber wichtigste Aufgabe des *ReNet* war und ist die Hilfestellung bei dem Zustandekommen von Kontakten zur Erleichterung des Erfahrungsaustauschs, zur Gewährleistung des Transfers des internationalen Stand des Wissens unter allen Beteiligten des Netzwerks und nicht zuletzt zur Projektierung gemeinsamer Vorhaben.

Vielfältige Anfragen, mit der Bitte, in ReNet aufgenommen zu werden, bestätigten den Bedarf für diese Einrichtung.

In der Folge von ReNet-Aktivitäten wurde eine Reihe neuer Kooperationen angestoßen. Studierende der BTU arbeiteten beispielsweise für mehrere Monate an der Universität von Santiago de Compostella, einem Studenten der BTU eröffnete sich über die ReNet-Kontakte die Chance, seine Diplomarbeit am Department of Agronomy der Kentucky State University, USA (Prof. Evangelou) zu absolvieren. Auch während und in der Folge des Symposiums EcoPoL'99 wurden weitere Kooperationen initiiert. So gibt es z. B. vorbereitende Gespräche über gemeinsame Projekte mit amerikanischen und südafrikanischen Wissenschaftlern.

2.4.2 Entscheidungsträger und Interessierte Öffentlichkeit

Die vom Teilprojekt Öffentlichkeitsarbeit erarbeiteten Pressemitteilungen dienten vor allem dazu, den interessierten Nicht-Fachjournalisten das Thema verständlicher zu machen bzw. den Zugang zu diesem komplexen Thema zu erleichtern.

Diese intensive Pressebetreuung war sicher auch mit ein Grund für die überaus breite Resonanz der Aktivitäten des Innovationskollegs in mehreren Tageszeitungen (z. B. Lausitzer Rundschau, Sächsische Zeitung, Berliner Zeitung, Tagesspiegel, Frankfurter Allgemeine Zeitung).

Die Vielschichtigkeit ökologischer Prozesse bedarf eines mehrdimensionalen, facettenreichen Bildes, sowie einer hinreichenden Berücksichtigung der Vernetzung von ökologischen und sozioökonomischen Belangen.

Durch diese Artikel wurde eine Reihe von Bürgerinnen und Bürgern auf die Forschungsarbeiten an der BTU aufmerksam. Der in den Artikeln vermittelte Bezug zu aktuellen Problemen der Region rückte damit nicht nur das Innovationskolleg, sondern vor allem die noch junge Universität in das Bewusstsein der Öffentlichkeit.

3 Publikationsliste

Hüttl, R. F., 1998: Ecology of post strip-mining landscapes in Lusatia, Germany. Environmental Science and Policy, 1, 129-135.

Hüttl, R. F., 1998: Vier Jahre BTUC Innovationskolleg Bergbaufolgelandschaften - Stand der Arbeiten. Forum der Forschung, 7, 73-78.

Hüttl, R. F. und Heuer, V., 1998: Auswirkungen des Braunkohletagebaus auf den Lebensraum Boden. In: Barz, W., Hülster, A., Kraemer, K., Ströbele, W. (Hrsg.): Energie und Umwelt: Strategien einer nachhaltigen Entwicklung. ecomed, Landsberg, 55-68.

Strukturbeitrag des BTUC Innovationskollegs Bergbaufolgelandschaften

Doris Klem, Edwin Weber & Reinhard F. Hüttl

1 Strukturelle und personelle Erneuerung der akademischen Forschung

Die BTU ist eine sehr junge Universität. Sie wurde Mitte 1991 gegründet. Zum Zeitpunkt der Einrichtung des BTUC Innovationskollegs Bergbaufolgelandschaften waren seit der Gründung der Universität gerade 3 Jahre vergangen.

Die Einrichtung einer Fakultät für Umweltwissenschaften und Verfahrenstechnik war nicht nur eine gänzlich neue fachliche Ausrichtung an der BTU in Cotttbus, sie stellte auch ein Novum in der deutschen Universitätslandschaft dar.

Vor diesem Hintergrund fiel dem Innovationskolleg Bergbaufolgelandschaften als dem ersten grundlagenorientierten Verbundvorhaben mit ökologischen Fragestellungen an der BTU neben der rein inhaltlichen Aufgabenstellung auch eine wichtige Aufgabe hinsichtlich des Neuaufbaus von Forschungskapazitäten im Bereich der Umweltforschung zu. Außerdem galt es der Verantwortung der Wissenschaft hinsichtlich einer kompetenten und konsistenten Beratung verschiedenster Entscheidungsträger vor dem Hintergrund des größten deutschen Umweltschutzprojekts gerecht zu werden.

Die Mittel der Deutschen Forschungsgemeinschaft und des Landes Brandenburg bildeten den Grundstock für die Einstellung von ca. 50 wissenschaftlichen Mitarbeiterinnen und Mitarbeitern, Doktorandinnen und Doktoranden sowie Hilfskräften an der BTU.

Die Universität unterstützte das Kolleg mit der Einrichtung einer außerplanmäßigen Professur für Spezielle Rekultivierung. Die Bereitstellung einer weiteren Personalstelle für den Fachbereich Bodenbiologie führte neben der direkten Intensivierung der Forschungstätigkeit auch zu einem verbesserten Lehrangebot für dieses Gebiet.

Das Koordinationsteam des BTUC Innovationskollegs, das sogenannte Zentralprojekt, wurde ebenfalls aus Universitätsmitteln finanziert. Durch die vielfältigen Aktivitäten der Koordinationsgruppe konnten Handlungsräume weitestgehend frei von administrativen Pflichten geschaffen werden, die es den Mitarbeiterinnen und Mitarbeitern des Kollegs erlaubten, sich ganz auf ihre Forschungsaufgaben zu konzentrieren.

Die Koordination war und ist zudem Ansprechpartner für die Planung weiterführender Forschungsinitiativen. Dabei ist besonders die Arbeit im Rahmen der Vorbereitung des mittelfristig als Weiterführung dieses Innovationskollegs geplanten Sonderforschungsbereichs „Gestörte Kulturlandschaften“ (SFB 1752) zu sehen.

Das BTUC Innovationskolleg Bergbaufolgelandschaften entwickelte sich im Laufe der Zeit zu einem gefragten Ansprechpartner für Wissenschaftler und Entscheidungsträger mit Interessen im Bereich der Rekultivierungsforschung. Ansprechpartner ist i. d. R. das Zentralprojekt des Kollegs.

Neben der Vermittlung von Kontakten zu Wissenschaftlern an der Universität bzw. in Instituten oder Firmen der Region, wie z. B. die Vermittlung von Fachleuten der LMBV für die Schließung eines Tagebaues in Nordspanien, wurden auch viele in- und ausländische Besucher in die ökologischen Zusammenhänge rekultivierter Standorte der Lausitzer Bergbaufolgelandschaften eingeführt. Dazu wurde eine große Zahl von Exkursionen in die Region durchgeführt.

Das mit dem Beginn des Vorhabens eingerichtete Projektzentrum Bergbaufolgelandschaften bietet weiterhin v. a. für Doktorandinnen und Doktoranden verschiedener Disziplinen aus dem Kolleg selbst und aus den daraus entstandenen Projekten den alltäglichen, direkten Kontakt für einen unkomplizierten fachlichen und informellen Austausch.

Vor allem in der zweiten Phase des Kollegs haben zudem zahlreiche Wissenschaftlerinnen und Wissenschaftler des Innovationskollegs die Erfahrungen aus der eigenen Forschungstätigkeit in der Lehre weitervermittelt. Das Lehrangebot wurde um eine Reihe von Veranstaltungen erweitert, die auch nach Beendigung des Kollegs weitergeführt werden.

Eine große Zahl von Post-Docs, Doktoranden und Diplomanden konnte sich im Rahmen des BTUC Innovationskollegs (weiter)qualifizieren. Damit wurde die personelle Erneuerung / Erweiterung des Forschungs- und Lehrkörpers an der BTU wesentlich unterstützt.

2 Verbesserung der Wettbewerbsfähigkeit der Universität durch Schaffung eines spezifischen Forschungsprofils auf internationalem Niveau

Mit dem BTUC Innovationskolleg Bergbaufolgelandschaften wurde ein Forschungszentrum an der BTU etabliert, an dem drei der vier Fakultäten der Universität beteiligt waren. Die beteiligten Disziplinen überspannten ein Feld von der Ökologie, den Ingenieurwissenschaften bis hin zur Sozioökonomie.

Die Rekultivierung der Bergbaufolgelandschaften der ostdeutschen Braunkohletagebaue ist zur Zeit das umfangreichste Umweltschutzprojekt in Deutschland mit vielschichtigen Einflüssen auf die Region bis hin zur Hauptstadt Berlin. Gerade in dieser Situation, in der verschiedenste Disziplinen durch regionale / nationale Entscheidungsträger zu unterschiedlichsten, aber doch häufig vielfältig verwobenen Problemfeldern befragt werden, wurde die BTU mit dem Innovationskolleg zu einem kompetenten sowie unabhängigen Ansprechpartner. Der fachliche Kompetenzgewinn im Rahmen des Kollegs erwies sich in der zweiten Phase verstärkt als „Kristallisationskern“ für weitere Forschungsprojekte auf diesem Gebiet, insbesondere auch für anwendungsorientierte industriefinanzierte Drittmittelforschung.

Basierend auf der Grundlage des Innovationskollegs wurde eine große Zahl weiterer Projekte an der BTU etabliert, wodurch der Forschungsschwerpunkt Bergbaufolgelandschaften der mit Abstand bedeutendste Forschungsbereich an dieser Universität geworden ist und das wissenschaftliche Profil der Universität prägt.

Einzelne Ansätze wurden in die in der Zwischenzeit neu entwickelten Studiengänge Landnutzung und Wasserbewirtschaftung sowie Umwelt- und Ressoucenmanagement aufgenommen.

Die Aktivitäten im internationalen Research Network Minesite Recultivation (ReNet) und das internationale Symposium (EcoPoL'99) zum Ende der zweiten Förderphase machten das Innovationskolleg Bergbaufolgelandschaften zu einem international anerkannten Zentrum der Rekultivierungsforschung. Denkbar wäre eine Weiterentwicklung des ReNet, möglichst eingebunden in das für den geplanten SFB konzipierte Informationssystem.

3 Kooperation der Universität mit unabhängigen Forschungseinrichtungen

Das BTUC Innovationskolleg integrierte eine Reihe von außeruniversitären Institutionen in die Forschungsarbeit an der BTU. Als Konsequenz der gemeinsamen Forschungsarbeit konnte das fakultative Lehrangebot durch eine Reihe von Lehrangeboten aus den beteiligten Instituten erweitert werden.

Aber auch die außeruniversitären Institute konnten entscheidend von dieser Kooperation profitieren. Beispielsweise konnte das Forschungsinstitut für Bergbaufolgelandschaften e. V. in Finsterwalde (FIB) seinen Schwerpunkt Waldökosystemforschung auf der Grundlage der Förderung durch das Förderprogramm Innovationskolleg weiter ausbauen und in der Zwischenzeit auch beträchtliche Industriemittel einwerben.

Für das Institut für Agrartechnik Bornim e. V. (ATB) bot das Kolleg die Grundlage für einen ersten Schritt in ein vorher unbearbeitetes Landschaftssegment. Die intensiven Kontakte im Rahmen des Kollegs beförderten die Einbindung des ATB bei den Vorbereitungen sowie der Umsetzung des an der BTU eingerichteten Studienganges Landnutzung und Wasserbewirtschaftung.

Das Zentrum für Agrarlandschafts- und Landnutzungsforschung e. V. (ZALF) in Müncheberg ist seit der Erstantragstellung des Kollegs ein enger und außerordentlich wichtiger Forschungspartner. Die Projekte, die im Rahmen dieser Kooperation umgesetzt wurden, sind ein international anerkanntes „Produkt" beider Institutionen.

4 Wissenstransfer aus der Forschung in die Praxis

Durch die Zusammenarbeit von Wissenschaftlerinnen und Wissenschaftlern des BTUC Innovationskollegs mit Ingenieurbüros, Behörden, Bergbauunternehmen sowie Sanierungsunternehmen im Rahmen der anwendungsorientierten Forschung konnte ein rascher Wissenstransfer aus der Grundlagenforschung in die praktische Anwendung realisiert werden; denn teilweise waren die Arbeitsschwerpunkte vor allem von dem dringenden Bedarf an Lösungsvorschlägen für die Sanierungspraxis vorgegeben.

Für forstwirtschaftlich genutzte Kippenflächen wurden Reststoffe zur Wiederherstellung ökologischer Bodenfunktionen im Rahmen des Verbundprojekts REKLAM überprüft. Ergebnisse des Innovationskollegs zu Fragen der Bodenentwicklung und des Stoff- und Wasserhaushalts konnten hier genutzt werden. Die Resultate des REKLAM-Projektes konnten Eingang in die Neufassung der Richtlinie „Abfallverwertung auf devastierten Flächen" finden. Darüber hinaus orientiert sich die Privatwirtschaft bei der Verwertung von Reststoffen auf Kippenflächen an den Projektergebnissen.

Erkenntnisse aus der Grundlagenforschung wie beispielweise zur Mykorrhizierung bildeten einen weiteren Ausgangspunkt für anwendungsorientierte Forschung im Auftrag des Bergbauunterunternehmens LAUBAG. Ergebnisse dieser Projekte wurden unter anderem in eine Richtlinie zur Zwischenbegrünung von Kippsubstraten aufgenommen.

Für eine Vielzahl von Tagebauseen in der Lausitz wurden im Rahmen des Vorhabens „Gewässergüte Tagebauseen der Lausitz" die Beschaffenheitsentwicklung der in den wasserwirtschaftlichen Flutungsprozess eingebundenen Tagebauseen erfasst. Dabei wurden auch die prozessorientierten Erkenntnisse des BTUC Innovationskollegs genutzt. In diesem Vorhaben wurden auf der Basis einer in den Jahren 1994/95 in Abstimmung mit dem Landesumweltamt und den Sanierungsunternehmen entwickelten Methodik die Prognose der Gewässergüteentwicklung im Kontext unterschiedlicher Flutungs- und Bewirtschaftungskonzepte erstellt. Diese wiederum bildeten die Grundlage für die Modifizierung der bisherigen Flutungs- und Überleitungsmaßnahmen sowie für eventuell erforderliche technologische

Maßnahmen. Inzwischen stellt sich die Sicherung einer entsprechend wassergüte- und wassermengenwirtschaftlich gesicherten Nachsorge sowie deren wissenschaftliche Begleitung als eines der zukünftig zu bewältigenden Hauptprobleme dar.

Erfahrungen aus dem Innovationskolleg hinsichtlich der Folgen der Versauerung durch Pyritoxidation mündeten in anwendungsorientierte Untersuchungen zur Ermittlung der Grundwasserbeschaffenheit. Unter anderem galt es dabei, die Erfordernisse und Möglichkeiten der direkten und indirekten Einflußnahme des aktiven Braunkohletagebaus (LAUBAG) auf die sich einstellenden Gewässerqualitätsentwicklungen am Beispiel des Tagebaus Jänschwalde aufzuzeigen.

Schlussbetrachtung

Reinhard F. Hüttl, Edwin Weber & Doris Klem

1 Methodischer Ansatz und Ergebnisse

Im Zentrum des wissenschaftlichen Interesses standen Untersuchungen zur ökologischen Entwicklung repräsentativer Ökosysteme der Niederlausitzer Bergbaufolgelandschaften.

Beispielhaft wurden Kiefern- bzw. Eichenökosysteme, Offenlandbereiche und Tagebauseen studiert. Wichtigster methodischer Ansatz war die Falsche Zeitreihe oder Chronosequenz. Zum besseren Verständnis dieser Ökosysteme wurden die relevanten Wasser- und Stoffflüsse bilanziert, typische Sukzessionsmuster von Organismen herausgearbeitet, die Entwicklung von Systemteilen wie Boden oder Seesediment qualitativ charakterisiert und, wo möglich, modellhaft abgebildet.

Die Entwicklungsverläufe der untersuchten Ökosysteme konnten bis hin zu den ältesten bislang untersuchten Entwicklungszuständen in groben Zügen plausibel erklärt werden. Die Prognose der Weiterentwicklung dieser Systeme ist aber noch immer mit großen Unsicherheiten behaftet. Ursache hierfür sind eine Reihe von Wissenslücken.

Im Bereich terrestrischer Ökosysteme fehlen noch Erklärungen im Hinblick auf Bodenentwicklungsprozesse oder die unerwartete Vitalität der Wurzeln einschließlich der Mykorrhizasymbiosen in den als phytotoxisch eingestuften Kippsubstraten.

Bioindikatoren deuten darauf hin, dass die Entwicklungsrichtung der untersuchten terrestrischen Ökosysteme auf Tagebaukippen mit gewachsenen Standorten der Region weitestgehend übereinstimmt. Daraus ist aber noch keine längerfristige Prognose für die Stabilität dieser Systeme abzuleiten.

Auch im Bereich der Tagebauseeökosysteme sind langfristige Prognosen noch mit sehr großen Unsicherheiten behaftet. Hier gibt es vor allem noch drängende Fragen hinsichtlich der Quantifizierung von Stoffeinträgen aus allen benachbarten Kompartimenten auf bzw. in der Kippe sowie hinsichtlich des Prozessverständnisses der Setzungs- und Sackungsvorgänge der Uferbereiche.

Parallel zu den weitestgehend punktuellen Prozessuntersuchungen wurde - ausgehend von der gesamten Region - ein wasserwirtschaftlicher Ansatz mit Blick auf die spezifischen Bedingungen der Bergbaufolgelandschaften regionalisiert, d. h. räumlich stärker aufgelöst. Hierbei zeigte sich, dass insbesondere für die Offenlandflächen der Bergbaufolgelandschaften widersprüchliche Abschätzungen hinsichtlich der Grundwasserneubildung vorliegen. Dies führte zur Konzeption von komplementären kleinräumigen Prozessuntersuchungen auf Offenlandflächen und größerräumigen Erhebungen mit Hilfe der Fernerkundung.

Die Bewirtschaftung forst- und landwirtschaftlicher Betriebe wird sowohl von verfügbaren ökologischen als auch von ökonomischen Ressourcen bestimmt. Ökonomisch begründete Entscheidungen können einen maßgeblichen Einfluss auf ökologische Prozesse haben. Es wurde gezeigt, dass die Betriebe die größten Herausforderungen weniger in der erschwerten Bewirtschaftung der Kippenflächen als in den drängenden Umstrukturierungsmaßnahmen als Reaktion auf die veränderten ökonomischen Rahmenbedingungen sehen.

2 Methodenkritik

Zusammenschauen der Ergebnisse durch die im Verlauf des Kollegs gebildeten interdisziplinären Arbeitsgruppen zeigen nur zum Teil das im Vergleich zu Einzelprojekten erweiterte Systemverständnis in diesem interdisziplinär ausgerichteten Projekt. Bereits im Verlaufe der gemeinsamen Abstimmungen der Arbeiten und der Zusammenführung der z. T. gemeinsam erhobenen Ergebnisse sind zahlreiche gemeinsame Erfahrungen in die jeweiligen Teilprojekte zurückdiffundiert.

Unerlässlich für die Etablierung der Arbeitsgruppen war der Anschub durch die zentrale Koordination, die den Teilprojekten die gemeinsam vereinbarten Ziele in den Arbeitsgruppentreffen regelmäßig in Erinnerung rief. Positiv gestaltete sich die Arbeit vor allem dann, wenn die Arbeitsgruppen hinreichend explizit formulierte Ziele vereinbart hatten. Als sukzessive die ersten gemeinsam erarbeiteten Ergebnisse vorlagen, verselbständigten sich die Gruppen und begannen wirklich interdisziplinär zu arbeiten.

3 Struktureffekte

Die sehr positiven Struktureffekte dieses Vorhabens sind unstrittig. Hier soll aber nochmals die besondere Bedeutung des Innovationskollegs für die junge BTU hervorgehoben werden. Aus dem Forschungsprojekt BTUC Innovationskolleg wurde ein anerkannter Forschungsschwerpunkt. Das Innovationskolleg ist bei Behörden, Unternehmen und Medien als Kompetenzzentrum bekannt. Aber gerade auch innerhalb der Universität ist das Selbstverständnis als Struktureinheit über Lehrstühle und Fakultäten hinweg bedeutsam: u. a. ist die Kommunikation erleichtert, die Wege sind kürzer, die Administration ist verbessert. Darum beschloss die BTU die Weiterentwicklung dieser Struktureinheit zu dem Forschungszentrum Bergbaulandschaften.

4 Perspektive

Im Kontext des internationalen Erfahrungsaustausches, besonders auch im Rahmen des internationalen Forschungsnetzwerks „Research Network Minesite Recultivation", wurde die Störung von Kulturlandschaften durch Tagebaumaßnahmen als akutes weltweites Problem verstärkt in die wissenschaftliche Diskussion gebracht. Das ökologische Wissen über gestörte Kulturlandschaften basiert bislang vor allem auf Untersuchungen, die nur sehr lokal bzw. nur für Teile oder Kompartimente von Landschaften Gültigkeit haben. Sozioökonomische Untersuchungen berücksichtigten nicht den ökologischen Kontext. Eine gesamtheitliche Betrachtung nicht nur der ökologischen sondern auch der sozioökonomischen Entwicklung gestörter Landschaften steht noch aus. Dazu ist mittelfristig eine direkte Zusammenarbeit verschiedener Disziplinen (innerhalb von Projekten bzw. Teilprojekten) unabdingbar. Nur so wird es gelingen, die disziplinäre Abschottung schrittweise aufzubrechen.

Zur Zeit ist die nachhaltige Bewirtschaftung von peripheren oder ländlichen Räumen ein hochaktuelles Forschungsthema. Die dazu weiterentwickelte bzw. zu erarbeitende Methodik gilt es für gestörte Landschaften zu prüfen und gegebenenfalls zu erweitern oder durch spezifische methodische Ansätze zu ersetzen.

Autorenverzeichnis

Detlef Biemelt, Dipl.-Met., Lehrstuhl Hydrologie und Wasserwirtschaft, Brandenburgische Technische Universität Cottbus, Postfach 101344, 03013 Cottbus

Uwe Buczko, Dr., Lehrstuhl für Bodenschutz und Rekultivierung, Brandenburgische Technische Universität Cottbus, Postfach 101344, 03013 Cottbus

Andrea Dageförde, Dipl.-Biol., Winsener Str. 130 b, 21077 Hamburg

Alexandra Dehnhardt, Dipl.-Ing. agr., Institut für ökologische Wirtschaftsforschung gGmbH, Potsdamer Str. 105, 10785 Berlin

Christian Düker, Dipl.-Biol., Staatliches Museum für Naturkunde Görlitz, Postfach 300154, 02806 Görlitz

Arndt Embacher, Dr., Forschungsinstitut für Bergbaufolgelandschaften e. V., Brauhausweg 2, 03238 Finsterwalde

Remo Ender, Dipl.-Ing., Lehrstuhl Gewässerschutz, Brandenburgische Technische Universität Cottbus, Postfach 101344, 03013 Cottbus

Jörg Fichter, Dr., Lehrstuhl für Bodenschutz und Rekultivierung, Brandenburgische Technische Universität Cottbus, Postfach 101344, 03013 Cottbus

Andrew Fyson, Dr., Institut für Gewässerökologie und Binnenfischerei, Müggelseedamm 31, Postfach 850205, 12562 Berlin

Cathrin Gast, Dipl.-Ing., Lehrstuhl für Bodenschutz und Rekultivierung, Brandenburgische Technische Universität Cottbus, Postfach 101344, 03013 Cottbus

Martin Gast, Dipl.-Ing. agr., Lehrstuhl für Bodenschutz und Rekultivierung, Brandenburgische Technische Universität Cottbus, Postfach 101344, 03013 Cottbus

Horst H. Gerke, Dr., Zentrum für Agrarlandschafts- und Landnutzungsforschung e. V., Institut für Bodenlandschaftsforschung, Eberswalder Straße 84, 15374 Müncheberg

Uwe Grünewald, Professor, Dr., Lehrstuhl Hydrologie und Wasserwirtschaft, Brandenburgische Technische Universität Cottbus, Postfach 101344, 03013 Cottbus

Edzard Hangen, Dipl.-Hydr., Lehrstuhl für Bodenschutz und Rekultivierung, Brandenburgische Technische Universität Cottbus, Postfach 101344, 03013 Cottbus

Verena Heuer, Dipl.-Geoökol., Lehrstuhl für Bodenschutz und Rekultivierung, Brandenburgische Technische Universität Cottbus, Postfach 101344, 03013 Cottbus

Reinhard F. Hüttl, Professor, Dr., Lehrstuhl für Bodenschutz und Rekultivierung, Brandenburgische Technische Universität Cottbus, Postfach 101344, 03013 Cottbus

Kerstin Jannack, Dipl.-Ing., Lehrstuhl Hydrologie und Wasserwirtschaft, Brandenburgische Technische Universität Cottbus, Postfach 101344, 03013 Cottbus

Maria Kapfer, Dipl.-Biol., Lehrstuhl Gewässerschutz, Brandenburgische Technische Universität Cottbus, Postfach 101344, 03013 Cottbus

Joachim Katzur, Professor, Dr., Forschungsinstitut für Bergbaufolgelandschaften e. V., Brauhausweg 2, 03238 Finsterwalde

Beate Keplin, Dr., Institut für Landschaftsökologie, Westfälische Wilhelms-Universität, Robert-Koch-Str. 26, 48149 Münster

Karl-Hinrich Kielhorn, Dipl.-Biol., Wartburgstraße 2, 10823 Berlin

Doris Klem, Dipl.-Geoökol., Lehrstuhl für Bodenschutz und Rekultivierung, Brandenburgische Technische Universität Cottbus, Postfach 101344, 03013 Cottbus

Dirk Knoche, Dr., Forschungsinstitut für Bergbaufolgelandschaften e. V., Brauhausweg 2, 03238 Finsterwalde

Roland Koch, Professor, Dr.-Ing., Lehrstuhl Wassertechnik, Brandenburgische Technische Universität Cottbus, Postfach 101344, 03013 Cottbus

Ingrid Kögel-Knabner, Professor, Dr., Lehrstuhl für Bodenkunde, Technische Universität München, 85350 Freising-Weihenstephan

Markus Kügler, Dipl.-Ing., Lehrstuhl für Bodenmechanik und Grundbau/Geotechnik, Brandenburgische Technische Universität Cottbus, Postfach 101344, 03013 Cottbus

Brigitte Nixdorf, Professor, Dr., Lehrstuhl Gewässerschutz, Brandenburgische Technische Universität Cottbus, Postfach 101344, 03013 Cottbus

Reinhard Oehmig, Dr., Lehrstuhl für Umweltgeologie, Brandenburgische Technische Universität Cottbus, Postfach 101344, 03013 Cottbus

Werner Pietsch, Professor em., Dr., Professur Spezielle Rekultivierung, Lehrstuhl für Bodenschutz und Rekultivierung, Brandenburgische Technische Universität Cottbus, Postfach 101344, 03013 Cottbus

Wolfgang Rolland, Dr., Lehrstuhl Hydrologie und Wasserwirtschaft, Brandenburgische Technische Universität Cottbus, Postfach 101344, 03013 Cottbus

Cornelia Rumpel, Dr., Lehrstuhl für Bodenschutz und Rekultivierung, Brandenburgische Technische Universität Cottbus, Postfach 101344, 03013 Cottbus

Wolfgang Schaaf, Dr., Lehrstuhl für Bodenschutz und Rekultivierung, Brandenburgische Technische Universität Cottbus, Postfach 101344, 03013 Cottbus

Jörg Scherzer, Dipl.-Geoökol., Lehrstuhl für Bodenschutz und Rekultivierung, Brandenburgische Technische Universität Cottbus, Postfach 101344, 03013 Cottbus

Ralf Schlauderer, Dr., Institut für Agrartechnik Bornim e.V., Abteilung Technikbewertung und Stoffkreisläufe, Max-Eyth-Allee 100, 14469 Potsdam

Ralph Schöpke, Dr., Lehrstuhl Wassertechnik, Brandenburgische Technische Universität Cottbus, Postfach 101344, 03013 Cottbus

Anett Schötz, Dipl.-Ing., Lehrstuhl für Bodenschutz und Rekultivierung, Brandenburgische Technische Universität Cottbus, Postfach 101344, 03013 Cottbus

Marco Schreiter, Dipl.-Ing., Lindenplatz 6, 03042 Cottbus

Oleg Seleznev, Dr., Department of Mathematical Statistics, Umeaa University, Umea (Schweden)

Sigrun Tahl, Dipl.-Met., Richard-Sorge-Straße 31, 10249 Berlin

Bernhard Thalheim, Professor, Dr., Lehrstuhl für Datenbanken und Informationssysteme, Brandenburgische Technische Universität Cottbus, Postfach 101344, 03013 Cottbus

Günter Voigt, Dipl.-Geol., Geologiedirektor, Lehrstuhl für Umweltgeologie, Brandenburgische Technische Universität Cottbus, Postfach 101344, 03013 Cottbus

Hans-Jürgen Voigt, Professor, Dr., Lehrstuhl für Umweltgeologie, Brandenburgische Technische Universität Cottbus, Postfach 101344, 03013 Cottbus

Edwin Weber, Dr., Lehrstuhl für Bodenschutz und Rekultivierung, Brandenburgische Technische Universität Cottbus, Postfach 101344, 03013 Cottbus

Lutz Wichter, Professor, Dr.-Ing., Lehrstuhl für Bodenmechanik und Grundbau/Geotechnik, Brandenburgische Technische Universität Cottbus, Postfach 101344, 03013 Cottbus

Rudolf Wilden, MSc., Lehrstuhl für Bodenschutz und Rekultivierung, Brandenburgische Technische Universität Cottbus, Postfach 101344, 03013 Cottbus

Suzan Yigitbasi, Dr., Riedeselstr. 37, 64283 Darmstadt

Sachverzeichnis